绿色建筑节能工程技术丛书

绿色建筑节能
工程材料

LÜSE JIANZHU JIENENG
GONGCHENG CAILIAO

李继业　张 峰　胡琳琳　主编

化学工业出版社
·北京·

本书是以现行标准而编制的,主要介绍了建筑节能材料概述、墙体节能材料、建筑节能玻璃、建筑保温隔热节能材料、绿色建筑防水材料、再生骨料混凝土材料、环保型混凝土、建筑节能相变材料、建筑节能门窗材料、绿色装饰装修材料等的主要技术性能及其质量要求。

本书理论联系实际,遵循先进性、全面性、实用性、规范性的原则,强调在建筑工程实践中的实用性,不仅可以作为建筑工程设计、建设监理、材料采购、材料生产和施工技术人员和管理人员的技术参考书,也可作为高等学校土木工程、建筑装饰及相关专业教师和学生的教学参考书。

图书在版编目(CIP)数据

绿色建筑节能工程材料/李继业,张峰,胡琳琳主编.—北京:化学工业出版社,2018.1(2020.1重印)

(绿色建筑节能工程技术丛书)

ISBN 978-7-122-30884-9

Ⅰ.①绿… Ⅱ.①李… ②张… ③胡… Ⅲ.①生态建筑-节能-建筑材料 Ⅳ.①TU5

中国版本图书馆 CIP 数据核字(2017)第 263500 号

责任编辑:刘兴春 卢萌萌   装帧设计:王晓宇
责任校对:王 静

出版发行:化学工业出版社(北京市东城区青年湖南街 13 号 邮政编码 100011)
印   装:北京虎彩文化传播有限公司
787mm×1092mm 1/16 印张 23¾ 字数 603 千字 2020 年 1 月北京第 1 版第 2 次印刷

购书咨询:010-64518888   售后服务:010-64518899
网   址:http://www.cip.com.cn
凡购买本书,如有缺损质量问题,本社销售中心负责调换。

定   价:98.00 元

前言
Foreword

　　建筑材料是各类建筑工程的重要物质基础，在一般情况下，材料费用占建筑工程总投资的 50%～60%。 建筑材料发展史充分证明，建筑材料的发展赋予了建筑物以时代的特性和风格；建筑设计理论不断进步和施工技术的革新，不但受到建筑材料发展的制约，同时也受到其发展的推动。 因此，正确选用符合国家和行业现行标准的节能建筑材料，是节能建筑工程设计和施工中的一项重要工作，是确保节能建筑工程符合设计要求的基础。

　　现代建筑材料在节能工程建设中占有极其重要的地位，它集材料工艺、造型设计、美学艺术于一体，因此，在选择建筑材料时，尤其要特别注意经济性、实用性、坚固性和美化性的统一，以满足不同建筑工程的各项功能要求。

　　随着国民经济的快速发展，我国建材工业在近 30 年实现了跨越式的发展，水泥、玻璃、混凝土、钢铁、建筑陶瓷等主要建筑材料的年产量已多年位居世界第一，大量生产带来的原料消耗及对环境产生的影响，也成为我国建材工业发展亟待解决的问题。 传统建筑材料的发展越来越受到能源和环保等因素的制约。

　　建筑材料资源问题越来越成为我国经济社会发展的重要制约因素，党和政府对此高度重视，党的"十七大"提出要建设社会主义生态文明，把节约能源资源，保护环境工作放在突出的战略位置。 在党的十八届五中全会公报中明确指出："坚持绿色发展，必须坚持节约资源和保护环境的基本国策，坚持可持续发展，坚定走生产发展、生活富裕、生态良好的文明发展道路，加快建设资源节约型、环境友好型社会，形成人与自然和谐发展现代化建设新格局，推进美丽中国建设，为全球生态安全做出新贡献。""全面节约和高效利用资源，树立节约集约循环利用的资源观，建立健全用能权、用水权、排污权、碳排放权初始分配制度，推动形成勤俭节约的社会风尚。"

　　绿色环保建材又称生态建材和技能建材，是指健康型、环保型、安全型的建筑材料，在国际上也称为"健康建材"或"环保建材"。 绿色建材是指采用清洁生产技术、少用天然资源和能源、大量使用工业或城市固态废物生产的无毒害、无污染、无放射性、有利于环境保护和人体健康的建筑材料。 绿色建筑节能材料实际上就是低消耗、低能耗、轻污染、多功能、可循环利用的建筑材料，它是实现绿色建筑不可缺少的重要物质基础。 为了尽快推广应用绿色建筑节能材料，我们编写了这本《绿色建筑节能工程材料》。

　　本书由李继业、张峰、胡琳琳主编，郭春华、魏娟、李海豹参加了编写。 其中，李继业负责全书的规划和最终修改；张峰负责第一章至第五章的统稿，胡琳琳负责第六章至第十章的统稿。 具体编写分工为：张峰编写第一章、第三章；胡琳琳编写第二章、

第四章；郭春华编写第五章、第六章；魏娟编写第七章、第八章；李海豹编写第九章、第十章。

在本书的编写过程中，参考了有关专家、学者的部分相关书籍和文献资料，在此表示衷心感谢。

由于编者掌握的资料不足，加上编写时间和水平所限加上，书中难免有不足和疏漏之处，敬请有关专家学者和广大读者批评指正。

编　者

2018 年 2 月于泰山

目 录
CONTENTS

第三章　建筑节能玻璃 / 079

第五章 绿色建筑防水材料 / 152

第十章　绿色装饰装修材料 / 306

第一章

建筑节能材料概述

　　全面的建筑节能就是建筑全寿命过程中每一个环节节能的总和，是指建筑在选址、规划、设计、建造和使用过程中，通过采用节能型的建筑材料、产品和设备，执行建筑节能标准，加强建筑物所使用的节能设备的运行管理，合理设计建筑围护结构的热工性能，提高采暖、制冷、照明、通风、给排水和管道系统的运行效率，以及利用可再生能源，在保证建筑物使用功能和室内热环境质量的前提下，降低建筑能源消耗，合理、有效地利用能源。

　　全面的建筑节能是一项系统工程，必须由国家立法、政府主导，对建筑节能做出全面的、明确的政策规定，并由政府相关部门按照国家的节能政策，制定全面的建筑节能标准；要真正做到全面的建筑节能，还须由设计、施工、各级监督管理部门、开发商、运行管理部门、用户等各个环节，严格按照国家节能政策和节能标准的规定，全面贯彻执行各项节能措施，使每一位公民真正树立起全面的建筑节能观，将建筑节能真正落到实处。

第一节　绿色建材的基本概念

　　随着科学技术发展和社会进步，人类越来越追求舒适、美好的生活环境，各种社会基础设施的建设规模日趋庞大，建筑材料越来越显示出其重要的地位。然而，在享受现代物质文明的同时，我们却不得不面临着一个严峻的事实：资源短缺、能源耗竭、环境恶化等问题正日益威胁着人类自身的生存和发展。而建筑材料作为能耗高、资源消耗大、污染严重的工业产业，在改善人类居住环境的同时对人类环境污染负有不可推卸的责任。因此，如何减轻建筑材料的环境负荷，实现建筑材料的绿色化，成为 21 世纪建材工业可持续发展的首要问题。

一、绿色建筑材料的概念和分类

（一）绿色建筑材料的概念

　　绿色建筑材料是绿色材料中的一部分，绿色材料是在 1988 年第一届国际材料科学研究会上首次提出来的。1992年国际学术界给绿色材料的定义为：在原料采取、产品制造、应用过程和使用以后的再生循环利用等环节中对地球环境负荷最小和对人类身体健康无害的材料。人们对绿色材料达成共识的原则主要包括利于人的健康、能源效率、资源效率、环境责任、可承受性5个方面。其中还包括对污染物的释放、材料的内耗、材料的再生利用、对水质和空气的影响等。

绿色建筑材料又称为生态建筑材料、环保建筑材料和健康建筑材料。绿色建筑材料是指采用清洁生产技术，不用或少用天然资源和能源，大量使用工农业或城市固态废弃物生产的无毒害、无污染、无放射性、达到使用周期后可回收利用、有利于环境保护和人体健康的建筑材料。总而言之，绿色建筑材料是一种无污染、不会对人体造成伤害的建筑材料，这类材料不仅有利于人的身体健康，而且还能减轻对地球的负荷。

（二）绿色建筑材料的分类

根据绿色建筑材料的特点，可以大致分为5类：节省能源和资源型、环保利废型、特殊环境型、安全舒适型、保健功能型。其中后两种类型与家居装修关系尤为密切。所谓节省能源和资源型是指在建筑材料的生产过程中，能够明显地降低对传统能源和资源的消耗的产品；环保利废型是指利用新工艺、新技术，对其他工业生产的废弃物或经过无害化处理的人类生活垃圾加以利用而生产出的建筑材料产品；特殊环境型是指能够适应恶劣环境需要的特殊功能的建筑材料产品；安全舒适型是指具有轻质、高强、保温、隔热、防火、防水、调光、调温等性能的建筑材料产品；保健功能型是指具有保护和促进人类健康功能的建筑材料产品。

对于节省能源和资源型建筑材料，因其可以节省能源和资源，使得有限的资源与能源得以延长使用年限，这本身就是对生态环境做出贡献，不仅降低了对生态环境污染的产物的量，而且也减少了治理的工作量，完全符合可持续发展的战略要求。环保利废型建筑材料，主要是利用工业废渣或生活垃圾生产水泥，利用电厂粉煤灰等工业废物生产墙体材料等。特殊环境型建筑材料，一般具有高强、抗腐蚀、耐久性好等特点，能够用于海洋、地下、沼泽、沙漠、江河等特殊环境，产品寿命的延长和功能的改善，实际上是对资源的节省和环境的改善，其本身就是"绿色"的一种表现。安全舒适型建筑材料，主要适用于室内装饰装修，不仅考虑到建筑材料的建筑结构和装饰性能，更是从人身安全和健康的角度出发，同时兼顾安全舒适方面的性能。保健功能型建筑材料具有消毒、灭菌、防霉、防臭、防辐射、吸附二氧化碳等对人体有害气体的功能。

二、绿色建筑材料的主要特征

绿色建筑材料即生态建筑材料，是与生态环境相协调的建筑材料。绿色建筑材料作为生态材料的分支，绿色建筑材料必须满足在材料工艺技术性能、环境性能和人体健康等方面的基本要求。由此可见，绿色建筑材料与传统建筑材料相比应具备如下基本特征。

（1）低消耗　绿色建筑材料生产应尽可能地少采用天然资源作为生产原材料，而应大量使用尾矿、垃圾、废渣、废液等废弃物。

（2）低能耗　绿色建筑材料生产运用低能耗的制造工艺和环境无污染的生产技术。

（3）轻污染　在绿色建筑材料生产过程中，不使用卤化物溶剂、甲醛及芳香族烃类化合物，产品不得用含铬、铅及其化合物为原料或添加剂，不得含有汞及其化合物。

（4）多功能　绿色建筑材料产品应以改善居住生活环境、提高生活质量为宗旨，即产品不仅不能损害人体健康，还应有益于人体健康，具有灭菌、抗腐、除臭、防霉、隔热、阻燃、调温、调湿、防辐射等多功能。

（5）可循环利用　产品废弃后可循环或回收再利用，不会产生污染环境的废物。

三、绿色建筑对绿色建材的要求

在《中国住宅产业技术》中提出了居住环境保障技术、住宅结构体系与住宅节能技术、智能型住宅技术、室内空气与光环境保障技术等多项与绿色建筑材料相关的内容。这些建筑技术的发展必然以材料为基础，建筑材料的绿色化是绿色建筑的基础。

1. 绿色建筑对绿色建材在资源利用方面的要求

绿色建筑对绿色建材在资源利用方面的要求可以归纳为：a. 尽可能少用天然建筑材料；b. 使用耐久性好的建筑材料；c. 尽量使用可再生资源生产的建筑材料；d. 尽量使用可再生利用、可降解的建筑材料；e. 尽量使用由各种废弃物生产的建筑材料。

悉尼奥运会的建设提出了"少用即是环保"的口号，少用自然建筑材料对减少自然资源和能源的消耗、降低环境的污染具有重要的作用。使用耐久性好的建筑材料，对于能源节约、减少固体垃圾是非常有利的，另外耐久性越好的材料对室内的污染越小。

绿色建筑强调减少对各种资源尤其是不可再生资源的消耗，包括水资源、土地资源等。对于绿色建筑材料，减少水资源的消耗表现在使用节水型建材产品，使用透水型陶瓷或混凝土砖以使雨水渗入地层，保持水体的循环，减少对水资源的消耗。在建筑中限制和淘汰大量消耗土地尤其是可耕地的建筑材料（如实心黏土砖）的使用，同时提倡使用由工业固体废渣（如炉渣、矿渣、粉煤灰等）以及建筑垃圾等制造的建筑材料；发展新型墙体材料、高性能水泥和高性能混凝土等，既具有优良性能同时又大幅度节约资源的建筑材料；发展轻集料及轻集料混凝土，减少混凝土结构自重，节省原材料用量。

充分利用建筑材料的可再生性，对于减少资源消耗具有非常重要的意义。建筑材料的可再生性是指材料受到损坏但经加工处理后，可以重新作为原料循环再利用的性能。可再生材料一是可以进行无害化的解体；二是可以对解体材料再利用。常见的具备可再生性的建筑材料有钢筋、型钢、建筑玻璃、铝合金型材、木材等。可以降解的材料（如木材、竹材、纸板等）能很快再次进入大自然的物质循环，在现代绿色建筑中经过技术处理的纸制品已经可以作为承重构件用于工程中。

欧美经济发达国家对于建筑物均有"建材回收率"的规定，指定建筑物必须使用30%～40%的再生玻璃、再生混凝土砖、再生木材等回收建材。1993年日本混凝土块的再生利用率已达到70%，建筑废弃物的50%均可经过回收再循环使用；有些先进的国家以80%建筑废弃物回收率为目标。但是，我国仅对铝合金型材和钢筋的回收率较高，而对混凝土、砖瓦、玻璃、木材、塑料等的回收率很低，结果造成再生资源严重浪费、建筑垃圾污染环境。

利用多种废物生产绿色建筑材料，在国内外建材行业已经成为研究和开发的"热点"。废弃物主要包括建筑废物、工业废物和生活垃圾，可作为再生资源用于生产绿色建筑材料。建筑废物中的废混凝土、废砖瓦，经过处理后可制再生骨料用于制作混凝土砌块、水泥制品和配制再生混凝土；建筑污泥可利用制造混凝土骨料；废木材可作为造纸的原料，也可用来制造人造木材和保温材料。

工业废物中的煤矸石、沸腾炉渣、粉煤灰、磷渣等，可以用来代替部分黏土作为煅烧硅酸盐水泥熟料的原料，也可以直接作为硅酸盐水泥的混合材；粉煤灰、矿渣经过处理可以作为活性掺和料用于配制高性能混凝土；一些工业废渣还可以用来制砖和砌块，如炉渣砖、灰砂砖、粉煤灰砖等，工业废渣砖已是当今广泛应用的建筑材料；粉煤灰、煤矸石还可以用来生产轻集料和筑路材料。此外，国外还有利用废发泡聚苯乙烯作为骨料生产轻型隔热材料；用造纸淤泥制造防火板材；用垃圾焚烧灰和下水道的污泥生产特种水泥（生态水泥）；用废纸生产新型保温材料等。

据有关资料报道，生活垃圾中80%是潜在的资源，它们可以回收再利用生产建筑材料：如废玻璃磨细后可以直接作为再生骨料；废纤维和废塑料经化学处理可以制成聚合物黏结剂，用它配制的聚合物混凝土具有高强度、高硬度、耐久性好等特点，可用于生产预制构件、修补道路和桥梁；废塑料回收还可以生产"再生木材"，其使用寿命在50年以上，可以取代经化学处理的木材，具有耐潮湿、耐腐蚀等特点，特别适合用于流水、潮湿和腐蚀介质的地方用来代替木材制品。另外，将新鲜垃圾分拣出金属材料后再加入生物催化剂，经杀菌、固化处理后可以制成具有一定强度、无毒害、较高密度的固体生活垃圾混凝土，可用于路基材料。

2. 绿色建筑在能源方面对绿色建筑材料的要求

建筑物在建造和运行过程中需要消耗大量的能源，并对生态环境产生不同程度的负面影响。在改善和提高人居环境质量的同时，如何促进能源的有效利用，减少对环境的污染，保护资源和节省能源，是城乡建设和建筑发展面临的关键问题。将可持续发展的理念融入建筑的全寿命过程中，即发展绿色建筑，已成为我国今后城乡建设和建筑发展的必然趋势，是贯彻执行可持续发展基本国策的重要方面。发展绿色建筑涉及规划、设计、材料、施工等多方面的工作，满足绿色建筑材料在能源方面对绿色建筑的要求，是一个非常重要的问题。

（1）尽可能使用生产能耗的建筑材料　使用生产能耗低的建筑材料，必然对降低建筑能耗具有非常重要的意义。目前，我国在主要建筑材料的生产中，钢材、实心黏土砖、铝材、玻璃、陶瓷等材料单位产量生产能耗较大，单位质量建筑材料在生产过程中的初始能耗如表1-1所列。从表中可以看出，钢筋、铝材、建筑玻璃、建筑卫生陶瓷、型钢的生产能耗均比较高，但在评价建筑材料的生产能耗时必须考虑建筑材料的可再生性，综合起来评价建筑材料单位产量的生产能耗高低。

表1-1　单位质量建筑材料在生产过程中的初始能耗　　　　　　　单位：GJ/t

型钢	钢筋	铝材	水泥	建筑玻璃	建筑卫生陶瓷	空心黏土砖	混凝土砌块	木材制品
13.3	20.3	19.3	5.5	16.0	15.4	2.0	1.2	1.8

钢材、铝材虽然生产能耗比较高，但它们具有非常高的产品回收率，钢筋和型钢的回收率、利用率可分别达到50%和90%，铝材的回收利用率可达到95%，而且这些材料经回收处理后仍然可用于建筑结构。我国目前的废弃玻璃和废弃混凝土在建筑上的回收利用率非常低。这些回收的建筑材料再生处理过程同样还需要消耗能量，但比初始生产能耗有较大幅度的降低。据统计资料表明，我国回收钢材重新加工的能耗为钢材原始生产能耗的20%～50%，再生加工铝材的生产能耗仅占原始生产能耗的5%～8%。因此，可再生利用的建筑材料对于节约能源和保护环境都具有相当大的影响。

（2）尽可能使用减少建筑运行能耗的建筑材料　针对全球能源危机的现状，很多国家把节能称为"第五常规能源"，对建筑节能采取了许多有效措施，其中包括发展和应用绝热材料。建筑材料对于建筑节能的贡献集中体现在减少建筑运行的能耗，提高建筑的热环境性能方面。建筑物的外墙、屋顶与窗户是降低建筑能耗的关键部位，加强这些部位的保温隔热、选用优良的绝热建筑材料，是实现建筑节能最有效和最便捷的方法。在各种建筑物中采用绝热材料进行保温隔热，是最直观的也是效果最为显著的建筑节能措施；采用高效绝热材料复合墙体和屋面以及密封性能良好的多层窗是建筑节能的重要方面。

建筑节能检测表明，建筑物热损失的 1/3 以上是由于门窗与室外热交换造成的。提高窗户的保温隔热效果需要从以下两个方面采取措施：一方面是透光材料，玻璃的传热系数比较大，这不仅因为玻璃的热导率高，更主要是由于玻璃是透明材料，热辐射成为重要的热交换方式，因此必须采用高效节能玻璃以显著提高建筑节能效率。目前我国的门窗用的透光材料，从普通的单层玻璃发展到使用单框双玻璃、夹层玻璃、中空玻璃、镀膜玻璃等，大大提高了门窗的保温隔热性能。另一方面是门窗材料，门窗的热导率比外墙和屋面等围护结构大得多，因此发展性能优良的门窗材料和结构是建筑节能的重要措施。随着木质门窗的停止使用，铝合金和塑钢等材料被广泛用于门窗框。我国目前开发的铝合金隔热窗框型材有两种，其中一种隔热桥是采用树脂实心连接，隔热效果不太明显；另一种是采用硬聚氨酯泡沫实心填充隔热桥，隔热效果较好，但耐久性差。国外采用高强度树脂双肢隔热桥，用液压工艺连接隔热桥的铝合金隔热窗型材，隔热效果非常好。

我国保温材料在建筑上的应用是随着建筑节能的要求日趋严格而逐渐发展起来的，相对于保温材料在工业上的应用，建筑保温材料和技术还是比较落后的，高性能节能保温材料在建筑上的利用率很低，个别地区仍在采用保温性能差的实心黏土砖。为了实现建筑节能 65% 的新目标，根本出路是发展高效节能的外墙外保温复合墙体，外围护墙体的保温隔热技术和材料是目前重点研究开发的节能技术，它可以有效避免热桥的产生，其保温效果良好。国外以轻质多功能复合保温材料为开发方向，在建筑物的围护结构中，不论是民用建筑还是商用建筑，全部采用轻质高效的玻璃棉、岩棉和泡沫玻璃等保温材料，在空心砌块或空心砌筑好的墙体空腔中，用高压压缩空气把絮状的玻璃棉吹到空腔中填充密实，保温效果非常好。目前，美国已开始大规模生产热反射膜，用于建筑节能中取得显著效果。

（3）使用能充分利用绿色能源的建筑材料　绿色能源主要是指太阳能、风能、地热能和其他再生能源。在建筑中使用将绿色能源转化为电能、热能等能源的建筑材料，以确保整个建筑物的能源不再需要或较少需要另外供应，减少由于使用燃料对环境造成的污染，这是建筑材料的绿色化发展方向之一。太阳能作为一种取之不尽、用之不竭可再生的洁净能源，是建筑上最具有利用潜力的新能源。太阳能利用装置和材料都离不开玻璃，太阳能光伏发电系统、太阳能光电玻璃幕墙等产品都将大量采用特种玻璃。太阳能与玻璃的复合技术已使建筑幕墙作为建筑本身部分用能的自供电源成为可能，这是建筑构件复合多功能高新技术发展的一个成功实例，也是建筑可持续发展的方向之一。

3. 绿色建筑在环境质量方面对绿色建材的要求

国内外实践充分证明，建筑环境问题与建筑材料密切相关。1988 年第一届国际材料科学研究会上首次提出了"绿色材料"的概念。绿色建筑、绿色材料、绿色产业、绿色产品中的"绿色"，是指以绿色度表明其对环境的贡献程度，并指出可持续发展的可能性和可行性。绿色已成为人类环保愿望的标志。绿色建筑在环境质量方面对绿色建材的要求包括以下方面。

① 绿色建筑应避免选用可能导致臭氧层破坏的材料，并应尽量避免选用以氟利昂为发泡剂的保温材料。氟利昂是一系列氯氟化合物的商品名称，这类发泡剂逸散到大气中会对臭

氧层产生破坏，属于消耗臭氧层物质，淘汰消耗臭氧层物质是大势所趋。

② 绿色建筑应尽量选用天然和不需要再加工的建筑材料。尽量利用自然材料，尽量展露材料的本身，少用涂料等覆盖层或大量装饰，这样可以大大减少材料对环境的污染。

③ 大力推广利用可循环使用的建筑构件和材料。这样的建筑构件和材料可以减少建筑垃圾掩埋的压力和节省自然资源，如玻璃、砖石、木材、板材等。

④ 在可能的情况下尽量选用本地生产的建筑材料。工程实践证明，从遥远的地方运输建筑材料，不仅会增加材料的成本，而且对整个的生态环境也是不利的。

⑤ 绿色建筑应避免选用产生放射性污染和释放有害物质的材料。避免影响建筑工人和建筑使用者的身体健康，减少环境中粉尘和有机物的污染，确保环境的良好质量。

⑥ 绿色建筑应积极选用可再生能源或提高人体健康的新型材料等。

由于现代绿色建筑趋向高绝热性、高气密性并且大量使用化学建材，这些材料散发出的甲醛、有机挥发性污染物等有害物质的含量超过标准后，会引发使用者多种疾病。因此，绿色建筑特别强调保证室内环境的空气质量，这就要求建筑物有良好的自然通风换气功能，要控制使用含有有害物质的建筑材料，同时要防噪声、防辐射。从环境无害化的角度来看，建筑材料和装修材料的选择对于室内空气质量起决定性的作用。

第二节　建筑节能的重大意义

随着我国社会经济的发展，人民生活水平的大幅提高，全国建筑能耗呈稳步上升的趋势，我国能源的压力逐年加大，制约着我国国民经济的持续发展，因此降低建筑能耗已经刻不容缓；另外，建筑节能是缓解我国能源紧缺、改善人民生活以及工作条件、减轻环境污染、促进经济可持续发展的一项战略方针。

节约能源是全世界共同关注的问题，近年来，世界各国特别是欧美发达国家，对节能技术高度重视并进行了充分研究。建筑节能在能源节约中占有极其重要的地位，特别是在近30年，各国在推广建筑节能法规、建筑设计和施工、新型建筑节能材料开发和应用、建筑节能产品的认证和管理等方面都在不断地研究探索，并取得了非常显著的效果。

一、建筑节能的基本概念

人类发展和社会进步的历程充分证明，能源是人类赖以生存和发展的基本条件。20世纪70年代的石油危机，对石油进口国家经济发展和社会生活均产生极大冲击，也给发达国家敲响了能源供应紧张的警钟。同时，能源无节制地大量消费造成了大气污染和全球温室效应，生态环境迅速恶化。

节能是关系到全人类生存的大问题，是指加强对所用能源的管理，并采用技术上可行、经济上合理，以及环境和社会可以承受的措施，减少从能源生产到消费各个环节中的损失和浪费，更加有效、合理地利用能源。这个节能含义既是《中华人民共和国节约能源法》对节能的法律规定，也是世界能源委员会（World Energy Council，WEC）的节能概念。

各国节能的实践证明，节能不是简单地减少能源的用量，节能的核心是提高能源的利用效率。从能源消费的角度，能源利用效率是指为终端用户提供的能源服务与所消费的能源量之比。

建筑施工和使用过程中所需的能源，是能源消耗的重要组成部分。通常所指的建筑能耗，在社会总能耗中占有很大比例，而且社会经济越发达，生活水平越高，建筑能耗所占的比例越大。西方发达国家，建筑能耗占社会总能耗的 $30\%\sim45\%$，我国的建筑能耗占社会总能耗的 $20\%\sim30\%$。

由于建筑能耗在社会总能耗中所占的比例较大，且明显有越来越大的趋势，因此不仅建筑节能已成为世界节能的主流之一，建筑节能技术也已成为当今世界建筑技术发展和研究的重点之一。不论发达国家还是发展中国家，建筑能耗状况和建筑节能成效都是牵动社会经济发展的大问题。

在欧美经济发达的国家，建筑节能经历了以下三个阶段：第一阶段，称为建筑中节约能源（Energy saving in Buildings），我国称为建筑节能；第二阶段，称为建筑中保持能源（Energy conservation in Buildings），意为在建筑中减少能源的散失；第三阶段，称为建筑中提高能源利用率（Energy effieieney in Buildings），意为不是消极意义上的建筑节能，而是积极意义上的提高能源的利用率。

通过近些年的实践，目前多数国家公认的建筑节能含义是：在建筑中合理使用和有效利用能源，不断提高能源的利用率，减少能源的消耗。建筑节能主要包括建筑材料、建筑结构、采暖、通风、空调、家用电器等。

正确的建筑节能观，应该以提高建筑物的能源利用效率，同时尽量降低建筑物的固有能耗，用最小的能源消费代价取得最大的经济效益和社会效益；以满足日益增长的需求为目标，走可持续发展的道路。根据发达国家的经验，可以从以下 3 个途径来推动我国的建筑节能工作。

① 制定和贯彻实施建筑物及建筑设备的强制性最低能耗标准。目前，我国在绿色照明、绿色冰箱等领域已经取得了一定的节能效果。

② 建立能效标识制度。让老百姓购房时把它作为重要的考虑因素。

③ 通过经济激励措施鼓励高效节能的建筑物及建筑设备。

二、建筑节能的重大意义

建筑节能作为贯彻国家可持续发展战略的重大举措，已经得到社会各界和民众的更多关注。在国际上，建筑用能与工业、农业、交通运输能耗并列，属于民生能耗，一般占全国总能耗的 $30\%\sim40\%$。由于建筑用能关系国计民生，量大面广，因此节约建筑用能是牵涉到国家经济发展全局，影响深远的大事情。开展建筑节能工作，为社会提供节能、节地、节水、节材且环保的节能建筑具有非常重大的意义。

(一) 建筑节能是改善环境的重要途径

1. 建筑节能可改善的大气环境

目前，我国很多地区建筑采暖的能源以煤炭为主，大约占总能源的 75%。在一个采暖期，我国采暖燃煤排放二氧化碳约 1.9×10^8t，排放二氧化硫近 3.0×10^6t，排放烟尘约 300×10^6t；采暖期城市大气污染指标普遍超过标准，造成了严重的大气环境污染。

大气层中的 CO_2、CH_4 和 NO_x 等气体，可以让可见光透过，但对地球向宇宙释放的红外线起阻碍作用，并吸收转化为热量，使地球表面湿度升高。这种现象称为"温室效应"。温室效应的后果将是全球气候的异常，使降雨、风、云层、洋流以及南北极冰帽大小等关键可变因素发生变化，严重危害人类生存环境。

二氧化硫、烟尘和氮氧化物等是呼吸道疾病、肺癌等许多疾病的根源，形成的环境酸化、酸雨,也是破坏森林、影响植物生长、损坏建筑物的罪魁祸首。由此可见,降低建筑能耗,提高建筑节能效果,是改善大气环境的重要途径。

2. 建筑节能可改善室内热环境

室内热环境是对室内温度、空气湿度、气流速度和环境热辐射的总称,它是影响人体冷热感的环境因素。适宜的室内热环境,可使人体易于保持平衡,从而使人产生舒适感。节能建筑则可改善室内环境,做到冬暖夏凉。对符合节能要求的采暖居住建筑,屋顶保温能力为一般非节能建筑的 1.5~2.6 倍,外墙的保温能力为非节能建筑的 2.0~3.0 倍,窗户为 1.3~1.6 倍。

节能建筑的采暖能耗仅为非节能建筑的 1/2 左右,且冬季室内温度可保持在 18℃ 左右,并使围护结构内表面保持较高的温度,从而避免其结露、长霉,显著改善冬季室内热环境。节能建筑围护结构热绝缘系数较大,对夏季隔热也极为有利。

(二) 节约能源是我国的基本国策

(1) 我国的能源形势非常严峻 能源是发展国家经济、改善人民生活水平的重要物质基础。据测,我国年需各种能源共 1.7×10^9 t 标准煤,但生产能源仅有 1.37×10^9 t 标准煤,远远低于世界平均水平(所谓标准煤,是指 1kg 煤炭的发热量为 8.14kW·h。市场供应的普通煤,1kg 发热量 5.8~6.4kW·h,经换算,1kg 普通煤为 0.712~0.786kg 标准煤,或 1kg 标准煤为 1.27~1.40kg 普通煤)。

我国能源生产的增长速度长期滞后于国内生产总值的增长速度,能源短缺是制约国民经济发展的根本性因素。因此,节约能源是发展国民经济的客观需要。

(2) 建筑能耗的增长远高于能源增长速度 我国原有建筑及每年新建筑量巨大,加之居住人口众多,建筑能耗占全国总能耗的 1/4 以上,特别是高能耗建筑大量建造,建筑能耗的增长远高于能源生产的增长速度,尤其是电力、燃气、热力等优质能源的需求急剧增加。由于建筑能耗较高,抓紧建筑节能工作已成为国民经济可持续发展的重大课题。

(3) 建筑节能是提高经济效益的重要措施 建筑节能需要投入一定的资金,但投入少、产出多。实践证明,只要选择适合当地条件的节能技术,使用 4%~7% 的建筑造价,可达到 30% 的节能指标。建筑节能的回收期一般为 3~6 年,与建筑物使用周期 60~100 年相比,其经济效益是非常突出的。可见,节能建筑在一次投资后,可在短期内回收,并能做到长期收益。

三、我国建筑节能的潜力

据有关资料报道证明,我国建筑不仅耗能高,而且能源利用效率很低,单位建筑能耗比同等气候条件下的国家高出 2~3 倍。仅以建筑供暖为例,北京市在执行建筑节能设计标准前,一个采暖期的平均能耗为 30.1W/m²,执行节能标准后,一个采暖期的平均能耗为 20.6W/m²,而相同气候条件的瑞典、丹麦、芬兰等国家一个采暖期的平均能耗仅为 11W/m²。因建筑能耗高,仅北方采暖地区每年就多消耗标准煤 1800 万吨,直接经济损失达 70 亿元。现阶段是我国大力推进建筑节能的关键时机。

2001 年,世界银行在《中国促进建筑节能的契机》的报告中提出,2000~2015 年是中国民用建筑发展鼎盛期的中后期,2016 年民用建筑保有量的 1/2 是 2000 年以后新建的。据我国建设部科技司的分析,到 2020 年年底,全国新增的 3.0×10^{12} m² 房屋建筑面积中,城市新增 130 亿平方米。如果这些建筑全部在现有基础上实现 50% 的节能，则每年大约可节省 $1.6 \times 10^8 t$ 标准煤。

在 400 多亿平方米的既有建筑中，城市建筑总面积约为 138 亿平方米。建筑物普遍存在着围护结构保温隔热性和气密性差、供热空调系统效率低等问题，其节能潜力巨大。以占我国城市建筑总面积约 60% 的住宅建筑为例，采暖地区城镇住宅面积约有 $4 \times 10^{10} m^2$，2000 年的采暖季平均能耗约为 25kg（标准煤）$/m^2$，如果在现有基础上实现 65% 的节能，则每年大约可节省（标准煤）$0.65 \times 10^8 t$。

空调是住宅能耗的另一个重要方面，我国住宅空调总量年增加约 1100 万台，空调电耗在建筑能耗中所占的比例迅速上升。根据预测，今后 10 年我国城镇建成并投入使用的民用建筑至少为每年 $8 \times 10^8 m^2$，如果全部安装空调或采暖设备，则 10 年增加的用电设备负荷将超过 $1 \times 10^8 kW$，约为我国 2000 年发电能力的 1/3。如果我国大部分新建建筑按节能标准建造，并对既有建筑进行节能改造，则可使空调负荷降低 40%～70%，有些地区甚至不装空调也可保证夏季基本处于舒适范围。

公共建筑节能潜力也很大。目前，全国公共建筑面积大约为 $4.5 \times 10^9 m^2$，其中采用中央空调的大型商厦、办公楼、宾馆为 $(5\sim6) \times 10^8 m^2$。如果按节能 50% 的标准进行改造，总的节能潜力约为 $1.35 \times 10^8 t$ 标准煤。如果国家从现在起就下决心抓紧建筑节能工作，对新建建筑全面执行建筑节能设计标准，并对既有建筑有步骤地推行节能改造，则到 2020 年，我国建筑能耗可减少 $3.5 \times 10^8 t$ 标准煤，空调高峰负荷可减少约 $8.0 \times 10^7 kW$（约相当于 4.5 个三峡电站的满负荷出力，减少电力投资 6000 亿元）；如果要求 2020 年建筑能耗达到发达国家 20 世纪末的水平，则节能效果将更为巨大。

第三节　我国建筑节能的现状

我国既是一个发展中大国，同时又是一个建筑大国，每年新建房屋面积高达 $(1.7\sim1.8) \times 10^9 m^2$，几乎超过所有发达国家每年建成建筑面积的总和。随着全面建设小康社会的逐步推进，建设事业迅猛发展，以后建筑能耗将会迅速增长。所谓建筑能耗是指建筑使用能耗，主要包括采暖、空调、热水供应、照明、炊事、家用电器、电梯等方面的能耗，其中采暖、空调能耗和照明用电占建筑总能耗的 70% 以上。

我国既有的近 $4.0 \times 10^{10} m^2$ 的建筑，仅有 1% 为节能建筑，其余无论从建筑围护结构还是采暖空调系统来衡量，均属于高耗能建筑。单位面积采暖所耗能源相当于纬度相近的发达国家的 2～3 倍。这是由于我国的建筑围护结构保温隔热性能差，采暖用能的 2/3 被白白浪费掉。而每年的新建建筑中真正称得上"节能建筑"的还不足 $1 \times 10^8 m^2$，建筑耗能总量在我国能源消费总量中的份额已超过 27%，逐渐接近 30%。

我们必须清醒地认识到，我国是一个发展中国家，人口众多，人均能源资源相对匮乏。人均耕地只有世界人均耕地的 1/3，水资源只有世界人均占有量的 1/4，已探明的煤炭储量只占世界储量的 11%，原油占 2.4%。每年新建建筑使用的实心黏土砖，毁掉良田 12 万亩（1 亩≈666.7m^2，下同）。物耗水平相较发达国家，钢材高出 10%～25%，每立方米混凝土多用水泥 80kg，污水回用率仅为 25%。国民经济要实现可持续发展，推行建筑节能势在必行、迫在眉睫。

目前，我国建筑用能浪费极其严重，而且建筑能耗增长的速度远远超过我国能源生产可能增长的速度，如果听任这种高耗能建筑持续发展下去，国家的能源生产势必难以长期支撑此种浪费型需求，为此必须组织大规模的旧房节能改造，这将要耗费更多的人力物力。在建筑中积极提高能源使用效率，就能够大大缓解国家能源紧缺状况，促进我国国民经济建设的发展。因此，建筑节能是贯彻可持续发展战略、实现国家节能规划目标、减排温室气体的重要措施，符合全球发展趋势。

一、建筑能耗与能效基本情况

（1）建筑能耗非常大　据有关资料统计表明，1996 年，我国建筑年消耗 3.35×10^8 t 标准煤，占能源消费总量的 24%；2001 年，我国建筑年消耗达到 3.76×10^8 t 标准煤，占能源消费总量的 27.6%，年增加比例约为 0.5%。

据有关研究分析认为，2000～2015 年是民用建筑发展鼎盛的中后期，到 2016 年民用建筑约有 50% 是 2000 年以后新建的。随着建筑业的高速发展和人民生活水平的提高，建筑能耗占全社会总能耗的比例还将急剧增长。

（2）建筑能耗的能效低　我国建筑能耗的 50%～60% 是供热和空调，尤其是北方地区城市集中供热的热源，仍然是以燃煤锅炉为主。由于锅炉的单台热功率普遍较小，热效率较低，污染很严重，加上供热输配管网保温隔热性能差，整个供热系统的综合效率一般仅为 35%～55%，远远低于先进国家 80% 左右的水平，而且整个供热系统的电耗、水耗也极高。

据我国某城市统计分析表明，空调负荷随季节和气候等因素变化，空调耗能占总耗能的 22.33%～79.60%，平均空调耗能为 42.90%。最大值可达到 87.84%。由此可见，空调耗能是主要的建筑耗能。但是公共建筑中央空调系统的综合效率也较低。

（3）围护结构保温隔热性能差　中国既有建筑面积达 4.2×10^{10} m²，其中城市房屋建筑面积 1.4091×10^{10} m²。新增建筑中超过 80% 的房子是高能耗建筑。既有建筑中，95% 以上属于高能耗建筑。

我国大部分建筑的保温隔热性能差，门窗的空气密闭性差，导致我国的单位建筑面积能耗为同纬度气候相近国家的 2～3 倍，而且舒适性较差。尤其是外墙窗户的传热系统为同纬度发达国家的 3～4 倍。以多层住宅建筑为例，外墙的单位面积能耗是 4～5 倍，屋顶是 2.5～5.5 倍，外窗是 1.5～2.2 倍，门窗空气渗透率是 3～6 倍。

近年来，尽管我国已经出台了很多建筑节能标准，但是目前新建建筑中的节能标准达标率还不到 6%。北京市的新建筑节能标准中要求一个采暖季的平均能耗为 20.6 W/m²，而相同气候条件的瑞典、丹麦、芬兰等国家一个采暖期的平均能耗仅为 11 W/m²，仍然比纬度相近的北欧国家高出近 1 倍。

二、我国建筑节能发展缓慢的原因

多年来，我国开展了相当规模的建筑节能工作，主要采取先易后难、先城市后农村、先新建后改建、先住宅后公建、从北向南逐步推进的策略。但是到目前为止，建筑节能仍然停留在试点、示范的层面上，尚未扩大到整体，究其原因主要有以下几个方面。

① 工程实践证明，建筑节能开发建设，尤其是达到新的节能标准成本较高，多数建设单位在经济上和观念上达不到建筑节能的要求。

② 据我国北京节能建筑设计和施工经验表明，按新的建筑节能设计标准测算，大体上每平方米建筑面积成本要增加 100 元左右。而多数开发商对建筑节能认识不足，追求的是以最小的投资换取最大的空间利益。

③ 建筑设计从围护的结构、设计的角度、施工的角度、计算达到的系数等要比普通建

筑复杂。我国多年来习惯普通建筑工程的选材、设计和施工，对节能建筑的设计和施工不仅缺乏经验，而且也比较保守。

④ 很多地方政府考虑的是地区生产总值在全国所占的位置，对建筑节能工作的重要性和紧迫性认识不足，这是建筑节能工作发展缓慢的根本原因。

⑤ 由于我国对建筑节能研究开展较晚，设计观念、技术水平和设备仍比较落后，所以建筑节能的建筑材料、工艺技术还没有形成体系，对建筑节能的推广应用不利。

⑥ 近年来，国家对建筑节能虽然越来越重视，先后颁布了《中华人民共和国节约能源法》、《公共建筑节能设计标准》（GB 50189—2015）、《严寒和寒冷地区居住建筑节能设计标准》（JGJ 26—2010）、《夏热冬暖地区居住建筑节能设计标准》（JGJ 75—2012）、《夏热冬冷地区居住建筑节能设计标准》（JGJ 134—2010）等法令、规范和标准，但还没有全部把建筑节能在规范中列入强制执行的范畴。

⑦ 国家及地方政府缺乏对建筑节能的实质性经济鼓励政策，对建筑节能缺乏必要的资金支持，导致建筑节能的研究进展缓慢，对建筑节能的推广不利。

第四节　建筑节能材料的作用

节能建筑是指采用新型墙体材料、其他节能材料和建筑节能技术，达到国家民用建筑节能设计标准的建筑。为了节约能源，减少环境污染，必须推广应用节能建筑。测试证明，建筑用能的 50％通过围护结构消耗，其中门窗占 70％，墙体占 30％，因此，建筑节能主要就是对围护结构（如墙体、门窗、屋顶、地面等）的隔热保温。

节能工程设计、施工和使用说明，为了保持室内有适宜人们工作、学习与生活的气温环境，房屋的围护结构所用的建筑材料必须具有一定的保温隔热性能，即应当选用建筑节能材料。围护结构所用材料具有良好的保温隔热性能，才能使室内冬暖夏凉，节约供暖和降温的能源。因此，节能材料是建造节能建筑工程的重要物质基础，具有重要的建筑节能意义。建筑节能必须以合理使用、发展节能建筑材料为前提，必须有足够的保温绝热材料为基础。

使用绝热节能建筑材料，一方面是为了满足建筑空间或热工设备的热环境要求，另一方面是为了节约珍贵的能源。仅就一般的居民采暖的室调而言，通过使用绝热围护材料，可在现有的基础上节能 50％～80％。

目前，有些国家将建筑节能材料，看作是继煤炭、石油、天然气、核能之后的第五大"能源"，可以看出节能材料在人类社会中的重要作用。工程实践还证明，使用节能材料还可以减小外墙的厚度，减轻屋面体系的自重和整个建筑物的重量，从而节约其他资源和能源的消耗，降低工程造价。

第五节　绿色建筑材料发展的前景

保护环境、保护生态、节约能源、合理利用自然资源是我国建材行业健康发展、走可持续发展的关键。因此，大力发展绿色建材是 21 世纪建材行业发展的必然选择。自 1992 年联合国环境与发展大会召开以后，1994 年联合国又增设了"可持续产品开发"工作组。随后，国际标准化机构也开始讨论环境和制品（ECP）的标准，大大推动了绿色建材的发展。

要保证绿色建材的可持续发展，首先必须树立可持续发展的生态建材观，即要求在建筑材料的设计、制造中，首先要从人类社会的长远利益出发，以满足人类社会的可持续发展为目标。在这个大前提下来考虑与建筑材料生产、使用、废弃密切相关的自然资源和生态环境问题，即如何从建筑材料的设计、制造阶段就考虑到材料的再生循环利用，如何定量地评价建筑材料寿命周期中的环境负荷并进而减小之，如何在建筑材料使用后对材料和物质进行再生利用，以便使材料的生产、使用过程和地球生态环境达到尽可能协调的程度，从根本上解决自然资源日益匮乏、大量废物造成生态环境日益恶化等问题，以保证人类社会的可持续发展。

要保证绿色建材的可持续发展，首先要广泛开展研制绿色建材产品，并将取得的成果大力推广应用。日本、美国及西欧等发达国家都投入很大力量研究与开发绿色建材。国际大型建材生产企业早就对绿色建材的生产给予了高度重视并进行了大量的工作。

21世纪是大力提倡环保的世纪，人类将更加重视经济社会和环境可持续和谐发展。绿色建材作为绿色建筑的唯一载体，集可持续发展、资源有效利用、环境保护、清洁生产等前沿科学技术于一体，代表建筑科学与技术发展的方向符合人类的需求和时代发展的潮流。只有加强开发和应用绿色建筑材料，才能实现建筑业的可持续发展。传统的建筑材料对环境造成严重的破坏不符合可持续发展的要求，只有加强开发和应用绿色建筑材料才能实现建筑材料工业的可持续发展，才能保证人类与自然和谐相处、共同发展。

一、国家节能环保政策将推动绿色建材发展

自党的十六届三中全会以来，我国先后颁布了一系列与绿色建材相关的政策和行业标准，特别是国务院印发的《"十二五"节能减排综合性工作方案》，进一步明确了全国性、阶段性节能减排的目标，并进行了较为详细的量化，不断要求加快和完善相关节能减排法律体系的建设，加大监督检查的力度，我国的建材行业正朝着法制化的方向发展。在国家相关法律法规的要求下，在节能环保的政策推动下，绿色建材行业必将蓬勃发展。

在党的十八届四中全会上通过的《中共中央关于全面推进依法治国若干重大问题的决定》中提出，"用严格的法律制度保护生态环境，加快建立有效约束开发行为和促进绿色发展、循环发展、低碳发展的生态文明法律制度，强化生产者环境保护的法律责任，大幅度提高违法成本。"从党的十八大将生态文明建设纳入中国特色社会主义事业五位一体总体布局，提出推进生态文明建设的目标任务，到十八届四中全会明确提出了生态文明的建设任务、改革任务、法律任务。这充分表明，党中央、国务院对推进生态文明建设和加强环境保护态度上更加坚决，内容上更加丰富，要求上更加明确。这为我们进一步加强环境保护、发展绿色建筑和绿色建材、建设美丽中国、走向生态文明新时代指明了方向。

二、我国绿色建材市场发展空间巨大

随着全球气候的变暖，世界各国对建筑节能的关注程度正日益增加。人们越来越认识到，节能减排刻不容缓。节能建筑成为建筑发展的必然趋势，绿色建筑和绿色建材也应运而生。

(一) 建筑节能给绿色建筑材料带来巨大市场

2012年5月公布的《关于加快推动我国绿色建筑发展的实施意见》中指出："我国正处于工业化、城镇化和新农村建设快速发展的历史时期，深入推进建筑节能，加快发展绿色建筑面临难得的历史机遇。"并规定："积极发展绿色生态城区。鼓励城市新区按照绿色、生态、低碳理念进行规划设计，充分体现资源节约环境保护的要求，集中连片发展绿色建筑。"

2013 年 1 月 11 日国务院转发《绿色建筑行动方案》，该方案对"十二五"期间新建建筑以及既有建筑面积的绿色行动提出了量化目标：全国完成新建绿色建筑 $1 \times 10^9 m^2$；到 2015 年末，20％的城镇新建建筑达到绿色建筑标准要求。

目前，我国将绿色建筑行动已经上升为国家战略。各种政策措施的陆续出台，无疑会加速绿色建筑产业的发展。按照现有绿色建筑评价标准，绿色建筑分为一星、二星和三星 3 个级别。据统计，2012 年全国共评出 389 项绿色建筑评价标识项目，2013 年全国共评出 109 项绿色建筑评价标识项目，2014 年全国共评出 500 项绿色建筑评价标识项目；在 2020 年前，我国用于节能建筑项目的投资将至少达到 1.5 万亿元。由此可见，我国绿色建筑材料未来的市场空间十分巨大。这些都将极大地刺激绿色建材市场的发展。

(二) 全民环保意识提高必将促进绿色建材的需求

绿色建材是健康型、环保型、安全型的建筑材料，这种建材不仅可以有益人体健康，而且还可以保护环境。随着人们自我保护意识的提高，全民环保意识的逐渐增强，以及对于传统建筑材料中有害物质的认识和对绿色建材认知度的大幅度提高，绿色建材的需求量必然会不断增长，其需求范围也将不断扩大。

国内外的经验证明，全民环境意识的高低是衡量国民素质、文明程度的重要标尺。我们要利用各种媒介进行环境意识、绿色建材知识的宣传和教育，使全民树立强烈的生态意识、环境意识，自觉地参与保护生态环境、发展绿色建材的工作，以推动绿色建材的健康发展。

(三) 新技术工艺的开发为绿色建材的发展提供条件

随着国民经济持续稳定地增长，建筑业作为国民经济支柱产业得到了迅速发展。我国绿色建材工业是伴随着改革开放地不断深入而发展起来的，我国绿色建筑材料工业基本完成了从无到有、从小到大的发展过程，在全国范围内形成一个新兴的建材行业，成为建材工业中重要产品门类和新的经济增长点。同时经济的迅速发展和新技术新工艺的开发，给绿色建筑材料的发展提供了良好的条件和广阔的市场。

目前，我国新型干法水泥生产技术，在预分解窑节能煅烧工艺、大型原材料均化、节能粉磨、自动控制、余热回收、环境保护等方面，从设计、装备制造和生产工艺等方面都达到世界先进水平。固体废弃物利用、原燃料取代、发电等技术工艺，在节能、减排、降耗方面都做出了巨大贡献。

自 1989 年以来中国的平板玻璃产量就持续位居世界首位，目前产量占全球总产量的60％左右。不仅如此，建筑玻璃行业在一些技术工艺方面也取得了重大突破，打破了某些国家的垄断，基本上达到了世界先进水平。如洛阳的超厚和超薄浮法玻璃、山东玻璃集团开发的超白玻璃、南方玻璃集团和上海耀华玻璃集团生产的低辐射玻璃等。我国的大吨位浮法玻璃生产技术、炉窑全保温、富氧助燃、余温发热、烟气脱硫等节能减排技术日益成熟，并在整个行业中得到推广应用。随着我国对绿色建材的不断关注与研究，越来越多先进的新技术、新工艺将不断开发出来，这些都将为绿色建材的发展提供良好的条件。

三、我国绿色建筑材料的发展趋势

在宏观经济的有力支撑和有效推动下，21 世纪成为我国建筑业快速、持续发展的新时代。经济的持续快速发展和城镇化的大力推进，特别是我国新一轮城市基础设施建设和房地产开发为建筑业的发展提供了千载难逢的机遇，如此庞大的建筑市场需要消耗大量的建筑材料，因此，建筑材料的"绿色化"是我国经济、社会、环境可持续发展的必由之路。根据国外绿色建材发展的情况，结合国内具体实际，我国绿色建材的发展将遵循以下趋势。

（1）资源节约型绿色建材　建筑材料的制造离不开矿产资源的消耗，某些地区由于过度开采，导致局部环境及生物多样性遭到破坏。资源节约型绿色建材一方面可以通过实施节省资源，尽量减少对现有能源、资源的使用来实现；另一方面也可采用原材料替代的方法来实现。原材料替代主要是指建筑材料生产原料充分使用各种工业废渣、工业固体废物、城市生活垃圾等代替原材料，通过技术措施使所得产品仍具有理想的使用功能。

（2）能源节约型绿色建材　节能型绿色建材不仅指要优化材料本身制造工艺，降低产品生产过程中的能耗，而且应保证在使用过程中有助于降低建筑物的能耗。降低使用能耗包括降低运输能耗，即尽量使用当地的绿色建材，另外要采用有助于建筑物使用过程中的能耗降低的材料，如采用保温隔热型墙材或节能玻璃等。

（3）环境友好型绿色建材　环境友好是指生产过程中不使用有毒有害的原料、生产过程中无"三废"排放或废弃物可以被其他产业消化、使用时对人体和环境无毒无害、在材料寿命周期结束后可以被重复使用等。

21世纪是环保的世纪，人类将更加重视经济、社会和环境可持续、和谐发展。绿色建材作为绿色建筑的唯一载体，集可持续发展、资源有效利用、环境保护、清洁生产等前沿科学技术于一体，代表建筑科学与技术发展的方向，符合人类的需求和时代发展的潮流。只有加强开发和应用绿色建材，才能实现建筑业的可持续发展。

第六节　节能材料的热导率

在任何建筑材料中，当存在着一定温差时就会产生热的传递，热能将由温度高的部分向温度低的部分转移。在建筑工程中，把用于控制室内热量外流的材料称为保温材料，而把防止室外热量进入室内的材料称为隔热材料。

将保温材料和隔热材料称为绝热材料，绝热材料是指用于建筑围护或者热工设备、阻抗热流传递的材料或者材料复合体，既包括保温材料也包括保冷材料。绝热材料一方面满足了建筑空间或热工设备的热环境，另一方面也节约了能源。因此，节能材料属于保温绝热材料。

材料的热导率是指在稳定传热条件下，1m厚的材料，两侧表面的温差为1K，在1s内从一个平面传导至另一个平面的热量，用 λ 表示，单位为 W/(m·K)。材料的热导率是衡量材料保温隔热性或绝热性的重要指标。

一、绝热材料的分类

对热流有较强阻抗作用的材料主要用于房屋建筑的墙体、屋面或工业管道、窑炉等的保温和隔热。绝热材料的分类方法很多，主要按材质、使用温度、形态、结构和原理不同来分类，最常见的按材料材质不同分类和按绝热原理不同分类。

（一）按材料材质不同分类

按材料材质不同分类，绝热材料可分为无机绝热材料、有机绝热材料和金属绝热材料3类。

1. 无机绝热材料

无机绝热材料主要以矿物质为原料制成，一般多呈纤维状、散粒状或多孔构造，常制成板状、块状、片状、卷材、套管等各种形式的制品。无机绝热材料的表观密度较大，但具有不易腐朽、不会燃烧、耐高温性良好等特点。热力设备及采暖管道用的保温材料多为无机绝热材料。常见的无机绝热材料有石棉、硅藻土、珍珠岩、玻璃纤维、泡沫玻璃混凝土、硅酸钙等。

2. 有机绝热材料

有机绝热材料多属于隔热材料，这类材料具有热导率极小、耐低温性好、易燃等特点。在建筑工程中常用的有机绝热材料有聚苯乙烯泡沫塑料、聚氯乙烯泡沫塑料、聚氨酯泡沫塑料、软木等。

有机绝热材料按形态不同，可分为多孔状绝热材料、纤维状绝热材料、粉末状绝热材料3种。

（1）多孔状绝热材料 多孔状绝热材料又称泡沫绝热材料，它具有质量轻、绝热性好、弹性优良、尺寸稳定、稳定性差等特点。在建筑工程中常用的多孔状绝热材料主要有泡沫塑料、泡沫橡胶、硅酸钙、轻质耐火材料等。

（2）纤维状绝热材料 纤维状绝热材料按材质不同，可分为有机纤维、无机纤维、金属纤维和复合纤维等。在建筑工程常用的纤维状绝热材料主要是无机纤维，目前用得最多的是石棉、岩棉、玻璃棉、硅酸铝陶瓷纤维、晶质氧化铝纤维等。

（3）粉末状绝热材料 粉末状绝热材料主要有膨胀蛭石、硅藻土、膨胀珍珠岩及其制品。这些材料的原料来源丰富、易于取得、价格便宜，是建筑工程和热工设备上应用比较广泛的高效绝热材料。

3. 金属绝热材料

金属绝热材料也称为层状绝热材料，这类绝热材料不像以上两种绝热材料那样品种多，应用范围也不太广泛，在建筑节能工程中常见的有铝箔、锡箔等。

（二）按绝热原理不同分类

按绝热原理不同分类，绝热材料可分为多孔绝热材料和反射绝热材料。

1. 多孔绝热材料

多孔绝热材料是依靠热导率小的气体充满孔隙中进行绝热的。一般是以空气为热阻介质，主要是纤维状聚集组织和多孔结构材料。泡沫塑料的绝热性较好，其次为矿物纤维（如石棉）、膨胀珍珠岩和多孔混凝土、泡沫玻璃等。

2. 反射绝热材料

在建筑工程中可利用的反射绝热材料有很多。如铝箔能靠热反射减少辐射传热，几层铝箔或与纸组成夹有薄空气层的复合结构，还可以增大热阻值。绝热材料常以松散材、卷材、板材和预制块等形式用于建筑物屋面、外墙和地面等的保温及隔热。可直接砌筑（如加气混凝土）或放在屋顶及围护结构中作芯材，也可铺垫成地面保温层。纤维或粒状绝热材料既能填充于墙内，也能喷涂于墙面，兼有绝热、吸声、装饰和耐火等效果。

绝热材料产品种类很多，包括泡沫塑料、矿物棉制品、泡沫玻璃、膨胀珍珠岩绝热制品、胶粉 EPS 颗粒保温浆料、矿物喷涂棉、发泡水泥保温制品等。

绝热材料在建筑节能中常见的应用类型及设计选用，应符合现行国家标准《建筑用绝热材料：性能选定指南》（GB/T 17369—2014）的规定。另外，在选用时除应考虑材料的热导率外，还应考虑材料的吸水率、燃烧性能、强度等指标。

二、影响材料热导率的因素

随着我国建筑节能工作的不断深入开展，各类新型节能材料得到广泛应用。为正确评定材料的绝热性能，确保工程的节能指标达到设计要求，对建筑节能材料的热导率进行检测势在必行。根据《建筑节能工程施工质量验收规范》（GB 50411—2014）中的规定，用于墙体、屋顶及地面等节能工程的材料，进场前必须对其热导率等指标进行取样复验，合格的绝热材料才能用于工程。

不同的绝热材料，其热导率是有很大差异的，如空气的热导率为 0.023W/(m·K)，松木的热导率一般为 0.17 W/(m·K)，铝的热导率一般为 237W/(m·K)，混凝土热导率一般为 2.33W/(m·K)。但是，相同的绝热材料，其热导率也有所不同。影响材料热导率的主要因素有材料的物质构成、微观结构、孔隙构造、表观密度、环境温度、材料湿度、热流方向和填充气体影响等。

（1）物质构成　材料试验证明，不同的物质构成，它们的热导率是不同的。一般有机高分子材料的热导率都小于无机材料的；非金属材料的热导率小于金属材料的；气态物质的热导率小于液态物质的，液态物质的热导率小于固态物质。

（2）微观结构　微观结构涉及化学、生物学、物理学等诸多领域，是指物质、生物、细胞在显微镜下的结构，以及分子、原子，甚至亚原子的结构。在相同化学组成的绝热材料中，微观结构不同其热导率是不同的，结晶结构的热导率最大，微晶结构的次之，玻璃体结构的最小。

（3）孔隙构造　由于固体物质的导热能力比空气大得多，因此，一般情况下孔隙率越大，密度越低，热导率越小。当孔隙率相同时，由于孔隙中空气对流的作用，孔隙相互连通比封闭而不连通的热导率要大；孔隙尺寸越大，热导率越大。例如，密度较小的纤维状材料，其热导率随密度减小而减小，而当密度低于某一极限时，孔隙增大且相互连通的孔隙增多使对流作用加强，反而会导致热导率增大。因此，松散状的纤维材料存在着一个热导率最小的最佳密度。

（4）表观密度　表观密度是指材料在自然状态下，单位体积的干质量。表观密度是材料气孔率的直接反映，由于气相的热导率通常均小于固相的热导率，因此保温材料都具有很大的气孔率，即具有很小的表观密度。在一般情况下，增大材料的气孔率或减少表观密度都会导致材料热导率的下降。

（5）松散材料的粒度　粒度就是颗粒的大小。通常球体颗粒的粒度用直径表示，立方体颗粒的粒度用边长表示。对不规则的矿物颗粒，可将与矿物颗粒有相同行为的某一球体直径作为该颗粒的等效直径。在常温条件下，松散材料的热导率随着材料粒度的减小而降低，粒度较大时，颗粒之间的空隙尺寸增大，空气的热导率也必然增大。粒度较小者，其热导率则也较小。

（6）环境温度　温度对各类绝热材料热导率均有直接影响。由于温度升高时材料固体分子热运动增强，同时材料孔隙中空气的导热和孔壁间的辐射作用也有所增强，因此，一般来说，材料的热导率随着材料温度的升高而增大，绝热材料在低温下的使用效果更佳。

（7）材料湿度 材料受潮后，其孔隙中就存在水蒸气和水，由于水的热导率较大，约为$0.5815W/(m \cdot K)$，比静态空气的热导率大20多倍，因此，当材料的含水率增大时其热导率必然也增大。孔隙中的水分受冻成为冰，冰的热导率为$2.326 W/(m \cdot K)$，相当于水的4倍，则材料的热导率会更大。

因此，作为保温绝热材料时，材料自身中的含水率要尽量低，如果不可避免时要对材料进行憎水处理或用防水材料包覆。

（8）热流方向 热导率与热流方向的关系仅仅存在于各向异性的材料中，即在各个方向上构造不同的材料中。传热方向和纤维方向垂直时的绝热性能比传热方向和纤维方向平行时要好一些；同样，具有大量封闭气孔的材料的绝热性能，也比具有大量有开口气孔的要好一些。

（9）填充气体影响 在绝热材料中，大部分热量是从孔隙中的气体传导的。因此，绝热材料的热导率大小，在很大程度上取决于填充气体的种类。低温工程中如果填充氦气或氢气，由于氦气和氢气的热导率都比较大，所以可作为一级近似（一级近似就是把函数值用自变量的某个临近点处的函数值及导函数的值近似表示），认为绝热材料的热导率与这些气体的热导率相当。

绝热材料性能的优劣，主要由材料热传导性能（即热导率）的高低决定。材料的热导率越小，其绝热性能则越好。一般情况下，绝热材料的共同特点是轻质、疏松，呈多孔状、松散颗粒状或纤维状，以其内部不流动的空气来阻隔热的传导，从而达到节能的目的。

在建筑节能工程中，将热导率小于$0.25W/(m \cdot K)$的建筑材料称为保温材料，建筑材料的热导率越小，其导热性能就越差，热阻也就越大，则越有利于建筑物的保温和隔热。建筑工程上使用的绝热节能材料，一般要求热导率（λ）应小于$0.25W/(m \cdot K)$、热阻（R）应大于$4.35(m^2 \cdot K)/W$、表观密度不大于$600kg/m^3$、抗压强度大于$0.3MPa$。

在建筑节能工程中，绝热节能材料主要是用于墙体、地面和屋顶的保温隔热，以及热工设备、热力管道的保温，有时也用于冬季施工的保温，在冷藏室和冷藏设备上也可用作隔热。在选用绝热节能材料时，应综合考虑建筑结构的用途，如使用环境温度、湿度及部位，围护结构的构造，施工难易程度，建筑材料的来源，工程投资大小等。

Chapter

第二章

墙体节能材料

　　能源就是向自然界提供能量转化的物质，是人类活动的物质基础。在某种意义上讲，人类社会的发展离不开优质能源的出现和先进能源技术的使用。在当今世界，能源的可持续发展、能源的科学利用、能源和环境是全世界、全人类共同关心的问题，也是我国社会经济发展的重要问题。

　　我国是世界第二大能源消耗国，我国建筑能源消耗的总量逐年上升，在能源消耗总量中所占的比例已从 20 世纪 70 年代末的 10％上升到近年的 30％左右。实际测量数字表明，建筑最大的耗能点是采暖和空调，目前我国在采暖和空调上的能耗占建筑总能耗的 50％左右。工程实践证明，采用新型环保节能墙体材料，是减少采暖和空调能耗的最有效办法。

第一节　　绿色墙体材料基本概念

　　近年来，我国能源结构正在进行重大调整，能源安全的形态正在发生质变。这给中国的政治、外交、军事、科技和产业结构等提出了一个全新的课题——如何保障中国能源安全？怎么确保能源结构可持续发展？解决好这个问题，对于实现建筑"绿色发展"理念和实现"两个一百年"的中国梦具有十分重要的意义。

　　我国对于节能墙体材料的改革和运用非常重视。2005 年，国家发展和改革委员会、国土资源部、建设部、农业部联合召开全国推进墙体材料革新和推广节能建筑电视电话会议，就全面贯彻落实《国务院办公厅关于进一步推进墙体材料革新和推广节能建筑的通知》（国办发［2005］33 号）精神，进行了全面部署。

　　节能墙体建筑，主要是指采用新型墙体材料、其他节能材料和建筑节能技术，达到国家规定的民用建筑节能设计标准和公共建筑节能设计标准的建筑。据实际测量，建筑用能50％左右通过围护结构消耗，围护结构包括墙体、门窗、屋顶和地面，建筑节能主要就是围护结构的隔热保温。墙体面积较大，如何科学地选用新型节能墙体材料，对于围护结构的节能效果有着重要影响。

　　绿色墙体材料是采用清洁生产技术，少用天然资源和能源，大量使用工业或城市固态废物生产的无毒害、无污染、无放射性，有利于环境保护和人体健康的建筑材料。从长远来看，发展绿色墙体材料是我国墙体材料产业发展的基本方向；从现实来讲，绿色墙体材料产业是发展绿色建筑的迫切要求。未来会有越来越多的房地产商重视开发健康住宅，更多地使用绿色建材。面对消费者对生活、健康质量的更高要求，绿色墙材产品将成为未来墙体材料工业发展的一道亮丽风景线。

一、绿色墙体材料的特点

　　绿色墙体材料主要包括固体废物生产绿色墙体材料、非黏土质新型墙体材料、高保温性墙体材料3类新材料，例如煤矸石空心砖、高掺量烧结粉煤灰砖、石膏砌块和墙板、农林业副产品生产轻质板材等。

　　随着国家可持续发展战略的实施，以及在生态建设及环境保护方面的加强，我国实施了墙体材料革新政策，大力开发和推广使用新型墙体材料。新型墙体材料具有可以有效减少环境污染、节省大量的生产成本、增加房屋使用面积等一系列优点，其中相当大一部分品种属于绿色建材，具有质轻、隔热、隔声、保温等特点。有些材料甚至具备防火的功能。

　　新型墙体材料是我国墙体材料发展的新方向。它充分利用废弃物，减少环境污染，节约能源和自然资源，保护生态环境和保证人类社会的可持续发展，具有良好的经济效益、社会效益和环境效益。新型墙体材料是集轻质、高强、节能为一体的绿色高性能墙体材料，它可以很好地解决墙体材料生产和应用中资源、能源、环境协调发展的问题，是我国墙体材料发展的方向。近年来我国新型墙体材料发展迅速，取得了可喜的成绩。

　　墙体材料是建筑物的重要组成部分，与保护土地资源、节约能源、减少环境污染等有着密切关系，发展绿色墙体材料是可持续发展战略的要求，也是社会进步和经济正常增长的重要一环。从绿色墙体材料具有的特点来看，发展绿色墙体材料是实现节能减排的重大举措。归纳起来，绿色建筑材料具有以下特点。

　　（1）节约资源　生产墙体所用原材料尽可能少用甚至不用天然资源，而多用甚至全部采用工业或其他渠道的废弃料，可以节约大量的天然资源。

　　（2）节约能源　绿色墙体材料既可以节约其生产过程中的能耗，又可以节约建筑物使用过程中的能耗。

　　（3）节约土地　绿色墙体材料既不毁地（田）取土作为原料，又可增加建筑物的有效使用面积。

　　（4）可清洁生产　绿色墙体材料在生产过程中不排放或极少排放废渣、废水、废气，大幅度减少噪声，具有较高的自动化程度。

　　（5）具有多功能　对外墙材料和内墙材料既有相同的、又有不同的功能要求。对外墙材料，要求轻质、高强、高抗冲击、防火、抗震、保温、隔声、抗渗、美观等；对内墙材料，要求轻质、一定的强度、抗冲击、防火、一定的隔声性、杀菌、防霉、调湿、无放射性、可灵活隔断安装与易拆卸等。

　　（6）可再生利用　达到其使用寿命后，可加以再生循环利用，并且不污染环境。绿色墙体材料也是指在产品的原材料采集过程、加工制造过程、产品使用过程和其寿命终止后的再生利用过程均符合环保要求的一类材料。

二、绿色墙体材料的分类

新型节能墙体材料大致可以分为 3 大类，即建筑板材类、非黏土砖类和建筑砌块类。它们的具体分类如表 2-1～表 2-3 所列。

表 2-1　建筑板材类的分类

板材类别	说明	适用范围
纤维增强硅酸钙板	纤维增强硅酸钙板通常称为"硅钙板"，是由钙质材料、硅质材料与纤维等作为主要原料，经制浆、成坯与蒸压养护等工序而制成的轻质板材。按产品用途分，有建筑用和船用两类；按产品所用纤维的品种分，有石棉硅酸钙板和无石棉硅酸钙板两类 纤维增强硅酸钙板具有密度低、比强度高、湿胀率小、防火、防潮、防蛀、防霉与可加工性好等特性	可作为公用与民用建筑的隔墙与吊顶，经表面防水处理后，也可用作建筑物的外墙面板。由于此种板材有很高的防火性，故特别适用于高层与超高层建筑
玻璃纤维增强水泥轻质多孔隔墙条板	玻璃纤维增强水泥轻质多孔隔墙条板简称为 GRC 板，也称为 GRC 空心条板，是以耐碱玻璃纤维为增强材料，以硫铝酸盐水泥轻质砂浆为基材制成的具有若干个圆孔的条形板材	最初 GRC 空心条板只限用于非承重的内隔墙，现已开始用于公共、住宅和工业建筑围护墙体
蒸压加气混凝土板	蒸压加气混凝土是由钙质材料、硅质材料、石膏、铝粉、水和钢筋等制成的轻质板材，板内有大量微小的、非连通的气孔，孔隙率达 70%～80%，因而具有自重轻、绝热性好、隔声、吸声等特性，另外还具有较好的耐火性和一定的承载能力	蒸压加气混凝土板可用作单层或多层工业厂房的外墙，也可用于公用建筑及居住建筑的内墙或外墙、屋面板、楼板
石膏墙板	石膏墙板包括纸面石膏板、石膏空心条板。石膏空心条板包括石膏珍珠岩空心条板、石膏粉硅酸盐空心条板和石膏空心条板等，具有防火、隔声、隔热、防静电、防电磁波辐射等功能	石膏墙板主要用作工业和民用建筑物的非承重内隔墙
钢丝网架水泥夹芯板	钢丝网架水泥夹芯板包括以阻燃型泡沫塑料条板或半硬质岩棉板作芯板钢丝网架夹芯板。这种板是由工厂专用装备生产的二维空间焊接钢丝网架和内填泡沫塑料板或内填半硬质岩棉板构成的网架芯板，经施工现场喷抹水泥砂浆后形成的。具有质量轻、保温、隔热性能好、安全方便等优点	钢丝网架水泥夹芯板主要用于房屋建筑的内隔墙、围护外墙、保温复合外墙、楼面、屋面及建筑加层等
金属面夹芯板	金属面夹芯板包括金属面聚苯乙烯夹芯板、金属面硬质聚氨酯夹芯板和金属面岩棉、矿棉夹芯板。质量轻、强度高，具有高效绝热性，施工方便、快捷，可多次拆卸、可变换地点重复安装，有较高的持久性，带有防腐涂层的彩色金属面夹芯板有较高的装饰性	金属面夹芯板普遍用于冷库、仓库、工厂车间、仓储式超市、商场、办公校、洁净室、旧楼房加层、活动房、战地医院、展览馆和体育场馆和候机楼等的建造

表 2-2　非黏土砖类的分类

非黏土砖类别	说明
非黏土烧结多孔砖和空心砖	指孔洞率大于 25% 的非黏土烧结多孔砖和非黏土烧结空心砖
非黏土砖	指烧结页岩砖和符合国家、行业标准的非黏土砖
混凝土砖和混凝土多孔砖	混凝土砖和混凝土多孔砖的主要原料为水泥和石粉，搅拌后挤压成型的产品，制作工艺简单，不需要进行烧结，产品尺寸比较准确，施工方法、技术要求和质量标准与普通黏土多孔砖基本相同，因此在工程中使用较为普遍。具有强度较高、耐火性强、隔声性好、不易吸水、价格便宜等优点，但也具有自重较大、需湿作业等缺点

表 2-3　建筑砌块类的分类

建筑砌块类别		说　明
混凝土砌块	普通混凝土小型空心砌块 轻集料混凝土小型空心砌块 蒸压加气混凝土砌块	蒸压加气混凝土砌块是利用火力发电厂排放的粉煤灰为主要原料,引进国外先进的生产工艺及装备生产的新型墙体材料,具有节能、降耗、施工简单等特点,是一种安全、节能的绿色建筑材料
粉煤灰小型空心砌块		应用粉煤灰小型空心砌块是降低生产成本,提高产品竞争力和经济效益的有效途径之一,掺入适量的粉煤灰,可以提高砌块的密实性、减少吸水率、降低砌块的收缩率,并且还可以提高砌块的后期强度
石膏砌块		石膏砌块是以建筑石膏为主要原料,经制浆搅拌和与浇筑成型,自然干燥或烘干而制成的轻质块状隔墙材料。在生产中还可以加入各种轻集料、填充料、纤维增强材料、发泡剂等辅助原料,也可以用高强石膏粉或部分水泥代替建筑石膏,并掺入适量的粉煤灰生产石膏砌块

第二节　墙体节能烧结砖材

在建筑工程中凡是以黏土、工业废料或其他地方资源为主要原料,以不同生产工艺制成的,在建筑中用于砌筑承重和非承重墙体的砖,统称为砌墙砖材。

建筑墙体用砖材按照生产工艺不同可分为烧结砖和非烧结砖两种:烧结砖是经焙烧工艺而制得的;非烧结砖通常是通过蒸汽养护或蒸压养护而制得的。

建筑墙体用砖材按照孔洞率和孔洞特征不同,可分为普通砖、多孔砖和空心砖等。普通砖是指无孔洞或孔洞率小于 15％的砖;多孔砖一般是指孔洞率≥25％、孔的尺寸小而数量多的砖;空心砖一般是指孔洞率≥35％、孔的尺寸大而数量少的砖。

建筑墙体用砖材按照所用原材料不同,可分为烧结黏土砖(代号为 N)、烧结页岩砖(代号为 Y)、烧结煤矸石砖(代号为 M)和烧结粉煤灰砖(代号为 F)等。

一、烧结普通砖

烧结普通砖是以黏土、页岩、煤矸石、粉煤灰等为原料,经成型、焙烧制得的无孔洞或孔洞率小于 15％的砖。烧结普通砖的原料丰富、来源广泛、工艺简单、价格低廉。

(一)烧结普通砖的分类

(1)根据现行国家标准《烧结普通砖》(GB 5101—2003)中的规定,烧结普通砖按照其抗压强度不同,可分为 MU30、MU25、MU20、MU15 和 MU10 五个强度等级,烧结普通砖的强度等级如表 2-4 所列。

表 2-4　烧结普通砖的强度等级

强度等级	抗压强度平均值 f /MPa	变异系数 $\delta \leqslant 0.21$ 强度标准值 f_k/MPa	变异系数 $\delta > 0.21$ 单块最小抗压强度值 f_{min}/MPa
MU30	≥30.0	≥22.0	≥25.0
MU25	≥25.0	≥18.0	≥22.0
MU20	≥20.0	≥14.0	≥16.0
MU15	≥15.0	≥10.0	≥12.0
MU10	≥10.0	≥6.5	≥7.5

（2）强度、抗风化性能和放射性物质均合格的砖，根据其尺寸偏差、外观质量、泛霜和石灰爆裂的不同，可分为优等品（A）、一等品（B）和合格品（C）3个质量等级。优等品适用于清水墙和装饰墙，一等品和合格品适用于混水墙。但有中等泛霜的砖，不能用于潮湿部位。

（二）烧结普通砖的外观质量要求

烧结普通砖的外观质量应符合表2-5中的规定。

表2-5 烧结普通砖的外观质量要求

项目	优等品	一等品	合格品
两条面高度差/mm	≤2	≤3	≤4
弯曲/mm	≤2	≤3	≤4
杂质凸出高度/mm	≤2	≤3	≤4
缺棱掉角的三个破坏尺寸不得同时大于/mm	5	20	30
裂纹长度/mm a. 大面上宽度方向延伸到条面的长度 b. 大面上宽度方向延伸到顶面的长度或条面上水平裂纹的长度	≤30 ≤50	≤60 ≤80	≤80 ≤100
完整面不得少于	二条面和二顶面	一条面和一顶面	—
颜色	基本一致	—	—

注：1. 为装饰而施加的色差，凹凸纹、拉毛、压花等不算作缺陷；

2. 凡有下列缺陷之一者，不得称为完整面：a. 缺陷在条面或顶面上造成的破坏尺寸同时大于10mm×10mm；b. 条面或顶面上裂纹宽度大于1mm，其长度超过30mm；c. 压陷、粘底、焦化在条面或顶面上的凹陷或凸出超过2mm，区域尺寸同时大于10mm×10mm。

（三）烧结普通砖的尺寸要求

烧结普通砖的尺寸允许偏差应符合表2-6中的规定（样本数为20块）。

表2-6 烧结普通砖尺寸允许偏差　　　　　　　　　　　　　　单位：mm

公称尺寸	优等品		一等品		合格品	
	样本平均偏差	样本极差	样本平均偏差	样本极差	样本平均偏差	样本极差
240	±2.0	≤6	±2.5	≤7	±3.0	≤8
115	±1.5	≤5	±2.0	≤6	±2.5	≤7
53	±1.0	≤4	±1.5	≤5	±2.0	≤6

（四）烧结普通砖的抗风化性能要求

我国各省市严重风化地区和非严重风化地区的划分如表2-7所列。烧结普通砖的抗风化性能指标（吸水率、饱和系数）应满足表2-8中的要求。

表2-7 我国对风化区的划分

严重风化区	非严重风化区
1 黑龙江省；2 吉林省；3 辽宁省；4 内蒙古自治区；5 新疆维吾尔自治区；6 宁夏回族自治区；7 甘肃省；8 青海省；9 陕西省；10 山西省；11 河北省；12 北京市；13 天津市	1 山东省；2 河南省；3 安徽省；4 江苏省；5 河北省；6 江西省；7 浙江省；8 四川省；9 贵州省；10 湖南省；11 福建省；12 台湾省；13 广东省；14 广西壮族自治区；15 海南省；16 云南省；17 西藏自治区；18 上海市

表 2-8 烧结普通砖的吸水率、饱和系数

砖的种类	严重风化区				非严重风化区			
	5h沸煮吸水率/%		饱和系数		5h沸煮吸水率/%		饱和系数	
	平均值	单块最大值	平均值	单块最大值	平均值	单块最大值	平均值	单块最大值
黏土砖	≤18	20	≤0.85	0.87	≤19	≤20	≤0.88	0.90
粉煤灰砖	≤21	23			≤23	≤25		
页岩砖	≤16	18	≤0.74	0.77	≤18	≤20	≤0.78	0.88
煤矸石砖								

注：1. 粉煤灰掺入量（体积比）小于30％时，抗风化性能指标按黏土砖规定；

2. 饱和系数为常温24h吸水量与沸煮5h吸水量之比。

（五）烧结普通砖的泛霜和石灰爆裂要求

烧结普通砖的泛霜和石灰爆裂要求应符合表 2-9 中的规定。

表 2-9 烧结普通砖的泛霜和石灰爆裂要求

项目	优等品	一等品	合格品
泛霜	不允许有泛霜	不允许出现中等泛霜	不允许出现严重泛霜
石灰爆裂	不允许出现最大破坏尺寸>2mm 的爆裂区域	（1）最大破坏尺寸>2mm，且≤10mm的爆裂区域，每组样砖上不得多于15处； （2）不允许出现最大破坏尺寸>10mm的爆裂区域	（1）最大破坏尺寸>2mm，且≤15mm的爆裂区域，每组样砖上不得多于15处，其中>10mm的不得多于7处； （2）不允许出现最大破坏尺寸>15mm的爆裂区域

二、烧结多孔砖和多孔砌块

根据现行国家标准《烧结多孔砖和多孔砌块》（GB 13544—2011）中的规定，烧结多孔砌块是指经过焙烧而成，孔洞率大于或等于33％，孔的尺寸小而数量多的砌块，这类砌块主要用于承重部位。

1. 烧结多孔砖和多孔砌块的分类

（1）烧结多孔砖和多孔砌块按主要原料分类 可分为黏土砌块（N）、页岩砖和页岩砌块（Y）、煤矸石砖和煤矸石砌块（M）、粉煤灰砖和粉煤灰砌块（F）、淤泥砖和淤泥砌块（U）、固体废物砖和固体废物砌块（G）。

（2）烧结多孔砖和多孔砌块其抗压强度分类 可分为 MU30、MU25、MU20、MU15和 MU10 五个强度等级。

（3）烧结多孔砖和多孔砌块按密度等级分类 烧结多孔砖按密度等级可分为 1000、1100、1200 和 1300 四个等级；多孔砌块按密度等级，可分为 900、1000、1100 和 1200 四个等级。

2. 烧结多孔砖和多孔砌块的规格

（1）砖和砌块的外形一般为直角六面体，在与砂浆的接合面上应设有增加结合力的粉刷槽和砌筑砂浆槽，并符合下列规定。

1）粉刷槽。混水墙用砖和砌块，应在条面或顶面上设有均匀分布的粉刷槽或类似的结构，深度不小于2mm。

2）砌筑砂浆槽。砌块至少应在一个条面或顶面上设立砌筑砂浆槽。两个条面或顶面都有砌筑砂浆槽时，砌筑砂浆槽的深度应大于 15mm，且小于 25mm；只有一个条面或顶面有砌筑砂浆槽时，砌筑砂浆槽的深度应大于 30mm，且小于 40mm。砌筑砂浆槽的宽度，应超过砂浆槽的所处砌块面宽度的 50%。

（2）砌块和砖的长度、宽度、高度的尺寸　应符合下列要求：砖的规格尺寸（单位 mm）为 290、240、190、180、140、115、90；砌块规格尺寸（单位 mm）为 490、440、390、340、290、240、190、140、115、90；其他规格尺寸由供需双方协商确定。

3. 烧结多孔砖和多孔砌块技术要求

（1）烧结多孔砖和多孔砌块尺寸允许偏差　烧结多孔砖和多孔砌块的尺寸允许偏差应符合表 2-10 中的要求。

表 2-10　烧结多孔砖和多孔砌块的尺寸允许偏差　　　单位：mm

尺寸范围	样本平均偏差	样本极差	尺寸范围	样本平均偏差	样本极差
>400	±3.0	≤10.0	100~200	±2.0	≤7.0
300~400	±2.5	≤9.0	<100	±1.5	≤6.0
200~300	±2.5	≤8.0	—	—	—

（2）烧结多孔砖和多孔砌块外观质量要求　烧结多孔砖和多孔砌块外观质量应符合表 2-11 中的要求。

表 2-11　烧结多孔砖和多孔砌块外观质量

序号	项目	技术指标
1	完整面	不得少于一条面和一顶面
2	缺棱掉角的三个破坏尺寸	不得同时大于 30mm
3	裂纹的长度 (1)大面(有孔面)上深入到孔壁 15mm 以上宽度方向及其延伸到条面的长度； (2)大面(有孔面)上深入到孔壁 15mm 以上长度方向及其延伸到条面的长度； (3)条顶面上的水平裂纹	≤80mm ≤100mm ≤100mm
4	杂质所在砖或砌块面上造成的凸出高度	≤5mm

注：凡有下列缺陷之一者，不能称为完整面：a. 缺损在条面或顶面上造成的破坏面的尺寸同时大于 20mm×30mm；b. 条面或顶面上裂纹宽度大于 1mm，其长度超过 70mm；c. 压陷、焦花、粘底在条面或顶面上的凹陷或凸出超过 2mm，区域最大投影尺寸同时大于 20mm×30mm。

（3）烧结多孔砖和多孔砌块密度等级要求　烧结多孔砖和多孔砌块的密度等级应符合表 2-12 中的要求。

表 2-12　烧结多孔砖和多孔砌块的密度等级　　　单位：kg/m³

密度等级		3 块砖或砌块干燥表观密度平均值	密度等级		3 块砖或砌块干燥表观密度平均值
砖	砌块		砖	砌块	
—	900	≤900	1200	1200	1100~1200
1000	1000	900~1000	1300	—	1200~1300
1100	1100	1000~1100	—	—	—

（4）烧结多孔砖和多孔砌块孔型孔结构及孔洞率要求　烧结多孔砖和多孔砌块孔型孔结构及孔洞率应符合表 2-13 中的要求。

表 2-13 烧结多孔砖和多孔砌块孔型孔结构及孔洞率

孔型	孔洞尺寸/mm		最小外壁厚/mm	最小肋厚/mm	孔洞率/%		孔洞排列
	孔宽度尺寸 b	孔长度尺寸 L			砖	砌块	
矩形条孔洞或矩形孔洞	≤13	≤40	≥12	≥5	≥28	≥33	(1)所有孔宽应相等,孔洞采用单向或双向交错排列; (2)孔洞排列上下、左右应对称,分布均匀,手抓孔洞的长度方向尺寸必须平行于砖块的条面

注:1. 矩形孔洞的孔长 L、孔宽 b 满足式 $L \geqslant 3b$,为矩形条孔;

2. 孔的四个角部应做成过渡圆角,不得做成直尖角;

3. 如设有砌筑砂浆槽,则砌筑砂浆槽可不计算在孔洞率内;

4. 规格大的砖和砌块应设置手抓孔,手抓孔洞的尺寸为(30~40)mm×(75~85)mm。

(5) 烧结多孔砖和多孔砌块强度等级要求 烧结多孔砖和多孔砌块的强度等级应符合表 2-14 中的要求。

表 2-14 烧结多孔砖和多孔砌块的强度等级 单位:MPa

强度等级	抗压强度平均值	强度标准值	强度等级	抗压强度平均值	强度标准值
MU30	>30.0	≥22.0	MU15	>15.0	≥10.0
MU25	>25.0	≥18.0	MU10	>10.0	≥6.0
MU20	>20.0	≥14.0	—	—	—

(6) 烧结多孔砖和多孔砌块抗风化性能要求 烧结多孔砖和多孔砌块抗风化性能应符合表 2-15 中的要求。

表 2-15 烧结多孔砖和多孔砌块抗风化性能

烧结多孔砖和多孔砌块种类	项目							
	严重风化区				非严重风化区			
	5h沸煮吸水率/%		饱和系数		5h沸煮吸水率/%		饱和系数	
	平均值	单块最大值	平均值	单块最大值	平均值	单块最大值	平均值	单块最大值
黏土砖和砌块	≤21	23	0.85	0.87	≤23	25	≤0.88	0.90
粉煤灰砖和砌块	≤23	25			≤30	32		
页岩砖和砌块	≤16	18	0.74	0.77	≤18	20	≤0.78	0.80
煤矸石砖和砌块	≤19	21			≤21	23		

注:粉煤灰掺入量(质量比)小于 30% 时,按黏土砖和砌块规定判定。

(7) 烧结多孔砖和多孔砌块其他性能要求 烧结多孔砖和多孔砌块其他性能要求,主要包括泛霜、石灰爆裂、放射性核素限量、抗冻性和外观质量。

1) 泛霜。烧结多孔砖和多孔砌块均不允许出现严重的泛霜。

2) 石灰爆裂。①破坏尺寸大于 2mm 且小于或等于 15mm 的爆裂区域,每组砖和砌块不得多于 15 处,其中大于 10mm 的不得多于 7 处;②不允许出现破坏尺寸大于 15mm 的爆裂区域。

3) 放射性核素限量。烧结多孔砖和多孔砌块的放射性核素限量,应符合现行国家标准《建筑材料放射性核素限量》(GB 6566—2010) 中的规定。

4) 抗冻性。15 次冻融循环试验后,每块砖和砌块不允许出现裂纹、分层、掉皮、缺棱掉角等冻坏现象。

5) 外观质量要求。产品中不允许有欠火砖(砌块)、酥砖(砌块)。

三、非烧结垃圾尾矿砖

根据现行的行业标准《非烧结垃圾尾矿砖》(JC/T 422—2007)中的规定,非烧结垃圾尾矿砖是指以淤泥、建筑垃圾、焚烧垃圾等为主要原料，掺入少量水泥、石膏、石灰、外加剂、胶结剂等材料，经粉碎、搅拌、压制成型、蒸压、蒸养或自然养护而制成的一种实心非烧结垃圾尾矿砖。

1. 非烧结垃圾尾矿砖的规格与分类

非烧结垃圾尾矿砖的外形为矩形体，砖的公称尺寸为 240mm×115mm×53mm，也可根据实际需要由供需双方协商确定；按抗压强度可分为 MU25、MU20 和 MU15 三个等级。

2. 非烧结垃圾尾矿砖的性能要求

（1）非烧结垃圾尾矿砖尺寸要求　非烧结垃圾尾矿砖的尺寸偏差应符合表 2-16 中的要求。

表 2-16　非烧结垃圾尾矿砖的尺寸偏差

项目名称	标准值/mm	项目名称	标准值/mm
长度	±2.0	高度	±2.0
宽度	±2.0	—	—

（2）非烧结垃圾尾矿砖外观要求　非烧结垃圾尾矿砖的外观质量应符合表 2-17 中的要求。

表 2-17　非烧结垃圾尾矿砖的外观质量

项目名称	合格品/mm	项目名称		合格品/mm
弯曲	≤2.0	完整面		不得少于一条面和一顶面
层裂	不允许	颜色		基本一致
裂纹长度 （1）大面上宽度方向及其延伸到条面的长度； （2）大面上长度方向及其延伸到顶面上的长度或条、顶面水平裂纹的长度	≤30 ≤50	缺棱掉角	个数/个	≤1
			三个方向投影尺寸的最小值	≤10

（3）非烧结垃圾尾矿砖的强度要求　非烧结垃圾尾矿砖的强度等级应符合表 2-18 中的要求。

表 2-18　非烧结垃圾尾矿砖的强度等级

强度等级	抗压强度平均值	变异系数 $\delta \leq 0.21$ 强度标准值	变异系数 $\delta \geq 0.21$ 单块最小抗压强度
MU25	≥25.0	≥19.0	≥20.0
MU20	≥20.0	≥14.0	≥16.0
MU15	≥15.0	≥10.0	≥12.0

（4）非烧结垃圾尾矿砖的抗冻性要求　非烧结垃圾尾矿砖的抗冻性应符合表 2-19 中的要求。

表 2-19　非烧结垃圾尾矿砖的抗冻性

强度等级	冻后抗压强度平均值/MPa	单块砖的干质量损失/%
MU25	≥22.0	≤2.0
MU20	≥16.0	≤2.0
MU15	≥12.0	≤2.0

（5）非烧结垃圾尾矿砖的碳化性能要求　非烧结垃圾尾矿砖的碳化性能应符合表 2-20 中的要求。

表 2-20　非烧结垃圾尾矿砖的碳化性能

强度等级	碳化后强度平均值/MPa	强度等级	碳化后强度平均值/MPa
MU25	≥22.0	MU15	≥12.0
MU20	≥16.0	—	—

（6）非烧结垃圾尾矿砖的其他性能要求　非烧结垃圾尾矿砖的其他性能要求包括干燥收缩性、吸水率、软化性能、放射性等。非烧结垃圾尾矿砖的干燥收缩性平均值不应大于 0.06%；非烧结垃圾尾矿砖的吸水率单块不应大于 18%；非烧结垃圾尾矿砖的软化性能平均值 K_f 不小于 0.80；非烧结垃圾尾矿砖的放射性应符合现行国家标准《建筑材料放射性核素限量》（GB 6566—2010）中的要求。

四、粉煤灰砖

根据现行的行业标准《蒸压粉煤灰砖》（JC/T 239—2014）中的规定，粉煤灰砖是指以粉煤灰、石灰为主要原料，掺加适量石膏、外加剂、颜料和集料，经胚料制备、成型，高压或常压蒸汽养护而成的实心粉煤灰砖。

粉煤灰砖可用于工业与民用建筑的墙体和基础。但用于基础或用于易受冻融和干湿交替作用的建筑部位必须使用一等砖与优等砖。同时，粉煤灰不得用于长期受热（200℃以上）、受急冷急热和有酸性介质侵蚀的部位。

1. 粉煤灰砖的规格与等级

粉煤灰砖的外形为直角六面体，砖的公称尺寸为 240mm×115mm×53mm，也可根据实际需要由供需双方协商确定。粉煤灰砖按抗压强度可分为 MU30、MU25、MU20、MU15 和 MU10 五个等级。粉煤灰砖根据尺寸偏差、外观质量、强度等级，可分为优等品（A）、一等品（B）、合格品（C）。

2. 粉煤灰砖的原材料要求

（1）水泥　制作粉煤灰砖所用的水泥，宜采用通用硅酸盐水泥，其技术性能应符合现行国家标准《通用硅酸盐水泥》（GB 175—2007）中的要求。

（2）细骨料　制作粉煤灰砖所用的细骨料，应符合现行国家标准《建设用砂》（GB/T 14684—2011）中的规定。

（3）石灰　制作粉煤灰砖所用的石灰，应符合现行的行业标准《硅酸盐建筑制品用生石灰》（JC/T 621—2009）中的规定。

（4）粉煤灰　制作粉煤灰砖所用的粉煤灰，应符合现行的行业标准《硅酸盐建筑制品用粉煤灰》（JC/T 409—2016）中的规定。

（5）其他原材料　制作粉煤灰砖所用的石膏、外加剂和颜料等，应符合相应现行标准中的规定，且不能对砖的性能产生不良影响。

3. 粉煤灰砖的技术性能要求

（1）粉煤灰砖的尺寸偏差和外观　粉煤灰砖的尺寸偏差和外观应符合表 2-21 中的要求。

表 2-21　粉煤灰砖的尺寸偏差和外观

项目名称		技术指标		
		优等品（A）	一等品（B）	合格品（C）
尺寸允许偏差 /mm	长度	±2.0	±3.0	±4.0
	宽度	±2.0	±3.0	±4.0
	高度	±1.0	±2.0	±3.0
对应高度差/mm		≤1.0	≤2.0	≤3.0
缺棱掉角的最小破坏尺寸/mm		≤10	≤15	≤20
完整面		不得少于两条面和一顶面或两顶面和一条面	不得少于一条面和一顶面	不得少于一条面和一顶面
裂纹长度 (1)大面上宽度方向的裂纹（包括延伸到条面上的长度）；		≤30	≤50	≤70
(2)其他裂纹		≤50	≤70	≤100
层裂		不允许	不允许	不允许

注：在条面或顶面上破坏面的两个尺寸同时大于 10mm 和 20mm 者为非完整面。

（2）粉煤灰砖的强度等级要求　粉煤灰砖的强度等级应符合表 2-22 中的规定，且优等品粉煤灰砖的强度等级不低于 MU15。

表 2-22　粉煤灰砖的强度等级

强度等级	抗压强度/MPa		抗折强度/MPa	
	10 块平均值	单块砖抗压强度	10 块平均值	单块砖抗折强度
MU30	≥30.0	≥24.0	≥6.2	≥5.0
MU25	≥25.0	≥20.0	≥5.0	≥4.0
MU20	≥20.0	≥16.0	≥4.0	≥3.2
MU15	≥15.0	≥12.0	≥3.3	≥2.6
MU10	≥10.0	≥8.0	≥2.5	≥2.0

（3）粉煤灰砖的抗冻性要求　粉煤灰砖的抗冻性要求应符合表 2-23 中的规定。

表 2-23　粉煤灰砖的抗冻性要求

强度等级	抗压强度平均值/MPa	砖的干质量损失（单块值）/%
MU30	≥24.0	
MU25	≥20.0	
MU20	≥16.0	≤2.0
MU15	≥12.0	
MU10	≥8.0	

（4）粉煤灰砖的其他性能要求　粉煤灰砖的其他性能主要包括色差、干燥收缩和碳化性能等。粉煤灰砖的色差应不显著。粉煤灰砖的干燥收缩值：优等品和一等品应不大于 0.65mm/m；合格品应不大于 0.65mm/m。粉煤灰砖的碳化系数 K_c≥0.80。

五、蒸压灰砂砖

根据现行国家标准《蒸压灰砂砖》（GB 11945—1999）中的规定，蒸压灰砂砖是以砂、石灰为主要原料，经坯料制备，压制成型、蒸压养护而成的实心砖，简称灰砂砖。蒸压灰砂砖的原料主要为砂，推广蒸压灰砂砖取代黏土砖，对减少环境污染、保护耕地、改善建筑功能有积极作用。

1. 蒸压灰砂砖的规格与等级

蒸压灰砂砖的外形为直角六面体，砖的公称尺寸为 240mm×115mm×53mm，生产其他规格尺寸产品，由供需双方协商确定。蒸压灰砂砖按其颜色不同，可分为彩色（Co）和本色（N）。蒸压灰砂砖按抗压强度可分为 MU25、MU20、MU15 和 MU10 四个等级。蒸压灰砂砖根据尺寸偏差、外观质量、强度等级等方面，可以分为优等品（A）、一等品（B）、合格品（C）。

2. 粉煤灰砂砖的原材料要求

（1）细骨料 制作粉煤灰砂砖所用的细骨料应符合现行的行业标准《硅酸盐建筑制品用砂》（JC/T 622—2009）中的规定。

（2）石灰 制作蒸压灰砂砖所用的石灰应符合现行的行业标准《硅酸盐建筑制品用生石灰》（JC/T 621—2009）中的规定。

（3）其他原材料 制作蒸压灰砂砖所用的外加剂和颜料等，应符合相应现行标准中的规定，且不能对砖的性能产生不良影响。

3. 蒸压灰砂砖的技术性能要求

（1）蒸压灰砂砖尺寸偏差和外观 蒸压灰砂砖的尺寸偏差和外观应符合表 2-24 中的规定。

表 2-24 蒸压灰砂砖的尺寸偏差和外观

项目名称		技术指标		
		优等品（A）	一等品（B）	合格品（C）
尺寸允许偏差/mm	长度 L	±2.0	±2.0	±3.0
	宽度 B	±2.0		
	高度 H	±1.0		
缺棱掉角	个数/个	≤1	≤1	≤2
	最大尺寸/mm	≤10	≤15	≤20
	最小尺寸/mm	≤5	≤10	≤10
对应高差/mm		≤1	≤2	≤3
裂纹条数/条		≤1	≤1	≤2
(1)大面上宽度方向的裂纹及其延伸到条面的长度/mm		≤30	≤50	≤70
(2)大面上长度方向的裂纹及其延伸到顶面的长度或条、顶面水平裂纹长度/mm		≤50	≤70	≤100

（2）蒸压灰砂砖的颜色要求 用于建筑工程上的蒸压灰砂砖，对于彩色灰砂砖要求颜色应基本一致，无明显色差，但对本色灰砂砖不做规定。

（3）蒸压灰砂砖抗压和抗折强度 蒸压灰砂砖的抗压和抗折强度应符合表 2-25 中的规定。

表 2-25 蒸压灰砂砖的抗压和抗折强度

强度等级	抗压强度/MPa		抗折强度/MPa	
	10 块平均值	单块砖抗压强度	10 块平均值	单块砖抗折强度
MU25	≥25.0	≥20.0	≥5.0	≥4.0
MU20	≥20.0	≥16.0	≥4.0	≥3.2
MU15	≥15.0	≥12.0	≥3.3	≥2.6
MU10	≥10.0	≥8.0	≥2.5	≥2.0

注：优等品的强度级别不得小于 MU15。

（4）蒸压灰砂砖的抗冻性要求 蒸压灰砂砖的抗冻性要求应符合表 2-26 中的规定。

表 2-26 蒸压灰砂砖的抗冻性要求

强度等级	抗压强度平均值/MPa	砖的干质量损失(单块值)/%
MU25	≥20.0	
MU20	≥16.0	≥2.0
MU15	≥12.0	
MU10	≥8.0	

注：优等品的强度级别不得小于 MU15。

六、混凝土多孔砖

根据现行的行业标准《混凝土多孔砖》(JC/T 943—2004)中的规定，混凝土多孔砖系指以水泥为胶结料，砂、石、煤矸石等为集料，可掺入少量的粉煤灰、粒化高炉矿渣粉等，经配料、搅拌、成型、养护等工艺制成的多孔砖。

混凝土多孔砖按其尺寸偏差、外观质量，可分为一等品（B）和合格品（C）；混凝土多孔砖按其强度等级不同，可分为 MU10、MU15、MU20、MU25 和 MU30 五个等级。

1. 混凝土多孔砖的原材料要求

（1）水泥 制作混凝土多孔砖所用的水泥，宜采用通用硅酸盐水泥，其技术性能应符合现行国家标准《通用硅酸盐水泥》(GB 175—2007/XG1—2009)中的要求。

（2）细骨料 制作混凝土多孔砖所用的细骨料应符合现行国家标准《建设用砂》(GB/T 14684—2011)中的规定。

（3）粗骨料 制作混凝土多孔砖所用的粗骨料应符合现行国家标准《建设用卵石、碎石》(GB/T 14685—2011)中的规定。轻集料应符合《轻集料及其试验方法 第 1 部分：轻集料》(GB/T 17431.1—2010)中的规定。重矿渣应符合《混凝土用高炉重矿渣碎石技术条件》(YBJ 205—1984)中的规定。如采用石屑等破碎石材，小于 0.15mm 的细石粉含量应不大于 20%。

（4）粉煤灰 制作混凝土多孔砖所用的粉煤灰应符合现行国家标准《用于水泥和混凝土中的粉煤灰》(GB/T 1596—2005)中的规定。

（5）粒化高炉矿渣 制作混凝土多孔砖所用的粒化高炉矿渣应符合现行国家标准《用于水泥和混凝土中的粒化高炉矿渣粉》(GB/T 18046—2008)中的规定。

（6）外加剂 制作混凝土多孔砖所用的外加剂应符合现行国家标准《混凝土外加剂》(GB 8076—2008)中的规定。

2. 混凝土多孔砖技术性能要求

（1）混凝土多孔砖的规格尺寸 混凝土多孔砖的外形为直角六面体，其长度、宽度、高度应分别符合下列规定：290mm、240mm、190mm、180mm；240mm、190mm、115mm、90mm；115mm、90mm。最小外壁厚度不应小于 15mm，最小肋厚度不应小于 10mm。其尺寸允许偏差应符合表 2-27 中的规定。

表 2-27 混凝土多孔砖的尺寸偏差

项目名称	允许偏差/mm		项目名称	允许偏差/mm	
	一等品(B)	合格品(C)		一等品(B)	合格品(C)
长度	±1.0	±2.0	高度	±1.5	±2.5
宽度	±1.0	±2.0	—	—	—

（2）混凝土多孔砖的外观质量　混凝土多孔砖的外观质量应符合表 2-28 中的规定。

表 2-28　混凝土多孔砖的外观质量

项目名称	质量要求		项目名称	质量要求	
	一等品	合格品		一等品	合格品
弯曲/mm	≤2.0	≤2.0	缺棱掉角个数/个	≤0	≤2
裂纹延伸投影尺寸累计/mm	≤0	≤20	三个方向投影尺寸的最小值/mm	≤0	≤20

（3）混凝土多孔砖的孔洞排列　混凝土多孔砖的孔洞排列应符合表 2-29 中的规定。

表 2-29　混凝土多孔砖的孔洞排列

孔形	孔洞率	孔洞排列	孔形	孔洞率	孔洞排列
矩形孔或矩形条形孔	≥30%	多排、有序交错排列	矩形孔或其他的孔形	≥30%	条面至少 2 排以上

（4）混凝土多孔砖的强度等级　混凝土多孔砖的强度等级应符合表 2-30 中的规定。

表 2-30　混凝土多孔砖的强度等级

强度等级	抗压强度/MPa		强度等级	抗压强度/MPa	
	平均值	单块最小值		平均值	单块最小值
MU10	≥10.0	≥8.0	MU25	≥25.0	≥20.0
MU15	≥15.0	≥12.0	MU30	≥30.0	≥24.0
MU20	≥20.0	≥16.0	—	—	—

（5）混凝土多孔砖的抗冻性能　混凝土多孔砖的抗冻性能应符合表 2-31 中的规定。

表 2-31　混凝土多孔砖的抗冻性能

使用环境		抗冻标号	强度损失/%	质量损失/%
非采暖地区		D15		
采暖地区	一般环境	D15	≤25	≤5
	干湿交替环境	D25		

注：1. 非采暖地区指最冷月份平均气温高于 −5℃的地区；

2. 采暖地区指最冷月份平均气温低于或等于 −5℃的地区。

（6）混凝土多孔砖的干燥收缩率和相对含水率　混凝土多孔砖的干燥收缩率不应大于 0.045%，干燥收缩率和相对含水率应符合表 2-32 中的规定。

表 2-32　混凝土多孔砖的干燥收缩率和相对含水率

干燥收缩率/%	相对含水率/%		
	潮湿	中等	干燥
≤0.03	45	40	35
0.03～0.045	40	35	30

注：1. 相对含水率即混凝土实心砖的含水率与吸水率之比。

2. 使用地区的湿度条件：潮湿是指平均相对湿度大于 75%的地区；中等是指平均相对湿度为 50%～75%的地区；干燥是指平均相对湿度小于 50%的地区。

（7）混凝土多孔砖抗渗性能　用于外墙用的混凝土多孔砖的抗渗性能应符合表 2-33 中的规定。

表 2-33　用于外墙的混凝土多孔砖的抗渗性能

项目名称	技术指标
水面下降高度/mm	3 块中的任意一块不得大于 10

（8）混凝土多孔砖的放射性　混凝土多孔砖的放射性应符合现行国家标准《建筑材料放射性核素限量》（GB 6566—2010）中的规定。

七、烧结保温砖和保温砌块

根据现行国家标准《烧结保温砖和保温砌块》（GB 26538—2011）中的规定，烧结保温砖和保温砌块系指以黏土、页岩或煤矸石、粉煤灰、淤泥等固体废弃物为主要原材料制成的，或加入成孔的材料制成的实心或多孔薄壁经焙烧而成，主要用于建筑物围护结构保温隔热的砖和砌块。

1. 烧结保温砖和保温砌块的分类与规格

（1）烧结保温砖和保温砌块的分类　烧结保温砖和保温砌块按其主要原料不同，可分为黏土保温砖和保温砌块（NB）、页岩保温砖和保温砌块（YB）、煤矸石保温砖和保温砌块（MB）、粉煤灰保温砖和保温砌块（FB）、淤泥保温砖和保温砌块（YNB）、其他固体废弃物保温砖和保温砌块（QGB）。

烧结保温砖和保温砌块按其烧结处理工艺和砌筑方法不同，可分为：经精细工艺处理砌筑中采用薄灰缝，契合无灰缝的烧结保温砖和保温砌块（A类）；未经精细工艺处理砌筑中采用普通灰缝的烧结保温砖和保温砌块（B类）。

烧结保温砖和保温砌块按其强度等级不同，可分为 MU15.0、MU10.0、MU7.5、MU5.0 和 MU3.5 五个等级。

烧结保温砖和保温砌块按其密度等级不同，可分为 700 级、800 级、900 级和 1000 级四个等级；烧结保温砖和保温砌块按其传热系数 K 不同，可分为 2.00、1.50、1.35、1.00、0.90、0.80、0.70、0.60、0.50 和 0.40 十个质量等级。

（2）烧结保温砖和保温砌块的规格　烧结保温砖和保温砌块的外形为直角六面体，其长度、宽度、高度应符合表 2-34 中的规定。其他规格尺寸由供需双方协商确定。

表 2-34　烧结保温砖和保温砌块的规格要求

保温砖和保温砌块种类	尺寸规格（长度、宽度或高度）/mm
A类	490,360(359,365),,300,250(249,248),200,100
B类	390,290,240,190,180(175),140,115,90,53

2. 烧结保温砖和保温砌块的技术要求

（1）烧结保温砖和保温砌块的尺寸偏差　烧结保温砖和保温砌块的尺寸偏差应符合表2-35 的规定。

表 2-35　烧结保温砖和保温砌块的尺寸偏差　　　　　　　　单位：mm

尺寸范围	A类		B类	
	样本平均偏差	样本极差	样本平均偏差	样本极差
>300	±2.5	≤5.0	±3.0	≤7.0
200~300	±2.0	≤4.0	±2.5	≤6.0
100~200	±1.5	≤3.0	±2.0	≤5.0
<100	±1.5	≤2.0	±1.7	≤4.0

（2）烧结保温砖和保温砌块的外观质量　烧结保温砖和保温砌块的外观质量应符合表2-36 的规定。

表 2-36 烧结保温砖和保温砌块的外观质量

序号	项目名称	技术指标
1	弯曲	≤4mm
2	缺棱掉角的三个破坏尺寸不得同时大于	80mm
3	垂直度差	≤4mm
4	未贯穿裂纹的长度 (1)大面上宽度方向及其延伸到条面上的长度 (2)大面上宽度方向或条面上水平面方向的长度	≤100mm ≤120mm
5	贯穿裂纹的长度 (1)大面上宽度方向及其延伸到条面上的长度 (2)肋、壁沿长度方向、宽度方向及水平面方向的长度	≤40mm ≤40mm
6	肋、壁内残缺的长度	≤40mm

（3）烧结保温砖和保温砌块的强度等级　烧结保温砖和保温砌块的强度等级应符合表 2-37 的规定。

表 2-37 烧结保温砖和保温砌块的强度等级

强度等级	抗压强度 平均值/MPa	密度等级范围 /(kg/m³)	变异系数 $\delta \leqslant 0.21$ 强度标准值	变异系数 $\delta \geqslant 0.21$ 单块最小抗压强度/MPa
MU15.0	≥15.0		≥10.0	≥12.0
MU10.0	≥10.0	≤1000	≥7.5	≥8.0
MU7.5	≥7.5		≥5.0	≥5.8
MU5.0	≥5.0		≥3.5	≥4.0
MU3.5	≥3.5	≤800	≥2.5	≥2.8

（4）烧结保温砖和保温砌块的密度等级　烧结保温砖和保温砌块的密度等级应符合表 2-38 的规定。

表 2-38 烧结保温砖和保温砌块的密度等级

密度等级	5块密度平均值/(kg/m³)	密度等级	5块密度平均值/(kg/m³)
700	≤700	900	801～800
800	701～800	1000	901～1000

（5）烧结保温砖和保温砌块的石灰爆裂　烧结保温砖和保温砌块的石灰爆裂要求，每组块和砌块应符合下列规定：a. 最大破坏尺寸大于 2mm 且小于或等于 10mm 的爆裂区域，每组砖和砌块不得多于 15 处；b. 不允许出现最大破坏尺寸大于 10mm 的爆裂区域。

（6）烧结保温砖和保温砌块的吸水率　每组烧结保温砖和保温砌块的吸水率平均值要求应符合表 2-39 中的规定。

表 2-39 烧结保温砖和保温砌块的吸水率要求

烧结保温砖和保温砌块分类	吸水率平均值/%	烧结保温砖和保温砌块分类	吸水率平均值/%
NB、YB、MB	20.0	FB、YNB、QGB	24.0

（7）烧结保温砖和保温砌块的抗风化性能　烧结保温砖和保温砌块的抗风化性能要求应符合下列规定：a. 风化区的划分应按《烧结保温砖和保温砌块》（GB 26538—2011）附录 A 中的规定；b. 严重风化区中的 1、2、3、4、5 地区及淤泥、其他固体废弃物为主要原料或加入成孔的材料形成微孔砖和砌块应进行冻融试验，其他地区砖和砌块的抗风化性能符合表 2-40 规定时可不进行冻融试验，否则应进行冻融试验。

表 2-40　烧结保温砖和保温砌块的抗风化性能

烧结保温砖和 保温砌块分类	饱和系数			
	严重风化区		非严重风化区	
	平均值	单块最大值	平均值	单块最大值
NB	≤0.85	≤0.87	≤0.88	≤0.90
FB				
YB	≤0.74	≤0.77	≤0.78	≤0.80
MB				

（8）烧结保温砖和保温砌块的抗冻性能　烧结保温砖和保温砌块的抗冻性能应符合表 2-41 的规定。

表 2-41　烧结保温砖和保温砌块的抗冻性能

使用条件	抗冻标号	强度损失/%	冻融试验后每块砖或砌块
夏热冬暖的地区	D15	≤5.0	（1）不允许出现分层、掉皮、缺棱掉角等冻坏现象；
夏热冬冷的地区	D25		
寒冷地区	D35		（2）冻后的裂纹长度不大于表 3-48 中第 4、5 项的规定。
严寒地区	D50		

（9）烧结保温砖和保温砌块的传热系数　烧结保温砖和保温砌块的传热系数应符合表 2-42 的规定。

表 2-42　烧结保温砖和保温砌块的传热系数　　　单位：W/(m² · K)

传热系数等级	单层试样传热系数 K 值的实测值范围	传热系数等级	单层试样传热系数 K 值的实测值范围
2.00	1.51～2.00	0.80	0.71～0.80
1.50	1.35～1.50	0.70	0.61～0.70
1.35	1.01～1.35	0.60	0.51～0.60
1.00	0.91～1.00	0.50	0.41～0.50
0.90	0.81～0.90	0.40	0.31～0.40

（10）烧结保温砖和保温砌块的其他方面　烧结保温砖和保温砌块的其他方面，主要包括泛霜、放射性核素限量、欠火砖和酥砖等。

每块烧结保温砖和保温砌块均不允许出现中等泛霜。烧结保温砖和保温砌块的放射性应符合现行国家标准《建筑材料放射性核素限量》（GB 6566—2010）中的规定。烧结保温砖和保温砌块产品中不允许有欠火砖和酥砖。

八、蒸压粉煤灰多孔砖

根据现行国家标准《蒸压粉煤灰多孔砖》（GB 26541—2011）中的规定，蒸压粉煤灰多孔砖系指以粉煤灰、生石灰（或电石渣）为主要原料，可掺加适量石膏等外加剂和其他集料，经坯料制备、压制成型、高压蒸汽养护而制成的多孔砖，代号为 AFPR。

1. 蒸压粉煤灰多孔砖的原材料

（1）粉煤灰　蒸压粉煤灰多孔砖所用的粉煤灰，其性能应符合《硅酸盐建筑制品用粉煤灰》（JC/T 409—2001）中的规定。

（2）生石灰　蒸压粉煤灰多孔砖所用的生石灰，其性能应符合《硅酸盐建筑制品用生石灰》（JC/T 621—2009）中的规定。

（3）其他材料　蒸压粉煤灰多孔砖所用的其他材料，其性能应符合相关标准的要求，无标准的材料应用前应进行相关检验，符合要求才可使用。

2. 蒸压粉煤灰多孔砖的质量要求

（1）孔洞　蒸压粉煤灰多孔砖的孔洞应符合下列规定：a. 孔洞应与砖砌筑承受压力的方向一致；b. 铺浆面应为盲孔或半盲孔。

（2）外观质量和尺寸偏差　蒸压粉煤灰多孔砖的外观质量和尺寸偏差应符合表 2-43 中的规定。

表 2-43　蒸压粉煤灰多孔砖的外观质量和尺寸偏差

项目			技术指标
外观质量	缺棱掉角	个数/个	≤2
		三个方向投影尺寸的最大值	≤15.0mm
	裂纹	裂纹延伸的投影尺寸累计	≤10.0mm
	弯曲		≤1.0mm
	层裂		不允许
尺寸偏差	长度/mm		+2，−1
	宽度/mm		+2，−1
	高度/mm		+2

（3）强度等级　蒸压粉煤灰多孔砖的强度可分为 MU15、MU20 和 MU25 三个等级，其具体要求应符合表 2-44 中的规定。

表 2-44　蒸压粉煤灰多孔砖的强度等级

强度等级	抗压强度/MPa		抗折强度/MPa	
	5块平均值	单块最小值	5块平均值	单块最小值
MU15	≥15.0	≥12.0	≥3.8	≥3.0
MU20	≥20.0	≥16.0	≥5.0	≥4.0
MU25	≥25.0	≥20.0	≥6.3	≥5.0

（4）抗冻性能　蒸压粉煤灰多孔砖的抗冻性能应符合表 2-45 中的规定。

表 2-45　蒸压粉煤灰多孔砖的抗冻性能

使用条件	抗冻指标	质量损失/%	强度损失/%
夏热冬暖的地区	D15	≤5	≤25
夏热冬冷的地区	D25		
寒冷地区	D35		
严寒地区	D50		

（5）其他性能　蒸压粉煤灰多孔砖的其他性能，主要包括孔洞率、线性干燥收缩值、碳化系数、吸水率、放射性等。

① 孔洞率。蒸压粉煤灰多孔砖的孔洞率，不应小于 25%，且不应大于 35%。

② 线性干燥收缩值。蒸压粉煤灰多孔砖的线性干燥收缩值，应不大于 0.50mm/m。

③ 碳化系数。蒸压粉煤灰多孔砖的碳化系数，应不小于 0.85。

④ 吸水率。蒸压粉煤灰多孔砖的吸水率，应不大于 20%。

⑤ 放射性。蒸压粉煤灰多孔砖的放射性核素限量，应符合现行国家标准《建筑材料放射性核素限量》（GB 6566—2010）中的规定。

第三节　墙体节能砌块材料

建筑砌块是指所用的比普通黏土砖尺寸大的建筑墙体块材，在建筑墙体工程中多采用高度为 180～350mm 的小型砌块。生产砌块多采用地方材料和工农业废料，材料来源十分广泛，可节约大量黏土资源，制作非常方便。由于砌块的尺寸比普通黏土砖大，故用砌块来砌筑墙体还可提高施工速度，改善墙体的多种功能，特别对建筑节能非常有利。

建筑砌块是我国大力推广应用的新型墙体材料之一，品种规格很多，主要有混凝土空心砌块（包括小型砌块和中型砌块两类）、蒸压加气混凝土砌块、轻骨料混凝土砌块、粉煤灰砌块、煤矸石空心砌块、石膏砌块、菱镁砌块、大孔混凝土砌块等。其中目前应用较多的是混凝土小型空心砌块、蒸压加气混凝土砌块、粉煤灰硅酸盐砌块和石膏砌块。

一、粉煤灰混凝土小型空心砌块

根据现行的行业标准《粉煤灰混凝土小型空心砌块》（JC 862—2008）的规定，粉煤灰小型空心砌块是指以水泥、粉煤灰、各种轻重骨料为主要材料，也可加入外加剂，经配料、搅拌、成型、养护制成的空心砌块。

（一）粉煤灰混凝土小型空心砌块的分类

粉煤灰混凝土小型空心砌块按照砌块中孔洞排列数的不同，可以分为单排孔（1）、双排孔（2）、多排孔（D）三类；粉煤灰混凝土小型空心砌块按砌块密度等级分为 600、700、800、900、1000、1200 和 1400 七个等级；粉煤灰混凝土小型空心砌块按砌块抗压强度分为 MU3.5、MU5.0、MU7.5、MU10、MU15 和 MU20 六个强度等级。

（二）粉煤灰混凝土小型空心砌块的性能

（1）粉煤灰混凝土小型空心砌块的外观质量　粉煤灰混凝土小型空心砌块的外观质量要求应符合表 2-46 中的规定。

表 2-46　粉煤灰混凝土小型空心砌块的外观质量

项目		技术指标	项目		技术指标
尺寸允许偏差/mm	长度	±2.0	缺棱掉角	个数	≤2
	宽度	±2.0		3 个方向投影的最小值/mm	≤20
	高度	±2.0		裂缝延伸投影的累计尺寸/mm	≤20
最小外壁厚/mm	用于承重墙体	≥30	肋厚/mm	用于承重墙体	≥25
	用于非承重墙体	≥20		用于非承重墙体	≥15
弯曲/mm		≤2	—		—

（2）粉煤灰混凝土小型空心砌块的密度等级　粉煤灰混凝土小型空心砌块的密度等级要求应符合表 2-47 中的规定。

表 2-47　粉煤灰混凝土小型空心砌块的密度等级

密度等级	砌块的干体积密度的范围/(kg/m³)	密度等级	砌块的干体积密度的范围/(kg/m³)
600	≤600	1000	910～1000
700	610～700	1200	1010～1200
800	710～800	1400	1210～1400
900	810～900	—	—

（3）粉煤灰混凝土小型空心砌块的强度等级　粉煤灰混凝土小型空心砌块的强度等级要

求应符合表 2-48 中的规定。

表 2-48 粉煤灰混凝土小型空心砌块的强度等级

强度等级	砌块抗压强度/MPa		密度级别范围
	平均值	单块最小值	
MU3.5	≥3.5	≥2.8	≤800
MU5.0	≥5.0	≥4.0	≤1000
MU7.5	≥7.5	≥6.0	≤1200
MU10	≥10.0	≥8.0	≤1200
MU15	≥15.0	≥12.0	≤1400
MU20	≥20.0	≥16.0	≤1400

（4）粉煤灰混凝土小型空心砌块的相对含水率　粉煤灰混凝土小型空心砌块的含水率要求应符合表 2-49 中的规定。

表 2-49 粉煤灰混凝土小型空心砌块相对含水率

使用地区	潮湿	中等	干燥
含水率/%	40	35	30

（5）粉煤灰混凝土小型空心砌块的抗冻性能　粉煤灰混凝土小型空心砌块的抗冻性能要求应符合表 2-50 中的规定。

表 2-50 粉煤灰混凝土小型空心砌块的抗冻性能

使用条件	抗冻指标	质量损失/%	强度损失/%
夏热冬暖的地区	D15		
夏热冬冷的地区	D25	≤5	≤25
寒冷地区	D35		
严寒地区	D50		

（6）粉煤灰混凝土小型空心砌块的其他性能　粉煤灰混凝土小型空心砌块的其他性能，主要包括碳化系数、软化系数和放射性等。

粉煤灰混凝土小型空心砌块的碳化系数应不小于 0.80；粉煤灰混凝土小型空心砌块的软化系数应不小于 0.80；粉煤灰混凝土小型空心砌块的放射性，应符合现行国家标准《建筑材料放射性核素限量》（GB 6566—2010）中的规定。

二、轻集料混凝土小型空心砌块

根据现行国家标准《轻集料混凝土小型空心砌块》（GB/T 15229—2011）中的规定，轻集料混凝土小型空心砌块系指用轻集料混凝土制成的小型空心砌块，代号为 LB。轻集料混凝土是以粉煤灰陶粒、黏土陶粒、页岩陶粒、膨胀珍珠岩等各种轻骨料配以水泥、砂配制而成。

（一）轻集料混凝土小型空心砌块的分类

按砌块孔的排列数不同，轻集料混凝土小型空心砌块可分为单排孔、双排孔、三排孔和四排孔四类；按砌块密度等级不同，可分为 700、800、900、1000、1100、1200、1300 和 1400 八级（除自燃煤矸石掺量不小于砌块质量的 35% 的砌块外，其他砌块的最大密度等级为 1200）。按砌块强度等级不同，可分为 MU2.5、MU3.5、MU5.0、MU7.5 和 MU10.0 五级。

（二）轻集料混凝土小型空心砌块原材料要求

（1）水泥　配制轻集料混凝土小型空心砌块的水泥，其技术性能应符合现行国家标准《通用硅酸盐水泥》（GB 175—2007/XG1—2009）中的要求。

（2）轻集料　配制轻集料混凝土小型空心砌块的轻集料，应符合《轻集料及其试验方法第 1 部分：轻集料》（GB/T 17431.1—2010）中的规定。

（3）细骨料　配制轻集料混凝土小型空心砌块的细骨料，应符合现行国家标准《建设用砂》（GB/T 14684—2011）中的规定。

（4）外加剂　配制轻集料混凝土小型空心砌块的外加剂，应符合现行国家标准《混凝土外加剂》（GB 8076—2008）中的规定。

（5）拌合水　配制轻集料混凝土小型空心砌块的拌合水，应符合现行的行业标准《混凝土用水标准》（JGJ 63—2006）的规定。

（6）其他原材料　配制轻集料混凝土小型空心砌块的其他原材料，应符合相关标准的规定，并对砌块的耐久性、环境和人体不应产生有害影响。

（三）轻集料混凝土小型空心砌块的性能要求

（1）轻集料混凝土小型空心砌块的尺寸偏差和外观质量　轻集料混凝土小型空心砌块的尺寸偏差和外观质量要求应符合表 2-51 中的规定。

表 2-51　轻集料混凝土小型空心砌块的尺寸偏差和外观质量要求

序号	项目		技术指标
1	尺寸偏差/mm	长度	±3
		宽度	±3
		高度	±3
2	最小外壁厚度/mm	用于承重墙体	≥30
		用于非承重墙体	≥20
3	肋厚/mm	用于承重墙体	≥25
		用于非承重墙体	≥20
4	缺棱掉角	个数（块）	≤2
		三个方向投影的最大值/mm	≤20
5	裂纹延伸的累计尺寸/mm		≤30

（2）轻集料混凝土小型空心砌块的密度等级　轻集料混凝土小型空心砌块的密度等级要求应符合表 2-52 中的规定。

表 2-52　轻集料混凝土小型空心砌块的密度等级要求

密度等级	干表观密度范围/(kg/m³)	密度等级	干表观密度范围/(kg/m³)
700	≥610,≤700	1100	≥1010,≤1100
800	≥710,≤800	1200	≥1110,≤1200
900	≥810,≤900	1300	≥1210,≤1300
1000	≥910,≤1000	1400	≥1310,≤1400

（3）轻集料混凝土小型空心砌块的强度等级　轻集料混凝土小型空心砌块的强度等级要求应符合表 2-53 中的规定。同一强度等级砌块的抗压强度和密度等级范围应同时满足表 2-53 中的要求。

表 2-53　轻集料混凝土小型空心砌块的强度等级要求

强度等级	抗压强度/MPa		密度等级范围/(kg/m³)	强度等级	抗压强度/MPa		密度等级范围/(kg/m³)
	平均值	最小值			平均值	最小值	
MU2.5	≥2.5	≥2.0	800	MU7.5	≥7.5	≥6.0	1200①、1300②
MU3.5	≥3.5	≥2.8	1000	MU10.0	≥10.0	≥8.0	1200ᵃ、1400ᵇ
MU5.0	≥5.0	≥4.0	1200	—	—	—	—

注：当砌块的抗压强度同时满足 2 个强度等级或 2 个以上强度等级要求时，应以要求的最高强度等级为准。
① 除自燃煤矸石掺量不小于砌块质量 35% 以外的其他砌块。
② 自燃煤矸石掺量不小于砌块质量 35% 的砌块。

（4）轻集料混凝土小型空心砌块的抗冻性能　轻集料混凝土小型空心砌块的抗冻性能要求应符合表 2-54 中的规定。

表 2-54　轻集料混凝土小型空心砌块的抗冻性能

使用条件	抗冻指标	质量损失/%	强度损失/%
夏热冬暖的地区	D15		
夏热冬冷的地区	D25	≤5	≤25
寒冷地区	D35		
严寒地区	D50		

（5）轻集料混凝土小型空心砌块的吸水率、干燥收缩率和含水率　轻集料混凝土小型空心砌块的吸水率应不大于 18%；轻集料混凝土小型空心砌块的干燥收缩率和含水率应符合表 2-55 中的规定。

表 2-55　轻集料混凝土小型空心砌块的干燥收缩率和含水率

干燥收缩率/%	含水率/%		
	潮湿地区	中等潮湿地区	干燥地区
<0.03	≤45	≤40	≤35
0.03～0.045	≤40	≤35	≤30
0.045～0.065	≤35	≤30	≤25

（6）轻集料混凝土小型空心砌块的其他性能　轻集料混凝土小型空心砌块的其他性能，主要包括碳化系数、软化系数和放射性等。

轻集料混凝土小型空心砌块的碳化系数应不小于 0.80；轻集料混凝土小型空心砌块的软化系数应不小于 0.80；轻集料混凝土小型空心砌块的放射性应符合现行国家标准《建筑材料放射性核素限量》（GB 6566—2010）中的规定。

三、蒸压加气混凝土砌块

根据现行国家标准《蒸压加气混凝土砌块》（GB 11968—2006）中的规定，蒸压加气混凝土砌块是以钙质材料、硅质材料和水按一定比例配合，加入少量的发气剂和外加剂，经搅拌、浇筑、切割、蒸压养护等工序制成的一种轻质、多孔墙体材料。

（1）蒸压加气混凝土砌块的规格尺寸　蒸压加气混凝土砌块的规格尺寸很多，一般应符合表 2-56 中的规定。如需要其他规格，可由供需双方协商确定。

表 2-56　蒸压加气混凝土砌块的规格尺寸

长度 L/mm	宽度 B/mm	高度 H/mm
600	100，120，125，150，180，200，240，250，300	200，240，250，300

（2）蒸压加气混凝土砌块的外观质量　加气混凝土砌块根据尺寸偏差和外观质量（缺棱掉角、裂纹、疏松、层裂等）、干密度、抗压强度和抗冻性划分为优等品（A）和合格品（B）两个等级。砌块的尺寸允许偏差和外观质量应符合表 2-57 中的要求。

表 2-57　砌块的尺寸允许偏差和外观质量

项目				技术指标	
				优等品（A）	合格品（B）
尺寸允许偏差/mm		长度	L	±3	±4
		宽度	B	±1	±2
		高度	H	±1	±2
缺棱掉角	最小尺寸/mm			≤0	≤30
	最大尺寸/mm			≤0	≤70
	大于以上尺寸的缺棱掉角个数/个			≤0	≤2
裂纹长度	贯穿一棱二面的裂纹长度不得大于裂纹所在的面的裂纹方向尺寸总和的			0	1/3
	任一面上的裂纹长度不得大于裂纹方向尺寸的			0	1/2
	大于以上尺寸的裂纹条数/条			≤0	≤2
爆裂、粘模板和损坏深度/mm				10	30
平面弯曲				不允许	
表面疏松、层裂				不允许	
表面油污				不允许	

（3）蒸压加气混凝土砌块的强度等级　蒸压加气混凝土砌块的强度等级要求应符合表 2-58 中的要求。

表 2-58　蒸压加气混凝土砌块的强度等级

强度级别	立方体抗压强度		强度级别	立方体抗压强度	
	平均值不小于	单组最小值不小于		平均值不小于	单组最小值不小于
A1.0	1.0	0.8	A5.0	5.0	4.0
A2.0	2.0	1.6	A7.5	7.5	6.0
A2.5	2.5	2.0	A10.0	10.0	8.0
A3.5	3.5	2.8			

（4）蒸压加气混凝土砌块的体积密度　蒸压加气混凝土砌块的干体积密度级别如表 2-59 所列，加气混凝土砌块的体积密度和强度级别对照如表 2-60 所列。

表 2-59　蒸压加气混凝土砌块的干体积密度

体积密度级别		B03	B04	B05	B06	B07	B08
体积密度	优等品（A）	≤300	≤400	≤500	≤600	≤700	≤800
	合格品（B）	≤325	≤425	≤525	≤625	≤725	≤825

表 2-60　体积密度级别和强度级别对照表

体积密度级别		B03	B04	B05	B06	B07	B08
体积密度	优等品	A1.0	A2.0	A3.5	A5.0	A7.5	A10.0
	合格品			A2.5	A3.5	A5.0	A7.5

（5）蒸压加气混凝土砌块其他性能　蒸压加气混凝土砌块其他性能，主要包括干燥收

缩、抗冻性、导热和隔声等性能的技术要求。蒸压加气混凝土砌块的干缩值、抗冻性和热导率要求如表 2-61 所列。

表 2-61　蒸压加气混凝土砌块的干缩值、抗冻性和热导率要求

表观密度级别			B03	B04	B05	B06	B07	B08
干燥收缩数值	快速法	mm/m	≤0.8					
	标准法①		≤0.5					
抗冻性	质量损失/%		≤5.0					
	冻后强度/MPa	优等品	≥0.8	≥1.6	≥2.8	≥4.0	≥6.0	≥8.0
		合格品			≥2.0	≥2.8	≥4.0	≥6.0
热导率（干态）②[W/(m·K)]			≤0.10	≤0.12	≤0.14	≤0.16	≤0.18	≤0.20

① 规定采用标准法、快速法测定砌块干燥收缩值，若测定结果发生矛盾时，则以标准法测定的结果为准；

② 用于墙体的蒸压加气混凝土砌块，允许不测热导率。

四、泡沫混凝土砌块

根据现行的行业标准《泡沫混凝土砌块》（JC/T 1062—2007）中的规定，泡沫混凝土砌块系指用物理方法将泡沫剂水溶液制备成泡沫，再将泡沫加入到由水泥基的胶凝材料、集料、掺合料、外加剂和水等制成的浆料中，经搅拌、浇筑成型、自然或蒸汽养护而成的轻质多孔混凝土砌块，也称为发泡混凝土。

(一) 泡沫混凝土砌块的分类

泡沫混凝土砌块按其立方体抗压强度，可分为 A0.5、A1.0、A1.5、A2.5、A3.5、A5.0 和 A7.5 七个等级；泡沫混凝土砌块按砌块的干表观密度，可分为 B03、B04、B05、B06、B07、B08、B09 和 B10 八个等级；泡沫混凝土砌块按砌块尺寸偏差和外观质量，可分为一等品（B）和合格品（C）两个等级。

(二) 泡沫混凝土砌块原材料要求

（1）水泥　泡沫混凝土砌块所用的水泥，其技术性能应符合现行国家标准《通用硅酸盐水泥》（GB 175—2007/XG1—2009）和《快硬硫铝酸盐水泥 快硬铁铝酸盐水泥》（JC 933—2003）中的规定。

（2）细骨料　泡沫混凝土砌块所用的细骨料应符合现行国家标准《建设用砂》（GB/T 14684—2011）中的规定。

（3）轻集料　泡沫混凝土砌块所用的轻集料应符合现行国家标准《轻集料及其试验方法 第 1 部分：轻集料》（GB/T 17431.1—2010）中的规定。

（4）膨胀珍珠岩　泡沫混凝土砌块所用的膨胀珍珠岩应符合现行的行业标准《膨胀珍珠岩》（JC/T 209—2012）中的规定。

（5）泡沫混凝土砌块所用的膨胀聚苯乙烯泡沫颗粒其堆积密度应在 8.0～21.0kg/m³ 范围内，粒度（5mm 筛孔的筛余）不超过 5%。

（6）粉煤灰　泡沫混凝土砌块所用的粉煤灰应符合现行国家标准《用于水泥和混凝土中的粉煤灰》（GB/T 1596—2005）中的规定。

（7）粒化高炉矿渣　泡沫混凝土砌块所用的粒化高炉矿渣应符合现行国家标准《用于水泥和混凝土中的粒化高炉矿渣粉》（GB/T 18046—2008）中的规定。

（8）石灰　泡沫混凝土砌块所用的石灰应符合现行的行业标准《硅酸盐建筑制品用生石

灰》（JC/T 621—2009）中的规定。

（9）其他掺合料　采用其他活性矿物粉料作掺合料时应符合国家相关标准规范的要求。

（10）当掺加工业废渣时，工业废渣的放射性应符合现行国家标准《建筑材料放射性核素限量》（GB 6566—2010）中的规定。

（11）外加剂　泡沫混凝土砌块所用的外加剂应符合现行国家标准《混凝土外加剂》（GB 8076—2008）中的规定。

（12）泡沫剂　利用泡沫剂制备的泡沫应具有良好的稳定性，并且气孔的孔径大小均匀。

（13）拌合水　泡沫混凝土砌块所用的拌合水，应符合现行的行业标准《混凝土用水标准》（JGJ 63—2006）的规定。

(三) 泡沫混凝土砌块的技术要求

（1）泡沫混凝土砌块的尺寸允许偏差和外观质量。泡沫混凝土砌块的尺寸允许偏差和外观质量应符合表 2-62 中的规定

表 2-62　泡沫混凝土砌块的尺寸允许偏差和外观质量

项目		技术指标	
		一等品（B）	合格品（C）
尺寸允许偏差/mm	长度	±4	±6
	宽度	±3	+3/−4
	高度	±3	+3/−4
缺棱掉角	最小尺寸/mm	≤30	≤30
	最大尺寸/mm	≤70	≤70
	大于以上尺寸的缺棱掉角个数/个	≤1	≤2
裂纹	平面弯曲不得大于/mm	3	5
	贯穿一棱二面的裂纹长度不大于裂纹所在面的裂纹方向尺寸总和的	1/3	1/3
	任一面上的裂纹长度不得大于裂纹方向尺寸的	1/3	1/2
	大于以上尺寸的裂纹条数/条	≤0	≤2
	黏模板和损坏深度/mm	≤20	≤30
	表面疏松、层裂	不允许	
	表面油污	不允许	

（2）泡沫混凝土砌块的强度等级　泡沫混凝土砌块的强度等级应符合表 2-63 中的规定。

表 2-63　泡沫混凝土砌块的强度等级

强度等级	立方体抗压强度/MPa		强度等级	立方体抗压强度/MPa	
	平均值	单组最小值		平均值	单组最小值
A0.5	≥0.5	≥0.4	A3.5	≥3.5	≥2.8
A1.0	≥1.0	≥0.8	A5.0	≥5.0	≥4.0
A1.5	≥1.5	≥1.2	A7.5	≥7.5	≥6.0
A2.5	≥2.5	≥2.0	—	—	—

（3）泡沫混凝土砌块的密度等级　泡沫混凝土砌块的密度等级应符合表 2-64 中的规定。

表 2-64　泡沫混凝土砌块的密度等级

密度等级	B03	B04	B05	B06	B07	B08	B09	B10
干表观密度/(kg/m³)	≤330	≤430	≤530	≤630	≤730	≤830	≤930	≤1030

（4）泡沫混凝土砌块的干燥收缩数值和热导率　泡沫混凝土砌块的干燥收缩数值和热导率要求应符合表 2-65 中的规定，

表 2-65　泡沫混凝土砌块的干燥收缩数值和热导率

密度等级	B03	B04	B05	B06	B07	B08	B09	B10
干燥收缩数值(快速法)/(min/m)	—				≤0.90			
热导率(干态)/[W/(m·K)]	≤0.08	≤0.10	≤0.12	≤0.14	≤0.18	≤0.21	≤0.24	≤0.27

（5）泡沫混凝土砌块的抗冻性能。泡沫混凝土砌块的抗冻性能要求，根据工程需要或环境条件，需要抗冻性的场合，其产品的抗冻性应符合表 2-66 中的规定。

表 2-66　泡沫混凝土砌块的抗冻性能

使用条件	抗冻指标	质量损失/%	强度损失/%
夏热冬暖的地区	D15		
夏热冬冷的地区	D25	≤5	≤25
寒冷地区	D35		
严寒地区	D50		

（6）泡沫混凝土砌块的碳化系数　泡沫混凝土砌块的碳化系数应不小于 0.80。

五、普通混凝土小型空心砌块

混凝土小型空心砌块是以水泥为胶凝材料，添加砂石为骨料，经计量配料、加水搅拌，振动加压成型，经养护制成的具有一定空心率的砌块材料。混凝土小型空心砌块适用于一般工业与民用建筑的砌块房屋，尤其是适用于多层建筑的承重墙体及框架结构填充墙。

(一) 混凝土小型空心砌块的分类

根据现行国家标准《普通混凝土小型空心砌块》（GB 8239—2014）中的规定，一般可按下列方法进行分类。

（1）混凝土小型空心砌块按其尺寸偏差和外观质量，可分为优等品（A）、一等品（B）和合格品（C）。

（2）混凝土小型空心砌块按其强度等级不同，可分为 MU3.5、MU5.0、MU7.5、MU10.0、MU15.0 和 MU20.0 六个等级。

(二) 混凝土小型空心砌块原材料要求

（1）水泥。混凝土小型空心砌块所用的水泥，其技术性能应符合现行国家标准《通用硅酸盐水泥》（GB 175—2007/XG1—2009）中的规定。

（2）细骨料　混凝土小型空心砌块所用的细骨料应符合现行国家标准《建设用砂》（GB/T 14684—2011）中的规定。

（3）粗骨料　混凝土小型空心砌块所用的粗骨料应符合现行国家标准《建设用碎石、卵石》（GB/T 14685—2011）中的规定。采用重矿渣应符合《混凝土用高炉重矿渣碎石技术条件》（YBJ 205—1984）中的规定，最大粒径为 10mm。如采用石屑等破碎石材，小于 0.15mm 的细石粉含量不应大于 20%。

（4）外加剂　混凝土小型空心砌块所用的外加剂应符合现行国家标准《混凝土外加剂》（GB 8076—2008）中的规定。

(三) 混凝土小型空心砌块的技术要求

（1）混凝土小型空心砌块的规格尺寸　混凝土小型空心砌块的规格尺寸应符合下列要

求：①混凝土小型空心砌块的主规格尺寸为 390mm×190mm×190mm，其他规格尺寸可由供需双方协商确定；②混凝土小型空心砌块的最小外壁厚度应不小于 30mm，最小肋厚度应不小于 25mm；③混凝土小型空心砌块的空心率应不小于 25%；④混凝土小型空心砌块的尺寸允许偏差应符合表 2-67 中的规定。

表 2-67　混凝土小型空心砌块的尺寸允许偏差

项目名称	尺寸允许偏差/mm		
	优等品（A）	一等品（B）	合格品（C）
长度	±2.0	±3.0	±3.0
宽度	±2.0	±3.0	±3.0
高度	±2.0	±3.0	+3.0，−4.0

（2）混凝土小型空心砌块的强度等级　混凝土小型空心砌块的强度等级要求应符合表 2-68 中的规定。

表 2-68　混凝土小型空心砌块的强度等级要求

强度等级	砌块抗压强度/MPa		强度等级	砌块抗压强度/MPa	
	平均值不小于	单块最小值不小于		平均值不小于	单块最小值不小于
MU3.5	3.5	2.8	MU10.0	10.0	8.0
MU5.0	5.0	4.0	MU15.0	15.0	12.0
MU7.5	7.5	6.0	MU20.0	20.0	16.0

（3）混凝土小型空心砌块的外观质量　混凝土小型空心砌块的外观质量要求应符合表 2-69 中的规定。

表 2-69　混凝土小型空心砌块的外观质量要求

项目名称		优等品（A）	一等品（B）	合格品（C）
弯曲/mm		≤2	≤2	≤3
缺棱掉角	个数/个	≤0	≤2	≤2
	三个方向投影尺寸的最小值/mm	≤0	≤20	≤30
裂纹延伸的投影尺寸累计/mm		≤0	≤20	≤30

（4）混凝土小型空心砌块的相对含水率　混凝土小型空心砌块的相对含水率要求应符合表 2-70 中的规定。

表 2-70　混凝土小型空心砌块的相对含水率

使用地区	潮湿	中等	干燥
相对含水率/%	45	40	35

注：潮湿是指年平均相对湿度大于 75% 的地区，中等是指年平均相对湿度在 50%～75% 范围内的地区，干燥是指年平均相对湿度小于 50% 的地区。

（5）混凝土小型空心砌块的抗冻性能　混凝土小型空心砌块的抗冻性能要求应符合表 2-71 中的规定。

表 2-71　混凝土小型空心砌块的抗冻性能要求

使用环境		抗冻标号	强度损失/%	质量损失/%
非采暖地区		不规定	—	—
采暖地区	一般环境	D15	≤25	≤5
	干湿交替环境	D25		

注：1. 非采暖地区指最冷月份平均气温高于 −5℃ 的地区；2. 采暖地区指最冷月份平均气温低于或等于 −5℃ 的地区。

第四节 墙体节能复合板材

随着建筑工业化和建筑结构体系的发展,各种轻质墙用板材、复合墙用板材也迅速兴起。以墙用板材为围护墙体的建筑体系,具有质轻、节能、环保、开间布置灵活、使用面积大、施工方便快捷等特点,具有很广阔的发展前景。

墙用板材又分为内墙用板材和外墙用板材。内墙用板材品种十分繁多,如纸面石膏板、石膏纤维板、石膏空心条板、石膏刨花板、GRC 轻质多孔条板、GRC 平板、纤维水泥平板、水泥刨花板、轻质陶粒混凝土条板、固定式挤压成型混凝土多孔条板、轻骨料混凝土配筋墙板、移动式挤压成型混凝土多孔条板、SP 墙板等,这些板材具有质量轻、保温、隔热、吸声、防火、装饰效果好等优点。墙用板材种类非常多,由于篇幅所限本节仅介绍部分新型的板材。

石膏墙板是以石膏为主要原料制成的墙板的统称,这类板材具有质量轻、保温、隔热、吸声、防火、调湿、尺寸稳定、可加工性好、成本较低等优良性能,是一种很有发展前途的新型板材,也是目前推广应用的良好室内环保装饰材料。

一、矿物棉装饰吸声板

根据现行国家标准《矿物棉装饰吸声板》(GB/T 25998—2010)中的规定,矿物棉装饰吸声板系指以矿物棉、岩棉和玻璃棉等为主要原料,经湿法或干法工艺加工而成的装饰吸声板材,常用于墙体或顶棚,改善建筑物的声学性能。

(一) 矿物棉装饰吸声板的分类方法

(1) 矿物棉装饰吸声板根据其生产的工艺不同,可以分为湿法矿物棉装饰吸声板和干法矿物棉装饰吸声板。湿法矿物棉装饰吸声板系指由制浆、成型、干燥、后处理等湿法工艺加工而成的装饰板材;干法矿物棉装饰吸声板系指由矿(岩)棉板或玻璃棉板为基材加工而成的装饰板材。

(2) 根据矿物棉装饰吸声板的安装方式不同,可分为复合粘贴板、暗架板、明架板等。

(二) 矿物棉装饰吸声板的规格尺寸

矿物棉装饰吸声板的规格尺寸一般应符合表 2-72 中的规定。若需要其他规格尺寸,可由供需双方协商确定。

表 2-72 矿物棉装饰吸声板的规格尺寸

长度 L/mm	宽度 B/mm	厚度 D/mm
600、1200、1800	300 、400、600	9、12、15、18. 20

(三) 矿物棉装饰吸声板的质量要求

(1) 外观质量 矿物棉装饰吸声板的正面不应当有影响装饰效果的污迹、划痕、色彩不匀、图案不完整等缺陷,吸声板产品不得有裂纹、破损、扭曲,不得有影响使用及装饰效果的缺棱掉角。

(2) 尺寸偏差 矿物棉装饰吸声板的尺寸允许偏差应符合表 2-73 中的规定。

表 2-73　矿物棉装饰吸声板的尺寸允许偏差

项目名称	复合粘贴板及暗架板	明架板（"跌级"）	明架板（平板）	明暗架板
长度/mm	±0.5	±1.5	±2.0	±2.0
宽度/mm	±0.5	±1.5	±2.0	±0.5
厚度/mm	±0.5	±1.0	±1.0	±1.0
直角偏离度	≤1/1000	≤2/1000	≤3/1000	≤3/1000

注：表中的长度、宽度和厚度是指实际尺寸。

（3）弯曲破坏载荷和热阻　矿物棉装饰吸声板的弯曲破坏载荷和热阻应当符合下列各项要求。

① 湿法矿物棉装饰吸声板的弯曲破坏载荷和热阻应符合表 2-74 中的规定。凹凸花纹的吸声板，其弯曲破坏载荷和热阻，应符合表 2-74 中去除凹凸花纹后吸声板厚度对应的值。其他厚度的湿法矿物棉装饰吸声板的弯曲破坏载荷和热阻，不得低于表 2-74 中按厚度线性内插法确定的值。

表 2-74　湿法矿物棉装饰吸声板的弯曲破坏载荷和热阻

公称厚度/mm	弯曲破坏载荷/N	热阻/[(m²·K)/W]（平均温度为25℃±1℃）	公称厚度/mm	弯曲破坏载荷/N	热阻/[(m²·K)/W]（平均温度为25℃±1℃）
≤9	≥40	≥0.14	15	≥90	≥0.23
12	≥60	≥0.19	18	≥120	≥0.28

② 干法矿物棉装饰吸声板的弯曲破坏载荷和热阻应符合表 2-75 中的规定。

表 2-75　干法矿物棉装饰吸声板的弯曲破坏载荷和热阻

板的类别	弯曲破坏载荷/N	热阻/[(m²·K)/W]（平均温度为25℃±1℃）	板的类别	弯曲破坏载荷/N	热阻/[(m²·K)/W]（平均温度为25℃±1℃）
玻璃棉干法板	≥40	≥0.40	岩棉、矿棉干法板	≥60	≥0.40

（4）降噪系数　矿物棉装饰吸声板的降噪系数应符合表 2-76 中的规定，并不得低于公称值。

表 2-76　矿物棉装饰吸声板的降噪系数

板的类别		降噪系数（NRC）	
		混响室法（刚性壁）	阻抗管法（后空腔50mm）
湿法板	滚花	≥0.50	≥0.25
	其他	≥0.30	≥0.15
干法板		≥0.60	≥0.30

（5）燃烧性能　矿物棉装饰吸声板应达到国家标准《建筑材料及制品燃烧性能分级》（GB 8624—2006）中 B1 级的要求，其燃烧性能要求达到 A 级的产品，由供需双方商定。

（6）受潮挠度　矿物棉装饰吸声板的受潮挠度，湿法吸声板应不大于 3.5mm，干法吸声板应不大于 1.0mm。

（7）放射性核素限量　矿物棉装饰吸声板的放射性核素限量，应达到现行国家标准《建筑材料放射性核素限量》（GB 6566—2010）中所规定的 A 类装修材料的要求。

（8）甲醛释放量　矿物棉装饰吸声板的甲醛释放量，应达现行国家标准《室内装饰装修材料 人造板及其制品中甲醛释放限量》（GB 18580—2001）中所规定的 E1 级的要求，即甲醛释放量应不大于 1.5mg/L。

（9）其他要求　石棉物相：吸声板中不得含有石棉纤维。吸声板的体积密度应不大于

$500kg/m^3$。质量含水率应不大于 3.0%。

二、纤维水泥夹芯复合墙板

根据现行的行业标准《纤维水泥夹芯复合墙板》（JC/T 1055—2007）中的规定，纤维水泥夹芯复合墙板系指以玻璃纤维为增强材料，硅酸盐水泥（或硅酸钙）胶凝材料制成的薄板为面层，以水泥（硅酸钙、石膏）聚苯颗粒或膨胀珍珠岩等轻集料混凝土、发泡混凝土、加气混凝土为芯材，两种或两种以上不同功能材料复合而成的实心墙板。

（一）纤维水泥夹芯复合墙板的分类与代号

纤维水泥夹芯复合墙板由面层和芯材两部分组成，面层和芯材的分类与代号应符合表2-77中的规定。

表 2-77　纤维水泥夹芯复合墙板面层和芯材的分类与代号

分类	名称	代号	分类	名称	代号
面层	维纶纤维增强水泥平板	FW	芯材	胶粉聚苯颗粒保温浆料	IB
	玻镁平板	FS		胶钙聚苯颗粒保温浆料	IS
	纤维增强低碱度水泥建筑平板	FZ		水泥膨胀珍珠岩	IZ
	硅酸钙平板	FC			

（二）纤维水泥夹芯复合墙板规格尺寸要求

纤维水泥夹芯复合墙板的规格尺寸应符合下列要求。

（1）长度标志尺寸 L 为层高减去楼板顶部结构件（如梁、楼板）厚度及技术处理空间尺寸。长度标志尺寸应为 $M/10$ 的整数倍（ M 为基本建筑模数，$1M = 100mm$），且符合设计要求，由供需双方协商确定。

（2）宽度标志尺寸 B 为 $3M \cdot n$（$n = 1$，2，3……），优化参数为 $600mm$，辅助尺寸采用 $M/2$ 递增。

（3）厚度标志尺寸 T 最小为 $60mm$，采用 $M/10$ 递增，优化参数为 $90mm$、$120mm$。分别用于分室隔墙、分户隔墙和内墙保温。

（4）其他规格尺寸可由供需双方协商确定，其相关技术指标可以参考相近规格产品的要求。

（三）纤维水泥夹芯复合墙板的原材料要求

（1）应使用性能稳定的原材料生产墙板　墙板生产企业应逐批验收进厂原材料的合格证，并对主要原材料的性能进行复检。用于生产墙板的所有胶凝材料、集料、增强材料、水、外掺料（包括外加剂、发泡剂、粉煤灰等），均应当符合相应国家标准或者行业标准中的有关规定。

（2）水泥　生产纤维水泥夹芯复合墙板所用的通用硅酸盐水泥，其技术性能应符合现行国家标准《通用硅酸盐水泥》（GB 175—2007）中的规定。

（3）砂子　生产纤维水泥夹芯复合墙板所用的砂子，应符合现行国家标准《建设用砂》（GB/T 14684—2011）中的规定。砂子采用中砂，细度模数不应低于2.3。

（4）粉煤灰　生产纤维水泥夹芯复合墙板所用的粉煤灰，应符合现行国家标准《用于水泥和混凝土中的粉煤灰》（GB/T 1596—2005）中规定的Ⅱ级以上的要求。

（5）耐碱网格布　生产纤维水泥夹芯复合墙板所用的耐碱网格布，应符合行业标准《耐碱玻璃纤维网布》（JC/T 841—2007）中 ARN10×10-60L 的要求。

（6）水泥膨胀珍珠岩　生产纤维水泥夹芯复合墙板所用的水泥膨胀珍珠岩，应符合现行国家标准《膨胀珍珠岩绝热制品》（GB 10303—2001）中的要求。

（7）中碱纤维网格布　生产纤维水泥夹芯复合墙板所用的中碱纤维网格布，应符合行业标准《增强用玻璃纤维网布》（JC 561—2006）中的要求。采用钠钙硅酸盐玻璃成分，其碱金属氧化物的含量为 12%±0.4%。

（8）"胶钙"聚苯颗粒保温浆料　生产纤维水泥夹芯复合墙板所用的"胶钙"聚苯颗粒保温浆料，应符合行业标准《粉刷石膏》（JC/T 517—2004）中保温层粉刷石膏的技术要求，体积密度不应大于 500kg/m³。

（9）聚苯颗粒　生产纤维水泥夹芯复合墙板所用的聚苯颗粒，应符合行业标准《胶粉聚苯颗粒外墙外保温系统》（JG 158—2004）中的有关要求。

（10）维纶纤维增强水泥　生产纤维水泥夹芯复合墙板所用的维纶纤维增强水泥，应符合行业标准《维纶纤维增强水泥平板》（JC/T 671—2008）中的有关要求。

（11）玻镁水泥　生产纤维水泥夹芯复合墙板所用的玻镁水泥，应符合行业标准《玻镁平板》（JC/T 688—2006）中的有关要求。

（12）纤维增强低碱度水泥　纤维水泥夹芯复合墙板所用的纤维增强低碱度水泥，应符合行业标准《纤维增强低碱度水泥建筑平板》（JC/T 626—2008）中的有关要求。

（四）纤维水泥夹芯复合墙板的技术性能要求

（1）纤维水泥夹芯复合墙板的外观质量　纤维水泥夹芯复合墙板的外观质量要求应符合表 2-78 中的规定。

表 2-78　纤维水泥夹芯复合墙板的外观质量要求

序号	项目名称	技术指标
1	面层和夹芯层处裂缝	不允许
2	板的横向、纵向、侧向方向贯通裂缝	不允许
3	板面外露筋纤、飞边毛刺	不允许
4	板面裂缝，长度 50～100mm，宽度 0.5～1.0mm	≤2 处/板
5	缺棱掉角，宽度×长度 10mm×25mm～20mm×30mm	≤2 处/板

（2）纤维水泥夹芯复合墙板的允许尺寸偏差　纤维水泥夹芯复合墙板的允许尺寸偏差要求应符合表 2-79 中的规定。

表 2-79　纤维水泥夹芯复合墙板的允许尺寸偏差要求

序号	项目名称	允许偏差/mm	序号	项目名称	允许偏差/mm
1	长度	±5.0	4	板面平整度	≤2.0
2	宽度	±2.0	5	对角线差	≤8.0
3	厚度	±1.0	6	侧向弯曲	≤3.0

（3）纤维水泥夹芯复合墙板的不同含水率要求　纤维水泥夹芯复合墙板的不同含水率限值规定对应的使用地区应符合表 2-80 中的规定。

表 2-80　纤维水泥夹芯复合墙板不同含水率限值规定对应的使用地区

含水率/%	12.0	10.0	8.0
使用地区	Ⅲ、Ⅳ、Ⅴ	Ⅱ	Ⅰ、Ⅵ、Ⅶ

注：气候区划分按《建筑气候区划标准》（GB 50178—1993）中一级区划的 Ⅰ～Ⅶ 区执行。

（4）纤维水泥夹芯复合墙板的放射性要求　纤维水泥夹芯复合墙板的放射性要求，应符合现行国家标准《建筑材料放射性核素限量》（GB 6566—2010）中的规定。

（5）纤维水泥夹芯复合墙板的物理力学性能要求　纤维水泥夹芯复合墙板的物理力学性能要求应符合表 2-81 中的规定。

表 2-81　纤维水泥夹芯复合墙板的物理力学性能要求

序号	项目名称	技术指标		序号	项目名称	技术指标	
		板厚 90mm	板厚 120mm			板厚 90mm	板厚 120mm
1	抗冲击性能/次	≥5	≥5	6	干燥收缩值/（mm/m）	≤0.60	≤0.60
2	抗弯破坏荷载（板自重倍数）	≥1.5	≥1.5	7	吊挂力/N	≥1000	≥1000
3	抗压强度/MPa	≥3.5	≥3.5	8	空气声计权隔声量/dB	≥40	≥45
4	软化系数	≥0.80	≥0.80	9	耐火极限/h	≥1	≥1
5	面密度/（kg/m²）	≤85	≤110	10	热导率/[W/（m·K）]	≤0.35	≤0.35

注：1. 含水率不同限值对应的使用地区见表 2-80；2. 应用于采暖地区的保温分立了条板应检测"热导率"一项；3. 板厚若小于 90mm 时，面密度 75kg/m，空气声计权隔声量 35dB，其他性能指标不变。

三、混凝土轻质条板

根据现行的行业标准《混凝土轻质条板》（JG/T 350—2011）中的规定，混凝土轻质条板系指采用水泥为胶结材料，以钢筋、钢丝网或其他材料为增强材料，以粉煤灰、煤矸石、炉渣、再生骨料等工业废渣以及天然轻集料、人造轻集料制成，按建筑模数采用机械化方式生产的预制混凝土条板，条板的长宽比不小于 2.5。

（一）混凝土轻质条板的分类

（1）结构形式不同分类　混凝土轻质条板，按照其结构形式不同可分为空心混凝土轻质条板（代号为 K）和实心混凝土轻质条板（代号为 S）。空心混凝土轻质条板是沿板材长度方向留有若干贯通孔洞的轻质板材；实心混凝土轻质条板是没有孔洞的实心轻质板材。

（2）构件类型不同分类　混凝土轻质条板，按照其构件类型不同可分为普通板（代号为 P）、门框板（代号为 M）、异型板（代号为 Y）。

（3）使用部位不同分类　混凝土轻质条板，按照其使用部位不同可分为隔墙板（代号为 GQB）和外墙板（代号为 WQB）。

（二）混凝土轻质条板的原材料要求

（1）生产混凝土轻质条板的原材料性能稳定，对人体无害及对环境无污染。所有胶凝材料、骨料、增强材料、外掺料、外加剂等，均应当符合相应国家标准或者行业标准中的有关规定。

（2）水泥　生产混凝土轻质条板所用的通用硅酸盐水泥，其技术性能应符合现行国家标准《通用硅酸盐水泥》（GB 175—2007/XG1—2009）中的规定。

（3）放射性核素限量　生产混凝土轻质条板所用建筑材料放射性核素限量，应符合现行国家标准《建筑材料放射性核素限量》（GB 6566—2010）中的规定。

（4）生产混凝土轻质条板的建筑构件，应符合《建筑构件耐火试验方法 第 1 部分：通用要求》（GB 9978.1—2008）中的规定。

（5）生产混凝土轻质条板所用的"硫铝酸盐水泥"，应符合现行国家标准《硫铝酸盐水泥》（GB 20472—2006）中的规定。

（6）砂子　生产混凝土轻质条板所用的砂子，应符合现行国家标准《建设用砂》（GB/T 14684—2011）中的规定。

（7）粗骨料　混凝土轻质条板所用的粗骨料，应符合现行国家标准《建设用碎石、卵石》（GB/T 14685—2011）中的规定。

（8）轻集料　混凝土轻质条板所用的轻集料，应符合现行国家标准《轻集料及其试验方法 第1部分：轻集料》（GB/T 17431.1—2010）中的规定。

（9）外加剂　混凝土轻质条板所用的外加剂，应符合现行国家标准《混凝土外加剂》（GB 8076—2008）和《砂浆、混凝土防水剂》（JC 474—2008）中的规定。

（10）拌合水　生产混凝土轻质条板所用的拌合水，应符合现行的行业标准《混凝土用水标准》（JGJ 63—2006）中的规定。

（三）混凝土轻质条板的质量要求

（1）混凝土轻质条板的外观质量。混凝土轻质条板的外观质量要求应符合表 2-82 中的规定。

表 2-82　混凝土轻质条板的外观质量要求

序号	项目名称	技术指标	序号	项目名称	技术指标
1	外露筋纤，板的横向、纵向、厚度方向贯通裂缝(每块)	不允许	4	板面裂缝，长度 50～100mm，宽度 0.5～1.0mm(每块)	≤2 处
2	板面污染(每块)	不允许	5	蜂窝气孔，孔径 5～30mm(每块)	≤3 处
3	缺棱掉角长×宽 25mm×10mm～30mm×20mm(每块)	≤2 处	6	板孔洞间肋和板面壁厚(mm)(隔墙板)	≥12

注：1. 表中序号 3、4、5 项中低于下限值的缺陷忽略不计，高于上限值的缺陷为不合格。

2. 外墙空心墙的厚度应满足工程设计要求。

（2）混凝土轻质条板的尺寸偏差　轻质条板的尺寸偏差要求应符合表 2-83 中的规定。

表 2-83　混凝土轻质条板的尺寸偏差要求

序号	项目名称	技术指标	序号	项目名称	技术指标
1	长度/mm	±4.0	4	板面平整度/mm	≤2.0
2	宽度/mm	±2.0	5	对角线差/mm	≤8.0
3	厚度/mm	±2.0	6	侧向弯曲/mm	≤L/1250

注：L 为轻质条板的跨度。

（3）外墙混凝土轻质条板的物理力学性能　轻质条板的物理力学性能要求应符合表 2-84 中的规定。

表 2-84　外墙用混凝土轻质条板的物理力学性能要求

序号	项目名称	技术指标			
		板厚 90mm	板厚 120mm	板厚 150mm	板厚 180mm
1	软化系数	≥0.80	≥0.80	≥0.80	≥0.80
2	含水率/%	≤10	≤10	≤10	≤10
3	抗渗透性(水面下降高度,mm)	≤18	≤18	≤18	≤18
4	抗弯荷载/(N/m²)	抗弯荷载分级见表 2-85			
5	干燥收缩值/(mm/m)	≤0.5	≤0.5	≤0.5	≤0.5
6	抗冻性/次	抗冻标号见表 2-86			
7	抗压强度/MPa	≥7.5	≥7.5	≥7.5	≥7.5

序号	项目名称	技术指标			
		板厚 90mm	板厚 120mm	板厚 150mm	板厚 180mm
8	面密度/(kg/m²)	≤110	≤140	≤160	≤190
9	单吊点挂力/N	≥1200			
10	抗冲击性能/次	≥5			
11	空气声计权隔声量/dB	≥40	≥40	≥45	≥45
12	耐火极限/h	≥2.0			
13	节点连接承载力/kN	—	—	≥20	≥20
14	热导率/[W/(m·K)]	—	≤2.0	≤2.0	≤2.0

注：1. 用于清水墙时，外墙混凝土轻质条板应检测抗渗透性能；

2. 抗冻标号应根据工程设计要求确定，如表 2-86 所列；

3. 用于分户墙、外墙时，隔声性能应根据工程设计要求确定。

（4）外墙混凝土轻质条板的抗弯荷载　轻质条板抗弯荷载分级如表 8-85 所列。

表 2-85　外墙混凝土轻质条板抗弯荷载分级

分级代号	1	2	3	4	5	6
分级指标值/(N/m²)	≥2000	≥2500	≥3000	≥3500	≥4000	≥4500

（5）外墙混凝土轻质条板抗冻性能　轻质条板的抗冻性能应符合表 2-86 中规定。

表 2-86　外墙混凝土轻质条板的抗冻性能要求

使用条件	抗冻指标	质量要求
夏热冬暖的地区	D15	不应出现可见裂纹，且板的表面无变化
夏热冬冷的地区	D25	
寒冷地区	D35	
严寒地区	D50	

（6）隔墙混凝土轻质条板的物理力学性能　隔墙用混凝土轻质条板的物理力学性能要求，应符合表 2-87 中的规定。

表 2-87　隔墙用混凝土轻质条板的物理力学性能要求

序号	项目名称	技术指标			
		板厚 90mm	板厚 120mm	板厚 150mm	板厚 180mm
1	软化系数	≥0.80	≥0.80	≥0.80	≥0.80
2	含水率/%	≤10	≤10	≤10	≤10
3	面密度/(kg/m²)	≤110	≤140	≤160	≤190
4	抗弯荷载/(板自重倍数)	≥1.5			
5	干燥收缩值/(mm/m)	≤0.5	≤0.5	≤0.5	≤0.5
6	单吊点挂力/N	≥1200			
7	抗压强度/MPa	≥5.0			
8	抗冲击性能/次	≥5			
9	空气声计权隔声量/dB	≥40	≥40	≥45	≥45
10	耐火极限/h	≥1.5		≥2.0	
11	热导率/[W/(m·K)]	—	≤2.0	≤2.0	≤1.5

注：1. 设计方有要求时，隔墙混凝土轻质条板应检测热导率；

2. 用于分户墙时，隔声性能应根据工程设计要求确定。

（7）隔墙混凝土轻质条板的放射性核素限量　隔墙混凝土轻质条板的放射性核素限量，应符合现行国家标准《建筑材料放射性核素限量》（GB 6566—2010）中的规定。

四、玻璃纤维增强水泥外墙板

根据现行的行业标准《玻璃纤维增强水泥外墙板》（JC/T 1057—2007）中的规定，玻璃纤维增强水泥外墙板系指以耐碱玻璃纤维为主要增强材料，以铁铝酸盐水泥或硅酸盐水泥为胶凝材料，以砂子为集料，采用直接喷射工艺或预混喷射工艺制成的玻璃纤维增强水泥非承重外墙板。

（一）玻璃纤维增强水泥外墙板的分类方法

（1）按照外墙板的构造不同，玻璃纤维增强水泥外墙板可分为单层板（代号为 DCB）、有肋单层板（代号为 LDB）、框架板（代号为 KJB）和夹芯板（代号为 JXB）。

（2）按照外墙板表面有无装饰层，玻璃纤维增强水泥外墙板可分为有装饰层板和无装饰层板。

（二）玻璃纤维增强水泥外墙板原材料要求

（1）水泥要求　当采用快硬硫铝酸盐水泥、快硬铁铝酸盐水泥时，应符合《快硬硫铝酸盐水泥》（JC 933—2003）中的规定；当采用通用硅酸盐水泥时，其技术性能应符合现行国家标准《通用硅酸盐水泥》（GB 175—2007）中的规定。

（2）耐酸玻璃纤维　采用耐酸玻璃纤维无捻粗纱时，应符合《耐碱玻璃纤维无捻粗纱》（JC/T 572—2002）中的规定。采用耐碱玻璃纤维网布时应符合《耐碱玻璃纤维网布》（JC/T 841—2007）中的规定。

（3）砂子　生产玻璃纤维增强水泥外墙板所用的砂子，应符合现行国家标准《建设用砂》（GB/T 14684—2011）中的规定。

（4）拌合水　生产玻璃纤维增强水泥外墙板所用的拌合水，应符合现行的行业标准《混凝土用水标准》（JGJ 63—2006）中的规定。

（5）外加剂　生产玻璃纤维增强水泥外墙板所用的外加剂，应符合现行国家标准《混凝土外加剂》（GB 8076—2008）中的规定。

（三）玻璃纤维增强水泥外墙板的性能要求

（1）玻璃纤维增强水泥外墙板的外观质量　玻璃纤维增强水泥外墙板的外观质量要求，主要包括以下方面。①墙板的外缘应整齐，外观面不应有缺棱掉角，非明显部位的缺棱掉角允许修补。②侧面防水缝部位不应有孔洞；一般部位孔洞的长度不应大于 5mm，深度不应大于 3mm，每平方米板上的孔洞不应多于 3 处，有特殊表面装饰效果要求时除外。

（2）玻璃纤维增强水泥外墙板的尺寸允许偏差　玻璃纤维增强水泥外墙板的尺寸允许偏差，不得超过表 2-88 中的规定。

表 2-88　玻璃纤维增强水泥外墙板的尺寸允许偏差

序号	项目名称	尺寸允许偏差/mm
1	长度	当墙板长度≤2m 时,尺寸允许偏差:±3mm/m 当墙板长度>2m 时,尺寸允许偏差:≤±6mm/m
2	宽度	当墙板长度≤2m 时,尺寸允许偏差:±3mm/m 当墙板长度>2m 时,尺寸允许偏差:≤±6mm/m
3	厚度	0~3mm
4	板面平整度	≤5mm,有特殊表面装饰效果要求时除外
5	对角线差(仅适用于矩形板)	板面积小于2m²时,对角线差≤5mm;板面积大于等于2m²时,对角线差≤10mm

（3）玻璃纤维增强水泥外墙板物理力学性能　玻璃纤维增强水泥外墙板物理力学性能的

要求应符合表 2-89 中的规定。

表 2-89 玻璃纤维增强水泥外墙板物理力学性能

序号	项目名称		技术指标	序号	项目名称	技术指标
1	抗弯比例极限强度 /MPa	平均值	≥7.0	3	抗冲击强度/(kJ/m²)	≥8.0
		单块最小值	≥6.0	4	体积密度[干燥状态(g/cm³)]	≥1.8
2	抗弯极限强度 /MPa	平均值	≥18.0	5	吸水率/%	≤14.0
		单块最小值	≥15.0	6	抗冻性	经 25 次冻融循环,无起层、剥落现象

五、外墙内保温板

(一) 外墙内保温板的分类

根据现行的行业标准《外墙内保温板》(JG/T 159—2004) 中的规定,外墙内保温板按所使用原材料分为增强水泥聚苯保温板 (代号为 SNB)、增强石膏聚苯保温板 (代号为 SGB)、聚合物水泥聚苯保温板 (代号为 JHB)、发泡水泥聚苯保温板 (代号为 FPB)、水泥聚苯颗粒保温板 (代号为 SJB)。外墙内保温板按板型分为标准板和非标准板。

(1) 增强水泥聚苯保温板系指以聚苯乙烯泡沫塑料板与耐碱玻璃纤维网格布或耐碱纤维及低碱度水泥一起复合而成的保温板。

(2) 增强石膏聚苯保温板系指以聚苯乙烯泡沫塑料板与中碱玻璃纤维涂塑网格布、建筑石膏 (允许掺加质量小于 15% 的水泥) 及珍珠岩一起复合而成的保温板。

(3) 聚合物水泥聚苯保温板系指以耐碱玻璃纤维网格布或耐碱纤维、聚合物低碱度水泥砂浆与聚苯乙烯泡沫塑料板复合而成的保温板。

(4) 发泡水泥聚苯保温板系指以硫铝酸盐水泥等无机胶凝材料、粉煤灰、发泡剂等与聚苯乙烯泡沫塑料板复合而成的保温板。

(5) 水泥聚苯颗粒保温板系指以水泥、发泡剂等材料与聚苯乙烯泡沫塑料颗粒经搅拌后浇注而成的保温板。

(二) 外墙内保温板的原材料要求

(1) 建筑石膏 生产外墙内保温板所用的建筑石膏应符合现行国家标准《建筑石膏》(GB/T 9776—2008) 中的规定。

(2) 膨胀珍珠岩 生产外墙内保温板所用的膨胀珍珠岩,应符合现行的行业标准《膨胀珍珠岩》(JC/T 209—1992) 中 70~100 级的要求。

(3) 水泥 生产外墙内保温板所用的水泥,当采用普通硅酸盐水泥时,应符合现行国家标准《通用硅酸盐水泥》(GB 175—2007/XG1—2009) 中的规定。当采用"快硬硫铝酸盐水泥"、"快硬铁铝酸盐水泥"时,应符合《快硬硫铝酸盐水泥 快硬铁铝酸盐水泥》(JC 933—2003) 中的规定。

(4) 聚苯乙烯泡沫塑料 生产外墙内保温板所用的聚苯乙烯泡沫塑料,应符合现行国家标准《绝热用模塑聚苯乙烯泡沫塑料》(GB/T 10801.1—2002) 中阻燃型的指标要求。

(5) 玻纤网布 增强水泥类外墙内保温板,应采用符合《耐碱玻璃纤维网布》(JC/T 841—2007) 标准要求的耐碱玻璃纤维网格布;增强石膏类外墙内保温板,应采用符合《增强用玻璃纤维网布第 2 部分》(JC 561.2—2006) 标准中碱网布要求的玻璃纤维网布。

(6) 耐碱玻璃纤维无捻粗纱 生产外墙内保温板所用的耐碱玻璃纤维无捻粗纱,应符合《耐碱玻璃纤维无捻粗纱》(JC/T 572—2002) 中的规定。

（7）砂子　生产外墙内保温板所用的砂子，应符合现行国家标准《建设用砂》（GB/T 14684—2011）中的规定。

（8）外加剂　生产外墙内保温板所用的外加剂，应符合现行国家标准《混凝土外加剂》（GB 8076—2008）中的规定。

（三）外墙内保温板的性能要求

（1）外墙内保温板的规格和尺寸允许偏差　外墙内保温板的规格和尺寸允许偏差，应符合有关建筑设计的要求。外墙内保温板的规格应符合表 2-90 中的规定；外墙内保温板的尺寸允许偏差应符合表 2-91 中的规定。

表 2-90　外墙内保温板的规格　　　　　　　　　　单位：mm

板的类型	项目				
	板型	厚度	宽度	长度	边肋
标准板	条板	40、50、60、70、80、90	595	2400～2900	≤15
	小块板	40、50、60、70、80、90	595	900～1500	≤10
非标准板	按设计要求而定				

注：聚合物水泥聚苯保温板标准板宽为 60mm，无边肋。

表 2-91　外墙内保温板的尺寸允许偏差

项目	允许偏差/mm	项目	允许偏差/mm
长度	±5.0	宽度	±2.0
厚度	±2.0	对角线差	≤8(条板)或≤3(小板)
板侧面平直度	≤L/750(L 为板长)	板面平整度	≤2.0

（2）外墙内保温板的外观质量　外墙内保温板的外观质量要求应符合表 2-92 的规定。

表 2-92　外墙内保温板的外观质量要求

序号	项目名称	技术指标
1	外露纤维	无外露的纤维
2	缺棱	深度大于 10mm 的棱和条边的累计长度小于 150mm
3	掉角	三个方向破坏尺寸同时大于 10mm 的掉角不超过 2 处；三个方向破坏尺寸的最大值不大于 30mm
4	裂纹	无贯穿性裂纹及非贯穿性横向裂纹，无长度大于 50mm 或宽度大于 0.2mm 的非贯穿性裂纹，长度大于 20mm 的非贯穿性裂纹不超过 2 处
5	蜂窝麻面	长径大于或等于 5mm、深度大于或等于 2mm 的板面气孔不多于 10 处

注：缺棱掉角尺寸以投影尺寸计。

（3）外墙内保温板的物理力学性能　应符合表 2-93 中的规定。

表 2-93　外墙内保温板的物理力学性能要求

序号	项目名称		增强水泥聚苯保温板	增强石膏聚苯保温板	聚合物水泥聚苯保温板	发泡水泥聚苯保温板	水泥聚苯颗粒保温板
1	面密度/(kg/m²)		≤40	≤30	≤25	≤30	—
2	密度/(kg/m³)		—				≤380
3	含水率/%		≤5				≤10
4	主断面热阻/(m²·K/W)	板厚/mm					
		40	≥0.50				≥0.50
		50	≥0.70				≥0.60
		60	≥0.90				≥0.75
		70	≥1.15				≥0.90
		80	≥1.40				≥1.00
		90	≥1.65				≥1.15

序号	项目名称	增强水泥聚苯保温板	增强石膏聚苯保温板	聚合物水泥聚苯保温板	发泡水泥聚苯保温板	水泥聚苯颗粒保温板
5	抗弯荷载/N	≥G（板材的质量）				
6	抗冲击性/次	≥10				
7	燃烧性能/级	B1				
8	面板收缩率/%	≤0.08				

（4）外墙内保温板的放射性核素限量　外墙内保温板的放射性核素限量要求，应符合现行国家标准《建筑材料放射性核素限量》（GB 6566—2010）中的规定。

六、建筑用轻质隔墙条板

建筑用轻质隔墙条板是以珍珠岩为主要原材料，以粉煤灰为填充材料，以水泥为胶凝材料，通过机器浇筑成型。建筑用轻质隔墙条板具有轻质、隔声、隔热、保温、防潮等特点，可锯、可刨、可钉、安装施工简便快速，可以防火抗震，达到8度抗震设防烈度标准；降低建筑物自重，有利于改变肥梁、胖柱、深基础的局面，可大量节约钢筋和水泥，并改善建筑功能，节约工程总造价；节约能源，是建设部重点推荐的"绿色建筑节能轻质墙体材料"。

根据现行国家标准《建筑用轻质隔墙条板》（GB/T 23451—2009）中的规定，建筑用轻质隔墙条板系指面密度不大于《建筑用轻质隔墙条板》中规定数值，长宽比不小于2.5，采用轻质材料或轻型构造制作，用于非承重隔墙的预制条板。

(一) 建筑用轻质隔墙条板的分类

建筑用轻质隔墙条板，按照断面构造不同可分为空心条板（代号为K）、实心条板（代号为S）和复合条板（代号为F）；按构件类型不同可分为普通板（代号为PB）、门窗框板（代号为MCB）和异型板（代号为YB）。

空心条板系指沿板材长度方向留有若干贯通孔洞的预制条板。实心条板系指用同类材料制作的无孔洞预制条板。复合夹芯条板系指由两种及两种以上不同功能材料复合或由面板（浇注面层）与夹芯层材料复合制成的预制条板。

(二) 建筑用轻质隔墙条板原材料要求

建筑用轻质隔墙条板应使用性能稳定的原材料生产。条板生产企业应逐批验收进厂原材料的合格证，并对主要原材料的性能定期复检。用于生产轻质条板的所有胶凝材料、骨料、增强材料、水、外掺料（包括外加剂、发泡剂、粉煤灰等）均应符合相应国家标准、行业标准的有关规定。

(三) 建筑用轻质隔墙条板的性能要求

（1）建筑用轻质隔墙条板的外观质量　建筑用轻质隔墙条板的外观质量要求应符合表2-94中的规定。

表2-94　建筑用轻质隔墙条板的外观质量

序号	项目名称	技术指标
1	板面外露筋、纤;飞边毛刺;板面泛霜;板的横向、纵向、厚度方向贯通裂缝	无
2	复合夹芯条板面层脱落①	无
3	板面裂缝,长度50～100mm,宽度0.5～1.0mm	<2处/板

序号	项目名称	技术指标
4	蜂窝气孔,长径5～30mm	≤3处/板
5	缺棱掉角,宽度×长度 10 mm×25mm～20mm×30mm	≤2处/板
6	壁厚^②/mm	≥12

①复合夹芯条板检测此项。

②空心条板应测壁厚。

注:序号3、4、5项中低于下限值的缺陷忽略不计,高于上限值的缺陷为不合格。

（2）建筑用轻质隔墙条板的尺寸允许偏差 建筑用轻质隔墙条板的尺寸允许偏差要求,应符合表 2-95 中的规定。

表 2-95 建筑用轻质隔墙条板的尺寸允许偏差

序号	项目名称	允许偏差/mm	序号	项目名称	允许偏差/mm
1	长度	±5.0	4	板面平整	≤2.0
2	宽度	±2.0	5	对角线差	≤6.0
3	厚度	±1.5	6	侧向弯曲	≤L/1000(L 板长)

（3）建筑用轻质隔墙条板的物理力学性能 建筑用轻质隔墙条板的物理力学性能要求应符合表 2-96 中的有关规定。

表 2-96 建筑用轻质隔墙条板的物理力学性能

序号	项目名称	技术指标		序号	项目名称	技术指标	
		板厚 90mm	板厚 120mm			板厚 90mm	板厚 120mm
1	抗冲击性能/次	＞5	＞5	7	干燥收缩值/(mm/m)	≤0.60	≤0.60
2	抗弯破坏荷载（板自重倍数）	＞1.5	＞1.5	8	吊挂力/N	荷载 1000N 静置 24h,板面无宽度超过 0.5mm 的裂纹	
3	抗压强度/MPa	＞3.5	＞3.5	9	空气声隔声量/dB	≥35	≥40
4	软化系数	＞0.80	＞0.80	10	耐火极限/h	≥1	≥1
5	面密度/(kg/m²)	≤90	≤120	11	抗冻性	不出现可见裂纹且表面无变化	
6	含水率/(%)	≤12	≤12	12	燃烧性能	A₁级或 A₂级	

注:石膏条板的软化系数为＞0.60。

（4）建筑材料放射性核素限量 建筑用轻质隔墙条板的建筑材料放射性核素限量应符合表 2-97 中的有关规定。

表 2-97 建筑用轻质隔墙条板的建筑材料放射性核素限量

序号	项目名称	技术指标
1	制品中镭 226、钍 232、钾 40 放射性核素限量	空心板(空心率大于 25%)
2	I_{Ra}(内照射指数)	≤1.0
3	I_r(外照射指数)	≤1.3

七、玻璃纤维增强水泥轻质多孔隔墙条板

玻璃纤维增强水泥轻质多孔隔墙条板是以耐碱玻璃纤维作增强材料,低碱性的水泥作为胶凝材料,膨胀珍珠岩粉煤灰等作骨料,经配料、搅拌、成型、养护而成的多孔轻质墙板。

具有容量轻、防潮、不燃、保温隔声、可锯可钉、施工效率高等特点，主要适用于各类建筑的非承重隔墙，也可用于房屋加层等。

（一）玻璃纤维增强水泥轻质多孔隔墙条板的分类与规格

1. 玻璃纤维增强水泥轻质多孔隔墙条板的分类

根据现行国家标准《玻璃纤维增强水泥轻质多孔隔墙条板》（GB/T 19631—2005）中的规定，可按以下方法进行分类：①玻璃纤维增强水泥轻质多孔隔墙条板，按其厚度不同可分为 90 型和 120 型；②玻璃纤维增强水泥轻质多孔隔墙条板，按其板的类型不同可分为普通板（代号为 PB）、门框板（代号为 MB）、窗框板（代号为 CB）和过梁板（代号为 LB）；③玻璃纤维增强水泥轻质多孔隔墙条板，按其外观质量、尺寸偏差及物理力学性能不同可分为一等品（B）和合格品（C）。

2. 玻璃纤维增强水泥轻质多孔隔墙条板的规格

玻璃纤维增强水泥轻质多孔隔墙条板的产品型号及规格尺寸应符合表 2-98 中的要求。也可根据实际需要由供需双方协商确定。

表 2-98　玻璃纤维增强水泥轻质多孔隔墙条板的产品型号及规格尺寸　　单位：mm

型号	长度(L)	宽度(B)	厚度(T)	接缝槽深(a)	接缝槽宽度(b)	壁厚(c)	孔间肋厚(d)
90	2500～3000	600	90	2～3	20～30	≥10	≥20
120	2500～3500	600	120	2～3	20～30	≥10	≥20

（二）玻璃纤维增强水泥轻质多孔隔墙条板的质量要求

（1）玻璃纤维增强水泥轻质多孔隔墙条板的外观质量　玻璃纤维增强水泥轻质多孔隔墙条板的外观质量要求应符合表 2-99 中的要求。

表 2-99　玻璃纤维增强水泥轻质多孔隔墙条板的外观质量

项目名称		技术指标		项目名称		技术指标	
		一等品	合格品			一等品	合格品
缺棱掉角	长度/mm	≤20	≤50	蜂窝气孔	长度/mm	≤10	≤30
	宽度/mm	≤20	≤50		孔径/mm	≤4	≤5
	数量/处	≤2	≤3		数量/处	≤1	≤3
板面裂缝		不允许	不允许	飞边毛刺		不允许	不允许
壁厚/mm		≥10	≥10	孔间肋厚/mm		≥20	≥20

（2）玻璃纤维增强水泥轻质多孔隔墙条板的尺寸偏差　玻璃纤维增强水泥轻质多孔隔墙条板的尺寸偏差要求应符合表 2-100 中的要求。

表 2-100　玻璃纤维增强水泥轻质多孔隔墙条板的尺寸偏差　　单位：mm

类型	长度	宽度	厚度	侧向弯曲	板面平整度	对角线差	接缝槽宽度	接缝槽深
一等品	±3	±1	±1	≤1	≤2	≤10	+2,0	+0.5,0
合格品	±5	±2	±2	≤2	≤2	≤10	+2,0	+0.5,0

（3）玻璃纤维增强水泥轻质多孔隔墙条板的物理力学性能　玻璃纤维增强水泥轻质多孔隔墙条板的物理力学性能要求应符合表 2-101 中的要求。

表 2-101　玻璃纤维增强水泥轻质多孔隔墙条板的物理力学性能

序号	项目名称		技术指标	
			一等品	合格品
1	含水率/%	采暖地区	≤10	
		非采暖地区	≤15	
2	气干面密度 /(kg/m²)	90 型	≤75	
		120 型	≤95	
3	抗折破坏强度 /MPa	90 型	≥2200	≥2000
		120 型	≥3000	≥2800
4	干燥收缩值/(mm/m)		≤0.60	
5	抗冲击性(30kg,0.5m 落差)		冲击 5 次,板面无裂缝	
6	空气声计权隔声量/(dB)	90 型	≥35	
		120 型	≥40	
7	抗折破坏荷载保留率(耐久性,%)		≥80	≥70
8	放射性比活度	I_{Ra}(内照射指数)	≤1.0	
		I_r(外照射指数)	≤1.0	
9	吊挂力/N		≥1000	
10	燃烧性能		不燃	

八、灰渣混凝土空心隔墙板

根据现行国家标准《灰渣混凝土空心隔墙板》(GB/T 23449—2009) 中的规定,灰渣混凝土空心隔墙板是用于工业与民用建筑中的非承重内隔墙条板,以水泥为胶凝材料,以灰渣为集料,以纤维或钢筋为增强材料,其构造断面为多孔空心式,长宽比不小于 2.5,其灰渣掺量(质量比)在 40% 以上。

(一) 灰渣混凝土空心隔墙板的分类与代号

灰渣混凝土空心隔墙板产品,按板的构造类型不同可分为普通板(代号为 PB)、门框板(代号为 MB)、窗框板(代号为 CB)和异型板(代号为 YB)。

(二) 灰渣混凝土空心隔墙板原材料要求

灰渣混凝土空心隔墙板,应使用性能稳定的原材料生产条板。条板生产企业应逐批验收进厂原材料的合格证,并对主要原材料的性能定期复检。用于生产轻质条板的所有胶凝材料、骨料、增强材料、水、外掺料(包括外加剂、发泡剂、粉煤灰等)均应符合相应国家标准、行业标准的有关规定。

(三) 灰渣混凝土空心隔墙板的性能要求

(1) 灰渣混凝土空心隔墙板的外观质量　灰渣混凝土空心隔墙板的外观质量要求应符合表 2-102 中的规定。

表 2-102　灰渣混凝土空心隔墙板的外观质量

序号	项目名称	技术指标
1	板面外露筋、纤,飞边毛刺;板面泛霜;板的横向、纵向、厚度方向贯通裂缝	无
2	板面裂缝,长度 50～100mm,宽度 0.5～1.0mm	<2 处/板
3	蜂窝气孔,长径 5～30mm	≤3 处/板
4	缺棱掉角,宽度×长度 10 mm×25mm～20mm×30mm	≤2 处/板
5	壁厚/mm	≥12

注:序号 3、4、5 项中低于下限值的缺陷忽略不计,高于上限值的缺陷为不合格。

（2）灰渣混凝土空心隔墙板的尺寸允许偏差　灰渣混凝土空心隔墙板的尺寸允许偏差要求应符合表 2-103 中的规定。

表 2-103　灰渣混凝土空心隔墙板的尺寸允许偏差

序号	项目名称	允许偏差/mm	序号	项目名称	允许偏差/mm
1	长度	±5.0	4	板面平整	≤2.0
2	宽度	±2.0	5	对角线差	≤6.0
3	厚度	±2.0	6	侧向弯曲	≤L/1000(L 为板长)

（3）灰渣混凝土空心隔墙板的物理力学性能　灰渣混凝土空心隔墙板的物理力学性能要求应符合表 2-104 中的有关规定。

表 2-104　灰渣混凝土空心隔墙板的物理力学性能

序号	项目名称	技术指标		
		板厚 90mm	板厚 120mm	板厚 150mm
1	抗冲击性能/次	经过 5 次冲击试验后,板面无裂纹		
2	面密度/(kg/m²)	≤90	≤120	≤150
3	抗弯破坏荷载(板自重倍数)	>1.0	>1.0	>1.0
4	抗压强度/MPa	>5.0		
5	空气声隔声量/dB	≥40	≥45	≥50
6	含水率/%	≤12		
7	干燥收缩值/(mm/m)	≤0.60		
8	吊挂力/N	荷载 1000N 静置 24h,板面无宽度超过 0.5mm 的裂纹		
9	耐火极限/h	≥1		
10	软化系数	≥0.80		
11	抗冻性	不出现可见裂纹且表面无变化		

注：夏热冬暖的地区可不检测抗冻性。

九、建筑隔墙用保温条板

根据现行国家标准《建筑隔墙用保温条板》（GB/T 23450—2009）中的规定，建筑隔墙用保温的条板系指以纤维为增强材料，以水泥（或硅酸钙、石膏）为胶凝材料，两种或两种以上不同功能材料复合而成的具有保温性能的隔墙条板。

（一）建筑隔墙用保温的条板原材料要求

建筑隔墙用保温的条板，应使用性能稳定的原材料生产条板。条板生产企业应逐批验收进厂原材料的合格证，并对主要原材料的性能定期复检。用于生产轻质条板的所有胶凝材料、骨料、增强材料、水、外掺料（包括外加剂、发泡剂、粉煤灰等）均应符合相应国家标准、行业标准的有关规定。

（二）建筑隔墙用保温的条板的性能要求

（1）建筑隔墙用保温的条板外观质量　建筑隔墙用保温的条板外观质量要求应符合表 2-105 中的规定。

表 2-105　建筑隔墙用保温的条板外观质量

序号	项目名称	技术指标
1	板面外露筋、纤;飞边毛刺	不允许
2	面层和夹芯处裂缝	不允许

续表

序号	项目名称	技术指标
3	板的横向、纵向和侧向方面贯穿裂缝	不允许
4	板面裂缝，长度 50～100mm，宽度 0.5～1.0mm	<2 处/板
5	缺棱掉角，宽度×长度 10 mm×25mm～20mm×30mm	≤2 处/板

注：序号 4、5 项中低于下限值的缺陷忽略不计，高于上限值的缺陷为不合格。

（2）建筑隔墙用保温的条板尺寸允许偏差　建筑隔墙用保温的条板尺寸允许偏差要求应符合表 2-106 中的规定。

表 2-106　建筑隔墙用保温的条板尺寸允许偏差

序号	项目名称	允许偏差/mm	序号	项目名称	允许偏差/mm
1	长度	±5.0	4	板面平整	≤2.0
2	宽度	±2.0	5	对角线差	≤6.0
3	厚度	±2.0	6	侧向弯曲	≤L/1000（L 为板长）

（3）建筑隔墙用保温的条板物理力学性能　建筑隔墙用保温的条板物理力学性能要求应符合表 2-107 中的有关规定。

表 2-107　建筑隔墙用保温的条板物理力学性能

序号	项目名称		技术指标	
		板厚 90mm	板厚 120mm	板厚 150mm
1	抗冲击性能/次	经过 5 次冲击试验后，板面无裂纹		
2	面密度/(kg/m²)	≤85	≤100	≤110
3	抗弯破坏荷载（板自重倍数）	>1.5	>1.5	>1.5
4	抗压强度/MPa	>3.5		
5	空气声隔声量/dB	≥35	≥40	≥45
6	含水率/%	≤8.0		
7	干燥收缩值/(mm/m)	≤0.60		
8	吊挂力/N	荷载 1000N 静置 24h，板面无宽度超过 0.5mm 的裂纹		
9	耐火极限/h	≥1		
10	软化系数	≥0.80		
11	抗冻性	不出现可见裂纹且表面无变化		
12	燃烧性能	A_1 级或 A_2 级		
13	传热系数/[W/(m²·K)]	≤2.0		
14	放射性比活度 I_{Ra}（内照射指数）	≤1.0		
	I_r（外照射指数）	≤1.0		

注：夏热冬暖的地区可不检测抗冻性；石膏的软化系数≥0.60。

十、复合保温石膏板

根据现行的行业标准《复合保温石膏板》（JC/T 2077—2011）中的规定，复合保温石膏板系指以聚苯乙烯泡沫塑料与纸面石膏板用黏结剂黏合而成的保温石膏板。

（一）复合保温石膏板的分类与规格

（1）复合保温石膏板的分类　复合保温石膏板按纸面石膏板的种类不同，可分为普通型（P）、耐水型（S）、耐火型（H）和耐水耐火型（SH）4 种；复合保温石膏板按保温材料的种类不同，可分为模塑聚苯乙烯泡沫塑料类（E）和挤塑聚苯乙烯泡沫塑料类（X）两种。

（2）复合保温石膏板的规格　板材的公称长度为 1200mm、1500mm、1800mm、2100mm、2400mm、2700mm、3000mm、3300mm、3600mm；板材的公称宽度为 600mm、

900mm，1200mm；板材的公称厚度和其他公称长度、公称宽度由供需双方商定。

(二) 复合保温石膏板的一般要求

（1）复合保温石膏板产品不应对人体、生物和环境造成有害的影响，涉及与使用有关的安全与环保问题应符合我国相关标准和规范的要求。

（2）纸面石膏板应符合现行国家标准《纸面石膏板》（GB/T 9775—2008）中的规定。

（3）模塑聚苯乙烯泡沫塑料应符合现行国家标准《绝热模塑聚苯乙烯泡沫塑料》（GB/T 10801.1—2002）中的规定。

（4）挤塑聚苯乙烯泡沫塑料应符合现行国家标准《绝热挤塑聚苯乙烯泡沫塑料》（GB/T 10801.2—2002）中的规定。

(三) 复合保温石膏板的外观质量

（1）纸面石膏板板面平整，不应有影响使用的波纹、沟槽、亏料、划伤、破损、污痕等质量缺陷。

（2）保温材料表面平整、无夹杂物、颜色均匀，不应有影响使用的起泡、裂口、变形等质量缺陷。

(四) 复合保温石膏板的尺寸允许偏差

复合保温石膏板的尺寸允许偏差要求应符合表 2-108 中的规定。

表 2-108　复合保温石膏板的尺寸允许偏差

序号	项目名称		允许偏差	序号	项目名称		允许偏差
1	长度/mm	石膏板面	−6～0	4	对角线差/mm	石膏板面	≤5
		保温板面	−2～10			保温板面	≤13
2	宽度/mm	石膏板面	−5～0	5	边部错位/mm	长度方向	−5～8
		保温板面	−2～6			宽度方向	±5
3	厚度/mm		±2				

(五) 复合保温石膏板的物理性能

复合保温石膏板的物理性能的要求，应符合表 2-109 中的规定。

表 2-109　复合保温石膏板的物理性能

序号	项目名称	技术指标					
		9.5mm	12mm	15mm	18mm	21mm	25mm
1	面密度/(kg/m²)	≤10.5	≤13.0	≤16.0	≤19.0	≤22.0	≤26.0
2	横向断裂荷载/N	≥180	≥220	≥270	≥320	≥370	≥440
3	层间黏结强度/MPa	≥0.035					
4	热阻/(m²·K/W)	报告值（用户需要时）					
5	燃烧性能	不低于 C 级					

第五节　墙体节能其他材料

建筑节能是指在居住建筑和公共建筑的规划、设计、建造和使用过程中，通过执行现行建筑节能标准，提高建筑围护结构热工性能，采用节能型用能系统和可再生能源利用系统，切实降低建筑能源消耗的活动。新型墙体材料，是指符合国家、行业和地方技术标准，以非黏土为主要原材料生产的各类墙体材料。在建筑工程中，除了常用以上墙体节能材料外，还有许多种墙体节能其他材料，常见的有硅酸盐砖和 GZL 系列节能墙材。

一、硅酸盐砖

硅酸盐砖是指以硅质材料和石灰为主要原料，必要时加入集料和适量石膏，压制成型，经温热处理而制成的建筑用砖。硅酸盐砖有实心砖、多孔砖或空心砖，经常压蒸汽养护硬化而制成的砖称为蒸养砖，经高压蒸汽养护硬化而制成的砖称为蒸压砖。根据所用的硅质材料的不同，有蒸压灰砂砖、蒸压灰砂空心砖、粉煤灰砖、蒸压煤渣砖、矿渣砖、煤渣砖等，其规格与黏土砖相同。最常见的是蒸压灰砂砖、蒸压灰砂空心砖、粉煤灰砖、煤渣砖。

（一）蒸压灰砂砖

蒸压灰砂砖是以砂子和石灰为主要原料，经坯料制备，压制成型、蒸压养护而成的实心砖，简称灰砂砖，是替代烧结黏土砖的节能型建筑产品，是国家大力发展、应用的新型墙体材料。灰砂砖的组织均匀密实、尺寸准确、外形整齐、表面平整、色泽均匀，既具有良好的耐久性能，又具有较高的墙体强度。

蒸压灰砂砖按抗压强度不同，可分为 MU25、MU20、MU15 和 MU10 四个等级；按外观质量、强度和抗冻性不同，可分为优等品（A）、一等品（B）和合格品（C）。蒸压灰砂砖主要用于工业与民用建筑中。其中，MU25、MU20、MU15 灰砂砖可用于基砖及其他建筑，MU10 灰砂砖可用于防潮层以上的建筑。由于灰砂砖在长期高温作用下会发生破坏，所以不得用于长期受 200℃ 以上或受急冷急热和有酸性介质侵蚀的建筑部位。

根据国家标准《蒸压灰砂砖》（GB 11945—1999）中的规定，蒸压灰砂砖的规格及分类分级应符合表 2-110 中的要求蒸压灰砂砖的外观质量要求应符合表 2-111 中的要求蒸压灰砂砖的力学性能和抗冻性指标应符合表 2-112 中的要求；蒸压灰砂砖的产品规格及性能应符合表 2-113 中的要求。

表 2-110　蒸压灰砂砖的规格及分类分级

公称尺寸 /mm	分类	分级	
		强度等级	质量等级
长度 240，宽度 115，高度 53，砖的外形为直角六面体	按灰砂砖的颜色分为：彩色与本色	根据抗压强度和抗折强度分为：MU25、MU20、MU15、MU10	根据尺寸偏差和外观质量、强度及抗冻性分为：优等品（A）、一等品（B）、合格品（C）

表 2-111　蒸压灰砂砖的外观质量要求

项目			指标		
			优等品	一等品	合格品
尺寸允许偏差 /mm	长度	L	±2	±2	±3
	宽度	B	±2		
	高度	H	±1		
缺棱掉角	个数/个		≤1	≤1	≤2
	最大尺寸/mm		≤10	≤15	≤20
	最小尺寸/mm		≤5	≤10	≤10
	对应高度差/mm		≤1	≤2	≤3
条纹	条数/条		≤1	≤1	≤2
	大面上宽度方向及其延伸到条面的长度/mm		≤20	≤50	≤70
	大面上宽度方向及其延伸到顶面上的长度或条、顶面水平裂纹的长度/mm		≤30	≤70	≤100

表 2-112　蒸压灰砂砖的力学性能和抗冻性指标

强度等级	抗压强度/MPa		抗折强度/MPa		抗冻性	
	平均值	单块值	平均值	单块值	抗压强度平均值/MPa	单块砖的干质量损失/%
MU25	≥25.0	≥20.0	≥5.0	≥4.0	≥20.0	≥2.0
MU20	≥20.0	≥16.0	≥4.0	≥3.2	≥16.0	≥2.0
MU15	≥15.0	≥12.0	≥3.3	≥2.6	≥12.0	≥2.0
MU10	≥10.0	≥8.0	≥2.5	≥2.0	≥8.0	≥2.0

注：优等品的强度等级不得小于 MU15。

表 2-113　蒸压灰砂砖的产品规格及性能

规格/mm	主要技术性能		
	强度等级	抗压强度/MPa	抗折强度/MPa
240×115×53	MU20	20.1	4.3
	MU15		
	MU10		
240×115×53	MU25	20.0	5.0
180×115×53	MU20	16.0	4.0
	MU15	12.0	3.3
	MU10	8.0	2.5
240×115×53	—	20.0、15.0、10.0	合格

(二) 蒸压灰砂空心砖

　　蒸压灰砂空心砖是以砂、石灰为主要原材料、掺加适量石膏和骨料，经坯料制备、压制成型、高压蒸汽养护硬化而成的空心砖，其孔洞率一般等于或大于 15%。蒸压灰砂空心砖可用于防潮层以上的建筑部位，但不得用于受热 200℃ 以上、受急冷急热和有酸性介质侵蚀的建筑部位。

　　蒸压灰砂空心砖是近年内建筑行业常用的墙体主材，由于质轻、消耗原材少等优势，已经成为国家建筑部门首先推荐的产品。与黏土砖一样，空心砖的常见制造原料是黏土和煤渣灰，一般规格是 390mm×190mm×190mm。

　　蒸压灰砂空心砖和蒸压灰砂实心砖相比，可节省大量的土地用土和烧砖燃料，减轻运输重量，减轻制砖和砌筑时的劳动强度，加快施工进度；减轻建筑物自重，加高建筑层数，降低工程造价。

　　根据行业标准《蒸压灰砂多孔砖》(JC/T 637—2009) 中的规定，蒸压灰砂空心砖的公称尺寸及分级，应符合表 2-114 中的要求；蒸压灰砂空心砖的尺寸允许偏差、外观质量和孔洞率应符合表 2-115 中的要求；蒸压灰砂空心砖的抗压强度和抗冻性标准应符合表 2-116 的要求；蒸压灰砂空心砖的产品规格与性能应符合表 2-117 中的要求。

表 2-114　蒸压灰砂空心砖的公称尺寸及分级

规格代号	公称尺寸/mm			分级	
	长度	宽度	高度	强度等级	产品等级
NF	240	115	53	根据抗压强度分为：25、20、15、10、7.5	根据强度级别、尺寸偏差和外观质量分为：优等品(A)、一等品(B)合格品(C)
1.5NF	240	115	90		
2NF	240	115	115		
3NF	240	115	175		

注：(1) 对于不符合本表所列尺寸的砖，不得用规格符号来表示，而用长宽高来表示；

2. 孔洞采用圆形或其他孔形，孔洞应垂直于大面。

表 2-115 蒸压灰砂空心砖的尺寸允许偏差、外观质量和孔洞率

序号	项目		技术指标		
			优等品	一等品	合格品
1	尺寸允许偏差/mm	长度	≤±2	≤±2	≤±3
		宽度	≤±1		
		高度	≤±1		
2	对应高度差/mm		≤±1	≤±2	≤±3
3	孔洞率/%		≥15		
4	外壁厚度/mm		≥10		
5	肋厚度/mm		≥7		
6	缺棱掉角最小尺寸/mm		≤15	≤20	≤25
7	完整面		≥一条面和一顶面	≥一条面或一顶面	≥一条面或一顶面
8	裂纹长度/mm 条面上高度方向及其延伸到大面的长度		≤30	≤50	≤70
	条面上高度方向及其延伸到顶面上的水平裂纹长度		≤50	≤70	≤100

注:凡有以下缺陷者,均为非完整面。

1. 缺棱尺寸或掉角的最小尺寸大于 8mm;
2. 灰球、黏土团、草根等杂物造成破坏面尺寸大于 10mm×20mm;
3. 有气泡、麻面、龟裂等缺陷造成的凹陷与凸起分别大于 2mm。

表 2-116 蒸压灰砂空心砖的抗压强度和抗冻性标准

强度等级	抗压强度/MPa		抗冻性	
	5 块砖的平均值	单块的最小值	冻后抗压强度平均值/MPa	单块砖的干质量损失/%
25	≥25.0	≥20	≥20	
20	≥20.0	≥16	≥16	
15	≥15.0	≥12	≥12	≤2.0
10	≥10.0	≥8	≥8	
7.5	≥7.5	≥6	≥6	

表 2-117 蒸压灰砂空心砖的产品规格与性能

规格/mm	抗压强度/MPa	孔洞率/%	规格/mm	抗压强度/MPa	孔洞率/%
240×115×115	≥10.0	合格	240×115×115	10,15,20	合格
240×175×115			240×175×115		

(三) 粉煤灰砖

粉煤灰砖是以粉煤灰、石灰为主要原料,掺入适量的石膏和骨料,经坯料制备、压制成型,再经高压或常压蒸汽养护而制成。粉煤灰砖可用于工业与民用建筑的墙体和基础。但用于基础或用于易受冻融和干湿交替作用的建筑部位必须使用一等砖与优等砖。同时,粉煤灰不得用于长期受热,受急冷急热和有酸性介质侵蚀的部位。

根据生产工艺不同,目前利用粉煤灰生产的砖分为粉煤灰烧结普通砖、粉煤灰烧结多孔砖、粉煤灰蒸压砖及蒸养砖。粉煤灰砖是一种新型墙体材料,它综合利用电厂的废气、废渣、废水进行生产,变废为宝,实现了节能降耗,促进了循环发展。

根据现行行业标准《粉煤灰砖》(JC 239—2001)中的规定,粉煤灰砖的规格及分级应符合表 2-118 中的要求;粉煤灰砖的外观质量要求应符合表 2-119 中的要求;粉煤灰砖的技术性能指标应符合表 2-120 中的要求;粉煤灰砖的产品规格与性能应符合表 2-121 中的要求。

表 2-118　粉煤灰砖的规格及分级

规格/mm	分级	
	强度等级	产品等级
长度 240、宽度 115、高度 53	根据产品抗压强度和抗折强度分为：MU30、MU25、MU20、MU15 和 MU10 五个等级	根据产品的外观质量、强度、抗冻性和干燥收缩值可分为：优等品（A）、一等品（B）、合格品（C）

表 2-119　粉煤灰砖的外观质量要求

项目	指标		
	优等品	一等品	合格品
尺寸允许偏差/mm			
长度	±2	±3	±4
宽度	±2	±3	±4
高度	±1	±2	±3
对应高度差/mm	≤1	≤2	≤3
每一缺棱掉角的最小破坏尺寸/mm	≤10	≤15	≤20
完整面（不少于）	二条面和一顶面或二顶面和一条面	一条面和一顶面	一条面和一顶面
裂纹长度/mm 大面上宽度方向的裂纹（包括延伸到条面的长度）其他裂纹	≤30 ≤50	≤50 ≤70	≤70 ≤100
层裂	不允许		

注：在条面或顶面上破坏面的两个尺寸同时 >10mm 和 >20mm 者为非完整面。

表 2-120　粉煤灰砖的技术性能指标

项目		指标				
		MU30	MU25	MU20	MU15	MU10
抗压强度/MPa	10 块平均值	≥30	≥25	≥20	≥15	≥10
	单块值	≥24	≥20	≥16	≥12	≥8
抗折强度/MPa	10 块平均值	≥6.2	≥5.0	≥4.0	≥3.3	≥2.5
	单块值	≥5.0	≥4.0	≥3.2	≥2.6	≥2.0
抗冻性	抗压强度平均值/MPa 砖的质量损失单块值/%	≥24 ≥2.0	≥20 ≥2.0	≥16 ≥2.0	≥12 ≥2.0	≥8.0 ≥2.0
干燥收缩/(mm/m)		优等品：≤0.65；一等品：≤0.65；合格品：≤0.75				

表 2-121　粉煤灰砖的产品规格与性能

产品名称	规格/mm	抗压强度/MPa	抗折强度/MPa
蒸压粉煤灰砖	240×115×53	≥11.0	2.5~4.5
粉煤灰砖	240×115×53	7.0~12.0	1.8~2.4
粉煤灰砖	240×115×53	15.0	3.1
		10.0	2.3
		7.5	1.8

（四）煤渣砖

煤渣砖是指以煤渣为主要原料，掺入适量石灰、石膏，经混合、压制成型、蒸养或蒸压而制成的实心煤渣砖。其配合比一般为煤渣 85%、石灰 10%、石膏 2%、水 15%~20%。煤渣砖主要可用于工业与民用建筑的墙体和基础，但用于基础或用于易受冻融和干湿交替作用的建筑部位必须使用 15 级与 15 级以上的砖。煤渣砖不得用于长期受热 200℃以上，受急冷急热和有酸性介质侵蚀的建筑部位。

根据现行行业标准《煤渣砖》（JC/T 525—2007）中的规定，煤渣砖的规格及分级应符合表 2-122 中的要求；煤渣砖的外观质量要求应符合表 2-123 中的要求；煤渣砖的技术性能指标应符合表 2-124 中的要求。

表 2-122　煤渣砖的规格及分级

规格/mm	分级	
	强度等级	产品等级
长度 240、宽度 115、高度 53	根据产品抗压强度和抗折强度分为 MU20、MU15、MU10 和 MU7.5 四个等级	根据产品外观质量、强度可分为优等品（A）、一等品（B）、合格品（C）

表 2-123　煤渣砖的外观质量要求

项目	指标		
	优等品	一等品	合格品
尺寸允许偏差（长度、宽度、高度）/mm	±2	±3	±4
对应高度差/mm	≤1	≤2	≤3
每一缺棱掉角的最小破坏尺寸/mm	≤10	≤20	≤30
完整面（不少于）	二条面和一顶面或二顶面和一条面	一条面和一顶面	一条面和一顶面
裂纹长度/mm 大面上宽度方向的裂纹（包括延伸到条面的长度） 其他裂纹	≤30 ≤50	≤50 ≤70	≤70 ≤100
层裂	不允许		

注：在条面或顶面上破坏面的两个尺寸同时>10mm 和>20mm 者为非完整面。

表 2-124　煤渣砖的技术性能指标

项目		指标			
		MU20	MU15	MU10	MU7.5
抗压强度/MPa	10 块平均值	≤20.0	≤15.0	≤10.0	≤7.5
	单块值	≤15.0	≤11.2	≤7.5	≤5.6
抗折强度/MPa	10 块平均值	≤4.0	≤3.2	≤2.5	≤2.0
	单块值	≤3.0	≤2.4	≤1.9	≤1.5
抗冻性	抗压强度平均值/MPa	≤16.0	≤12.0	≤8.0	≤6.0
	砖的干质量损失单块值/%	≤2.0	≤2.0	≤2.0	≤2.0
碳化性能	碳化后强度平均值/MPa	≥14.0	≥10.5	≥7.0	≥5.2
放射性		应符合 GB 9196 规定			

注：1. 强度等级以蒸汽养护后 24~36h 内的强度为准；

2. 优等品的强度等级应不低于 MU15；一等品的强度等级应不低于 MU10；合格品的强度等级应不低于 MU7.5。

二、GZL 系列节能墙材

GZL 节能墙材主要包括 GZL 高保温砌块、特色型砌块、节能外墙板等，其中承重系列采用水泥、煤矸石、碎石、河砂、石膏、钢渣、重质废渣、建筑垃圾、粉煤灰等原材料制成。围护节能系列采用轻质废料、炉渣、火山灰、粉煤灰、陶粒、浮石、木屑、秸秆、废苯、水泥等轻质废料制成。

GZL 系列节能墙材融合承重、节能、饰面功能于一体，这种新型墙体材料定将给人一种耳目一新的感觉。关于节能方面，340mm 厚的节能墙体与 500mm 砖墙相比较，不仅节省了使用面积，而且可以相当于 2m 厚的红砖墙的保温效果，而价格却与 500mm 厚的砖墙价格持平，并且其饰面效果能使建筑物显得更加高档。

工程实践证明，无论是高层框架结构、剪力墙结构，还是多层建筑的复合墙体，GZL 系列节能墙材均有用武之地。因此，GZL 系列节能墙材是目前国内能够满足各种建筑结构要求的一种重要节能墙体材料。GZL 系列节能墙材产品的分类与说明，应符合表 2-125 中的要求；GZL 系列节能墙材的性能指标，应符合表 2-126 中的要求；GZL 系列节能墙材产品的热工系数，应符合表 2-127 中的要求。

表 2-125　GZL 系列节能墙材产品的分类与说明

分类		说明
GZL 高保温砌块	GZL 承重节能砌块 承重节能砌块 承重节能一体化砌块	适用于夏热冬冷、夏热冬暖地区多层单一承重节能的墙体； 适用于外墙复合墙体中的承重部分
	GZL 围护节能砌块 GZL 外砌型节能砌块 GZL 填充型节能砌块 GZL 别墅型节能砌块	适用于剪力墙、框架、承重砌块、承重复合墙体； 适用于框架结构的填充墙体； 适用于 3 层以上的别墅
特色型砌块	高隔声砌块 高等级耐火砌块 泄爆砌块 饰面砌块 网带防裂砌块 水平缝无冷桥砌块	高隔声砌块主要适用于隔墙，其隔声性能是同等空心砌块的 1.5～2.0 倍
节能外墙板	双组分外墙保温板 铆固拉结式外墙保温板 饰面保温板	节能外墙板主要适用于剪力墙、框架、承重砌块、承重复合墙体

表 2-126　GZL 系列节能墙材的性能指标

性能特点	规格宽度/mm		传热系数/[W/(m²·K)]	相当于红砖的保温厚度/mm	密度/(kg/m³)	强度等级/
承重节能砌块	240		1.5～1.0	420～1690	1300～1400	MU10～15
	190		2.24	240	1200～1400	MU10～15
围护节能砌块	外墙保温砌块	90	0.90～0.60	800～1250	500～700	MU1.5～3.5
		120	0.75～0.56	950～1310		
		140	0.65～0.54	1200～1380		
		160	0.56～0.50	1310～1450		
		190	0.50～0.35	1450～2106		
围护节能砌块	复合型砌块	190	0.75～0.65	950～1200	600～800	MU1.5～3.5
		240	0.65～0.50	1100～1500		
		290	0.60～0.45	1200～1669		
		340	0.55～0.35	1350～2180		
		390	0.50～0.30	1500～2550		
别墅砌块	240		0.70～0.50	1050～1500	900～1000	MU3.5～50.0
	290		0.65～0.45	1100～1669		
	340		0.60～0.40	1200～1800		
节能板材	外墙保温板	120	0.90～0.75	800～950	500～700	MU2.5～4.5
		140	0.75～0.65	950～1100		
		160	0.60～0.50	1200～1450		
		190	0.56～0.35	1310～2106		

表 2-127　GZL 系列节能墙材产品的热工系数

厚度/mm	制作特点	密度/(kg/m³)	λ 值	k 值	蓄热系数
100	50X$_{PS}$	650	0.060	0.53	加承重部分 7.6
120	60E$_{PS}$	700	0.084	0.63	加承重部分 7.6

续表

厚度/mm	制作特点	密度/(kg/m³)	λ 值	k 值	蓄热系数
120	55 X_{PS}	700	0.070	0.52	加承重部分 7.6
140	75 X_{PS}	700	0.084	0.56	加承重部分 7.0
140	60 X_{PS}	700	0.070	0.46	加承重部分 7.0
190	80 X_{PS}	650	0.090	0.44	加承重部分 6.8
190	80 X_{PS}	700	0.070	0.34	加承重部分 6.8
240	第六代	750	0.145	0.56	5.0
290	第六代	750	0.142	0.50	4.9
340	第六代	700	0.139	0.39	4.8
390	第六代	700	0.136	0.34	4.7

第六节　墙体环保节能涂料

在 21 世纪的今天，高性能、环境友好型的建筑乳胶涂料、外墙外保温涂料优势越发凸显，仿大理石和仿铝幕墙等质感装饰涂料的问世将带动建筑涂料产业升级和发展，使之朝着技术含量、附加值较高的方向迈进。特别是针对世界能源危机，对建筑节能提出更高要求后，对建筑墙体（内墙和外墙）的涂料节能和环保也提出相应的标准。

一、内墙涂料的种类及要求

水溶性内墙涂料系以水溶性合成树脂为主要成膜物，以水为稀释剂，加入一定量的填料、颜料和助剂，经过研磨、分散后而制成的材料。这类涂料属于低档涂料，主要用于一般民用建筑室内墙面的装饰。目前，常用的水溶性内墙涂料有聚乙烯醇缩甲醛内墙涂料、聚乙烯醇水玻璃内墙涂料和改性聚乙烯醇系内墙涂料等。

水溶性内墙涂料由于不含有机溶剂，所以在生产和施工中，安全、无毒、无味、不燃、不污染环境。水溶性内墙涂料的技术指标应符合《水溶性内墙涂料》（JC/T 423—1991）中的规定，同时还应符合《室内装饰装修材料内墙涂料中有害物质限量》（GB 18582—2008）中的要求。

（一）聚乙烯醇水玻璃内墙涂料

聚乙烯醇水玻璃内墙涂料是以聚乙烯醇树脂的水溶液和水玻璃所组成的液体为黏结料，加入一定量的填料、颜料和表面活性剂，经搅拌、研磨而制成的一种水溶性涂料，在工程上俗称"106"涂料。

1. 聚乙烯醇水玻璃涂料的特点

聚乙烯醇水玻璃内墙涂料原材料资源丰富、价格便宜、工艺简单，不仅是我国生产较早、使用最广泛的一种内墙涂料，而且也是一种"绿色"环保型涂料，它具有无毒、无味、不燃特性，能在稍潮湿的墙面上施工，与各类基材的墙面都有一定的黏结力，涂膜干燥速度快，表面光洁平滑，能形成一层类似石材光泽的涂膜，具有一定的装饰效果，并且价格较低，是一种容易被人们接受的内墙涂料。它能在稍潮湿的墙面上施工，与墙面有一定的黏结力。但是，膜层的耐擦洗性能比较差，容易出现粉化和脱落现象。

2. 聚乙烯醇水玻璃涂料的性能

聚乙烯醇水玻璃涂料中的颜料品种主要是钛白粉（TiO_2）、立德粉（$ZnS \cdot BaSO_4$）、氧化铁红（Fe_2O_3）和铬绿（Cr_2O_3）等，其颜色主要有白色、奶白色、湖蓝色、果绿色、蛋青色和天蓝色等；填料品种主要有碳酸钙（$CaCO_3$）和滑石粉（$3MgO \cdot 4SiO_2 \cdot H_2O$）等；另外加入少量的表面活性剂、快速渗透剂等。

聚乙烯醇水玻璃涂料主要适用于住宅、商店、医院、剧场、学校等建筑物的内墙装饰。

聚乙烯醇水玻璃涂料的主要技术性能指标如表 2-128 所列。

表 2-128　聚乙烯醇水玻璃涂料的主要技术性能指标

项　目	技 术 性 能	项　目	技 术 性 能
黏度	涂-4 杯 30～60s	耐水性	24h 无起泡、掉粉等
颜色及外观	表面平整,符合色差范围	固体含量	30%～40%
细度	刮板法<90μm	耐热性	80℃,5h 无变化
干燥时间	≤1.0h	涂刷效果	表面平整,不脱粉
附着力	（划格法）1mm100%	耐洗刷性	重压 200g 湿绸布揩 20 次,稍有掉粉
遮盖力	≤300g/m^2	—	—

（二）聚乙烯醇缩甲醛涂料

聚乙烯醇缩甲醛涂料，是以聚乙烯醇与甲醛不完全缩合反应而生成的聚乙烯醇半缩甲醛水溶液为胶结材料，加入适量的颜料、填料及其他助剂，经混合、搅拌、研磨、过滤等工序而制成的一种涂料，在工程上俗称为"803"内墙涂料。其生产工艺与聚乙烯醇水玻璃涂料相似，生产成本基本相当，但耐水性、耐擦洗性略优于聚乙烯醇水玻璃涂料，是一种聚乙烯醇水玻璃涂料的改进产品，受到国内一般建筑内墙装饰的欢迎。

1. 聚乙烯醇缩甲醛涂料的特点

聚乙烯醇缩甲醛涂料，也是一种"绿色"环保型内墙涂料，具有无毒、无味、干燥速度快、遮盖力强、涂层光洁、涂刷方便、装饰性好、耐擦洗性好等优良特性；对施工温度要求不高，冬季低温环境下不易结冻；对各种基材墙面有较好的附着力，能在稍潮湿的基层上及旧墙面上施工，可涂刷在混凝土、纸筋、石灰、灰泥表面。这种涂料主要适用于大厦、住宅、剧院、医院、学校等室内墙面的装饰。

2. 聚乙烯醇缩甲醛涂料的性能

聚乙烯醇缩甲醛涂料的主要技术性能指标如表 2-129 所列。

表 2-129　聚乙烯醇缩甲醛涂料的主要技术性能指标

项　目	技 术 性 能	项　目	技 术 性 能
颜色及外观	表面平整,符合色差范围	遮盖力	≤300g/m^2
细度	刮板法<90μm	耐水性	24h 无起泡、掉粉等
黏度	涂-4 杯 30～60s	耐热性	80℃,5h 无变化
固体含量	30%～40%	紫外线照射	20h 无变化
干燥时间	≤1h	耐洗刷性	重压 200g 湿绸布揩 20 次,稍有掉粉
附着力	（划格法）1mm100%		

（三）改性聚乙烯醇系内墙涂料

聚乙烯醇水玻璃涂料或聚乙烯醇缩甲醛涂料，总的来说其耐洗刷性仍然不高，难以满足内墙装饰的功能要求。改性后的聚乙烯醇系内墙涂料，其耐擦洗性可提高 500～1000 次以

上。改性的方法是提高基料的耐水性及采用活性填料提高涂膜的耐水洗性。

二、合成树脂乳液内墙涂料

合成树脂乳液内墙涂料是以合成树脂乳液为基料的薄型内墙涂料。它以水代替了传统油漆中的溶剂，对环境不产生污染，安全无毒，保色性好，透气性佳，容易施工，是建筑涂料中极其重要的一族，一般用于室内墙面装饰。目前，常用的品种有醋酸乙烯乳液内墙涂料、乙-丙乳液内墙涂料和苯-丙乳液内墙涂料等。

合成树脂乳液内墙涂料，应执行国家标准《合成树脂乳液内墙涂料》（GB/T 9755—2001）中的规定，同时还应符合《室内装饰装修材料内墙涂料中有害物质限量》（GB 18582—2008）中的要求。

（一）乙-丙乳胶漆

乙-丙乳胶漆是由醋酸乙烯与丙烯酸酯共聚乳液为主要成膜物质，掺入适量的填料及少量的颜料和助剂，经过研磨或分散后配制而成的半光或有光内墙涂料。

1. 乙-丙乳胶漆的特点

乙-丙乳胶漆涂料是一种中高档内外墙装饰涂料，乙-丙乳胶漆涂料的主要特点如下：①在共聚乳液中引入了丙烯酸丁酯、甲基丙烯酸甲酯、甲基丙烯酸、丙烯酸等单体，从而提高了乳液的光稳定性，使配制的涂料耐候性良好，所以室内外均可使用；②在共聚乳液中引进丙烯酸丁酯，能起到一定的增塑作用，可以提高涂膜的柔韧性；③这种涂料中的主要原料为醋酸乙烯，国内这种资源比较丰富，涂料的价格适中；④这种是以水作为稀释剂，安全无毒，施工方便，干燥速度快，其耐水性、耐候性、耐久性都优于聚乙酸乙烯乳胶漆，表面具有一定的光泽，是一种常用的内外墙装饰涂料。

乙-丙乳胶漆涂料常用的颜料和填料有金红石型钛白粉、氧化铁红、氧化铁黄、氧化铁黑、酞菁蓝等；辅助材料有分散剂（六偏磷酸钠）、防霉剂（五氯酚钠、苯甲酸钠、亚硝酸钠）和消泡剂等。乙-丙乳胶漆涂料的施工温度应当大于 10℃，涂刷面积为 $4m^2/kg$。

2. 乙-丙乳胶漆的性能

乙-丙乳胶漆的主要技术性能指标如表 2-130 所列。

表 2-130　乙-丙乳胶漆的主要技术性能指标

项　目	技　术　性　能	项　目	技　术　性　能
光泽	≤20%	耐水性	96h 无起泡、掉粉等，板面破坏<5%
黏度	涂-4 杯 20～50s	抗冲击功	≥4N·m
固体含量	≥45%	韧性	1mm
遮盖力	≤170g/m²	最低成膜温度	≥5℃

（二）聚醋酸乙烯乳胶漆

醋酸乙烯乳胶漆是由醋酸乙烯乳液为主要成膜物质，加入适量的颜色、填料及各种助剂，经研磨或分散处理而制成的一种水乳型涂料。

1. 醋酸乙烯乳胶漆的特点

醋酸乙烯乳胶漆由于用水作为分散剂，所以是属于绿色环保型材料，具有无味、无毒、不燃、涂膜细腻、表面平滑、透气性好、附着力强、色彩鲜艳、装饰效果好、价格适中、耐水性较好、易于施工等优良特点，但它的耐水性、耐碱性、耐候性比其他共聚乳液差，是一种中高档的内墙涂料，仅适用于装饰要求较高的内墙，不宜用作外墙的装饰。

醋酸乙烯乳胶漆的主要成膜物质为聚醋酸乙烯乳液。聚醋酸乙烯乳液是由醋酸乙烯单体、引发剂、乳化剂、增塑剂等通过乳液聚合方法而制得的。颜料和填料的种类、掺量对涂料的色彩、遮盖力、耐擦洗性、流平性等均有较大的影响。常用的颜色除了可以用矿物颜料以外，还可以采用有机颜料；常用的矿物颜料有氧化铁系列等，有机颜料的品种有酞菁蓝、酞菁红、酞菁绿、耐晒黄 G 等。

为了保证颜料和填料能均匀地分散到乳液中，一般先将颜料、填料、水、少量分散剂和湿润剂等预先研磨分散成色浆，然后再乳液进行混合。此外，还应根据具体情况掺加适量的增稠剂、消泡剂、防霉剂、防冻剂和防锈剂等助剂。工程实践证明，聚醋酸乙烯乳液的施工温度应大于 10℃。

2. 醋酸乙烯乳胶漆的性能

醋酸乙烯乳胶漆的主要技术性能指标如表 2-131 所列。

表 2-131　醋酸乙烯乳胶漆的主要技术性能指标

项　目	技　术　性　能	项　目	技　术　性　能
在容器中的状态	无硬块、搅拌后呈均匀状态	耐热性	80℃,6h 无变化
颜色及外观	表面平整,符合色差范围	耐水性	96h 无起泡、掉粉等
黏度	涂-4 杯 30～40s	附着力	划格法 1mm100%
固体含量	≥45%	抗冲击功	≥4N·m
干燥时间	2h	硬度	刷于玻璃板干后,48h,摆杆法≥0.3
遮盖力	≤170g/m²	光泽	不大于 10%

（三）苯-丙乳胶漆

苯-丙乳胶漆涂料，是由苯乙烯、丙烯酸酯、甲基丙烯酸等三元共聚乳液为主要成膜物质，掺入适量的填料、少量的颜色和助剂，经过研磨、分散后配制而成的一种具有各种色彩的内外墙涂料。

1. 苯-丙乳胶漆涂料的特点

苯-丙乳胶漆涂料具有优良的耐水性、耐碱性、耐光性、耐擦洗性、耐候性、不变颜色等特点；其外观细腻，色彩鲜艳，质感很好；与水泥材料的基材附着力强。尤其是耐碱性、耐水性、耐擦洗性及耐久性、与水泥基层的附着力等，均优于以上各种内墙涂料。由于苯-丙乳胶漆涂料具有耐水性强、表观细腻和保水性好等独特的优点，所以，它既是一种中高档内墙装饰涂料，同时也是一种很好的外墙涂料。

苯-丙乳胶漆涂料可采用刷涂或滚涂的方式进行施工，施工温度不应低于 10℃，湿度不大于 85%。

2. 苯-丙乳胶漆涂料的性能

苯-丙乳胶漆涂料的主要成膜物质是苯乙烯-丙烯酸酯共聚乳液，其颜料一般用钛白粉、铁红、铁黄、铁黑、酞菁蓝等，填料一般用滑石粉、沉淀硫酸钡、硅灰石粉和轻质碳酸钙等，辅助材料一般用中和剂、增稠剂、分散剂、防霉剂和消泡剂等。

苯-丙乳胶漆涂料技术性能指标如表 2-132 所列。

表 2-132　苯-丙乳胶漆涂料的主要技术性能指标

项　目	技　术　性　能	项　目	技　术　性　能
光泽	≤10%	耐水性	96h 无起泡、掉粉等
黏度	涂-4 杯≥20s	固体含量	不小于 49%
干燥时间	表干 2h,实干 12h	最低成膜温度	≥3℃
遮盖力	白色浅色≤130kg/m², 深色≤110kg/m²	耐冻融循环	5 次无变化
耐洗刷性	2000 次不露底	耐碱性	饱和 Ca(OH)₂ 溶液,48h,不起泡

三、豪华纤维内墙涂料

豪华纤维内墙涂料系以天然或人造纤维为基料,配以各种辅料加工而制成。豪华纤维内墙涂料是近几年才研制开发的一种新型建筑节能装饰涂料,具有下列 10 大优点。

(1) 豪华纤维内墙涂料的花色品种比较多,有不同的质感,还可以根据用户需要调配各种色彩,整体视觉效果和手感非常好,立体感比较强,给人一种似画非画的感觉,广泛用于各种商业建筑、高级宾馆、歌舞厅、影剧院、办公楼、写字间、居民住宅等。

(2) 豪华纤维内墙涂料中不含石棉、玻璃纤维等物质,是一种无毒、无污染的环保型建筑涂料。

(3) 豪华纤维内墙涂料的透气性能好,即使在新建房屋室内施工也不会出现脱落,施工装饰后的房间居住者感觉比较舒适。

(4) 豪华纤维内墙涂料的保温隔热和吸声性能良好,潮湿天天不结露水,在空调房间使用可节能,特别适用于公共娱乐场所的墙面和顶棚的装饰。

(5) 豪华纤维内墙涂料防静电性能良好,在制造的过程中已进行了防霉处理,灰尘不易吸附,对人身也有一定好处处。

(6) 豪华纤维内墙涂料的整体性很好,耐久性优异,使用时间久也不会出现脱层。

(7) 豪华纤维内墙涂料有防火阻燃的专门品种,完全可以满足高层建筑装修的需要。

(8) 豪华纤维内墙涂料系水溶性涂料,不会产生难闻的气味及危险性,尤其适用于翻新的室内装修工程。

(9) 豪华纤维内墙涂料对于基材没有苛刻的要求,可以广泛地涂装于水泥浆板、混凝土板、石膏板、胶板等各种基础材料上。

(10) 豪华纤维内墙涂料对墙壁的光滑度要求不高,施工时主要以手抹为主,所以施工工序非常简单,施工方式灵活、安全,施工成本也比较低。

四、恒温内墙涂料

恒温内墙涂料是一种新型的节能室内涂料。建筑涂料恒温剂的主要成分是食品添加剂(如工氧化钛、食品级碳酸钙、碳酸钠、生育酚、田菁胶、聚丙烯钠、进口椰子油等),改性剂是用无毒的中草药提取物配制而成。此涂料在于蓄热原料利用昼夜温度高低的变化规律,得以循环往复的熔解与冷凝而进行蓄热与释热,使室内热量损耗减小,由于蓄热原料并无使用损耗,其恒温效果能恒久不变,所以恒温效果更佳。

恒温内墙涂料具有较好的相容性与分散性,可添加各色颜料,并能和其他乳胶漆以及腻子(透气性必须达到 85% 以上者)以适当比例混合使用,具有无毒、无污染、防霉、防虫、防菌的特性,在室内还散发出清爽的气味,属于真正的节能环保型功能涂料。恒温内墙涂料的技术性能如表 2-133 所列。

表 2-133　恒温内墙涂料的技术性能

项目名称	技术要求		项目名称	技术要求	
	优等品	一等品		优等品	一等品
容器中状态	搅拌后无硬块，呈均匀状态		耐洗刷性/次	1000	500
施工性能	涂刷二道无障碍		耐酸性	24h 无异常	
低温稳定性	3 次循环不变质		热导率/[W/(m·K)]	260	
干燥时间(表干)/min	50		耐裂伸长率/%	200	
涂膜外观	正常		不透水性/%	100	
耐碱性	24h 无异常		耐温度性/℃	−20~+50	

五、多功能健康型涂料

当生活质量越来越高，人们的消费更加注重保健、强身健体、延年益寿，更加崇尚回归自然。就内墙涂料而言，单纯的绿色环保已经不足以满足人们追求高品质生活的需求，人们希望涂料也能为生活带来健康。在这种高品质消费需求的带动下，一种集增氧、杀菌、除臭等功能于一体的绿色环保健康型涂料已悄然面世。这种涂料不仅无毒无害，而且能在光热作用下，产生负氧离子，同时可以分解有害的甲醛、氨气等有害物质，消除异常气味，对提高人们的生活环境质量有着积极作用。

试验表明，增氧杀菌涂料能够更好地消除人体疲劳，使人身心放松。因此，这种增氧杀菌的涂料一经面市，就受到众多高端消费者的广泛青睐。目前，尽管这种增氧杀菌涂料的价格比普通的绿色环保涂料价格要高，但是随着技术的发展以及人们经济水平的提高，这种涂料无疑将受到越来越多人的青睐，增氧、杀菌、除臭的绿色涂料，必将成为未来建筑内墙涂料发展的新方向。

第七节　绿色墙体材料发展

墙体材料是建筑物的重要组成部分，与保护土地资源、节约能源、减少环境污染等有着密切关系。发展绿色墙体材料是可持续发展战略的要求，也是社会进步和经济增长的重要一环。各国建筑业发展的经验充分证明，发展绿色墙体材料是保护土地、节能减排，实施可持续发展战略的重大举措，是利国利民、造福子孙后代的千秋大业。

一、绿色墙体材料发展中存在的问题

近些年来，在各级政府和全社会的重视下，我国绿色墙体材料得到很大发展，绿色墙体材料产品品种越来越多，应用范围越来越广泛。但是有些产品的产量较小，在推广应用中仍然存在以下方面的缺点。

(1) 由于新型绿色墙体材料的发展历史不长，在一般情况下生产绿色墙体材料的企业规模比较小，有的是处于学习借鉴和仿制阶段，缺乏科研和产品迅速更新的能力，尚未建立完善的质量保证体系，没有快速的信息反应系统，对产品缺陷的预防，发现问题的处理，防止问题的再发生等方面，还处于小规模生产时的水平。各国的实践经验证明，一个新型绿色建材企业的发展过程，必须经过较长的时间，要保证企业快速发展和产品的质量，必须依靠企业在发展中不断完善。

(2) 在我国对新型绿色墙体材料的推广和推销手段仍比较落后，多数仍然处于等待和任其应用的状态，这样不利于绿色墙体材料的发展。

（3）在推广和应用绿色墙体材料中，对其辅助材料不能配套销售，这样就不能充分体现出绿色墙体材料的优越性。

（4）采用绿色墙体材料施工的中小施工企业的工人缺乏上岗前基本培训，对于绿色墙体材料的性能和施工工艺不了解，使得工程质量不符合设计要求。

二、发展绿色墙体材料的途径

从可持续发展的观点出发，绿色墙体材料的生产和自然资源是密切相关的，它们之间的是对立统一的关系。一方面，绿色墙体材料的生产必然耗费一定的自然资源，而另一方面，绿色墙材当达到它的使用寿命后，又会回归到自然。就目前我国墙体材料的发展现状，我国发展绿色墙体材料可以从以下几个途径进行。

（一）各级政府部门要重视

政府应限制并逐步禁止高能耗、高资源消耗、高污染、低效益的墙体材料生产，鼓励开发、生产和推广应用新型高性能绿色墙材。发展绿色墙材，首先政府必须重视开发、生产和应用新型高性能绿色墙材。其次，政府职能部门应从政策和财政上鼓励、资助并设立专门的基金资助绿色高性能墙材的研发，且在产品和结构设计中注重节省资源和能源，通过研究取得完整的技术指标参数，从而研究制定出《绿色墙材的技术标准》，提高绿色墙体材料的品质。再次，政府应制定扶持绿色墙材产业的优惠政策，如颁发促使绿色墙材发展的减免税和财政补贴政策。最后，还必须将绿色墙材纳入规范的程序管理体系，制定相关产业政策和配套法规，利用政府引导和市场行为，提高我国墙体材料的绿色化程度和品质，逐步在我国实现墙体材料的绿色化。

（二）利用工业废渣生产绿色墙体材料

目前，我国每年工业废渣排放量已达 7×10^8 t 左右，占地面积约 80 万亩（1 亩 $\approx$ 666.7m²，下同），但其总利用率很低，据有关部门统计，利用率尚不足 30%。我国还是世界上第三大粉煤灰生产国，仅电力工业年粉煤灰排放量已超过亿吨，目前利用率仅 38% 左右。而实际上绝大部分废渣，如粉煤灰、煤矸石、高炉矿渣等都可以用来生产墙体材料。据估算，若用工业废渣代替黏土制造相当于 1000 亿块实心黏土砖的新型墙体材料，可消耗工业废渣 7.0×10^7 t，节约耕地 3 万亩，节约生产能耗 1×10^6 t 标准煤，同时还可减少废渣堆存占地和减轻环境污染。

各国经验已经证明，利用工业废渣可生产高性能混凝土砌块、压蒸纤维增强粉煤灰水泥墙板、加气混凝土砌块与条板、粉煤灰砖、钢渣砖、粉煤灰加气混凝土墙板、粉煤灰陶粒、粉煤灰空心内墙板、粉煤灰硅酸钙板、煤矸石烧结砖、煤矸石空心砌块、废渣轻型混凝土墙板、纤维石膏板等绿色墙体材料。某些工业废渣经一定的加工处理还可代替部分水泥生产混凝土砌块、加气混凝土砌块与墙板、纤维水泥板、硅酸钙板等，且这些墙体材料价格低、容重小、质量轻、防火性好、可调节室内空气湿度、机械加工性能好，其社会效益、经济效益和综合效益是很明显的。

在利用工业废渣生产绿色墙体材料方面已有很多成功的实例，如四川省开发成功的页岩多孔砖已完全不含黏土，已在成都市"锦城苑"小康住宅示范工程（总建筑面积 16 万平方米）上大量使用。其应用结果表明，与实心黏土砖相比，可节约生产与建筑使用能耗 20%，减轻建筑物自重10%～20%，并可改善墙体的隔热、保温性能与抗震性能。利用工业废渣代替部分或全部天然资源生产的绿色墙体材料，有利于节约资源、降低墙体材料的成本，这是发展绿色墙材的重要途径。

（三）利用农业废弃物生产墙体材料

我国是农业大国，木材资源十分匮乏，而各类农业废弃物排量很大，如各种秸秆、蔗渣、稻草等，用农业废弃物代替木质纤维制造人造板，不仅可以变废为宝，而且符合可持续发展的方针。人造板可分为有机胶黏剂黏结的人造板与无机胶黏剂黏结的人造板。用棉秆、麻秆、蔗渣、芦苇、稻草、麦秸等作增强材料，用有机合成树脂作黏结剂可以生产出有机胶黏剂黏结的人造板。这类板材具有原料来源广、生产能耗低、表观密度小、保温隔热性能好、防虫蛀、防腐蚀、可加工性好等特点，可广泛用于三、四级耐火等级的普通建筑物中作隔墙板；而用某些植物纤维作增强材料，用无机胶黏剂（如水泥、石膏、镁质胶凝材料等）作胶黏剂，加入适量的助剂，经混合、搅拌、成型、加压养护等工序制成的平板。这类板材具有原料来源广、生产能耗低、自重比较小、导热系数低、防水、防虫蛀、防腐蚀和可加工性好等特点，可用于二、三级耐火建筑物的隔墙板或外墙板。用农业废弃物代替部分或全部天然资源生产新型墙材，有利于保护山林，节省自然资源，减少废气排放，保护生态环境，变废为宝，符合可持续发展的理念。

（四）利用建筑垃圾生产墙体材料

随着我国城市化进程的加快，建筑业也得到了空前的发展，建筑垃圾也日益增多。目前我国建筑垃圾的年排放量已超过 6×10^8 t，建设部发布了《城市建筑垃圾管理规定》，自2005年6月1日起施行，其对建设、施工、运输、处置单位、个人、行政机关管理人员都进行了规范，这对利用建筑垃圾生产墙体材料是一个良好的发展机遇。建筑垃圾大部分为固体废弃物，其中大多可以作为再生资源重新利用。我国建筑垃圾用于墙体材料的研究生产尚处在起步阶段，但也已成功开发了一些产品，如利用废砖和废混凝土块制成混凝土砌块砖、花格砖等轻质砌块。

近几年，我国在利用建筑垃圾生产墙体材料方面取得了可喜的成果。如上海市建筑构件制品公司1997年就开始利用建筑工地爆破拆除的基坑支护等废弃混凝土制作混凝土空心砌块。上海建工集团所属的构件厂开发生产出了再生骨料混凝土小型空心砌块，这种砌块强度高、变化性强，可根据需要设计成各种形状和颜色的装饰条块。南京工业大学利用建筑垃圾采用免烧、免蒸振动成型方法制成的标准砖（或空心砖、异型砖），具有良好的力学性能和耐久性，各项性能指标均能满足国家标准对产品质量的要求，可广泛应用于建筑物、构筑物的承重部位，且其制砖生产成本当时仅为0.18元/块，而目前市场上标准砖的售价约0.35元/块，这一项目是100%利用建筑垃圾，其生产成型工艺的设备完全国产化，具有极大的经济效益、环境效益和社会效益。2004年9月21日在上海市建成的生态建筑示范楼，位于上海市建筑科学研究院莘庄科技发展园区内，示范楼"3R"材料（即低消耗、再利用、再循环材料）使用率达到60%，采用了大量绿色材料，如墙体全部采用再生骨料混凝土空心砌块。

（五）墙体材料推广清洁化生产

清洁化生产是指将综合预防的环境策略持续地应用于生产过程和产品中，以便减少对人类和自然环境的风险性，这是墙体材料生产企业循环发展方向和模式。从我国目前的墙体材料产品结构及现状可以看出，清洁化生产的重点放在采用先进的工艺、技术和装备，对资源、能源消耗的减量上，以及污染的控制减量和净化上。

烧结制品的基本生产工艺为原料的开采、原料的破碎处理、陈化、成型、干燥、焙烧、出成品。其中最典型的为一次码烧煤矸石烧结空心砖和二次码烧煤矸石烧结空心砖清洁化生产工艺，其特点是采用现代化生产工艺和设备，高效挤出机同步垂直切坯，机械进行码坯；采用大型宽断面或大断面平吊顶隧道窑；窑炉干燥采用温度、湿度、压力全自动控制系统，二次码烧还配全自动上下架系统；整个生产线实现全自动控制；生产的多孔砖、空心砖的合格率达到95％以上。生产设备所用冷却水、真空泵用水全部循环使用，生产过程中产生的废料全部由回收设备再回收利用，生产中无粉尘、无噪声，采用先进的烟气净化技术和设备，气体排放完全符合国家标准。整个生产线干净、整洁，生产人员较少，劳动效率高，再加上厂区经过精心美化绿化设计，环境非常优美。煤矸石的掺量根据不同的情况最高可以达100％；粉煤灰的掺量可以达30％～60％；多孔砖的孔洞率为30％，空心砖的孔洞率为45％以上。这种清洁化生产方式，不仅可以大大减少资源和能源的消耗，而且可以减少对环境的不良影响。

根据我国在墙体材料清洁化生产方面的实践经验，清洁化生产措施主要体现在以下方面。

（1）采用产品空心化的生产技术　墙体材料有很强的地方性和区域性，其发展受到各国资源、自然条件、工业和科学技术水平、建筑风格、民族习俗等多方面的影响。尽管各发达国家情况不同，但共同特点是：走节能、节土、低污染、轻质、高强度、配套化、易于施工、劳动强度低的新型墙体材料发展道路。总的发展趋势是：产品结构趋向合理。以黏土为原料的产品大幅度减少，并向空心化和装饰化方向发展；石膏制品以纸面石膏板为主，增长迅速；建筑砌块持续增长，并向系列化方向发展，产品以混凝土砌块为主，且向空心化发展，装饰砌块和多功能、易于施工的砌块也将得到发展。

在生产多孔砖、空心砖、空心砌块的过程中，对原料处理、成型、干燥、焙烧方面有特殊的工艺要求，如原料的颗粒细度及组成、塑性等，因此要采用合理的生产工艺路线，优化工艺技术和工艺参数，并要合理进行选型，生产中产品合格率可高达95％以上。与实心砖相比，多孔砖的孔洞率为25％～35％，可节约原料30％左右，能耗降低10％～15％；空心砖的孔洞率为40％～50％，可节约原料45％左右，能耗降低20％～30％，采用产品空心化的生产技术，不仅可以实现对资源和能源的减量，而且还可以实现对排放有害气体的减量。

（2）采用内燃烧砖技术，有效地利用资源　内燃烧砖技术是指添加可燃工业废渣，如粉煤灰，煤矸石等以适当比例掺入制坯黏土原料中作为内燃料，当砖焙烧到一定温度时，内燃料在坯体内也进行燃烧，这样烧成的砖称为内燃砖。内燃烧砖法可节约大量外投燃料，节约原料黏土5％～10％，强度提高20％左右，表观密度减小，导热系数降低，并可变废为宝，减少环境污染。内燃烧砖技术在我国制砖行业广泛采用，在原料中掺加可燃的工业废渣和废料，不仅可以减少资源的消耗，而且可以减少能源的消耗。如生产烧结砖时利用烧失量较高的粉煤灰和一定发热量的煤矸石、工业废渣、锯末、农作物秸秆等。

资源上首先应采取合理利用的原则，尤其是黏土资源是人类宝贵的矿产资源，它的开采应当有利于合理利用，不破坏生态环境或对生态环境影响很小，在法规以及规划允许的范围内，选择储量足够大、较适宜制砖的原料进行开采，并最大限度地将其转化为优质产品。在发展中要充分考虑到对生态系统的修复能力，特别应严禁毁田制砖，实现原料上减少资源的消耗和能源的消耗。其次采取综合利用的原则，在保证产品质量和满足建筑功能的前提下，应尽量多地利用工业废弃物或工业废渣、工业尾矿、江河淤泥等，以减少资源的用量；要积极研究和开发多种能源和资源利用的途径。

（3）采用余热、废料循环再利用技术　余热资源是指在目前条件下有可能回收和重复利用而尚未回收利用的那部分能量。在各种生产过程中，往往会生成具有热能、压力能或具有可燃成分的废气、废液等产物，在不少化学工艺过程中，还会有大量化学反应热释放出来。有些产品还可能会携带大量的物理热量，这些带有能量的载能体都称为余能，俗称为余热。这些余热资源不仅可用于发电、驱动机械、加热或制冷等，而且还可利用于墙体材料，这样不仅能减少一次能源的消耗，而且减轻了对环境的热污染。

在墙体材料烧结砖的生产过程中，除了在结构上要做到保温隔热性能要好、密封结构要合理、燃料燃烧效率要高外，为了降低产品的成本，节省生产的能源，还要充分利用隧道窑、轮窑焙烧过程中冷却制品的余热，抽取后送往干燥室用于坯体的干燥，这样可大大提高能源利用的效率。

随着我国城镇建设的蓬勃发展，建筑垃圾的产生量也与日俱增。据有关资料介绍，我国每年仅施工建设中产生和排出的建筑废渣就有 $4 \times 10^7 t$，因拆迁而产生的建筑垃圾更不计其数。数据显示，我国建筑垃圾的数量已占到城市垃圾总量的 $30\% \sim 40\%$，耗用大量的征用土地费、垃圾清运等建设经费。同时，清运和堆放过程中的遗撒和粉尘、灰砂飞扬等问题又造成了严重的环境污染，成为废物管理中的难题。

建筑垃圾作为各种建材产品废料的混合物，未加处理直接填埋，不仅破坏了人类赖以生存的自然环境，而且也是资源的巨大浪费。如果建筑垃圾回收利用，就能将建筑垃圾变废为宝，作为再生资源重新利用，是节约资源、保护生态的有效途径。"建筑垃圾如果不加以利用，就是垃圾；如果将建筑垃圾加以聚集、分类利用，建筑垃圾则成为财富。"从生态经济系统的意义上说，废弃物是"放错了位置的资源"，将其回收利用以生产新型建材，使其资源化，实现经济的可持续发展。发达国家建筑垃圾资源化的利用率已达 $60\% \sim 90\%$，而我国尚不足 5%，无形中造成了极大的资源浪费。

我国建筑垃圾循环利用和大型机械设备研发制造的技术都还很落后，日本、瑞典和德国在这方面的技术虽然目前是最先进的，但设备造价高昂，建设年产 $5 \times 10^5 t$ 建筑垃圾处置工厂，其总设备投资不低于人民币 1 亿元以上，而且其应用产品市场附加值不高。如果单纯靠引进国外技术和设备进行产业化，对国内此类企业来说是不切实际的。因此，要想从根本上解决我国建筑垃圾处理上存在的问题，实现我国建筑垃圾的循环再利用，应大力进行建筑垃圾循环利用的技术创新和研发制造建筑垃圾循环利用的处理设备。采取建筑周期全过程的管理模式，从而形成"建筑原料—建筑物—建筑垃圾—再生原料"高利用、低排放的循环模式。在保护环境的同时也能取得更大的经济利益。

（4）工艺装备上采用效率高、节能设备　墙体材料采用清洁化生产方式，应用高效设备替代能耗高的设备，例如节能风机、高效节能破碎设备、搅拌挤出设备、成型设备等，可以适应多品种的要求（功能齐全），做到设备运行成本低、运行可靠、故障率低。维修费用低或不需维修，维修方便，操作控制方便安全；采用先进的变频、增容补偿等措施，提高电能利用效率。生产过程采用的技术含量高，生产效率高的自动控制智能化技术，减少人为控制不当产生的能耗。

贯彻《中华人民共和国清洁生产促进法》，严格按照国家经贸委《工商投资领域制止重复建设目录》（第一批）（1999 年 14 号令）、国家经贸委《淘汰落后生产能力、工艺和产品

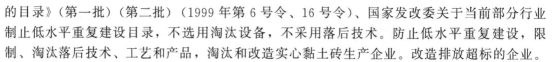

的目录》（第一批）（第二批）（1999 年第 6 号令、16 号令）、国家发改委关于当前部分行业制止低水平重复建设目录，不选用淘汰设备，不采用落后技术。防止低水平重复建设，限制、淘汰落后技术、工艺和产品，淘汰和改造实心黏土砖生产企业。改造排放超标的企业。

另外，还应采用高效治理污染技术和设备。污染的控制减量上采取工艺过程减量与末端治理相结合。在烧制砖生产过程中，由于原料的种类不同，焙烧排放的烟气中有可能释放如 SO_2、NO_x、CO、HF、HCl 等有害气体，烧结墙体材料生产中净化烟气是采用循环脱硫法烟气净化技术和设备，通过湿法多级过滤净化，实现脱硫、去氟、除尘，方法简单，投资不大、效果良好，在一些现代化的烧结砖厂中已得到应用。

（六）大力研发和推广复合墙板

所谓复合墙板是指用两种或两种以上不同性能的材料，应用某些工艺制作而成的一种建筑预制品材料。用复合墙板可以修筑成复合墙体结构。复合墙体是用两种或两种以上完全不同性能的材料，采用不同的工艺复合而成的，具有多种使用功能的建筑物立面围护结构。复合墙体分为复合外墙和复合内墙。复合外墙用复合方法建造的建筑外立面的不透明围护结构；在建筑物中应该能够抵抗外部环境施加的各种不良影响，除了承受各种荷载，还应起到保温、隔声等作用。复合内墙用复合方法建造的建筑物内部用于分户或分室的墙体，除应该能承受自重或部分外加荷载，主要要求提高隔声性能和防火性能，改善居住安全性和舒适性。

试验结果表明，采用多孔砖、空心砖、灰砂砌块、混凝土空心砌块中的任一种与绝热材料相复合，就能组成具有多种功能的复合墙板，既能满足建筑节能保温隔热的要求，也能满足外墙防水、强度的技术要求，如钢丝网水泥夹芯板、装配式复合大板等，目前在我国已有少量生产和应用，并取得了较好的效果。例如湖南省大板建筑公司采用复合工艺生产的大型复合墙板，墙板的自重、强度及保温、隔热、隔音效果大大改善，这种墙板的应用效果较好。在长沙、株洲、湘潭 3 市仅湖南省建六公司和湖南省大板建筑公司完成的装配式复合大板住宅近 70 多万平方米，其工程实践表明装配式复合大板建筑有着优越的结构技术性能、使用性能和良好的发展基础。因此，复合墙体材料也是今后的发展方向，我们应大力推广复合墙板，并进一步改善和完善其生产的配套技术。

墙体材料发展必须走新型工业化道路。选择新发展的墙体材料产品要有利于提高建筑技术水平，由粗放式施工向工业化转变、走机械化装配化施工的路子，不能老是围绕现有手工砌筑、搞人扛肩抬的施工方式发展新墙体材料产品；与此同时，要有利于建材业的技术进步和高性能优品质材料的应用，因此要积极开发能够提高房屋建筑功能、提高施工效率和建筑技术含量高的新墙材产品，例如发展预应力混凝土构件，特别是工厂化生产的预制楼板和墙板，采用高强度等级水泥和高性能混凝土及高强预力钢绞线，开发新型的建筑结构体系和装配式的安装施工技术等，由此能够显著提高居住质量和功能，提高房屋建筑综合经济效益，并能大幅度地为国家节约建筑资源。这些都是建筑业和建材业贯彻科学发展观所应该考虑的。

03

第三章

建筑节能玻璃

在影响建筑能耗的门窗、墙体、屋面、地面四大围护部件中，门窗的绝热性能最差，是影响室内热环境质量和建筑节能的主要因素之一。就我国目前典型的围护部件而言，门窗的能耗约占建筑围护部件总能耗的 40%～50%。

据统计，在采暖或空调的条件下，冬季单玻璃窗所损失的热量约占供热负荷的 30%～50%，夏季因太阳辐射热透过单玻璃窗射入室内而消耗的冷量约占空调负荷的 20%～30%。我国建筑物外窗热损失是加拿大和其他北半球国家同类建筑物的 2 倍以上，增强门窗的保温隔热性能，减少门窗的能耗，是改善室内热环境质量和提高建筑节能水平的重要环节。

现代建材工业技术的迅猛发展，使建筑玻璃的新品种不断涌现，使玻璃既具有装饰性，又具有功能性，为现代建筑设计和装饰设计提供了广阔的选择范围，已成为建筑装饰工程中一种重要的装饰材料。如中空玻璃、镜面玻璃、热反射玻璃等品种，既能调节居室内的温度，节约能源，又能起到良好的装饰效果，给人以美的感受。这些新型多功能玻璃以其特有的优良装饰性能和物理性能，在改善建筑物的使用功能及美化环境方面起到越来越重要作用。

第一节　建筑节能玻璃概述

传统的玻璃应用在建筑物上主要是采光，随着建筑物门窗尺寸的加大，人们对门窗的保温隔热要求也相应地提高了，节能装饰型玻璃就是能够满足这种要求，集节能性和装饰性于一体的玻璃。节能装饰型玻璃通常不仅具有令人赏心悦目的外观色彩，而且还具有特殊的对光和热的吸收、透射和反射能力，用建筑物的外墙窗玻璃幕墙，可以起到显著的节能效果，现已被广泛地应用于各种高级建筑物之上。

从以上所述可知，节能玻璃一般应具备两个节能特性，即保温性和隔热性。虽然节能玻璃对于节能具有很大优势，但是节能玻璃在我国的市场普及率非常低，仅为发达国家的

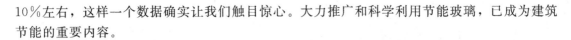

10％左右，这样一个数据确实让我们触目惊心。大力推广和科学利用节能玻璃，已成为建筑节能的重要内容。

一、节能玻璃的定义与分类

（一）节能玻璃的定义

目前，对于节能玻璃尚无一个准确的定义，也没有对节能玻璃具体的衡量指标。大多数国家认为：节能玻璃要具备两个节能特性，即具有保温性和隔热性。玻璃的保温性（K 值）要达到与当地墙体相匹配的水平。对于我国大部分地区，按照现行的规定，建筑物墙体的保温性 K 值应小于1。因此，玻璃门窗的 K 值也要小于1，这样才能"堵住"建筑物"开口部"的能耗漏洞。在玻璃门窗的节能上，玻璃的保温性 K 值起主要作用。

对于玻璃的隔热性（遮阳系数 S）要与建筑物所在地阳光辐照特点相适应。不同用途的建筑物对玻璃隔热的要求是不同的。对于人们居住和工作的住宅及公共建筑物，理想的玻璃应该使可见光大部分透过，如在北京地区，最好冬天红外线多透入室内，而夏天则少透入室内，这样就可以达到节能的目的。

由此可见，所谓节能玻璃通常是指具有保温性和隔热性的玻璃。

（二）节能玻璃的分类

节能玻璃的分类方法很多，主要有按生产工艺分类、按性能不同分类和按产品结构分类3 种。

（1）按生产工艺分类　按生产工艺分类可分为一次制品和二次制品两种，也就是分为在线产品和离线加工产品。一次制品的节能玻璃主要有：基体着色吸热玻璃、在线 Low-E 玻璃、在线热反射镀膜玻璃等；二次制品的节能玻璃主要有：镀膜着色镀膜玻璃、离线Low-E玻璃、高线热反射镀膜玻璃、中空玻璃、夹层玻璃和真空玻璃等。

（2）按性能不同分类　按性能不同分类可分为隔热性能型节能玻璃、遮阳性能型节能玻璃和吸热性能型节能玻璃等。其中隔热性能型节能玻璃有真空玻璃、中空玻璃等；遮阳性能型节能玻璃有 Low-E 玻璃、在线热反射镀膜玻璃等；吸热性能型节能玻璃有吸热玻璃等。

（3）按产品结构分类　按产品结构分类可分为玻璃原片、表面覆膜结构、夹层结构和空腔结构 4 种。其中玻璃原片的节能玻璃有基体着色吸热玻璃、变色玻璃等；表面覆膜结构的节能玻璃有阳光控制镀膜玻璃、Low-E 玻璃、自洁净玻璃、镀膜吸热玻璃、镀膜电磁屏蔽玻璃等；夹层结构的节能玻璃有普通夹层玻璃、夹丝玻电磁屏蔽玻璃等；空腔结构的节能玻璃有中空玻璃、真空玻璃等。

二、采用节能玻璃势在必行

据有关资料表明我国现有 400 亿平方米的建筑中，其中95％以上用的不是节能玻璃，而每年新增加20亿平方米的建筑中，绝大多数也是如此。建筑门窗面积占建筑面积比例超过 20％，而透过门窗的能耗约占整个建筑的 50％。通过玻璃的能量损失约占门窗能耗的75％，占窗户面积80％左右的玻璃能耗占第一位。建筑专家预言，根据我国城镇化和新农村发展速度，21世纪今后的20 年，中国建筑将成社会最大能耗大户。

有关数据显示，20 年之后，耗费能源最多的既不是工业，也不是交通，而是急剧发展的建筑产品。当前，建筑能耗约占我国社会总能耗的28％。据我国建设部测算，20 年后，我国建筑能耗将占总能耗的 40%，将要达到欧美目前的比例，大大地超过工业和交通，成为全社会第一能耗大户。由此可见，全社会的节能改造的重点是建筑，门窗及幕墙改造是建筑节能的关键，而其中的玻璃改造则是节能工作的重中之重。

最近几年，在世界各国大力提倡节能减排的形势下，我国制定的《节约能源法》已从 2008 年 4 月 1 日起全面实施。建筑节能作为《节约能源法》的重要推广对象，备受关注。作为建筑节能的重要材料，玻璃更加受到社会重视。

中国建筑玻璃与工业玻璃协会的专家表示，我国建筑能耗约占总能耗的 1/4 以上，而建筑门窗的能耗又占建筑能耗的 1/2 左右。由于我国长期不太重视门窗的节能，现有 400 亿平方米的建筑中，95% 以上用的是不节能的窗框和玻璃，而每年新增加 20 亿平米左右的建筑，也是如此。另外，数十亿平方米的公共建筑和数以千万平方米计的玻璃幕墙，绝大多数用的也是非节能玻璃。

建筑节能对于门窗来说，采用节能玻璃无疑将成未来社会节能工作中的重点。在建筑节能的大气候影响下，过去几年，由于政府部门对环境保护、节能、改善居民居住条件等问题越来越重视，相应地制定了一批技术法规和标准规范，在很大程度上提高了人们建筑节能意识，促进了我国节能玻璃行业的发展。

国家提出的建筑节能目标是到 2010 年，全国新增建筑的 1/3 达到节能 50% 的目标已经实现；到 2020 年，全国新增建筑全部达到节能 65% 的目标正在奋斗中。按 2010 年的目标计算，今后 5 年将新增节能建筑面积约 $3 \times 10^9 \, \text{m}^2$，涉及节能玻璃面积约 $6 \times 10^8 \, \text{m}^2$，平均每年新增节能玻璃约 $1.2 \times 10^8 \, \text{m}^2$。根据有关专家预测，今后 10 年，我国城镇建成并投入使用的民用建筑每年至少为 $8 \times 10^8 \, \text{m}^2$。另外，目前我国约有 $3.7 \times 10^{10} \, \text{m}^2$ 的既有建筑，对这些既有建筑的更新改造也在一定程度上扩大了对节能玻璃的需求，我国节能玻璃行业的发展空间很大。

但是，目前，与许多发达国家相比，我国节能玻璃产业现实状况不容乐观，产能瓶颈还有待突破。专家认为，尽管近几年节能玻璃市场发展迅速，但在国内玻璃行业，引进国外生产技术与设备的现象仍有愈演愈烈的迹象。由于害怕承担风险，一些企业宁愿引进国外技术，也不愿出资自主研发，致使缺乏自主知识产权的国内玻璃产业，对国外技术的依存度高。据了解，目前我国拥有自主知识产权的节能真空玻璃，年产量不及 $1 \times 10^5 \, \text{m}^2$。

由于设备引进费用昂贵，造成节能玻璃成本相对较高，导致行业发展缓慢。业内人士表示，目前，节能玻璃的价格大约是普通平板玻璃的 5～20 倍。这使得节能玻璃大多被应用于国内一些公共建筑，在民用住宅中，则极少采用。

另外，我国至今没有完整的关于节能玻璃具体的应用法规。虽然 2008 年不少省市区开始实施地方性的节能法规，如北京地区将落实新的《居住建筑节能设计标准》，但是节能玻璃在全社会的推广应用要成气候还值得期待，尤其是对它的认证、监督、质量管理等方面国内尚没有形成完整的规范体系。

随着社会经济发达程度的快速提高，建筑能耗在社会总能耗中所占比例越来越大，目前西方发达国家约为 30%～45%，尽管我国经济发展水平和生活水平都还不是很高，但这一比例也已达到 20%～25%，正逐步上升到 30%。特别在一些大城市，夏季空调已成为电力高峰负荷的主要组成部分。

不论西方发达国家，还是发展中国家，建筑能耗状况都是牵动社会经济发展全局的大问题。按照 1986 年制定的我国建筑节能分三步走的计划，当前政府各级节能管理部门正在积极为实现第三步节能 65％目标而努力工作。工程检测结果表明,在影响建筑能耗的门窗、墙体、屋面、地面四大围护部件中,门窗的绝热性能最差,是影响室内热环境质量和建筑节能的主要因素之一。

就我国目前典型的围护部件而言,门窗的能耗约占建筑围护部件总能耗的 40％～50％。据统计,在采暖或空调的条件下,冬季单玻璃窗所损失的热量约占供热负荷的 30％～50％,夏季因太阳辐射热透过单玻璃窗射入室内而消耗的冷量约占空调负荷的 20％～30％。因此,采用节能玻璃增强门窗的保温隔热性能,减少门窗的能耗,是改善室内热环境质量和提高建筑节能水平的重要环节。

三、节能玻璃的评价与参数

建筑玻璃的节能效果如何,一般可用传热系数 K 值、太阳能参数、遮蔽系数 S_e 和相对热增益来进行评价。

1. 传热系数 K 值

能量传递的方式主要有辐射传递、对流传递和传导传递 3 种。节能玻璃之所以节能,是因为它比普通玻璃具有更高的隔热性能或遮阳性能,能有效地阻止热的传递,一般是用传热系数 K 值表示。

传热系数 K 值表示在一定条件下热量通过玻璃,在单位面积(通常是 $1m^2$)、单位温度(通常指室内温度与室外温度之差,一般 1℃或 1K)、单位时间内所传递的热量(J)。K 值是玻璃的传导热、对流热和辐射热的函数,是这三种热传递方式的综合体现。不同厚度和不同环境下的 K 值是不一样的,普通平板玻璃的传热系数 K 值如表 3-1 所列。

表 3-1　普通平板玻璃的传热系数 K 值　　　　单位:kcal/(m^2·h·℃)

玻璃厚度/mm		3	5	6	8	10	12	15	19
窗帘设置	有	4.34	4.29	4.25	4.20	4.14	4.09	4.01	3.91
	无	5.55	5.45	5.40	5.30	5.22	5.14	5.10	4.86

注:1cal=4.1840J。

玻璃的传热系数 K 值越大,则隔热能力就越差,通过玻璃的能量损失就越多。如吸热玻璃的节能是通过太阳光透过玻璃时,将 30％～40％的光能转化为热能而被玻璃吸收,热能以对流和辐射的形式散发出去,从而减少太阳能进入室内,使吸热玻璃具有较好的隔热性能。真空玻璃是一种基于保温瓶原理的玻璃,外表上与普通玻璃并无大的差别,但其传热系数 K 值为普通玻璃 1/6,为普通中空玻璃 1/3,节能性能大大优于普通玻璃和中空玻璃。

2. 太阳能参数

玻璃既有能透过光线的能力,又有反射光线和吸收光线的能力,所以厚玻璃和重叠多层的玻璃透射率较低。玻璃表面反射光强度与入射光强度之比称为反射率,玻璃吸收的光强度与入射光强度之比称为吸收率,透过玻璃的光强度与入射光强度之比称为透过率,三者之和为 100％。

材料试验证明:普通 3mm 厚的窗玻璃在太阳光垂直照射下,反射率为 8％,吸收率为 3％,透过率为 89％。普通玻璃的光学性能如表 3-2 所列。

表 3-2　普通玻璃的光学性能

厚度/mm	可见光		太阳能			遮蔽系数 S_ε 值	太阳能透过率/%			
	反射率/%	通过率/%	反射率/%	通过率/%	吸收率/%		遮阳			
							无	透明	中间色	暗色
3	7.9	90.3	7.6	85.1	7.3	1.00	0.88	0.47	0.57	0.70
5	7.9	89.9	7.4	80.9	11.7	0.97	0.85	0.47	0.56	0.65
6	7.8	88.8	7.3	79.0	13.7	0.96	0.84	0.47	0.55	0.64
8	7.7	87.8	7.1	75.3	17.6	0.93	0.82	0.46	0.54	0.62
10	7.7	86.9	6.9	71.9	21.2	0.91	0.79	0.45	0.53	0.61
12	7.6	85.9	6.8	68.8	24.4	0.88	0.78	0.44	0.52	0.59
15	7.5	84.6	6.6	64.5	28.9	0.85	0.75	0.43	0.50	0.57
19	7.4	82.8	6.3	59.4	34.3	0.82	0.72	0.41	0.47	0.54

　　从表 3-2 中可以看出，透过玻璃传递的太阳能有两部分组成：一是太阳光直接透过玻璃而通过的能量；二是太阳光在通过玻璃时一部分能量被玻璃吸收转化为热能，这部分热能中的一部分又进入室内。

　　太阳能参数主要包括阳光透射率、太阳能总透过率和太阳能反射率。

　　(1) 阳光透射率　阳光透射率是指太阳光以正常入射角透过玻璃的能量占整个太阳光入射能的比例。

　　(2) 太阳能总透过率　太阳能总透过率是指太阳光直接透过玻璃进入室内的能量与太阳光被玻璃吸收转化为热能后二次进入室内的能量之和占整个太阳光入射能的比例。

　　(3) 太阳能反射率　太阳能反射率是指太阳光所有表面（单层玻璃有两个表面，中空玻璃有四个表面）反射后的能量占入射能的比例。

　　热反射节能玻璃由于在玻璃表面上镀一层金属、非金属及其氧化物薄膜，使玻璃具有一定的反射效果，能将部分太阳能反射回大气中，从而达到阻挡太阳能进入室内，使太阳能不在室内转化为热能的目的。

　　用热反射镀膜玻璃制成中空玻璃，可以极大地降低玻璃表面的辐射率，提高玻璃的光谱选择性。如 Low-E 玻璃加工制成的中空玻璃，与普通单片玻璃相比，夏季节能可达 60% 以上，冬季节能可达 70% 以上。

3. 遮蔽系数 S_ε

　　遮蔽系数 S_ε 是相对于 3mm 无色透明玻璃而定义的，它是以 3mm 厚的无色透明玻璃的总太阳能透过率视为 1 时（3mm 无色透明玻璃的总太阳能透过率是 0.87），其他玻璃与其形成的相对值，即玻璃的总太阳能透过率除以 0.87。玻璃遮蔽系数 S_ε 越小，表明这种玻璃的节能效果越好。

4. 相对热增益

　　相对热增益是用于反映玻璃综合节能的指标，它是指在一定的条件下（室内外温差为15℃时、玻璃在地球纬度 30°处海平面），直接从太阳接受的热辐射与通过玻璃传入室内的热量之和，也就是室内外温差在 15℃时透过玻璃的传热加上地球纬度为 30°时太阳的辐射热630W/m 与遮蔽系数的乘积。

　　相对热增益越大，说明在夏季外界进入室内的热量越多，玻璃的节能效果则越差。因为该指标是在室外温度高于室内温度时，室外热流流向室内且太阳能也同时进行室内的情况下而给定的，所以相对热增益特别适合于衡量低纬度且日照时间较长地区阳面玻璃的使用情况。

四、节能玻璃的选择

随着玻璃加工技术的快速发展，节能玻璃的品种越来越多，其可供选择的范围也越来越大。不管选用哪种节能玻璃，都应把玻璃是否有效地控制太阳能和隔热保温，即节省能源放在重要位置来考虑。要使玻璃在使用下尽量减少能量损失，必须依据工程实际需要选择合适的玻璃。

在选择使用节能玻璃时，应根据玻璃的所在位置和设计要求确定玻璃品种。日照时间较长且处于向阳面的玻璃，应当尽量控制太阳能进入室内，以减少空调的负荷，最好选择热反射玻璃或吸热玻璃，及其由热反射玻璃或吸热玻璃组成的中空玻璃。

现代建筑多数趋于大面积采光，如果使用普通玻璃，其传热系数偏高，且对于太阳辐射和远红外热辐射不能有效控制，因此其采光面积越大夏季进入室内的热量越多，冬季室内散失的热量也越多。据统计，普通单层玻璃的能量损失约占建筑冬季保温或夏季降温能耗的50%以上。

针对玻璃能耗较大的实际情况，必须按实际要求正确选择玻璃的类型。不同的玻璃具有不同的性能，一种玻璃不能适用于所有气候区域和建筑朝向，因此要根据工程的具体情况合理进行选择。

我国地域辽阔，气候条件各异，国家标准《民用建筑热工设计规范》中，将热工设计分区划为：严寒地区（必须充分满足冬季保温要求，一般不考虑夏季防热）；寒冷地区（应满足冬季保温要求，部分地区兼顾夏季防热）；夏热冬冷地区（必须满足夏季防热要求，适当兼顾冬季保温）；夏热冬暖地区（必须满足夏季防热要求，一般不考虑冬季保温）；温和地区（波峰地区应考虑冬季保温，一般不考虑夏季防热；或部分地区应考虑冬季保温，一般不考虑夏季防热）。

这样不同地区对太阳辐射热的利用（或限制）就有不同的要求，严寒和寒冷地区要充分利用太阳辐射热，并使已进入室内的太阳辐射热最大限度地留在室内；而对夏热冬暖和夏热冬冷地区，夏季要限制太阳辐射热进入室内。窗玻璃（透明玻璃）的透光系数应在72%～89%之间。透明玻璃在透光的同时，太阳热也应辐射入室内。

现在生产的镀膜玻璃，可使太阳可见光部分透射室内，使太阳辐射热部分反射，以减少进入室内的太阳热。如阳光控制膜玻璃SS-8可见光透射率为8%，太阳能反射率为33%；阳光控制膜玻璃SS-20可见光透射率为20%，太阳能反射率为18%；阳光控制膜玻璃CG-8可见光透射率为8%，太阳能反射率为49%；阳光控制膜玻璃CG-20可见光透射率为20%，太阳能反射率为39%。低辐射Low-E玻璃，对红外线和远红外线有较强的反射功能，一般在50%左右。

严寒和寒冷地区，白天太阳辐射热通过窗玻璃进入室内，被室内的物体吸收或储存。当太阳落山后，室内的温度高于室外，则会以远红外通过窗玻璃向室外辐射。如果采用低辐射膜玻璃，白天将太阳辐射热吸收到室内，晚上又能将远红外辐射部分反射回室内。因此，对不同热工设计分区的窗户，应选用不同种类的膜玻璃，即冬季采暖为主的地区，宜选用Low-E玻璃，以夏季防热为主的地区，宜选用阳光控制膜玻璃。

夏热冬暖地区太阳辐射比较强烈，太阳高度角较大，必须充分考虑夏季防热，可以不考虑冬季防寒和保温。建筑能耗主要为室内外温差传热能耗和太阳辐射耗能，其中太阳辐射耗能占建筑能耗的大部分，是夏季得热的最主要因素，直接影响到室内温度的变化。因此，该地区应最大限度地控制进入室内的太阳能。选择窗玻璃时，主要应考虑玻璃的折射系数，尽量选择 S_c 较小的玻璃。

通过以上所述可知，在选择使用节能玻璃时，应根据建筑物所在的地理位置和气候情况确定玻璃的品种。严寒和寒冷地区所用的玻璃，应当以控制热传导为主，尽量选择中空节能玻璃或 Low-E 低辐射中空节能玻璃；夏热冬冷地区和夏热冬暖地区所用的玻璃，尽量控制太阳能进入室内，以减少空调的负荷，最好选择热反射节能玻璃、吸热节能玻璃，或者由热反射玻璃或吸热玻璃组成的中空节能玻璃和遮阳型 Low-E 中空节能玻璃。

第二节　镀膜建筑节能玻璃

根据玻璃的成分和厚度不同，普通透明玻璃的可见光透过率在 $80\%\sim85\%$ 之间，太阳辐射能的反射率一般为 13%，透过率为 87% 左右。在实际生活中，夏天射入室内的阳光让人感到刺眼、灼热和不适，也会造成空调设备的能量消耗增大；在寒冷地区的冬天，又会有大量的热能通过门窗散失，实测表明采暖热能的 $40\%\sim60\%$ 都是由门窗处散发出去的。

如何采取有效措施减弱射入室内的阳光强度，使射入的光线比较柔和舒适，如何降低玻璃太阳能的透过率，以便降低空调设备的能量消耗；如何减少冬天室内热能从门窗的散失，以提高采暖的效能。为解决以上各种问题，通过反复试验证明，人们在普通玻璃的表面镀上一层具有特殊性能的薄膜，以赋予玻璃各种新的性能，如提高太阳能及辐射能的反射率和远红外辐射的反射率等，达到建筑节能的目的。

一、镀膜节能玻璃的定义与分类

镀膜玻璃是 1835 年德国化学家利比格手工涂镀玻璃眼镜时发明的，当时由于各方面的限制，未能广泛推广应用。20 世纪是镀膜玻璃快速发展的时代，相继发明了各种物理、化学或物理化学的镀膜方法，使玻璃产生可以控制光学、电学、化学和力学性质的特殊变化。

我国对现代镀膜玻璃的研究始于 1985 年，秦皇岛玻璃研究院等单位开始研究硅甲烷分解和气相镀膜技术，1991 年完成工业性试验并开始推广应用。1987 年中国建材研究院开始研究固体粉末喷涂法，于 1993 年在秦皇岛浮法玻璃工业性试验基地进行工业化试验。1997 年长春新世纪纳来技术研究所运用"胶体化学原理"，从液体里生产纳米粒子，并采用溶胶-凝胶法成膜工艺在平板玻璃上双面成膜。2001 年，由武汉理工大学与湖北宜昌三峡新型建材股份有限公司联合研究开发，采用溶胶-凝胶工艺技术生产出光催化自洁净玻璃。

目前，我国拥有各类镀膜玻璃生产线近 600 条，全国年生产能力达到 14000 万平方米，并能够生产阳光控制镀膜玻璃、Low-E 玻璃、导电镀膜玻璃、自洁净镀膜玻璃、电磁屏蔽镀膜玻璃、吸热镀膜玻璃和减反射镀膜玻璃等多种产品。

1. 镀膜节能玻璃的定义

镀膜节能玻璃（Reflective glass）也称反射玻璃。镀膜节能玻璃是在玻璃表面涂镀一层或多层金属、金属化合物或其他物质，或者把金属离子迁移到玻璃表面层的产品。玻璃的镀膜改变了玻璃的光学性能，使玻璃对光线、电磁波的反射率、折射率、吸收率及其他表面性质，满足了玻璃表面某种特定要求。

2. 镀膜节能玻璃的分类

随着镀膜生产技术的日臻成熟，镀膜节能玻璃可以按生产环境不同、生产方法不同和使用功能不同进行分类。按生产环境可分为在线镀膜节能玻璃和离线镀膜节能玻璃；按生产方法可分为化学涂镀法镀膜节能玻璃、凝胶浸镀法镀膜节能玻璃、CVD（化学气相沉积）法镀膜节能玻璃和PVD（物理气相沉积）法镀膜节能玻璃等；按使用功能可分为阳光控制镀膜节能玻璃、Low-E玻璃、导电膜玻璃、自洁净玻璃、电磁屏蔽玻璃、吸热镀膜节能玻璃等。

二、镀膜节能玻璃的生产方法

目前，在玻璃表面上镀膜的基本方法，主要有化学镀膜、凝胶浸镀、CVD（化学气相沉积）法镀膜和PVD（物理气相沉积）法镀膜4大类。其中最常用的是PVD（物理气相沉积）法镀膜，它又包括磁控溅射法、真空蒸镀法和离子镀膜法等。

1. 物理气相沉积法的生产方法

PVD（物理气相沉积）法镀膜，一般包括3个步骤：①蒸汽的产生，或者用简单的蒸发和升华方法，或者用阴极溅射方法；②通过减少大气压强而使气化材料转移到玻璃上，在飞行的期间，能够与残余气体分子发生碰撞，这取决于真空条件和转移到玻璃的距离，挥发的镀膜材料粒子能用各种方法激活或离化，离子能被电场加速；③凝结发生在玻璃表面上，最后可能是在高能粒子轰击期间，或在反应气体或在非反应气体粒子碰撞过程中，或在两者共同作用下，通过异相成核作用和膜成长形成一层沉积膜。

2. 化学气相沉积法的生产方法

化学气相沉积法（CVD）按生产环境不同，又可分为在线化学气相沉积法（CVD）和离线化学气相沉积法（CVD）。

（1）线化学气相沉积法（CVD）　线化学气相沉积法是目前世界上比较先进的生产镀膜玻璃方法。一般在浮法玻璃生产线锡槽长度方向上，选择符合生产工艺要求的温度区插入一个镀膜反应器，由某些物质制成的气体按一定的配比与载气预先混合，将混合气体送入镀膜反应器壁之下，此气体在该温度下与接近玻璃表面处产生化学反应，反应物沉积在玻璃表面而形成固体薄膜。

（2）离线化学气相沉积法（CVD）　离线化学气相沉积法也称为高温热解法，其基本原理涉及反应化学、热力学、动力学、转移机理和反应器工程等多个学科。采用这种成膜方法能否在玻璃表面镀膜，取决于形成化合物的化学反应自由能。实践证明，采用离线化学气相沉积法必须有较高的温度，温度对膜的结构产生重大影响。

三、阳光控制镀膜玻璃

1. 阳光控制镀膜玻璃的定义和原理

阳光控制镀膜玻璃又称为热反射镀膜玻璃，也就是通常所说的镀膜玻璃，一般是指具有反射太阳能作用的镀膜玻璃。阳光控制镀膜玻璃是通过在玻璃表面镀覆金属或金属氧化物薄膜，以达到大量反射太阳辐射热和光的目的，因此热反射镀膜玻璃具有良好的遮光性能和隔热性能。

阳光控制镀膜玻璃的种类按颜色不同划分，有金黄色、珊瑚黄色、茶色、古铜色、灰色、褐色、天蓝色、银色、银灰色、蓝灰色等。按生产工艺不同划分，有在线镀膜和离线镀膜两种，在线镀膜以硅质膜玻璃为主。按膜材不同划分，有金属膜、金属氧化膜、合金膜和复合膜等。

　　阳光控制镀膜玻璃之所以能够节能，是因为它能把太阳的辐射热反射和吸收，从而可以调节室内的温度，减轻制冷和采暖装置的负荷，与此同时由于它的镜面效果而赋予建筑以美感，起到节能、装饰的作用。

　　阳光控制镀膜玻璃的节能原理，就是向玻璃表面上涂敷一层或多层铜、铬、钛、钴、银、铂等金属单体或金属化合物薄膜，或者把金属离子渗入玻璃的表面层，使之成为着色的反射玻璃。阳光控制镀膜玻璃和浮法玻璃在使用功能上差别很大，它们各自对太阳能传播的特性如表 3-3 所列。

表 3-3　阳光控制镀膜玻璃和浮法玻璃对太阳能传播的特性

玻璃的性能	6mm 无色浮法玻璃	6mm 阳光控制镀膜玻璃（遮蔽系数 0.38）
入射太阳能 / %	100	100
外表面反射 / %	7	22
外表面再辐射和对流 / %	11	45
透射进入室内 / %	78	17
内表面再辐射和对流 / %	4	16

　　从表 3-3 中可知，阳光控制镀膜玻璃可挡住 67% 的太阳能，只有 33% 的太阳能进入室内；而普通的浮法玻璃只能挡住 18% 的太阳能，却有 82% 的太阳能进入室内。

2. 阳光控制镀膜玻璃的性能与标准

　　阳光控制镀膜玻璃的检测，一般应采用国家标准《镀膜玻璃》（GB/T 18915.1—2002）和美国标准 AST-MC 1376—03。根据国家标准《镀膜玻璃》（GB/T 18915.1—2002）中的规定，阳光控制镀膜玻璃的性能指标主要有化学性能、物理性能和光学性能。

　　化学性能包括耐酸性和耐碱性；物理性能包括外观质量、颜色均匀性和耐磨性等；光学性能包括：可见光透射比、可见光反射比、太阳光直接透射比、太阳光反射比、太阳能总透射比、紫外线透射比等。

　　阳光控制镀膜玻璃的质量要求，应符合国家标准《镀膜玻璃》（GB/T 18915.1—2002）中的规定，主要包括以下方面。

　　（1）阳光控制镀膜玻璃的光学性能、色差和耐磨性要求　应符合表 3-4 中的规定。

表 3-4　阳光控制镀膜玻璃的光学性能、色差和耐磨性要求

种类	系列	颜色	型号	可见光（380～780nm）透射比 /%	可见光（380～780nm）反射比 /%	太阳光（380～780nm）透射比 /%	太阳光（380～780nm）反射比 /%	太阳光（380～780nm）总透射比 /%	遮蔽系数	色差 ΔE	耐磨性 ΔT /%
真空阴极溅射	St	银	MStSi-14	14±2	26±3	14±3	26±3	27±5	0.30±0.06	≤4.0	≤8.0
		灰	MStGr-8	8±2	36±3	8±3	35±3	20±5	0.20±0.05		
			MStGr-32	32±4	16±8	20±4	14±3	44±6	0.50±0.08		
		金	MStGo-10	10±2	23±3	10±3	26±3	22±5	0.25±0.05		
	Ti	蓝	MTiBl-30	30±4	15±3	24±4	18±3	38±6	0.42±0.08		
		土	MTiEa-10	10±2	22±3	8±3	28±3	20±5	0.23±0.05		
	Cr	银	MCrSi-20	20±3	30±3	18±3	24±3	32±5	0.38±0.05		
		蓝	MtiBl-20	20±3	19±3	19±3	18±3	34±5	0.38±0.06		
		茶	MCrBr-14	14±2	15±3	13±3	15±3	28±5	0.32±0.05		
			MCrBr-10	10±2	10±3	13±3	9±3	30±5	0.35±0.05		
电浮法离子镀膜	Bi	茶	EBiBr	30～45	10～30	50～65	12～25	50～70	0.50～0.80	≤4.0	≤8.0
	Cr	灰	ICrGr	4～20	20～40	6～24	20～38	18～38	0.20～0.45	≤4.0	≤8.0
		茶	ICrBr	10～20	20～40	10～24	20～38	18～38	0.20～0.45		

（2）非钢化阳光控制镀膜玻璃的尺寸允许偏差、厚度允许偏差、弯曲度、对角线差，应当符合《平板玻璃》（GB 11614—2009）中的规定。

（3）阳光控制镀膜玻璃和半钢化阳光控制镀膜玻璃的尺寸允许偏差、厚度允许偏差、弯曲度、对角线差等技术指标，应当符合《半钢化玻璃》（GB/T 17841—2008）中的规定。

（4）外观质量要求　阳光控制镀膜玻璃原片的外观质量，应符合《平板玻璃》（GB 11614—2009）中汽车级的技术要求；作为幕墙用钢化玻璃与半钢化阳光控制镀膜玻璃，其原片要进行边部精磨边处理。阳光控制镀膜玻璃的外观质量应符合表 3-5 中的规定。

表 3-5　阳光控制镀膜玻璃的外观质量

缺陷名称	说明	优等品	合格品
针孔	直径 0.8mm	不允许集中	—
	0.8mm≤直径<1.2mm	中部：3.0S 个且任意两针孔之间的距离大于 300mm；75mm 边部：不允许集中	不允许集中
	1.2mm≤直径<1.5mm	中部：不允许；75mm 边部：3.0S 个	中部：3.0S 个；75mm 边部：8.0S 个
	1.5mm≤直径<2.5mm	不允许	中部：2.0S 个；75mm 边部：5.0S 个
	直径>2.5mm	不允许	不允许
斑点	1.0mm≤直径<2.5mm	中部：不允许；75mm 边部：2.0S 个	中部：5.0S 个；75mm 边部：6.0S 个
	2.5mm≤直径<5.0mm	不允许	中部：1.0S 个；75mm 边部：4.0S 个
	直径>5.0mm	不允许	不允许
斑纹	目视可见	不允许	不允许
暗道	目视可见	不允许	不允许
膜面划伤	0.1mm≤宽度<0.3mm 长度≤60mm	不允许	不限，划伤间距不得小于 100mm
	宽度>0.3mm 或 长度>60mm	不允许	不允许
	宽度<0.5mm 长度≤60mm	3.0S 条	—
	宽度>0.3mm 或 长度>60mm	不允许	不允许

注：1. 针孔集中是指在 100mm² 面积内超过 20 个；

2. S 是以平方米为单位的玻璃板面积，保留小数点后两位；

3. 允许个数及允许条数为各数与 S 相乘所得的数值，按《数值修约规则与极限数值的表示和判定》（GB/T 8170—2008）中的规定计算；

4. 玻璃板的中部是指距玻璃板边缘 76mm 以内的区域，其他部分为边部。

（5）化学性能　阳光控制镀膜玻璃的化学性能应符合表 3-6 中的要求。

表 3-6　阳光控制镀膜玻璃的化学性能

项目	允许偏差最大值（明示标称值）		允许最大值（未明示标称值）	
可见光透射比>30%	优等品	合格品	优等品	合格品
	±1.5%	±2.5%	≤3.0%	≤5.0%
可见光透射比≤30%	优等品	合格品	优等品	合格品
	±1.0%	±2.0%	≤2.0%	≤4.0%

注：对于明示标称值（系列值）的产品，以标称值作为偏差的基准，偏差的最大值应符合表 3-6 中的规定；对于未明示标称值（系列值）的产品，则取三块试样进行测试，三块试样之间差值应符合表 3-6 中的规定。

（6）颜色均匀性　阳光控制镀膜玻璃的颜色均匀性，采用 CIELAB 均匀色空间的色差 ΔE_{ab} 来表示，单位为 CIELAB。阳光控制镀膜玻璃的反射色色差优等品不得大于 2.5CIELAB，合格品不得大于 3.0CIELAB。

（7）耐磨性　阳光控制镀膜玻璃的耐磨性，应按照现行规定进行试验，试验前后可见光透射比平均值差值的绝对值不应大于4%。

（8）耐酸性　阳光控制镀膜玻璃的耐酸性，应按照现行规定进行试验，试验前后可见光透射比平均值差值的绝对值不应大于4%，并且膜层不能有明显的变化。

（9）耐碱性　阳光控制镀膜玻璃的耐碱性，应按照现行规定进行试验，试验前后可见光透射比平均值差值的绝对值不应大于4%，并且膜层不能有明显的变化。

3. 阳光控制镀膜玻璃的特点与用途

阳光控制镀膜玻璃与其他玻璃相比，具有以下特性和用途。

（1）太阳光反射比较高、遮蔽系数小、隔热性较高　阳光控制镀膜玻璃的太阳光反射比为10%~40%（普通玻璃仅7%），太阳光总透射比为20%~40%（电浮法为50%~70%），遮蔽系数为0.20~0.45（电浮法为0.50~0.80）。因此，阳光控制镀膜玻璃具有良好的隔绝太阳辐射能的性能，可保证炎热夏季室内温度保持稳定，并可以大大降低制冷空调费用。

（2）镜面效应与单向透视性　阳光控制镀膜玻璃的可见光反射比为10%~40%，透射比为8%~30%（电浮法为30%~45%），从而使阳光控制镀膜玻璃具有良好的镜面效应与单向透视性。阳光控制镀膜玻璃较低的可见光透射比避免了强烈的日光，使光线变得比较柔和，能起到防止眩目的作用。

（3）化学稳定性比较高　试验结果表明，阳光控制镀膜玻璃具有较高的化学稳定性，在浓度5%的盐酸或5%的氢氧化钠中浸泡24h后，膜层的性能不会发生明显的变化。

（4）耐洗刷性能比较高　试验结果表明，阳光控制镀膜玻璃具有较高的耐洗刷性能，可以用软纤维或动物毛刷任意进行洗刷，洗刷时可使用中性或低碱性洗衣粉水。

由于阳光控制镀膜玻璃具有良好的隔热性能，所以在建筑工程中获得广泛应用。阳光控制镀膜玻璃多用来制成中空玻璃或夹层玻璃。如用阳光控制镀膜玻璃与透明玻璃组成带空气层的隔热玻璃幕墙，其遮蔽系数仅0.1左右，这种玻璃幕墙的热导率约1.74W/(m·K)，比一砖厚两面抹灰的砖墙保暖性能还好。

四、贴膜玻璃

贴膜玻璃是指平板玻璃表面贴多层聚酯薄膜的平板玻璃。这种玻璃能改善玻璃的性能和强度，使玻璃具有节能、隔热、保温、防爆、防紫外线、美化外观、遮蔽私密、安全等多种功能。

根据现行的行业标准《贴膜玻璃》（JC 846—2007）中的规定，本标准适用于建筑用贴膜玻璃，其他场所用贴膜玻璃可参照使用。

(一) 贴膜玻璃的分类方法

（1）贴膜玻璃按功能不同，可分为A类、B类、C类和D类。A类具有阳光控制或低辐射及抵御破碎飞散功能；B类具有抵御破碎飞散功能；C类具有阳光控制或低辐射功能；D类仅具有装饰功能。

（2）贴膜玻璃按双轮胎冲击功能不同，可分为Ⅰ级和Ⅱ级。Ⅰ级贴膜玻璃以450mm及1200mm的冲击高度冲击后，结果应满足表3-7中的有关规定；Ⅱ级贴膜玻璃以450mm的冲击高度冲击后，结果应满足表3-7中的有关规定。

(二) 贴膜玻璃的技术要求

贴膜玻璃的技术要求应符合表3-7中的规定。

表 3-7　贴膜玻璃的技术要求

项目	技术指标						
玻璃基片及贴膜材料	贴膜玻璃所用玻璃基片应符合相应玻璃产品标准或技术条件的要求。贴膜玻璃所用的贴膜材料,应符合相应技术条件或订货文件的要求						
厚度及尺寸偏差	贴膜玻璃的厚度、长度及宽度的偏差,必须符合与所使用的玻璃基片的相应的产品标准或技术条件中的有关厚度、长度及宽度的允许偏差要求						
外观质量	贴膜层杂质(含气泡)应满足以下规定,不允许存在边部脱膜、磨伤、划伤及薄膜接缝等要求由供需双方协商确定						
	杂质直径 D/mm	D≤0.5	0.5<D≤1.0	0.5<D≤1.0				D>3.0
	板面面积 A/m²	任何面积	任何面积	A≤1	1<A≤2	2<A≤8	A>8	任何面积
	缺陷数量/个	不做要求	不得密集存在	1	2	1.0/m²	1.2/m²	不允许存在
	注:密集存在是指在任意部位直径 200mm 的圆内,存在 4 个或 4 个以上的缺陷						
光学性能	可见光透射比、紫外线透射比、太阳能总透射比、太阳光直接透射比、可见光反射比和太阳光直接反射比应符合以下规定,遮蔽系数不高于标称值						
	允许偏差最大值(明示标称值)			允许最大差值(未明示标称值)				
	±2.0%			≤3.0%				
传热系数	由供需双方协商确定						
双轮胎冲击试验	试验后试样应符合下列要求:试样不破坏;若试样破坏,产生的裂口不可使直径76mm的球在25N的最大推力下通过。冲击后3min内剥落的碎片总质量不得大于相当于试样100cm²面积的质量,最大剥落的碎片总质量不得大于相当于试样44cm²面积的质量						
抗冲击性	试验后试样符合下列要求:试样不破坏;若试样破坏,不得穿透试样。5块或5块试样符合时为合格。3块或3块以下试样符合时为不合格。当4块试样符合时,应再追加6块试样,6块试样全部符合要求时为合格						
耐辐照性	试验后试样应同时满足下列要求:试样不可产生气泡,不可产生显著变色,膜层经擦拭不可脱色;贴膜层不得产生显著尺寸变化;试样的可见光透射比相对变化率不应大于3%。3块试样全部符合时为合格,1块试样符合时为不合格。当2块试样符合时,应再追加新3块试样,3块试样全部符合要求时为合格						
耐磨性	试样试验前后的雾度(透明或半透明材料的内部或表面由于光漫射造成的云雾状或混浊的外观)差值均应不大于5%						
耐酸性	试验后试样应同时满足下列要求:试样不可产生显著变色,膜层经擦拭不可脱色;不得出现脱膜现象;试验前后的可见光透射比差值不应大于4%。3块试样全部符合时为合格,1块试样符合时为不合格。当2块试样符合时,应再追加3块新试样,3块试样全部符合要求时为合格						
耐碱性	同耐酸性						
耐温度变化性	试验后试样不得出现变色、脱膜、气泡或其他显著缺陷						
耐燃烧性	试验后试样应符合下列a、b或c中任意一条的要求;a. 不燃烧;b. 燃烧,但燃烧速率不大于100 mm/min;c. 如果从试验计时开始,火焰在60s内自行熄灭,且燃烧距离不大于50mm,也被认为满足b条燃烧速率要求						
黏结强度耐久性	试验后试样的黏结强度应不低于试验前的90%						

第三节　中空建筑节能玻璃

现代建筑的趋势是采用大面积玻璃其至玻璃墙体,但单片玻璃在采光、减重、华丽方面的优点,却掩盖不住其采暖、制冷耗能大的致命弱点,中空玻璃是解决这一矛盾的重要途径。中空玻璃是两层或多层平板玻璃由灌注了干燥剂的铝框用丁基波和聚硫胶黏结而成。另外还有采用空腔内抽真空或充氩气,而不只是干燥空气。

中空玻璃的最大优点是节能与环保,现代建筑能耗主要是空调和照明,前者占55%,后者占23%,玻璃是建筑外墙中最薄、最易传热的材料。中空玻璃由于铝框内的干燥剂通过框上面缝隙使玻璃空腔内空气长期保持干燥,所以隔温性能极好。由于这种玻璃由多层玻璃和空腔结构组成,所以它还具有高度隔声的功能。

此外，在室内外温差过大的情况下，传统单层玻璃会结霜。中空玻璃则由于与室内空气接触的内层玻璃受空气隔层影响，即使外层接触温度很低，也不会因温差在玻璃表面结霜。中空玻璃的抗风压强度是传统单片玻璃的 15 倍。

我国对中空玻璃的应用较晚，发展速度也不算太快。据不完全统计，1995 年我国市场中空玻璃的用量约为 $7 \times 10^5 \, m^2$，直到 1997 年，市场用量一直在 $4.5 \times 10^6 \, m^2$ 左右徘徊，1998 年市场用量约为 $3 \times 10^6 \, m^2$，1999 年达到 $5 \times 10^6 \, m^2$，到 2000 年已经达到 $9 \times 10^6 \, m^2$，市场用量几乎以翻番的速度递增。随着国家对节能产品推广的重视，2016 年我国中空玻璃的产量已达到 $1.1 \times 10^7 \, m^2$。

根据预测，今后 10 年，我国城镇建成并投入使用权的民用建筑每年至少为 $8 \times 10^8 \, m^2$。另外，目前我国约有 $3.7 \times 10^{10} \, m^2$ 的既有建筑需更新改造，也在一定程度上扩大了对中空玻璃的需求，中空玻璃产品的市场应用已经进入了飞速发展的时期。

一、中空玻璃的定义和分类

(一) 中空玻璃的定义

国家现行标准《中空玻璃》(GB/T 11944—2012) 中对中空玻璃定义：两片或多片玻璃以有效支撑均匀隔开并周边黏结密封，使玻璃层间形成有干燥气体空间的制品。这个定义包括四个方面的含义：一是中空玻璃由两片或多片玻璃构成，二是中空玻璃的结构是密封结构，三是中空玻璃空腹中的气体必须是干燥的，四是中空玻璃内必须含有干燥剂。合格的中空玻璃使用寿命至少应为 15 年。

(二) 中空玻璃的作用

工程实践证明，中空玻璃具有以下 3 个明显的作用。

(1) 由于玻璃之间空气层的热导率很低，仅为单片玻璃热交换量的 2/3，因此具有明显的保温节能作用，是一种节能性能优良的建筑材料。

(2) 由于中空玻璃的保温性能好，内外两层玻璃的温差尽管比较大，干燥的空气层不会使外层玻璃表面结露，因此具有良好的防结露作用。

(3) 试验证明，一般的中空玻璃可以降低噪声 30～40dB，能给人们创造一个安静的生活和工作环境，中空玻璃的这种隔音作用受到越来越多用户青睐。

(三) 中空玻璃的分类

中空玻璃按中空腔不同可以分为双层中空玻璃和多层中空玻璃，双层中空玻璃是由两片平板玻璃和一个空腔构成，多层中空玻璃是由多片玻璃和两个以上中空腔构成。中空腔越多，隔热和隔声的效果越好，但制造成本增加。按生产方法不同可以分为熔接中空玻璃、焊接中空玻璃和胶接中空玻璃 3 种。

在建筑工程中中空玻璃常按照制作方法和功能不同进行分类，一般可分为普通中空玻璃、功能复合中空玻璃和点式多功能复合中空玻璃。

普通中空玻璃是由两片普通浮法玻璃原片组合而成，玻璃之间又充填了干燥剂的铝合金隔框，铝合金隔框与玻璃间用丁基胶黏结密封后再用聚硫胶或结构胶密封，使玻璃之间空气高度干燥。中空玻璃内的密封空气，在铝框内灌充的高效分子筛吸附剂作用下，成为导热系数很低的干燥空气，从而构成一道隔热、隔声屏障。若在该空间中充入惰性气体，还可进一步提高产品的隔热、隔音性能。

功能复合中空玻璃用二层或多层钢化、夹层、双钢化夹层及其他加工玻璃组合而成，在强调保温、隔热、节能的基础上，增加安全性能和使用期限。可广泛用于大型建筑的外墙、门窗，天顶，降低建筑能耗，起到安全、环保、节能的目的。功能复合中空玻璃特别适合高档场所或特殊区域（寒冷、噪声大、不安全）使用。

根据钢化玻璃、钢化夹层玻璃特点，将不同种类安全玻璃基片，按照点式玻璃幕墙的作业标准、运用特殊工艺、特殊材料，制作成点式多功能复合中空玻璃。

二、中空玻璃的隔热原理

能量的辐射传递是通过射线以辐射的形式进行传递，这种射线包括可见光、红外线和紫外线等的辐射。如果合理配置玻璃原片和合理的中空玻璃间隔层厚度，可以最大限度地降低能量通过辐射形式传递，从而降低能量的损失。

能量的对流传递是由于在玻璃两侧具有温度差，产生空气的对流而造成能量的损失。中空玻璃的结构是密封的，空气层中的气体是干燥的，所以不能形成对流传递，从而可避免或降低能量的对流损失。

能量的传导传递是通过物体分子的运动，带动能量进行运动，而达到传递的目的。普通玻璃的热导率是 $0.75W/(m·K)$ 左右，而空气的热导率是 $0.028W/(m·K)$，热导率很低的空气夹在玻璃之间并加以密封，这是中空玻璃隔热的最主要原因。

三、中空玻璃在建筑工程中的应用

在建筑工程中使用中空玻璃首先注重它的使用功能，第一是保温隔热效果，第二是隔声效果，第三是防结露效果。所以中空玻璃适用于有恒温要求的建筑物，如住宅、办公楼、医院、旅馆、商店等。在建筑工程中中空玻璃主要用于需要采暖、需要空调、防止噪声、防止结露及需要无直射阳光等建筑物。

按节能要求使用中空玻璃时，主要注意以下 4 个方面。

（1）使用间隔层中充入隔热气体的中空玻璃　在中空玻璃内部充入隔热气体，可以大大提高节能效率，通常是充入氩气。在间隔层中充入氩气，不仅可以减少热传导损失，而且可以减少对流损失。

（2）使用低传导率的间隔框中空玻璃　中空玻璃的间隔框是造成热量流失的关键环节。应用低传导率的间隔框中空玻璃，其好处是可以提高中空玻璃内玻璃底部表面的温度，以便更有效地减少在玻璃表面的结露。

（3）使用节能玻璃为基片的中空玻璃　根据不同地区、不同朝向，选择不同的节能玻璃作为中空玻璃制作基片，如 Low-E 玻璃、阳光控制镀膜玻璃、夹层玻璃等。

（4）使用隔热性能好的门窗框材料　中空玻璃最终要装入门窗框才能使用，但门窗框材料是整个门窗能量流失的薄弱环节，所以中空玻璃能否达到节能目的，关键是与之配套的门窗框材料，是否选择最低传导热损失的材料。

四、中空玻璃的性能、标准和质量要求

（一）中空玻璃的性能

对中空玻璃性能要求，主要包括节能性能、降低冷辐射性能、隔声性能、防结露性能、

安全性能和其他性能等方面。各种性能的具体要求如下。

（1）中空玻璃的节能性能　中空玻璃有许多优越的性能，其中最主要的是节能性能。在严寒的冬季和炎热的夏季，玻璃幕墙和门窗是建筑物耗能的主要部位，由于中空玻璃的传热系数低，可减少建筑物采暖和制冷的能源消耗。

（2）中空玻璃的降低冷辐射性能　由于中空玻璃的隔热性能较好，中空玻璃两侧可以形成较大温差，因而可以使冷辐射降低。如当室外温度为－10℃时，单层玻璃的室内窗前温度为－2℃，而中空玻璃室内窗前温度可达13℃。

（3）中空玻璃的隔声性能　有关资料表明：使用单片玻璃可降低噪声20～22dB，而使用双层中空玻璃可降低噪声30dB左右。如果采用厚度不对称的玻璃原片、在间隔层中充入特殊惰性气体，中空玻璃可降低噪声达45dB。

（4）中空玻璃的防结露性能　由于中空玻璃内部存在着吸附水分子的干燥剂，气体是干燥的，在温度降低时，中空玻璃内部应不会产生凝露现象，并使其外表面的结露点升高。

（5）中空玻璃的安全性能　在使用相同厚度玻璃的情况下，中空玻璃的抗风压强度是普通单片玻璃的1.5倍；在夏天单片玻璃受太阳直射，玻璃内外有温差，当温差过大时，玻璃就会热爆裂，中空玻璃不存在这种现象。

（6）中空玻璃的其他性能　用中空玻璃代替部分砖墙或混凝土墙，不仅可以增加采光面积，减少照明的费用，增加室内的舒适感，而且可以减轻建筑物的重量，简化建筑物结构。

（二）中空玻璃的标准

我国于1986年颁布了《中空玻璃测试方法》（GB/T 7020—1986），于1989年颁布了《中空玻璃》（GB/T 11944—1989）的标准。为了适应我国中空玻璃迅速发展的形势，于2002年对原中空玻璃的标准进行了修订，并将原来的两个标准《中空玻璃测试方法》和《中空玻璃》，合并为《中空玻璃》（GB/T 11944—2002）。

在新的标准《中空玻璃》（GB/T 11944—2002）中，增加了对密封性能试验、露点试验、气候循环耐久性试验的环境条件；耐紫外线辐射性能增加了对原片玻璃的错位胶条蠕变等缺陷的要求；同时将气候循环耐久性能和高温高湿耐久性能分开进行判断。

（三）中空玻璃的质量要求

对于中空玻璃的质量要求，主要包括材料要求、尺寸偏差、外观质量、密封性能、露点性能、耐紫外线照射性能、气候循环耐久性能和高温高湿耐久性能等。

（1）材料要求　玻璃可采用浮法玻璃、夹层玻璃、钢化玻璃、幕墙用钢化玻璃和半钢化玻璃、着色玻璃、镀膜玻璃和压花玻璃等。浮法玻璃应符合《平板玻璃》（GB 11614—2009）中的规定，夹层玻璃应符合《建筑用安全玻璃 第3部分：夹层玻璃》（GB 15763.3—2009）中的规定，幕墙用钢化玻璃和半钢化玻璃应符合《建筑用安全玻璃 第2部分：钢化玻璃》（GB 15763.2—2005）中的规定，其他品种的玻璃应符合相应标准的规定。

对于所用的密封胶，应满足以下要求：中空玻璃用弹性密封胶应符合JC/T 486的规定；中空玻璃用塑性密封胶应符合相关的规定。中空玻璃所用的胶条，应采用塑性密封胶制成的含有干燥剂和波浪形铝带的胶条，其性能应符合相应标准。中空玻璃使用金属间隔框时，应去污或进行化学处理。中空玻璃所用的干燥剂，其质量、性能应符合相应标准。

（2）尺寸偏差　中空玻璃的长度和宽度的允许偏差如表3-8所列，中空玻璃的厚度允许偏差如表3-9所列。

表 3-8　中空玻璃的长度和宽度的允许偏差

长（宽）度 L	允许偏差/mm	长（宽）度 L	允许偏差/mm
L＜1000	±2	L≥2000	±3
1000≤L＜2000	+2，-3		

表 3-9　中空玻璃的厚度允许偏差

公称厚度	允许偏差/mm	公称厚度	允许偏差/mm
t＜17	±1.0	t≥22	±2.0
17≤t＜22	±1.5		

注：中空玻璃的公称厚度为玻璃原片的公称厚度与间隔层厚度之和。

正方形和矩形中空玻璃对角线之差，应不大于对角线平均长度的 0.2％。中空玻璃的胶层厚度，单道密封胶层厚度为 10mm±2mm，双道密封外层密封胶层厚度为 5～7mm。其他规格和类型的尺寸偏差由供需双方协商决定。

（3）外观质量　中空玻璃不得有妨碍透视的污迹、夹杂物及密封胶飞溅现象。

（4）密封性能　20 块 4mm＋12mm＋4mm 试样全部满足以下 2 条规定为合格：①在试验压力低于环境气压 10kPa±0.5kPa 下，初始偏差必须≥0.8mm；②在该气压下保持 2.5h 后，厚度偏差的减少应不超过初始偏差的 15％。

20 块 5mm＋9mm＋5mm 试样全部满足以下两条规定为合格：①在试验压力低于环境气压 10kPa±0.5kPa 下，初始偏差必须≥0.5mm；②在该气压下保持 2.5h 后，厚度偏差的减少应不超过初始偏差的 15％。其他厚度的样品由供需双方商定。

（5）露点性能　20 块中空玻璃的试样露点均≤-40℃为合格。

（6）耐紫外线照射性能　2 块试样紫外线照射 168h，试样内表面上均无结雾或污染的痕迹、玻璃原片无明显错位和产生胶条蠕变为合格。如果有 1 块或 2 块试样不合格，可另取 2 块备用试样重新试验，2 块试样均满足要求为合格。

（7）气候循环耐久性能　试样经循环后进行露点测试，4 块中空玻璃的试样露点均≤-40℃为合格。

（8）高温高湿耐久性能　试样经循环后进行露点测试，8 块中空玻璃的试样露点均≤-40℃为合格。

第四节　吸热建筑节能玻璃

吸热建筑节能玻璃是能吸收大量红外线辐射能、并保持较高可见光透过率的平板玻璃。生产吸热玻璃的方法有两种：一种是在普通钠钙硅酸盐玻璃的原料中加入一定量的有吸热性能的着色剂；另一种是在平板玻璃表面喷镀一层或多层金属或金属氧化物薄膜而制成。

一、吸热节能玻璃的定义和分类

吸热玻璃是指能吸收大量红外线辐射，而又能保持良好的可见光透过率的玻璃。吸热玻璃可产生冷房效应，大大节约冷气的能耗。吸热玻璃的生产是在普通钠-钙硅酸盐玻璃中加入适量的着色氧化剂，如氧化铁、氧化镍、氧化钴等，使玻璃带色并具有较高的吸热性能；也可在玻璃的表面喷涂氧化锡、氧化镁、氧化钴等有色氧化物薄膜而制成。

吸热玻璃按颜色不同，主要有茶色、灰色、蓝色、绿色，另外还有古铜色、青铜色、粉红色、金色和棕色等；按组成成分不同，主要有硅酸盐吸热玻璃、磷酸盐吸热玻璃、光致变色吸热玻璃；按生产方法不同，可分为基体着色吸热玻璃、镀膜吸热玻璃。

二、吸热节能玻璃的特点和原理

1. 吸热节能玻璃的主要特点

（1）吸收太阳的辐射热　吸热玻璃能够吸收太阳辐射热的性能，具有明显的隔热效果，但玻璃的颜色和厚度不同，对太阳的辐射热吸收程度也不同。如6mm厚的蓝色吸热节能玻璃，可以挡住50％左右的太阳辐射热。

（2）吸收太阳的可见光　吸热节能玻璃比普通玻璃吸收可见光的能力要强。如6mm厚的普通玻璃能透过太阳光的78％，而同样厚的古铜色吸热节能玻璃仅能透过太阳光的26％。这样不仅使光线变得柔和，而且能有效地改善室内色泽，使人感到凉爽舒适。

（3）吸收太阳的紫外线　材料试验证明：吸热节能玻璃不仅能吸收太阳的红外线，而且还能吸收太阳的紫外线，可显著减少紫外线透射对人体的伤害。

（4）具有良好的透明度　吸收节能玻璃不仅能吸收红外线和紫外线，而且还具有良好的透明度，对观察物体颜色的清晰度没有明显影响。

（5）玻璃色泽经久不变　吸热节能玻璃中引入无机矿物颜料作为着色剂，这种颜料性能比较稳定，可达到经久不褪色的要求。

虽然吸热节能玻璃的热阻性优于镀膜玻璃和普通透明玻璃，但由于其二次辐射过程中向室内放出的热量较多，吸热和透光经常是矛盾的，所以吸热玻璃的隔热功能受到一定限制，况且吸热玻璃吸收的一部分热量，仍然有相当一部分会传到室内，其节能的综合效果不理想。

2. 吸热节能玻璃的节能原理

玻璃节能与3个方面有关：①由外面大气和室内空气温度的温差引起的通过外墙和窗户玻璃等传热的热量；②通过外墙和窗户等日照的热量；③室内产生的热量。吸热玻璃的节能就是能使采光所需的可见光透过，而限制携带热量的红外线通过，从而降低进入室内的日照热量。日照热量取决于日照透射率 η，吸热玻璃的日照透射率 η 如表3-10所列。

表3-10　吸热玻璃的日照透射率 η

玻璃品种	厚度/mm	日照透射率		玻璃品种	厚度/mm	日照透射率	
		无遮阳设施	有遮阳设施			无遮阳设施	有遮阳设施
透明玻璃	6	084	0.47	单面镀膜玻璃	6	0.68	0.43
	8	0.82	0.46		8	0.65	0.42
基体着色蓝色吸热玻璃	6	0.68	0.39	双面镀膜玻璃	6	0.68	0.43
	8	0.65	0.39		8	0.66	0.42
基体着色灰色吸热玻璃	6	0.73	0.42	双面镀膜蓝色吸热玻璃	6	0.53	0.35
	8	0.58	0.39		8	0.51	0.34
基体着色青铜色吸热玻璃	6	0.73	0.42	双面镀膜灰色吸热玻璃	6	0.53	0.35
	8	0.68	0.39		8	0.51	0.34
双面镀膜青铜色吸热玻璃	6	0.53	0.34	双面镀膜青铜色吸热玻璃	8	0.51	0.34

由于吸热节能玻璃对热光线的吸收率高，因此接收日照热量之后玻璃本身的温度升高，这个热量从玻璃的两侧放散出来，受到风吹的室外一侧热量很容易散失，可以减轻冷气的负载。另外，在使用吸热玻璃后可减少室内的照度差，呈现出调和的气氛，向外观望可避免眩

光，使眼睛避免疲劳。吸热玻璃与普通浮法玻璃的热量吸收与透射如图 3-1 所示。

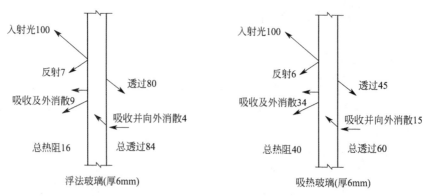

图 3-1　吸热玻璃与普通浮法玻璃的热量吸收与透射

从图 3-1 中可以看出，当太阳光透过吸热玻璃时，吸热玻璃将光能吸收转化为热能，热能又以导热、对流和辐射的形式散发出去，从而减少太阳能进入室内。在进入室内的太阳能方面，吸热玻璃比普通浮法玻璃可以减少 20%～30%，因此吸热玻璃具有节能的功能。

三、镀膜吸热节能玻璃

1. 镀膜吸热玻璃的定义

镀膜吸热玻璃是指在平板玻璃表面涂镀一层或多层吸热薄膜制成的玻璃制品。吸热镀层大多数由金属、合金或金属氧化物制成，其透射率与镀膜的厚度成反比。从严格意义上讲，镀膜吸热玻璃就是阳光控制镀膜玻璃。

镀膜吸热玻璃从生产使用的镀膜基片上看，其生产方法有两种：一种是在普通透明玻璃上镀上吸热薄膜；另一种是在吸热玻璃上镀膜。

2. 镀膜吸热玻璃和热反射玻璃的区别

吸热镀膜玻璃和热反射玻璃都是镀膜玻璃。但吸热镀膜玻璃的膜层主要用来将热能（太阳的红外线）吸收，热量从玻璃两侧放散出来，受到风吹的室外一侧，热量很容易散失，以阻隔热能进入室内。而热反射玻璃的膜层主要是用来把太阳的辐射热反射掉，以阻隔热能进入室内。

由两者的区别可知，判定镀膜玻璃是吸热镀膜玻璃还是热反射镀膜玻璃的方法，就是看是以热（光）吸收为主，还是热反射为主。吸热镀膜玻与热反射镀膜玻璃的区别可用反射系数 S 表示，$S=A/B$（其中 A 为玻璃对全部光通量的吸热系数，B 为玻璃对全部光通量的反射系数），当 $S>1$ 时为吸热镀膜玻璃，当 $S<1$ 时为热反射镀膜玻璃。图 3-2 表示镀膜吸热玻璃与热反射玻璃的吸收与透射。

四、吸热节能玻璃的应用

1. 应用吸热节能玻璃的注意事项

由于吸热玻璃具有吸收红外线的性能，能够衰减 20%～30% 的太阳能入射，从而降低进入室内的热能，在夏季可以降低空调的负荷，在冬季由于吸收红外线而使玻璃自身温度升

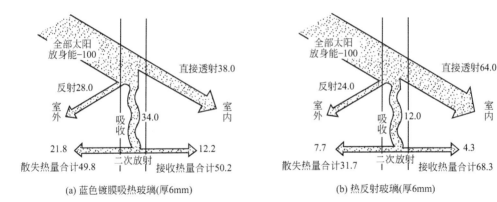

图 3-2　镀膜吸热玻璃与热反射玻璃的吸收与透射（单位：％）

高，从而达到节能效果。

为合理使用吸热玻璃，在设计、安装和使用吸热玻璃时，应注意以下事项。

（1）吸热玻璃越厚，颜色就越深，吸热能力就越强。在进行吸热玻璃设计时，应注意不能使玻璃的颜色暗到影响室内外颜色的分辨，否则会对人的眼睛造成不适，甚至会影响人体的健康。

（2）使用吸热玻璃一定要按规范进行防炸裂设计，按设计要求选择玻璃。吸热玻璃容易发生炸裂，且当玻璃越厚吸热能力就越强，发生炸裂的可能性就越大。吸热玻璃的安装结构应当是防炸裂结构的。

（3）吸热玻璃的边部最好要进行细磨，尽量减少缺陷，因为这种缺陷是造成热炸裂的主要原因。在没有条件做到这一点时，玻璃如果在现场切割后，一定要进行边部修整。

（4）在使用过程中，注意不要让空调的冷风直接冲击吸热玻璃，不要在吸热玻璃上涂刷油漆或标语，另外不要在靠近吸热玻璃的表面处安装窗帘或摆教家具。

2. 吸热节能玻璃的选择和应用

实际上对吸热玻璃的色彩选择，也就是对玻璃工程装饰效果的选择，这是建筑美学涉及的问题，一般由建筑美学设计者根据建筑物的功能、造型、外墙材料、周围环境及所在地或等综合考虑确定。

对于吸热镀膜玻璃，吸收率则取决于薄膜及玻璃本身的色泽，常见的基体着色玻璃品种一般不超过 10 个，而在吸热玻璃上镀膜品种很多。但是，通过多项工程长时间观察，基体着色玻璃具有很好的抗变色性，价格也比镀膜吸热玻璃低，因此，只要基体着色玻璃的装饰色彩能满足设计要求，就应当优先选用。

吸热玻璃既能起到隔热和防眩的作用，又可营造一种优美的凉爽气氛，在南方炎热地区，非常适合使用吸热玻璃，但在北方大部分地区不适合选用吸热玻璃。吸热玻璃慎用的主要原因有以下几个方面。

（1）吸热玻璃的透光性比较差，通常能阻挡 50％ 左右的阳光辐射，本应起到杀菌、消毒、除味作用的阳光，由于吸热玻璃对阳光的阻挡，所以不能起到以上作用。

（2）阳光通过普通玻璃时，人们接受的是全色光，但通过吸热玻璃时则不然，会被吸收掉一部分色光。长期生活在波长较短的光环境中，会使人的视觉分辨力下降，甚至造成精神异变和性格扭曲。特别是对幼儿的危害更大，容易造成视力发育不全。

（3）在夏季很多门窗安装纱网，其透光率大约为 70％，如果再配上吸热玻璃，其透光率仅为 35%，很难满足室内采光的要求。

（4）吸热玻璃吸取阳光中的红外线辐射，其自身的温度会急剧升高，与边部的冷端之间形成温度梯度，从而造成非均匀性膨胀，形成较大的热应力，进而使玻璃薄弱部位发生裂纹而"热炸裂"。

五、吸热玻璃的性能、标准与检测

（一）吸热玻璃的性能

1. 基体着色吸热玻璃的性能

（1）光学性能　根据现行国家标准《建筑玻璃　可见光透射比、太阳光直接透射比、太阳能总透射比、紫外线透射比及有关窗玻璃参数的测定》（GB/T 2680—1994）的规定，吸热玻璃的光学性能，用可见光透射比和太阳光直接透射比来表达，两者的数值换算成为 5mm 标准厚度的值后应当符合表 3-11 中的要求。

表 3-11　吸热玻璃的光学性能　　　　　　　　　　　　单位：%

颜色	太阳投射比	太阳透射比	颜色	太阳投射比	太阳透射比
茶色	≥42	≥60	灰色	≥30	≥60
蓝色	≥45	≥70			

（2）颜色均匀性　1976 年，国际照明协会（CIE）推荐了新的颜色空间及其有关色差公式，即 CIE1976LAB 系统，现在已成为世界各国正式采纳，作为国际通用的测色标准，适用于一切光源色或物体色的表示。

玻璃的颜色均匀性实际上是指色差的大小，色差是指用数值的方法表示两种颜色给人色彩感觉上的差别，其又包括单片色差和批量色差。色差应采用符合《物体色的测量方法》（GB/T 3979—2008）标准要求的光谱测色仪和测量方法进行测量。

2. 镀膜吸热玻璃的主要性能

吸热镀膜玻璃有茶色、灰色、银灰色、浅灰色、蓝色、蓝灰色、青铜色、古铜色、金色、粉红色和绿色等，建筑工程中常用的有茶色、蓝色、灰色和绿色。吸热镀膜玻璃的主要性能有热学和光学两个方面。

（1）吸热玻璃能吸收太阳的辐射热　随着吸热镀膜玻璃的颜色和厚度不同，其吸热率也不同，与同厚度的平板玻璃对比如表 3-12 所列。

表 3-12　吸热玻璃同厚度平板玻璃热学性能的对比

玻璃品种	透过热值/（W/m²）	透过率/%	玻璃品种	透过热值/（W/m²）	透过率/%
空气（暴露空间）	879.2	100.00	蓝色 3mm 吸热玻璃	551.3	62.70
普通 3mm 平板玻璃	725.7	82.55	蓝色 6mm 吸热玻璃	432.5	49.21
普通 6mm 平板玻璃	662.9	75.53			

从表 3-12 可知，3mm 厚的蓝色吸热玻璃可以挡住 37.3% 的太阳辐射热，6 mm 厚的蓝色吸热玻璃可以挡住 50.79% 的太阳辐射热，因此，可以降低室内空调的能耗和费用。

（2）可以吸收部分太阳可见光　吸热玻璃可以使刺目的太阳光变得比较柔和，起到防眩的作用。我国对 5mm 不同颜色吸热玻璃要求的可见透光率和太阳直接透过率如表 3-13 所列。

表 3-13 5mm 不同颜色吸热玻璃要求的光学性质

颜色	可见光透过率/%	太阳光直接透过率/%
茶色	≥45	≤60
灰色	≥30	≤60
蓝色	≥50	≤70

（二）吸热玻璃的标准

基体吸热玻璃的质量技术应符合《着色玻璃》（GB/T 18701—2002）标准的要求，该标准将着色玻璃按生产工艺分为着色浮法玻璃和着色普通玻璃，按用途分为制镜级吸热玻璃、汽车级吸热玻璃、建筑级吸热玻璃。其中着色普通平板玻璃应按《平板玻璃》（GB 11614—2009）划分等级；着色浮法玻璃按色调分为不同的颜色系列，包括茶色系列、金色系列、绿色系列、蓝色系列、紫色系列、灰色系列、红色系列等。

吸热玻璃按照厚度不同可分为 2mm、3mm、4mm、5mm、6mm、8mm、10mm、12mm、15mm 和 19mm，其中着色普通平板玻璃按厚度分为 2mm、3mm、4mm、5mm。基本着色吸热玻璃的质量要求如下。

（1）尺寸允许偏差、厚度允许偏差、对角线偏差、弯曲度的要求 着色浮法玻璃应符合《平板玻璃》（GB 11614—2009）相应级别的规定，着色普通平板玻璃应符合《平板玻璃》（GB 11614—2009）相应级别的规定。

（2）外观质量要求 着色普通平板玻璃应符合《平板玻璃》（GB 11614—2009）相应级别的规定。着色浮法玻璃外观质量中，光学变形的入射角各级别降低 5°，其余各项指标均应符合《平板玻璃》（GB 11614—2009）相应级别的规定

（3）光学性能要求 2mm、3mm、4mm、5mm、6mm 厚度的着色浮法玻璃及着色普通平板玻璃的可见光透射比均不低于 25%；8mm、10mm、12mm、15mm、19mm 厚度的着色浮法玻璃的可见光透射比均不低于 18%。

着色浮法玻璃和着色普通平板玻璃的可见光透射比、太阳光直接透射比、太阳能总透射比允许偏差值应符合表 3-14 中的规定。

表 3-14 着色玻璃的光学性能

玻璃类别	允许偏差		
	可见光透射比 （380～780nm）/%	太阳光直接透射比 （340～1800nm）/%	太阳能总透射比 （340～1800nm）/%
着色浮法玻璃	±2.0	±3.0	±4.0
着色普通平板玻璃	±2.5	±3.5	±4.5

（4）颜色的均匀性 着色玻璃的颜色均匀性，采用 CIELAB 均匀空间的色差来表示。同一片和同一批产品的色差应符合表 3-15 中的规定。

表 3-15 着色玻璃的颜色均匀性

玻璃类别	CIELAB	玻璃类别	CIELAB
着色浮法玻璃	≤2.5	着色普通平板玻璃	≤3.0

（三）吸热玻璃的检测

（1）尺寸允许偏差、厚度允许偏差、对角线偏差、弯曲度、外观质量的要求 着色浮法玻璃应按《平板玻璃》（GB 11614—2009）中的规定进行检验，着色普通平板玻璃应按《平

板玻璃》（GB 11614—2009）中的规定进行检验。

（2）光学性能　着色玻璃的光学性能应按《建筑玻璃 可见光透射比、太阳光直接透射比、太阳能总透射比、紫外线透射比及有关窗玻璃参数的测定》（GB/T 2680—1994）中的规定进行测定。

（3）颜色均匀性　着色玻璃的颜色均匀性应按《彩色建筑材料色度测量方法》（GB/T 11942—1989）中的规定进行测定。

第五节　真空建筑节能玻璃

真空节能玻璃是两片平板玻璃中间由微小支撑物将其隔开，玻璃四周用钎焊材料加以封边，通过抽气口将中间的气体抽至真空，然后封闭抽气口保持真空层的特种玻璃。

真空节能玻璃是受到保温瓶的启示而研制的。1913 年世界上第一个平板真空玻璃专利发布，科学家们相继进行了大量的探索，使真空玻璃技术得到较快发展。20 世纪 80 年代，世界对真空玻璃的研制普遍重视起来，美国、英国、希腊和日本等国技术比较先进。

1998 年我国建立真空玻璃研究所，随后研究的实用成果获得国家专利，2004 年拥有自主知识产权的真空玻璃，通过了中国建材工业协会的科技成果鉴定，并开始在国内推广应用，同时得到欧美同行的认可。

一、真空节能玻璃的特点和原理

（一）真空节能玻璃的特点

（1）真空节能玻璃具有比中空玻璃更好的隔热、保温性能，其保温性能是中空玻璃的 2 倍，是单片普通玻璃的 4 倍。

（2）由于真空玻璃热阻高，具有更好的防结露结霜性能，在相同湿度条件下，真空玻璃结露温度更低，这对严寒地区的冬天采光极为有利。

（3）真空玻璃具有良好的隔声性能，在大多数声波频段，特别是中低频段，真空玻璃的防噪音性能优于中空玻璃。

（4）真空玻璃具有更好的抗风压性能，在同样面积、同样厚度条件下，真空玻璃抗风压性能等级明显高于中空玻璃。

（5）真空玻璃还具有持久、稳定、可靠的特性，在参照中空玻璃拟定的环境和寿命试验进行的紫外线照射试验、气候循环试验、高温高湿试验，真空玻璃内的支撑材料的寿命可达 50 年以上，高于其使用的建筑寿命。

（6）真空玻璃最薄只有 6mm，现有住宅窗框原封不动即可安装，并可减少窗框材料，减轻窗户和建筑物的重量。

（7）真空玻璃属于玻璃深加工产品，其加工过程对水质和空气不产生任何污染，并且不产生噪声，对环境没有任何有害影响。

（二）真空节能玻璃的隔热原理

真空节能玻璃是一种新型玻璃深加工产品，它的隔热原理比较简单，从原理上看可将其比喻为平板形的保温瓶。真空节能玻璃与保温瓶相同点，夹层均为气压低于 0.1Pa 的真空和内壁涂有 Low-E 膜。因此，真空节能玻璃之所以能够节能，一是玻璃周边密封材料的作用和保温瓶瓶塞的作用相同，都是阻止空气的对流作用，因此真空双层玻璃的构造，最大限度地隔绝了热传导；两层玻璃夹层为气压低于 10^{-1} Pa 的真空，使气体传热可忽略不计；二是内壁镀有 Low-E 膜，使辐射热大大降低。

　　研究表明，用两层 3mm 厚的玻璃制成的真空玻璃，与普通的双层中空玻璃相比，在一侧为 50℃ 的高温条件下，真空玻璃的另一侧表面与室温基本相同，而普通双层中空玻璃的另一侧温度很高。这就充分说明真空节能玻璃具有良好的隔热性能，其节能效果是非常显著的。

二、真空节能玻璃的结构

　　真空节能玻璃是一种新型玻璃深加工产品，是将两片玻璃板洗净，在一片玻璃板上放置线状或格子状支撑物，然后再放上另一片玻璃板，将两片玻璃板的四周涂上玻璃钎焊料。在适当位置开孔，用真空泵抽真空，使两片玻璃间腔的真空压力达到 0.001mmHg，即形成真空节能玻璃。真空玻璃的基本结构如图 3-3 所示。

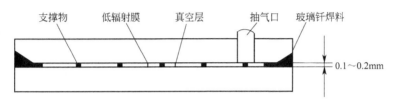

图 3-3　真空玻璃的基本结构

　　由于真空玻璃的结构不同，真空玻璃与中空玻璃的传热机理也有所不同。真空玻璃中心部位传热由辐射传热、支撑物传热及残余气体传热 3 部分构成，而中空玻璃则由气体传热（包括传导和对流）和辐射传热构成。

三、真空节能玻璃的性能和应用

　　真空节能玻璃的性能有隔热性能、防结露性能、隔声性能、抗风压性能、耐久性能等。

1. 真空节能玻璃的隔热性能

　　真空节能玻璃的真空层消除了热传导，若再配合采用 Low-E 玻璃，还可以减少辐射传热，因此和中空玻璃相比，真空玻璃的隔热保温性能更好。表 3-16 为真空玻璃与中空玻璃隔热性能比较。

表 3-16　真空玻璃与中空玻璃隔热性能比较

玻璃样品类别		玻璃结构 /mm	热阻 /[(m²·K)/W]	表观热导率 /[W/(m·K)]	K 值 /[W/(m²·K)]
真空玻璃	普通型	3+0.1+3	0.1885	0.0315	2.921
	单面 Low-E 膜	4+0.1+4	0.4512	0.0155	1.653
	单面 Low-E 膜	4+0.1+4	0.6553	0.0122	1.230
中空玻璃	普通型	3+6+3	0.1071	0.1120	3.833
	普通型	3+13	0.1350	0.1350	3.483
	单面 Low-E 膜(ε=0.3)	6+12+6	0.3219	0.0746	2.102

2. 真空节能玻璃的防结露性能

　　由于真空玻璃的隔热性能好，室内一侧玻璃表面温度不容易下降，所以即使室外温度很低，也不容易出现结露。表 3-17 为单片玻璃、中空玻璃和真空玻璃防结露性能比较。

表 3-17　单片玻璃、中空玻璃和真空玻璃防结露性能比较

室内湿度	玻璃种类	发生结露时室外温度/℃		室内湿度	玻璃种类	发生结露时室外温度/℃	
		室温 10℃	室温 20℃			室温 10℃	室温 20℃
60%	单片玻璃	0	8	70%	真空玻璃	−15	−8
	中空玻璃	−9	−1	80%	单片玻璃	5	15
	真空玻璃	−26	−21		中空玻璃	2	11
70%	单片玻璃	2	12		真空玻璃	−6	2
	中空玻璃	−3	5				

3. 真空节能玻璃的隔声性能

由于真空玻璃的特殊结构，对于声音的传播可大幅度地降低。材料试验证明，真空玻璃在大部分音域都比间隔 6mm 的中空玻璃隔声性能好，可使噪声降低 30dB 以上。

表 3-18 为真空玻璃与中空玻璃隔声性能比较。

表 3-18　真空玻璃与中空玻璃隔音性能比较

样品类别	玻璃结构 /mm	不同频段的透过衰减分贝 /dB					
		100～160Hz	200～315Hz	400～630Hz	800～1250Hz	1600～2500Hz	3150～5000Hz
真空玻璃	3+0.1+3	22	27	31	35	37	31
中空玻璃	3+6+3	20	22	20	29	38	23
中空玻璃	3+12+3	19	17	20	32	40	30

4. 真空节能玻璃的耐久性能

真空玻璃是一种全新的产品，目前国内外还没有耐久性相应的测试标准，也没有相应的测试方法。目前暂参照中空玻璃国家标准中关于紫外线照射、气候循环、高温高湿度的试验方法进行测试，同时参照国家标准《绝热材料稳态热阻及有关特性的测定 防护热板法》（GB 10294—2008）中的规定，以真空玻璃热阻的变化来考察其环境适应性。普通真空玻璃环境测试结果如表 3-19 所列。

表 3-19　普通真空玻璃环境测试结果

类别	检测项目	试样处理	检测条件	检测结果	热阻变化
紫外线照射	热阻 /[(m²·K)/W]	23℃±2℃、(60%±5%)RH 条件下放置 7d	平均温度 14℃	0.223	−1.3%
		浸水-紫外线照 600h 后,23℃±2℃、(60%±5%)RH 条件下放置 7d		0.220	
气候循环试验	热阻 /[(m²·K)/W]	23℃±2℃、(60%±5%)RH 条件下放置 7d	平均温度 13℃	0.210	+0.5%
		−23℃±2℃下 500h,23℃±2℃、(60%±5%)RH 条件下放置 7d		0.217	
高温高湿试行	热阻 /[(m²·K)/W]	23℃±2℃、(60%±5%)RH 条件下放置 7d	平均温度 13℃	0.214	−2.0%
		250 次热冷循环,23℃±2℃、(60%±5%)RH 条件下放置 7d;循环条件:加热 52℃±2℃,RH<95%,(140±1)min,冷却 25℃±2℃,(40±1)min		0.210	

4. 真空节能玻璃的抗风压性能

真空玻璃中的两片玻璃是通过支撑物牢固地压在一起的，具有与同等厚度的单片玻璃相近的刚度，在一般情况下真空玻璃的抗风压能力是中空玻璃的1.5倍。

表3-20是某种真空玻璃、中空玻璃和单片玻璃允许载荷比较。

表 3-20　真空玻璃、中空玻璃和单片玻璃允许载荷比较

玻璃品种	玻璃总厚度/mm	允许载荷/Pa	玻璃品种	玻璃总厚度/mm	允许载荷/Pa
真空玻璃	6	3500	中空玻璃	12	2355
	8	5760	浮法玻璃	3	1575
	10	8400			
	9.8(夹丝)	7100		5	3375

四、真空玻璃的质量标准

根据现行的行业标准《真空玻璃》（JC/T 1079—2008）中的规定，本标准适用于建筑、家电和其他保温隔热、隔声等用途的真空玻璃，包括用于夹层、中空等复合制品中的真空玻璃。

(一) 真空玻璃的分类、 材料和尺寸偏差

（1）真空玻璃的分类方法　真空玻璃按其保温性能（K 值）不同，可为1类、2类和3类。

（2）真空玻璃的材料要求　构成真空玻璃的原片质量应符合《平板玻璃》（GB 11614—2009）中一等品以上（含一等品）的要求，其他材料的质量应符合相应标准的技术要求。

（3）真空玻璃的尺寸偏差　真空玻璃的尺寸偏差应符合表3-21中的规定。

表 3-21　真空玻璃的尺寸偏差

真空玻璃厚度偏差/mm			
公称厚度	允许偏差	公称厚度	允许偏差
≤12	±0.40	>12	供需双方商定

尺寸及允许偏差/mm			
公称厚度	边的长度 L		
	L≤1000	1000<L≤2000	L>2000
≤12	±2.0	+2，−3	±3.0
>12	±2.0	±3.0	±3.0

对角线差:按照 JC 846—2007 中规定的方法进行检验,对于矩形真空玻璃,其对角线差不大于对角线平均长度的 0.2%

(二) 真空玻璃的技术要求

真空玻璃的技术要求应符合表3-22中的规定。

表 3-22　真空玻璃的技术要求

项目	技术指标		项目	技术指标	
边部加工质量	磨边倒角,不允许有裂纹等缺陷		保护帽	高度及形状由供需双方商定	
支撑物	缺陷种类	质量要求	弯曲度	玻璃厚度	弓形弯曲度
	缺位 连续	不允许		≤12	0.3%
	缺位 非连续	≤3 个/m²		>12	供需双方商定
	重叠	不允许	保温性能（K 值）	类别	K 值/[W/(m²·K)]
	多余	≤3 个/m²		1	K≤1.0
外观质量	划伤	宽度<0.1mm 的轻微划伤,长度≤100mm 时,允许 4 条/m²;宽度 0.1~1mm 的轻微划伤,长度≤100 mm 时,允许 4 条/m²		2	1.0<K≤2.0
				3	2.0<K≤2.8
			耐辐照性	样品试验前后 K 值的变化率应不超过 3%	
			封闭边质量	封闭边部后的熔融封接缝应保持饱满、平整,有效封闭边宽度应≥5mm	
	爆裂边	每片玻璃每米边长上允许有长度不超过 10mm,自玻璃边部向玻璃表面延伸深度不超过 2mm,自玻璃边部向玻璃表面厚度延伸深度不超过 1.5mm 的爆裂边 1 个	气候循环耐久性	试验后,样品不允许出现炸裂,试验前后 K 值的变化率应不超过 3%	
			高温高湿耐久性	试验后,样品不允许出现炸裂,试验前后 K 值的变化率应不超过 3%	
	内面污迹和裂纹	不允许	隔声性能	≥30dB	

五、真空节能玻璃的工程应用

真空节能玻璃具有优异的保温隔热性能,其性能指标明显优于中空玻璃,一般的单片玻璃传热系数为 6.0W/(m²·K),中空玻璃传热系数为 3.4 W/(m²·K),真空玻璃的传热系数为 1.2W/(m²·K),一片只有 6mm 厚的真空玻璃隔热性能相当于 370mm 的实心黏土砖墙,隔声性能可达到五星级酒店的静音标准,可将室内噪声降至 45dB 以下,相当于四墙砖的水平。由于真空玻璃隔热性能优异,在建筑上应用可达到节能和环保的双重效果。

据统计,使用真空节能玻璃后空调节能可以达 50%,与单层玻璃相比,每年每平方米幕墙、窗户可节约 700MJ 的能源,相当于一年节约 192kW·h 的电、1000t 标准煤,是目前世界上节能效果最好的玻璃。

通过在日本的应用表明,真空玻璃内的支撑材料在涉及金属疲劳度方面的寿命可达 50 年以上,高于其使用的建筑寿命。真空玻璃最薄只有 6mm,现有住宅窗框原封不动即可安装,并可减少窗框材料,减轻窗户和建筑物的质量。真空玻璃属于玻璃深加工产品,其加工过程对水质和空气不产生任何污染,并且不产生噪声,因此对环境不会造成有害影响。

真空玻璃的工业化、产业化对玻璃工业调整产品结构,提升生产设备技术水平,增加玻璃行业产品的科技含量,具有重大促进作用。真空玻璃与其他各种节能玻璃组成的“超级节能玻璃”,既能满足建筑师追求通透、大面积使用透明幕墙的艺术创意,又能使墙体的传热系数符合《公共建筑节能标准》的规定。

第六节　新型建筑节能玻璃

随着玻璃工业的快速发展,玻璃的生产新工艺不断出现,特别是新型节能玻璃产品种类日益增加。目前,在建筑工程已开始推广应用的新型节能玻璃有夹层节能玻璃、Low-E 节能玻璃、变色节能玻璃和“聪明玻璃”等。

一、夹层节能玻璃

(一) 夹层节能玻璃的定义和分类

1. 夹层节能玻璃的定义

夹层节能玻璃是由两片或两片以上的平板玻璃用透明的黏结材料牢固黏合而成的制品。夹层玻璃具有很高的抗冲击和抗贯穿性能，在受到冲击破碎时，使得无论垂直安装还是倾斜安装均能抵挡意外撞击的穿透。一般情况下，夹层玻璃不仅具有良好的节能功能，还能保持一定的可见度，从而起到节能和安全的双重作用。因此，夹层节能玻璃又称为夹层节能安全玻璃。

制作夹层玻璃的原片，既可以是普通平板玻璃，也可以是钢化玻璃、半钢化玻璃、吸热玻璃、镀膜玻璃、热弯玻璃等。中间层有机材料最常用的是 PVB（聚乙烯醇缩丁醛树脂），也可以用甲基丙烯酸甲酯、有机硅、聚氨酯等材料。

2. 夹层节能玻璃的分类

夹层玻璃的种类很多，按照生产方法不同可分为干法夹层玻璃和湿法夹层玻璃。按产品用途不同可分为建筑、汽车、航空、保安防范、防火及窥视夹层玻璃等。按产品的外形不同可分为平板夹层玻璃和弯曲夹层玻璃（包括单曲面和双曲层）。

建筑工程中常用的夹层玻璃如表 3-23 所列。

表 3-23　建筑工程中常用的夹层玻璃

玻璃品种	结构特点	应用场合	玻璃品种	结构特点	应用场合
普通夹层	两片玻璃一层胶片	有安全性要求、隔声	彩色夹层	使用彩色胶片	有装饰要求的场合
防火夹层	使用防火胶片	用作防火玻璃	高强夹层	使用钢化玻璃	有强度要求的场合
多层复合	三片以上玻璃	防盗、防弹、防爆	屏蔽夹层	夹入金属丝网或膜	有电磁屏蔽要求场合
防紫外线	使用防紫外线胶片	展览馆、博物馆等	节能夹层	用热反射或吸热玻璃	外窗及玻璃幕墙

(二) 夹层节能玻璃的主要性能

夹层节能玻璃是一种多功能玻璃，不仅具有透明、机械强度高、耐热、耐湿、耐寒等特点，而且具有安全性好、隔声、防辐射和节能等优良性能。与普通玻璃相比，夹层节能玻璃尤其是在安全性能、保安性能、隔热性能和隔声性能方面更加突出。

1. 夹层节能玻璃的安全性能

夹层节能玻璃具有良好的破碎安全性，一旦玻璃遭到破坏，其碎片仍与中间层粘在一起，这样就可以避免因玻璃掉落造成的人身伤害或财产损失。

材料试验证明，在同样厚度的情况下，夹层节能玻璃的抗穿透性优于钢化玻璃。夹层节能玻璃具有结构完整性，在正常负载情况下，夹层节能玻璃性能基本与单片玻璃性能接近，但在玻璃破碎时，夹层节能玻璃则有明显的完整性，很少有碎片掉落。

2. 夹层节能玻璃的保安性能

由于夹层节能玻璃具有优异的抗冲击性和抗穿透性，因此在一定时间内可以承受砖块等的攻击，通过增加 PVB 胶片的厚度，还能大大提高防穿透的能力。试验表明，仅从一面无法将夹层玻璃切割开来，这样也可防止用玻璃刀破坏玻璃。

PVB夹层节能玻璃非常坚韧，即使盗贼将玻璃敲裂，由于中间层同玻璃牢牢地黏附在一起，仍保持整体性，使盗贼无法进入室内。安装夹层玻璃后可省去护栏，既省钱又美观还可摆脱牢笼之感。

3. 夹层节能玻璃的防紫外线性能

夹层节能玻璃中间层为聚乙烯醇缩丁醛树脂（PVB）薄膜，能吸收掉99%以上的紫外线，从而保护了室内家具、塑料制品、纺织品、地毯、艺术品、古代文物或商品免受紫外线辐射而发生的褪色和老化。

4. 夹层节能玻璃的隔热性能

最近几年，我国对建筑节能方面非常重视，现在建筑节能进入强制性实施阶段。因此在进行建筑设计时，必须考虑采光的需要，同时也要考虑建筑节能问题。夹层玻璃通过改进隔热中间膜，可以制成夹层节能玻璃。

经过试验证明，PVB薄膜制成的建筑夹层节能玻璃能有效地减少太阳光透过。在同样厚度情况下，采用深色低透光率PVB薄膜制成的夹层节能玻璃，阻隔热量的能力更强，从而可达到节能的目的。

表3-24中列出了使用隔热节能胶片制作的夹层节能玻璃性能。

表 3-24　使用隔热节能胶片制作的夹层节能玻璃性能

颜色 性能	无色	绿色	蓝色	灰色
可见光透过率/%	82.1	71.0	48.2	48.8
可见光反射率/%	8.1	7.1	6.4	5.8
太阳能透过率/%	60.4	49.9	34.6	32.6
太阳能反射率/%	7.0	5.7	5.8	5.3
太阳热获得系数 SHGC	0.69	0.61	0.50	0.49
遮阳系数 S	0.80	0.71	0.58	0.57

5. 夹层节能玻璃的隔声性能

隔声性能是夹层玻璃的一个重要性能。控制噪声的方法有两种：一种是通过反射的方法隔离噪声，即改变声的传播方向；另一种是通过吸收的方法衰减能量，即吸收声音的能量。夹层玻璃就是采用吸收能量的方法控制噪声，特别是位于机场、车站、闹市及道路两侧的建筑物在安装夹层玻璃后，其隔声效果十分明显。

评价噪声降低一般采用计权隔声量表示，表3-25是不同结构夹层玻璃的计权隔声量。从表中可以看出，玻璃原片相同，PVB胶片厚度不同时，夹层玻璃的隔声量不同，PVB胶片厚度越大，隔声效果越好。

表 3-25　不同结构夹层玻璃的计权隔声量

玻璃组合/mm	3+0.38+3	3+0.76+3	3+1.14+3	5+0.38+5	5+0.76+5
计权隔声量/dB	34	35	35	36	36
玻璃组合/mm	6+0.38+6	6+0.76+6	6+1.14+6	6+1.52+6	12+1.52+12
计权隔声量/dB	36	38	38	39	41

（三）夹层节能玻璃的质量要求与检测

对夹层节能玻璃的质量要求主要包括外观质量、尺寸允许偏差、弯曲度、可见光透射比、可见光反射比、耐热性、耐热性、耐湿性、耐辐照性、落球冲击剥离性能、霰弹袋冲击性能、抗压性等。这些性能的质量要求及检测方法分别如下所述。

1. 外观质量要求与检测

对夹层玻璃的外观质量要求是：不允许有裂纹；表面存在的划伤和蹭伤不能影响使用；存在爆边的长度或宽度不得超过玻璃的厚度；不允许存在脱胶现象；气泡、中间层杂质及其他可观察到的不透明的缺陷允许存在个数如表 3-26 所列。

表 3-26　夹层节能玻璃表面对点缺陷的要求

缺陷尺寸 λ/mm			0.5<λ≤1.0	1.0<λ≤3.0			
板面面积 S/m²			S 不限	S≤1	1<S≤2	2<S≤8	S>8
允许的缺陷数/个	玻璃层数	2 层	不得密集存在	1	2	1.0/m²	1.2/m²
		3 层		2	3	1.5/m²	1.8/m²
		4 层		3	4	2.0/m²	2.4/m²
		≥5 层		4	5	2.5/m²	3.0/m²

注：1. 小于 0.5mm 的缺陷可不予以考虑，不允许出现大于 3mm 的缺陷；

2. 当出现下列情况之一时，视为密集存在：a. 2 层玻璃时，出现 4 个或 4 个以上的缺陷，且彼此相距不到 200mm；b. 3 层玻璃时，出现 4 个或 4 个以上的缺陷，且彼此相距不到 180mm；c. 4 层玻璃时，出现 4 个或 4 个以上的缺陷，且彼此相距不到 150mm；d. 5 层以上玻璃时，出现 4 个或 4 个以上的缺陷，且彼此相距不到 100mm。

2. 尺寸允许偏差要求与检测

夹层节能玻璃的尺寸允许偏差包括边长的允许偏差、最大允许叠差、厚度允许偏差、中间层允许偏差和对角线偏差。

平面夹层节能玻璃边长的允许偏差应符合表 3-27 的规定，夹层节能玻璃的最大允许叠差应符合表 3-28 的规定。

表 3-27　平面夹层节能玻璃边长的允许偏差

总厚度 D /mm	长度或宽度 L/mm		总厚度 D /mm	长度或宽度 L/mm	
	L≥1200	1200<L<2400		L≥1200	1200<L<2400
4<D<6	+2 −1	— —	11≤D<6	+3 −2	+4 −2
6≤D<11	+2 −1	+3 −1	17≤D<24	+4 −3	+5 −3

表 3-28　夹层节能玻璃的最大允许叠差

长度或宽度 L/mm	最大允许叠差/mm	长度或宽度 L/mm	最大允许叠差/mm
L<1000	2.0	2000≤L<4000	4.0
1000≤L<2000	3.0	L>4000	6.0

干法夹层节能玻璃的厚度偏差不能超过构成夹层节能玻璃的原片允许偏差和中间层允许偏差之和。中间层总厚度小于 2mm 时，其允许偏差不予考虑。中间层总厚度大于 2mm 时其允许偏差为 ±0.2mm。

湿法夹层节能玻璃的厚度偏差不能超过构成夹层节能玻璃的原片允许偏差和中间层允许

偏差之和。湿法夹层节能玻璃中间层允许偏差如表3-29所列。

表 3-29　湿法夹层节能玻璃中间层允许偏差

中间层厚度 d/mm	允许偏差/mm	中间层厚度 d/mm	允许偏差/mm
$d<1$	±0.4	$2\leqslant d<3$	±0.6
$1\leqslant d<2$	±0.5	$d\geqslant 3$	±0.7

对于矩形夹层节能玻璃制品，当一边长度小于 2400mm 时，其对角线偏差不得大于 4mm，一边长度大于 2400mm 时，其对角线偏差可由供需双方商定。

3. 弯曲度要求与检测

平面夹层节能玻璃的弯曲度不得超过 0.3%，使用夹丝玻璃或钢化玻璃制作的夹层节能玻璃由供需双方商定。

4. 可见光透射比要求与检测

夹层节能玻璃的可见光透射比由供需双方商定。取 3 块试样进行试验，3 块试样均符合要求时为合格。

5. 可见光反射比要求与检测

夹层节能玻璃的可见光反射比由供需双方商定。取 3 块试样进行试验，3 块试样均符合要求时为合格。

6. 耐热性要求与检测

夹层节能玻璃在耐热性试验后允许试样存在裂口，但超出边部或裂口 13mm 部分不能产生气泡或其他缺陷。取 3 块试样进行试验，3 块试样均符合要求时为合格，1 块试样符合要求时为不合格。当两块试样符合要求时，再追加试验 3 块新试样，3 块全部符合要求时则为合格。

7. 耐湿性要求与检测

试验后超过原始边 15mm、新切边 25mm、裂口 10mm 部分不能产生气泡或其他缺陷。取 3 块试样进行试验，3 块试样均符合要求时为合格，1 块试样符合要求时为不合格。当 2 块试样符合要求时，再追加试验 3 块新试样，3 块全部符合要求时则为合格。

8. 耐辐照性要求与检测

夹层节能玻璃试验后要求试样不可产生显著变色、气泡及浑浊现象。可见光透射比相对减少率应不大于 10%。当使用压花玻璃作原片的夹层节能玻璃时，对可见光透射比不做要求。取 3 块试样进行试验，3 块试样均符合要求时为合格，1 块试样符合要求时为不合格。当 2 块试样符合要求时，再追加试验 3 块新试样，3 块全部符合要求时则为合格。

9. 落球冲击剥离性能要求与检测

试验后中间层不得断裂或不得因碎片的剥落而暴露。钢化夹层玻璃、弯夹层玻璃、总厚度超过 16mm 的夹层节能玻璃、原片在 3 片或 3 片以上的夹层节能玻璃，可由供需双方商定。取 6 块试样进行试验，当 5 块或 5 块以上符合要求时为合格，3 块或 3 块以上符合要求时为不合格。当 4 块试样符合要求时，再追加 6 块新试样，6 块全部符合要求时为合格。

10. 霰弹袋冲击性能要求与检测

取 4 块试样进行霰弹袋冲击性能试验，4 块试样均应符合表 3-30 中的规定（不适用评价比试样尺寸或面积大得多的夹层玻璃制品）。

表 3-30 霰弹袋冲击性能试验

种类	冲击高度/mm	结果判定
Ⅱ-1 类	1200	试样不破坏；如试样破坏，破坏部分不应存在断裂或使直径 75mm 球自由通过的孔
Ⅱ-2 类	750	
Ⅲ类-3 类	300→450→ 600→750→ 900→1200	需要同时满足以下要求： (1)破坏时，允许出现裂缝和碎裂物，但不允许出现断裂或使直径 75mm 球自由通过的孔； (2)在不同高度冲击后发生崩裂而产生碎片时，称量试验后 5min 内掉下来的 10 块最大碎片，其质量不得超过 65cm² 面积内原始试样质量； (3)1200mm 冲击后，试样不一定保留在试验框内，但应保持完整

11. 抗风压性能要求与检测

玻璃的抗风压性能应由供需双方商定是否有必要进行，以便合理选择给定风载条件下适宜的夹层节能玻璃厚度，或验证所选定玻璃厚度及面积是否满足设计抗风压值的要求。

二、Low-E 节能玻璃

(一) Low-E 节能玻璃的定义及分类

1. Low-E 节能玻璃的定义

Low-E 玻璃又称低辐射玻璃，它是在平板玻璃表面镀覆特殊的金属及金属氧化物薄膜，使照射于玻璃的远红外线被膜层反射，从而达到隔热、保温的目的。

2. Low-E 节能玻璃的分类

按膜层的遮阳性能分类，可分为高透型 Low-E 玻璃和遮阳型 Low-E 玻璃两种。高透型 Low-E 玻璃适用于我国北方地区，冬季太阳能波段的辐射可透过这种玻璃进入室内，从而可节省暖气的费用。遮阳型 Low-E 玻璃适用于我国南方地区，这种玻璃对透过的太阳能衰减较多，可阻挡来自室外的远红外线热辐射，从而可节省空调的使用费用。

按膜层的生产工艺分类，可分为离线真空磁控溅射法 Low-E 玻璃和在线化学气相沉积法 Low-E 玻璃两种。

(二) 对 Low-E 节能玻璃有什么要求

我国幅员辽阔，涉及不同的气候带，对建筑用玻璃的性能要求也不同。Low-E 玻璃可以根据不同气候带的应用要求，通过降低或提高太阳热获得系数等性能，以达到最佳的使用效果。对于寒冷地区，应防止室内的热能向室外泄漏，同时提高可见光和远红外的获得量；对于炎热地区，应将室外的远红外和中红外辐射阻挡在室外，而让可见光透过。

根据以上分析，对于 Low-E 玻璃的应用有以下要求。

（1）炎热气候条件下，由于阳光充足，气候炎热，应选用低遮阳系数（$S_c < 0.5$）、低传热系数的遮阳型 Low-E 玻璃，减少太阳辐射通过玻璃进入室内的热量，从而降低空调制冷的费用。

（2）中部过渡气候，选用适合的高透型 Low-E 玻璃或遮阳型 Low-E 玻璃，在寒冷时减少室内热辐射的外泄，降低取暖消耗，在炎热时控制室外热辐射的传入，节省空调制冷的费用。

（3）对于寒冷气候，采暖期较长，既要考虑提高太阳热获得量，增强采光能力，又要减少室内热辐射的外泄。应选用可见光透过率高、传热系数低的高透型低辐射玻璃，降低取暖能源的消耗。

（三）Low-E 节能玻璃在建筑上的应用

在建筑门窗中使用 Low-E 玻璃，对于降低建筑物能耗有重要作用，尤其在墙体保温性能进一步改善的情况下，解决好门窗的节能问题是实现建筑节能的关键。门窗的传热系数（K）和遮阳系数（S_c）是建筑节能设计中的两个重要指标。通过计算表明，Low-E 玻璃门窗在降低传热系数（K）的同时，其遮阳系数（S_c）也随之降低，这与冬季要求尽量利用太阳辐射能是有矛盾的。因此，在使用 Low-E 玻璃门窗时，应根据各自地区气候、建筑类型等因素综合考虑。对于气候寒冷、全年以供暖为主的地区，应以降低传热系数 K 值为主；对于气候炎热、太阳辐射强、全年以供冷为主的地区，应选用遮阳系数较低的 Low-E 玻璃。

玻璃幕墙作为建筑维护结构，其节能效果的好坏，将直接影响整体建筑物的节能。随着建材行业的发展和进步，玻璃幕墙所用玻璃品种越来越多，如普通透明玻璃、吸热玻璃、热反射镀膜玻璃、中空玻璃、夹层玻璃等。Low-E 玻璃由于具有较低的辐射率，能有效阻止室内外热辐射，具有极好的光谱选择性，可以在保证大量可见光通过的基础上，阻挡大部分红外线进入室内，已成为现代玻璃幕墙原片的首选材料之一。

（四）Low-E 节能玻璃性能及质量要求

1. Low-E 节能玻璃的性能

由于 Low-E 玻璃分为高透型 Low-E 玻璃和遮阳型 Low-E 玻璃，所以不同类型的 Low-E 玻璃具有不同的性能。高透型 Low-E 玻璃在可见光谱波段具有高透过率、低反射率、低吸收率的性能。允许可见光透过玻璃传入室内，增强采光效果；在红外波段具有高反射率、低吸收性。遮阳型 Low-E 玻璃可整体降低太阳辐射热量进入室内，选择性透过可见光，并同样具有对远红外波段的高反射特性。

2. Low-E 节能玻璃质量要求

Low-E 玻璃的质量要求主要包括厚度偏差、尺寸偏差、外观质量、弯曲度、对角线差、光学性能、颜色均匀性、辐射率、耐磨性、耐酸性、耐碱性等。

（1）厚度偏差　Low-E 玻璃的厚度偏差，应符合《平板玻璃》（GB 11614—2009）中的有关规定。

（2）尺寸偏差　Low-E 玻璃的尺寸偏差，应符合《平板玻璃》（GB 11614—2009）中的有关规定，不规则形状的尺寸偏差由供需双方商定。钢化、半钢化 Low-E 玻璃的尺寸偏差，应符合《半钢化玻璃》（GB/T 17841—2008）中的有关规定。

（3）外观质量　Low-E 玻璃的外观质量应符合表 3-31 中的规定。

表 3-31　Low-E 玻璃的外观质量

缺陷名称	说明	优等品	合格品
针孔	直径 0.8mm	不允许集中	—
	0.8mm≤直径<1.2mm	中部：3.0S 个且任意两针孔之间的距离大于 300mm；75mm 边部：不允许集中	不允许集中
	1.2mm≤直径<1.5mm	中部：不允许；75mm 边部：3.0S 个	中部：3.0S 个；75mm 边部：8.0S 个
	1.5mm≤直径<2.5mm	不允许	中部：2.0S 个；75mm 边部：5.0S 个
	直径>2.5mm	不允许	不允许
斑点	1.0mm≤直径<2.5mm	中部：不允许；75mm 边部：2.0S 个	中部：5.0S 个；75mm 边部：6.0S 个
	2.5mm≤直径<5.0mm	不允许	中部：1.0S 个；75mm 边部：4.0S 个
	直径>5.0mm	不允许	不允许
膜面划伤	0.1mm≤宽度<0.3mm 长度≤60mm	不允许	不限，划伤间距不得小于 100mm
	宽度>0.3mm 或长度>60mm	不允许	不允许
玻璃面划伤	宽度<0.5mm 长度≤60mm	3.0S 条	—
	宽度>0.3mm 或长度>60mm	不允许	不允许

注：1. 针孔集中是指在 100mm² 面积内超过 20 个；

2. S 是以平方米为单位的玻璃板面积，保留小数点后两位；

3. 允许个数及允许条数为各数与 S 相乘所得的数值，按《数值修约规则与极限数值的表示和判定》（GB/T 8170—2008）中的规定计算；

4. 玻璃板的中部是指距玻璃板边缘 76mm 以内的区域，其他部分为边部。

（4）弯曲度　Low-E 玻璃的弯曲度不应超过 0.2%；钢化、半钢化 Low-E 玻璃的弓形弯曲度不得超过 0.3%，波形弯曲度（mm/300mm）不得超过 0.2%。

（5）对角线差　Low-E 玻璃的对角线差应符合《平板玻璃》（GB 11614—2009）中的有关规定。钢化、半钢化 Low-E 玻璃的对角线差应符合《建筑用安全玻璃第 2 部分：钢化玻璃》（GB 15763.2—2005）中的有关规定。

（6）光学性能　Low-E 玻璃的光学性能包括紫外线透射比、可见光透射比、可见光反射比、太阳光直接透射比和太阳能总透射比，这些性能的差值应符合表 3-32 的规定。

表 3-32　Low-E 玻璃的光学性能要求

项目	允许偏差最大值（明示标称值）	允许偏差最大值（未明示标称值）
指标	±1.5	≤3.0

注：对于明示标称值（系列值）的产品，以标称值作为偏差的基准，偏差的最大值应符合本表的规定；对于未明示标称值的产品，则取三块试样进行测试，三块试样之间差值的最大值应符合本表的规定。

（7）颜色均匀性　Low-E 玻璃的颜色均匀性，以 CIELAB 均匀空间的色差 ΔE 来表示，单位为 CIELAB。测量 Low-E 玻璃在使用时朝向室外的表面，该表面的反射色差 ΔE 不应大于 2.5CIELAB 色差单位。

（8）辐射率　离线 Low-E 玻璃的辐射率应低于 0.15，在线 Low-E 玻璃的辐射率应低于 0.25。

（9）耐磨性　试验前后试样的可见光透射比差值的绝对值不应大于 4%。

（10）耐酸性　试验前后试样的可见光透射比差值的绝对值不应大于 4%。

（11）耐碱性　试验前后试样的可见光透射比差值的绝对值不应大于 4%。

三、变色节能玻璃

（一）变色节能玻璃的定义和分类

1. 变色节能玻璃的定义

变色节能玻璃是指在光照、通过低压电流或表面施压等一定条件下改变颜色，且随着条件的变化而变化，当施加条件消失后又可逆地自动恢复到初始状态的玻璃，这种玻璃也称为调光玻璃、透过率可调玻璃。这种玻璃随着环境改变自身的透过特性，可以实现对太阳辐射能量的有效控制，从而满足人类需求和达到节能的目的。

2. 变色节能玻璃的分类

根据玻璃特性改变的机理不同，变色玻璃可分为热致变色玻璃、光致变色玻璃、电致变色玻璃和力致变色玻璃等。所谓热致变色玻璃就是玻璃随着温度升高而透过率降低；光致变色玻璃就是玻璃随着光强度增大而透过率降低；电致变色玻璃就是当有电流通过的时候玻璃透过率降低；力致变色玻璃就是随着玻璃表面施压而透过率降低。

以上4种变色节能玻璃，光致变色玻璃和电致变色玻璃尤为引起设计人员的关注，尤其是电致变色玻璃由于可以人为控制其改变过程和程度，已经在幕墙工程中得到应用。在电致变色玻璃应用中，现在世界上应用较广泛的是液晶类调光玻璃。

（二）几种常用的变色玻璃

（1）光致变色玻璃　物质在一定波长光的照射下，其化学结构发生变化，使可见部分的吸收光谱发生改变，从而发生颜色变化；然后又会在另一波长光的照射或热的作用下，恢复或不恢复原来的颜色。这种可逆的或不可逆的呈色、消色现象，称之为光致变色。

光致变色玻璃是指在玻璃中加入卤化银，或在玻璃与有机夹层中加入铝和钨的感光化合物，就能获得光致变色性的玻璃。光致变色玻璃受太阳或其他光线照射时，颜色随着光线的增强而逐渐变暗；照射停止时又恢复原来的颜色。

（2）电致变色玻璃　电致变色是在电流或电场的作用下，材料对光的投射率能够发生可逆变化的现象，具有电致变色效应的材料通常称为电致变色材料。根据变色原理，电致变色材料可分为3类：在不同价态下具有不同颜色的多变色电致变色材料；氧化态下无色、还原态下着色的阴极变色材料；还原态下无色、氧化态下着色的阳极变色材料。

电致变色玻璃是指通过改变电流的大小可以调节透光率，实现从透明到不透明的调光作用的智能型高档变色节目玻璃。电致变色玻璃可分为液晶类、可悬浮粒子类和电解电镀类等。

（3）热致变色玻璃　热致变色玻璃通常是由普通玻璃上镀一层可逆热致变色材料而制成的玻璃制品。热致变色材料是受热后颜色可变化的新型功能材料，根据工艺配方的不同，可得到各种变色温度和各种不同的颜色，可以可逆变色或不可逆变色。

经过几十年的研究和发展，已开发出无机、有机、聚合物及生物大分子等各种可逆热致变色材料，但是对于变色玻璃来说，变色温度要处于低温区才具有实用价值。

（4）液晶变色玻璃　液晶变色玻璃是一种由电流的通电与否来控制液晶分子的排列，从而达到控制玻璃透明与不透明状态的最终目的。中间层的液晶膜作为调光玻璃的功能材料。

其应用原理是：液晶分子在通电状态下呈直线排列，此时液晶玻璃透光透明；断电状态时液晶分子呈散射状态，此时液晶玻璃透光不透明。

液晶变色玻璃是一种新型的电致变色玻璃，是在两层玻璃之间或一层玻璃和一层塑料薄膜之间灌注液晶材料，或者采用层合工艺层液晶胶片制成的变色玻璃。

（三）变色玻璃的发展趋势

美国 SERI 研究所的一项研究结果表明，变色玻璃可以使建筑物室内的空调能耗降低 25% 左右，同时还可以起到装饰美化的作用，并可减少室内外的遮光设施，从而降低遮光设施的费用。正因为具有以上优点，美国、日本、欧洲等国家和地区相继制订发展计划，投入大量人力和财力，对变色玻璃进行研究。我国在变色玻璃研究方面起步较晚，但近些年来发展较快，并也取得了一定成果。

玻璃的应用正经历着迅速的变化，传统的玻璃材料已经不能满足今天的要求。由于各种需求和挑战正变得日益复杂，因此玻璃的性能、质量和产量都有待提高，同时还要减少能源消耗。变色玻璃的研究虽取得了一定进步，但我国尚处于研究开发阶段，还需进一步加强如稳定性研究、商品化课题、新体系新品种的变色材料的深入开发等。今后的研究应该主要侧重于以下几个方面。

（1）热致变色玻璃主要应用于建筑上，由于技术、成本等方面的原因，其在建筑应用方面一直受到限制。因此，研制出变色温度处于低温区的变色玻璃才具有更大的实用价值。

（2）在电致变色玻璃材料中，非晶氧化钨的研究最实用。寻找与阴极变色非晶氧化钨的互补材料且比 NiO 更加易得的廉价材料，是电致变色玻璃研究中亟待解决的问题。

（3）光致变色玻璃主要用于眼镜行业，由于技术、成本等原因，其在建筑应用方面受到局限。所以未来的研究应着重开发大规格的光致变色玻璃，不断拓展其应用领域。

（4）气致变色玻璃中的变色器件虽然系统结构简单，但是在实际应用中成本相对较高，从工业化开发方面考虑，需要研究的应该是研制出低成本、高性能、寿命长、相应速度快的变色器件。

四、聪明玻璃

据英国《新科学家》在线报道，如果室内温度在 29℃ 以下，无论是可见光还是红外线都可以透过这种玻璃。但当室内温度超过 29℃ 时，覆盖在玻璃表面的一层物质就会发生化学反应，将红外线挡在外面。这样，即使屋外的温度猛增，房间里温度仍然宜人，而且光线充足。一片薄薄的玻璃，把炎热阻隔在室外，却能将寒冷阻挡在门外。实践证明，使用这种玻璃，我们的空调至少要比现在节能一半以上。这种新型节能玻璃是目前节能效果最好的建筑节能材料，被称之为"聪明玻璃"。

这种神奇的玻璃，外表看起来毫无奇特之处。原来玻璃的另一面涂有一层膜。根据不同的功能要求，涂以不同的镀膜，这也产生了神奇玻璃的两大类：一类是阳光控制镀膜玻璃；另一类是低辐射镀膜玻璃。

阳光控制镀膜玻璃，镀膜层以硅或金属钛为主。这种神奇玻璃有很好的反射作用，对可见光有一定吸收能力。此特性使得这种玻璃产生了神奇的阻挡夏天酷热的本领。使用上这种玻璃，室内空调至少节能 50% 以上，我国杭州世贸大楼和杭州黄龙附近的公元大厦的幕墙玻璃均成功地使用了这种玻璃，并获得巨大的节能效益。

现在，在天寒地冻的季节里，更让人感兴趣的还是低辐射镀膜玻璃。不少人有这种体

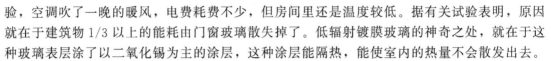

验，空调吹了一晚的暖风，电费耗费不少，但房间里还是温度较低。据有关试验表明，原因就在于建筑物 1/3 以上的能耗由门窗玻璃散失掉了。低辐射镀膜玻璃的神奇之处，就在于这种玻璃表层涂了以二氧化锡为主的涂层，这种涂层能隔热，能使室内的热量不会散发出去。

而更让人称奇的是，把隔热和防冷的镀膜通过一定技术一起涂上玻璃，普通玻璃马上脱胎换骨，在夏天能抗热，在冬天能抗冷，成了地地道道的"聪明玻璃"。

据介绍，天气较冷的欧美国家 90% 以上的建筑物都使用这种神奇玻璃。这种技术国外曾一度垄断，为此我国开始自主研发，浙江省绅仕镭集团走在了前列。绅仕镭集团研发了一种"聪明玻璃"，酷热的夏日，这种玻璃不仅通透而且能将太阳光中大部分热量阻隔在室外，可以降低空调能耗，保持室内凉爽；寒冷的冬天，可以降低室内热量的损失，保持室内的温暖，同时，还能有效阻隔室外噪声。

"聪明玻璃"的表面涂有一层叫二氧化钒的化学物质，无论是可见光还是红外线都可以穿过这种物质。二氧化钒在 70℃ 时发生变化，如果温度超过这个"转换温度"，它就从半导体变成金属，从而挡住红外线。研制者通过给二氧化钒掺杂金属钨，成功地使二氧化钒的转换温度降低到 29℃。

但是，现在"聪明玻璃"仍有一些问题需要被解决，首先，这种特殊的涂料不能永久附着在玻璃上，而且，涂料本身带有很强的黄色。另一位研制者 Troy Manning 认为，克服这些难题是有可能的。他说："我们可以掺入别的物质，例如二氧化钛，来使其稳定在玻璃表面；也可以使用另一种染料来消除黄色。""聪明玻璃"的研制者充满信心地表示，三年之内就会出现价格低廉，可以大规模生产商业化的"聪明玻璃"。

新型的节能玻璃就是这样的聪明，"聪明玻璃"已投入生产，但是由于其价格高，现在的价格是 300 元/m² 左右，比普通玻璃贵将近 10 倍，所以在推广中还有一定的难度。但它的节能效果是普通玻璃所不能相比的。

五、智能变色玻璃

1992 年，设在洛杉矶的加利福尼亚大学的研究人员研制出一种被称为"智能变色玻璃"的高技术型着色玻璃，它能在某些化合物中改变颜色。电致变色玻璃是一种新型的功能玻璃，这种由基础玻璃和电致变色系统组成的装置，利用电致变色材料在电场作用下而引起的透光（或吸收）性能的可调性，可实现由人的意愿调节光照度的目的，同时，电致变色系统通过选择性地吸收或反射外界热辐射和阻止内部热扩散，可减少建筑物在夏季保持凉爽、冬季保持温暖而必须耗费的大量能源。

"智能变色玻璃"是利用电致变色原理制成的。它在美国和德国一些城市的建筑装潢中非常受到青睐，智能玻璃的特点是：当太阳在中午，朝南方向的窗户，随着阳光辐射量的增加，会自动变暗，与此同时，处在阴影下的其他朝向窗户开始明亮。安装上智能窗户后，人们不必为遮挡骄阳配上暗色或装上机械遮光罩了。在严寒的冬天，这种朝北方向的智能窗户能为建筑物提供 70% 的太阳辐射量，获得漫射阳光所给予的温暖。与此同时，还可使装上"智能变色玻璃"的建筑物减少供暖和制冷需用能量的 25%、照明的 60%、峰期电力需要量的 30%。

目前，我国在建筑工程上广泛应用的是智能调光玻璃，它是采用国际发明专利技术原理，将新型液晶材料及高分子材料附着于玻璃、薄膜等基础材料上，运用电路和控制技术制成智能玻璃产品。该产品可通过控制电流变化来控制玻璃颜色深浅程度及调节阳光照入室内的强度，使室内光线柔和，舒适怡人，又不失透光的作用。智能调光玻璃的特点是在断电时模糊，通电时清晰，由模糊到彻底清晰的响应速度根据需要可以达到千分之一秒级。

智能调光玻璃在建筑物门窗上使用，不仅有其透光率变换自如的功能，而且在建筑物门窗上占用空间极小，省去了设置窗帘的机构和空间，制成的窗玻璃相当于有电控装置的窗帘一样的自如方便。除此之外，本产品在建筑装饰行业中还可以用于高档宾馆、别墅、写字楼、办公室、浴室门窗、喷淋房、厨房门窗、玻璃幕墙、温室等。

工程实践证明，智能变色玻璃既有良好的采光功能和视线遮蔽功能，又具有一定的节能性和色彩缤纷、绚丽的装饰效果，是普通透明玻璃或着色玻璃无法比拟的真正的高新技术产品，具有无限宽广的应用前景。

第四章

建筑保温隔热节能材料

在节能建筑工程中，将不易传热的材料，即对热流有显著阻抗性的材料或能阻滞热流传递的材料复合体称为绝热材料，绝热材料是保温隔热材料的总称。由于绝热材料应具有较小的传导热量的能力，所以主要用于建筑物的墙壁、屋面保温，热力设备及管道的保温，制冷工程的隔热。

热导率是衡量保温隔热材料性能优劣的主要技术指标。热导率又称导热系数，反映物质的热传导能力。通常所指的保温隔热材料是指热导率小于 $0.14W/(m\cdot K)$ 的材料。材料的热导率越小，则通过材料传送的热量越少，材料的保温隔热性能越好。材料的热导率决定于材料的种类、成分、内部结构、表观密度等，也决定于传热时的平均温度和材料的含水量等。

第一节　建筑保温隔热节能材料发展趋势

多年的实践经验证明，建筑节能是解决我国能源匮乏问题的根本途径，而建筑节能最直接有效的方法是使用保温隔热材料。保温隔热材料的发展是以建筑节能的发展为背景，发达国家从 1973 年能源危机起开始关注建筑节能，制定相关的建筑节能标准并不断修订完善，而且国外保温材料工业已经有很长的历史，建筑节能用保温隔热材料占绝大多数，如美国从 1987 年以来建筑保温隔热材料占所有保温材料的 81% 左右，瑞典及芬兰等西欧国家 80% 以上的岩棉制品用于建筑节能。

我国建筑节能工作从 20 世纪 90 年代初才刚刚启动，用于建筑节能的保温隔热材料相对较少，经过近三十年的发展，已形成品种比较齐全、初具规模的保温材料的生产和技术体系，但仍与工业发达国家有很大的差距。目前我国能源利用率仅 30% 左右，能源消耗系数比发达国家高 4～8 倍，建筑物能耗也比北美国家高出 1 倍以上，发展保温绝热节能材料任重道远，因此保温绝热材料具有巨大的市场潜力和发展空间。

一、建筑保温隔热材料发展现状

近几年，在各国政府的大力支持下，建筑保温隔热材料取得很大的进展，研究开发、推广应用了很多新材料、新品种、新工艺。

（一）矿物棉制品

矿物棉主要包括岩石棉和矿渣棉，是指由矿物原料制成的蓬松状短细纤维。矿物棉具有不燃、不霉、不蛀等优良性能。矿物棉纤维可以制作成毡、毯、垫、绳、板等制品，在建筑工程中作为吸声、减震、隔热材料。1840年英国首先发现熔化的矿渣喷吹后可形成纤维，并生产出矿渣棉，至今已有170多年的历史，无论从生产技术和装备，还是成型工艺和制品，都有了很大的改进和进步。矿物棉毡、管、板，矿物棉装饰吸声板，粒状棉喷涂及吸声材料的应用都越来越普及。

近年来，世界矿物棉制品的年产量约 $8 \times 10^6 t$，矿物棉在建筑中应用最为广泛，仅美国的年产量就达到 $2.45 \times 10^6 t$，瑞典等西欧国家80%以上的岩棉制品用于建筑节能。从生产和应用的整体素质分析，比较领先的国家是瑞典、芬兰、日本、澳大利亚等。由于矿物棉摆锤法成纤技术的应用，从而实现了制取长纤维、低渣球、高弹性、低密度、高强度的矿物棉制品，其质量已接近离心玻璃棉制品的质量，可以制成低密度为 $18kg/m^3$ 的岩棉毡和耐高温高容重的矿物棉，为矿物棉的应用开辟了更为广阔的领域。

国内矿物棉的研究和生产始于1958年，1978年从瑞典容格公司引进年产 $1.63 \times 10^4 t$ 的岩棉生产线，从而揭开了我国矿物棉快速发展的序幕。至今我国已先后引进了18条大、中型矿物棉生产线，全国矿物棉的设计生产能力已达 $4.5 \times 10^5 t$，但在20世纪80年代矿物棉的实际生产能力仅为 $1.5 \times 10^5 t$。到了20世纪90年代，由于建筑节能和墙体材料改革工作的推进，矿物棉的生产形势有一定好转。然而我国的矿物棉生产技术整体素质不高，不仅产品结构不尽合理，而且企业布局极不合理，无法正常发挥产品的合理运距。结果造成矿物棉市场供大于求，导致了市场的无序竞争，对我国的矿物棉工业形成严峻的挑战。

（二）玻璃棉制品

玻璃棉采用石英砂、石灰石、白云石等天然矿石为主要原料，配合适量的纯碱、硼砂等化工原料熔成玻璃，并把熔融玻璃纤维化，加以热固性树脂为主的环保型配方黏结剂加工而成，是一种无机质纤维。玻璃棉具有成型好、体积密度小、热导率低、保温绝热、吸声性能好、耐腐蚀、化学性能稳定等特点；典型的多孔性吸声材料，具有良好的吸声特性。玻璃棉制品在建筑工程中主要可用于钢结构保温、风管的绝热与隔声、管道保温、墙体保温等。

全世界生产玻璃棉的国家现在仍不多，法国的圣哥本公司是离心棉技术的发明者，拥有世界上最先进的玻璃棉生产技术。我国自20世纪60年代开始研制和生产玻璃棉，至20世纪80年代的年应用量仅 $2 \times 10^4 t$，制品加工能力也很差。20世纪80年代末，上海平板玻璃厂、北京玻璃钢厂从日本引进了两条离心玻璃棉生产线后，离心玻璃棉占了玻璃棉生产和销售的主导地位，现在全国玻璃棉的生产能力已超过 $7.5 \times 10^4 t$。

近些年，我国开始重视玻璃棉的生产和应用，制定并修订了有关玻璃棉及其制品的国家标准，如《绝热用玻璃棉及其制品》（GB/T 13350—2008）和《建筑绝热用玻璃棉制品》（GB/T 17795—2008），使玻璃棉得到较快发展。

（三）加气混凝土

加气混凝土又称发气混凝土，是一种通过发气剂使水泥料浆拌和物发气，产生大量孔径为 0.5～1.5mm 的均匀封闭气泡，并经过蒸压养护硬化而成多孔型轻质混凝土，属于泡沫混凝土的范畴。加气混凝土堆积密度小，保温隔热性能好，耐久性比较强。特别是混凝土内部含有大量的封闭型圆形微小孔，使混凝土的抗冻性特别好。我国加气混凝土制品的应用已有 70 余年的历史，在各类工业与民用建筑中得到广泛应用，并取得成功的经验。

由于加气混凝土具有独特的物理性能、化学性能和力学性能，在建筑工程中的应用主要体现在以下几个方面：新建建筑的屋面保温隔热材料；外墙的外保温复合材料；已有建筑物屋面改造材料等。尽管加气混凝土有许多优良的性能，但是加气混凝土砌块砌体容易产生裂缝的通病时有发生。因此，必须从砌块砌筑、表面抹灰和施工质量等方面加以控制和改进，以便提高加气混凝土砌体的质量。

（四）硅酸铝纤维

硅酸铝纤维又称为陶瓷纤维，是一种新型轻质耐火材料，这种材料具有质量轻、耐高温、热稳定性好、热传导率低、热容小、抗机械振动好、受热膨胀小、隔热性能好等优点，经特殊加工，可制成硅酸铝纤维板、硅酸铝纤维毡、硅酸铝纤维绳、硅酸铝纤维毯等产品。新型密封材料具有耐高温导热系数低，容重小，使用寿命长，抗拉强度大，弹性好，无毒等特点，是取代石棉的新型材料。

硅酸铝纤维最早出现于 20 世纪 40 年代，由美国布考克·维尔考克斯公司研制生产。现在已生产出普通硅酸铝纤维、高纯硅酸铝纤维、多晶莫来石纤维、含锆硅酸铝纤维、含铬硅酸铝纤维等。硅酸铝纤维的耐火极限可达到 1700℃。全世界的硅酸铝纤维年产量约 $2.4 \times 10^5 t$，生产国家仅 20 个左右。生产工艺均采用电熔法，然后用喷吹法和离心法成纤，再用针刺法成毡。原来该产品的使用只限军事和尖端工业，随着技术的进步，产品成本大幅度下降，现在已扩展到建筑、交通、市政、水利等领域。

我国硅酸铝纤维于 20 世纪 70 年代初期，由北京耐火材料厂和上海耐火材料厂分别试制成功投入生产，但均采用落后的电弧炉法生产。1985 年北京耐火材料厂从美国引进电熔法、离心与喷吹法生产线后，生产技术和产量都有了较大的进步。目前，我国存在的主要问题是复合纤维、耐高温纤维、低密度纤维产品与发达国家差距较大。

（五）保温砂浆

保温砂浆是以各种轻质材料为骨料，以水泥为胶凝料，掺加一些改性添加剂，经生产企业搅拌混合而制成的一种预拌干粉砂浆，是用于构筑建筑表面保温层的一种建筑材料。目前在建筑工程中使用的保温砂浆主要有：膨胀珍珠岩保温砂浆、粉煤灰保温砂浆、EPS（可发性聚苯乙烯）保温砂浆。

膨胀珍珠岩保温砂浆是以膨胀珍珠岩为集料，它是建筑工程中应用最早的保温砂浆，主要用于墙体内保温。同样的膨胀珍珠岩原料，经过现代加工技术后，完全变成了一种新的材料，可以克服其吸水率过高的弱点又不牺牲其多孔特性，我们称为闭孔珍珠岩。闭孔珍珠岩颗粒表面形成连续的玻化外壳，而内部为空心结构，其导热系数低，强度相对较高，并且大幅降低了吸水率，配制的砂浆可施工性好，完全可以采用传统抹灰工艺，这些优点给无机保温砂浆带来新的生命力，所以现在我们可以说膨胀珍珠岩保温砂浆是一种新型的保温材料。

粉煤灰保温砂浆是由粉煤灰取代普通砂浆中的部分组分配制而成的，具有黏结强度较高、耐久性好等特点。2003年，我国利用粉煤灰为主要原料成功开发的环保型节能保温系列产品，具有密度较小（仅为水泥砂浆的1/4～1/3）、减轻建筑自重、有利于结构设计、强度适中、物理力学性能稳定、施工方便、隔热保温效果良好等特点。

EPS保温砂浆是目前研究成果较多的一种新型轻质保温砂浆，EPS保温砂浆是以聚苯乙烯泡沫颗粒（EPS）为轻骨料，以无机胶凝材料为黏结剂，通过界面改性和聚合物、纤维增韧等综合措施配制的新型节能材料。这种保温砂浆具有良好的和易性、耐候性和抗裂性，可以用于外墙外保温，突破了传统保温砂浆只能用于内保温的局限。

但是，传统的膨胀珍珠岩保温砂浆吸水率较大，抗裂性和耐候性比较差，只能用于内保温，应用受到很大的局限，其热工性能有待进一步提高；粉煤灰保温砂浆在提高本身强度和施工质量等方面，如何保证其保温效果的难题，仍然没有得到很好地解决；EPS保温砂浆的抗压强度较低，如何提高其强度仍应进一步研究。

二、建筑保温隔热材料的分类

建筑绝热材料是建筑保温隔热材料的总称，它是建筑节能的物质基础。热的传递是通过对流、导热、辐射3种途径来实现的，绝热材料则是指对热流具有显著阻抗性的材料或材料复合体；绝热材料制品则是指被加工成至少一面与被覆面形状一致的各种绝热材料的制成品。绝热材料的品种很多，按照其材质不同，可分为无机绝热材料、有机绝热材料和复合绝热材料三大类。

(一) 按材料组成不同分类

按绝热材料组成不同分类，可分为有机隔热保温材料、无机隔热保温材料、金属类隔热保温材料。

（1）有机隔热保温材料　如稻草、稻壳、甘蔗纤维、软木木棉、木屑、刨花、木纤维及其制品。此类材料表观密度很小，材料来源广泛，多数价格低廉，但吸湿性大，受潮后易腐烂，高温下易分解或燃烧。

（2）无机隔热保温材料　矿物类有矿棉、膨胀珍珠岩、膨胀蛭石、硅藻土石膏、炉渣、玻璃纤维、岩棉、加气混凝土、泡沫混凝土、浮石混凝土等及其制品，化学合成聚酯及合成橡胶类有聚苯乙烯、聚氯乙烯、聚氨酯、聚乙烯、脲醛塑料和泡沫硬性酸酯等及其制品，此类材料不腐烂，耐高温性能好，部分吸湿性大，易燃烧，价格较贵。

（3）金属类隔热保温材料　主要是铝及其制品，如铝板、铝箔、铝箔复合轻板等。它是利用材料表面的辐射特性来获得绝热保温效能。具有这类表面特性的材料，几乎不吸收入射到它上面的热量，而且本身向外辐射热量的能力也很小，这类材料货源较少，价格较贵。

(二) 按材料形状不同分类

（1）松散隔热保温材料　如炉渣、水渣、膨胀蛭石、矿物棉、岩棉、膨胀珍珠岩、木屑和稻壳等，它不宜用于受振动和围护结构上。

（2）板状隔热保温材料　一般是松散隔热保温材料的制品或化学合成聚酯与合成橡胶类材料，如矿物棉板、蛭石板、泡沫塑料板、软木板以及有机纤维板（如木丝板、刨花板、稻草板和甘蔗板等），另外还有泡沫混凝土板。这些材料具有原有松散材料的一些性能，加工比较简单，施工方便。

（3）整体保温隔热材料　一般是用松散隔热保温材料作骨料，浇注或喷涂成面，如蛭石混凝土、膨胀珍珠岩混凝土、粉煤灰陶粒混凝土、黏土陶粒混凝土、浮石混凝土、炉渣混凝土等，此类材料仍具有原松散材料的一些性能，整体性好，施工方便。

（三）主要建筑保温隔热材料的性能指标

如表 4-1 所列。

表 4-1　主要建筑保温隔热材料的性能指标

保温隔热材料名称	性能指标			
	使用温度/℃	施工密度/(kg/m³)	抗压强度/MPa	热导率(常温)/[W/(m·K)]
矿棉制品	600	100	—	0.035~0.044
超细玻璃棉制品	350	60	—	0.030
水泥珍珠岩制品	500	350	≥0.4	0.074
微孔硅酸盐制品	<650	<250	>1.0	0.056
轻质保温棉	1400	—	—	0.600
陶瓷纤维制品	1050	155	—	0.081
泡沫玻璃	−200~500	<180	≥0.7	0.050
水泥蛭石制品	<650	500	0.2~0.6	0.094
加气混凝土	<200	500	≥0.4	0.126
聚氨酯泡沫塑料	−196~130	<65	≥0.5	0.035
炭化软木	<130	120,180	>1.5	<0.058,<0.070
黏土砖	—	1800	—	1.58

三、建筑保温隔热材料发展趋势

我国国民经济整体发展非常迅速，但能源生产的发展相对滞后得多，解决能源短缺的一个最好办法就是节能，即减少热损失、提高热能的利用效率、减少能源浪费。国际上将节能工程视为"第五能源"，同石油、煤、天然气和电力并列五大常规能源，而节能的最主要措施之一就是发展和应用保温隔热材料。使用隔热材料能够有效减少热损失，节约燃料，同时可以改善劳动环境，保证安全生产，提高工效。

（一）建筑保温隔热材料的优点

保温隔热材料是一种减缓由传导、对流、辐射产生的热流速率的材料或复合材料。由于材料具有较高的热阻性能，保温材料阻碍热流进出建筑物。根据设备及管道保温技术通则，在平均温度不大于 623K 时，材料的热导率应小于 0.14W/(m·K)。保温隔热材料的优点主要有以下几点。

（1）从经济效益角度看，使用保温隔热材料不仅可以大量节约能源费用，而且减小了机械设备（空调、暖气）规模，从而也节约了设备费用。

（2）从环境效益角度看，使用保温隔热材料不仅可以节约能源，而且由于减少机械设备，使得设备排放的污染气体量也相应减少。

（3）从舒适度角度看，保温隔热材料可以减小室内温度的波动，尤其是在季节交替时，更可以保持室温的平稳，并且保温隔热材料普遍具有隔声性，受外界噪声干扰减小。

（4）从保护建筑物的角度看，剧烈的温度变化将会破坏建筑物的结构，使用保温隔热材料可以保持温度平稳变化，延长建筑物的使用寿命，保持建筑物结构的完整性，同时使用和安装保温隔热材料有助于隔热和阻燃，减少人员伤亡和财物损失。

（二）建筑保温隔热材料发展趋势

（1）憎水性是绝热保温材料重要发展方向。材料的吸水率是在选用绝热材料时应该考虑的一个重要因素，在常温情况下，水的热导率是空气的23.1倍。绝热材料吸水后不但会大大降低其绝热性能，而且会加速对金属的腐蚀，是十分有害的。保温材料的空隙结构分为连通型、封闭型、半封闭型几种，除少数有机泡沫塑料的空隙多数为封闭型外，其他保温材料不管空隙结构如何，其材质本身都吸水，加上连通空隙的毛细管渗透吸水，故整体吸水率均很高。我国目前大多数保温绝热材料均不憎水、吸水率高，这样一来对外护层的防水要求就十分严格，增加了外护层的费用。目前改性剂中有机硅类憎水剂，是保温材料较通用的一种高效憎水剂，它的憎水机理是利用有机硅化合物，与无机硅酸盐材料之间较强的化学亲和力，来有效地改变硅酸盐材料的表面特性，使之达到憎水效果。它具有稳定性好、成本低、施工工艺简单等特点。

（2）发展新型的保温材料也是一个研究的主要方向。目前，已经出现几种新型保温隔热材料（例如纳米孔绝热材料、复合绝热材料石棉代用品等）。

1）纳米孔绝热材料。随着纳米技术的不断发展，纳米材料越来越受到人们的青睐。纳米孔硅质保温材料就是纳米技术在保温材料领域新的应用，组成材料内的绝大部分气孔尺寸宜处于纳米尺度。根据分子运动及碰撞理论，气体的热量传递主要是通过高温侧的较高速度的分子，与低温侧的较低速度的分子相互碰撞传递能量。由于空气中的主要成分氮气和氧气的自由程度均在70nm左右，纳米孔硅质绝热材料中的二氧化硅微粒构成的微孔尺寸小于这一临界尺寸时，材料内部就消除了对流，从本质上切断了气体分子的热传导，从而可获得比无对流空气更低的导热系数。

2）石棉代用品的开发和应用。玻璃棉是人造矿物纤维的一种，其制品容重小，导热系数低，热绝缘和吸声性能好，且具有耐腐蚀、不会霉烂、不怕虫蛀、耐热、抗冻、抗震和良好的化学稳定性等优异性能。应用时，施工方便、价格便宜，是一种新型工业保温材料。近年来，玻璃棉及其制品的生产随着我国社会主义建设事业的飞跃发展，产品质量不断提高，品种不断增多（有玻璃棉毡、缝毡、贴面层缝毡、管壳和棉板等），已广泛地被应用到石油、化工、交通运输、车船制造、机械制造、工业建设等方面。

（3）无机保温材料（例如复合硅酸盐保温材料等）研究重点应放在减少生产过程中能源的消耗、限制灰尘和纤维的排放、减少黏结剂的用量。有机保温材料（例如聚苯乙烯泡沫保温材料、聚氨酯泡沫等）研究重点应放在找出更合适的发泡剂；改进材料的阻燃性能和降低材料的生产成本。

（4）研制多功能复合保温材料，提高产品的保温效率和扩大产品的应用面。目前使用的保温材料在应用上都存在着不同程度的缺陷：硅酸钙的含湿气状态下，易存在腐蚀性的氧化钙，并由于长时间内保有水分，不易在低温环境下使用；玻璃纤维易吸收水分，不适于低温环境，也不适于540℃以上的温度环境；矿物棉同样存在吸水性，不宜用于低温环境，只能用于不存在水分的高温环境下；聚氨酯泡沫与聚苯乙烯泡沫不宜用于高温下，而且易燃、收缩、产生毒气；泡沫玻璃由于对热冲击敏感，不宜用于温度急剧变化的状态下，所以为了克服保温隔热材料的不足，各国纷纷研制轻质多功能复合保温材料。

（5）大力研究开发新型的保温隔热涂料。传统的隔热保温材料，以提高材料的空隙率、降低热导率和传导系数为主。纤维类保温材料在使用环境中，如果要使对流传热和辐射传热升高，必须要有较厚的覆层；而型材类无机保温材料需要进行拼装施工，存在接缝多、有损美观、防水性差、使用寿命短等的缺陷。为此，人们正在探索一种能够大大提高保温材料隔热反射性能的新型材料。

建筑材料专家认为，国内悄然掀起一股研发隔热保温新材料的热潮，于是新型的太空反射绝热涂料问世，该涂料选用了具备优异耐热、耐候性、耐腐蚀和防水性能的硅丙乳液和水性氟碳乳液为成膜物质，采用被誉为空间时代材料的极细中空陶瓷颗粒为填料，由中空陶粒多组合排列制得的涂膜构成的，它对 400～1800nm 范围的可见光和近红外区的太阳热进行高反射，同时在涂膜中引入热导率极低的空气微孔层来隔绝热能的传递。这样通过强化反射太阳热和对流传递的显著阻抗性，能有效地降低辐射传热和对流传热，从而降低物体表面的热平衡温度，可使屋面温度最高降低 20℃，室内温度降低 5～10℃。产品的热反射率为 89%，热导率为 0.030W/(m·K)。

据《2016～2020 年中国隔热保温材料市场调查报告》显示，建筑物隔热保温材料是节省资源、改善居住环境和使用功能的一个重要方面。建筑能耗在人类整个能源消耗中所占比例约超过 30%，绝大部分是采暖和空调的能耗，因此建筑节能意义十分重大。而且由于这种隔热保温涂料以水为稀释介质，不含挥发性有机溶剂，对人体及环境没有危害；生产成本约为国外同类产品的 1/5，而它作为一种新型隔热保温涂料，有着良好的经济效益、节能环保、隔热效果和施工简便等优点而越来越受到人们的关注与青睐。

工程实践证明，这种太空绝热反射涂料正经历着一场由工业隔热保温转型向建筑隔热保温为主方向的转变，由厚层向薄层隔热保温的技术转变，这也是今后隔热保温材料主要的发展方向。太空反射绝热涂料通过应用陶瓷球形颗粒中空材料在涂层中形成的真空腔体层，构筑有效的热屏障，不仅自身的热阻较大，热导率较低，而且热反射率极高，减少建筑物对太阳辐射热的吸收，降低被覆表面和内部空间温度，因此它被业内公认为有发展前景的高效节能材料之一。

第二节　常用建筑保温隔热节能材料

建筑工程中使用的保温隔热材料品种繁多，其中使用得最为普遍的保温隔热材料、无机材料有膨胀珍珠岩、加气混凝土、岩棉、玻璃棉等，有机材料有聚苯乙烯泡沫塑料、聚氨酯泡沫塑料等。这些材料保温隔热效能的优劣，主要由材料热传导性能的高低（其指标为热导率）所决定。材料的热传导越难（即热导率越小），其保温隔热性能便越好。一般地说，保温隔热材料的共同特点是轻质、疏松，呈多孔状或纤维状，以其内部不流动的空气来阻隔热的传导。其中无机材料有不燃、使用温度宽、耐化学腐蚀性较好等特点，有机材料有强度较高、吸水率较低、不透水性较佳等特色。

一、岩棉及其制品

（一）岩棉及其制品基本知识

岩棉是一种新型保温材料，系以精选的天然玄武岩或辉绿岩等为主要原料，经过高温熔化、高速离心法或喷吹法等形成的棉丝状无机纤维；岩棉纤维的直径约为 4～7μm。在岩棉中加入一定量的胶黏剂、防尘剂、憎水剂，经固化、切割、贴面等工序制成的岩棉板、岩棉毡、保温带、管壳等，统称为岩棉制品。

岩棉及其制品具有良好的绝缘性能（保温、隔热、隔声、吸声）、耐热、不燃等性能，并具有良好化学稳定性，其单位热绝缘系数的价格也比较低。岩棉及其制品广泛适用于房屋建筑、暖气管道、储罐、锅炉、船舶等有关部位的保温、隔热和吸声。岩棉制品的特点及用途如表4-2所列。

表4-2 岩棉制品的特点及用途

岩棉制品名称	特 点	用 途
岩棉板	产品为半硬质板材。具有良好的绝热、吸声性能,并具有良好的化学稳定性、耐热性和不燃性 根据用户的需要,可以带玻璃纤维薄毡、玻璃布、玻璃网格布、牛皮纸、涂塑牛皮纸、铝箔等贴面	适用于一般建筑、空调建筑和冷库建筑外墙和屋顶的绝热,建筑物隔墙、吊顶、防火隔声门的填充、工业厂房、演播室、录音棚、厅堂等的吸声处理。常用于平面和曲率半径较大的罐体、锅炉、换热器、各种工业设备和风管的绝热。一般使用温度为350℃,如控制初次运行时的升温速度不超过每小时50℃,则最高使用温度可达600℃
岩棉玻璃布缝毡	产品用玻璃布进行覆面,并轧成毡状,以增强抗拉性,便于铺设和包扎	常用于形状复杂、温度较高的工业设备的绝热。一般使用温度为400℃,如加大施工密度,增加保护钉,并采用金属外护,则最高使用温度可达600℃
岩棉铁丝网缝毡	产品用铁丝网进行覆面,并轧成毡状,以增强抗拉性,抵抗温度变形	常用于高温墙体、管道、锅炉、工业设备的绝热,最高使用温度可达600℃
岩棉保温带	岩棉带条表面粘贴玻璃布或牛皮纸贴面,具有纵长向弯曲的性能,在垂直于带条面上的承压强度高于岩棉板的平面承压强度	常用于大口径(直径大于219mm)的管道、储管等设备的保温、隔热和吸声,使用温度可达250℃

(二)岩棉及其制品质量要求

岩棉制品的主要品种有岩棉板、岩棉毡、岩棉保温带、岩棉管壳等,以上岩棉制品还可以在表面或缝上粘贴玻璃纤维薄毡、玻璃纤维网格布、玻璃布、牛皮纸、铝箔、铁丝网等贴面材料。根据《建筑用岩棉、矿渣棉绝热制品》(GB/T 19686—2005)和《绝热用岩棉、矿渣棉及其制品》(GB/T 11835—2007)中的规定,岩棉制品尺寸和密度的允许偏差如表4-3所列,岩棉制品的热阻如表4-4所列,岩棉的主要技术性能如表4-5所列,岩棉制品一般产品规格如表4-6所列,岩棉制品的压缩强度如表4-7所列,岩棉制品的物理性能指标如表4-8所列,岩棉板和岩棉毡的吸声系数如表4-9所列。

表4-3 岩棉制品尺寸和密度的允许偏差

制品种类	标称密度/(kg/m³)	密度允许偏差/%	厚度允许偏差/mm	宽度允许偏差/mm	长度允许偏差/mm
岩棉板	40～120	±15	+5 −3	+5 −3	+10 −3
	121～200	±10			
岩棉毡	10～120	±10	不允许负偏差	+5 −3	正偏差不限 −3

注:本表摘自《建筑用岩棉、矿渣棉绝热制品》(GB/T 19686—2005)。

表4-4 岩棉制品的热阻

标称密度/(kg/m³)	常用厚度/mm	热阻 R[(m²·K)/W] 平均温度,25℃±1℃	标称密度/(kg/m³)	常用厚度/mm	热阻 R[(m²·K)/W] 平均温度,25℃±1℃
40～60	30	≥0.71	81～120	30	≥0.79
	50	≥1.20		50	≥1.32
	100	≥2.40		100	≥2.63
	150	≥3.57		150	≥3.95
61～80	30	≥0.75	121～200	30	≥0.75
	50	≥1.25		50	≥1.25
	100	≥2.50		100	≥2.50
	150	≥3.75		150	≥3.75

注:本表摘自《建筑用岩棉、矿渣棉绝热制品》(GB/T 19686—2005)。

表 4-5　岩棉的主要技术性能

密度 /(kg/m³)	热导率 /[W/(m·K)]	不燃性	纤维直径/μm	纤维软化温度/℃	渣球含量> 0.25mm/%	吸湿率 /%	酸度系数 SiO₂+Al₂O₃	憎水率 /%	树脂含量 (质量分数)/%
80～200 (±10%)	0.0224～0.03	A₁级	4～7	900～1000	—	<5.0	≥1.5	≥98	毡最大1, 板最大3, 管套2～3.5
	≤0.041	A₁级	≤7	900～1000	≤12	5.0	≥1.5	≥98	≤3.0
80～200 (±10%)	≤0.030	A₁级	4～7	900～1000		5.0	≥1.5	≥98	
	0.030	A₁级	4～7	900～1000		5.0	≥1.5	≥98	
	0.034	A₁级	—	—	—	5.0	≥1.5	—	≤3.0
27～200	0.035	A₁级	4～7	900～1000	最大4	最大1	≥1.5	—	
80～200 (±10%)	0.025～0.035	A₁级	4～7	900～1000	—	0.1～0.35	2.2～2.5	≥98	毡最大1, 板最大3, 管套3.5

表 4-6　岩棉制品一般产品规格

制品名称	规格尺寸/mm				备注
	长度	宽度	厚度	内径	
岩棉板	910、1000	500、600、700、800	30、40、50、60、70	—	如果需要其他规格尺寸, 可由供需双方商定
岩棉带	2400	910	30、40、50、60	—	
岩棉毡	910	630、910	50、60、70	—	
岩棉管壳	600、900、1000	—	30、40、50、60、70	22、38、45、57、89、108、133、159、194、219、245、273、325	

注：本表摘自《绝热用岩棉、矿渣棉及其制品》(GB/T 11835—2007)。

表 4-7　岩棉制品的压缩强度

密度/(kg/m³)	压缩强度/kPa	密度/(kg/m³)	压缩强度/kPa	密度/(kg/m³)	压缩强度/kPa
100～120	≥10	121～160	≥20	161～200	≥40

注：本表摘自《建筑用岩棉、矿渣棉绝热制品》(GB/T 19686—2005)。

表 4-8　岩棉制品的物理性能指标

制品名称	密度 /(kg/m³)	密度极限偏差/%			热导率(平均温度70℃±5℃) /[W/(m·K)]	有机物含量 (质量分数)/%	不燃性	最高使用温度/℃
		优等品	一等品	合格品				
岩棉板	80	±10	±15	±20	≤0.044	≤4.0		400
	100 120 150				≤0.046			600
	160				≤0.048			
岩棉毡	60 80	±10	±15	±20	≤0.049	≤1.5		400
	100 120							600
岩棉带	80	±10	±15	±20	≤0.054	≤4.0		400
	100 120				≤0.052			600
岩棉管壳	<200	±10	±15	±20	≤0.044	≤5.0		600

表 4-9　岩棉板和岩棉毡的吸声系数

品种	密度 /(kg/m³)	厚度 /mm	频率/Hz						
			100	125	250	500	1000	2000	4000
岩棉板	80	25	0.03	0.04	0.09	0.24	0.57	0.93	0.97
		50	0.06	0.08	0.22	0.60	0.93	0.98	0.99
		75	0.21	0.31	0.59	0.87	0.88	0.91	0.97
		100	0.27	0.35	0.64	0.89	0.90	0.96	0.98
	100	50	0.09	0.13	0.33	0.64	0.83	0.89	0.95
		100	0.33	0.38	0.53	0.77	0.78	0.87	0.95
	120	50	0.08	0.11	0.30	0.75	0.89	0.91	0.97
		100	0.30	0.38	0.62	0.81	0.82	0.91	0.96
	150	25	0.03	0.04	0.10	0.32	0.65	0.95	0.95
		50	0.08	0.11	0.33	0.73	0.89	0.90	0.97
		75	0.23	0.31	0.58	0.82	0.81	0.91	0.96
		100	0.34	0.43	0.62	0.73	0.82	0.90	0.95
岩棉毡	80	100	0.19	0.30	0.70	0.90	0.92	0.97	0.99

二、矿渣棉及其制品

矿渣棉简称为矿棉，是利用工业废料矿渣（高炉矿渣或铜矿渣、铝矿渣等）为主要原料，经熔化、采用高速离心法或喷吹法等工艺制成的棉丝状无机纤维，纤维的直径约为 4～7μm。在矿渣棉中加入一定量的黏结剂、防尘剂、憎水剂，经固化、切割、烘干等工序制成的矿棉板、缝毡、保温带、管壳等，统称为矿渣制品。

矿渣棉制品的主要品种有粒状棉、矿渣棉板、矿渣棉缝毡、矿渣保温带、矿渣管壳等。在以上矿渣棉制品还可以在表面或缝上粘贴玻璃纤维薄毡、玻璃纤维网格布、玻璃布、牛皮纸、铝箔、铁丝网等贴面材料，制成用途各异的矿棉制品。

矿渣棉制品具有质轻、导热系数小、不燃烧、防蛀、价廉、耐腐蚀、化学稳定性好、吸声性能好等特点。可用于建筑物有隔热、保温要求的建筑物外墙、隔墙和屋面，以及各种管道、罐塔的保温、隔热和保冷；换热器的保温、隔热，也可用于隔热、防火的喷涂层。矿渣棉制品的产品规格和技术要求与岩棉类似，可以参考表 4-5 和表 4-6。

三、玻璃棉及其制品

(一) 玻璃棉及其制品概述

玻璃棉是采用石英砂、石灰石、白云石等天然矿石为主要原料，加入适量的纯碱、硼砂等化工原料熔成玻璃。在融化状态下，借助外力吹制式甩成絮状细纤维，纤维和纤维之间为立体交叉，互相缠绕在一起，呈现出许多细小的间隙。在玻璃纤维中加入一定量的黏结剂和其他添加剂，经固化、切割、贴面等工序制成的玻璃棉毡、玻璃棉板、玻璃棉管壳等制品，称为玻璃棉制品。玻璃棉是将熔融玻璃纤维化，形成棉状的材料，化学成分属玻璃类，是一种无机质纤维，纤维平均直径：1 号玻璃棉＜5.0μm，2 号玻璃棉≤8.0μm，3 号玻璃棉≤13.0μm。玻璃棉具有成型好、体积密度小、手感柔软、热导率低、保温绝热、吸声性好、耐腐蚀、不燃烧、隔振、化学性能稳定等优点。广泛适用于房屋建筑、管道、储罐、锅炉、船舶等有关部位的保温、隔热和吸声。

玻璃棉制品的主要品种有玻璃棉毡、玻璃棉板、玻璃棉管壳等。在制品表面贴或缝上玻璃纤维薄毡、玻璃纤维布、塑料装饰纸、铝箔、牛皮纸、铝箔牛皮纸等贴面材料，可制成用途各异的玻璃棉制品。不同玻璃棉制品的品种特点及用途如表 4-10 所列。

表 4-10　不同玻璃棉制品的品种特点及用途

制品品种	特　点	用　途
玻璃棉毡	产品呈粉红色,有带增强铝箔贴面、其他贴面和不带贴面 3 种类型。产品成卷压缩包装,打开后即自行恢复厚度。产品具有优良的保温隔热和吸声降噪性能,并具有耐用、便于切割和施工安装、对人体无刺激等优点,带增强铝箔贴面的玻璃棉毡更具有防潮、防腐、耐用、美观等优点	(1)带和不带贴面的玻璃棉毡,适用于工业、商业和民用建筑外墙和屋顶的保温隔热,特别是压型钢板复合轻板屋脊和外墙的保温隔热; 　(2)不带贴面的玻璃棉毡,适用于轻质隔墙和屋顶顶棚的保温隔热和吸声; 　(3)带增强铝箔贴面的软质和半硬质玻璃棉毡,适用于商业和民用建筑中冷、热风管系统的包扎,具有防潮、防冷凝、防霉、耐用、美观等作用
玻璃棉板	有带和不带增强铝箔贴面的半硬质和硬质玻璃棉板 4 种类型。具有质量轻、抗磨损、有韧性、保温隔热和吸声效果好等特点	(1)半硬质玻璃棉板,常用于设备、各类容器和空调系统的保温隔热; 　(2)硬质玻璃棉板,适用于冷凝、制冷、供热设备及其管道的保温隔热; 　(3)半硬质和硬质玻璃棉板,也可以用于建筑物外墙和屋顶的保温隔热
玻璃棉天花板	带 PVC 塑料薄膜贴面的硬质玻璃棉天花板,具有可以用水洗、耐磨损、质轻、美观、吸声效果好等特点	适用于商业和民用建筑的天花板
玻璃棉管壳	外表面有一层增强铝箔贴面,可在−4～400℃环境下正常工作,具有防水、防潮、防腐、防霉、不生虫、不繁殖细菌、清洁、美观、施工方便等优点	适用于 15～75mm 的各种冷、热管道的保温隔热和防潮
玻璃棉管道包扎材料	半硬质玻璃棉板,外表面有一层增强铝箔贴面,产品富有弹性,便于包裹各种管道和容器,具有优良的耐磨性和保温隔热性	适用于管径大于或等于 250mm 的管道和容器,也可用于管道接头、各种阀门、平行管道、蒸汽加热管道的保温隔热

(二)产品规格及主要技术性能

　　根据现行国家标准《绝热用玻璃棉及其制品》(GB/T 13350—2008)中的规定,玻璃棉板的尺寸及允许偏差如表 4-11 所列,玻璃棉板的物理性能指标如表 4-12 所列;玻璃棉带的尺寸及允许偏差如表 4-13 所列,玻璃棉带的物理性能指标如表 4-14 所列;玻璃棉毯的尺寸及允许偏差如表 4-15 所列,玻璃棉毯的物理性能指标如表 4-16 所列;玻璃棉毡的尺寸及允许偏差如表 4-17 所列,玻璃棉毡的物理性能指标如表 4-18 所列;玻璃棉管壳的尺寸及允许偏差如表 4-19 所列,玻璃棉管壳的物理性能指标如表 4-20 所列。

表 4-11　玻璃棉板的尺寸及允许偏差

种类	密度	厚度	允许偏差	宽度	允许偏差	长度	允许偏差
	/(kg/m³)	mm		mm		mm	
2 号	24	25、30、40	+5,0	600	+10 −3	1200	+10 −3
		50、75	+5,0				
		100	+10,0				
	32、40	25、30、40、50、75、100	+3,−2				
	48、64	15、20、25、30、40、50					
	80、96、120	12、15、20、30、40	±2				

表 4-12　玻璃棉板的物理性能指标

种类	密度 /(kg/m³)	密度单值允许偏差 /(kg/m³)	热导率(平均温度70℃) /[W/(m·K)]	燃烧性能	热荷重收缩温度 /℃
2 号	24	±2	≤0.049	不燃	≥250
	32	±4	≤0.046		≥300
	40	+4,−3	≤0.044		≥350
	48		≤0.043		
	64	±6	≤0.042		≥400
	80	±7			
	96	+9,−8			
	120	±12			

表 4-13　玻璃棉带的尺寸及允许偏差　　　　　　　单位：mm

种类	长度	长度允许偏差	宽度	宽度允许偏差	厚度	厚度允许偏差
2 号	1820	±20	605	±15	25	+4,−2

表 4-14　玻璃棉带的物理性能指标

种类	密度 /(kg/m³)	密度单值允许偏差 /(kg/m³)	热导率(平均温度70℃) /[W/(m·K)]	燃烧性能	热荷重收缩温度 /℃
2 号	32	±15	≤0.052	不燃	≥300
	40				≥350
	48				≥350
	64				≥400
	80				≥400
	96				
	120				

表 4-15　玻璃棉毯的尺寸及允许偏差　　　　　　　单位：mm

种类	长度	长度允许偏差	宽度	宽度允许偏差	厚度	厚度允许偏差
1 号	2500	不允许有负偏差	600	不允许有负偏差	25 30 40 50 75	不允许有负偏差
2 号	1000 1200	+10 −3	600	+10 −5	25 40 50 75 120	不允许有负偏差
	5000	不允许有负偏差				

表 4-16　玻璃棉毯的物理性能指标

种类	密度 /(kg/m³)	密度单值允许偏差 /(kg/m³)	热导率(平均温度70℃) /[W/(m·K)]	热荷重收缩温度 /℃
1 号	≥24	+15 −10	≤0.047	≥350
2 号	24～40		≤0.048	≥350
	41～120		≤0.043	≥400

表 4-17　玻璃棉毡的尺寸及允许偏差　　　　　　　单位：mm

种类	长度	长度允许偏差	宽度	宽度允许偏差	厚度	厚度允许偏差
2号	1000	±20	605 1200 1800	+10 −3	25 30 40 50 75 100	不允许有负偏差
	1200					
	2800					
	5500	不允许有负偏差				
	11000					
	20000					

表 4-18　玻璃棉毡的物理性能指标

种类	密度 /(kg/m³)	密度单值允许偏差 /(kg/m³)	热导率(平均温度70℃) /[W/(m·K)]	燃烧性能	热荷重收缩温度 /℃
2号	10	+20 −10	≤0.062	不燃	≥250
	12		≤0.058		
	16				
	20		≤0.053		
	24				≥300
	32		≤0.048		≥350
	40				
	48		≤0.043		≥400

表 4-19　玻璃棉管壳的尺寸及允许偏差　　　　　　　单位：mm

长度	长度允许偏差	厚度	厚度允许偏差	直径	直径允许偏差
1000	+5 −3	20 25 30	+3 −2	22、38、 45、57、89	+3 −1
		40 50	+5 −2	108、133 159、194 219、245 273、325	+4 −1 +5 −1

表 4-20　玻璃棉管壳的物理性能指标

密度 /(kg/m³)	密度单值允许偏差 /(kg/m³)	热导率(平均温度70℃) /[W/(m·K)]	燃烧性能	热荷重收缩温度 /℃
45～90	+15,0	≤0.043	不燃	≥350

四、矿物棉装饰吸声板

根据现行国家标准《矿物棉装饰吸声板》（GB/T 25998—2010）中的规定，矿物棉装饰吸声板系指以矿物棉、岩棉和玻璃棉等为主要原料，经湿法或干法工艺加工而成的装饰吸声板材，常用于墙体或顶棚，改善建筑物的声学性能。矿物棉吸声板现在使用较多的为矿（渣）棉板、玻璃棉板和岩棉板。

（一）矿物棉装饰吸声板的分类方法

（1）矿物棉装饰吸声板根据其生产的工艺不同，可以分为湿法矿物棉装饰吸声板和干法矿物棉装饰吸声板。湿法矿物棉装饰吸声板系指由制浆、成型、干燥、后处理等湿法工艺加工而成的装饰板材；干法矿物棉装饰吸声板系指由矿（岩）棉板或玻璃棉板为基材加工而成的装饰板材。

（2）根据矿物棉装饰吸声板的安装方式不同，可以分为复合粘贴板、暗架板、明架板（平板、梯级板）等。

（3）根据矿物棉装饰吸声板的防潮性能的不同，可以分为防潮板和普通板。

（二）矿物棉装饰吸声板的规格尺寸

矿物棉装饰吸声板的规格尺寸一般应符合表 4-21 中的规定。若需要其他规格尺寸，可由供需双方协商确定。

表 4-21　矿物棉装饰吸声板的规格尺寸

长度 L/mm	宽度 B/mm	厚度 D/mm
600、1200、1800	300、400、600	9、12、15、18、20

（三）矿物棉装饰吸声板的质量要求

（1）外观质量　矿物棉装饰吸声板的正面不应当有影响装饰效果的污迹、划痕、色彩不匀、图案不完整等缺陷，吸声板产品不得有裂纹、破损、扭曲，不得有影响使用及装饰效果的缺棱掉角。

（2）尺寸偏差　矿物棉装饰吸声板的尺寸允许偏差应符合表 4-22 中的规定。

表 4-22　矿物棉装饰吸声板的尺寸允许偏差

项目名称	复合粘贴板及暗架板	明架板（"跌级板"）	明架板（平板）	明暗架板
长度/mm	±0.5	±1.5	±2.0	±2.0
宽度/mm	±0.5	±1.5	±2.0	±0.5
厚度/mm	±0.5	±1.0	±1.0	±1.0
直角偏离度	≤1/1000	≤2/1000	≤3/1000	≤3/1000

注：表中的长度、宽度和厚度系指实际尺寸。

（3）弯曲破坏载荷和热阻　矿物棉装饰吸声板的弯曲破坏载荷和热阻，应当符合下列各项要求：

① 湿法矿物棉装饰吸声板的弯曲破坏载荷和热阻，应符合表 4-23 中的规定。凹凸花纹的吸声板，其弯曲破坏载荷和热阻，应符合表 4-23 中去除凹凸花纹后吸声板厚度对应的值。其他厚度的湿法矿物棉装饰吸声板的弯曲破坏载荷和热阻，不得低于表 4-23 中按厚度线性内插法确定的值。

表 4-23　湿法矿物棉装饰吸声板的弯曲破坏载荷和热阻

公称厚度/mm	弯曲破坏载荷/N	热阻/[(m²·K)/W]（平均温度为 25℃±1℃）	公称厚度/mm	弯曲破坏载荷/N	热阻/[(m²·K)/W]（平均温度为 25℃±1℃）
≤9	≥40	≥0.14	15	≥90	≥0.23
12	≥60	≥0.19	18	≥120	≥0.28

② 干法矿物棉装饰吸声板的弯曲破坏载荷和热阻，应符合表 4-24 中的规定。

表 4-24　干法矿物棉装饰吸声板的弯曲破坏载荷和热阻

板的类别	弯曲破坏载荷/N	热阻/[(m²·K)/W]（平均温度为 25℃±1℃）	板的类别	弯曲破坏载荷/N	热阻/[(m²·K)/W]（平均温度为 25℃±1℃）
玻璃棉干法板	≥40	≥0.40	岩棉、矿棉干法板	≥60	≥0.40

（4）降噪系数　矿物棉装饰吸声板的降噪系数应符合表 4-25 中的规定，并不得低于公

称值。

表 4-25　矿物棉装饰吸声板的降噪系数

板的类别		降噪系数（NRC）	
		混响室法（刚性壁）	阻抗管法（后空腔 50mm）
湿法板	滚花	≥0.50	≥0.25
	其他	≥0.30	≥0.15
干法板		≥0.60	≥0.30

（5）燃烧性能　矿物棉装饰吸声板应达到国家标准《建筑材料及制品燃烧性能分级》（GB 8624—2006）中 B₁ 级的要求，其燃烧性能要求达到 A 级的产品，由供需双方商定。

（6）受潮挠度　矿物棉装饰吸声板的受潮挠度，湿法吸声板应不大于 3.5mm，干法吸声板应不大于 1.0mm。

（7）放射性核素限量　矿物棉装饰吸声板的放射性核素限量，应达到现行国家标准《建筑材料放射性核素限量》（GB 6566—2010）中所规定的 A 类装修材料的要求。

（8）甲醛释放量　矿物棉装饰吸声板的甲醛释放量，应达现行国家标准《室内装饰装修材料、室内装饰装修材料、人造板及其制品中甲醛释放限量》（GB 18580—2001）中所规定的 E1 级的要求，即甲醛释放量应不大于 1.5mg/L。

（9）其他要求　石棉物相：吸声板中不得含有石棉纤维。吸声板的体积密度应不大于 500kg/m³。质量含水率应不大于 3.0%。

五、绝热用硅酸铝棉及其制品

绝热用硅酸铝棉是一种纤维状的轻质耐火材料，按照其结构形态这种材料属于非晶质（玻璃态）纤维。绝热用硅酸铝棉是以硬质黏土熟料或工业氧化铝粉与硅石粉合成料为原料，采用电弧炉或电阻炉熔融，经压缩空气喷吹（或甩丝法）线纤维而制成的。其化学组成主要为氧化铝（Al₂O₃ 占 30%～55%）和二氧化硅（SiO₂），经再加工制成毯、毡、板、纸、绳等制品及各种预制块及组件等。

根据《绝热用硅酸铝棉及其制品》（GB/T 16400—2003）中的规定，绝热用硅酸铝棉及其制品型号及分类温度如表 4-26 所列，硅酸铝棉的化学成分如表 4-27 所列，硅酸铝棉的物理性能指标如表 4-28 所列，绝热用硅酸铝棉毯的尺寸、体积密度及极限偏差如表 4-29 所列，绝热用硅酸铝棉毯的物理性能指标如表 4-30 所列，绝热用硅酸铝棉板、毡的尺寸、体积密度及极限偏差如表 4-31 所列，绝热用硅酸铝棉管壳的尺寸、体积密度及极限偏差如表 4-32 所列，绝热用硅酸铝棉板、毡、管壳的物理性能指标如表 4-33 所列。

表 4-26　绝热用硅酸铝棉及其制品型号及分类温度

型号	分类温度/℃	推荐使用温度/℃	型号	分类温度/℃	推荐使用温度/℃
1 号（低温型）	1000	≤800	4 号（高铝型）	1350	≤1200
2 号（标准型）	1200	≤1000	5 号（含锆型）	1400	≤1300
3 号（高纯型）	1200	≤1100	—	—	—

注：本表摘自《绝热用硅酸铝棉及其制品》（GB/T 16400—2003）。

表 4-27　硅酸铝棉的化学成分

型号	Al₂O₃	Al₂O₃·SiO₂	Na₂O·K₂O	Fe₂O₃	Na₂O·K₂O·Fe₂O₃
1 号	≥40	≥96	≤2.0	≤1.5	<3.0
2 号	≥45	≥96	≤0.5	≤1.2	—

续表

型号	Al$_2$O$_3$	Al$_2$O$_3$·SiO$_2$	Na$_2$O·K$_2$O	Fe$_2$O$_3$	Na$_2$O·K$_2$O·Fe$_2$O$_3$
3 号	≥47	≥98	≤0.4	≤0.3	—
	≥43	≥99	≤0.2	≤0.2	—
4 号	≥53	≥99	≤0.4	≤0.3	
5 号	Al$_2$O$_3$·SiO$_2$+ZrO$_2$≥99		≤0.2	≤0.2	ZrO$_2$≥15

注：本表摘自《绝热用硅酸铝棉及其制品》(GB/T 16400—2003)。

表 4-28　硅酸铝棉的物理性能指标

渣球含量(粒径 0.21mm)/％	热导率(平均温度 500℃±10℃)/[W/(m·K)]
≤20.0	≤0.153

注：测试热导率时试样体积密度为 160kg/m³。本表摘自《绝热用硅酸铝棉及其制品》(GB/T 16400—2003)。

表 4-29　绝热用硅酸铝棉毯的尺寸、体积密度及极限偏差

长度	极限偏差	宽度	极限偏差	厚度	极限偏差	体积密度	极限偏差
mm		mm		mm		kg/m³	％
供需双方商定	不允许负偏差	305 610	+15 −6	10 15	+4 −2	65 100 130 160	±15
				20 25 30 40 50	+8 −4		

注：本表摘自《绝热用硅酸铝棉及其制品》(GB/T 16400—2003)。

表 4-30　绝热用硅酸铝棉毯的物理性能指标

体积密度/(kg/m³)	热导率(平均温度 500℃±10℃)/[W/(m·K)]	渣球含量(粒径大于 0.21mm)/％	加热永久线变化/％	抗拉强度/MPa
65	≤0.178	≤20.0	≤5.0	≥10
100	≤0.161			≥14
130	≤0.156			≥21
160	≤0.153			≥35

注：本表摘自《绝热用硅酸铝棉及其制品》(GB/T 16400—2003)。

表 4-31　绝热用硅酸铝棉板、毡的尺寸、体积密度及极限偏差

长度	极限偏差	宽度	极限偏差	厚度	极限偏差	体积密度极限偏差
mm		mm		mm		％
600～1200	±10	400～600	±10	10～80	+5,−2	±15

注：毡的体积密度以公称厚度计算；本表摘自《绝热用硅酸铝棉及其制品》(GB/T 16400—2003)。

表 4-32　绝热用硅酸铝棉管壳的尺寸、体积密度及极限偏差

长度	极限偏差	宽度	极限偏差	内径	极限偏差	体积密度极限偏差	管壳偏心度
mm		mm		mm		％	％
1000 1200	+10 0	30 40 50	+4 −2	22～59	+3 −1	±15	≤10
		60 75 100	+5 −3	102～325	+4 −1		

注：本表摘自《绝热用硅酸铝棉及其制品》(GB/T 16400--2003)。

表 4-33　绝热用硅酸铝棉板、毡、管壳的物理性能指标

体积密度 /(kg/m³)	热导率(平均温度 500℃±10℃) /[W/(m・K)]	渣球含量/% (粒径大于 0.21mm)	加热永久线变化 /%
60	≤0.178		
90	≤0.161	≤20.0	≤5.0
120	≤0.156		
≥160	≤0.153		

六、膨胀珍珠岩及其制品

(一) 膨胀珍珠岩概述

　　膨胀珍珠岩是以珍珠岩、松脂岩、黑曜岩矿石为主要原料，经破碎、筛分、预热和在 1260℃左右高温中悬浮瞬时急剧加热膨胀而制成的多孔颗粒状材料。膨胀珍珠岩外观呈白色，微孔和散粒状结构。微孔尺寸为 10μm～100mm 级，颗粒尺寸为 0.15～2.50mm，常温热导率为 0.042～0.076W/(m・K)，安全适用温度为 -200～1000℃，化学性能稳定，是一种优质的绝热材料。膨胀珍珠岩按其密度不同，可分为 I、II、III 三类产品。膨胀珍珠岩的技术性能如表 4-34 所列，膨胀珍珠岩散料的规格和性能如表 4-35 所列。

表 4-34　膨胀珍珠岩的技术性能

指标名称	产品分类		
	I	II	III
密度/(mg/m³)	<80	80～150	150～250
粒度(质量分数)/%	粒径大于 2.5mm 的不超过 5 粒径大于 0.15mm 的不超过 8	粒径大于 0.15mm 的不超过 8	粒径大于 0.15mm 的不超过 8
常温热导率(t=25℃) /[W/(m・K)]	<0.042	0.052～0.064	0.064～0.076
含水率/%	<2	<2	<2

表 4-35　膨胀珍珠岩散料的规格和性能

产品类别或颗粒度/mm	密度/(kg/m³)	常温热导率/[W/(m・K)]	使用温度/℃	含水率/%
0.1～0.3	50～80	0.035～0.046	-200～950	<2
I 类	40～80	0.037～0.052	-200～800	<2
II 类	80～150	0.052～0.064	-200～800	<2
III 类	160～250	0.064～0.076	-200～800	<2
	<80	0.052	-200～800	<2
I 类	<80	<0.052	-200～800	<2
II 类	80～150	0.052～0.064	-200～800	<2
III 类	150～250	0.064～0.076	-200～800	<2
	<80	<0.052		
	80～120	0.047	—	
1～3	80～100	0.035～0.047	-273～1000	—
	69～80	0.047～0.052	-200～800	1.5
	<80	<0.052	-200～800	<2
	80～150	0.052～0.064	-200～800	<2
	60～100	0.040～0.043	-200～800	—
I 类	<80	<0.052	-200～800	
II 类	80～150	0.052～0.064	-200～800	
III 类	150～250	0.064～0.076	-200～800	
	77.2	0.045	—	—

（二）膨胀珍珠岩制品

膨胀珍珠岩制品是以膨胀珍珠岩作为集料，用水泥、石膏、石灰、水玻璃、沥青、合成高分子树脂作为黏结剂，必要时加入增强剂、憎水剂等添加剂制作而成，是具有规则形状的制品。膨胀珍珠岩制品的品种很多，适用于建筑物围护结构保温、隔热的膨胀珍珠岩制品主要有：水泥膨胀珍珠岩制品、水玻璃膨胀珍珠制品、沥青膨胀珍珠岩制品、乳化沥青膨胀珍珠岩制品、憎水膨胀珍珠岩制品等。膨胀珍珠岩制品的物理性能指标如表 4-36 所列。

表 4-36　膨胀珍珠岩制品的物理性能指标

强度等级		密度/(kg/m³)	热导率(25℃±5℃)/[W/(m·K)]	抗压强度/MPa	含水率/%
200	优等品	≤200	≤0.056	≥0.4	≤2
	合格品	≤200	≤0.060	≥0.3	≤5
250	优等品	≤250	≤0.064	≥0.5	≤2
	合格品	≤250	≤0.068	≥0.4	≤5
300	优等品	≤300	≤0.072	≥0.5	≤3
	合格品	≤300	≤0.076	≥0.4	≤5
350	优等品	≤350	≤0.080	≥0.5	≤4
	合格品	≤350	≤0.087	≥0.5	≤6

1. 水泥膨胀珍珠岩制品

水泥膨胀珍珠岩制品是以水泥为胶黏剂、珍珠岩为集料，按照一定的比例配合，经搅拌、成型、养护而成。水泥膨胀珍珠岩制品具有密度较小、热导率低、承压能力较强、施工方便、经济耐用等特点，广泛应用于较低温度热管道、热设备及其他工业管道设备和工业建筑上的保温隔热，以及工业及民用建筑围护结构的保温、隔热、吸声。水泥膨胀珍珠岩制品与其他保温材料的比较如表 4-37 所列，水泥膨胀珍珠岩制品的一般性能如表 4-38 所列，水泥膨胀珍珠岩制品的高温热导率如表 4-39 所列。

表 4-37　水泥膨胀珍珠岩制品与其他保温材料的比较

制品名称	密度/(kg/m³)	使用温度/℃	热导率/[W/(m·K)]
水泥珍珠岩制品	320	600	0.065
水泥蛭石制品	420	600	0.104
硅藻土制品	450～500	900	0.090
粉煤灰泡沫混凝土	450	350	0.100

表 4-38　水泥膨胀珍珠岩制品的一般性能

表观密度/(kg/m³)	抗压强度/MPa	热导率/[W/(m·K)]	抗折强度/MPa	使用温度/℃	吸湿率(24h)/%	吸水率(24h)/%	抗冻15次干冻循环强度损失/%	软化系数	频率/Hz(吸声系数)
300～400	0.5～1.0	常温：0.058～0.87 低温：0.081～0.116 高温：见表 4-39	>0.3	≤600	0.87～1.55	110～130	10～24	0.7～0.74	125(0.05～0.10) 250(0.12～0.20) 500(0.20～0.32) 1000(0.10～0.48) 2000(0.12～0.36)

注：表中所列制品是以 42.5MPa 普通硅酸盐水泥为胶黏剂。

表 4-39 水泥膨胀珍珠岩制品的高温热导率

膨胀珍珠岩粉密度/(kg/m³)	用料体积比		烘干抗压强度/MPa	烘干密度/(kg/m³)	热面温度/℃	冷面温度/℃	平均温度/℃	热导率/[W/(m·K)]
	水泥	珍珠岩粉						
80	1	10	0.59	217	145	50	97.5	0.067
					334	113	223.5	0.105
					543	187	367.5	0.134
100	1	10	0.72	334	185	64	124.5	0.073
					328	167	217.5	0.109
					540	176	358.0	0.138
120	1	10	0.87	373	170	65	117.5	0.078
					342	121	231.5	0.104
					558	199	378.5	0.143
140	1	10	0.88	401	174	64	119.0	0.080
					340	124	232.0	0.114
					568	210	389.0	0.152

2. 水玻璃膨胀珍珠岩制品

水玻璃膨胀珍珠岩制品系以水玻璃为胶黏剂、膨胀珍珠岩为集料，按照一定的比例配合，并加入适量的赤泥，经搅拌、成型干燥、焙烧而制成。水玻璃膨胀珍珠岩制品具有密度小、热导率低、无毒无味、不燃烧、抗菌、耐腐蚀、施工方便等优点，多用于建筑物围护结构的保温、隔热、吸声。水玻璃膨胀珍珠岩制品的一般性能如表 4-40 所列，水玻璃膨胀珍珠岩制品的产品规格及性能如表 4-41 所列。

表 4-40 水玻璃膨胀珍珠岩制品的一般性能

密度/(kg/m³)	常温热导率/[W/(m·K)]	抗压强度/MPa	最高使用温度/℃	吸水率(96h)/%	吸湿率(相对湿度5%~100%中,20d)/%
200~300	0.0558~0.065	0.5~1.2	650	120~180	17~23

表 4-41 水玻璃膨胀珍珠岩制品的产品规格及性能

密度/(kg/m³)	常温热导率/[W/(m·K)]	抗压强度/MPa	使用温度/℃
200~300	0.058~0.093	0.3~0.9	−40~800
220~260	0.065~0.083	0.4~1.3	
250~300	0.057~0.074	0.5~1.2	<600
200~300	0.064~0.076	0.8~1.0	≤650
250~350	0.052~0.076	0.4~0.7	≤600
<300	0.052~0.076	>0.6	≤700

3. 沥青膨胀珍珠岩制品

沥青膨胀珍珠岩制品是以沥青为胶黏剂、以膨胀珍珠岩为集料，在常温下经搅拌、压制、养护而制成的制品。沥青膨胀珍珠岩制品具有密度小、热导率低、无毒无味、不燃烧、抗菌、耐腐蚀、施工方便等优点，多用于建筑物围护结构的保温、隔热、吸声。适用于冷库围护结构和一般建筑物屋面的保温、隔热和吸声。沥青膨胀珍珠岩制品的产品规格和性能如表 4-42 所列。

表 4-42 沥青膨胀珍珠岩制品的产品规格和性能

规格/mm	表观密度/(kg/m³)	抗压强度/MPa	热导率/[W/(m·K)]	使用温度/℃
按图样加工	300～400	≥0.3	0.070～0.093	—
保温块:200×300×(40～100)、 150×(250、330)×(40～100)、 管:直径25～75	280～320	0.3～0.5	0.070～0.081	−40～800
按图样加工	≤350	0.3～0.5	0.078	−45～800
板 400×250×120 管:按图样加工	≤350	≥0.3	≤0.070	—
砖:500×240×120 板:500×500×(50、100)、 500×300×(50、100) 管:按图样加工	280～320	0.3～0.5	0.070～0.081	−40～250

4. 乳化沥青膨胀珍珠岩制品

乳化沥青膨胀珍珠岩制品是以乳化沥青为胶黏剂、以膨胀珍珠岩为集料,经搅拌、装模成型、压制加工、养护而成的制品。乳化沥青膨胀珍珠岩制品具有质量轻、热导率小、保温、隔热、吸声、耐老化、耐腐蚀等特点。乳化沥青膨胀珍珠岩制品适用于冷库围护结构和一般建筑物屋面的保温、隔热。乳化沥青膨胀珍珠岩制品的产品规格和性能如表 4-43 所列。

表 4-43 乳化沥青膨胀珍珠岩制品的产品规格和性能

规格/mm	密度/(kg/m³)	抗压强度/MPa	热导率/[W/(m·K)]	使用温度/℃
按图样加工	250～450	0.233～0.510	0.065～0.0768	−50～60
板:400×250×100 管:按图样加工	≤350	≥0.3	≤0.081	—
按图样加工	260～320	0.40～0.45	0.046～0.080	−40～130

5. 憎水型膨胀珍珠岩制品

憎水型膨胀珍珠岩制品以水玻璃为胶黏剂、膨胀珍珠岩为集料,加入适量的憎水剂,经搅拌、压制成形的制品。除了具有普通珍珠岩制品的性能外,还具有独特的抗水、不怕水侵、不怕潮湿的性能。

憎水型膨胀珍珠岩制品具有质量较轻、热导率小、保温、隔热、憎水(憎水度大于90%)、防潮性好等优点,主要适用于地下防水工程、地上防潮工程,以及屋面的保温、隔热,也适用于地下防水、空中防潮的各种热力管道保温。憎水型膨胀珍珠岩制品的产品品种和性能如表 4-44 所列。

表 4-44 憎水型膨胀珍珠岩制品的产品品种和性能

产品名称	规 格/mm	性 能
板、砖、管及 其他制品	按图样加工	表观密度200～300kg/m³;抗压强度≥0.5MPa;热导率<0.058W/(m·K);憎水度>90%
板、管材、 弧形板	按图样加工	表观密度<300kg/m³;抗压强度>0.5MPa;热导率<0.07W/(m·K);憎水度>90%
砖、板、管	根据要求加工	表观密度216kg/m³;抗压强度≥0.62MPa;热导率0.064W/(m·K);憎水度91%
FN-290 高强度 憎水珍珠岩板	平板型 500×300×(50、60、70、80、90、100、110、120) 找坡型 500×300×1%(50～130)、500×300×2%(50～130)	密度:A 型≤250kg/m³,B 型≤200kg/m³。抗压强度:A 型 0.556MPa,B 型 0.410MPa。热导率:A 型 0.0667W/(m·K),B 型 0.059W/(m·K)。憎水度:A 型 99.6%,B 型 99.5%。质量含水率:A 型 2.1%,B 型 2.4%

6. 磷酸盐膨胀珍珠岩制品

磷酸盐膨胀珍珠岩制品又称高温膨胀珍珠岩制品。它是以膨胀珍珠岩为骨料，磷酸铝、少量硫酸铝、纸浆废液作黏结剂，经配料、搅拌、成型、干燥和焙烧而成的一类产品。其表观密度约为 200～250kg/m³，常温热导率约 0.044～0.052W/(m·K)，最高使用温度 1000℃。磷酸盐膨胀珍珠岩制品具有较高的耐火度、密度较低、强度较高、绝缘性能较好等特点，适用于温度要求较高的保温、隔热工程。磷酸盐膨胀珍珠岩制品的产品规格和性能如表 4-45 所列。

表 4-45 磷酸盐膨胀珍珠岩制品的产品规格和性能

规格/mm	表观密度/(kg/m³)	抗压强度/MPa	热导率/[W/(m·K)]	使用温度/℃
根据要求加工	200～300	0.5～1.0	0.044～0.063	<1000
根据要求加工	<250	0.2～0.4	0.067	<900

7. 膨胀珍珠岩吸声制品

水玻璃膨胀珍珠岩是吸声制品的一种，其多为板状、砖状或其他设计要求的形状，尺寸可大可小，根据设计要求进行制作。这种吸声制品不但强度较高，表观密度较小，耐火性较好，而且相当美观，表面上如需要时还可喷刷各种色浆；另外，吸声板或砖还可根据设计要求进行穿孔，制成各种穿孔吸声板。水玻璃珍珠岩吸声制品的一般物理性能如表 4-46 所列，水玻璃珍珠岩吸声制品的吸声性能如表 4-47 所列。

表 4-46 水玻璃珍珠岩吸声制品的一般物理性能

项　目	粗颗粒珍珠岩制品（颗粒粒径为 0.6～1.2mm）	细颗粒珍珠岩制品（颗粒粒径<0.6mm）
抗压强度/MPa	1.68	1.35
软化系数	0.99	0.73
重量吸水率(浸入 96h，达到饱和)/%	124.7	184.0
显气孔率/%	70.4	73.1
吸湿率(置于相对湿度 93%～100%环境中)/%	17	23

表 4-47 水玻璃珍珠岩吸声制品的吸声性能

制品类别	厚度/mm	试件状况	不同频率(Hz)下的吸声系数/%												
			100	125	150	200	250	315	400	500	630	800	1000	1250	1600
粗颗粒珍珠岩制品	90	基本干燥	—	35	52	62	64	64	63	59	59	62	62	63	64
		吸水 70%	13	19	31	42	51	61	61	57	54	55	59	59	59
细颗粒珍珠岩制品	90	基本干燥	30	42	57	63	60	58	57	56	54	60	60	62	66
		吸水 70%	16	21	31	37	40	44	44	42	41	42	44	41	46

8. 高温耐火膨胀珍珠岩制品

高温耐火膨胀珍珠岩制品是选择了一种新型的黏结剂，并掺加部分活性材料，抑制二氧化硅（SiO_2）的收缩玻化，控制其收缩变形，同时掺加部分轻质的非活性填料，增加制品的强度，从而研制出既能承受高温，又能耐火的新型膨胀珍珠岩制品。高温耐火膨胀珍珠岩制品具高温耐火、成本较低、节能显著和施工方便等特点。

高温耐火膨胀珍珠岩制品在 1000℃的长时间恒温加热（超过 10h 以上）情况下收缩小于 1%；在温度变化的情洗下，产品从 1000℃高温急骤冷却到室温，又立即加热到 1000℃，再急骤冷却到室温，如此反复进行，制品仍不收缩、不松裂，仍有足够的抗压强度。高温耐火膨胀珍珠岩制品主要用于工业窑炉或其他高温设备上，作为保温绝热层及耐火炉衬的耐火层。高温耐火膨胀珍珠岩制品的技术性能如表 4-48 所列。

表 4-48　高温耐火膨胀珍珠岩制品的技术性能

试验最高温度/℃	常温下强度/MPa	1000℃强度/MPa	密度/(kg/m³)	热导率/[W/(m·K)]
1000	>1.0	>0.3	298～334	0.070～0.075

七、泡沫塑料材料

泡沫塑料是以合成树脂为原料，加入一定量的发泡剂，通过热分解放出大量的气体，形成内部具有无数小孔材料的塑料制品。泡沫塑料是由大量气体微孔分散于固体塑料中而形成的一类高分子材料，具有质轻、隔热、吸声、防震、减震等特性，且介电性能优于基体树脂，其在建筑领域中用途很广泛。泡沫塑料的种类繁多，也有很多不同的分类方法，通常以所用树脂进行命名，如聚苯乙烯泡沫塑料、聚氨酯泡沫塑料、聚氯乙烯泡沫塑料等。目前，几乎各种塑料均可作成泡沫塑料，发泡成型已成为塑料加工中一个重要领域。

（一）建筑绝热用硬质聚氨酯泡沫塑料

根据现行国家标准《建筑绝热用硬质聚氨酯泡沫塑料》（GB/T 21558—2008）中的规定，本标准适用于建筑绝热用硬质聚氨酯泡沫塑料，但不适用于喷涂硬质聚氨酯泡沫塑料和管道用硬质聚氨酯泡沫塑料。

1. 硬质聚氨酯泡沫塑料产品的分类与分级

（1）硬质聚氨酯泡沫塑料产品的分类　产品按用途不同分为 3 类：Ⅰ类适用于无承载要求的场合；Ⅱ类适用于有一定承载要求，且有抗高温和抗压缩蠕变要求的场合，也可以用于Ⅰ类产品的应用领域；Ⅲ类适用于更高承载要求，且有抗压和抗压缩蠕变要求的场合，也可以用于Ⅰ类和Ⅱ类产品的应用领域。

（2）硬质聚氨酯泡沫塑料产品的分级　产品按燃烧性能根据《建筑材料及制品燃烧性能分级》（GB 8624—2006）中的规定，可分为 B、C、D、E、F 级。

2. 硬质聚氨酯泡沫塑料产品的尺寸偏差

硬质聚氨酯泡沫塑料板材产品外观表面应基本平整，无严重凹凸不平缺陷。硬质聚氨酯泡沫塑料产品的尺寸偏差要求应符合表 4-49 中的规定。

表 4-49　硬质聚氨酯泡沫塑料产品的尺寸偏差要求

项　目	技术指标			
长度和宽度极限偏差/mm	长度和宽度	极限偏差		对角线差
	<1000	±8		≤5
	≥1000	±10		≤5
厚度极限偏差/mm	厚度	极限偏差	厚度	极限偏差
	≤50	±2	>100	供需双方协商
	50～100	±3		

注：其他的极限偏差要求，由供需双方协商；对角线差是基于板材的长宽面。

3. 硬质聚氨酯泡沫塑料产品的物理力学性能

硬质聚氨酯泡沫塑料产品的物理力学性能应符合表 4-50 中的规定。

表 4-50　硬质聚氨酯泡沫塑料产品的物理力学性能

项　目		性能指标		
		Ⅰ类	Ⅱ类	Ⅲ类
板材芯部密度/(kg/m³)		≥25	≥30	≥35
压缩强度或形变10%压缩应力/kPa		≥80	≥120	≥180
热导率	初期热导率/[W/(m·K)] 平均温度10℃、28d 平均温度23℃、28d 长期热阻180d/(m²·K)	— ≤0.026 供需双方协商	≤0.022 ≤0.024 供需双方协商	≤0.022 ≤0.024 供需双方协商
尺寸稳定性/%	高温+70℃、48h，长、宽、厚 低温-30℃、48h，长、宽、厚	≤3.0 ≤2.5	≤2.0 ≤1.5	≤2.0 ≤1.5
压缩蠕变/%	80℃、20kPa、48h 70℃、40kPa、7d	— —	≤5 —	— ≤5
水蒸气透过系数(23℃/相对湿度梯0~50%)[ng/(Pa·m·s)]		6.5	6.5	6.5
吸水率/%		4.0	4.0	3.0

4. 硬质聚氨酯泡沫塑料产品的燃烧性能

　　硬质聚氨酯泡沫塑料产品的燃烧性能，应符合应用领域的相关法规和规范的要求。燃烧性能应达到标明的燃烧性能等级。

（二）慢回弹软质聚氨酯泡沫塑料

　　慢回弹软质聚氨酯泡沫塑料，是一种具有缓慢复原、低回弹和高滞后损失特性的特殊聚氨酯泡沫塑料。根据现行国家标准《慢回弹软质聚氨酯泡沫塑料》（GB/T 24451—2009）中的规定，本标准适用于自由发泡制得的块状、片状、条块，或者切割成此形状的慢回弹软质聚氨酯泡沫塑料，也适用于模塑制得的慢回弹软质聚氨酯泡沫塑料。

1. 慢回弹软质聚氨酯泡沫塑料的分类与分级

　　（1）慢回弹软质聚氨酯泡沫塑料产品，按其最终用途不同可分为 X、V、S、A、L 5 类。

　　（2）慢回弹软质聚氨酯泡沫塑料产品，按 40% 压陷硬度进行分级，如表 4-51 所列。

表 4-51　慢回弹软质聚氨酯泡沫塑料产品的分级

产品级别	40%压陷硬度/N	产品级别	40%压陷硬度/N	产品级别	40%压陷硬度/N
30	>25~40	130	>110~145	330	>295~360
50	>40~60	170	>145~190	400	>360~425
70	>60~85	210	>190~235	470	>425~520
100	>85~110	270	>235~295	600	>520~650

2. 慢回弹软质聚氨酯泡沫塑料产品的尺寸偏差

　　慢回弹软质聚氨酯泡沫塑料产品的尺寸偏差应符合表 4-52 中的规定。

表 4-52　慢回弹软质聚氨酯泡沫塑料产品的尺寸偏差

长度、宽度极限偏差/mm			
长度、宽度	极限偏差	长度、宽度	极限偏差
≤250	+5.0	>2000～3000	+40.0
>250～500	+10.0	>3000～4000	+50.0
>500～1000	+20.0	>4000	+60.0
>1000～2000	+30.0	—	—
厚度极限偏差/mm			
厚度	极限偏差	厚度	极限偏差
≤25	±1.5	>75～125	+4.0，−2.0
>25～75	+2.5，−1.5	>125	+5.0，−3.0

3. 慢回弹软质聚氨酯泡沫塑料产品的密度偏差

慢回弹软质聚氨酯泡沫塑料产品的密度偏差应符合表 4-53 中的规定。

表 4-53　慢回弹软质聚氨酯泡沫塑料产品的密度偏差

密度范围/(kg/m³)	极限偏差	密度范围/(kg/m³)	极限偏差
≤40	±2.0	>80～100	±5.0
>40～50	±2.5	>100～120	±8.0
>50～60	±3.0	>120～150	±12.0
>60～70	±3.5	>150～200	±20.0
>70～80	±4.0	>200	±30.0

注：产品的密度要求可由供需双方协商确定。

4. 慢回弹软质聚氨酯泡沫塑料产品的物理力学性能

慢回弹软质聚氨酯泡沫塑料产品的物理力学性能应符合表 4-54 中的规定。

表 4-54　慢回弹软质聚氨酯泡沫塑料产品的物理力学性能

项　　目	技术指标	项　　目	技术指标
复原时间/s	3～15	回弹率/%	≤12
拉伸强度/kPa	≥50	伸长率/%	≥100
撕裂强度/(kN/m)	≥1.3	气味等级/级	≤3
干、湿热老化后拉伸强度变化率/%	±30	65%/25%压陷比	≥1.8

(三) 绝热用模塑聚苯乙烯泡沫塑料

根据现行国家标准《绝热用模塑聚苯乙烯泡沫塑料》（GB/T 10801.1—2002）中的规定，绝热用模塑聚苯乙烯泡沫塑料（EPS）俗称苯板，是由可发性聚苯乙烯珠粒经加热预发泡后，在模具中加热成型制成的具有闭孔结构的使用温度不超过 75℃ 的聚苯乙烯塑料板材。本标准也适用于以上同类大块板材切割而成的材料。

1. 绝热用模塑聚苯乙烯泡沫塑料的分类

绝热用模塑聚苯乙烯泡沫塑料按其使用功能不同，可分为阻燃型和普通型。按泡沫塑料的密度不同可分为 I、II、III、IV、V、VI 类，其密度范围如表 4-55 所列。

表 4-55　绝热用模塑聚苯乙烯泡沫塑料的密度范围

类别	密度范围/(kg/m³)	类别	密度范围/(kg/m³)	类别	密度范围/(kg/m³)
I	15～20	III	30～40	V	50～60
II	20～30	IV	40～50	VI	＞60

2. 绝热用模塑聚苯乙烯泡沫塑料的规格尺寸

绝热用模塑聚苯乙烯泡沫塑料的规格尺寸要求应符合表 4-56 中的规定。其他的规格尺寸和允许偏差，可由供需双方商定。

表 4-56　绝热用模塑聚苯乙烯泡沫塑料的规格尺寸要求　　　　单位：mm

长度、宽度尺寸	允许偏差	厚度尺寸	允许偏差	对角线尺寸	允许偏差
＜1000	±5	＜50	±2	＜1000	5
1000～2000	±8	50～75	±3	1000～2000	7
2000～4000	±10	75～100	±4	2000～4000	13
＞4000	正偏差不限，- 10	＞100	由供需双方商定	＞4000	13

3. 绝热用模塑聚苯乙烯泡沫塑料的外观要求

绝热用模塑聚苯乙烯泡沫塑料的外观质量应达到以下要求：①色泽，应均匀，阻燃型产品应掺有颜色的颗粒，以示区别；②外形，表面平整，无明显收缩变形和膨胀变形；③熔接，熔接应良好；④杂质，产品中应无明显油渍和杂质。

4. 绝热用模塑聚苯乙烯泡沫塑料的物理力学性能

绝热用模塑聚苯乙烯泡沫塑料的物理力学性能应符合表 4-57 中的规定。

表 4-57　绝热用模塑聚苯乙烯泡沫塑料的物理力学性能

项目		性能指标					
		I 类	II 类	III 类	IV 类	V 类	VI 类
表观密度/(kg/m³)		≥15.0	≥20.0	≥30.0	≥40.0	≥50.0	≥60.0
压缩强度/kPa		≥60	≥100	≥150	≥200	≥300	≥400
热导率/[W/(m·K)]		0.041		0.039			
尺寸稳定性/%		≥4	≥3	≥2	≥2	≥2	≥1
水蒸气透过系数/[ng/(Pa·m·s)]		≥6.0	≥4.5	≥4.5	≥4.0	≥3.0	≥2.0
吸水率(体积分数)/%		≥6	≥4	≥2	≥2	≥2	≥2
熔接性	断裂弯曲负荷/N	15	25	35	60	90	120
	弯曲变形/mm	20			—		
燃烧性能	氧指数/%	30					
	燃烧分级	达到 B₂ 级					

注：1. 断裂弯曲负荷或弯曲变形有一项能符合指标要求即为合格。2. 普通型聚苯乙烯泡沫塑料板材对燃烧性能不要求。

（四）绝热用挤塑聚苯乙烯泡沫塑料

挤塑聚苯乙烯泡沫塑料是以聚苯乙烯树脂或其共聚物为主要成分，添加少量的添加剂，通过加热挤塑成型而制得的具有闭孔结构的硬质泡沫塑料。

根据现行国家标准《绝热用挤塑聚苯乙烯泡沫塑料》（GB/T 10801.2—2002）中的规定，本标准适用于使用温度不超过 75℃ 的绝热用挤塑聚苯乙烯泡沫塑料，也适用于带有塑料、箔片贴面以及带有表面涂层的绝热用挤塑聚苯乙烯泡沫塑料。

1. 绝热用挤塑聚苯乙烯泡沫塑料的分类方法

（1）绝热用挤塑聚苯乙烯泡沫塑料按制品压缩强度 p 和表皮不同，可分为以下 10 类：①X150，$p \geqslant 150\text{kPa}$，带表皮；②X200，$p \geqslant 200\text{kPa}$，带表皮；③X250，$p \geqslant 250\text{kPa}$，带表皮；④ X300，$p \geqslant 300\text{kPa}$，带表皮；⑤ X350，$p \geqslant 350\text{kPa}$，带表皮；⑥ X400，$p \geqslant 400\text{kPa}$，带表皮；⑦X450，$p \geqslant 450\text{kPa}$，带表皮；⑧X500，$p \geqslant 500\text{kPa}$，带表皮；⑨W200，$p \geqslant 200\text{kPa}$，不带表皮；⑩W300，$p \geqslant 300\text{kPa}$，不带表皮。

（2）绝热用挤塑聚苯乙烯泡沫塑料按制品边缘结构不同，可分为 SS 平头型产品、SL 搭接型产品、TG 榫槽型产品、RC 雨槽型产品。

2. 绝热用挤塑聚苯乙烯泡沫塑料的规格尺寸要求

绝热用挤塑聚苯乙烯泡沫塑料的规格尺寸要求应符合表 4-58 中的规定。

表 4-58 绝热用挤塑聚苯乙烯泡沫塑料的规格尺寸要求 单位：mm

产品的规格尺寸					
长度		宽度		厚度	
1200、1250、2450、2500		600、900、1200		20、25、30、40、50、75、100	
尺寸允许偏差					
长度和宽度 L	允许偏差	厚度 h	允许偏差	对角线差 T	允许偏差
$L<1000$	±5.0	$h<50$	±2.0	$T<1000$	5
$1000 \leqslant L<2000$	±7.0	$h \geqslant 50$	±3.0	$1000 \leqslant T<2000$	7
$L \geqslant 2000$	±10	—	—	$T \geqslant 2000$	13

3. 绝热用挤塑聚苯乙烯泡沫塑料的物理力学性能

绝热用挤塑聚苯乙烯泡沫塑料的物理力学性能应符合表 4-59 中的规定。

表 4-59 绝热用挤塑聚苯乙烯泡沫塑料的物理力学性能

项　目		性能指标									
		带表皮								不带表皮	
		X150	X200	X250	X300	X350	X400	X450	X500	W200	W300
压缩强度/kPa		≥150	≥200	≥250	≥300	≥350	≥400	≥450	≥500	≥200	≥300
吸水率，浸水 96h（体积分数）%		≤1.5		≤1.0			≤1.0			≤2.0	≤1.5
透湿系数，$(23\pm1)℃$，$RH50\%\pm5\%$ /[ng/(Pa·m·s)]		≤3.5		≤3.0			≤2.0			≤3.5	≤3.0
绝热性能	热阻/[(m²·K)/W] 厚度 25mm 时平均温度										
	10℃	≥0.89					≥0.93			≥0.76	≥0.83
	25℃	≥0.83					≥0.86			≥0.71	≥0.78
	热导率/[W/(m·K)] 厚度 25mm 时平均温度										
	10℃	≤0.028					≤0.027			≤0.033	≤0.030
	25℃	≤0.030					≤0.029			≤0.035	≤0.032
尺寸稳定性/% $(75\pm2)℃$下，48h		≤2.0		≤1.5			≤1.0			≤2.0	≤1.5

注：外观要求产品表面应平面，无夹杂物，颜色均匀，不应有明影响使用的可见缺陷，如起泡、裂口、变形等。

（五）喷涂硬质聚氨酯泡沫塑料

硬质聚氨酯泡沫塑料多为闭孔结构，具有绝热效果好、质量轻、比强度大、施工方便等优良特性，同时还具有隔声、防震、电绝缘、耐热、耐寒、耐溶剂等特点，广泛用于冰箱、冰柜的箱体绝热层、冷库、冷藏车等绝热材料，建筑物、储罐及管道保温材料。

根据现行国家标准《喷涂硬质聚氨酯泡沫塑料》（GB/T 20219—2006）中的规定，本标准适用于建筑物隔热用现场喷涂施工的硬质聚氨酯泡沫塑料，不适用于单组分湿气固化材料。

1. 硬质聚氨酯泡沫塑料产品的分类方法

硬质聚氨酯泡沫塑料产品根据使用状况不同，可分为非承载面层（Ⅰ类）和承载面层（Ⅱ类）两类。其中Ⅰ类产品用于暴露或不暴露于大气中的无载荷隔热面，如墙体隔热、屋顶内面隔热以及其他仅需要类似自体支撑的用途；Ⅱ类产品用于仅需承受人员行走的主要暴露于大气的负载隔热面，如屋面隔热或其他类以可能遭受温升和需要耐压缩蠕变的用途。

2. 硬质聚氨酯泡沫塑料产品的物理性能

硬质聚氨酯泡沫塑料产品的物理性能应符合表 4-60 中的规定。

表 4-60　硬质聚氨酯泡沫塑料产品的物理性能

项　目		性能指标	
		Ⅰ类	Ⅱ类
压缩强度或形变10%的压缩应力/kPa		100	200
初始热导率/[W/(m·K)]	平均温度10℃	≤0.020	≤0.020
	平均温度20℃	≤0.022	≤0.022
老化热导率/[W/(m·K)]	平均温度10℃，制造后3~6个月	≤0.024	≤0.024
	平均温度20℃，制造后3~6个月	≤0.026	≤0.026
水蒸气透过系数/[ng/(Pa·m·s)]	23℃，相对湿度0~50.0%	1.5~4.5	1.5~4.5
	38℃，相对湿度0~88.5%	—	2.0~6.0
尺寸稳定性/%	(−25±3)℃，48h	−1.5~0	−1.5~0
	(70±2)℃，相对湿度(90±5)%，48h	±4	±4
	(100±2)℃，48h	±3	±3
闭孔率/%		≥85	≥90
黏结强度试验		泡沫体内部被破坏	
80℃和20kPa压力下，48h后压缩蠕变/%		—	5

注：1. 产品无论有否涂层或盖面层，均应符合使用场所的防火等级要求。2. 特殊应用的要求，由供需双方协商解决。

八、外墙内保温板

为了贯彻国家的节能标准，应大力发展复合板材墙体。即把结构材料和保温材料加以复合使用，显著降低传热系数。根据结构形式，复合板材墙体可分为外保温、内保温和中间保温 3 种类型。用于复合在住宅建筑结构外墙内侧的预制保温条板，简称为外墙内保温条板，系指面密度小于 50kg/m² 、面层厚度 10~15mm、板重不大于 100kg、长宽比不小于 2.5 的复合于结构外墙内侧的预制保温条板。

根据《外墙内保温板》（JC/T 159—2004）中的规定，内保温板的类型及其代号如表 4-61 所列，内保温板的规格尺寸如表 4-62 所列，内保温板的尺寸允许偏差如表 4-63 所列，内保温板的外观质量如表 4-64 所列，内保温板的物理力学性能如表 4-65 所列。

表 4-61　内保温板的类型及其代号

类　型	代号	类　型	代号
增强水泥聚苯保温板	SNB	发泡水泥聚苯保温板	FPB
增强石膏聚苯保温板	SGB	水泥聚苯颗粒保温板	SJB
聚合物水泥聚苯保温板	JHB	—	—

表 4-62　内保温板的规格尺寸

板的类型		项　目				
	板型	厚度	宽度	长度	边肋
标准板/mm	条　板	40、50、60、70、80、90	595	2400～2900	≤15
	小块板	40、50、60、70、80、90	595	900～1500	≤10
非标准板	按设计要求而定				

表 4-63　内保温板的尺寸允许偏差

项　目	允许偏差/mm	项　目	允许偏差/mm
长度	±6	对角线	≤8(条板)或≤3(小板)
宽度	+6	板侧面平直度	≤L(板长)/750
厚度	+2	板面平整度	≤2

表 4-64　内保温板的外观质量

项目	指　标
露网	无外露的纤维
缺棱	深度大于 10mm 的棱同条边累计长度应小于 150mm
掉角	两个方向破坏尺寸同时大于 10mm 的掉角不超过 2 处，两个方向破坏尺寸的最大值不大于 30mm
裂纹	无贯穿性裂纹及非贯穿性横向裂纹，无长度大于 50mm 或宽度大于 0.2mm 的非贯穿性裂纹，长度大于 20mm 的非贯穿性裂纹不超过 2 处
蜂窝麻面	长径≥5mm、深度≥2mm 的板面气孔不多于 10 处

注：缺棱掉角尺寸以投影尺寸计。

表 4-65　内保温板的物理力学性能

项　目		增强水泥聚苯保温板	增强石膏聚苯保温板	聚合物水泥聚苯保温板	发泡水泥聚苯保温板	水泥聚苯颗粒保温板
面密度/(kg/m²)		≤40	≤30	≤25	≤30	—
密度/(kg/m³)		—				≤380
含水率/%		≤5				≤10
主断面热阻 [(m²·K)/W]	板厚	40	≥0.50			≥0.50
		50	≥0.70			≥0.60
		60	≥0.90			≥0.75
		70	≥1.15			≥0.90
		80	≥1.40			≥1.00
		90	≥1.65			≥1.15
抗弯荷载/N		≥G(板材重量)				
抗冲击性/次		≥10				
燃烧性能/级		B₁				
面板收缩率/%		≤0.08				

九、胶粉聚苯颗粒保温系统

胶粉聚苯颗粒外保温系统是设置在外墙内侧，由界面层、胶粉聚苯颗粒保温层、抗裂防护层和饰面层组成，起保温隔热、防护和装饰作用的构造系统，其核心是利用胶粉聚苯颗粒保温砂浆。该系统利用了膨胀聚苯颗粒进行了保温，不仅环保节能、保温性能好，而且造价较低、施工简便、分层进行、各层功能互补，能很好满足建筑物 50% 的节能的要求。胶粉聚苯颗粒外保温系统根据面层饰料不同，又可分为涂料饰面和面砖饰面两类，一般宜选用涂料饰面，当贴砌 EPS 板系统时宜选用面砖饰面。

根据《胶粉聚苯颗粒外墙外保温系统材料》（JG 158—2013）中的规定，胶粉聚苯颗粒外保温系统的一般性能指标如表 4-66 所列，胶粉聚苯颗粒外保温系统对火反应性能指标如表 4-67 所列，胶粉聚苯颗粒浆料性能指标如表 4-68 所列，聚苯板性能指标如表 4-69 所列，界面砂浆性能指标如表 4-70 所列，抗裂砂浆性能指标如表 4-71 所列，耐碱玻纤网性能指标如表 4-72 所列，热镀锌电焊网性能指标如表 4-73 所列，弹性底涂性能指标如表 4-74 所列，柔性止水砂浆性能指标如表 4-75 所列，饰面砖性能指标如表 4-76 所列，面砖黏结砂浆的性能指标如表 4-77 所列，面砖勾缝料性能指标如表 4-78 所列。

表 4-66　胶粉聚苯颗粒外保温系统的一般性能指标

试验项目			性能指标	
			涂料饰面	面砖饰面
耐候性	外观		无渗水裂缝、无粉化、空鼓、剥落现象	
	系统拉伸黏结强度/MPa		≥0.1	—
	面砖与抗裂层拉伸黏结强度/MPa		—	≥0.4
吸水量/(g/m²)			≤1000	
抗冲击性	二层及以上		3J 级	—
	首层		10J 级	
水蒸气透过湿流密度/[g/(m²·h)]			≥0.85	
耐冻融	外观		无渗水裂缝、无粉化、空鼓、剥落现象	
	抗裂层与保温层拉伸黏结强度/MPa		≥0.1	
	面砖当抗裂层拉伸黏结强度/MPa		—	≥0.4
不透水性			抗裂层内侧无水渗透	

表 4-67　胶粉聚苯颗粒外保温系统对火反应性能指标

防火保护层厚度/mm	锥形量热计试验		燃烧竖炉试验	窗口火试验	
	现象	热释放速率峰值/(kW/m²)	试件燃烧后剩余长度/mm	水平准位线 2 上保温层测点的最高温度/℃	燃烧面积/m²
≥33	不应被点燃，试件厚度变化不应超过 10%	≤5	≥800	≤200	≤3
≥23		≤10	≥500	≤250	≤6
≥13		≤25	≥350	≤300	≤9

表 4-68　胶粉聚苯颗粒浆料性能指标

项目			单位	性能指标	
				保温浆料	贴面浆料
干表观密度			kg/m³	180～250	250～350
抗压强度			MPa	≥0.20	≥0.30
软化系数				≥0.50	≥0.60
热导率			W/(m·K)	≤0.05	≤0.08
线性收缩率			%	≤0.39	≤0.30
抗拉强度			MPa	≥0.10	≥0.12
拉伸黏结强度	与水泥砂浆	标准状态	MPa	≥0.10	≥0.12	破坏部位不应位于界面
		浸水处理			≥0.10	
	与聚苯板	标准状态			≥0.10	
		浸水处理			≥0.08	
燃烧性能等级			—	不应低于 B₁ 级	A 级

表 4-69　聚苯板性能指标

项　目	单位	性能指标	
		EPS 板	XPS 板
表观密度	kg/m³	18～22	22～35
热导率	W/(m·K)	≤0.039	≤0.032
垂直于板面方向抗拉强度	MPa	≥0.10	≥0.15
尺寸稳定性	%	≤0.30	≤1.20
弯曲变形	mm	≥20	≥20
压缩强度	MPa	≥0.10	≥0.15
吸水率/%	%	≤3.0	≤2.0
氧指数	%	≥30	≥26
燃料性能等级	—	不应低于 B₂ 级	不应低于 B₂ 级

表 4-70　界面砂浆性能指标

项　目		单位	性能指标		
			基层界面砂浆	EPS 板界面砂浆	XPS 板界面砂浆
拉伸黏结强度 (与水泥砂浆)	标准状态	MPa	≥0.50	—	
	浸水处理		≥0.30	—	
拉伸黏结强度 (与聚苯板)	标准状态	MPa	—	≥0.10 且 EPS 板破坏	≥0.15 且 XPS 板破坏
	浸水处理		—		
涂覆在聚苯板上后的可燃性(表面点火 60s)		—		60s 内无火焰及燃烧滴落物引燃滤纸现象	

表 4-71　抗裂砂浆性能指标

项　目		单位	性能指标
拉伸黏结强度 (与水泥砂浆)	标准状态	MPa	≥0.70
	浸水处理	MPa	≥0.50
	冻融循环处理	MPa	≥0.50
拉伸黏结强度 (与胶粉聚苯颗粒浆料)	标准状态	MPa	≥0.10
	浸水处理	MPa	≥0.10
可操作时间		h	≥1.5
抗压强度与抗折强度比值		—	≤3.0

表 4-72　耐碱玻纤网性能指标

项　目		单位	性能指标	
			普通型(用于涂料饰面工程)	加强型(用于面砖饰面工程)
单位面积质量		g/m²	≥160	≥270
耐碱断裂强力(经向、纬向)		N/50mm	≥1000	≥1500
耐碱断裂强力保留率(经向、纬向)		%	≥80	≥90
断裂伸长率(经向、纬向)		%	≤5.0	≤4.0
玻璃成分	ZrO 和 TiO₂ 总含量	%	—	≥19.2
	TiO₂ 含量	%	—	≥13.7

表 4-73　热镀锌电焊网性能指标

项目	单位	性能指标	项目	单位	性能指标
丝径	mm	0.90±0.04	焊点抗拉力	N	＞65
网孔尺寸	mm	12.7×12.7	网面镀锌层质量	g/m²	＞122

表 4-74　弹性底涂性能指标

项　目		单位	性能指标
干燥时间	表干时间	h	≤4.0
	实干时间	h	≤8.0
断裂伸长率		%	≥100
表面憎水率		%	≥98

表 4-75 柔性止水砂浆性能指标

项 目	单位	性能指标	项 目	单位	性能指标
抗压强度(3d)	MPa	≥6.0	涂层抗渗压力(7d)	MPa	≥0.4
抗折强度(3d)	MPa	≥3.0	试件抗渗压力(7d)	MPa	≥1.5
拉伸黏结强度(7d)	MPa	≥1.4	抗压与抗折强度比值	—	≤3.0

表 4-76 饰面砖性能指标

项 目		单位	性能指标
尺寸	单块面积	cm²	≤150
	边长	mm	≤240
	厚度	mm	≤7
单位面积质量		kg/m²	≤20
吸水率	Ⅰ、Ⅵ、Ⅶ气候区	%	0.5～3.0
	Ⅱ、Ⅲ、Ⅳ、Ⅴ气候区		0.5～6.0
抗冻性	Ⅰ、Ⅵ、Ⅶ气候区	—	50 次冻融循环无破坏
	Ⅱ气候区		40 次冻融循环无破坏
	Ⅲ、Ⅳ、Ⅴ气候区		10 次冻融循环无破坏

注：气候区按《建筑气候区划标准》(GB 50178—1993) 中一级区划进行划分。

表 4-77 面砖黏结砂浆的性能指标

项 目		单位	性能指标
拉伸黏结强度	标准状态	MPa	≥0.50
	浸水处理		
	热老化处理		
	冻融循环处理		
	晾置 20min 后		
横向变形		mm	≥1.5

表 4-78 面砖勾缝料性能指标

项 目		单位	性能指标
收缩值		mm/m	≤3.0
抗折强度	标准状态	MPa	≥0.50
	冻融循环处理		≥2.50
透水性(24h)		mL	≤3.0
抗压强度与抗折强度比值		—	≤3.0

十、EPS 颗粒保温浆料保温系统

EPS 颗粒保温浆料保温系统是以聚苯乙烯颗粒为保温材料，加入聚合物水泥胶浆搅拌而成，直接抹在墙体表面作为保温层，以耐碱玻纤网格布为增强层和抗裂层，以防水抗裂砂浆为保护层，外饰面为涂料或其他装饰材料而形成的，对于建筑物可以起到冬季保温、夏季隔热和装饰保护的效果，适用于工业与民用建筑的外墙保温及屋面保温工程。EPS 颗粒保温浆料保温系统组成材料的技术性能如表 4-79 所列。

表 4-79　EPS 颗粒保温浆料保温系统组成材料的技术性能

材料名称	技术性能		
	项目		指标
胶粉 EPS 颗粒保温层浆料	密度/(kg/m³)		200～500
	热导率/[W/(m・K)]		≤0.060
	吸水率/[kg/(m²・h^{0.5})]		≤2
	水蒸气透湿系数/[ng/(Pa・m・s)]		给出数值
	压缩性能/MPa		养护 56d,≥0.25
	拉伸强度/MPa		≥0.10
	线性收缩率/%		≤0.30
	软化系数		养护 56d,≥0.70
	燃烧性能级别		B₁
抗裂砂浆	拉伸黏结强度/MPa	与胶粉 EPS 颗粒保温浆料	干燥状态
			≥0.10,破坏界面应位于胶粉 EPS 颗粒保温浆料
			浸水 48h,水中取出后 2h
饰面材料	符合设计要求和相关标准规定,并应具有良好的透水蒸气性能		
玻纤网	耐碱断裂强力保留率/%		经向、纬向≥50
	耐碱断裂强力/(N/50mm)		经向、纬向≥750
金属网	锌涂层厚度/μm		≥20
锚栓	—		符合设计要求和相关标准规定

十一、膨胀聚苯板薄抹灰外墙外保温系统

膨胀聚苯板薄抹灰外墙外保温系统,系置于建筑外墙外侧的保温及饰面系统,是由膨胀聚苯板、胶黏剂和必要时使用的锚栓、抹面胶浆和耐碱网布及涂料组成的系统产品,具有优越的保温隔热性能、良好的抗水性能及抗压、抗冲击性能,能有效地解决墙体的龟裂和渗漏水问题。膨胀聚苯板薄抹灰外墙外保温系统具有以下优点:①节能效果明显,聚苯板的热导率仅 0.038W/(m・K),保温隔热效果非常明显;②保护层具有较好的柔韧性,可有效阻止系统开裂;③可增加房屋的有效使用面积,一般可增加 1.6%～1.8%;④可调整 EPS 板厚度,满足不同的节能标准要求;⑤系统耐久性较好;⑥室外进行施工,不影响既有建筑的正常使用;⑦与其他外保温措施相比,施工周期短。

根据行业标准《膨胀聚苯板薄抹灰外墙外保温系统》(JG 149—2003)中的规定,膨胀聚苯板薄抹灰外墙外保温系统的性能指标如表 4-80 所列,黏结剂的性能指标如表 4-81 所列,膨胀聚苯板的主要性能指标如表 4-82 所列,膨胀聚苯板的允许偏差如表 4-83 所列,抹面胶浆的性能指标如表 4-84 所列,耐碱网布的主要性能指标如表 4-85 所列,锚栓的技术性能指标如表 4-86 所列。

表 4-80　膨胀聚苯板薄抹灰外墙外保温系统的性能指标

试验项目		性能指标
吸水量,浸水 24h/(g/m²)		≤500
抗冲击强度/J	普通型(P 型)	≥3.0
	加强型(Q 型)	≥10.0
抗风压值/kPa		不小于工程项目的风荷载设计值
耐冻融及耐候张		表面无裂纹、空鼓、粉化、起泡、剥离现象
水蒸气湿流密度/[g/(m²・h)]		≥0.85
不透水性		试样防护层内侧无水渗透

表 4-81　胶黏剂的性能指标

试验项目		性能指标
拉伸黏结强度（与水泥砂浆）/MPa	原强度	≥0.60
	耐水	≥0.40
拉伸黏结强度（与膨胀聚苯板）/MPa	原强度	≥0.10，破坏界面在膨胀聚苯板上
	耐水	≥0.10，破坏界面在膨胀聚苯板上
可操作时间/h		1.5～4.0

表 4-82　膨胀聚苯板的主要性能指标

试验项目	性能指标	试验项目	性能指标
热导率/[W/(m·K)]	≤0.041	垂直于板面方向的抗拉强度/MPa	≥0.10
表观密度/(kg/m³)	18.0～22.0	尺寸稳定性/%	≤0.30

表 4-83　膨胀聚苯板的允许偏差　　　　　　　　　　单位：mm

试验项目		允许偏差	试验项目	允许偏差
厚度	≤50	±1.5	对角线差	±3.0
	>50	±2.0	板边平直度	±2.0
长度		±2.0	板面平整度	±1.0
宽度		±1.0	—	—

注：本表的允许偏差值以 1200mm×600mm 的膨胀聚苯板为基准。

表 4-84　抹面胶浆的性能指标

试验项目		性能指标
拉伸黏结强度（与膨胀聚苯板）/MPa	原强度	≥0.10，破坏界面在膨胀聚苯板上
	耐水	≥0.10，破坏界面在膨胀聚苯板上
	耐冻融	≥0.10，破坏界面在膨胀聚苯板上
柔韧性	抗压强度/抗折强度（水泥基）	≤3.0
	开裂应变（非水泥基）/%	≥1.5
可操作时间/h		1.5～4.0

表 4-85　耐碱网布的主要性能指标

试验项目	性能指标	试验项目	性能指标
单位面积质量/(g/m²)	≥130	耐碱断裂强力保留率（经、纬向）/%	≥50
耐碱断裂强力（经、纬向）/(N/50mm)	≥750	断裂应变（经、纬向）/%	≤5.0

表 4-86　锚栓的技术性能指标

试验项目	技术指标	试验项目	技术指标
单个锚栓抗拉承载力标准值/kN	≥3.0	单个锚栓对系统传热增加值/[W/(m²·K)]	≤0.004

第三节　建筑保温隔热节能技术发展

在建筑和工业中采用良好的保温技术与材料，往往能起到事半功倍的效果。有关统计表明，建筑中每使用 1t 矿物棉绝热制品，一年可节约 1t 石油。工业设备与管道的保温，采用良好的绝热措施与材料，可显著降低生产能耗和成本，改善环境，同时有较好的经济效益。

为了实现节能目标，建设部从 2009 年开始全面推广新型建筑节能技术和节能材料，将聚氨酯作为传统保温材料的替代品广泛推广，建设部已专门成立了"聚氨酯硬泡建筑节能应用推广工作小组"由建设部科技司作为政府主管部门领导，并由建设部节能中心具体实施。目前的建筑保温材料主要有聚苯颗粒墙体保温材料、聚苯板、挤塑板黏结砂浆、玻璃棉、高压聚乙烯板、橡塑海绵、硅酸铝、岩棉、聚氨酯等。

一、国内外保温隔热材料技术

在建筑工程中，外围护结构的热损耗比较大，外围护结构在墙体中又占了很大比例，所以建筑墙体材料改革与墙体节能技术的发展，已成为建筑节能技术中一个很重要的环节，其中墙体材料节能技术是建筑业共同关注的重点课题之一。

建筑节能不仅仅是建筑节能法规的颁布执行，它的实现还涉及一个庞大的产业群体，其中保温隔热材料与制品是影响建筑节能一个重要的影响因素。建筑保温材料的研制与应用越来越受到世界各国的普遍重视，新型保温材料正在不断地涌现。保温隔热材料正在由工业保温隔热为主向建筑保温隔热为主转变，由厚层保温隔热向薄层保温隔热转变，这是保温隔热材料的发展方向之一。先进的保温隔热材料，不仅自身热阻大，热导率低，而且热反射率高，能够减少建筑物对太阳辐射热量的吸收，降低被覆表面和内部空间温度，因此，保温隔热材料被认为是很有发展前景的高效节能材料之一。

国内外实践证明，墙体材料的发展与土地、资源、能源、环境和建筑节能有着密切的联系。近年来，在各地和有关部门的共同努力下，我国墙体材料改革和推广工作取得了积极进展。新型墙体材料和产品的研制与开发得到较快的发展，新型墙体材料的应用范围不断扩大，并取得了明显的经济效益和社会效益。但是，墙体材料革新和推广建筑节能工作还存在一些问题，主要表现为：首先，新型墙体材料的产品比较单一，生产工艺比较简单，技术含量不高。目前我国的新型墙体材料仍然是以烧结砖类和建筑砌块类为主，严格地说这些性能单一的低技术含量产品，只能作为过渡性的节能产品；其次，至今传统不合理的产品，仍然未彻底退出市场。

国外新型墙体材料发展相当迅速，美国、加拿大、法国、日本、德国、俄罗斯等国，在生产与应用混凝土砌块、纸面石膏板、灰砂砖、加气混凝土、复合轻质板等方面已居世界领先地位。在欧洲国家中，混凝土砌块的用量占墙体材料的比例达到 $10\% \sim 30\%$，砌块的规格、式样、品种、颜色非常丰富，产品的生产和应用标准、施工规范齐全。纸面石膏板在美国、日本等国家已经形成规模化生产，在利用工业废石膏的比例上不断提高。德国是灰砂砖生产和应用都居领先地位的国家，其次是日本和一些东欧国家。加气混凝土的性能进一步向轻质、高强、多功能方向发展，如法国、瑞典等国家已经将表观密度小于 $300kg/m^3$ 的产品投入市场，这种产品具有较低的吸水率和良好的保温性能。国外的轻质板也逐渐发展起来，其中包括玻璃纤维增强水泥板、石棉水泥板、硅酸钙板和各种保温材料复合而成的复合板。

二、新型墙体材料节能技术

新型墙体材料就是以非黏性土为原料生产的墙体材料，如非黏土砖、砌块和板材。这类的墙体材料具有质量轻、高强、节能、保温、隔热等特点。新型墙体材料节能技术就是根据新型墙体材料的特点，通过改善材料主体结构的热工性能，从而达到墙体节能的效果。由于单一的砌筑结构热导率不能满足建筑节能设计标准，所以通常采用在新型墙体材料的基础上增加保温隔热材料（如聚苯板、玻璃棉板等），形成复合的节能墙体。复合墙体作为外围护结构中的墙体称为复合外墙，根据其构造的不同，通常分为外墙内保温、外墙外保温、外墙夹芯保温。

外墙内保温是将保温材料置于外墙体的内侧，这是一种传统的外墙保温做法，其优点主要在于结构简单、施工方便。但这种做法的保温层在室内容易被破坏，也不便于进行修复。

特别是内保温做法，由于圈梁、楼板、构造柱等引起的热桥很难进行处理，热量损失比较大，达不到建筑节能的目标。外墙内保温做法主要有 4 种：a. 在外墙内侧粘贴或砌筑块状保温板，然后在表面抹保护层；b. 在外墙的内侧拼装复合板，在墙上粘贴聚苯板，用粉刷石膏做面层，玻璃纤维网格布增强；c. 在外墙内侧安装岩棉轻钢龙骨纸面石膏板；d. 直接在外墙内侧抹保温砂浆。

外墙外保温与其他外墙保温隔热技术相比，具有非常多的优越性，所以外墙外保温是目前广泛应用的一种建筑保温节能技术。外墙外保温具有的主要优点是：保温隔热效果好，建筑物外围护结构的热桥少，对热量损失影响比较小；能够有效保护主体结构，延长建筑物寿命；适用范围比较广，新旧建筑物都适宜，不同气候地区都适用；与外墙内保温相比，能扩大室内的使用空间，据统计，每户使用面积约增加 1.5%；也便于丰富美化建筑物的外立面。但是采用这种技术对现场施工要求比较高，采用的材料和施工质量要求严格。常用的外墙外保温技术有外挂式外保温和聚苯乙烯置于的内、外侧墙片之间，内、外侧墙片均可采用传统的黏土砖、混凝土空心砌块等，其优点是防水性能很好，对施工条件要求不高，不易被破坏。但是这种墙体通常要用拉结钢筋联合保温层内外侧墙片，这样会形成热桥，降低保温效果，其抗震性能较差。

外墙夹芯保温通常做法就是把保温层夹在内、外墙中间，墙体用混凝土或砖砌在保温材料的两侧，更理想的做法，可用保温承重装饰空心砌块来砌筑墙体。这种砌块是一种集保温、承重、装饰三种功能于一体的新型砌块，它是在出厂前把聚苯板插入砌块的空气层内，而砌块端头的接缝处在施工时插入保温材料。这种做法解决了目前国内在砌块建筑中内保温、外保温在墙面上产生裂缝的问题，而且建筑造价较低。

建设部在《建设事业"十一五"推广应用和限制禁止使用技术公告（第一批）》中，将墙体自保温体系首次列入推广应用技术公告内容，并明确了具体的技术指标，现在墙体自保温技术正在积极推广。节能建筑自保温技术主要是通过自保温墙体来达到节能的效果，不通过内、外墙保温技术，其自身热工指标就能达到国家和地方现行节能建筑节能标准要求的墙体结构。目前，自保温墙体材料主要有加气混凝土砌块、自保温砌块、自保温墙板。自保温砌块及多孔砖砌筑时，与传统多孔砖、空心砌块砌筑方法相同，只是需要专用的保温隔热浆料和黏结剂来取代原来的普通砂浆进行砌筑。这样，在砌筑墙体的同时，也将保温材料融入墙体之中，砌筑墙体与保温施工合二为一。

自保温墙板的做法通常是由工厂预制，现场进行装配，再喷抹水泥砂浆而成。另外，采用墙体自保温体系时，梁、柱节点和剪力墙的保温措施是非常必要的，可在梁、柱节点和剪力墙等部位内缩 30～50mm（即自保温墙体部分外凸），内缩部分用保温砂浆或同质材料粘贴即可，也可用同质材料制作模板，与混凝土整体浇注成型。节能建筑墙体自保温技术与其他墙体保温技术比较，具有与建筑同寿命、造价较低、施工方便、便于维修改造、安全性好等优点，可以有效降低能源消耗、减少环境污染、促进节能减排、实现可持续发展。

目前国内建筑市场已经广泛使用的各种墙体保温技术各具有其自身的优势，但同时也各自存在不足之处。有的系统虽然保温性能好，但存在寿命较短、防火性能差、外装饰受外界影响大等缺陷；有的系统虽然没有上述缺陷，但工程造价较高，很难广泛推广应用。相对而言，建筑节能墙体自保温技术具有与建筑同寿命、综合造价低、施工方便、便于维护等优点，因此在我国很多地区正在积极推广。但是目前适用于外墙自保温材料并不多，有待进一步加强开发研究。另外，对于外墙内保温、外墙夹芯保温、外墙外保温、外墙自保温等不同的节能措施，在工程中应当针对项目的特点进行不同的选择。选取建筑节能措施的过程中，应在保证节能效果的前提下，考虑工程的墙体构造及墙面装饰的具体要求，同时也要考虑到造价成本的控制和施工工期的要求。

随着科学技术的进步和可持续发展原则的推行，建筑节能方面的研究越来越受到全社会的重视。作为建筑节能设计中的重要节能材料之一，新型墙体材料一直处于研究的热点中。新型墙体材料是指以非黏土为原料具有节土、节能、利废、多功能、有利于环保并且符合可持续发展要求的各类墙体材料。

经过多年的努力，我国在发展新型墙体材料方面已经取得了长足的进步，已初步形成以砖、板、块、膜为主导产品的新型墙体材料体系。新型墙体材料的生产与应用比例已得到了大幅度的提升，节约了大量能耗和土地资源，获得了显著的社会效益和经济效益。针对我国的实际情况，在新型墙体材料方面研究应注意如下方面：①墙体材料具有很强的地域性，各地应根据当地实际情况发展新型建材；②传统的建筑体系与新型建筑墙体材料并不完全适应。推广新型墙体材料可从变革建筑体系入手；③目前传统的施工工艺并不能很好地满足新型墙体材料的施工要求，各地应制定新的施工标准以适应新型墙体材料的使用需要；④各地应可制定新型墙体材料的优惠政策，并实事求是地宣传新型墙体材料。

第五章

绿色建筑防水材料

防水工程是建筑工程中的重要组成部分，防水也是对建筑工程最基本的要求。建筑物的围护结构要防止雨水、雪水和地下水的渗透；要防止空气中的湿气、蒸汽和其他有害气体与液体的侵蚀；分隔结构要防止给排水的渗翻，这些防渗透、渗漏和侵蚀的材料统称为防水材料。由于地基的不均匀沉降、结构的变形、材料的热胀冷缩和施工过程中的硬性损伤等原因，建筑物的外壳和内部总会出现许多裂纹，防水材料的主要作用是防潮、防漏、防渗，避免水和溶于水中的盐分对建筑物的侵蚀，能很好地抵抗裂缝位移和变形引起的建筑体渗漏和破坏。由此可见，防水材料的质量优劣直接影响建筑物的使用功能和使用寿命。

第一节　绿色建筑防水材料概述

防水工程中所用防水材料，大体上可以分为自防水结构材料和附加防水层材料两类。补偿收缩混凝土、细石防水混凝土、高效预应力混凝土、防水块材是自防水结构材料的主体。附加防水层材料有防水卷材、防水涂料、水泥防水砂浆、沥青砂浆、细石防水混凝土、接缝密封材料、金属板材、胶结材料、止水材料、堵漏材料和各类瓦材等。

以前建筑防水的设计和选材主要关注的是防水材料的物理力学性能、使用性能和工程成本，而往往忽略防水材料在生产、施工和应用中是否会对人体的安全健康及生态环境造成有害影响。近年来，随着我国可持续发展战略的推进和绿色建筑理念的迅速推广，人们的生态环保意识逐步提高，节能、环保、高品质的新型绿色防水材料也随之快速发展，并在建筑工程中获得广泛应用。

一、绿色防水材料的特点

目前对绿色建筑材料尚无确切定义，比较普遍的观点是绿色建筑材料都必须要有利于环境和人体健康，并应当从建筑材料生命周期的角度来评判。防水材料是建筑材料中的一大类别，因此，绿色建筑防水材料应该是：合理利用资源，少用或不用不可再生资源，提倡使用废物和再生资源；节约能源，少用煤、石油和天然气等有限能源；保护环境，减少有害气体的排放，少用或不用对环境和人体健康有害的材料，禁用有毒材料；产品性能好，耐久、长寿命，可以减少更换次数；可回收使用，从而减轻因制造和废料处理中可能对环境的影响。

根据我国对绿色建筑的定义，概括起来，绿色建筑防水材料应具有以下基本特性。

（1）合理利用资源 尽量采用可再生资源（如木材、稻草、塑料等），少用或不用不可再生资源（如矿物、化石燃料等），提倡资源循环利用和使用废弃物，这是绿色建筑材料最好的体现。

（2）尽量节约能源 少用煤炭、石油和天然气等有限能源，通过各种有效手段节约电能，大力提倡利用太阳能、风能和水能等清洁能源。

（3）保护生态环境 合理、充分利用资源，降低材料和能源的消耗，减少有害气体的排放，少用或不用对环境有害的材料，严格禁止采用有毒的材料。

（4）确实保障人体健康 在选择防水材料要尽量减少对健康不利的污染物，当室内有污染物时，应从室外引入清洁空气稀释室内空气。要充分利用阳光促进人体健康，利用高性能窗来获得充裕的阳光，并注意噪声对人体的危害。

（5）耐久性能良好 防水材料的耐久性在工程应用中极其重要，使用寿命长的产品可以减少更换的次数，有的可以重新使用，从而减轻因制造和废料处理可能对环境产生的影响。

在绿色建筑防水材料的研发、设计、生产、施工和应用中，应需要综合加以考虑，如尽可能用水性化、高固化、粉状化、生态化；原料尽可能不用或少用沥青、有机溶剂、重金属和有毒助剂；生产和施工场地尽可能做到无废水、废气、废渣、废物；产品应无毒、无害、无味、无污染，并尽可能兼有防水、保温、隔热、防火吸声和装饰美化等多种功能；生产工艺要简便安全，成本控制在合理的范围内。

二、绿色防水材料的分类

按照组成材料不同对防水材料分类，主要可分为沥青类防水材料和合成高分子防水材料。沥青通过掺加矿物填充料和高分子填充料进行改性后，研究和开发出沥青基防水材料。新型高分子防水材料是通过石油化工和高分子合成技术研制出来的产品，具有高弹性、延伸性好、耐老化、使用寿命长和可单层防水等诸多优点。

按照材料的外观形态分类，防水制品可以为防水卷材、防水涂料和密封材料等。防水卷材是将沥青类或高分子类防水材料浸渍在胎体上，以卷材形式制成的防水材料产品，分为沥青防水卷材、高聚物防水卷材和合成高分子防水卷材。防水涂料是把黏稠液体涂在建筑物的表面，经过化学反应，溶剂或水分挥发在建筑物的表面形成一层薄膜，使得建筑物表面与水隔绝而起到防水密封的作用。密封材料则是指填充于建筑物接缝、门窗四周、玻璃镶嵌处等部位，这是一种较好的水密性和气密性材料。

总之，目前在建筑工程中应用的防水材料大体上可分为 5 类，即沥青防水卷材、高分子防水片材、建筑防水涂料、建筑密封材料及防渗堵漏等特种用途的防水材料。每种防水材料各具有不同的特性，因此必须根据防水工程的部位、条件、所处的环境、建筑的等级、功能需要，选用适宜的防水材料，发挥各类防水材料的特性，使之获得最佳防水效果。

第二节 常用绿色建筑防水卷材

在我国建筑防水产品中，防水卷材的用量约占 70%，防水卷材是整个建筑工程防水的第一道屏障，也是建筑工程防水材料的重要品种之一。目前建筑工程使用较多的绿色防水卷材产品主要有高分子防水卷材和高聚物改性沥青防水卷材。

常用的高分子防水卷材主要有三元乙丙橡胶防水卷材（EPDM）、聚氯乙烯防水卷材（PVC）、热塑性聚烯烃防水卷材（TPO），这些卷材具有良好的耐温和抗老化功能，称为三大绿色防水卷材。常用的高聚物改性沥青防水卷材主要有 SBS 改性沥青防水卷材、APP 改性沥青防水卷材、丁苯橡胶改性沥青防水卷材、再生橡胶改性沥青防水卷材、铅箔橡胶改性沥青防水卷材、自粘性改性沥青防水卷材等。

一、SBS 改性沥青防水卷材

现行国家标准《弹性体改性沥青防水卷材》（GB 18242—2008）中规定，弹性体改性沥青防水卷材系指以聚酯毡、玻纤毡、玻纤增强聚酯毡为胎基，以苯乙烯-丁二烯-苯乙烯热塑性弹性体作石油沥青改性剂，两面覆以隔离材料所制成的防水卷材（简称 SBS）。SBS 是塑料、沥青材料的增塑剂，加入沥青中的 SBS（掺加量为沥青的 $10\% \sim 15\%$）与沥青相互作用，形成分子键结合牢固的沥青混合物，从而明显改善了卷材的弹性、延伸性、高温稳定性、柔韧性和耐久性等性能。

SBS 改性沥青防水卷材具有很好的耐高温性能，可以在 $-25℃$ 到 $+100℃$ 的温度范围内使用，不仅具有较高的弹性和耐疲劳性，而且具有高达 1500% 的伸长率和较强的耐穿刺能力、耐撕裂能力。这种防水卷材适用于Ⅰ、Ⅱ级建筑的防水工程，尤其适用于低温寒冷地区和结构变形频繁的建筑防水工程。

SBS 改性沥青防水卷材，按其胎基不同，可分为聚酯胎（PY）、玻璃纤维胎（G）和玻纤增强聚酯胎（PYG）3 类；按其表面材料不同，可分为聚乙烯膜（PE）、细砂（S）与矿物粒（片）料（M）3 种，下表面材料不同，可分为细砂（S）和聚乙烯膜（PE）两种；按其物理力学性能不同，分为Ⅰ型和Ⅱ型两种。细砂为粒径不超过 0.60mm 的矿物颗粒。

弹性体改性沥青防水卷材的技术指标如表 5-1 所列。

表 5-1　SBS 改性沥青防水卷材的技术指标

项　　目		技术指标				
		Ⅰ型		Ⅱ型		
		PY	G	PT	G	PYG
可溶物含量/(g/m²)	3mm	2100				—
	4mm	2900				
	5mm	3500				
	试验现象	—	胎不燃	—	胎不燃	—
耐热性	温度/℃	90		105		
	变形量/mm	≤2.0				
	试验现象	无流淌、滴落				
低温柔性/℃		−20		−25		
		无裂缝				
不透水性(30min)		0.3MPa	0.2MPa	0.3MPa		
拉力	最大峰拉力/[N(50mm)]	≥500	≥350	≥800	≥500	≥900
	次高峰拉力/[N(50mm)]	—	—	—	—	≥800
	试验现象	拉伸过程中,试件中部无沥青涂盖层开裂与胎基分离现象				
延伸率	最大峰时延伸率/%	≥30	—	≥40	—	—
	第二峰时延伸率/%	—	—	—	—	≥15
浸水后质量增加/%	PE、S	≤1.0				
	M	≤2.0				

项　目		技术指标				
		Ⅰ型		Ⅱ型		
		PY	G	PT	G	PYG
热老化	拉力保持率/%	≥90				
	延伸率保持率/%	≥80				
	低温柔性/℃	−15		−20		
		无裂缝				
	尺寸变化率/%	≤0.7	—	≤0.7	—	≤0.3
	质量损失	1.0				
渗油性	张数	≤2				
接缝剥离强度/(N/mm)		≥1.5				
钉杆撕裂强度①/N		—				≥300
矿物粒料黏附性②/g		≤2.0				—
卷材下表面沥青涂盖层厚度③/mm		1.0				—
人工气候加速老化	外观	无滑动、流淌、滴落				
	拉力保持率/%	≥80				
	低温柔性/℃	−15		−20		
		无裂缝				

① 仅适用于单层机械固定施工方式卷材。

② 仅适用于矿物粒料表面的卷材。

③ 仅适用于热熔施工的卷材。

二、APP 改性沥青防水卷材

根据现行国家标准《塑性体改性沥青防水卷材》（GB 18243—2008）中规定，弹性体改性沥青防水卷材系指以聚酯毡、玻纤毡、玻纤增强聚酯毡为胎基，以无规聚丙烯（APP）或聚烯烃类聚合物（APAO、APO）作石油沥青改性剂，两面覆以隔离材料所制成的防水卷材（简称 APP）。塑性体改性沥青防水卷材耐热性优异，耐水性和耐腐蚀性好，软化点在 150℃以上，温度适应范围为−15～130℃。与 SBS 改性沥青防水卷材相比，APP 改性沥青防水卷材具有更好的耐高温性能，更适宜用于炎热地区。

塑性体改性沥青防水卷材，按其胎基不同，可分为聚酯胎（PY）、玻璃纤维胎（G）和玻纤增强聚酯胎（PYG）三类。按其物理力学性能不同，分为Ⅰ型和Ⅱ型两种。按上表面隔离材料分为聚乙烯膜（PE）、细砂（S）和矿物粒（片）料（M）三种。塑性体改性沥青防水卷材的技术指标如表 5-2 所列。

表 5-2　塑性体改性沥青防水卷材的技术指标

项　目		技术指标				
		Ⅰ型		Ⅱ型		
		PY	G	PY	G	PYG
可溶物含量/(g/m²)	3mm	2100				—
	4mm	2900				—
	5mm	3500				
	试验现象	—	胎不燃		胎不燃	—
耐热性	温度/℃	110		130		
	mm	≤2.0				
	试验现象	无流淌、滴落				
低温柔性/℃		−7		−15		
		无裂缝				

项　目		技术指标				
		Ⅰ型		Ⅱ型		
		PY	G	PY	G	PYG
不透水性(30min)		0.3MPa	0.2MPa	0.3MPa		
拉力	最大峰拉力/[N/(50mm)]	≥500	≥350	≥800	≥500	≥900
	次高峰拉力/[N/(50mm)]	—	—	—	—	≥800
	试验现象	拉伸过程中,试件中部无沥青涂盖层开裂与胎基分离现象				
延伸率	最大峰时延伸率/%	≥30	—	≥40	—	—
	第二峰时延伸率/%	—	—	—	—	≥15
浸水后质量增加/%	PE、S	1.0				
	M	≤2.0				
热老化	拉力保持率/%	≥90				
	延伸率保持率/%	≥80				
	低温柔性/℃	−2		−10		
		无裂缝				
	尺寸变化率/%	≤0.7	—	≤0.7	—	≤0.3
	质量损失	1.0				
渗油性	张数	≤2				
接缝剥离强度/(N/mm)		≥1.0				
钉杆撕裂强度①/N		—				≥300
矿物粒料黏附性②/g		≤2.0				
卷材下表面沥青涂盖层厚度③/mm		≥1.0				
人工气候加速老化	外观	无滑动、流淌、滴落				
	拉力保持率/%	≥80				
	低温柔性/℃	−2		−10		
		无裂缝				

① 仅适用于单层机械固定施工方式卷材。

② 仅适用于矿物粒料表面的卷材。

③ 仅适用于热熔施工的卷材。

三、聚氯乙烯 PVC 防水卷材

根据现行国家标准《聚氯乙烯 PVC 防水卷材》(GB 12952—2011) 中的规定,聚氯乙烯(PVC)防水卷材是以聚氯乙烯树脂为主要原料,加入各类专用助剂和抗老化组分,采用先进设备和先进的工艺生产制成的性能优异的高分子防水材料。

聚氯乙烯 PVC 防水卷材具有拉伸强度大、延伸率高、收缩率小、低温柔性好、使用寿命长、性能稳定、质量可靠、施工方便等特点。适用于工业与民用建筑的各种屋面防水(包括种植屋面、平屋面、坡屋面),建筑物地下防水(包括水库、堤坝、水渠以及地下室各种部位防水防渗),隧道、高速公路、高架桥梁、粮库、人防工程、垃圾填埋场、人工湖等。

(一)聚氯乙烯防水卷材的分类与规格

(1)聚氯乙烯防水卷材的分类　按产品的组成可分为均质卷材(代号为 H)、带纤维背衬卷材(代号为 L)、织物内增强卷材(代号为 P)、玻璃纤维内增强卷材(代号为 G)、玻璃纤维内增强卷材带纤维背衬卷材(代号为 GL)。

(2)聚氯乙烯防水卷材的规格　公称长度规格为 15m、20m 和 25m;公称宽度规格为 1.00m、2.00m;厚度规格为 1.2mm、1.5mm、1.8mm 和 2.0mm。防水卷材的其他规格可由供需双方商定。

(二) 聚氯乙烯防水卷材的一般要求

(1) 尺寸偏差要求　长度和宽度应不小于规格值的 99.5%，厚度不应小于 1.2mm，厚度允许偏差和最小单值如表 5-3 所列。

表 5-3　厚度允许偏差和最小单值

厚度/mm	允许偏差/%	最小单值/mm	厚度/mm	允许偏差/%	最小单值/mm
1.20	−5,+10	1.05	1.80	−5,+10	1.65
1.50		1.35	2.00		1.85

(2) 卷材外观要求　聚氯乙烯防水卷材的应符合下列要求：①每卷卷材接头不多于一处，其中较短的一段不应少于 1500mm，接头应剪切整齐并加长 150mm；②卷材的表面应平整、边缘整齐、无裂纹、孔洞、黏结、气泡和疤痕。

(三) 聚氯乙烯防水卷材的材料性能

(1) 聚氯乙烯防水卷材的材料性能要求　应符合表 5-4 中的规定。

表 5-4　聚氯乙烯防水卷材的材料性能要求

序号	项 目		技术指标				
			H	L	P	G	GL
1	中间胎基上面树脂层厚度/mm		—			≥0.40	
2	拉伸性能	最大拉力/(N/cm)	—	≥120	≥250	—	≥120
		拉伸强度/MPa	≥10.0	—	—	≥10.0	—
		最大拉力时伸长率/%	—	—	≥15	—	—
		断裂伸长率/%	≥200	≥150	—	≥200	≥100
3	热处理尺寸变化率/%		2.0	1.0	0.5	0.1	0.1
4	低温弯折性		−25℃无裂纹				
5	不透水性		0.3MPa,2h 不透水				
6	抗冲击性能		0.5kg·m,不渗水				
7	抗静态荷载		20kg 不渗水				
8	接缝剥离强度/(N/mm)		4.0 或卷材破坏		3.0		
9	直角撕裂强度/(N/mm)		50	—	—	50	—
10	梯形撕裂强度/(N/mm)		—	150	250	—	220
11	吸水率(70℃,168h)/%	浸水后	≤4.0				
		晾置后	≥−0.40				
12	热老化(80℃)	时间/h	672				
		外观	无起泡、裂纹、分层、黏结和孔洞				
		最大拉力保持率/%	—	≥85	≥85	—	≥85
		拉伸强度保持率/%	≥85	—	—	≥85	—
		最大拉力时伸长率保持率/%	—	—	≥80	—	—
		断裂伸长率保持率/%	≥80	≥80	—	≥80	≥80
		低温弯折性	−20℃无裂缝				
13	耐化学性	外观	无起泡、裂纹、分层、黏结和孔洞				
		最大拉力保持率/%	—	≥85	≥85	—	≥85
		拉伸强度保持率/%	≥85	—	—	≥85	—
		最大拉力时伸长率保持率/%	—	—	80	—	—
		断裂伸长率保持率/%	≥80	≥80	—	≥80	≥80
		低温弯折性	−20℃无裂缝				

序号	项　目		技术指标				
			H	L	P	G	GL
14	人工气候加速老化	时间/h	1500				
		外观	无起泡、裂纹、分层、黏结和孔洞				
		最大拉力保持率/%	—	≥85	≥85	—	≥85
		拉伸强度保持率/%	≥85	—	—	≥85	—
		最大拉力时伸长率保持率/%	—	—	—	≥80	—
		断裂伸长率保持率/%	≥80	≥80	—	≥80	≥8
		低温弯折性	—20℃无裂缝				

注：1. 抗静态荷载仅对用于压铺屋面的卷材要求；2. 单层卷材屋面使用产品的人工气候加速老化时为2500h；3. 非外露使用的卷材不要求测定人工气候加速老化。

（2）抗风揭能力　采用机械固定方法施工的单层屋面卷材，其抗风揭能力的模拟风压等级应不低于4.3kPa。

四、三元乙丙橡胶防水卷材

三元乙丙橡胶防水卷材简称为 EPDM，系以乙烯、丙烯和双环戊二烯或降冰片烯等3种单体共聚合成的三元乙丙橡胶为主体，掺入适量的丁基橡胶、软化剂、补强剂、填充剂、促进剂和硫化剂等，经过配料、密炼、拉片、过滤、热炼、挤出或压延成型、硫化、检验、分卷、包装等工序，加工制成可卷曲的高弹性防水材料。

由于这种防水卷材具有耐老化、使用寿命长、弹性比较好、拉伸强度高、延伸率较大、对基层伸缩或开裂变形适应性强，以及耐高低温性能好、质量比较轻、可单层施工等特点，此外，其还具有质量比较轻（为 1.2～2.0kg/m^2）、使用温度范围广（—40℃～+80℃）、可以冷操作、对环境污染少等优点，所以在国内外发展很快，产品在国内属于高档防水卷材。

三元乙丙橡胶防水卷材适用于屋面、楼房地下室、地下铁道、地下停车站、桥梁、隧道工程的防水，也适用于排灌渠道、水库、蓄水池、污水处理池等的防水隔水等。三元乙丙橡胶防水卷材应符合国家标准《高分子防水材料　第1部分：片材》（GB 18173.1—2012）中的规定。三元乙丙橡胶防水卷材物理性能指标如表 5-5 所列。

表 5-5　三元乙丙橡胶防水卷材物理性能指标

项　目		性能指标
断裂拉伸强度/MPa	常温(23℃)	≥4.0
	高温(60℃)	≥0.5
扯断伸长率/%	常温(23℃)	≥400
	高温(60℃)	≥200
撕裂强度/(kN/m)		≥18
不透水性 30min 无渗漏/MPa		0.30
低温度弯折/℃		≤-30 无裂纹
加热伸缩量/mm	延伸	<2
	收缩	<4
热空气老化(80℃×168h)	断裂拉伸强度保持率/%	≥90
	扯断伸长率保持率/%	≥70
	100%伸长率外观	无裂纹
耐碱性[饱和 Ca(OH)$_2$溶液 23℃×168h]	断裂拉伸强度保持率/%	≥80
	扯断伸长率保持率/%	≥90

续表

项 目		性能指标
臭氧老化(40℃×168h)	伸长率40%,500×10⁻⁸	无裂纹
人工气候老化	断裂拉伸强度保持率/%	≥80
	扯断伸长率保持率/%	≥70
	100%伸长率外观	无裂纹
黏结剥离强度(片材与片材)	标准试验条件/(N/mm²)	≥1.5
	浸水保持率(23℃×168h)/%	≥70

注：1. 人工气候老化和黏结剥离强度为推荐项目；
2. 非外露使用可以不考核臭氧老化、人工气候老化、加热伸缩量、60℃拉伸强度性能。

五、自粘聚合物改性沥青防水卷材

根据国家标准《自粘聚合物改性沥青防水卷材》(GB 23441—2009)中的规定，按有无胎基增强可分为无胎基（N类）和聚酯胎基（PY类）。N类按上表面材料不同，可分为聚乙烯膜（PE）、聚酯膜（PET）、无膜双面自粘（D）；PY类按上表面材料不同，可分为聚乙烯膜（PE）、细砂（S）、无膜双面自粘（D）。N类自粘聚合物改性沥青防水卷材的技术指标如表 5-6 所列，PY类自粘聚合物改性沥青防水卷材的技术指标如表 5-7 所列。

表 5-6　N类自粘聚合物改性沥青防水卷材的技术指标

项 目			技术指标		
单位面积质量厚度	厚度规格/mm		1.2	1.5	2.0
	上表面材料		PE、PET、D	PE、PET、D	PE、PET、D
	单位面积质量/(kg/m²)		1.2	1.5	2.0
	厚度/mm	平均值	≥1.2	≥1.5	≥2.0
		最小单值	1.0	1.3	1.7
外观质量	(1)成卷卷材应卷紧、卷齐，端面里进外出不得超过20mm； (2)成卷卷材在4～45℃任一产品温度下展开，在距离卷芯1000mm长度外不应有裂纹或长度10mm以上的黏结； (3)卷材表面应平整，不允许有孔洞、结块、气泡、缺边和裂口，上表面为细砂的，细砂应均匀一致并紧密地黏附于卷材表面； (4)每卷卷材接头不应超过一个，较短的一段长度不应少于1000mm，接头应剪切整齐，并加长150mm				

项 目		PE		PET		D
		Ⅰ	Ⅱ	Ⅰ	Ⅱ	
物理力学性能	拉伸性能	拉力/[N/(50mm)]	≥150	≥200	≥120	≥200	—
		最大拉力时延伸率/%	≥200		≥30		—
		沥青断裂延伸率/%	≥250		≥150		≥450
		拉伸时的现象	拉伸过程中，在膜断裂前无沥青涂盖层与膜分离现象				
	钉杆撕裂强度/N		≥60	≥110	≥30	≥40	
	耐热性		70℃滑动不超过2mm				
	低温柔性/℃		—20	—30	—20	—30	—20
			无裂纹				
	不透水性		0.2MPa,120min 不透水				—
	剥离强度/(N/mm²)	卷材与卷材	≥1.0				
		卷材与铝板	≥1.5				
	钉杆水密性		通过				
	渗油性/张		≤2				
	持黏性/min		≥20				

项 目		技术指标				
项 目		PE		PET		D
		I	II	I	II	
物理力学性能	热老化	拉力保持率/%		≥80			
		最大拉力时延伸率/%		≥200		≥30		400（沥青层断裂延伸率）
		低温柔性/℃	−18	−28	−18	−28	−18
				无裂纹			
		剥离强度（卷材与铝板）/(N/mm²)		≥1.5			
	热稳定性	外观		无起皱、皱褶、滑动、流淌			
		尺寸变化/%		≤2.0			

表 5-7　PY 类自粘聚合物改性沥青防水卷材的技术指标

项 目			技术指标	
			I	II
可溶物含量/(g/m²)		2.0mm	≥1300	—
		3.0mm	≥2100	
		4.0mm	≥2900	
拉伸性能	拉力[N/(50mm)]	2.0mm	≥350	—
		3.0mm	≥450	≥600
		4.0mm	≥450	≥800
	最大拉力时延伸率/%		≥30	≥40
耐热性			70℃滑动不超过2mm	
低温柔性/℃			−20	−30
			无裂纹	
不透水性			0.2MPa,120min不透水	
剥离强度/(N/mm²)	卷材与卷材		≥1.0	
	卷材与铝板		≥1.5	
钉杆水密性			通过	
渗油性/张			≤2	
持黏性/min			≥15	
热老化	拉力保持率/%		≥80	
	最大拉力时延伸率/%		≥30	≥40
	低温柔性/℃		−18	−28
			无裂纹	
	剥离强度/(N/mm²)	卷材与铝板	≥1.5	
		卷材与卷材	≥1.5	≥1.0
自粘沥青再剥离强度/(N/mm)			≥1.5	

六、铝箔面石油沥青防水卷材

根据现行行业标准《铝箔面石油沥青防水卷材》（JC/T 504—2007）中规定，铝箔面石油沥青防水卷材是指以玻纤毡为胎基、浸涂石油沥青，其上面用压纹铝箔，下表面采用细砂或聚乙烯膜作为隔离处理的防水卷材。

铝箔面石油沥青防水卷材对阳光的反射率高，能抗老化，延长油毡的使用寿命，并能降低房屋顶层的室内温度。这种防水卷材耐高低温性能好，高温（85℃）不流淌，低温（−20℃）不脆裂，且具有较高的强度，延伸率较大，弹塑性较好，对基层伸缩或开裂的适应性较强，可冷作业施工，施工工序简便，能改善施工人员的劳动条件等优点。铝箔面石油沥青防水卷材的技术指标如表 5-8 所列。

表 5-8 铝箔面石油沥青防水卷材的技术指标

项 目		技术指标	
		I	II
质量 厚度 面积	单位面积质量/(kg/m²)	≥2.85	≥3.80
	厚度/mm	≥2.4	≥3.2
	面积	卷材的面积偏差不超过标称面积的 1%	
外观 质量	(1)成卷卷材应卷紧卷齐,卷筒两端厚度差不得超过 5mm,端面里进外出不得超过 10mm; (2)成卷卷材在 4~45℃任一产品温度下展开,在距卷芯 1000mm 长度外不应有裂纹或长度 10mm 以上的黏结; (3)胎基应浸透,不应有未被浸渍的条纹,铝箔应与涂盖材料黏结牢固,不允许有分层和气泡现象,铝箔表面应花纹整齐,无污迹、折皱、裂纹等缺陷,铝箔应为轧制铝,不得采用塑料镀铝膜; (4)在卷材覆铝箔的一面沿纵向留 70~100mm 无铝箔的搭接边,在搭接边上可撒细砂或聚乙烯膜; (5)卷材表面平整,不允许有孔洞、缺边和裂口; (6)每卷卷材接头不多于一处,其中较短的一段不应少于 2500mm,接头应剪切整齐并加长 150mm			
物理 性能	可溶物含量/(g/m²)	≥1550	≥2050
	拉力/[N/(50mm)]	≥450	≥500
	柔度	5℃,绕半径 35mm 圆弧无裂纹	
	耐热度	(90±2)℃,2h,涂盖层无滑动、无起泡、流淌	
	分层	(50±2)℃,7d 无分层现象	

七、热塑性聚烯烃防水卷材

根据现行国家标准《热塑性聚烯烃（TPO）防水卷材》（GB 27789—2011）中的规定，本标准适用于建筑工程用的以乙烯和 α-烯烃的聚合物为主要原料制成的防水卷材。

(一) 热塑性聚烯烃防水卷材的分类与规格

（1）热塑性聚烯烃防水卷材的分类　按产品的组成可分为均质卷材（代号为 H）、带纤维背衬卷材（代号为 L）、织物内增强卷材（代号为 P）。

（2）热塑性聚烯烃防水卷材的规格　公称长度规格为 15m、20m 和 25m；公称宽度规格为 1.00m、2.00m；厚度规格为 1.2mm、1.5mm、1.8mm 和 2.0mm。防水卷材的其他规格可由供需双方商定。

(二) 热塑性聚烯烃防水卷材的一般要求

（1）尺寸偏差要求　热塑性聚烯烃长度和宽度应不小于规格值的 99.5%，厚度不应小于 1.2mm，厚度允许偏差和最小单值如表 5-9 所列。

表 5-9 厚度允许偏差和最小单值

厚度/mm	允许偏差/%	最小单值/mm	厚度/mm	允许偏差/%	最小单值/mm
1.20	−5,+10	1.05	1.80	−5,+10	1.65
1.50		1.35	2.00		1.85

（2）卷材外观要求　热塑性聚烯烃防水卷材的应符合下列要求：①每卷卷材接头不多于一处，其中较短的一段不应少于 1500mm，接头应剪切整齐并加长 150mm；②卷材的表面应平整，边缘整齐、无裂纹、孔洞、黏结、气泡和疤痕。卷材耐候面（上表面）宜为浅色。

（三）热塑性聚烯烃防水卷材的材料性能

热塑性聚烯烃防水卷材的材料性能要求应符合表 5-10 中的规定。

表 5-10　热塑性聚烯烃防水卷材的材料性能要求

序号	项 目		技术指标		
			H	L	P
1	中间胎基上面树脂层厚度/mm		—		≥0.40
2	拉伸性能	最大拉力/(N/cm)	—	≥200	≥250
		拉伸强度/MPa	≥12.0	—	—
		最大拉力时伸长率/%	—	—	≥15
		断裂伸长率/%	≥500	≥250	—
3	热处理尺寸变化率/%		2.0	1.0	0.5
4	低温弯折性		−40℃无裂纹		
5	不透水性		0.3MPa,2h 不透水		
6	抗冲击性能		0.5kg·m,不渗水		
7	抗静态荷载		—		20kg 不渗水
8	接缝剥离强度/(N/mm)		4.0 或卷材破坏	3.0	
9	直角撕裂强度/(N/mm)		60	—	—
10	梯形撕裂强度/(N/mm)		—	250	450
11	吸水率(70℃,168h)/%		4.0		
12	热老化(80℃)	时间/h	672		
		外观	无起泡、裂纹、分层、黏结和孔洞		
		最大拉力保持率/%	—	≥85	≥85
		拉伸强度保持率/%	≥85	—	—
		最大拉力时伸长率保持率/%	—	—	≥80
		断裂伸长率保持率/%	≥80	—	≥80
		低温弯折性	−40℃无裂缝		
13	耐化学性	外观	无起泡、裂纹、分层、黏结和孔洞		
		最大拉力保持率/%	—	≥90	≥90
		拉伸强度保持率/%	≥90	—	—
		最大拉力时伸长率保持率/%	—	—	≥90
		断裂伸长率保持率/%	≥90	≥90	—
		低温弯折性	−40℃无裂缝		
14	人工气候加速老化	时间/h	1500		
		外观	无起泡、裂纹、分层、黏结和孔洞		
		最大拉力保持率/%	—	≥90	≥90
		拉伸强度保持率/%	≥90	—	—
		最大拉力时伸长率保持率/%	—	—	≥90
		断裂伸长率保持率/%	≥90	≥90	—
		低温弯折性	−40℃无裂缝		

注：1. 抗静态荷载仅对用于压铺屋面的卷材要求；2. 单层卷材屋面使用产品的人工气候加速老化时为 2500h。

八、承载防水卷材

承载防水卷材是一种具有承载功能的新型防水材料，此材料除具有现有防水片材的防水功能外，还具有与防水工程主体相结合并能够承受工程的法向拉力、切向剪切力、侧向剥离力的功能。这种既能防水又能承受工程各种力的防水卷材，为提高防水工程质量和适应各种不同工程的需要打开了新的一页。

根据现行国家标准《承载防水卷材》（GB 21897—2008）中的规定，本标准适用于以水泥材料与工程主体混凝土黏结，并能够承受工程切向剪切力、法向拉力、侧向剥离力的复合高分子防水卷材，主要用于地下防水、隧道防水、路桥防水、衬砌工程、屋面防水等。

（一）承载防水卷材的技术要求

（1）卷材规格尺寸及允许偏差 承载防水卷材的公称厚度为大于1.0mm，其允许偏差为10%；公称宽度为大于1000mm，其允许偏差为1%；长度不允许出现负值。对于特殊规格，由供需双方商定。

（2）每卷卷材的块数 卷材每卷允许由两块组成，最小块长度应不小于10m。

（3）卷材外观质量 卷材表面应平整，一般为黑色，色泽均匀，表面不能有影响使用性能的杂质、机械损伤、折痕及异常黏着等缺陷。

（二）承载防水卷材的物理性能

承载防水卷材的物理性能应符合表5-11中的规定。

表5-11 承载防水卷材的物理性能

项 目		技术指标	项 目		技术指标
断裂拉伸强度(纵/横)/(N/cm)		≥60	复合强度/Nmm		≥1.0
拉断伸长率(纵/横)/%		≥20	粘接剥离强度/Nmm		≥2.0
不透水性(30min,0.6MPa)		无渗漏	加热伸缩量 (纵/横)/mm	延伸	≤2
断裂强度(纵/横)/N		≥75		收缩	≤4
承载性能	正拉强度/MPa	≥0.7	热空气老化(纵/横)(80℃,168h)	断裂拉伸强度保持率/%	≥65
	剪切强度/MPa	≥1.3		拉断伸长率保持率/%	≥65
	剥离强度/MPa	≥0.4	耐碱性(纵/横) [10%Ca(OH)₂, 23℃,168h]	断裂拉伸强度保持率/%	≥65
低温弯折(纵/横)		−20℃,对折无裂纹		拉断伸长率保持率/%	≥65

九、改性沥青聚乙烯胎防水卷材

根据现行国家标准《改性沥青聚乙烯胎防水卷材》（GB 18967—2009）中的规定，本标准适用于以高密度聚乙烯膜为胎基，上下两面为改性沥青或自粘沥青，表面覆盖隔离材料制成的防水卷材。改性沥青聚乙烯胎防水卷材适用于非外露的建筑与基础设施的防水工程。

（一）改性沥青聚乙烯胎防水卷材的分类与规格

1. 改性沥青聚乙烯胎防水卷材的分类

（1）改性沥青聚乙烯胎防水卷材，按产品的施工工艺可分为热熔型（代号为T）和自粘型（代号为S）两种。

（2）热熔型产品按改性剂的成分不同，分为改性氧化沥青防水卷材（代号为Q）、丁苯橡胶改性氧化沥青防水卷材（代号为M）、高聚物改性沥青防水卷材（代号为P）、高聚物改性沥青耐树根穿刺防水卷材（代号为R）4类。

（3）按隔离材料不同，热熔型卷材上下表面的隔离材料为聚乙烯膜（代号为E），自粘型卷材上下表面的隔离材料为防粘材料。

2. 改性沥青聚乙烯胎防水卷材的规格

（1）卷材厚度，热熔型为3.0mm、4.0mm，其中耐树根穿刺卷材为4.0mm。自粘型为

2.0mm、3.0mm。卷材公称宽度 1000mm、1100mm。卷材公称面积每卷面积为 10.0m²、11.0m²。

（2）生产其他规格的改性沥青聚乙烯胎防水卷材，可由供需双方协商确定。

（二）改性沥青聚乙烯胎防水卷材的一般要求

（1）单位面积质量及规格尺寸　改性沥青聚乙烯胎防水卷材的单位面积质量及规格尺寸应符合表 5-12 中的规定。

表 5-12　防水卷材的单位面积质量及规格尺寸

防水卷材公称厚度/mm		2	3	4
单位面积质量/(kg/m²)		≥2.1	≥3.1	≥4.2
每卷面积偏差/m²		0.2		
卷材厚度/mm	平均值	≥2.0	≥3.0	≥4.0
	最小单值	≥1.8	≥2.7	≥3.7

（2）卷材外观要求　改性沥青聚乙烯胎防水卷材的应符合下列要求：①成卷卷材应卷紧卷齐，端面里进外出不得超过 20mm；②成卷卷材在 4～45℃任一产品温度下展开，在距离卷材芯部 1000mm 长度外不应有裂纹或长度 10mm 以上的黏结；③卷材表面应平整，不允许有孔洞、结块、气泡、缺边和裂口、疙瘩或其他能观察到的缺陷存在；④每卷卷材接头不应超过一个，较短的一段长度不应少于 1000mm，接头应剪切整齐，并加长 150mm。

（三）改性沥青聚乙烯胎防水卷材的物理力学性能

（1）改性沥青聚乙烯胎防水卷材的物理力学性能　应符合表 5-13 中的规定。

表 5-13　防水卷材的物理力学性能

序号	项目名称			技术指标				
				T				S
				O	M	P	R	M
1	不透水性			0.4MPa,30min,不透水				
2	耐热性/℃			90				70
				无流淌，无起泡				
3	低温柔性/℃			−5	−10	−20	−20	−20
				无裂纹				
4	拉伸性能	拉力/(N/mm)	纵向	≥200			≥400	≥200
			横向					
		断裂伸长率/%	纵向	≥120				
			横向					
5	尺寸稳定性		℃	90				70
			%	≤2.5				
6	卷材下表面沥青涂盖层厚度/mm			≥1.0				
7	剥离强度/(N/mm)	卷材与卷材		—				≥1.0
		卷材与铝板		—				≥1.5
8	钉杆的水密性			—				通过
9	持黏性/min			—				≥15
10	自粘沥青再剥离强度(与铝板)/(N/mm)			—				≥1.5
11	热空气老化	纵向拉力/(N/mm)		≥200			≥400	≥200
		纵向断裂延伸率/%		≥0	≥5	≥−10	≥−10	≥−10
		低温柔性/℃		无裂纹				

（2）耐树根穿刺卷材应用性能　高聚物改性沥青耐树根穿刺防水卷材（R）的性能除应符合表 5-13 中的要求外，其耐树根穿刺与耐霉菌腐蚀性能，还应符合《种植屋面用耐根穿刺防水卷材》（JC/T 1075—2008）中表 2 的规定。

十、带自粘层的防水卷材

根据现行国家标准《带自粘层的防水卷材》（GB/T 23260—2009）中的规定，本标准适用于表面覆以自粘的冷施工防水卷材。带自粘层的防水卷材具有良好的柔韧性和延展性，适应变形的能力较强，施工便利、安全、环保。不仅适用于工业与民用修建的地下工程（地下室、地铁、地道）及水池、水渠等隐蔽工程防水，也适用于非显露修建的屋面防水，更适用于施工现场禁用溶剂和明火的工程。

（一）带自粘层的防水卷材的主体材料要求

主体材料产品性能。带自粘层的防水卷材应符合主体材料相关现行产品标准的要求，其中受自粘层影响性能的补充说明，可参见《带自粘层的防水卷材》（GB/T 23260—2009）中的表 2。

（二）带自粘层的防水卷材的物理力学性能

带自粘层的防水卷材的物理力学性能应符合表 5-14 中的规定。

表 5-14　带自粘层的防水卷材的物理力学性能

项目		技术指标	项目	技术指标
剥离强度/(N/mm)	卷材与卷材	≥1.0	热老化后剥离强度/(N/mm)	≥1.5
	卷材与铝板	≥1.5	自粘面的耐热性	70℃,2h,无流淌
浸水后剥离强度/(N/mm)		≥1.5	持黏性/min	≥15

第三节　常用绿色建筑防水涂料

防水涂料也称为涂膜防水涂料，是一种流态或半流态物质，将其均匀涂布在需要防水基层的表面，在常温条件下经溶剂或水分挥发或各组分间的化学反应，形成具有一定弹性和一定厚度的连续性薄膜，使建筑基层的表面与水隔绝，从而起到防水、防潮的作用。

根据涂料的液态类型不同，可分为溶剂型、水乳型和反应型三类。溶剂型是指作为主要成膜物质的高分子溶解于有机溶剂中，成为溶剂型防水涂料；水乳型是指作为主要成膜物质的高分子材料以极微小的颗粒稳定悬浮（而不是溶解）在水中，成为乳液状防水涂料；反应型是指作为主要成膜物质的高分子材料系以预聚物液态形式存在，多以双组分或单组分构成防水涂料。

工程试验证明，防水涂料固化成膜后的防水薄膜，具有良好的延伸性、弹塑性、抗裂性、耐候性和防水性；另外，还有良好的温度适应性、施工操作简便、易于进行维修、工程造价较低等优点，特别适用于各种形状复杂、很不规则部位的防水，并能形成无接缝的完整防水膜，防水效果较好。不同的防水涂料具有不同的特点，随着人们环保意识的逐步提高，安全、环保的选材要求越来越受到重视，绿色环保型防水涂料已成为建筑工程防水材料的一大趋势。

一、水乳型沥青防水涂料

根据现行的行业标准《水乳型沥青防水涂料》（JC/T 408—2005）中规定，水乳型沥青防水涂料系指以水为介质，采用化学乳化剂或矿物乳化剂制得的沥青基防水涂料。按其性能可分为 L 型和 H 型两种。水乳型沥青防水涂料的技术指标如表 5-15 所列。

表 5-15 水乳型沥青防水涂料的技术指标

项 目		技术指标	
		L 型	H 型
固体含量/%		≥45	
耐热度/℃		80±2	110±2
		无流淌、滑动和滴落	
不透水性		0.1MPa,30min 无渗水	
黏结强度/MPa		≥0.30	
干燥时间	表面干燥时/h	≤8	
	实干时间/h	≤24	
低温柔度/℃	标准条件	−15	0
	碱处理	−10	−5
	热处理		
	紫外线处理		
断裂伸长率/%	标准条件	600	
	碱处理		
	热处理		
	紫外线处理		

二、聚合物水泥防水涂料

根据现行国家标准《聚合物水泥防水涂料》（GB/T 23445—2009）中规定，聚合物水泥防水涂料系以丙烯酸酯、乙烯-乙酸乙烯酯等聚合物乳液和水泥为主要原料，加入填料及其他助剂制成，经水分挥发和水泥水化反应固化成膜的双组分水性防水涂料。该涂料无毒、无害、机械力学性能优良、黏结强度高、抗渗性能及抗裂性能突出，可以在潮湿的基面上使用，施工方便、安全，适用于房屋、大坝、桥梁、隧道、水池等各种建筑物或构筑物的防水。

聚合物水泥防水涂料按物理力学性能可分为Ⅰ型、Ⅱ型和Ⅲ型；Ⅰ型适用于活动量较大的基层，Ⅱ型和Ⅲ型适用于活动量较小的基层。聚合物水泥防水涂料的技术指标如表 5-16 所列。

表 5-16 聚合物水泥防水涂料的技术指标

项 目		技术指标		
		Ⅰ 型	Ⅱ 型	Ⅲ 型
固体含量/%		≥70	≥70	≥70
拉伸强度	无处理/MPa	≥1.2	≥1.8	≥1.8
	加热处理后保持率/%	≥80	≥80	≥80
	碱处理后保持率/%	≥60	≥70	≥70
	浸水处理后保持率/%	≥60	≥70	≥70
	紫外线处理后保持率/%	≥80	—	—
断裂伸长率	无处理/MPa	≥200	≥80	≥30
	加热处理/%	≥150	≥65	≥20
	碱处理/%	≥150	≥65	≥20
	浸水处理/%	≥150	≥65	≥20
	紫外线处理/%	≥150	—	—

项　　目		技术指标		
		Ⅰ型	Ⅱ型	Ⅲ型
低温柔性(直径 10mm 棒)		−10℃无裂纹	—	—
黏结强度	无处理/MPa	≥0.5	≥0.7	≥1.0
	潮湿基层/MPa	≥0.5	≥0.7	≥1.0
	碱处理/MPa	≥0.5	≥0.7	≥1.0
	浸水处理/MPa	≥0.5	≥0.7	≥1.0
不透水性(0.3MPa,30min)		不透水	不透水	不透水
抗渗性(砂浆背水面)/MPa		—	≥0.60	≥0.80

三、聚氨酯防水涂料

聚氨酯防水涂料也称为聚氨酯涂膜防水涂料，系一种化学反应型涂料，多以双组分形式使用。目前我国生产的聚氨酯防水涂料主要有非焦油基聚醚固化型聚氨酯防水涂料和掺入沥青的聚氨酯防水涂料（即沥青聚氨酯防水涂料）两类，以后者应用较多。

聚氨酯防水涂料几乎不含溶剂，体积收缩小，易形成较厚的涂膜，涂膜整体性好，无接缝，有利用提高防水层质量。该涂料具有橡胶弹性、延伸性好、抗拉强度和抗裂强度均较高，对一定范围内的基层变形裂缝有较强的适应性，是一种高档的防水涂料。

根据现行国家标准《聚氨酯防水涂料》（GB/T 19250—2003）中规定，聚氨酯防水涂料是由异氰酸酯、聚醚等经加成聚合反应而成的含异氰酸酯基的预聚体，配以催化剂、无水助剂、无水填充剂、溶剂等，经混合等工序加工制成的单组分聚氨酯防水涂料。聚氨酯防水涂料按组分可分为单组分（S）和多组分两种，按拉伸性能可分为Ⅰ、Ⅱ两类。单组分聚氨酯防水涂料的物理力学性能如表 5-17 所列，多组分聚氨酯防水涂料的物理力学性能如表 5-18 所列。

表 5-17　单组分聚氨酯防水涂料的物理力学性能

项　　目		技术指标	
		Ⅰ型	Ⅱ型
拉伸强度/MPa		≥1.90	≥2.45
断裂拉伸率/%		≥550	≥450
撕裂强度/(N/mm)		≥12	≥14
低温弯折性/℃		≤−40	
不透水性		0.3MPa,30min不透水	
固体含量/%		≥80	
表面干燥时间/h		≤12	
实干时间/h		≤24	
加热伸缩率/%		≤1.0	
		≥−4.0	
潮湿基础黏结强度[①]/MPa		≥0.50	
定伸时老化	加热老化	无裂纹及变形	
	人工气候老化	无裂纹及变形	
热处理、碱处理 酸处理、盐处理	拉伸强度保持率/%	80~150	80~150
	断裂伸长率/%	≥250	≥400
	低温弯折性/℃	≤−35	
人工气候老化[②]	拉伸强度保持率/%	80~150	80~150
	断裂伸长率/%	≥500	≥400
	低温弯折性/℃	≤−35	

① 仅用于地下工程潮湿基面时要求。

② 仅用于外露使用的产品。

表 5-18　多组分聚氨酯防水涂料的物理力学性能

项　目		技术指标	
		Ⅰ型	Ⅱ型
拉伸强度/MPa		≥1.90	≥2.45
断裂拉伸率/%		≥450	
撕裂强度/(N/mm)		≥12	≥14
低温弯折性/℃		≤−35	
不透水性		0.3MPa,30min 不透水	
固体含量/%		≥92	—
表面干燥时间/h		≤8	—
实干时间/h		≤24	—
加热伸缩率/%		≤1.0	
		≥−4.0	
潮湿基础黏结强度①/MPa		≥0.50	
定伸时老化	加热老化	无裂纹及变形	
	人工气候老化	无裂纹及变形	
热处理、碱处理 酸处理、盐处理	拉伸强度保持率/%	80~150	80~150
	断裂伸长率/%	≥400	
	低温弯折性/℃	≤−30	
人工气候老化②	拉伸强度保持率/%	80~150	80~150
	断裂伸长率/%	≥400	
	低温弯折性/℃	≤−30	

① 仅用于地下工程潮湿基面时要求。
② 仅用于外露使用的产品。

四、室内装饰装修用天然树脂木器涂料

　　天然树脂主要来源于植物渗（泌）出物的无定形半固体或固体有机物。天然树脂的特点是受热时变软，可熔化，在应力作用下有流动倾向，一般不溶于水，而能溶于醇、醚、酮和其他有机溶剂。木材制品包括实木及人造板的制品，木制品上所用的涂料统称为木器涂料。

　　根据现行国家标准《室内装饰装修用天然树脂木器涂料》（GB/T 27811—2011）中的规定，本标准适用于亚麻油、桐油、蓖麻油、松香等天然原料制成的树脂作为主要成膜物质，用松节油、橘油等来源于植物的天然稀释剂，调制而成的氧化干燥型天然树脂涂料，产品主要用于室内木器表面的保护及装饰。但本标准不适用于人为加入甲苯、二甲苯等来源于矿物稀释剂的天然树脂涂料。室内装饰装修用天然树脂木器涂料的性能应符合表 5-19 中的规定。

表 5-19　室内装饰装修用天然树脂木器涂料的性能

项　目		技术指标	项　目		技术指标
在容器中的状态		搅拌后匀无硬块	细度/μm		≤40
干燥时间 /h	表面干燥	8	贮存 稳定性	结皮性(24h)	不结皮
	涂料实干	24		沉降性[(50±2)℃,7d]	无异常
涂膜外观		正常	光泽(60°),单位值		供需双方商定
硬度(擦伤)		≥B	附着力/级(划格间距 2mm)		≤1
耐干热性/级[(70±2)℃,15min]		≤2	耐水性(24h)		无异常
耐碱性[50g/LNaHCO₃溶液,1h]		无异常	甲苯、二甲苯,乙苯含量总和/%		1.0
耐污染性 (1h)	醋	无异常	卤代烃含量/%		0.1
	茶	无异常	可溶性重金属含量 /(mg/km)	铅(Pb)	≤90
耐醇性(8h)		无异常		镉(Cd)	≤75
挥发性有机化合物(VOCs)含量/(g/L)		≤450		铬(Cr)	≤60
苯含量/%		0.1		汞(Hg)	≤60

　　注：按产品明示的施工配比混合后测定，如稀释剂的使用量为某一范围时，应按照产品施工配比规定的最大稀释比例混合后进行测定。

五、RG 系列防水涂料

RG 系列防水涂料是近几年才开发出来的一种多功能新型复合高科技材料，是以硅酸盐水泥、轻质碳酸钙作为载体，由多种化学物质组成干粉状材料与丙烯酸共聚物高分子乳液作为基料（简称 RG 乳液），按一定比例混合制成的防水涂料。RG 系列防水涂料包括：RG 强力堵漏防水剂、RG 屋面防水涂料和 RG 乳液。另外，还需配备丙纶长丝 40g 无纺布。

RG 系列防水涂料无毒、无害、不污染环境、无火灾危险，即使对饮用水池、水塔进行防水施工，也不会影响水的饮用标准，对施工后的居住环境及施工人员都不会造成任何污染危害。施工时，无需加温加热，可在常温下施工，操作简便易行，不需要机械设备，施工成本低，施工速度快，与多种常用建筑材料（如水泥、砖瓦。木材、陶瓷、钢材、沥青等）都有很强的黏结力，与无机颜料配合使用还具有一定的装饰性。

RG 系列防水涂料主要适用于新屋面的防水施工及旧屋面的防水防漏维修，同时也适用于新建筑基础部分、地下部分及卫生间、蓄水池、游泳池、水坝、地下室、人防工程、地铁、涵洞、涵管、隧道、建筑物内外墙、污水处理系统、净化水厂房地面等工程的防水施工及堵漏抗渗维修。

RG 系列防水涂料可在潮湿基面上施工，雨停后可立即进行操作；在对旧屋面进行渗漏维修时，不必要揭掉原来的防水层，可以直接在上面施工。RG 强力堵漏防水剂在迎水面、背水面均可以进行防水、抗渗、堵漏施工；可以带水压进行堵漏，对有压力的涌水孔可取得即时堵漏的效果涂料。RG 屋面防水涂料的技术性能如表 5-20 所列，RG 强力堵漏防水剂的技术性能如表 5-21 所列。

表 5-20　RG 屋面防水涂料的技术性能

项目	技术性能	项目	技术性能
断裂伸长率/%	哑铃形无处理≥150 哑铃形 500h 加速老化≥60	抗拉强度/MPa	哑铃形无处理≥1.0 哑铃形 500h 加速老化≥0.6
抗冻性	−30～30℃，20 次循环 无起泡、开裂、剥离	耐碱性	饱和 $Ca(OH)_2$ 溶液浸泡 500h 涂膜无变化
黏结力/MPa	十字交叉法≥0.5	直角撕裂强度 /(N/mm)	无处理≥150 500h 加速老化≥60
不透水性	≥0.4MPa，30min 不渗透	耐热性	80℃，5h 无流淌、起泡现象
低温柔性	−15℃，2h，ϕ20mm 无裂纹	干燥时间/h	表干≤3，实干≤8

表 5-21　RG 强力堵漏防水剂的技术性能

项目	技术性能	项目	技术性能
凝结时间/min	初凝 15，终凝 45	冻融循环	−15～20℃，20 次循环涂膜无变化
抗渗压力/MPa	砂浆 7d≥1.5，涂膜（1mm）7d≥0.4	耐碱性	饱和 $Ca(OH)_2$ 溶液泡 500h 涂膜无变化
抗折强度/MPa	7d≥4.5	耐低温	−40℃，5h，涂膜无变化
抗压强度/MPa	7d≥15	涌水堵漏	速凝型水压≥0.2MPa，缓凝型 水压≥0.15MPa 时可立即止漏
黏结力/MPa	7d≥1.2		

六、聚合物乳液建筑防水涂料

聚合物乳液建筑防水涂料是由合成丙烯酸乳液和无机聚合物干粉，按照科学的比例复配而制成双组分产品。这种防水涂料具有优良的抗渗、防腐、黏结性能，可以在潮湿基面上施工，耐腐蚀、耐高温、耐低温、耐老化、无毒、无害、无味，不污染环境，如无人为损坏和结构变形，可与建筑物同寿命等优点，特别适合在防水层上直接进行饰面材料（如腻子、砂灰、瓷砖等）施工。

根据现行的行业标准《聚合物乳液建筑防水涂料》（JC/T 864—2008）中规定，聚合物乳液建筑防水涂料系指以聚合物乳液为主要原料，加入其他添加剂而制得的单组分水乳型防水涂料。按物理力学性能可分为Ⅰ类和Ⅱ类，Ⅱ类产品不用于外露场合。聚合物乳液建筑防水涂料的技术指标如表 5-22 所列。

表 5-22　聚合物乳液建筑防水涂料的技术指标

项　　目		技术指标	
		Ⅰ 型	Ⅱ 型
拉伸强度/MPa		≥1.00	≥1.50
断裂拉伸率/%		≥300	
低温柔性（绕直径 10mm 棒弯曲 180°）		−10℃,无裂纹	−20℃,无裂纹
不透水性		0.3MPa,30min 不透水	
固体含量/%		≥65	
干燥时间	表面干燥时间/h	≤4.0	
	实干时间/h	≤8.0	
处理后的拉伸强度保持率/%	加热处理	≥80	
	碱处理	≥60	
	酸处理	≥40	
	人工气候老化处理①	—	80～150
处理后的断裂伸长率/%	加热处理	≥200	
	碱处理		
	酸处理		
	人工气候老化处理①	—	200
加热伸缩率/%	伸长	≤1.0	
	缩短	≤1.0	

① 仅用于外露使用产品。

七、水乳型氯丁橡胶沥青防水涂料

水乳型氯丁橡胶沥青防水涂料是一种新型环保的沥青防水涂料。水乳型氯丁橡胶沥青防水涂料改变了传统沥青低温脆裂，高温流淌的特性，经过改性后，不但具有氯丁橡胶的弹性好、黏结力较强、耐老化性能好、防水防腐等优点，而且集合了沥青防水的性能，成为合成强度高、成膜速度快、防水性能好、有弹性抗基层变形能力强、冷作施工方便、不污染环境的一种优质防水涂料。

水乳型氯丁橡胶沥青防水涂料，适用于工业及民用建筑混凝土屋面防水，地下混凝土工程防潮、抗渗，沼气池防漏气，可用于厕所、厨房及室内地面防水，也可用于旧屋面防水工程的翻修，还可作为防腐蚀地坪的防水隔离层。

水乳型氯丁橡胶沥青防水涂料，应符合《水乳型沥青防水涂料》（JC/T 408—2005）中的规定，产品按性能可分为 L 型和 N 型两类，水乳型氯丁橡胶沥青防水涂料的物理力学性能如表 5-23 所列。

表 5-23　水乳型氯丁橡胶沥青防水涂料的物理力学性能

项目	性能指标		项目		性能指标	
	L	N			L	N
固体含量/%	≥45		低温柔度/℃	标准条件	−15	0
耐热度/℃	80±2	110±2		碱处理	−10	5
	无流淌、滑动、滴落			热处理		
不透水性	0.10MPa,30min 无渗水			紫外线处理		
黏结强度/MPa	≥0.30		断裂伸长率/%	标准条件	600	
表干时间/h	≤8			碱处理		
实干时间/h	≤24			热处理		
—	—			紫外线处理		

注：供需双方可以商定温度更高的低温柔度指标。

八、溶剂型丙烯酸树脂涂料

根据现行国家标准《溶剂型丙烯酸树脂涂料》（GB/T 25264—2010）中的规定，本标准适用于以丙烯酸树脂为主要成膜物质的溶剂型单组分面漆，主要用于各类金属及塑料等表面的装饰与保护，但不适用于辐射固化丙烯酸树脂涂料。

（一）溶剂型丙烯酸树脂涂料的分类方法

溶剂型丙烯酸树脂涂料分为以下 2 个类型。

（1）Ⅰ型　以热塑型丙烯酸树脂为主要成膜物质，可加入适量纤维素酯等成膜改性而成的单组分面漆。Ⅰ型产品又可分为 A 类和 B 类两个类别，其中 A 类产品主要适用于金属表面，B 类产品主要适用于塑料表面。

（2）Ⅱ型　以热固型丙烯酸树脂为主要成膜物质，可加入氨基树脂交联剂等调剖而成的单组分面漆，产品主要适用于金属表面。

（二）溶剂型丙烯酸树脂涂料的技术性能

Ⅰ型溶剂型丙烯酸树脂涂料的技术性能应符合表 5-24 中的规定；Ⅱ型溶剂型丙烯酸树脂涂料的技术性能应符合表 5-25 中的规定。

表 5-24　Ⅰ型溶剂型丙烯酸树脂涂料的技术性能

项　目		技术指标			
		A 类		B 类	
		清漆	色漆	清漆	色漆
在容器中状态		搅拌混合后无硬块,呈均匀状态			
原漆颜色（铁钴比色计）/号		≤2	—	≤2	—
细度 /μm	光泽(60°)≥80	—	20	—	20
	光泽(60°)<80	—	40	—	≤40
遮盖力 /(g/m²)	白色	—	≤110	—	110
	其他色	—	商定	—	商定
流出时间(ISO6 号杯)/s		≥20	≥40	≥20	≥40
不挥发物含量/%		≥35	≥40	≥35	≥40
干燥时间	表面干燥/min	≤30	≤30	≤30	≤30
	完全干燥/h	≤2	≤2	≤2	≤2
漆膜外观		正常	正常	正常	正常

项　目		技术指标			
		A 类		B 类	
		清漆	色漆	清漆	色漆
弯曲试验 /mm	光泽(60°)≥80	2	2	—	—
	光泽(60°)<80	商定	商定	—	—
划格试验/级		≤1	≤1	≤1	≤1
铅笔硬度(擦伤)		HB	HB	HB	HB
光泽(60°)/单位值		商定	商定	商定	商定
耐汽油性[符合 SH 0004—1990(1998)的溶剂油,1h]		不发软,不发粘,不起泡		—	—
耐水性(8h)		不起泡,不脱落,允许轻微变色			
耐热性(90±2)℃,3h		不鼓泡,不起皱			
与基底材料的适应性		—		通过	

表 5-25　Ⅱ型溶剂型丙烯酸树脂涂料的技术性能

项　目		技术指标		项　目		技术指标	
		清漆	色漆			清漆	色漆
在容器中状态		搅拌混合后无硬块,呈均匀状态		细度 /μm	光泽(60°)≥80	—	20
					光泽(60°)<80	—	30
原漆颜色(铁钴比色计)/号		≤2	—	流出时间(ISO6 号杯)/s		≥20	≥40
遮盖力 /(g/m²)	白色	—	≤110	不挥发物含量/%		≥35	≥40
	其他色	—	商定	干燥时间(实干)/h		通过	通过
漆膜外观		正常	正常	弯曲试验/mm		2	2
划格试验/级		≤1	≤1	耐冲击性/cm		50	50
铅笔硬度(擦伤)		≥H	≥H	光泽(60°)/单位值		商定	商定
耐汽油性[符合 SH 0004—1990(1998)的溶剂油,1h]		不发软,不发粘,不起泡		耐水性(8h)		不起泡、不脱落,允许轻微变色	

九、建筑表面用有机硅防水剂

根据现行的行业标准《建筑表面用有机硅防水剂》(JC/T 902—2002)中规定,建筑表面用有机硅防水剂系指以硅烷和硅氧烷为主要原料的水性或溶剂型建筑表面用有机硅防水剂。主要用于多孔性无机基层(如混凝土、瓷砖、黏土砖、石材等)不承受水压的防水及防护。产品分为水性(W)和溶剂型(S)两种。

甲基硅醇盐作为第一代有机硅防水剂,是一种刚性防水材料,属于水性(W)有机硅防水剂。使用时能与基材表层及空气中大量的二氧化碳及水产生化学反应,生成憎水的聚甲基硅氧烷膜。这种网状结构的树脂能堵塞水泥砂浆内部的毛细孔,增强砂浆的密实性,提高其抗渗性。该防水剂具有无毒、无味、不挥发、不易燃、耐候性优良,对钢筋无锈蚀等优点;还有微膨胀作用,能补偿砂浆和混凝土的收缩;可在潮湿基材上施工,不影响防水层与基材的黏结,施工操作简便灵活;运输方便、施工安全、造价低廉。

硅树脂属于一种低分子量的溶剂型(S)材料,硅树脂具有优异的耐高低温性、耐老化性、独特的疏水性和透气性、无毒、无腐蚀、是一种理想的防水材料。目前,国内市场上常见的有机硅防水剂的活性组分多为甲基硅树脂预聚物,活性组分通过与结构材料起化学反应,在基材表面形成一层几个分子厚的具有防水功能的甲基硅树脂薄膜。

建筑表面用有机硅防水剂的技术指标应符合表 5-26 中的规定。

表 5-26　建筑表面用有机硅防水剂的技术指标

项目		技术指标		项目	技术指标	
		W	S		W	S
pH 值		规定值±1		稳定性	无分层,无漂油,无明显沉淀	
固体含量/%		≥20	≥5	吸水率比/%	≤20	
渗透性	标准状态	≤2mm,无水迹、无变色		渗透性	紫外线处理	≤2mm,无水迹、无变色	
	热处理	≤2mm,无水迹、无变色			酸处理	≤2mm,无水迹、无变色	
	低温处理	≤2mm,无水迹、无变色			碱处理	≤2mm,无水迹、无变色	

第四节　常用其他绿色防水材料

　　建筑工程用的防水密封材料,系指固定于建筑物的接缝、门窗框四周、玻璃镶填部位及建筑裂缝等,能起到水密、气密性作用的材料。防水密封材料主要用于建筑屋面、地下工程、其他部位的嵌缝密封防水。

　　建筑工程用的防水密封材料,根据产品可的形态不同,可分为不定型密封材料和定型密封材料两大类。不定型密封材料是指膏糊状材料,如腻子、各类嵌缝密封膏、胶泥等;定型密封材料指根据工程要求制成的带、条、垫等形状的密封材料,如止水条、止水带、防水垫、遇水自膨胀橡皮等。

一、遇水膨胀止水胶

　　根据现行的行业标准《遇水膨胀止水胶》(JG/T 312—2011)中的规定,本标准适用于以聚氨酯预聚合体为基础、含有特殊接枝脲烷的遇水膨胀止水胶。用于工业与民用建筑地下工程、隧道工程、防护工程、地下铁道、污水处理池等土木工程的施工缝、变形缝和预埋构件的防水,以及既有工程的渗漏水治理。

(一) 遇水膨胀止水胶的分类和外观

　　(1) 遇水膨胀止水胶的分类方法　遇水膨胀止水胶按其体积膨胀倍率分为以下 2 类:①体积膨胀倍率≥220%且<400%的遇水膨胀止水胶,代号为 PJ-220;②体积膨胀倍率≥400%的遇水膨胀止水胶,代号为 PJ-400。

　　(2) 遇水膨胀止水胶的外观要求　遇水膨胀止水胶产品应为细腻、黏稠、均匀膏状物,应无气泡、结皮和凝胶现象。

(二) 遇水膨胀止水胶的物理性能

　　遇水膨胀止水胶的物理性能应符合表 5-27 中的规定。

表 5-27　遇水膨胀止水胶的物理性能

项目		技术指标		项目		技术指标	
		PJ-220	PJ-400			PJ-220	PJ-400
固体含量/%		≥85	≥85	密度/(g/cm³)		规定值±0.1	
下垂度/mm		2	2	表面干燥时间/h		24	24
拉伸性能	7d 拉伸黏结强度/MPa	≥0.4	≥0.2	低温柔性		−20℃,无裂纹	
	拉伸强度/MPa	≥0.5	≥0.5	体积膨胀率/%		≥220	≥400
	断裂伸长率/%	≥400	≥400	长期浸水体积膨胀率保持率/%		≥90	
抗水压/MPa		1.5,不渗水	2.5,不渗水	实干后厚度/mm		≥2	
浸泡介质后体积膨胀率保持率/%	饱和 Ca(OH)₂溶液	≥90		有害物质含量	游离甲苯二异氰酸酯 TDI/(g/kg)	≥5	
					VOCs/(g/L)	≥200	

二、硅酮建筑密封胶

根据现行国家标准《硅酮建筑密封胶》(GB/T 14683—2003) 中规定，本标准适用于以聚硅氧烷为主要成分、室温固化的单组分密封胶。按照固化机理不同，可分为 A 型和 B 型；按密封胶的用途不同，可分为 G 类和 F 类；按密封胶的拉伸模量不同，可分为高模量 (HM) 建筑密封胶和低模量 (LM) 建筑密封胶。

硅酮建筑密封胶是一种新型防水密封材料，它的性能优越于其他密封胶，硅酮建筑密封胶为双组分膏状物，两组分有明显的色差，便于混合均匀。这种建筑密封胶黏结性能良好、温度适用范围广、无毒无腐蚀性。固化后具有优秀的耐候特征及优良的抗紫外线耐高低温、耐腐蚀及温度性能。

硅酮建筑密封胶的技术指标如表 5-28 所列。

表 5-28　硅酮建筑密封胶的技术指标

项目		技术指标			
		25HM	20HM	25LM	20LM
密度/(g/cm³)		规定值±0.1			
下垂度/mm	垂直	≤3.0			
	水平	无变形			
表面干燥时间/h		≤3①			
挤出性/(mL/min)		≥80			
弹性恢复率/%		≥80			
拉伸模量/MPa	+23℃	>0.4 或 >0.6		≤0.4 或 ≤0.6	
	-20℃				
定伸黏结性		无破坏			
紫外线辐照后黏结性②		无破坏			
冷拉-热压后黏结性		无破坏			
浸水后黏结性		无破坏			
质量损失率/%		≤10			

① 允许采用供需双方商定的其他指标值。

② 此项仅适用于 G 类产品。

三、建筑用硅酮结构密封胶

建筑用硅酮结构密封胶主要由硅橡胶、交联剂、填充剂、结构控制剂和增黏剂等组分组成。建筑用硅酮结构密封胶主要是以硅橡胶为主体材料配制而成的单组分或双组分的密封胶。建筑用硅酮结构密封胶是一种中性固化、专门给建筑幕墙中的玻璃结构黏结装配而设计的密封胶，可在很宽的气温条件下轻易地挤出来，依靠空气中的水分固化成耐用的高模量、高弹性的硅酮橡胶。该密封胶是密封胶中重要的品种之一，其密封性、耐候性、耐温性及操作性能均非常优越，对硫化橡胶、金属、多种塑料、玻璃、织物、漆等均具有良好的黏结密封性能，现已广泛应用于航天、航宅、汽车、建筑、电子、电器、化工、机械制造等工业领域。

现行国家标准《建筑用硅酮结构密封胶》(GB 16776—2005) 中规定，建筑用硅酮结构密封胶为用于建筑玻璃幕墙和其他结构的黏结、密封用结构胶。按照建筑用硅酮结构密封胶适用基材不同，可以分为 M (金属)、G (玻璃) 和 Q (其他) 三大类。建筑用聚硅酮结构密封胶的技术指标如表 5-29 所列。

表 5-29　建筑用硅酮结构密封胶的技术指标

项　目		技术指标	项　目		技术指标
下垂度	垂直放置/mm	≤3.0	适用期[②]/min		≥20
	水平放置	不变形	表面干燥时间/h		≤3
挤出性[①]/s		≤10	拉伸黏结性	拉伸黏结强度/MPa	23℃	≥0.60
热老化	热失重/%	≤10			90℃	≥0.45
	龟裂	无			−30℃	≥0.45
	粉化	无			浸水后	≥0.45
硬度(Shore A)		20~60			水-紫外线照后	0.45

① 仅适用于单组分产品。

② 仅适用于双组分产品。

四、建筑用防霉密封胶

根据现行的行业标准《建筑用防霉密封胶》(JC/T 885—2016)的规定，建筑用防霉密封胶，按密封胶聚合物分类，如聚硅氧烷密封胶（代号为 SR）；按位移能力、模量可分为 3 个等级：位移能力±20%的为低模量级（代号 20LM），位移能力 20%的为高模量级（代号 20HM），位移能力±12.5%的为弹性级（代号 12.5E）；按防霉等级可分为 0 级和 1 级。

建筑用防霉密封胶的技术指标如表 5-30 所列。

表 5-30　建筑用防霉密封胶的技术指标

项　目		技术指标		
		20LM	20HM	12.5E
密度/(g/cm³)		规定值±0.1		
挤出性/s		≤10		
表面干燥时间/h		≤3		
下垂度/mm		≤3		
弹性恢复率/%		≥60		
拉伸模量/MPa	+23℃	≤0.4 和≤0.6	>0.4 或>0.6	
	−20℃			
热压、冷拉后黏结性	位移/%	±20.0	±20.0	±12.5
	破坏性质	不破坏		
定伸黏结性和浸水后定伸黏结性		不破坏		

五、聚氨酯建筑密封胶

聚氨酯密封胶系以聚氨酯橡胶及聚氨酯预聚体为主要成分的密封胶。此类密封胶具有高的拉伸强度、优良的弹性、耐磨性、耐油性和耐寒性，但是其耐水性，特别是耐碱水性欠佳。聚氨酯密封胶可分为加热硫化型、室温硫化型和热熔型 3 种。其中室温硫化型又有单组分和双组分之分。聚氨酯密封胶广泛用于建筑物、广场、公路作为嵌缝密封材料，以及用于汽车制造、玻璃安装、电子灌装、潜艇和火箭等的密封。

现行的行业标准《聚氨酯建筑密封胶》(JC/T 482—2003)中规定，聚氨酯建筑密封胶是指以氨基甲酸酯聚合物为主要成分的单组分和多组分建筑密封胶，适用于建筑接缝。按包装形式可分为单组分（Ⅰ）和多组分（Ⅱ）两个品种，按流动性可分为非下垂型（N）和自流平型（L）两个类型，按拉伸模量可分为低模量（LM）和高模量（HM）两个次级别。

聚氨酯建筑密封胶的技术指标如表 5-31 所列。

表 5-31　聚氨酯建筑密封胶的技术指标

项　目		技术指标		
		20HM	25LM	20LM
密度/(g/cm³)		规定值±0.1		
流动性	下垂度（N 型）/mm	≤3.0		
	流平性（L 型）	光滑平整		
挤出性①/(mL/min)		≤80		
表面干燥时间/h		≤24		
适用期②/h		≥1		
弹性恢复率/%		≥70		
拉伸模量/MPa	+23℃	≤0.4 和≤0.6	>0.4 或>0.6	
	−20℃			
热压、冷拉后黏结性	破坏性质	无破坏		
定伸黏结性和浸水后定伸黏结性		无破坏		
质量损失率/%		≤7		

① 此项仅适用于单组分产品。

② 此项仅适用于多组分产品，允许采用供需双方商定的其他指标。

六、石材用建筑密封胶

石材用建筑密封胶主要用于天然石材接缝的密封。该密封胶需要承受接缝变形的影响，保证石材接缝的密封防水效果；同时石材是多孔性材料，密封胶中的添加剂及小分子材料易被石材吸收，使石材表面出现油污与吸灰，因此该类密封胶既要对石材黏结良好，又要对石材无污染。现行国家标准《石材用建筑密封胶》（GB/T 23261—2009）中规定，石材用建筑密封胶适用于建筑工程中天然石材接缝嵌填用，按聚合物可分为聚硅氧烷（SR）、改性聚硅氧烷（MS）和聚氨酯类（PU）等，按组分分为单组分（1）和双组分（2），按拉伸模量分为低模量（LM）和高模量（HM）。

石材用建筑密封胶的技术指标如表 5-32 所列。

表 5-32　石材用建筑密封胶的技术指标

项　目		技术指标						
		50LM	50HM	25LM	25HM	20LM	20HM	12.5E
下垂度/mm	垂直	≤3.0						
	水平	无变形						
表面干燥时间/h		≤3.0						
挤出性/(mL/min)		≥80						
弹性恢复率/%		≥80						
拉伸模量/MPa	+23℃	>0.4 和 >0.6	>0.4 或 >0.6	>0.4 和 >0.6	>0.4 或 >0.6	>0.4 和 >0.6	>0.4 或 >0.6	—
	−20℃							
定伸黏结性和浸水后定伸黏结性		无破坏						
冷拉热压后黏结性		无破坏						
质量损失/%		≤5.0						
污染性/mm	污染宽度	≤2.0						
	污染深度	≤2.0						

七、混凝土建筑接缝用密封胶

根据现行的行业标准《混凝土建筑接缝用密封胶》（JC/T 881—2001）中规定，混凝土建筑接缝用密封胶适用于混凝土建筑弹性和塑性接缝。混凝土建筑接缝用密封胶，可分为单组分（Ⅰ）和多组分（Ⅱ）两个品种，按流动性可分为非下垂型（N）和自流平型（L）两个类型，按拉伸模量可分为低模量（LM）和高模量（HM）两个次级别。

混凝土建筑接缝用密封胶如表5-33所列。

表 5-33　混凝土建筑接缝用密封胶

项　目			技术指标						
			25LM	25HM	20LM	20HM	12.5E	12.5P	7.5P
流动性	下垂度/mm	垂直	≤3.0						
		水平	≤3.0						
		流平性(S型)	光滑平整						
拉伸黏结性	弹性恢复率/%		≥80		≥60		≥40	≤40	
	拉伸模量/MPa	+23℃	>0.4 和 >0.6	>0.4 或 >0.6	>0.4 和 >0.6	>0.4 或 >0.6	—		
		−20℃							
	断裂伸长率/%		—					≥100	≥20
	定伸黏结性		无破坏					—	
	拉伸压缩后黏结性		—					无破坏	
	浸水后断裂伸长率/%		—					≥100	≥20
	浸水后定伸黏结性		无破坏						
	质量损失①/%		≤10.0						
	体积收缩率②/%		≤25						

① 乳胶型和溶剂型产品不测质量损失率。

② 仅适用于乳胶型和溶剂型产品。

八、建筑窗用弹性密封胶

弹性密封胶具有优良的耐候性、独特的可修复性、密封性能稳定、低应力性能较强、优良的耐老化性、较好的化学稳定性、较强的耐腐蚀性、操作快捷方便等优点，除以上优势以外，还具有良好的弹性恢复性。

根据现行的行业标准《建筑窗用弹性密封胶》（JC/T 485—2007）中的规定，本标准适用于硅酮、聚硫、聚氨酯、丙烯酸酯、丁基、丁苯、氯丁等合成高分子材料为主要成分的弹性密封胶。按产品适用的基材不同，可分为金属用弹性密封胶（M）、混凝土和水泥砂浆用弹性密封胶（C）、玻璃用弹性密封胶（G）、其他基材用弹性密封胶（Q）；按产品适用的施工季节不同，可分为夏季施工型（S型）、冬季施工型（W型）和全年施工型（A型）。

（一）建筑窗用弹性密封胶的产品分类

建筑窗用弹性密封胶的产品分类和代号如表5-34所列。产品按系列、级别、类别、品种、标准号的顺序进行标记。

表 5-34　建筑窗用弹性密封胶的产品分类和代号

项目		分类和代号			
系列	系列代号	SR	MS	PS	PU
	密封胶基础聚合物	聚硅氧烷聚合物	改性聚硅氧烷聚合物	聚硫橡胶	聚氨酯甲酸酯
	系列代号	AC	BU	CR	SB
	密封胶基础聚合物	丙烯酸酯聚合物	丁基橡胶	氯丁橡胶	丁苯橡胶
	注：以其他聚合物为基础的密封胶,标记取聚合物通用代号。				
级别	按产品允许承受接缝位移能力,分为1级(±30%)、2级(±20%)、3级(±5%～±10%)三个级别				
类别	类别代号	M	C	G	Q
	适用基材	金属	混凝土、水泥砂浆	玻璃	其他

项目	分类和代号			
型别	产品按适用季节分以下型别：S 型—夏季施工型；W—型冬季施工型；A—型全年施工型			
品种	品种代号	K	E	Y	Z
	固化形式	湿气固化，单组分	水乳液干燥固化，单组分	溶剂挥发固化，单组分	化学反应固化，单组分

（二）建筑窗用弹性密封胶的外观质量要求

（1）建筑窗用弹性密封胶产品不应有结块、凝胶、结皮和不易迅速均匀分散的析出物。

（2）建筑窗用弹性密封胶产品的颜色应与供需双方商定的样品相符，多组分产品各组分的颜色应有明显差异。

（三）建筑窗用弹性密封胶的物理力学性能

建筑窗用弹性密封胶的物理力学性能应符合表 5-35 中的规定。

表 5-35　建筑窗用弹性密封胶的物理力学性能

项　目	技术指标			项　目		技术指标		
	1 级	2 级	3 级			1 级	2 级	3 级
密度/(g/cm³)	规定值±0.1			污染性①		不产生污染		
挤出性/(mL/min)	≥50			热空气-水循环后定伸性能/%		100	60	25
适用期/h	≥3			水-紫外线辐照后定伸性能/%		100	60	25
表面干燥时间/h	≤24	≤48	≤72	低温柔性/℃		-30	-20	-15
拉伸黏结性能/MPa	≤0.4	≤0.5	≤0.6	热空气-水循环后弹性恢复率/%		60	30	5
下垂度/mm	≤2	≤2	≤2	拉伸-压缩循环性能	耐久性等级	9030	8020、7020	7010、7005
低温储存稳定性①	无凝胶、离析现象				黏结破坏面积	≤25%		
初期耐水性①	不产生浑浊							

九、丙烯酸酯建筑密封胶

根据现行的行业标准《丙烯酸酯建筑密封胶》（JC/T 484—2006）中的规定，本标准适用于以丙烯酸酯乳液为基料的单组分水乳型建筑密封胶。

（一）丙烯酸酯建筑密封胶的级别

（1）级别　丙烯酸酯建筑密封胶产品按位移能力分为 12.5 级和 7.5 级两个级别。12.5级为位移能力 12.5%，其试验拉伸压缩幅度为±12.5%；7.5 级为位移能力 7.5%，其试验拉伸压缩幅度为±7.5%。

（2）次级别　12.5 级的密封胶，按照其弹性恢复率又可分为两个次级别：弹性体（12.5E），弹性恢复率为≥40%；塑性体（12.5P 和 7.5P），弹性恢复率<40%。

12.5 级密封胶，主要用于接缝的密封；12.5P 和 7.5P 密封胶，主要用于一般装饰装修工程的填缝。以上 3 种产品均不能用于长期浸水的部位。

（二）丙烯酸酯建筑密封胶的物理力学性能

丙烯酸酯建筑密封胶的物理力学性能应符合表 5-36 中的规定。

表 5-36 丙烯酸酯建筑密封胶的物理力学性能

项 目	技术指标			项 目	技术指标		
	12.5E	12.5P	7.5P		12.5E	12.5P	7.5P
密度/(g/cm³)	规定值±0.1			冷拉-热压后黏结性	无破坏		—
下垂度/mm	≤3.0			断裂伸长率/%	—	≥100	
表面干燥时间/h	≤1			浸水后断裂伸长率/%	—	≥100	
挤出性/(mL/min)	≥100			低温柔性/℃	—20	—5	
弹性恢复率/%	≥40	报告实测值		体积变化率/%	≤30		
定伸黏结性	无破坏	—		同一温度下拉伸-压缩循环后黏结性	无破坏		
浸水后定伸黏结性	无破坏	—					

十、聚硫建筑密封胶

根据现行的行业标准《聚硫建筑密封胶》（JC/T 483—2006）中的规定，本标准适用于以液态聚硫橡胶为基料的室温硫化双组分建筑密封胶。

（一）聚硫建筑密封胶的分类和外观

（1）分类 产品按流动性不同，可分为非下垂型（N）和自流平型（L）两个类型；按位移能力不同，可分为 25 级和 20 级；产品按拉伸模量不同，可分为高模量（HM）和低模量（LM）两个次级别。

（2）外观 产品应为均匀膏状物、无结皮、结块，组分间颜色应有明显差别；产品的颜色与供需双方商定的样品相比，不得有明显差异。

（二）聚硫建筑密封胶的物理力学性能

聚硫建筑密封胶的物理力学性能应符合表 5-37 中的规定。

表 5-37 聚硫建筑密封胶的物理力学性能

项 目	技术指标			项 目		技术指标		
	20HM	25LM	20LM			20HM	25LM	20LM
密度(g/cm³)	规定值±0.1			体积变化率/%		≤30		
表面干燥时间/h	≤1			质量损失率/%		≤5		
适用期/h	≥2			流动性	下垂度(N)/mm	≤3		
弹性恢复率/%	≥70				流平性(L 型)	光滑平整		
定伸黏结性	无破坏			拉伸模量/MPa	23℃	>0.4 或	≤0.4 和	
浸水后定伸黏结性	无破坏				—20℃	>0.6	≤0.6	
冷拉-热压后黏结性	无破坏							

注：适用期允许采用供需双方商定的其他指标值。

十一、中空玻璃用丁基热熔密封胶

根据现行的行业标准《中空玻璃用丁基热熔密封胶》（JC/T 914—2003）中的规定，本标准适用于中空玻璃用第一道丁基热熔密封胶。

（一）中空玻璃用丁基热熔密封胶的外观要求

（1）中空玻璃用丁基热熔密封胶产品应为细腻、无可见颗粒的均质胶泥。

（2）中空玻璃用丁基热熔密封胶产品颜色为黑色，或供需双方商定的颜色。

（二）中空玻璃用丁基热熔密封胶的物理力学性能

中空玻璃用丁基热熔密封胶的物理力学性能应符合表 5-38 中的规定。

表 5-38　中空玻璃用丁基热熔密封胶的物理力学性能

项　　目		技术指标	项　　目	技术指标
密度/(g/cm³)		规定值±0.05	剪切强度/MPa	0.10
针入度	25℃	30～50	紫外线照射散发雾性能	无雾
/(1/10mm)	130℃	230～330	水蒸气透过率	≤1.1
热失重/%		≤0.5	/(g/m²·d)	

十二、高分子防水卷材胶黏剂

根据现行的行业标准《高分子防水卷材胶黏剂》（JC 863—2011）中的规定，本标准适用于以合成弹性体为基料冷黏结的高分子卷材胶黏剂。

（一）高分子防水卷材胶黏剂的分类与外观

（1）高分子防水卷材胶黏剂的分类　卷材胶黏剂按组分不同，可分为单组分（Ⅰ）和双组分（Ⅱ）两个类型；按施工部位不同，可分为基底胶（J）和搭接胶（D）两个品种。基底胶（J）指用于卷材与基层黏结的胶黏剂；搭接胶（D）指卷材与卷材接缝搭接的胶黏剂。

（2）高分子防水卷材胶黏剂的外观。高分子防水卷材胶黏剂经过搅拌应为均匀液体，无分散颗粒或凝胶。

（二）高分子防水卷材胶黏剂的一般要求

（1）产品的生产和使用不应对人体、生物与环境造成有害的影响，所涉及与使用有关的安全和环保要求，应符合国家现行有关标准规范的规定。

（2）试验用的防水卷材应符合相应标准的要求。

（三）高分子防水卷材胶黏剂的物理力学性能

高分子防水卷材胶黏剂的物理力学性能应符合表 5-39 中规定。

表 5-39　高分子防水卷材胶黏剂的物理力学性能

序号	项　　目				技术指标	
					基底胶 J	搭接胶 D
1	黏度/(Pa·s)				规定值[①]±20%	
2	不挥发物含量/%				规定值±2%	
3	适用期[②]/min				180	
4	剪切状态下的下的黏合性	卷材-卷材	标准试验条件/(N/mm)		—	≥3.0 或卷材破坏
			热处理后保持率(80℃，168h)/%		—	≥70
			碱处理后保持率[10%Ca(OH)₂，168h]/%		—	≥70
		卷材-基底	标准试验条件/(N/mm)		≥1.8	—
			热处理后保持率(80℃，168h)/%		≥70	—
			碱处理后保持率[10%Ca(OH)₂，168h]/%		≥70	—
5	剥离强度	卷材-卷材	标准试验条件/(N/mm)		—	≥1.5
			浸水后保持率(168h)/%		—	≥70

① 规定值是指企业标准、产品说明书或供需双方商定的指标量值。

② 适用期仅用于双组分产品，指标也可由供需双方商定。

第五节 绿色建筑防水材料发展

绿色建筑是指在建筑的全生命周期内，最大限度地节约资源（节能、节地、节水、节材）保护环境和减少污染，为人们提供健康、适用和高效的使用空间，与自然和谐共生的建筑。这里需要强调的是，绿色建筑的理念是指全生命周期，即从其生产、运营到拆除后的再利用的全生命过程，这既是今后建筑技术发展的方向，同时也是建筑防水材料发展的方向。

绿色发展不仅是建筑工程领域"十三五"的核心，也是建材领域"十三五"的核心，更是防水行业"十三五"的方向。在我国建筑防水行业"十三五"发展规划纲要中，绿色发展正是其中的一大重要宗旨和发展战略。

绿色发展在防水行业中有两层重要含义：一是绿色防水材料；二是防水材料的绿色化生产。这是两个不同概念，可能生产出来的产品是绿色的，但生产过程是耗能的、污染的，这就不能称为绿色生产。产品的全生命周期，无论生产过程、最终产品还是使用过程，甚至到后期的废弃回收，这些如果都实现了绿色，才称得上真正的绿色生产。

一、绿色防水材料的设计与选材

（一）建筑防水设计

建筑防水在建筑工程设计与施工中占有很重要的地位，建筑防水质量的好坏，直接关系到建筑物和构筑物的正常使用和寿命。因此，建筑设计时应慎重考虑建筑各部位的防水材料及其各细部的做法。建筑防水工程按其部位的不同分为屋面防水、楼地面防水、地下室防水和其他零星防水。

1. 屋面防水设计

屋面防水，是屋面设计中最重要的一个环节。根据建筑物的性质、重要程度、使用功能等要求以及防水层耐用年限，将屋面防水分为 4 个等级，并按不同等级进行设防。因此，设计者首先应根据建筑项目的具体情况合理地确定该建筑物的防水等级，切不可将较高等级的建筑物采用较低防水等级进行设计而造成工程过早发生渗漏；也不能将较低等级的建筑物按较高等级的防水要求来设计，以免造成不合理的建筑成本提高。

其次应选择合理的防水方式。屋面防水按防水材料的不同分为刚性防水和柔性防水。刚性防水是指用细石混凝土、块体材料或补偿收缩混凝土等材料做防水，主要依靠混凝土的密实性，并采取一定的构造措施（如增加钢筋、设置隔离层、设置分格缝、油膏嵌缝等）以达到防水目的。刚性防水屋面主要适用于屋面防水等级为Ⅲ级的工业与民用建筑，也可用做Ⅰ级、Ⅱ级屋面多道防水中的一道防水层。柔性防水屋面是指所采用的防水材料具有一定的柔韧性，能够随着结构的微小变化而不出现裂缝，且防水效果好。

2. 楼地面防水设计

楼地面防水主要指卫生间、楼层间的夹层、水箱间等部位。目前住宅建筑中最常见的渗漏就是卫生间渗漏，因此，对卫生间的防水应引起足够重视。较高标准的可采用防水涂料，如聚氨酯防水涂膜防水层，丙烯酸防水涂料等，在楼面基层上涂刷起到防水作用；另外，可以采用防水卷材。

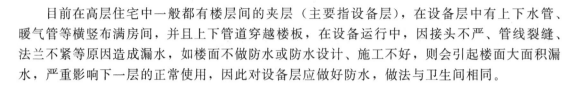

目前在高层住宅中一般都有楼层间的夹层（主要指设备层），在设备层中有上下水管、暖气管等横竖布满房间，并且上下管道穿越楼板，在设备运行中，因接头不严、管线裂缝、法兰不紧等原因造成漏水，如楼面不做防水或防水设计、施工不好，则会引起楼面大面积漏水，严重影响下一层的正常使用，因此对设备层应做好防水，做法与卫生间相同。

3. 地下室防水设计

设计者一般认为，当建筑物地下室位于设计最高水位之上时，地下室设计可不考虑防水。然而在使用中常会发生雨季到来时地下室处处渗水。这些水的来源主要有两个方面：一是雨水造成的表层滞水，因回填土不密实，地表水汇集到地下室周围；二是地下室附近的水、暖等管沟积满了水，这些水渗入地下室。因此，不管地下室位于地下水位何处，都应考虑地下室的防水，只是防水措施不同罢了。

地下室防水采用柔性防水时，一定要遵循地下室防水全封闭原则，即外墙防水和地板防水应形成封闭。外墙柔性防水层应做保护层，保护的目的：一是防止打夯机夯实回填土时撞伤防水层；二是防止建筑物下沉时回填土中的硬尖物擦伤防水层；三是当保护层压向防水层时，防止防水层从墙体上脱落。许多设计者一般采用120砖墙做保护墙，但这种保护层在施工时，对着防水层的一面往往会凹凸不平，在回填土的压力下，破坏墙面防水层；同时，建筑物下沉时，保护墙并不随建筑物一起下沉，突出的灰浆又会将防水层划破。为了改变这种状况，可以做软保护层，如喷泡沫聚氨酯、高密度聚苯板等，这些保护层不仅在建筑物下沉时起到润滑剂的作用，而且不吸水，同时又起到对外墙面的保温作用，可以一举三得。

4. 其他部位的防水设计

多层砖混结构的建筑，在檐口部位做女儿墙的，设计者有时将女儿墙设计成抹灰压顶，在使用过程中，雨水就会从砂浆收缩裂缝中渗下去，绕过防水层，进入室内。因此设计时应将压顶设计成现浇混凝土压顶，并配以适当的钢筋，这样，不仅解决了渗漏问题，而且对女儿墙也起到很好的加固作用。再如，设计者在高层建筑中选用铝合金推拉窗或者使窗与外墙饰面平齐，这样易造成窗部渗水；设计高层建筑外剪力墙时只设构造配筋而不加抗温抗收缩钢筋，就易开裂漏水等。因此，在建筑设计时，对这些容易渗漏的部位，必要时在一般设计的基础上应进行二次深化防水设计，才能保证建筑物的正常使用。

（二）绿色防水材料的选材

1. 根据不同的工程部位选材

（1）屋面　屋面长期暴露在大气中，受阳光、雨雪、风沙等直接侵蚀，严冬酷暑温度变化大，昼夜之间屋面板会发生伸缩，因此应选用耐老化性能好的、且有一定延伸性的、温差耐受度高的材料。如矿物粒面、聚酯胎改性沥青卷材、三元乙丙片材或沥青油毡等。

（2）地下　根据地下工程长期处于潮湿状态又难维修，但温差变化小等特点，需采用刚柔结合的多道设防，除刚性防水添加剂外，还应选用耐霉烂、耐腐蚀性好的、使用寿命长的柔性材料。在垫层上做防水时，应选用耐穿刺性好的材料，如厚度为 3mm 或 4mm 的玻纤、聚酯胎改性沥青卷材、玻璃布油毡等。当使用高分子防水卷材时，必须选用耐水性好的黏结剂，基材的厚度应不小于 1.5mm；选用防水涂料时，应选用成膜快的、不产生再乳化的材料，如聚氨酯、硅橡胶防水涂料等，其厚度不小于 1.5mm。

（3）厕浴间 厕浴间一般面积不大，阴阳角多，而且各种穿越楼板的管道多，卷材、片材施工困难，宜选用防水涂料，涂层可形成整体的无缝涂膜，不受基面凹凸形状影响，如JS复合防水涂料、氯丁胶乳沥青涂料、聚氨酯防水涂料等。管道穿越楼板，其板管间的交接处可选用密封膏或遇水膨胀橡胶条等处理。

2. 根据建筑功能不同的要求选材

（1）屋面作园林绿化，美化城区环境。防水层上覆盖种植土种植花木。植物根系穿刺力很强，防水层除了耐腐蚀耐浸泡之外，还要具备抗穿刺能力。选用聚乙烯土工膜（焊接接缝）、聚氯乙烯卷材（焊接接缝），铅锡合金卷材、抗生根的改性沥青卷材。

（2）屋面作娱乐活动和工业场地，如舞场、小球类运动场、茶社、晾晒场、观光台等。防水层上应铺设块材保护层。防水材料不必满贴。对卷材的延伸率要求不高，多种涂料都能用，也可作刚柔结合的复合防水。

（3）倒置式屋面是保温层在上、防水层在下的一种做法。保温层保护防水层不受阳光照射，也免于暴雨狂风的袭击和严冬酷暑折磨。选用防水材料种类很多，但是施工特别要精心细致，确保耐用年限内不漏。如果发生渗漏，防渗堵漏很困难，往往需要翻掉保温层和镇压层，造成困难和浪费。

（4）蓄水层面很像水池，只是水浅，一般不超过 25cm。防水层长年浸泡在水里，要求防水材料耐水性好。可选用聚氨酯涂料、硅橡胶涂料、全盛高分子卷材（热焊合缝）、聚乙烯土工膜，铅锡金属卷材，不宜用胶黏合的卷材。

（5）上人屋面：由于上人屋面在防水层上还要做贴铺地砖等处理，对防水层有保护作用，防水层不直接暴露在外，因此对耐紫外线老化性稍差，但其延伸性、防水性、抗拉强度等性能很好的材料均可采用。例如，聚氨酯类防水涂料、玻纤胎沥青油毡、聚氯乙烯防水卷材等。

（6）非上人屋面：防水层直接暴露，可选用页岩片粗矿物粒料，或铝箔覆面的卷材，防水层表面不需作保护层。

（7）种植屋面：为了绿化屋面，在屋面上要种植花草，因此对土层下的防水层要求较高，除具有防水性好之外，还需要耐腐性好、耐穿刺、能防止植物根系的穿透。宜选用柔性复合材料，如 APP 或 SBS 改性沥青卷材，也可使用在刚性防水表面加防水涂层的多道防水设防。

（8）有振动的工业厂房屋面：对大型预制混凝土屋面，除设计结构的考虑外，首先要选用延伸性好的、强度大的材料，厚度为 1.5mm 以上的高分子防水片材，如三元乙丙片材、共混卷材、4mm 或 3mm 以上的聚酯胎改性沥青卷材，不应选用玻纤胎沥青卷材、玻璃布为加筋的氯化聚乙烯卷材。

3. 根据工程的环境进行选材

（1）根据降雨量的多少选材 在南方多雨地区宜选用耐水性强的材料。如玻纤胎、聚酯胎沥青卷材，高分子片材并配套用耐水性强的黏结剂，或厚质沥青防水涂料等。而在北方雨少的地区，则可选用纸胎沥青毡七层法、冷沥青涂料，以及性能稍差的高分子片材等。

（2）根据环境温度不同选材 我国南北方，夏季冬季温度差别很大，若在南方高温地区选用改性沥青卷材时，宜选用耐热度高的 APP 改性沥青、塑性体沥青卷材。而在北方低温寒冷地区，宜选用低温性能好的 SBS 改性弹性体沥青卷材，选用其他材料时，也应考虑耐热性和低温性,如密封膏等。

(3)根据水位、水质不同选材 对水位较高的地下工程,防水层长期泡水,宜选用能热熔施工的改性沥青防水卷材,或耐水性强的,可在潮湿基层施工的聚氨酯类防水涂料,或用复合防水涂料,不要采用乳化型防水涂料。对水质差的含酸、含碱水质,应选用较厚的沥青防水卷材或耐腐性好的高分子片材,如 4mm 厚的沥青卷材、三元乙丙片材等。

4. 根据工程条件进行选材

(1)根据工程等级选材 对有特殊要求的一级建筑和二级建筑,应选用高聚物改性沥青或合成高分子片材;对三、四级一般建筑或非永久性建筑,也可采用沥青纸胎油毡。等级高的建筑不但要选用高档次的材料,而且要选用高等级的优等品、一等品,一般建筑可选用中低档的合格品。

(2)斜屋面选材 斜屋面因为有一定的坡度,其排水性非常好,可选用各种颜色的油毡瓦、水泥瓦,它们不仅具有良好的防水性,还可对建筑产生装饰作用。

(3)倒置屋面选材 倒置屋面系指防水层在下、保温层在上的屋面做法,防水层可得到保温层的保护,不受光、温度、风雨的侵蚀。但倒置屋面一旦发生渗漏,修补困难,因此对防水材料要求严格,不宜选用刚柔结合材料,而适合用柔性复合材料;由于防水材料长期处于潮湿状态的环境,不宜选用胶黏结合的材料,应选用热熔型改性沥青卷材或合成高分子涂料,如聚氨酯防水涂料、硅橡胶防水涂料等。

选用防水材料还要考虑到两种不同材质的材料复合使用,如刚性、柔性材料的复合,卷材和涂料的复合,同种材料的叠层做法,如卷材与卷材的叠层做法,但刚性防水不宜叠层。

从环保的角度考虑,最佳的选择是各种耐久、可收回、可再收的天然石板、黏土瓦、纤维水泥瓦、聚合物黏合瓦、聚合物改性水泥瓦等,这样可以避免制造新产品对环境的影响,减少废料产生的负担。

从节能效果方面考虑,屋顶颜色越浅,节能效果越好。检测结果表明,节能效果受屋面材料阳光反射率的影响最大,深灰色的屋面阳光反射率仅为 8%,而白色油毡瓦和陶瓦屋面的阳光反射率分别为 26% 和 34%,白色金属和水泥瓦屋面节能效果更为显著。

二、我国防水材料"十三五"发展规划

依据国家"十三五"发展规划,综合考虑我国"十三五"期间经济形势以及防水行业未来发展条件,今后 5 年防水行业的主要发展目标如下。

1. 持续保持行业健康发展

"十三五"期间,主要防水材料产量的年均增长率保持在 6% 以上,到 2020 年,主要防水材料总产量达到 $2.3 \times 10^9 \, m^2$,满足国家建设工程市场需求和人民对品质生活日益提高的需要,不断开发海绵城市、海洋工程、地下综合管廊、装配式建筑、绿色建筑和既有屋面翻新等领域的增量市场,促进行业持续增长。

2. 继续深化行业结构调整

"十三五"末期,培育 20 家大型防水企业集团,培育 100 家大型制造企业;行业中涌现出若干家年销售收入超过 100 亿元的企业,年销售收入超过 20 亿元的企业达到 20 家以上;

行业前 50 位的企业市场占有率达到 50%。形成 2~3 个建筑防水材料产业基地，发挥产业集群优势，明显提升行业集中度。

3. 显著增强科技创新能力

鼓励企业加大研发投入，提高自主创新能力，推动企业、科研机构新建 3~5 家国家级或省级技术中心，鼓励重点企业加大研发投入。不断提升行业知识产权意识，专利申请数量年平均增长率 10% 以上，其中发明专利占比 10% 以上。

4. 加强标准规范引领作用

构建促进行业健康发展的标准体系，以国家标准化改革为契机，以标准、规范、图集、工法的编制和应用为抓手，引导和促进行业产品及工程的质量提升；不断开展国内标准规范的国际化。

5. 大力提高产品和工程质量

通过节能环保和绿色发展的产业政策和技术引导，研制和推广耐久、可靠的防水系统，大力推进满足工程需求的新材料、新技术、新工艺、新装备的应用，不断提高产品质量和使用寿命；推动建立防水工程质量保证保险制度，显著降低工程渗漏率。

6. 进一步发挥品牌效应

继续开展品牌建设，加大对优质产品的宣传和推荐力度。力争形成 50 个以上在国内有影响力的行业知名品牌并积极参与国际市场竞争，依托"一带一路"国家战略，扩大防水产品和成套装备的出口，提升民族品牌在国际市场的认知度。"十三五"末期，行业中涌现有国际竞争力的品牌。

7. 完善多层次人才培养体系

推动学历教育、职业教育的发展，完善行业注册培训师制度，持续参与注册建筑师的继续教育工作，加强行业专家队伍建设。逐步开展防水工人职业化基础建设，重点开展基础性的职业技能培训，推动建立 1~2 所防水行业职业技能培训学校和 30 个企业职业技能培训基地，注册培训师人数增加 25% 以上。

扩大防水工人职业技能大赛的领域和规模，并纳入"中国技能大赛"序列，全面提升从业者的职业技能水平；积极参加并申请承办国际屋面工人职业技能大赛，汲取国际先进施工技术。

8. 推动防水工程市场机制创新

推动企业由单一的材料供应商向防水系统服务商转型。初步建立以防水工程承包商为主体的防水工程市场体系。培育 10000 家具有施工资质的防水工程承包商或屋面工程承包商。鼓励组建防水施工专业劳务派遣公司。系统研究与推广先进屋面工程技术，探索实施屋面工程专业承包制度。

9. 促进中小企业发展

引导中小企业提质增效，走精、专、新、特的差异化发展道路，向专业配套商转型，提升企业市场竞争综合能力。

三、绿色防水材料的发展趋势

展望未来，绿色化是建筑防水材料的重要发展方向。绿色建筑防水材料将会呈现以下发展趋势。

（一）环境友好化

防水涂料是主要的防水材料之一，但目前应用以溶剂型居多。溶剂型防水涂料中含有大量的挥发性有机化合物、游离甲醛、苯、二甲苯、可溶性重金属（铅、镉、铬、汞）等有害物质，不但污染环境而且常造成施工人员的中毒等事故。低毒或无毒、对环境友好的水基防水涂料，单组分湿气固化型或高固含量、低挥发、反应固化型防水涂料，将会成为防水涂料的主流产品。

热熔法施工是目前 SBS、APP 等改性沥青类防水卷材主要的施工方法，在卷材施工时涂刷冷底子油和热熔粘贴过程中，都有大量的污染物质排放到大气中造成环境污染。今后，改性沥青卷材的应用技术将朝着节能环保的方向发展，热熔施工的比例将下降，冷粘法、热空气接缝法、自粘法前景看好。

（二）绿色屋顶材料

国内外实践表明，实施屋顶绿化的绿色屋顶，建筑隔热、保温性能显著改善，可使顶层住房室内温度降低 3~5℃、空调节能 20%，可谓建筑节能与改善人居环境的有效措施。屋顶绿化同时具有补偿城市绿地、储存雨水、涵养水土、吸收有害气体、滞留灰尘、净化空气、降低噪声、提高空气相对湿度、改善都市"热岛"效应以及保护屋顶、延长建筑寿命等功效，对于改善城市环境作用巨大。

发展绿色屋顶的关键技术之一是防水技术，耐植物根穿刺的防水材料应用前景广阔。今后，采用机械固定施工，具有防水保温一体化、减少构造层次，节能、节材、节约资源，降低成本、提高工效等优点的单层屋面系统将得到较快发展，从而带动 EPDM、增强型 PVC 和 TPO 这 3 类高端高分子防水卷材的生产与应用。

此外，各类节能通风坡瓦屋面、保温隔热屋面、太阳能屋面将与种植屋面、单层卷材屋面一起，共同作为新型的绿色节能屋面，在"低碳"时代获得良好的发展机遇，从而带动这些绿色屋面系统所需的建筑防水材料的发展。

（三）废料循环的利用

利用工业废料作为原料生产防水材料是绿色建筑防水材料的一个重要发展方向。以废橡胶为例，我国是废橡胶产量最大的国家，近些年按消耗量计算，我国每年的橡胶产量和消费总量达到 $4×10^6$ t 以上，而废橡胶的产量也达到 $2.7×10^6$ t 左右。从环境保护和改性沥青质量两方面考虑，使用胶粉改性沥青都具有巨大发展潜力。胶粉改性沥青技术在道路行业已经得到广泛认同，但在防水行业的应用虽然已很普遍，但不怎么"名正言顺"。

防水行业发展潜力巨大，胶粉改性沥青如能在防水行业得到规范、合理的应用，将会对我国建设节约型社会做出不可忽视的贡献。除此之外，沥青基防水卷材、沥青瓦、PVC 卷材、TPO 卷材在国外都有回收再利用的做法，国内也应尽快研究并加以利用，这是绿色建筑防水材料最具有发展潜力的领域之一。

（四）功能多样化

由于技术和施工等多方面的原因，目前在防水工程中所用的涂料产品性能相对较差，其表现在拉伸强度较低、延伸率较小、耐候性不足、使用寿命较短，绝大多数防水涂料的功能比较单一，施工时要求在干燥基材表面和非雨雪天气进行，这是影响防水涂料推广应用的重要原因。因此，未来的防水涂料将向着综合性能好、对基层伸缩或开裂变形适应较强的方向发展，并将防水、保温、隔热、保护、环保、装饰等多种功能于一体。

随着科学技术的不断进步，纳米防水涂料也会得到快速发展和应用推广。纳米防水涂料是自然渗透型防护剂，是无机硅酸盐、活性二氧化硅、专用催化剂及其他功能助剂通过纳米技术配制而成的新一代水性、环保、抗裂型防水剂。在防水涂料中加入纳米材料，将会大大改善防水涂料的耐老化、防渗漏、耐冲刷等性能，提高防水涂料的使用寿命。纳米防水涂料渗透力极强，可渗透到建筑物内部形成永久防水层；防水层透明无色、不变色，因此不影响建筑物原设计风格；该产品既可作墙面防水剂，也可内掺于水泥制成高效防水水泥砂浆。

根据国外防水实践经验证明，大力开发具有高太阳光反射率的 SBS 和 APP 自黏白色表面改性沥青防水卷材，以及具有防水、反射和高耐久性的 TPO 防水卷材，这也是绿色防水卷材未来发展的重要探索方向。

目前我国绿色建筑防水材料正朝着利于节能、低毒环保、利废的方向发展，随着国家对节能减排和环保政策措施的大力推动，普通消费者生态环境保护意识的逐步提高，绿色建筑和绿色建材的认知度越来越高，节能、环保、性能优良的绿色建筑防水材料的应用范围必将越来越广。

第六章

再生骨料混凝土材料

随着城市化进程的加快，社会对混凝土的需求量迅速增加。作为混凝土重要原材料的粗细骨料出现了明显不足，因此将数量庞大的废旧混凝土进行合理的回收利用，这样既解决了天然原生粗细骨料缺少的问题，又节省了废旧混凝土处理费用，并有利于环境保护，对获得良好的社会效益和经济效益起到了不可低估的作用。

进入 21 世纪以来，我国基础设施建设事业得到了飞速发展。伴随着道路、桥梁、楼房的建设和维修，产生了大量废弃水泥混凝土。据有关部门不完全统计，2015 年我国建筑物拆除和施工过程中产生废混凝土总量已达 1.56×10^8 t；预计到 2020 年我国将产生 20×10^9 t 废弃水泥混凝土。目前，我国绝大部分废弃水泥混凝土是作为建筑垃圾处理的，这不仅对环境造成了巨大负面影响，而且也浪费了大量可再生利用的资源。

第一节 再生骨料混凝土发展概述

建筑业作为国民经济的支柱产业之一，虽然得到了突飞猛进的发展，但相应的在建筑物的建设、维修、拆除过程中产生的建筑废弃物也空前增加，据不完全统计，其数量已占到城市垃圾总量的 30%～40%。大量的建筑废弃物占用大量空地存放，污染环境，浪费耕地，成为城市一大公害。而与此同时，建筑业的迅猛发展无疑带动了建筑材料工业的发展。

建材行业往往是能源和资源的消耗大户，例如主要的建筑材料——水泥混凝土的生产，需要大量开采黏土、石灰石和砂石集料，不但消耗大量的资源和能源，而且极大地破坏了绿色植被，毁坏了自然景观，引起了水土流失，造成了矿物资源日益减少，严重地破坏了生态环境。发达国家的实践已证明，水泥混凝土废弃建筑物中的许多废弃物经分拣、剔除或粉碎后，是可以作为再生资源重新利用的。

党的十七大报告指出，必须把建设资源节约型、环境友好型社会放在商业化、现代化发展战略的突出位置。国务院和科技部分别在国家中长期科学与技术发展规划纲要以及科学技术发展规划中，多次把城市垃圾减量化及资源化处理以及发展循环经济和构建节约型社会的内容列为优先主题。由此可见，如何促进建筑垃圾资源化处理已成为我国政府和建筑行业面临的一个重要课题。随着人类对自然资源的珍惜和对环境保护的重视，建筑废弃物资源化再生利用势在必行，这也是建材及建筑业可持续发展的重要出路之一。

一、国内外再生混凝土的发展

据统计，在社会活动形成的固体废弃物中，建筑废弃物大约占 40%，其中废弃混凝土堪称建筑废弃物排放量最大者。近二三十年来，随着世界范围内城市化进程的加快，对原有建筑物的拆除、改造工程数量与日俱增。1996 年在英国召开的混凝土会议上通过的资料表明，全世界废弃混凝土年产生量高达 10×10^9 t 以上。以往建筑废弃物多数堆积在城市郊区的公路、河道、沟壑附近。如此做法会恶化环境，带来严重的二次污染。另外，堆放混凝土废弃物会占用大片场地，对于土地和空间日趋宝贵的城市是一种极大的威胁，限制城市的发展空间，大有建筑垃圾包围城市之势。

混凝土原材料中用量最大的砂石曾被人们认为是用之不竭的原料而被随意开采，结果造成山体滑坡、河床改道等自然灾害的发生，严重破坏了骨料原生地生态环境的可持续发展。天然砂石的形成需要经过漫长的地质年代，目前我们已经面临混凝土天然骨料的短缺，就像面临煤炭、石油、天然气短缺一样。我国优质的天然骨料（河砂、卵石）在有些地区已经枯竭，许多地区配制合格的混凝土用砂供应紧张，一些大城市已找不到高性能混凝土用砂，这是多么可怕的事情。

总之，对于废弃混凝土的再生利用已经成为一项迫切需要解决的课题。成功的经验告诉我们，将废弃混凝土破碎作为再生骨料，既能解决天然骨料资源紧缺的问题，保护骨料产地的生态环境，又能解决城市废弃物的堆放、占地和环境污染等问题，可见废弃混凝土的再生利用有着很显著的社会效益。利用再生骨料是当今世界众多国家可持续战略追求的目标之一，也是发展绿色混凝土的主要措施。

进入 21 世纪以来，随着城市化进程的不断加快，作为城市化最主要的物质基础——混凝土的需求量也在迅速增加。据有关资料报道，目前，全世界混凝土的年生产量约 2.8×10^9 m³，我国混凝土的年产量占世界总量的 45% ～50%，已达 1.3×10^9 ～1.4×10^9 m³。在这些混凝土原材料中，粗细骨料约占混凝土总量的 3/4。据此推算：全世界每年需要粗细骨料约 2.1×10^9 m³。而我国建筑行业正在蓬勃地发展，对于粗细骨料的需求量很大，我国对粗细骨料的需求约占全世界需求量的 50%，而且随着城市化的快速发展，将来的需求量还将越来越多。对于这么大的砂石材料的消耗量，地球的天然原生粗细骨料终将殆尽，因此从资源合理开发使用及可持续发展的角度，寻求原生集料的替代品是非常重要的。

与混凝土粗细骨料的巨大需求量相对应是数量庞大的废旧混凝土。世界上每年拆除的废旧混凝土、新建建筑产生的废弃混凝土以及混凝土工厂、预制构件厂的废旧混凝土的数量是惊人的。最新资料显示，我国每年因拆出建筑产生的固体废弃物 2×10^8 t 以上，新建建筑产生的固体废弃物大约 1×10^8 t，两项合计约 3×10^8 t。然而，对于这些废旧混凝土的处理方法目前显然不多，传统的处理方法主要是运往郊外露天堆放或填埋。这种方法产生的巨大处理费用和由此引发的环境问题十分突出。废弃混凝土中含有大量的砂石骨料，如果能将它们合理地回收利用，将再生混凝土用到新的建筑物上，不仅能降低成本，节省天然资源，缓解骨料供需矛盾，还能减轻废弃混凝土对环境的污染，是可持续发展战略的一个重要组成部分。因此，如何充分、高效、经济地利用建筑垃圾，特别是废弃混凝土已经成为全世界各个国家共同研究的一个重要课题。

再生骨料混凝土简称再生混凝土，废弃混凝土作为再生骨料的来源又称母体混凝土。废弃混凝土块经过破碎、清洗与分级后形成的骨料简称再生骨料；再生骨料部分或全部代替砂石等天然骨料配制而成的混凝土，称为再生骨料混凝土。充分利用再生骨料混凝土，不但能有效降低建筑垃圾的数量，节省大量的建筑能源，减少建筑垃圾对自然环境的污染，同时利用再生骨料制造再生骨料混凝土，还能减少建筑工程中对天然骨料的开采，从而达到建筑节能和保护环境的目的。

工程实践和试验充分证明：以废砖粉和废砂浆为细骨料、废混凝土为粗骨料的再生混凝土，既可以作为承重墙体材料，还可以作为保温材料用于节能建筑，既是实现建筑节能经济有效的措施，也是解决我国能源供需矛盾的途径之一。

再生骨料按尺寸大小可分为再生粗骨料、再生细骨料；按来源可分为道路工程再生骨料、建筑工程再生骨料；按用途可分为混凝土再生骨料、砂浆再生骨料、砌块再生骨料。通过再生骨料混凝土技术可实现对废弃混凝土的再加工，使其恢复原有的性能，形成新的建材产品，从而既能使有限的资源得以再利用，又解决了部分环保问题。这是发展绿色混凝土，实现建筑资源环境可持续发展的主要措施之一，为子孙后代留下宝贵的财富。

二、发达国家对再生混凝土的利用现状

美国、日本和欧洲等发达国家对废弃混凝土的再利用研究和推广较早，第二次世界大战后，德国、日本等国对废弃混凝土进行了开发研究和再生利用，已经召开过 3 次有关废混凝土再利用的专题国际会议，并提出混凝土必须向绿色化发展的重要理论。目前，废弃混凝土的利用已成为发达国家所共同研究的课题，有些国家还采用立法形式来保证专项研究和应用的发展，很多经济发达国家已经将废弃混凝土大量运用到实际工程中。

（一）日本对再生混凝土的利用现状

日本由于天然资源相对匮乏，因而十分重视废旧混凝土的再生资源化和有效利用，多年来将建筑废弃物视为"建筑副产品"。日本对再生混凝土的研究始于 20 世纪 70 年代，早在 1977 年，日本建筑业协会（BCS）就制定了《再生骨料和再生混凝土使用规范》，为废旧混凝土的再生利用提出了具体做法和标准。1992 年，日本建设省提出了《建筑副产物的排放控制以及再生利用技术的开发》五年发展规划，于 1994 年制定了《不同用途下混凝土副产物暂定质量规范》，并于 1996 年推出了《资源再生法》，为废旧混凝土等建筑副产品的再生利用提供了法律和制度保障。2003 年，日本开始启动了对再生骨料以及再生混凝土的国家标准的制定工作，并分别于 2005 年制定了《混凝土用再生骨料 H 的混凝土》（高品质）的国家标准（JIS A5021），2006 年制定了《使用再生骨料 L 的混凝土》（低品质）的国家标准（JIS A5023）、2007 年制定了《使用再生骨料 M 的混凝土》（中品质）的国家标准（JIS A5022），为再生骨料的推广应用提供了必要的技术支持和技术保障。

据有关资料报道，目前日本全国建筑废物资源总利用率达到 85%，其中废旧混凝土的排放量年均为 3.2×10^7 t，废旧混凝土再生利用 3100 多万吨，再生资源化率高达 98%。但这些再生混凝土大部分用于公路路基材料中，作为再生骨料所使用的比例不足 20%。此外，日本还对再生混凝土的吸水性、强度、配合比、收缩、耐冻性等进行了系统的研究，为废旧混凝土的有效利用打下了良好的基础。

(二) 荷兰对再生混凝土的利用现状

荷兰由于国土面积狭小,人口密度大,再加上天然资源相对匮乏的原因,该国对建筑废弃物的再生利用十分重视,是最早开展再生骨料混凝土研究和应用的国家之一,其建筑废物资源利用率位居欧洲第一位。1996 年荷兰全国建筑废物排放量约为 1.5×10^7 t,其中废混凝土的再生资源化率高达 90% 以上,自 1997 年起,规定禁止对建筑废弃物进行掩埋处理,建筑废弃物的再利用率几乎达到了 100%。参考国际材料与结构研究实验联合会(RILEM)关于再生骨料的相关技术标准,荷兰制定了自身的再生骨料国家标准,其中规定了再生骨料取代天然骨料的最大取代率(质量计)为 20% 等。

(三) 英国对再生混凝土的利用现状

英国由于国土面积相对狭小,因此新建建筑垃圾掩埋场地比较困难。为了降低建筑废弃物的排放,减少环境污染,促进建筑废弃物的再生利用,英国政府于 1996 年设置了建筑垃圾掩埋税,并对建筑垃圾加工企业进行了政策及资金方面的援助,同时大力支持对再生骨料的研究以及再生骨料标准的制定工作等。

据统计,英国全国建筑废物资源利用率为 45%,其中废混凝土的排放量约为 2.8×10^7 t,再生利用 1.48×10^7 t,废混凝土再资源化率为 52%,但其中大部分用在路基材上,用于混凝土的再生骨料所占比例为 10% 左右。为促进再生骨料的利用,参考国际材料与结构研究实验联合会(RILEM)关于再生骨料的相关技术标准,制定了适合本国国情的混凝土再生骨料标准,将再生粗骨料分为 3 个等级,并指出再生粗骨料中掺加天然骨料会改善再生骨料的性能。

(四) 丹麦对再生混凝土的利用现状

丹麦是建筑废弃物有效利用技术比较成熟的国家,最近 10~15 年间其建筑废弃物再利用率已达到 75% 以上,超过了丹麦环境能源部门于 1997 年制定的 60% 的目标。最近,丹麦政府的政策目标从单纯的废弃物再利用开始向建筑材料的全生命周期管理模式的方向发展。丹麦 1997 年全国建筑废物资源利用率为 75%,其中废旧混凝土的排放量约为 1.8×10^6 t,再生利用 1.75×10^6 t,再生资源化率高达 97%。1989 年 10 月,丹麦混凝土协会制定了再生骨料技术标准,将再生粗骨料分为两个等级,并对再生骨料的饱和面干表观密度、轻骨料含量、杂质含量以及粒度分布等做了详细规定。

(五) 美国对再生混凝土的利用现状

美国是较早提出环境标志制度的国家,政府制定的《超级基金法》规定:"任何生产有工业废弃物的企业,必须自行妥善处理,不得擅自随意倾卸"。1982 年,在混凝土骨料标准中已规定废混凝土块经破碎后可作为粗骨料、细骨料来使用;美国陆军工程协会(SAME)在有关规范和指南中鼓励使用再生混凝土骨料。美国明尼苏达州运输局标准(MDOT)和俄亥俄州运输局标准(MDOT)规定了再生混凝土作为道路铺装材料时的使用条件和试验方法。

美国除鼓励应用再生混凝土外,还对其性能进行了研究。如根据密歇根州的两条用再生混凝土铺筑的公路进行了再生骨料混凝土干缩性能的试验研究,试验表明再生骨料混凝土的收缩率大于天然骨料混凝土。美国的公司采用微波技术,设计和施工的再生沥青混凝土路面，不仅其质量与新拌沥青混凝土路面料相同，而且成本降低了30%以上，同时节约了垃圾清运和处理等费用，大大减轻了城市的环境污染。

(六) 德国对再生混凝土的利用现状

第二次世界大战之后，德国已经有了将废砖经破碎后作为混凝土材料使用的经验，是较早开始对废旧混凝土进行再生利用研究的国家之一，1997年德国开始实施再生利用法，钢筋委员会1998年8月制定了《混凝土再生骨料应用指南》，要求采用再生骨料配制的混凝土必须完全符合天然骨料混凝土的国家标准，在再生混凝土开发应用方面稳步发展，取得了一系列的成果。德国1994年全国建筑废物资源利用率为17%，其中废混凝土的排放量约为$4.5 \times 10^7 t$，再生利用$8.7 \times 10^6 t$，再资源化率为18%；而其中大部分用在公路路基材上。再生骨料技术标准，将再生粗骨料分为4个等级，并对再生骨料的最小密度、矿物成分、沥青含量、最大吸水率等做了详细规定。

(七) 法国对再生混凝土的利用现状

法国1990~1992年全国建筑废物资源利用率为15%，其中废混凝土的年排放量约为$1.56 \times 10^7 t$，其中大部分用在公路路基材料上，并且再生利用限制在道路工程和掩埋工程。还利用碎混凝土和碎砖块生产了砖石混凝土砌块，所获得的混凝土砌块已被测定，符合与砖石混凝土材料有关的标准。再生骨料标准参考国际材料与结构研究实验联合会 (RILEM) 关于再生骨料的相关技术标准，并与西班牙、比利时共同计划制定《混凝土再生骨料的应用指南》。

(八) 韩国对再生混凝土的利用现状

韩国是继日本之后，较早着手研究废混凝土的处理与再生利用的亚洲国家之一。韩国国家标准 (KS) 针对废混凝土再生骨料、道路铺装用再生骨料以及废沥青混凝土再生骨料制定了相关技术标准。国家交通部制定了《建筑废弃物再利用要领》，根据不同利用途径对质量和施工标准做了规定。环境部制定了《再生骨料最大值数以及杂质含量限定》对废混凝土用在回填土等场合时的粒径、杂质含量做了限定。据统计，韩国全国建筑废物资源利用率平均为86%，其中废混凝土的排放量约为$2.41 \times 10^7 t$，占建筑废弃物整体的61%。

三、我国对再生混凝土的利用现状

据有关部门统计，我国建筑废物的数量已占到城市废物总量的30%~40%。按照每万平方米建筑面积产生建筑废物500~600t的标准推算，到2020年我国还将新增建筑面积约$3 \times 10^{10} m^2$，新产生的建筑废物将是一个令人震撼的数字。然而，如果绝大部分建筑废物未经任何处理，便被施工单位运往郊外或乡村，露天堆放或填埋，耗用大量的征用土地费、垃圾清运费等建设经费；同时，清运和堆放过程中的遗撒和粉尘、灰砂飞扬等问题又造成了严重的环境污染。

根据我国目前的实际情况，虽然在短期内混凝土的原材料不会出现危机，但是将来我国肯定也会面对原材料短缺的问题，而且我国目前建筑业的发展速度远远超过一些发达国家，同时对再生混凝土的开发研究晚于工业发达国家，因此我国政府也鼓励废弃物的研究和应用，同时国内的一些专家学者在这方面已开始加紧对再生混凝土的研究利用进行立项研究。我国政府制定的中长期社会可持续发展战略中就鼓励废弃物的研究开发利用，建设部于1997年就将"建筑废渣综合利用"列为科技成果重点推广项目。

20世纪90年代，我国上海、北京等地区的一些建筑工程对建筑废物的回收利用做了很多有益的尝试。像上海市建筑构件制品公司利用建筑工地爆破拆除的基坑支护等废弃混凝土制作混凝土空心砌块，其产品各项技术指标完全符合上海的混凝土小型空心砌块工程规范。将废弃混凝土破碎或粉碎后的碎块用作新拌混凝土的骨料，在一些改建或重建工程项目中也有所应用。1992年6月起，北京城建（集团）一公司先后在不同类型的多层和高层建筑的施工过程中，回收各种建筑废物840多吨，用于砌筑砂浆、内墙和顶棚抹灰、细石混凝土地面和混凝土垫层，取得良好的技术经济效益。

我国再生混凝土不仅运用在建筑工程，很多再生混凝土也运用在交通行业中。当混凝土道路的路面到达其使用年限，或者重物碾压等原因导致破损，则需要重建或者修补，现在的一般做法是破除并废弃旧的水泥混凝土面层，修补基层后，重新进行铺筑。目前，在我国水泥混凝土路面再生技术中主要应用的是现场再生技术，即破碎或粉碎现有路面，然后将破碎或粉碎后的路面用作新路面结构中的基层或底基层，这一种做法在我国公路养护维修中被普遍采用。

例如，合肥至南京的高速公路混凝土路面采用再生混凝土骨料作为新拌混凝土的集料来浇筑。合肥至南京的高速公路，路面为水泥混凝土，于1991年建成通车，随着交通量的快速增长、使用年限的增加，路面出现了不同类型的病害，每年路面维修工程量很大，每年维修产生大量的旧混凝土。为此，在养护维修过程中，根据高速公路快速通行的特点，采用再生混凝土骨料，并加入早强剂，达到快速通行的目的。施工前测试了再生混凝土骨料的表观密度、吸水率、压碎值、坚固性和冲击值，并且充分注意了集料的最大粒径和级配。用再生混凝土骨料代替天然集料，再生混凝土骨料的利用率可以达到80％，每年还可以节约大量骨料的运输费用。同时，节省了废弃的混凝土占用的土地费用。这样既节省了大量的养护资金，又有利于建筑节能和环境保护，获得了良好的社会效益和经济效益。

通过建筑废物的综合利用，建筑施工企业不仅可获得可观的经济效益，同时还可促进施工现场的文明化、规范化和标准化管理。在施工现场只需要配置一定量的粉碎机，即可将建筑垃圾中的废渣就地处理、就地利用，大大节约材料生产的能源和外运的负担。

总体而言，虽然再生集料的部分性能不如天然集料，利用再生集料研制和生产的混凝土构件性能也比天然集料的差。但通过掺加外加剂，则可以大大改善再生混凝土的性能，只要选择合适的外加剂，再生混凝土的利用就可以十分广泛，而且利用废弃混凝土做集料来生产再生混凝土，对资源循环利用、净化环境、造福子孙后代具有重要意义。

因此，需要政府加强宣传力度，出台一些强制措施限制废弃混凝土的排放，建立相应的废弃物加工厂。同时，政府应当在财力和政策上予以支持，并制定有关再生混凝土的行业标准，推动再生混凝土这一新型建筑材料的发展，促进中国经济的发展。

第二节　混凝土废弃物的循环利用

近年来，随着我国城市化的快速推进，国内建筑产业的飞速发展，不仅占据土地资源和自然空间，影响自然水文状态、空气质量，而且还会产生大量的建筑废弃物，对环境产生重大的负面影响。通常情况下，建筑物从原材料的开采、建筑材料的生产制造、建筑的施工建设、建后日常使用到最终的拆除等各阶段，均会产生不同类型的废弃物，并对环境造成不同程度的污染。

有统计资料显示，建筑在施工过程中产生的废弃物约占一般城市总废弃物的10％，而这些废弃物往往会与一般垃圾一样进入城市垃圾处理系统（如掩埋、焚化等），因而加重城市废弃物处理的负担，因此将建筑废物有效的再生资源化利用，是解决建筑废物的最佳处置方法，也是未来必然的趋势。发达国家的经验证明，综合利用混凝土废弃物，可以获得显著的环境效益、经济效益和社会效益。

一、建筑固体废物循环利用的可行性

在建筑物施工和改建的过程中，产生的建筑固体废物主要有废混凝土块、碎黏土砖块和废水泥砂浆等，这些建筑固体废弃物是可以循环利用的。

（一）废混凝土块的循环利用

水泥混凝土的凝结硬化没有严格的界限，是一个连续的、复杂的物理化学变化过程，同时也是一个非常缓慢的过程，在一般情况下，28d 龄期的水泥石其水化程度仅达到 60％左右。试验资料表明，水泥混凝土在正常的情况下，经过 20 年的凝结硬化才能达到 90％左右，也就是说此时水泥石中还存在有利于混凝土硬化的活性成分。

材料试验证明，如果把建筑物生产过程中及旧建筑物拆下的废混凝土块重新分选、破碎，作为混凝土的骨料来用，对于再生混凝土的强度发展必定能起到良好的促进作用。工程实践和试验结果也证明，普通混凝土发生破坏，是由于界面微裂缝在荷载作用下逐渐发展，最终导致混凝土结构的破坏，在一般情况下骨料本身并不发生破坏，因此废旧混凝土中的骨料是完全可以利用的。

（二）碎黏土砖块的循环利用

进入 21 世纪，人口的日益增长及生活质量的不断提高，人们对住房的要求越来越多也越来越高，旧建筑房屋已远不能满足人们的需求。所以，新农村建设和城市改造随之开展，进而导致建筑废物日益增多。一直以来，人们都在考虑如何有效又有价值地处理这些建筑废物。废弃建筑黏土砖作为建筑垃圾的主要组成部分，不仅占用耕地、严重污染周围环境，影响城市美观，而且还要花很多的人力物力来处理及运输。因而，开展废弃建筑黏土砖的资源化再利用研究具有十分重要的意义。

从已有的研究来看，国内外废弃建筑黏土砖的再利用研究重点均是在采用破碎筛分的生产工艺，然后作为混凝土的集料使用。近年，专家学者们针对这种情况也逐步提出了一些关于废弃黏土砖循环利用的新措施，如建筑废物用来直接烧制陶粒；用废弃黏土砖制备蒸压陶粒作为混凝土的粗骨料；将废黏土砖破碎成小块生产混凝土砌块；用破碎的砖块和再生混凝土集料来生产铺路块料等。然而，长期研究表明，废弃黏土砖直接破碎作为骨料制备出的混凝土性能较差且不稳定，不具有可控性，不能用于承重结构，因而利用率较低。

发达国家成功的经验表明，对于以黏土为主要原料烧结而成的废弃物，研究它们的综合利用技术，达到低成本处理黏土垃圾的目的，既可以解决环境污染问题，又使资源得到了再利用。另一方面，越来越复杂新颖的建筑使其对作为主体建筑材料的混凝土要求日益提高。在普通水泥混凝土不足以满足有些建筑物的特殊要求时，人们将注意力开始转向了轻集料混凝土。由于轻集料混凝土具有密度较小、保温性好、节能环保等优点，可以满足一些特殊建筑的要求，它越来越引起人们的重视。尤其是在结构混凝土上，轻集料混凝土可减轻结构的自重、缩小结构断面、增加使用面积、减少钢材的用量，同时减少了砂石等自然资源的使用，因而具有显著的综合经济效益。

（三）废水泥砂浆的循环利用

在水泥混凝土或水泥砂浆建筑物的拆除过程中，必然会产生一些粉末状的水泥砂浆材料，这些已硬化的水泥浆包裹在砂颗粒的周围，从而增大了骨料的粒径，同时水泥水化颗粒改善了骨料的级配。材料试验证明，拆除后较小的水泥水化颗粒可以作为再生混凝土细骨料来用，颗粒较大的水泥砂浆可作为再生混凝土中的粗骨料来用。这样不仅可以做到废旧材料的再利用，而且还有利于环境保护。

二、废弃混凝土材料完全循环利用

所谓废弃混凝土材料完全循环利用，与钢铁、铜铝等金属材料一样，待建筑物或构件达到使用年限后，拆除的混凝土可以作为制备混凝土材料的原材料进行使用。废弃混凝土完全循环利用是指将混凝土的黏结材料、混合材料、骨料硬化后制成的混凝土废弃后，再次作为水泥生产原料、再生骨料等全部用于制造新的混凝土材料，如此循环往复，多次进行使用，实现混凝土材料的自身循环利用，最大限度地实现对自然资源地利用。目前，废弃混凝土材料完全循环利用方式主要有制备再生水泥和再生骨料。完全循环利用混凝土的基本方式如图 6-1 所示。

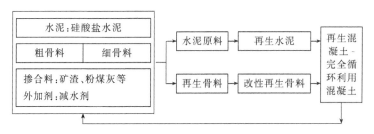

图 6-1 完全循环利用混凝土的基本方式

（一）用废弃混凝土制备再生水泥

随着我国城市化的快速发展和旧城改造的大量增加，产生的建筑垃圾急剧增多，能源、资源形势日益紧迫，因而节省能源和创造资源是大势所趋，再生水泥的研究势在必行，它所表现出的环境友好型、资源节约型以及经济高效型等特征完全符合"节约、友好"型社会经济发展的客观要求，有着非常广阔的应用前景以及重要的社会价值。我国在《水泥工业发展专项规划》中也明确指出："水泥工业发展的指导思想：大力发展循环经济，保护生态环境，依靠技术进步实现水泥工业的可持续发展。"利用废弃混凝土为原料煅烧熟料、制备水泥是废弃混凝土资源化再生利用的有效途径。

废弃混凝土制备再生水泥工艺首先将废弃混凝土按照要求进行破碎，然后使用机械方法将粗集料和水泥石组分进行分离，取水泥石部分进行再次的破碎和粉磨，之后将这些粉磨后的水泥石和无法分离的细集料一起进行热处理，在一定温度下使得这些已经水化了的水泥石再次分解并生成新的水泥熟料。

经试验分析结果表明，普通混凝土的化学成分与再生水泥的化学成分基本相同，即用废弃混凝土作为原料制造的再生水泥，其性能完全能够满足混凝土的要求。普通混凝土的化学成分如表 6-1 所列，用普通混凝土作为原料制造的再生水泥化学成分如表 6-2 所列，再生水泥混凝土与普通水泥混凝土的比较如表 6-3 所列。

表 6-1　普通混凝土的化学成分　　　　　　　单位：%

LOI	SiO$_2$	Al$_2$O$_3$	Fe$_2$O$_3$	CaO	MgO	SO$_3$	Na$_2$O	K$_2$O	TiO$_2$	MnO	P$_2$O$_3$
42.92	4.61	0.78	0.48	49.83	0.76	0.28	0.07	−/−8	0.05	0.03	0.06

注：表中 LOI 为烧失量，下同。

表 6-2　再生水泥的化学成分　　　　　　　单位：%

LOI	SiO$_2$	Al$_2$O$_3$	Fe$_2$O$_3$	CaO	MgO	SO$_3$	Na$_2$O	K$_2$O	TiO$_2$	MnO	P$_2$O$_3$
0.88	21.28	4.98	2.75	66.23	1.02	1.89	0.19	0.24	0.10	0.05	0.08

表 6-3　再生水泥混凝土与普通水泥混凝土的比较

混凝土种类	1m^{3}混凝土材料用量					水灰比 W/C	坍落度 /cm	设计强度/MPa	实测强度/MPa
	C/kg	W/kg	S/kg	G/kg	外加剂/mL				
普通混凝土	320	184	732	1048	805	0.58	18	25	31.5
再生水泥普通混凝土	296	170	862	971	805	0.58	18	25	35.2
高强混凝土	571	171	600	1057	4100	0.30	21	60	67.6
再生水泥高强混凝土	571	171	600	1057	4100	0.30	21	60	66.8

　　表 6-3 中的结果表明，用再生水泥配制的普通混凝土和高强混凝土，与普通水泥配制的混凝土性能基本相同，在同样的配合比和同样的外加剂用量时，混凝土的工作性能相同，28d 的抗压强度也很接近，这证明用混凝土作为水泥原料制造的再生水泥性能良好。

（二）用废弃混凝土制造混凝土再生骨料

　　原来混凝土建筑达到使用年限或需要拆除时，可在旧混凝土结构废弃后，将混凝土块体进行破碎、筛分、干燥等工艺处理，然后用套筛将废混凝土碎块粒径控够 5～20mm 范围内，用作再生骨料代替部分或全部天然骨料。再生骨料的物理性能，如粒径、视密度、堆积密度、含水率及饱和面干吸水率如表 6-4 所列。

表 6-4　再生混凝土骨料的性能参数

骨料名称	粒径/mm	视密度/(kg/cm^3)	堆积密度/(g/cm^3)	含水率/%	饱和面干吸水率/%
普通碎石	5～20	2.63	1.41	0.3	1.53
普通砂	0.5～5	2.68	1.43	2.4	—
再生骨料 1	5～20	2.56	1.30	3.0	4.83
再生骨料 2	5～20	2.50	1.21	5.0	5.77

　　用废弃混凝土制备的再生骨料取代天然骨料配制混凝土，并按现行国家标准测定再生混凝土的坍落度和硬化混凝土的强度，检查不同再生骨料比例对混凝土性能的影响。用再生骨料制备的再生骨料混凝土硬化到一定时间后，再次破碎制造再生骨料，并再用于配制混凝土的骨料，如此反复使用。R50 普通混凝土和再生粗骨料混凝土配合比及性能参数如表 6-5 所列，二次循环再生粗骨料混凝土配合比及性能参数如表 6-6 所列。表中再生骨料取代天然骨料的比例分别为 0、30%、50%、60% 和 100%。

表 6-5　R50 普通混凝土和再生粗骨料混凝土配合比及性能参数

编号	替代比例/%	单方混凝土材料用量/kg					减水剂掺量/%	坍落度/mm	湿表观密度/(kg/m^3)	28d 抗压强度/MPa
		水泥	O$_S$	O$_C$	R$_C$	水				
R50-C0	0	486	549	1166	0	195	2	165	2456	63.4
R50-C30	30	486	549	816	328	195	2	150	2444	60.1
R50-C50	50	486	549	583	546	195	2	135	2424	65.5
R50-C60	60	486	549	350	763	195	2	125	2400	61.0
R50-C100	100	486	549	0	1092	195	2	110	2385	58.5

表 6-6　二次循环再生粗骨料混凝土配合比及性能参数

编号	替代比例/%	单方混凝土材料用量/kg					减水剂掺量/%	坍落度/mm	湿表观密度/(kg/m³)	28d抗压强度/MPa
		水泥	Os	Oc	Rc	水				
R50-C0	0	447	604	1113	0	202.5	2	117	2450	60.8
R50-C30	30	447	604	779	319	202.5	2	75	2441	61.3
R50-C50	50	447	604	557	531	202.5	2	70	2420	61.9
R50-C60	60	447	604	445	637	202.5	2	68	2395	60.1
R50-C100	100	447	604	0	1062	202.5	2	38	2381	58.0

　　以上试验结果充分说明，当再生粗骨料掺量低于 50% 时，对再生粗骨料混凝土 28d 的抗压强度并无明显不利影响；但随着再生骨料掺量的增加，再生骨料混凝土的坍落度和表观密度略有降低。在实际混凝土工程中，坍落度降低可以采用掺加减水剂的方法或调整配合比来解决，完全可以达到理想的施工性能。

　　废弃混凝土的再生利用是水泥混凝土工业走向可持续发展的根本要求，是按照自然生态模式组成"资源—产品—再生资源—产品"的物质反复循环的流动过程，是完成物质闭循环过程的重要环节，也是绿色建筑材料发展的必然趋势。从理论和技术上这个循环是完全可行的。废弃混凝土既可以作为生产生态水泥的原材料，也可以用于生产再生混凝土骨料，以不同方式实现混凝土材料的自身循环利用。

第三节　再生骨料及其制备技术

　　将废弃的建筑物材料进行分类、筛选、破碎、分级、清洗，并按照国家标准对骨料颗粒级配要求进行调整后得到的混凝土骨料称为再生骨料。随着社会经济和城镇化的快速发展，混凝土用量剧增及人们环境意识的增强，因开采砂石骨料而造成的资源枯竭和环境破坏已越来越受到重视。因此，废弃混凝土作为再生骨料并循环利用受到广泛的关注。

　　工程实践证明，废弃混凝土的再生利用具有许多方面的好处，其中环保利益和可持续发展的优越性，是其最突出的优点，特别是在天然建筑材料资源日益缺乏的情况下，更具有明显的作用。此外，在旧混凝土中有未完全水化的水泥颗粒，可激发其进一步地进行水化反应。利用再生水泥和骨料可以降低水泥的用量，从而减少因生产水泥而带来的环境污染，这一特点在工业化发达的国家特别有吸引力，因为这些国家的建筑废弃物数量巨大，而天然建材资源数量已很少。

　　目前，德国、荷兰、比利时和日本等国家的建筑废弃物再生率已达到 50% 以上，有的几乎达到 100%，为发展中国家对建筑废弃物再生利用树立了榜样，提供了成熟的理论和技术，为世界绿色建筑材料的发展做出巨大贡献。

一、再生骨料的主要性能

　　材料试验证明，混凝土再生骨料与天然骨料相比有着许多不同的性能。

　　(1) 在轧碎的作业中造成的颗粒较粗，其形状也是多棱角的。根据粉碎机的不同，其粒径分布也不尽相同，且表观密度比较小，可以用作半轻质骨料。

　　(2) 在再生骨料表面上粘有砂浆和水泥素浆。其黏附的程度主要取决于轧碎的粒度和基体混凝土的性能。黏附的砂浆改变了骨料的其他性能，包括质量较轻、吸水率较高、黏结力减少和抗磨强度降低。

　　(3) 作为骨料污染的异物存在，这是从原来拆除的建筑垃圾中带来的。其中可能包括黏土颗粒、沥青碎块、石灰、碎砖、杂物和其他材料。这些污染物通常会对再生骨料拌制的混凝土力学性能和耐久性均造成不良影响，需引起注意并采取有效防范措施。

根据国内外的工程实践，用来生产再生骨料废弃混凝土主要有以下几种来源：①旧城区大规模改造和道路修建而造成旧建筑物大量拆除，从而产生的建筑垃圾；②拆除达到使用年限或老化的旧建筑物而产生的废弃混凝土块；③因意外原因如地震、台风、洪水、战争等，造成建筑物倒塌而产生的废弃混凝土块；④市政工程的动迁及重大基础设施的改造而产生的废弃混凝土块；⑤商品混凝土工厂产生的废弃混凝土。

混凝土再生骨料的粒形、级配、物理力学、化学成分和特性等，对再生骨料混凝土的性能影响比较大，对其应用必须进行系统研究。再生骨料的粒形特征可根据骨料形状特征系数进行测定；再生骨料颗粒级配、表观密度、堆积密度、空隙率、吸水率和压碎指标等试验，均可按照现行国家标准《建设用碎石、卵石》（GB/T 14685—2011）和《建设用砂》（GB/T 14684—2011）中的有关规定进行。

（一）骨料粒形

材料试验证明，骨料颗粒形状对于混凝土强度有一定影响，一般都希望是球形颗粒，根据骨料形状特征系数的有关理论，骨料的体积系叔和球形率越大越好，细长率、扁平率和方形率越小越好。表 6-7 为骨料形状实测结果，通过比较可以发现，再生骨料和天然骨料形状相差不大，再生骨料的某些指标甚至优于天然骨料。

表 6-7 再生骨料与天然骨料的形状系数

类别	a/mm	b/mm	c/mm	V/mm	体积系数 $K=V/abc$	球形率 $R=6V/abc$	细长率 $e=a/c$	扁平率 $f=ab/c$	方形率 $S=a/b$
天然骨料	25.68	16.36	10.66	3000	0.746	1.424	2.536	40.861	1.556
再生骨料	23.97	17.43	9.02	3000	0.801	1.530	2.689	46.995	1.388

（二）颗粒级配

表 6-8 中给出了废弃混凝土经破碎、筛分后得到的再生骨料颗粒级配。如果得到的颗粒级配不符合《建设用碎石、卵石》（GB/T 14685—2011）中粗骨料颗粒级配规定的范围，需要经过筛分和人工调配。

表 6-8 再生骨料颗粒级配

粒径/mm　筛余量	4.75	9.50	16.0	19.0	26.5	31.5
分计筛余/%	3.05	13.27	9.75	28.65	22.84	21.75
累计筛余/%	99.31	96.26	82.99	73.24	44.59	21.75

经过筛分所得到的再生骨料颗粒有 3 种类型：①混合型，粒径大致集中在 9.5～26.5mm，表面粗糙，包裹着水泥砂浆的石子，呈多棱角状，约占废弃混凝土总质量的 70%～80%；②纯骨料型，是一小部分与砂浆完全脱离的石块，粒径一般比较大，在 31.5mm 以上，约占废弃混凝土总质量的 20%；③其余的为一小部分砂浆颗粒。

（三）表观密度

在进行试验的过程中，按照连续粒级 4.75～31.5mm 颗粒级配的要求，重新调配再生骨料和天然骨料。实测再生骨料和天然骨料的表观密度分别为 2550kg/m³ 和 2630kg/m³，再生骨料比天然骨料降低 3.0%。主要原因是再生骨料的表面还包裹着一定量的硬化水泥砂浆，而这些水泥砂浆较岩石的空隙率大，从而使得再生骨料的表观密度比普通骨料低。但是，再生骨料的表观密度大于 2500kg/m³，完全符合《建设用碎石、卵石》（GB/T 14685—2011）中配制普通混凝土对粗骨料表观密度的要求。

（四）堆积密度及空隙率

通过材料试验，实测到 4.75～31.5mm 级配的再生骨料和天然骨料的堆积密度分别为 1410kg/m³ 和 1540kg/m³，空隙率分别为 45% 和 42%，再生骨料的堆积密度比天然骨料略小，而其空隙率比较高。现行国家标准《建设用碎石、卵石》（GB/T 14685—2011）中规定，骨料的松散堆积密度必须大于 1350kg/m³，空隙率小于 47%。由此可见，再生骨料这两项指标是满足配制混凝土要求的。但再生骨料各粒级的堆积密度不相同，整体规律是颗粒越大，堆积密度越高，空隙率的变化规律则相反。再生骨料各粒级基本物理参数如表 6-9 所列。

表 6-9 再生骨料各粒级基本物理参数

试验指标	粒级/mm					
	4.75mm	9.50mm	16.0mm	19.0mm	26.5mm	31.5mm
堆积密度/(kg/m³)	1090	1220	1260	1280	1250	1281
空隙率/%	57	52	51	50	51	50
吸水率/%	10.0	6.0	4.4	4.0	2.7	2.0

（五）吸水率

材料浸水试验证明，24h 的吸水率，再生骨料为 3.7%，天然骨料仅为 0.4%。这是因为天然骨料结构坚硬致密、空隙率低，所以吸水率和吸水速率都很小；而再生骨料表面粗糙、棱角较多，且骨料表面包裹着一定数量的水泥砂浆，水泥砂浆空隙率大、吸水率高，再加上混凝土块在解体、破碎过程中，由于多次损伤的累积，内部存在大量微裂纹，这些因素都被其吸水率和吸水速率大大提高。

再生骨料各个粒级的吸水率如表 6-9 所列，再生骨料的颗粒粒径越大，吸水率越低，小于 9.5mm 的小粒径砂浆骨料的吸水率可达到 10.0%。

（六）压碎指标值

材料压碎试验证明，再生骨料的压碎指标为 21.3%，天然骨料的压碎指标为 11.5%，后者比前者下降了 46.0%。根据现行国家标准《建设用碎石、卵石》（GB/T 14685—2011）中规定，Ⅰ类骨料的压碎指标值应小于 10%，Ⅱ类骨料的压碎指标值应小于 20%，Ⅲ类骨料的压碎指标值应小于 30%。由此可见，再生骨料由于含有部分强度远低于天然岩石的砂浆，以及破碎加工过程中对骨料造成的损伤，使得再生骨料整体强度降低，只能勉强达到Ⅱ类骨料对压碎指标值的要求，这是在混凝土结构设计中应当引起重视的问题。

二、再生骨料的改性处理

再生骨料与天然骨料相比，具有孔隙率高、吸水性大、强度较低等特征。这些特征必然会导致由再生骨料配制的再生骨料混凝土某些性能不能满足要求。如再生骨料混凝土拌和物的流动性比较差，影响施工的操作性；再生骨料混凝土的收缩值、徐变值也比较大；再生骨料一般只能配制中低强度的混凝土等，因而限制了再生骨料混凝土的应用范围。

目前，再生骨料混凝土的主要应用领域是用于地基加固、道路工程的垫层、室内地坪垫层等方面。要扩大再生骨料混凝土的应用范围，如果要将再生骨料混凝土用于钢筋混凝土结构工程中，必须对再生骨料进行改性强化处理。根据国内外的实践经验，现在常用的对再生骨料进行改性的方法主要有以下几种。

(一) 机械活化

机械活化通常也称为物理活化，是指通过将物料磨细以提高其活性的活化方式。通过机械磨能使颗粒迅速细化，提高了颗粒的比表面积，增大了水化反应的界面。再生骨料机械活化的目的在于破坏较弱的再生碎石颗粒，或者除去黏附在再生碎石颗粒表面上的水泥砂浆，从而增大再生碎石的抗压强度和与胶凝材料的黏结力。俄罗斯的试验表明，经球磨机活化的再生骨料质量大大提高，其中再生骨料的压碎指标降低 50％以上，可用于钢筋混凝土结构工程中。这种改性强化再生骨料方法是目前最有效和发展前途的。

(二) 酸液活化

酸液活化方法是将再生骨料置于酸液中，如置于冰醋酸、盐酸溶液中，利用酸液与再生骨料中的水泥水化产物 $Ca(OH)_2$ 反应，从而起到改善再生骨料颗粒表面的作用，不仅可以改善再生骨料的性能，而且还可以提高再生骨料混凝土的强度。

(三) 化学浆液处理

化学浆液处理是采用较高强度等级水泥和水按一定比例调制成素水泥浆液。为了改善水泥浆液的性能也可向其中掺入适量的其他物质，如超细矿物质（粉煤灰、硅粉等）或防水剂等或硫铝酸钙类膨胀剂。利用这类化学浆液对再生骨料浸泡、干燥等处理，以改善再生骨料的孔隙结构来提高再生骨料的质量。

(四) 水玻璃溶液处理

用液体水玻璃溶液浸渍再生骨料，利用水玻璃与再生骨料表面的水泥水化产物 $Ca(OH)_2$ 反应，生成硅酸钙胶体来填充再生骨料的孔隙，使再生骨料的密实度得到改善，从而提高再生骨料的强度和其他性能。其反应式为：

$$Na_2O \cdot nSiO_2 + Ca(OH)_2 = Na_2O(n-1)SiO_2 + CaO \cdot SiO_2 + H_2O$$

三、再生骨料的制备技术

目前各国对再生骨料的制备方法大同小异，即将不同的切割破碎设备、传送机械、筛分设备和清除杂质的设备有机地组合在一起，共同连续完成破碎、筛分和除去杂质等工序，最后得到符合质量要求的再生骨料。不同的设计者和生产厂家在生产细节上略有不同。

日本的 Takenaka 公司加工再生骨料的生产过程主要过程主要包括 3 个阶段。

（1）预处理阶段　即除去废弃混凝土中的其他杂质，用颚式破碎机将混凝土块破碎成为 40mm 粒径的颗粒；

（2）碾磨阶段　将破碎的混凝土颗粒在偏厂止转筒内旋转，使其相互碰撞、摩擦、碾磨，除去附着在骨料表面的水泥浆和砂浆。

（3）筛分阶段　最终的材料经过过筛，除去水泥和砂浆等细小颗粒，最后得到的即为高质量的再生骨料（Cyclite）。

日本高性能再生骨料生产过程如图 6-2 所示。德国再生骨料的处理和分类过程如图 6-3 所示。使用重筛机加工再生骨料流程如图 6-4 所示。

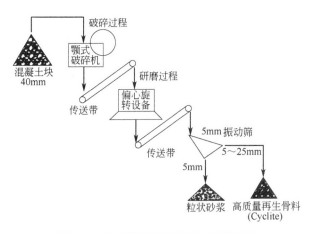

图 6-2 日本高性能再生骨料生产过程

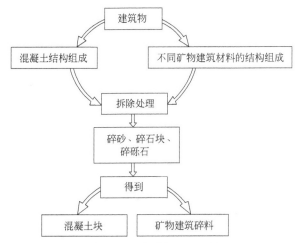

图 6-3 德国再生骨料的处理和分类过程

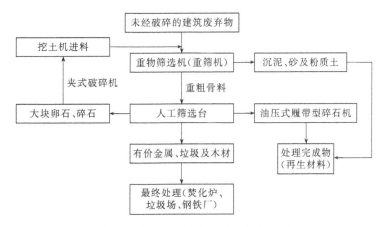

图 6-4 使用重筛机加工再生骨料流程

　　用废弃混凝土块生产再生骨料的过程中，由于破碎机械力的作用使混凝土块受到挤压、冲撞、研磨等外力的影响，造成损伤积累使再生骨料内部存在大量的微裂纹，使得混凝土块中骨料和水泥浆形成的原始界面受到影响或破坏，混凝土块中骨料和水泥浆体的黏结力下降。破碎的力度越大，骨料周围包裹的水泥浆脱离得就越多，制造的再生骨料的性能越好，也越接近天然骨料的性质。日本生产的高质量再生骨料（Cyclite），已经达到了天然骨料的品质。

再生骨料的制备技术虽然有了较大的突破，但是在制备过程中更深层次的研究还不够。例如，混凝土块在解体、破碎过程中由于损伤积累对混凝土内部骨料和水泥浆体原来界面的影响，以及用再生混凝土骨料配制的再生混凝土中，新旧骨料之间、新旧水泥浆体之间的界面结合能力，新拌水泥浆体对再生骨料中骨料和水泥浆体的原始"创伤"的治愈程度等，还有待于各国学者专家去进行更深层次的研究和探讨，以便更好地利用和推广再生混凝土。

第四节　再生骨料混凝土技术性能

再生骨料混凝土的性能主要受再生骨料性质和相应配合比的影响。经试验分析证明，一般而言：①如果循环再利用的原始混凝土抗压强度高于对比混凝土的抗压强度，那么再生混凝土的抗压强度也高于对比混凝土的抗压强度；②再生骨料的磨蚀损失和吸水率增大，这就导致黏结在原始骨料的砂浆量增大，一般会降低再生混凝土的抗压强度；③再生骨料混凝土劈裂抗拉强度和抗折强度，可高于或低于天然骨料混凝土，这取决于水灰比和干拌时间；④干拌和大粒径再生骨料对再生骨料混凝土强度的影响，取决于原始混凝土大粒径固有石子与大粒径再生骨料的比率、原始混凝土粗-细骨料的比率、原始混凝土水泥含量和再生骨料混凝土水灰比；⑤原始混凝土质量限制了再生骨料混凝土可达到的质量。各种变量相互制约和各种因素的影响，使得再生混凝土的性能必须通过在实际应用的环境中试验后，方能做出比较准确的判断。

一、再生骨料混凝土的性能

(一) 再生骨料混凝土的一般性质

再生骨料混凝土的一般性质主要包括力学性能、弹性模量、和易性和物理性能等。

（1）力学性能　力学试验证明，用再生骨料制备的混凝土与天然骨料制备的混凝土相比，其力学性能是有一定差异的。一般要比天然骨料制备的混凝土的抗压强度低 $10\%\sim40\%$，徐变和收缩率也比较高。各种性能的差异程度取决于再生骨料所占的比重、旧混凝土的特征、污染物质的数量和性质、细粒材料和附着砂浆的数量等。

利用再生骨料制备的混凝土和天然骨料制备的混凝土，其应力-应变全曲线也有明显差异。再生骨料混凝土的峰值应变相比天然骨料混凝土要大得多。再生骨料混凝土的黏结强度虽然比较小，但其应变比较大，且峰值后能量的吸收能力也较大。再生骨料混凝土的这种良好的变形能力和延性，对减缓混凝土结构的脆性、防止无预兆的突发性破坏非常重要。

（2）对弹性模量的影响　由于再生骨料中有大量的硬化水泥砂浆附着于原骨料颗粒上，其内部存有大量的微裂缝，使得再生骨料混凝土的孔隙率高于普通水泥混凝土。因此再生混凝土的弹性模量通常较低，一般约为普通水泥混凝土的 $70\%\sim80\%$。混凝土同强度等级下相比，其弹性模量下降更多。

有关再生骨料混凝土研究结果表明，水灰比对混凝土的弹性模量影响较大，当水灰比从 0.80 降到 0.40 时，再生混凝土的抗压弹性模量增加了 33.7%。有关试验资料报道，俄罗斯在再生骨料配制的混凝土中掺入 10% 的膨胀剂时，混凝土的弹性模量可提高 $8\%\sim10\%$；但在掺入 20% 膨胀剂时，混凝土弹性模量反而提高不多，一般仅提高 2% 左右。

（3）对和易性的影响　材料试验证明，在同一水灰比下，再生骨料混凝土的坍落度比天然骨料混凝土的坍落度要小，再生骨料混凝土随着再生骨料替代率的增加坍落度急剧下降。由于再生骨料比天然骨料的空隙多，骨料的吸水率较大，所以在相同水灰比的条件下再生骨料的取代率越高，再生骨料混凝土的坍落度就越低。同时再生骨料表面粗糙，棱角众多，增大了拌和物在搅拌与浇筑时的摩擦力，降低了再生骨料混凝土坍落度。

再生骨料混凝土的坍落度随水灰比的增大而增大，这和普通水泥混凝土是一致的，因此，为了达到再生骨料混凝土较好施工性能的要求，必然要求提高再生骨料混凝土的水灰比，从而增大了再生骨料混凝土的用水量。如果设计的混凝土水灰比较小，再生骨料混凝土坍落度问题，可以通过在再生骨料混凝土中加入适量的粉煤灰或高效减水剂来提高坍落度，这样也可以保证再生骨料有较好的保水性和黏聚性。

（4）物理性能　再生骨料混凝土由于内部存有大量的微裂缝，其孔隙比较多，所以热导率要比相同配合比的天然骨料混凝土低，如果将再生骨料混凝土用于建筑围护结构，可以明显增强建筑物的保温隔热效果，是一种优良的节能建筑材料。再生骨料混凝土的表观密度比普通混凝土低，如碎砖混凝土的表观密度为 $2000kg/m^3$，接近轻混凝土的表观密度 $1900kg/m^3$。由于再生骨料混凝土的自重较低，所以对减轻建筑物自重、提高建筑构件跨度非常有利。

（二）再生骨料混凝土的变形特性

与普通混凝土相比，再生骨料混凝土的干缩量和徐变量增加 $40\%\sim80\%$。干缩率的增大数值取决于基体混凝土的性能、再生骨料的品质及再生混凝土的配合比。黏附在再生骨料颗粒上的水泥浆含量越高，再生混凝土的干缩率越大。研究结果表明，再生骨料与天然骨料掺合使用时，再生混凝土的干缩率增加，水灰比增加，再生混凝土的干缩率也增大。通常认为其原因是再生骨料中有大量的旧水泥砂浆附着在表面，或者再生骨料的弹性模量较低。

还有的专家学者认为再生骨料中已经有源于基体混凝土的砂率，当按普通混凝土配合比设计时，仍然会设计一个新的砂率，结果导致再生混凝土中的砂浆量大大提高，最终使再生混凝土的干缩率提高。收缩和徐变量大会影响再生混凝土的推广和应用，因为这会使混凝土结构产生较多的非受力裂缝，如果这些裂缝内外贯通，环境中的水及其有害物质很容易通过这些裂缝渗入到混凝土内。同时由于干缩性和徐变量大，在预应力结构中产生的预应力损失也大。当采用较低水灰比或较高强度的再生骨料时，可使混凝土的徐变量降低。如何降低再生混凝土的收缩和徐变，有待于进一步研究。

（三）再生骨料混凝土的耐久性能

1. 再生骨料混凝土的耐久性能

（1）再生骨料混凝土的抗渗性　在一般情况下，混凝土的抗渗性与混凝土内部孔隙的特征有关，包括孔隙的孔径大小、分布、形状、弯曲程度及连贯性。通过材料试验研究水灰比为 $0.5\sim0.7$、坍落度为 200mm 的再生骨料混凝土的渗透性，试验结果表明，再生骨料混凝土的渗透性为普通混凝土的 $2\sim5$ 倍，而且再生骨料混凝土渗透试验结果较为离散。

Rasheeduzzafar 的研究成果显示，再生混凝土的渗透性随水灰比的增大而增加。当水灰比较高时，再生混凝土的渗透性与普通混凝土差别不大；当水灰比较小时，再生混凝土的渗透性则约为普通混凝土的 3 倍。Mondal 等的试验研究了相同配合比的再生混凝土与普通混凝土的渗透深度和吸水率，混凝土的水灰比为 0.40，水泥用量为 360kg/m³。试验结果发现普通混凝土的渗透深度和吸水率分别为 18mm 和 4.1%，而再生混凝土的相应指标为 25mm 和 5.9%，分别较普通混凝土增加了 38% 和 44%，表明再生混凝土的抗渗性能较相同配合比的普通混凝土差。

综合以上试验结果可以看出，再生混凝土的抗渗性较普通混凝土差，其主要原因是由于再生骨料孔隙率较高，吸水率较大。如果在混凝土中掺入活性掺合料，如磨细矿渣或粉煤灰等，能细化再生骨料混凝土的毛细孔道，使混凝土的抗渗透性有很大改善。

（2）再生混凝土的抗硫酸盐侵蚀性　硫酸盐侵蚀的危害包括混凝土的整体开裂和膨胀以及水泥浆体的软化和分解。早期的科学家采用 100mm×100mm×400mm 的棱柱试块，硫酸盐溶液为含量为 20% 的硫酸钠和硫酸镁，共进行 60 次循环。试验结果表明，再生混凝土的抗硫酸盐侵蚀性较同配合比的普通混凝土略差。近年来，一批科学家又进行这方面的研究，试验采用试块为 100mm×100mm×500mm 的棱柱体。溶液包括两种：硫酸钠和硫酸镁溶液，其含量为 7.5%；另一为 pH＝2 的硫酸溶液。试验结果表明，再生骨料混凝土的抗硫酸盐侵蚀性略低于同水灰比的普通混凝土。

（3）再生混凝土的抗磨性　混凝土的耐磨性主要取决于其强度和硬度，尤其是取决于面层混凝土的强度和硬度。试验结果表明，再生骨料取代率低于 50% 时，再生混凝土的磨损深度与普通混凝土差别不大；当再生骨料取代率超过 50% 时，再生混凝土的磨损深度随着再生骨料取代率的增加而增加。不同强度的基体混凝土中得到的再生骨料抗磨性不同，随着基体混凝土强度的增加，再生骨料的抗磨性提高。再生骨料的抗磨损性差，必然导致再生混凝土的抗磨损性较差。

（4）再生混凝土的抗裂性　与普通混凝土相比，再生混凝土的极限延伸率可提高 20% 以上。由于再生骨料混凝土弹性模量较低，拉压比较高，因此再生骨料混凝土抗裂性优于普通混凝土。

（5）再生混凝土的抗冻融性　不同的人员先后进行的各种抗冻融性试验中，研究结果差别较大，原因可能来自于再生骨料性能的差异。现在，普遍认为，再生骨料混凝土较普通混凝土抗冻融性差，再生骨料和天然骨料共同使用时或者选用较小的水灰比，可提高再生骨料混凝土的抗冻融性。

（6）抗碳化能力　空气中的二氧化碳不断向混凝土内扩散，导致混凝土溶液的 pH 值降低，这种现象称为碳化。当混凝土 pH＜10 时，钢筋的钝化膜被破坏，钢筋产生锈蚀，体积膨胀，混凝土出现开裂，与钢筋的黏结力降低，混凝土保护层剥落，钢筋面积缺损，严重影响混凝土的耐久性。如果再生骨料由已经碳化的混凝土加工而成，所制备的再生混凝土其碳化速度将大大高于普通混凝土。试验表明，再生混凝土碳化深度较普通混凝土略大；同时，随着水灰比增加，再生混凝土的碳化深度增加。再生混凝土的抗碳化性能低于普通混凝土，原因在于再生混凝土的孔隙率高、抗渗性差。

（7）再生混凝土的抗氯离子渗透性　氯离子即使在高碱度的条件下，对破坏钢材表面上的钝化氧化膜也有特殊能力，氯离子渗透性对于混凝土的耐久性至关重要。Qtsuki 等研究了相同水灰比的再生混凝土与普通混凝土的氯离子渗透性，试验发现，再生混凝土的氯离子渗透深度较普通混凝土略大，表明再生混凝土抗氯离子渗透性差，其主要原因是由于再生骨料孔隙率高。

（8）再生混凝土的抗冻性　随着冻融循环次数的增加，再生混凝土和普通水泥混凝土一样，其立方体抗压强度、劈拉强度和抗折强度强度均呈下降趋势，且劈拉强度和抗折强度下降幅度较抗压强度下降幅度明显。

　　试验结果表明，再生混凝土相对动弹模量随着冻融循环次数变化，强度下降更加显著，特别是再生混凝土的抗折强度，在冻融循环 50 次后，即降低到原来的 60％；冻融循环 125 次后，就会失去承载能力。出现上述现象的微观机理为：随着温度的下降，首先是再生混凝土较大孔隙中的水开始冻结，随后是较小孔隙中的水产生冻结。在较小孔隙内的水冻结过程中，水的膨胀会受到较大孔隙中水冻结所产生的冰晶的制约。与普通混凝土相比，再生混凝土因其骨料自身的冻胀而缺少了缓解这种膨胀压力的自由孔隙，静水压力作用在孔隙壁上将产生较大的拉应力，达到混凝土极限抗拉强度的概率较大。

2. 改善再生骨料混凝土耐久性措施

　　（1）减小水灰比　研究结果表明，通过降低再生骨料混凝土的水灰比可以提高再生混凝土的抗渗性能。通过试验发现，当再生混凝土的水灰比低于普通混凝土的 0.05～0.10 时，两者的吸水率相差不大；同时还发现减小再生混凝土的水灰比，还可以提高其抗碳化性能。

　　Salem 的试验则发现减小再生混凝土的水灰比能够改善其抗冻融性。Dhir 等的试验表明减小再生混凝土的水灰比还可提高再生混凝土的耐磨性。

　　（2）掺加粉煤灰　试验结果表明，粉煤灰可以改善再生混凝土的抗渗性和抗硫酸盐侵蚀性。在 Mondal 的试验中，粉煤灰的掺入量为 10％，试验结果表明，与未掺加粉煤灰的混凝土相比，掺加粉煤灰的再生混凝土的渗透深度、吸水率和重量损失率分别降低了 11％、30％和 40％。Ryu 的研究表明掺加粉煤灰还可以提高再生混凝土的抗氯离子渗透性，其试验表明掺加 30％的粉煤灰后，再生混凝土的氯离子渗透深度降低了 21％。

　　（3）减小再生骨料最大粒径　Rottler 的试验发现，通过减小再生骨料的最大粒径可以提高再生混凝土的抗冻融性。基于这一原因，经过试验结果表明，较适宜的再生骨料的最大粒径一般为 16～20mm。

　　（4）采用半饱和面干状态的再生骨料　Oliveira 等研究了再生骨料的含水状态对再生混凝土性能的影响，试验采用的再生骨料的含水状态分别为完全干燥、饱和面干和半饱和面干（饱和度分别为 89.5％和 88.1％）。结果表明，采用半饱和面干状态的再生骨料后，再生混凝土的抗冻融性显著提高。

　　（5）采用二次搅拌工艺　Ryu 的研究表明，采用二次搅拌施工工艺，可以提高再生混凝土的抗氯离子渗透性。根据其试验结果，采用二次搅拌工艺施工的再生混凝土，氯离子渗透深度减小了 26％。

二、再生混凝土粉用于建筑砂浆

　　将废旧混凝土进行破碎、筛分处理后，可以作为再生粗骨料应用于混凝土中，但在废旧混凝土加工过程中会产生大量细小颗粒，经过大量材料试验证明，这些细小的颗粒不适合作为混凝土的粗骨料使用，但将些细小颗粒可取代部分天然砂配制强度等级相对较低的建筑砂浆，从而可起到节约天然资源、物尽其用的作用。在建筑工程中使用最广泛的砂浆强度等级，一般为 M5.0、M7.5 和 M10 等。以再生混凝土细小颗粒替代 10％～30％的天然砂，并保持流动性基本一致而制备建筑砂浆的配合比及性能如表 6-10 所列。所用再生细骨料的粒度范围为 0～2.5mm，其中 0.125mm 以下占 87.4％，表观密度为 2.47g/cm³，堆积密度为 1.34g/cm³，含水率为 4.0％。

表 6-10　流动性基本一致情况下砂浆的配合比及性能

强度等级	取代率/%	水泥用量/kg	粉煤灰/kg	再生骨料/kg	砂/kg	水/kg	沉入度/mm	分层度/mm	抗压强度/MPa		
									7d	28d	56d
M5.0	0	1.155	0.690	0	10.5	2.00	48.5	17.5	2.2	4.8	6.0
	10	1.155	0.690	1.10	9.45	2.05	46.5	19.5	2.0	4.8	6.0
	20	1.155	0.690	2.23	8.40	2.10	45.0	21.5	2.1	4.3	6.1
	30	1.155	0.690	3.36	7.35	2.15	41.5	19.0	2.3	3.9	4.2
M7.5	0	1.512	0.609	0	10.65	2.05	47.0	21.5	2.9	8.0	9.5
	10	1.512	0.609	1.12	9.59	2.05	49.5	24.5	4.2	7.6	7.8
	20	1.512	0.609	2.23	8.52	2.10	50.0	13.0	2.9	6.4	6.8
	30	1.512	0.609	3.36	7.46	2.35	41.5	15.5	2.2	7.2	7.3
M10	0	1.960	0.525	0	10.68	2.10	50.0	26.5	5.2	10.9	12.2
	10	1.960	0.525	1.12	9.60	2.10	51.0	25.0	6.4	12.6	11.8
	20	1.960	0.525	2.24	8.54	2.25	46.0	24.0	4.3	9.0	11.7
	30	1.960	0.525	3.36	7.47	2.30	48.0	20.5	3.7	10.9	11.1

从表 6-10 中可以看出，随着再生细骨料对天然砂取代率的增加，要保持砂浆基本一致的流动性，其用水量必须相应地增加，这是由于再生细骨料与天然砂相比，再生细骨料孔隙率高、吸水性强，以及颗粒较细、比表面积较大、需水量增大所致。另外，从表 6-10 还可以看出，随着再生细骨料对天然砂取代率的增加，在保持砂浆流动性基本一致的情况下，虽然用水量大大增加，但砂浆的分层度趋于减小（除 M5.0 变化很小），这即砂浆的保水性趋于良好。

在砂浆强度方面，随着再生细骨料对天然砂取代率的增加，3 个强度等级的砂浆抗压强度无论是早期还是后期，均呈现出不同程度的下降趋势。强度等级为 M7.5 和 M10 的下降更快。这是由于为保持砂浆流动性基本一致而增加用水量，致使硬化砂浆孔隙率增加的缘故。

表 6-11 为保持与天然砂为骨料的普通砂浆相同的情况下，再生细骨料以不同的取代率代替天然砂的砂浆性能。

表 6-11　砂浆的和易性和强度随取代率的变化

强度等级	取代率/%	水泥用量/kg	粉煤灰/kg	再生骨料/kg	砂/kg	水/kg	沉入度/mm	分层度/mm	抗压强度/MPa		
									7d	28d	56d
M5.0	0	1.155	0.690	0	10.5	2.00	48.5	17.5	2.2	4.8	6.0
	10	1.155	0.690	1.10	9.45	2.00	39.0	16.5	2.2	5.2	7.3
	20	1.155	0.690	1.65	8.93	2.00	35.5	16.5	2.1	6.5	7.2
	30	1.155	0.690	2.20	8.40	2.00	39.5	18.5	2.0	5.4	6.6
M7.5	0	1.512	0.609	0	10.65	2.05	47.0	21.5	2.9	8.0	9.5
	10	1.512	0.609	1.12	9.59	2.05	39.5	19.5	2.8	6.2	8.7
	20	1.512	0.609	1.67	9.05	2.05	38.5	22.0	3.8	9.1	11.3
	30	1.512	0.609	2.23	8.52	2.05	39.5	20.5	2.6	8.2	9.6
M10	0	1.960	0.525	0	10.68	2.10	50.0	26.5	5.2	10.9	12.2
	10	1.960	0.525	1.12	9.60	2.10	46.5	26.0	4.3	11.5	12.7
	20	1.960	0.525	1.68	9.08	2.10	36.0	18.0	4.9	11.8	14.8
	30	1.960	0.525	2.24	8.54	2.10	37.0	17.5	4.6	11.3	12.0

从表 6-11 中可以看出，在只改变再生细骨料对天然砂的取代率，而其他组分不变的情况下，随着取代率的增加，3 个强度等级的砂浆的流动性均出现大幅度下降。这一方面是由于再生骨料与天然砂相比空隙率较高、吸水率较大所致，这都减少了砂浆中的有效水，使得

砂浆的流动性下降。砂浆的保水性除了 M10 有较大改变外，其他两个强度等级的砂浆变化不大，均保持在 10～20mm 比较适宜的状态。

通过以上所述可知，砂浆强度随着取代率的增加，有不同程度的改变，当取代率为 15％时，强度增长幅度最大，特别是后期强度提高的幅度比早期要大，但综合考虑砂浆的流动性，以 10％取代率比较适宜，从表 6-11 中的数据可以看出，无论是哪个强度等级的砂浆在不同的取代率下，其 28d 强度值均能达到各自强度等级的要求。由此可见，以废混凝土粉为再生细骨料取代天然砂用于配制建筑砂浆是可行的。

2. 再生骨料应用于商品混凝土

目前随着我国建筑业的发展，对水泥、砂石的需求量也越来越大，需大量开山采石和掘地淘沙，已经严重破坏了生态环境。而且，近些年来我国有些地区的优质天然骨料已趋枯竭，使用的材料需从外地长途运输，不仅增加了建筑产品的成本，也加重了环境的污染。与此同时，建筑废物的排放量日益增加，废商品混凝土约占 30％～50％，2005 年我国废商品混凝土排放总量达到 1.0×10^8 t。如此大量的废商品混凝土不仅占用宝贵的土地，而且已经引起环境和社会问题，特别是在土地与空间日趋紧张的大城市更是如此。对大量废商品混凝土进行循环再生利用，即再生商品混凝土技术被认为是解决废商品混凝土问题的最有效的措施。

我国在再生骨料应用于商品混凝土方面已有很多成功的经验，有些工程已成功应用再生骨料商品混凝土。2002 年上海江湾机场大量废弃商品混凝土被加工成再生骨料，用于新江湾成的道路基层建设中；2003 年在同济大学校内建成一条再生商品混凝土刚性路面；2006 年在复旦大学新闻学院采用商品再生商品混凝土建成刚性路面；2007 年在南京市青年支路西段使用废商品混凝土再生材料替代天然石料，用于道路基层；2007 年武汉王家墩机场拆除，将废弃商品混凝土破碎成不同粒径的再生骨料后，主要用于铺设道路路基和基层，也有应用于路面和制备步行道砖中。

商品混凝土搅拌站生产中所产生的混凝土下脚料硬化后经破碎机破碎可制得再生骨料。表 6-12 为某混凝土搅拌站随机抽样的再生骨料试验结果汇总。

表 6-12　某混凝土搅拌站随机抽样的再生骨料试验结果汇总

标准筛孔尺寸 /mm	标准颗粒级配区 /％	实测累计筛余（按质量计）/％									
		1	2	3	4	5	6	7	8	9	10
5.00	95～100	90.4	91.6	93.5	95.2	94.3	91.5	96.3	95.4	93.2	95.8
10.0	75～90	81.7	83.6	80.4	88.7	87.5	79.3	81.2	80.4	87.4	85.4
20.0	30～65	53.7	52.6	56.8	53.4	49.4	55.4	59.7	63.5	54.2	59.3
40.0	0～5	5.7	5.4	6.0	6.2	5.1	5.8	6.4	7.2	5.3	5.4
50.0	0	0	0.2	0	0	0.7	0	0	0	0	0
针片状颗粒含量/％		9.6	10.2	9.7	9.8	9.9	9.8	10.5	9.7	10.6	11.0
压碎指标/％		20.4	21.5	22.2	22.6	21.6	22.0	23.4	23.0	22.6	22.1
含泥量/％		1.4	1.3	1.3	1.4	1.2	1.3	1.2	1.3	1.2	1.3
泥块含量/％		0.7	0.7	0.6	0.7	0.6	0.7	0.7	0.7	0.7	0.7

表 6-12 数据表明，再生骨料部分指标不符合国家标准要求，它不能直接用于混凝土的生产，只有用符合标准级配的碎石与再生骨料以一定比例互掺，改善骨料的级配后才能用于混凝土生产。所用符合标准级配的碎石规格为 5～40mm，各项技术指标测试结果如表 6-13 所列。

表 6-13　碎石综合技术指标

标准筛孔尺寸 /mm	标准颗粒级配区 /%	实测累计筛余（按质量计）/%	
		1	2
5.00	95～100	98.6	99.1
10.0	75～90	88.5	86.9
20.0	30～65	60.3	58.1
40.0	0～5	3.2	3.8
50.0	0	0	0
针片状颗粒含量/%		5.8	5.9
含泥量/%		0.7	0.7
泥块含量/%		0.3	0.2
表观密度/(g/cm³)		2.65	2.65
压碎指标/%		7.5	7.7

制备商品混凝土用的粗骨料是由再生骨料以不同的比例与碎石互掺而取得，以不同的比例互掺后，测得的粗骨料颗粒分布如表 6-14～表 6-17 所列。

表 6-14　再生骨料与标准级配碎石以 3:7（质量比）比例互掺

标准筛孔尺寸 /mm	标准颗粒级配区 /%	累计筛余（按质量计）/%									
		1	2	3	4	5	6	7	8	9	10
5.00	95～100	96.5	98.4	97.2	96.9	97.0	96.7	96.5	97.4	98.2	97.5
10.0	75～90	87.4	84.3	88.6	88.4	86.4	87.9	86.4	87.8	87.6	88.6
20.0	30～65	62.1	59.3	61.5	63.6	64.2	60.4	62.4	61.4	64.1	62.5
40.0	0～5	4.2	4.1	3.9	4.6	4.4	4.1	4.5	4.2	4.3	4.2
50.0	0	0	0	0	0	0	0	0	0	0	0

表 6-15　再生骨料与标准级配碎石以 2:8（质量比）比例互掺

标准筛孔尺寸 /mm	标准颗粒级配区 /%	累计筛余（按质量计）/%									
		1	2	3	4	5	6	7	8	9	10
5.00	95～100	97.4	96.1	97.8	95.8	96.8	97.2	95.6	96.7	96.2	96.5
10.0	75～90	86.2	87.4	89.4	88.4	88.4	86.7	87.7	89.4	87.3	89.3
20.0	30～65	59.3	60.2	64.2	59.4	60.8	61.4	59.8	61.5	62.6	63.4
40.0	0～5	4.4	4.9	4.8	4.2	3.8	4.7	3.9	4.9	4.6	4.5
50.0	0	0	0	0	0	0	0	0	0	0	0

表 6-16　再生骨料与标准级配碎石以 4:6（质量比）比例互掺

标准筛孔尺寸 /mm	标准颗粒级配区 /%	累计筛余（按质量计）/%									
		1	2	3	4	5	6	7	8	9	10
5.00	95～100	95.2	96.2	95.0	96.2	96.2	96.2	95.4	94.2	96.0	94.4
10.0	75～90	86.4	85.6	90.4	88.4	87.5	85.2	80.4	86.2	89.2	87.4
20.0	30～65	58.3	60.4	58.6	62.4	63.4	61.8	59.2	63.3	59.6	59.4
40.0	0～5	4.9	5.2	5.4	5.0	5.4	5.2	5.2	5.4	5.3	5.2
50.0	0	0	0	0	0.3	0	0	0.2	0	0	0

表 6-17　再生骨料与标准级配碎石以 5:5（质量比）比例互掺

标准筛孔尺寸 /mm	标准颗粒级配区 /%	累计筛余（按质量计）/%									
		1	2	3	4	5	6	7	8	9	10
5.00	95～100	92.1	93.4	94.2	95.4	94.2	94.8	94.6	95.2	94.6	93.8
10.0	75～90	84.7	88.5	90.3	85.4	86.7	85.2	88.3	89.4	87.6	90.8
20.0	30～65	56.2	58.4	60.2	57.4	62.2	56.0	57.8	61.4	66.8	63.2
40.0	0～5	5.4	4.8	5.8	6.1	4.9	5.2	5.4	5.5	5.9	5.8
50.0	0	0	0.2	0	0	0.3	0	0	0	0	0.2

根据以上不同比例互掺后的颗粒级配分布可以看出，以5：5及4：6互掺后粗骨料颗粒级配分布呈两极分布现象依然存在，而以2：8和3：7的比例互掺后，粗骨料的颗粒级配分布已完全符合标准的要求。同时测得的掺合后相应的压碎指标、含泥量、泥块含量如表6-18所列。

表6-18　再生骨料与标准碎石互掺后的技术指标

再生骨料与碎石掺合比例	压碎指标/%		含泥量/%	泥块含量/%
	1	2		
2：8	8.9	9.2	0.50	0.30
3：7	9.8	10.4	0.50	0.40
4：6	19.2	18.7	0.80	0.70
5：5	23.3	22.8	1.20	0.70

根据表6-18中提供的数据，再生骨科与标准碎石按2：8和3：7比例掺和的粗骨料压碎指标、颗粒级配、含泥量、泥块含量均符合国家标准；而按4：6和5：5比例掺和的粗骨料压碎指标偏大，尤其是以5：5掺和的粗骨料不宜用于配制混凝土。

表6-19所列数据为采用水灰比0.53、32.5普通硅酸盐水泥、中砂和不同比例互掺骨料配制的C25商品混凝土抗压强度的统计结果。表3-24中的数据显示，按2：8和3：7比例掺和的粗骨料，不仅压碎指标、颗粒级配、含泥量、泥块含量均符合国家标准，而且其所配制的混凝土抗压强度也合格；而按4：6比例掺和的粗骨料因再生骨料掺量相对较多，压碎指标偏大，测试的强度因而不能符合设计强度的要求。

表6-19　混凝土抗压强度统计结果

试验编号 掺合比例	混凝土立方体抗压强度/MPa									
	1	2	3	4	5	6	7	8	9	10
2：8	28.7	29.4	31.7	32.4	28.8	30.6	30.5	29.8	30.9	31.2
3：7	27.4	28.5	26.2	25.8	27.4	30.4	27.2	26.6	27.8	28.0
4：6	26.2	24.4	24.7	23.6	25.2	23.6	24.8	22.4	21.4	24.8
标准级配碎石	32.4	33.7	35.2	—	—	—	—	—	—	—

三、再生骨料混凝土配合比设计

再生骨料因破碎时留下较多微裂纹，且骨料上残存有部分水泥浆，拌和时吸水严重，水胶比对强度的影响规律与普通混凝土不同，已不能准确反映对强度的影响关系，对再生骨料混凝土配合比设计方法进行研究，探讨再生骨料混凝土配合比设计要求、配合比参数的计算方法、粉煤灰与外加剂的技术要求、混凝土试件的制备，对比不同净水胶比、不同砂率等对强度的影响，是一个非常值得研究的重要课题。

1. 再生骨料混凝土的单位用水量

再生骨料由于表面粗糙、孔隙率大，加之破碎过程中产生大量的棱角，机械损伤在内部形成许多微裂纹，因此比表面积较大，其吸水量比普通天然骨料要多。在进行再生骨料混凝土配制时，如果加入的用水量过少，则使再生骨料混凝土的工作性（流动性）达不到施工要求；如果加入的用水量过多，则使再生骨料混凝土的强度降低，干缩性大幅度增加，不利于混凝土结构承重。

通过以上描述可知，在保证再生骨料混凝土工作性的同时，也不能使混凝土的强度下降过多，其单位用水量的大小是一个非常重要的技术指标。大量的研究表明，再生骨料混凝土的单位用水量，可在普通混凝土的基础上适当增加，定量的增加值主要取决于再生骨料和普通骨料的吸水率差异。

按普通混凝土配合比设计方法确定再生骨料混凝土的配合比，即不增加单位用水量，结果会导致再生骨料混凝土的坍落度大幅度降低，难以满足施工工作性的要求。因此，在混凝土的工作性和强度必须同时满足设计要求的情况下，再生骨料混凝土的配制不能简单地套用普通混凝土配合比设计的方法，必须结合再生骨料吸水率大的特性及工程设计要求进行适当调整。

根据吸水率试验可知，再生骨料混凝土的用水量由两部分组成：一部分是按照普通混凝土的配合比设计方法计算单位用水量 W；另一部分是为考虑再生骨料吸水率大而需要增加的用水量 ΔW，因此再生骨料混凝土单位体积的用水量 $W_R = W + \Delta W$，其中 W 可查《普通混凝土配合比设计规程》（JGJ 55—2011）得到，ΔW 可通过研究再生骨料吸水量与普通天然骨料吸水量之间的关系确定。

2. 再生骨料混凝土的水灰比

水灰比是指拌制水泥浆、砂浆、混凝土时所用的水和水泥的质量之比。水灰比影响混凝土的流变性能、水泥浆凝聚结构以及其硬化后的密实度，因而在组成材料给定的情况下水灰比是决定混凝土强度、耐久性和其他一系列物理力学性能的主要参数。对某种水泥就有一个最适宜的比值，过大或过小都会使强度等性能受到影响。

材料试验证明，再生骨料混凝土的配制强度不仅与水灰比有关，而且还特别依赖于再生骨料或再生与天然混合骨料的压碎指标。

对各种粗骨料混凝土而言，抗压强度与灰水比和净灰水比两者之间均呈现出很好的线性相关性，其相关系数 r 均在 0.97 以上（见表 6-20），即混凝土强度与灰水比或净灰水比之间均满足 Bolomey 线性关系式 $f_c = A(C/W + B)$，只是式中的常数 A 和 B 各不相同。

表 6-20　混凝土抗压强度与灰水比、净灰水比之间的回归关系

骨料种类	灰水比				净灰水比			
	A	B	R^2	r	A'	B'	R^2	r
NA	31.474	−7.9515	0.9644	0.982	26.100	−8.8849	0.9666	0.983
RCA3	27.575	2.7057	0.9859	0.993	20.657	2.2357	0.9841	0.992
RCA2	24.522	11.4400	0.9529	0.976	17.188	11.0450	0.9556	0.977
RCA1	16.855	27.6320	0.9884	0.994	10.168	27.6420	0.9878	0.994

由表 6-20 中可以看出，4 种粗骨料混凝土强度公式中的常数 A 和 B 呈现较好的规律性，即随着粗骨料压碎指标的增大，其斜率 A 逐渐减小，而截距 B 逐渐增大。由此可建立常数 A、B 与粗骨料压碎指标之间的关系，并可得到混凝土 28d 抗压强度与混凝土灰水比（C/W）、净灰水比（$C/W)_n$、粗骨料压碎指标 Q_n 之间的线性关系式。

$$f_{c,28d} = (41.81 - 1.425Q_n)C/W + (3.476Q_n - 32.298) \tag{6-1}$$

$$f_{c,28d} = (36.67 - 1.547Q_n)(C/W)_n + (3.565Q_n - 33.791) \tag{6-2}$$

从材料试验结果表明，粗骨料压碎指标越大，混凝土强度公式中的斜率越小，即混凝土强度随着净灰水比变化而变化的幅度越小。因此，从经济的角度考虑，在配制混凝土时应根据混凝土强度等级要求合理选用粗骨料，即如果配制普通强度等级的混凝土，选用压碎指标较大的再生骨料完全能够满足配制的要求；如果配制高强混凝土，则应当选用强度较高、压碎指标较小的天然骨料；如果原混凝土强度等级较高，如 C60、C70、C100 等，则破碎而成的再生骨料性能与天然骨料性能相近，也可用于配制高强混凝土。由以上可见，原混凝土的强度等级越高，其再生利用价值越高。

3. 基于自由水灰比的再生骨料混凝土配合比设计

（1）再生骨料混凝土强度的离散性　在混凝土的配合比设计中，采用如下混凝土试配强度公式：

$$f_{cu,0} = f_{cu,k} + 1.645\sigma \tag{6-3}$$

式中　$f_{cu,0}$——混凝土试配强度，MPa；

　　　　$f_{cu,k}$——混凝土设计强度，MPa；

　　　　σ——混凝土的标准差，MPa。

混凝土标准差反映了混凝土强度的波动情况，标准差 σ 越大，说明混凝土强度离散程度越大，混凝土的质量也越不稳定。从公式中可以看出，在一定的混凝土强度标准值和在规定的强度保证率的情况下，标准差 σ 越大，要求试配强度越大，导致水泥用量增大，这在混凝土的配制中是不经济的。

在普通混凝土的配制中，标准差 σ 通常取 4.0～6.0MPa。但是，如果在再生骨料混凝土中采用普通混凝土配合比设计方法，标准差 σ 可达到 13MPa，这是由于再生骨料吸水率较大且再生骨料的品质变化较大，引起再生混凝土的强度离散显著增大。

（2）再生骨料对再生骨料混凝土配合比设计的影响　配制混凝土的骨料含水状态通常可分为干燥状态、气干状态饱和面干状态和湿润状态 4 种。在计算混凝土各组成材料的配比时，如果以饱和面干状态的骨料为基准，则不会影响混凝土的用水量和骨料用量，因为饱和面干状态的骨料既不吸收混凝土中的水分，也不向混凝土中释放水分。

对于再生骨料混凝土，再生骨料较大的吸水率和特殊的表面性质，导致再生骨料混凝土随着时间的推移，混凝土中的水分将不断减少，这样将难以保证混凝土正常的凝结硬化。

（3）基于自由水灰比的配合比设计方法　为了解决再生骨料吸水率较大而引起再生骨料混凝土强度波动的问题，有些专家提出了基于自由水灰比的配合比设计方法。即将再生骨料混凝土的拌和用水量分为两部分：一部分为骨料所吸附的水分，这一部分水完全被骨料所吸收，在拌和物中不能起到润滑和提高流动性的作用，把这部分水称为吸附水，吸附水为骨料吸水至饱和面干状态时的用水量；另一部分为混凝土的拌和用水量，这部分水均匀地分布在水泥浆中，不仅可以提高拌合物的流动性，而且在混凝土凝结硬化时，这部分自由水除有一部分蒸发外，其余的参与水泥的水化反应，这部分水称为自由水。自由水与水泥用量之比称为自由水灰比。

根据材料试验，再生混凝土的参考配合比如表 6-21 所列，用再生水泥和普通水泥配制的混凝土配合比与性能如表 6-22 所列。

表 6-21　再生骨料混凝土参考配合比

再生粗骨料取代率/%	水灰比	砂率	再生粗骨料吸水率/%	混凝土材料用量/(kg/m³)				
				水泥	砂子	天然骨料	再生骨料	水
0	0.46	0.34	—	424	603	1170.0	—	195.00
5	0.46	0.34	4.0	424	603	1111.5	58.5	197.34
10	0.46	0.34	4.0	424	603	1053.0	117.0	1999.68
15	0.46	0.34	4.0	424	603	994.5	175.5	203.78

表 6-22　再生水泥和普通水泥配制的混凝土配合比与性能

混凝土种类	1m³混凝土材料用量					水灰比(W/C)	坍落度/cm	设计强度/MPa	实测强度/MPa
	水泥用量/kg	水用量/kg	砂用量/kg	石用量/kg	外加剂/mL				
普通混凝土	220	184	732	1048	805	0.58	18	24	31.6
再生普通混凝土	296	170	862	971	805	0.58	18	24	35.2
高强混凝土	571	171	600	1057	4100	0.30	21	60	67.6
再生高强混凝土	571	171	600	1057	4100	0.30	21	60	66.8

第五节　再生骨料混凝土环境评价

混凝土是当今世界上用量最大的人造建筑材料。我国不仅是混凝土生产大国，而且也是混凝土应用大国，每年混凝土的用量约 $(15\sim20)\times10^8\,m^3$，而混凝土中砂石骨料又占总重量的 70％ 以上，用量十分巨大。因此，对混凝土占用大量自然资源及对环境造成的负面影响已开展了大量研究，并由此已引发了可持续发展问题的广泛讨论。

再生骨料混凝土是废弃混凝土有效利用的途径之一，是一种可持续发展的绿色节能混凝土。所谓再生混凝土，实际上是指再生骨料混凝土，是将废弃的混凝土经过破碎、分级并按一定比例相互配合后得到的以再生骨料作为全部或部分骨料的混凝土。再生混凝土与世界环境保护组织提出的"环保"、"绿色"内涵是一致的。国内外实践证明，对于再生混凝土的环境评价，主要包括资源消耗、能量消耗和二氧化碳排放量 3 个方面。

一、再生骨料混凝土组成及 LCA 参数的确定

(一) 再生骨料混凝土的组成

对废弃混凝土分析研究表明，在废弃混凝土中含有 30％ 左右的硬化水泥砂浆，这些水泥砂浆在破碎过程中绝大多数独立成块，少量黏附在天然骨料的表面，还有极少量则成为微细粉。因此，废弃混凝土块经二级破碎或三级破碎，再经过筛分后，可以得到粒径范围为 5～25mm 的再生粗骨料。其质量约占废弃混凝土块的 65％，在粒径小于 5mm 的再生细骨料中约含有 2％ 的微细粉，可以通过风力将其分级除去。这样，得到的 0.15～5mm 的再生细骨料质量，约占废弃混凝土块总质量的 33％。

(二) 生命周期评价参数确定

为了进行比较和有利于混凝土再生循环利用，将配制混凝土所用的细骨料（砂）全部选用人工砂，即由石子破碎而成。由于再生混凝土的表观密度约为 2280kg/m³，所以 1m³ 的混凝土以 2280kg 为基准，并且配制混凝土的用水量固定为 170kg/m³，有关水泥及混凝土的生命周期评价参数（LCA）数据可如表 6-23 所列。

表 6-23　水泥及混凝土的生命周期评价参数（LCA）数据

项目	石灰石开采与破碎	石灰石粉磨	熟料煅烧	水泥综合电耗	再生混凝土破碎（含分拣、过筛等）	骨料运输30km
电耗/(kW·h/kg)	0.014	0.042	0.018	0.12	0.014	
煤耗/(kcal/kg)			790.0			
CO_2排放量/(kg/kg)			0.834			0.0035

注：1kcal=4.1840kJ。

（1）第一种情况　完全用天然骨料配制的混凝土，其原材料化学成分及配比如表6-24所列，该体系所需石灰石、能量消耗与排放的CO_2如图6-5所示。

表6-24　原材料化学成分及配比（全天然骨料混凝土）（质量分数）　　　单位：%

项目	SiO_2	Al_2O_3	Fe_2O_3	CaO	MgO	损失	配比	350kg水泥耗用量(kg)
石灰石	2.40	0.30	0.19	52.96	1.21	42.76	82.30	372.0
黏土	70.64	14.75	5.45	1.41	1.22	5.30	14.23	62.0
铁粉	34.42	11.52	48.22	3.31	0.46	0.00	3.47	18.5
生料	13.27	2.76	2.62	44.08	1.19	36.09		
熟料	21.98	5.55	4.08	65.95	1.82	0.00		

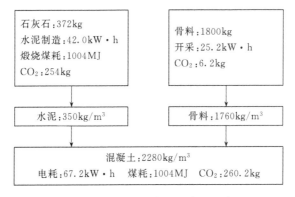

图6-5　全天然骨料配制的混凝土示意

（2）第二种情况　用再生骨料配制的混凝土，也就是用废弃的混凝土作为再生粗骨料。为了使再生混凝土具有一定的工作性和强度，细骨料仍然采用人工砂，这主要是因为再生骨料吸水率较大，特别是用废弃混凝土破碎后用作细骨料时，其吸水率高达22%，并且再生细骨料中含砂浆比较多，强度较低。所用水泥与全天然骨料混凝土完全相同。该体系所需石灰石、能量消耗与排放的CO_2如图6-6所示。

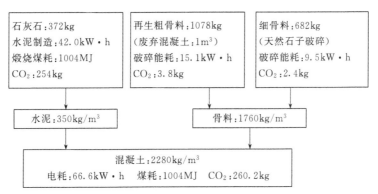

图6-6　再生粗骨料配制的混凝土示意

（3）第三种情况　用部分废弃混凝土作为生产水泥的原料，表6-25中废弃混凝土的成分与第一种情况的混凝土相同，即由碎石、人工砂（碎石破碎而成）与水泥配制。当利用废弃混凝土作为生产水泥原料时，废弃混凝土与石灰石的比例分别为40:60（试样A）、60:40（试样B）、80:20（试样C），按照预分解窑的三率值要求，即饱和比（KH=0.89）、硅率（SM=2.2）、铝率（IM=1.3），单位熟料热耗为790kcal/kg熟料，所以生产水泥的各原料比例分别如表6-25~表6-27所列。

表 6-25　原材料化学成分及配比（废弃混凝土∶石灰石＝40∶60）（质量分数）　　单位：%

项目	SiO_2	Al_2O_3	Fe_2O_3	CaO	MgO	损失	配比	350kg 水泥耗用量/kg
废弃混凝土	9.09	1.89	0.90	48.50	2.20	24.78		
40%废弃混凝土	3.64	0.76	0.36	19.40	0.88	9.91	34.36	145.5
60%石灰石	1.44	0.18	0.11	31.78	0.73	25.66	51.55	218.3
黏土	70.64	14.75	5.45	1.41	1.22	5.30	10.95	46.4
铁粉	34.42	11.52	48.22	3.31	0.46	0.00	3.14	13.3
生料	13.82	2.92	2.64	46.37	1.61	32.65	100	
熟料	20.54	5.32	3.69	61.81	2.18	0.00		

注：熟料率值及矿物组成：KH＝0.90，SM＝2.28，IM＝1.44；C_3S＝54.56，C_2S＝17.72，C_3A＝7.84，C_4AF＝11.20。

表 6-26　原材料化学成分及配比（废弃混凝土∶石灰石＝60∶40）（质量分数）　　单位：%

项目	SiO_2	Al_2O_3	Fe_2O_3	CaO	MgO	损失	配比	350kg 水泥耗用量/kg
60%废弃混凝土	5.45	1.13	0.54	29.10	1.32	14.87	52.69	215.1
40%石灰石	0.96	0.12	0.08	21.18	0.48	17.10	35.13	143.4
黏土	70.64	14.75	5.45	1.41	1.22	5.30	9.22	37.6
铁粉	34.42	11.52	48.22	3.31	0.46	0.00	2.96	12.1
生料	14.14	3.01	2.66	47.68	1.83	30.69	100	
熟料	19.85	5.20	3.50	59.80	2.34	0.00		

注：熟料率值及矿物组成：KH＝0.90，SM＝2.28，IM＝1.48；C_3S＝52.72，C_2S＝17.13，C_3A＝7.82，C_4AF＝10.65。

表 6-27　原材料化学成分及配比（废弃混凝土∶石灰石＝80∶20）（质量分数）　　单位：%

项目	SiO_2	Al_2O_3	Fe_2O_3	CaO	MgO	损失	配比	350kg 水泥耗用量/kg
60%废弃混凝土	7.27	1.51	0.72	38.80	1.76	19.82	71.86	282.8
40%石灰石	0.48	0.06	0.04	10.59	0.24	8.55	17.97	70.7
黏土	70.64	14.75	5.45	1.41	1.22	5.30	7.39	29.1
铁粉	34.42	11.52	48.22	3.31	0.46	0.00	2.78	10.9
生料	14.74	3.17	2.72	50.01	0.32	29.04	100	
熟料	19.18	5.09	3.32	57.87	0.41	0.00		

注：熟料率值及矿物组成：KH＝0.90，SM＝2.28，IM＝1.53；C_3S＝50.95，C_2S＝16.55，C_3A＝7.85，C_4AF＝10.09。

　　在上述 3 个试样的熟料中加入 5% 的石膏，磨细加工后进行水泥胶砂强度试验，其结果如表 6-28 所列。从表 6-28 中可知，随着废弃混凝土利用率的提高，水泥的强度逐渐降低。在表 6-25～表 6-27 中也显示，废弃混凝土利用率不断提高，物料的液相黏度越来越大，熟料烧结越困难。考虑熟料的强度与水泥煅烧工艺要求，选择 B 方案进行再生混凝土的评价，即废弃混凝土与石灰石的比例为 60∶40。该体系所需石灰石、能量消耗与排放的 CO_2 如图 6-7 所示。

表 6-28　利用部分废弃混凝土生产的水泥胶砂强度

项目	抗折强度/MPa		抗压强度/MPa	
	3d	28d	3d	28d
试样 A	3.9	7.1	19.5	44.8
试样 B	3.6	6.7	18.9	43.4
试样 C	3.4	6.3	18.4	42.1

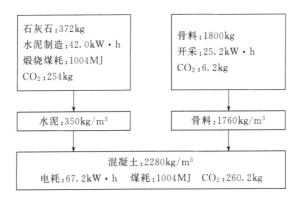

图 6-7 废弃混凝土作为生产水泥原料配制的混凝土

二、再生骨料混凝土的环境评价

在混凝土中比例最高的骨料是分布较为广泛的自然资源，但由于长年开采，已经开始出现石料资源难以为继的问题。其中，有工业价值的石灰石仅可维持 30～40 年的开采。同时，天然材料的大量开采和使用，也造成水土流失和自然景观恶化，严重影响社会的可持续发展，甚至危及子孙后代的生存。据不完全统计，中国目前每年产生的建筑废物达到 1.0×10^8 t 左右，而长期积累的建筑废物将高达数亿吨。如果这些建筑废物能够加以资源化，其意义将是难以估量的。

将建筑废物回收利用，代替部分自然资源生产建筑材料，是保护自然资源、改善自然环境、推进可持续发展的一条重要途径。将废旧混凝土收集加工后，进行再生利用，不但可以节省天然资源，还可以减轻环境污染，促进社会的可持续发展。由于对废旧混凝土进行环境评价意义重大，世界各国纷纷开展了对这一问题的研究。

表 6-29 是配制 1m³ 混凝土所消耗的各种资源。表 6-29 中显示：用废弃混凝土作为再生骨料，可以节省 62% 的天然石子资源；如果用废弃混凝土作为生产水泥的原料，除了可节省 62% 的天然石子外，还可以节约制造水泥的 60% 优质石灰石和近 40% 黏土与铁粉资源。

表 6-29 配制 1m³ 混凝土所消耗的各种资源　　　单位：kg/m³

项目	石灰石	黏土	铁粉	石子作骨料
用天然原料	372(100%)	62.0(100%)	18.5(100%)	1800(100%)
用废弃混凝土作再生骨料	372(100%)	62.0(100%)	18.5(100%)	682(38%)
用废弃混凝土作水泥原料	143.4(39%)	37.5(61%)	12.1(65%)	682(38%)

表 6-30 是生产的 1m³ 混凝土所消耗的大致能源数量。总的来说，能源相差并不大，但当用废弃混凝土作为水泥原料时，可节省少量的煤，因为煅烧石灰石需要大量的能量，而废弃混凝土中已有部分水泥的水化产物，所需要的分解能量比石灰石少。但必须强调的是，用废弃混凝土作为再生骨料或作为制造水泥的原料，必须投入一定的人力进行分拣，以清除废弃混凝土中的杂物。

表 6-30 生产 1m³ 混凝土所消耗的能源

项目	水泥制造	骨料生产
用天然原料	42.0kW·h+1004MJ	25.2kW·h
用废弃混凝土作再生骨料	42.0kW·h+1004MJ	24.6kW·h
用废弃混凝土作水泥原料	39.0kW·h+967.6MJ	24.6kW·h

表 6-31 是生产的 $1m^3$ 混凝土所排放的 CO_2 量。由此可知，用废弃混凝土作为制造水泥的原料时，排放 CO_2 量减少 20％，这主要是用作水泥原料的石灰石减少了，废弃混凝土中含有一定量的水泥水化产物，如氢氧化钙、水化硅酸钙、水化铝（铁）酸钙和钙矾石等，在高温下分解并不放出 CO_2，因此用废弃混凝土作制造水泥原料可以减少 CO_2 的排放量。

表 6-31　生产 $1m^3$ 混凝土所排放的 CO_2 量　　　　　单位：kg/m^3

项目	水泥制造	骨料生产	合计
用天然原料	254.0	6.2	260.2(100％)
用废弃混凝土作再生骨料	254.0	6.2	260.2(100％)
用废弃混凝土作水泥原料	200.7	6.9	207.2(79.8％)

综上所述，当利用废弃混凝土作为再生骨料时，石灰石资源可以节省 62％，而当废弃混凝土用作制作水泥的原料时，除了可节省 62％的石灰石资源外，还可节约制造水泥的优质石灰石 60％、黏土 40％和铁粉 35％，同时还可减少 20％的 CO_2 排放量，所以再生混凝土有利于保护自然资源和环境。但利用再生骨料制造混凝土的能量消耗并不比使用天然骨料节省，相反还要耗费一定的机械设备和人力，从单纯经济指标的角度来讲，目前再生骨料的生产经济效益并不可观，使用再生骨料后还会对混凝土的性能产生一定的影响，因此，要在现有条件下推广使用再生骨料混凝土，需要政府的产业政策扶持和国家的法律法规保障。

Chapter 07

第七章

环保型混凝土

　　混凝土是人类与自然界进行物质和能量交换活动中消费量较大的一种材料，因此混凝土的生产与使用，以及其本身的性能极大地影响着地球环境、资源、能源的消耗量，及其所构筑的人类生活空间的质量。长期以来，人类只注意到混凝土为人类所用，给人类带来方便和财富的一面，却忽略了混凝土给人类和环境带来负面影响的另一面。

　　混凝土材料给环境带来了负面影响，如制造水泥时燃烧碳酸钙排出的二氧化碳和含硫气体，形成酸雨，严重影响人类的生活环境。酸雨通常是指表示酸碱度指数的 pH 值低于 5.6 的酸性降水。酸雨在国外被称为"空中死神"，其潜在的危害主要表现在 4 个方面：①对水生态系统产生较大危害；②对陆地生态系统产生严重危害；③对人体健康产生不良影响；④对建筑物、机械和市政设施的腐蚀。

　　据调查城市噪声的 1/3 来自建筑施工，其中混凝土浇筑振动噪声占主要部分。就混凝土本身的特性来看，质地硬脆，颜色灰暗，给人以粗、硬、冷的感觉，由混凝土的构成的生活空间色彩单调，缺乏透气性，透水性，对温度、湿度的调节性能差，在城市大密度的混凝土建筑物和铺筑的道路，使城市的气温上升，从而会造成能源的浪费。新型的混凝土不仅要满足作为结构材料的要求，还要尽量减少给地球环境带来的负荷和不良影响，能够与自然协调，与环境共生。

　　进入 20 世纪 90 年代，保护地球环境、走可持续"绿色"发展之路，已成为全世界共同关心的问题。新世纪的混凝土不仅要满足作为建筑材料的要求，还要尽量减少给地球环境带来的负面影响，能够节能环保，与自然协调，与环境共生。因此，作为人类最大量使用的建筑材料，混凝土的发展方向必然是既要满足现代化建设的要求，又要考虑到保护环境和建筑节能的因素，有利于资源、能源的节省和生态平衡。因此，环保型的混凝土成为了混凝土的主要发展方向。

第一节　低碱性混凝土

　　普通水泥混凝土中的主要成分是硅酸钙，遇水后发生水化反应，形成游离钙、硅酸和氢氧根，其中 Ca(OH)$_2$ 占水泥石体积的 20%～25%。当混凝土中有足够多的水时，在毛细压作用下水会从毛细孔中流出，此时游离的钙、钠、钾等物质会以水为载体流出。到达混凝土表面后，随着水分蒸发，这些物质残留在混凝土表面，形成白色粉末状晶体，或者与空气中二氧化碳反应在混凝土表面结晶形成白色硬块。这些白色的物质就是混凝土泛碱。混凝土产生泛碱有 2 个副作用。

(1) 混凝土中钙离子的流失伴随着氢氧根的流失，造成混凝土碱性降低，当混凝土 pH 值低于 12 的时候，混凝土中的钢筋开始锈蚀；pH 值越低，混凝土中钢筋锈蚀速度越快。

(2) 如果某处发生泛碱现象，就说明此处已经开始渗漏。

但是，这种混凝土的碱性不利于植物和水中生物的生长，所以开发低碱性、内部具有一定的空隙、能够提供植物根部或水中生物生长所必需的养分存在的空间、适应生物生长的混凝土是环保型混凝土的一个重要研究方向。

日本混凝土工业协会在 1994～1995 年设立了"生态混凝土研究委员会"，2001 年 4 月日本出版了《多孔性混凝土河流护岸方法的手册》，主要用于河川、蓄水池斜边破的护理；同年成立了名为"关于确立多孔性混凝土的设计及施方法的研究委员会"。日本爱知县名古屋某河川护坡效果（1994 年）、日本某蓄水池护坡效果（1988 年）、日本在路面（如公园道路、停车场等）、道路两侧的边坡护理方面进行了透水性生态混凝土的研究。

1995 年，美国南伊利挪伊大学的 Nader Ghafoori 阐述了不含细骨料混凝土的概念，在保持透水性所要求的孔隙率、适当水灰比的范围后，研究开发了用于人行道及停车场用的透水混凝土。1993 年，南非开普敦大学的 Mark G. Alexander 把透水性混凝土作为透水路基来使用。在最近欧洲的研究中，德国用火山岩作为骨料的吸声性混凝土取得了应用。1992～1996 年期间，在荷兰和比利时进行了铺路试验，并开发了在透水性混凝土中掺入聚合物乳胶后的透水性铺路用混凝土，不仅在人行道上，而且在机动车道、护坡工程上也开始使用这种混凝土。

生态混凝土在国内起步较晚，但也进行过一些开创性地研究。20 世纪 90 年代，吴中伟院士提出的绿色高性能混凝土因具有良好的环境协调性能，其相关的绿色建材在美国、联邦德国和日本等国家已经被广泛应用。2002 年同济大学研究开发了大孔透水性混凝土的净水机理以及用其处理生活污水；2004 年三峡大学对植被混凝土的护坡绿化技术进行了有益的探索。但国内对现浇生态混凝土的研究很少，应用范围也比较窄，对生态混凝土设计、施工、管理没有相应的基准及规范。

从我国最近的发展动向来看，国家逐渐重视了生态材料、技术方面的研究，启动了作为国家研究课题的 863 攀登计划，投入了大量的资金，联合了全国 15 所著名大学的专家学者，在 8 个基地进行着开发研究。在国家相关部门的推动以及研发、应用单位的积极响应下，今后在这方面的研究将会更加活跃。

经过国内外许多专家的艰苦努力，近些年来在低碱性混凝土研究方面取得了可喜的成绩。在实际工程应用广泛、比较成功的主要有多孔混凝土、植被混凝土和护坡植被混凝土。

一、多孔混凝土

多孔混凝土又称透水混凝土、无砂混凝土、透水地坪，是由骨料、水泥和水拌制而成的一种多孔轻质混凝土。由于这种混凝土的粗骨料表面包覆一薄层水泥浆相互黏结而形成孔穴均匀分布的蜂窝状结构，所以具有透气、透水和质量轻等显著特点。多孔混凝土不仅可以作为生物栖息繁衍的地方，而且可以降低环境负荷，是一种新型的节能环保型混凝土。

多孔混凝土作为一种绿色生态混凝土已被世界各国所关注。这种混凝土的主要优点有以下3点：①多孔混凝土可以通过其内部开口的孔隙使雨水快速渗透到地下，既可以避免洪水的危害，又可以补充地下水资源，是自然增加地下水资源设施；②多孔混凝土路面可以减小或削弱交通噪声，这对于现代城市的发展是非常必要的；③多孔混凝土路面可以消除雨天路面打滑和雨水飞溅的影响，所以它是一种更为安全的路面。但是其缺点也不能被忽视，例如抗压强度、抗折强度偏低，成型工艺较为复杂，多孔混凝土路面的维护较为困难等。

（1）多孔混凝土的孔隙率与空隙构造　表示空隙比例的孔隙率，对多孔混凝土的各种力学性能影响很大。孔隙率有连续孔隙率和包括独立孔隙在内的全孔隙率。用成型体质量与配合比计算出的理论质量求得的孔隙率称为全孔隙率。水的结合材料质量越大，水泥浆越易填入粗骨料之间的空隙，使混凝土的孔隙率降低。目前，国内外对多孔混凝土空隙构造的研究仍然很少。如将多孔混凝土用于绿化，孔隙率乃至空隙直径是一个重要因素。实践充分证明，空隙直径的大小对于植物根的发育和伸长有很大影响，而空隙直径与使用不同粒径的粗骨料密切相关。

（2）多孔混凝土的强度性能　材料试验证明，多孔混凝土的抗压强度低于相同单位水泥用量的普通混凝土。影响多孔混凝土抗压强度的主要因素是孔隙率。混凝土的孔隙率越大，其抗压强度越低。此外，即使混凝土的孔隙率相同，但所采用粗骨料的粒径不同，抗压强度也随之改变。其原因是：粗骨料的粒径越大，单位体积骨料的接点数也随之急剧减少。与普通混凝土具有相反的倾向是：水的结合材料比增大，多孔混凝土的强度则相应提高。这是因为水泥浆的材质柔和，易于渗入粗骨料间的空隙，从而增加粗骨料之间的黏结面积所致。

（3）多孔混凝土的透水性能　多孔混凝土的透水性能以测定的透水系数表示。测定透水系数一般采用定水位的试验方法，由于水头差不同，透水系数因而也会有所差异。多孔混凝土的透水系数因孔隙率和粗骨料的粒径不同而不同。简单地说，混凝土的孔隙率越大，其透水系数越大；即使是相同的孔隙率，采用的骨料粒径越大，透水系数也越大。

（4）多孔混凝土的干燥收缩　有关多孔混凝土的干燥收缩研究成果很少。1976年美国混凝土协会（ACI）曾报道过关于多孔混凝土的干燥收缩试验结果，采用河砂与石灰石碎石配制的混凝土，多孔混凝土的干燥收缩为使用相同骨料普通混凝土的50%。多孔混凝土的长度变化率，在干燥的初期，比普通混凝土要大，一般在10d内，最终收缩量可达50%～80%，大约30d可以完成收缩。初期收缩大的原因主要是由于多孔混凝土的表面积与体积之比过大，受干燥影响显著所致。此外，与普通混凝土相比最终长度变化较小的原因，主要是多孔混凝土的收缩受到粗骨料的约束所致。

（5）多孔混凝土的冻融循环　由于多孔混凝土具有很多的连续性空隙，混凝土中的自由水易于浸入，因此在一般情况下其抗冻融性能比普通混凝土要差。当多孔混凝土中的空隙直径较小，浸入内部的水在冻结时浸出困难，不易缓冲冻结压力导致抗冻融性较差。为了提高多孔混凝土的抗冻融性能，与配制普通混凝土一样，掺入适量的引气型减水剂是有效措施之一。经冻融循环破坏的多孔混凝土，其破坏形式与普通混凝土不同。按比例缩尺的混凝土试件试验证明，普通混凝土的破坏是从试件表面向内部发展，而多孔混凝土则是从试件的中心向外发展。

（6）多孔混凝土的吸声特性　由于多孔混凝土存在连续空隙，所以具有减少噪声影响的作用，同时多孔混凝土所具有的吸声特性受诸多因素的影响。我国有关专家对多孔混凝土的吸声性能进行了研究，研究结果表明，随着混凝土设计孔隙率的增大，多孔混凝土试样的吸声系数峰值对应的共振频率向高频发展，综合平均吸声系数逐步增加；在孔隙率相近的情况下，随骨料粒径的增加，其综合平均吸声系数有降低的趋势；在空隙率、粗骨料级配相同的条件下，试件厚度越小，其吸声系数峰值所对应的共振频率越高。

（7）多孔混凝土的应用　目前，多孔混凝土在工程中的应用越来越广泛，主要用于种植植物、透水路面、水质净化、吸声隔声、生物生息等。

1）种植植物。过去利用混凝土栽种植物，首先是用混凝土制成箱式或井格式制品，在其中留出空间，然后填入土壤，再进行栽培植物。采用多孔混凝土时，不同于传统的方法，而是利用多孔混凝土的连续空隙，作为植物根系的生长空间。因此，可以将多孔混凝土扩大应用于河川护岸等工程进行坡面的绿化，作为这种用途的多孔混凝土也称为绿化混凝土。利用多孔混凝土生长植物的要点是：适于植物生长的多孔混凝土的技术要求；填充相关种类土壤的方法。

作为多孔混凝土的技术要求，主要是确保连续的空隙和空隙具有必要的直径。如能确保连续的孔隙率达到 25% 以上，就能维持植物生长处于良好状态。此外，骨料的粒径越大、空隙的直径越大，植物根的生长空间就越有保证，填入土壤时也比较容易。

多孔混凝土空隙中填入土壤的种类及养料的填充方法各有不同，但是所用的土壤材料要满足保水性和保肥性的要求，如可以用阳离子交换量高的有机物、黏土或浮石，也可以用高吸水树脂和黏土或有机物泥炭等保水材料或土壤相配合使用。

实践充分证明，多孔混凝土用于绿化，不仅限于河川护岸工程，还可以考虑用于停车场和屋面的绿化。这种混凝土不仅能满足生态环境的需要，也是抑制"热岛"现象的有效措施。

2）透水路面。利用多孔混凝土的透水性能，可以用于透水的路面。当下雨后，道路上行驶的汽车会遇到水滑现象，飞溅的水珠会引起视线不良，如果采用多孔混凝土路面，这种现象则完全可以避免。多孔混凝土路面不仅可以改善行车的安全性，还可以吸收汽车的噪声。

近年来，在城镇的建设中，沥青和水泥混凝土路面大大减少了雨水向地下地渗透，致使地下水减少，甚至引起地基下沉。此外，由于雨水流速加快，还会引起城市河川泛滥等事故。作为综合治水的一项措施，就是利用多孔混凝土制成渗透性的输水管和水斗等加大雨水渗透。

3）水质净化。河川、湖泊、沼泽、海域等水环境，本来它们就有自然净化的作用，但城镇中的河川多为混凝土或砌石结构直立护岸的封锁性水域，由于生物种类数量的减少，自然净化的功能相应减退。多孔混凝土由于存在连续性的空隙，水和空气可以自由通入，在多孔质的内部和表面易于附着细菌和藻类等，形成可栖息的生物膜，使其中需氧性细菌对有机物具有净化的性能。生物的附着因水域条件而异，一般在 3 个月以内即可加以区别。由于多孔混凝土能附着多种多样的生物，因而促进了水质的自然净化作用。

4）吸声隔声。对道路、铁路等交通设施以及工厂的机器设备噪声的对策，主要是采用吸声材料。吸声材料按其外观分类，有多孔混凝土等多孔材料、孔隙板构造体、膜状材料和板状材料等，但多孔材料的吸声域特征，以中高音区最佳。多孔混凝土如采用珍珠岩等人工轻骨料，可以制成一种强度、耐候性都比较优越的吸声材料。实际上，在建筑工程中已经有既能隔声又能吸声的复合材料墙体。作为实际的应用领域，多孔混凝土除了用于有关设施的外墙外，还可以作为吸声材料用于轨道面板。

5）生物生息。现在渔业正在向养殖业转换，大力推广人工渔礁板法，即将预制带孔洞的混凝土块体投入海域，为鱼类的生长提供有利条件。多孔混凝土由于其表面呈凹凸状，且为多孔性材料，非常适宜海藻在上面生长，作为一种人工渔礁和人工海藻材料已引起广泛重视。通过实际调查，即改变混凝土类型、空隙率、骨料类型和尺寸等，将混凝土预制成板材后投入海域，一年后观察海藻的生长情况，调查表明普通混凝土的附着率为60％，而多孔混凝土的附着率达到100％，不仅海藻生长良好，而且还附着有其他海洋生物。

二、植被混凝土

随着国家对节能环保的重视，绿色建筑、绿色城市、绿色小区、绿色道路、绿色建材等理念不断被人们所倡导，为了打造"绿色"概念，业内人士加大了研究的力度，各种绿色生态建筑材料不断地被研制出来，植被混凝土就是在绿色环保要求下所研究出来的一种新型混凝土，这类混凝土不仅具有普通混凝土所具有的基本特征，同时还具有节能环保的生态功效，特别符合新时代发展的需求，带动了绿色建筑材料的革新进程。

(一) 植被混凝土的基本概念

植被混凝土是指能够在混凝土中进行植被作业的绿色生态混凝土。实际上植被混凝土是指能够适应植物生长，可以进行植被作业，具有保持原有防护作用功能、保护环境、改善生态条件的混凝土及其制品。植被混凝土主要分为以下几部分：作为主体的植被与其载体——多孔混凝土、客土、植物生长体系。图7-1为植物混凝土的结构组成，这是繁衍植物与多孔混凝土的有机结合。

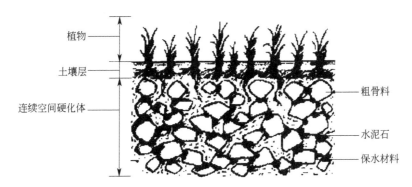

图 7-1 植物混凝土的结构组成

作为植物主要载体的多孔混凝土，是一种既要具有一定强度又要有利于植物生长的特殊混凝土，其厚度一般为100mm，孔隙率可达25％～30％。连续的孔隙和较大的空隙直径能为植物根系的生长提供足够的空间，并且能使植物的根穿过多孔混凝土到达土壤层。植物的根伸入土层后就能吸收土中的水分和养料，从而实现繁衍生长。同时，由于植被混凝土含有养料，根须在通过植被混凝土时可以得到养料，因此更加有利于生长。

客土即为植被混凝土表面上的一层栽培介质薄层，其厚度一般为5～10mm，由种子与普通土按比例混合拌制而成。养料也置于此介质中，提供植物早期生长的营养，植被的花草种子，这样就有一个利于萌芽生长的初始环境。

植物生长体系为多孔混凝土孔隙中的充填物构成，在多孔混凝土中通常加入有机、无机的释放养料及保水的材料，为植物生长提供养料，有利于幼苗根须通过混凝土而到达土壤。

植被混凝土具有以下特征：①能防止构筑物表面被污染和侵蚀，充分发挥绿化的效果；②块材的表面能直接被植物覆盖；③具有较好的透水性，雨水可通过混凝土向地下渗透；④块材直接放在边框内的培养土上，植物就可正常发芽生长；⑤可抑制土壤中杂草的生长。

（二）植被混凝土的发展趋势

（1）植被混凝土智能化　智能材料能模仿生命系统，能感知环境的变化，并能实时地改变自身的一种或多种性能参数，做出期望的、能与变化后的环境相适应的复合材料或材料的复合。以植被为主体的混凝土其结构组成的植被是具有真实生命系统的植物，因此要求植被混凝土基体不仅可以感知周围环境的变化，同时还要求在不同环境下要保证植被的生长需求，植被混凝土的基体如何实现植物生长，如何实时地满足植物的生长即是实现材料的智能化。

（2）植被混凝土规模化　虽然植被混凝土对环境保护的作用十分明显，但目前还没有得到正式地推广使用，很大一部分原因是其制造成本较高，植被混凝土的材料中需要一种特制的低碱胶凝材料，同时对生长环境也有很高的要求，对其植被的耐久性和复种性要求较高，种种情况导致了植被混凝土的成本很难降下来，所以要想植被混凝土得到广泛地推广使用，就需要在其规模化和经济化方面进行努力。

（3）植被混凝土理论化　植被混凝土虽然在理论上也是混凝土的一种，但对于基体的成分组成却有很大的不同，植被混凝土为了保证植被的生长需要，基体部位多采用大孔和多孔混凝土，这与传统混凝土成分中的细集料有很大的区别，因此传统混凝土中的理论公式和计算方法也无法适用于植被混凝土中，所以植被混凝土需要建立自己的理论公式和计算方法。

（4）植被混凝土的集成化　植被混凝土是集岩石学、工程力学、生物学、土壤学、肥料学、硅酸盐化学、园艺学、环境生态和水土保持学等学科于一体的综合交叉学科，植被混凝土不仅要满足材料本身的要求，还要满足植物生长的要求，同时要兼顾其绿化性能，因此植被混凝土是多学科的综合交叉研究，形成植被混凝土的体系化是其发展的必然趋势。植被混凝土通过集成化、多元化来达到复合多功能的效果，如研制净水植被混凝土，集植被混凝土和净水混凝土的双重功能，其目的是将净水混凝土所吸附的菌类或富营养元素来满足植被混凝土中植物的生长，而植被混凝土中所生长的植物通过某种反应来增加净水混凝土的净水效果。

植被混凝土的研发成功及在应用所取得的成效是建筑行业内的一次重大变革，在建筑材料史上具有划时代的意义，同时也是建筑材料史上的一次飞跃性的革命，对我国建筑节能、生态环保理念的可行性具有极大的推动作用，有效地实现了人、建筑、环境三者的和谐统一，从而实现了将社会效益、经济效益和生态效益三者有利结合的局面。

三、护坡植被混凝土

当代经济高速发展的社会，人类活动日益频繁，使得生态环境问题日益突出，甚至成为了全球性问题。因此，各个国家、各级政府都加强了生态环境的保护工作。由于水利、公路等工程建设造成的环境问题较为严重，对这些工程进行生态环境保护已经刻不容缓。其中最重要的是要加强边坡防护的环境保护工作，在这一方面，应用植被混凝土护坡绿化技术是一项较为科学、合理的环境保护措施。护坡植被混凝土也称为生态护坡建材，它通过植物与非生物的植生材料相结合，以减轻护坡面的不稳定性和侵蚀，同时也达到美化环境的效果。

（一）护坡植被混凝土的技术路线

如图7-2所示为制作护坡植被混凝土的整体技术流程。首先，要对骨料的性质进行分析，主要包括粒径分布、表观密度、极限吸水率等的测定。对骨料的性质进行初步分析之后，还应做正交试验，根据各种成分对强度的影响，确定制作多孔混凝土的最佳集灰比、水灰比、掺合料用量及减水剂用量。

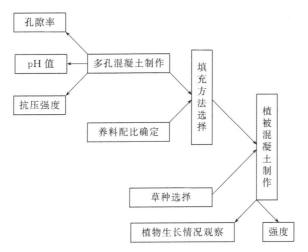

图 7-2　护坡植被混凝土的整体技术流程

然后用最佳配比制作多孔混凝土，脱模养护以后，测定多孔混凝土的孔隙率和浸出 pH 值，同时进行养料的填充试验和植物种子的选择试验。最后把填充好养料和植物种子的植被混凝土放在温室中培养一段时间后，放到室外再观察多孔混凝土中种子的生长情况。

通过以上所述可知，护坡植被混凝土的制作可分为 2 个阶段：①原料及配比选择，多孔混凝土的制备以及其性能的测定，同时对植物种子进行选择、养料配比等进行确定；②通过填充方法将养料和植物种子填充到多孔混凝土中，形成护坡植被混凝土。

（二）影响护坡植被混凝土的因素

（1）强度因素　多孔混凝土是构成植被混凝土的基本构件，由于它为植物的生长提供了平台，所以多孔混凝土试块要具备一定的强度，同时植被混凝土又必须包含有足够的连通孔隙率，使得植物的根系能够有生长的空间。由于河岸护堤等地方对于强度的要求不是很高，所以对植被混凝土的强度要求也不高。

（2）孔隙率因素　对于护坡植被混凝土来说，植物的生长空间需要很大的孔隙率，所以在满足强度的情况下，尽量使孔隙率保持一个比较大的数值，并且要求孔隙的直径不能太小，由于在这种情况下植物才能有足够的空间生长，因此必须保证护坡植被混凝土具有足够的孔隙率。

（3）pH 值因素　通用硅酸盐水泥配制的混凝土具有很高的碱度，不适宜普通植物的生长，所以必须采用低碱水泥配制混凝土，以达到调节 pH 值的目的，为植物生长提供一个良好的环境，并且要掺加适量的早强减水剂，用来有效地控制水灰比和缩短混凝土的凝结时间。

（4）养料填充方法因素　对植物养料的填充方法不同，也直接影响护坡植物生长。

（三）护坡植被混凝土的制作方法

多孔混凝土是为植被混凝土提供植物生长的一个载体，所以在制作护坡植被混凝土的时候要考虑考虑其强度和孔隙率。首先要选择适宜的组成材料，然后预定各原料配比，通过正交试验确定各种组分的最佳配合比，以及各种因素对多孔混凝土的影响情况，随后把最佳配

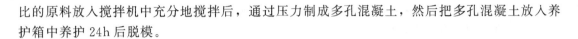

比的原料放入搅拌机中充分地搅拌后，通过压力制成多孔混凝土，然后把多孔混凝土放入养护箱中养护 24h 后脱模。

1. 各种原料及配比预设

（1）骨料选择与筛分　骨料作为构成多孔混凝土的最基本材料，它的性质不仅影响到多孔混凝土的强度，而且骨料的粒径直接影响到混凝土的孔隙率和孔隙直径。因为骨料的直径越大，骨料间存在的空隙就越大，多孔混凝土的孔隙率也就越大，其平均孔隙直径也越大。

（2）水泥的选择　配制多孔混凝土水泥强度等级越高，混凝土的强度也必然随之提高。

（3）减水剂选择　减水剂是一种能显著改善混凝土和易性和显著减少用水量的一种化学外加剂。因为单位用水量的多少直接影响水灰比的大小，这样也就会直接影响到混凝土的强度和孔隙率，所以减少剂的使用能尽量减少单位用水量，从而提高混凝土的强度和控制孔隙率。

（4）水灰比预定　水灰比是混凝土配合比设计中极其重要的指标，也是多孔混凝土制作中需要重点考虑的控制因素，它直接影响到多孔混凝土的强度及孔隙率。对于混凝土特定的某一骨料，均有一个最佳水灰比，当水灰比小于这个最佳值时，无砂混凝土因干燥拌料不均匀，达不到适当的密度，不利于强度的提高；反之，如果水灰比过大，水泥浆可能把透水孔隙部分或全部堵死，既不利于多孔混凝土透水，也不利于强度的提高。一般需要通过设计正交试验来微调，进而确定所需要的用水量。

（5）用水量预定　在多孔混凝土的配制中，一般不进行和易性试验，不需要测试混凝土的坍落实，只要目测判断所有颗粒均形成平滑的包覆层即可。对于普通骨料来说，一般用水量为 $80\sim120kg/m^3$，但要特别注意骨料的吸水性，正交试验时可以适当地减少用水量，并通过正交试验来进行微调，最终确定所需要的用水量。

（6）集灰比预定　材料试验证明，如果减小集灰比，即增加单位体积的水泥用量，从而增加骨料周围所包覆的水泥薄膜厚度，这样可以增加骨料间的黏结面，能有效地提高多孔混凝土的强度。但由于水泥用量增多，黏结面的增大，会降低空隙度，减弱透水性。因此，在保持多孔混凝土合理透水性的前提下，尽可能提高水泥用量才能比较合理地选定集灰比。为保持水泥浆的合理厚度，小粒径骨料的集灰比应适当比大粒径骨料小一些，在一般情况下多孔混凝土的集灰比可在 $5\sim8$ 之间选择，随后通过正交试验微调到最佳的集灰比。

2. 多孔混凝土成型工艺

多孔混凝土的成型工艺可分为振动成型和压实成型两种。

多孔混凝土的振动成型时间应由试验确定。振动时间太长（＞60s），水泥浆就会与骨料分离；振动时间太短（＜30s），混凝土不易振捣密实。一般应控制在 $30\sim60s$ 之间。由于在振动成型的过程中，水泥浆会流动到多孔混凝土的底部，导致植被混凝土的透水性和强度降低，所以在实际生产中一般不宜采用振动成型的方法。

多孔混凝土的压实成型可以用压力机来实现，采用这种方法成型水泥浆不容易产生流动，可以很好地黏结在骨料的周围，对多孔混凝土强度的增加是很有利的。

制作多孔混凝土的流程如图 7-3 所示。一般来说，可以将全部的材料一起放入混凝土搅拌机中一起进行搅拌，但最好应采用图 7-3 所示的方式。用加压法使多孔混凝土成型，试块可以在成型后的空气中养护 2d，然后置于空气中或水中进行养护。

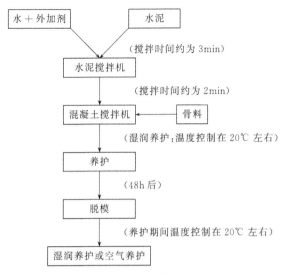

图 7-3　多孔混凝土制作流程

（四）植物养料的填充方式

植被混凝土是在多孔混凝土填充进植物种子、土壤和养料以及在表面撒上客土的产物。由此可见，植被混凝土区别于普通多孔混凝土的地方就是在混凝土中含有植物的种子、土壤和养料。植物养料的填充方法可分为：高压吹填法、层铺法、混合法和夹层法。

高压吹填法是利用高压泵将水稀释过的养料吹入预制的多孔混凝土之中，直到养料基本上填入多孔混凝土之中。层铺法是先把养料造粒后，然后以一层骨料一层养料的方式铺入成型模具内，最后用压力机压制成植被混凝土。混合法是先把养料培养基造粒，然后和粗骨料、水泥、添加剂等一起混合搅拌，最后用压力机压制成植被混凝土。夹层法是先预制两块混凝土薄片，随后将养护填充在它们中间，四周用水泥包裹起来。

在填充了有机和无机养料，并在多孔混凝土表面覆盖了客土之后，就制成了植被混凝土，最后可以将植被混凝土放在自然条件下使植物生长。

第二节　透水性混凝土

随着经济的快速发展和现代化建设进程的加快，许多城市逐渐被钢筋混凝土房屋、大型基础设施、各种不透水的场地和道路所覆盖。有统计资料表明，我国城市道路的覆盖率已达到 7％～15％，特大城市可能超过 20％。在为人们提供便利的同时，这些不透水的地面亦给城市的生态环境带来许多负面影响：①雨水长期不能渗入地下，造成城市地下水位下降，影响地表植物的生长；②不透气的地面很难与空气进行热量、水分的交换，对空气的温度、湿度的调节能力差，使城区的温度比郊区和乡村高 2～3℃，产生"热岛现象"；③不透水的道路容易积水，降低道路的舒适性和安全性；④当短时间内集中降雨时，雨水只能通过下水设施排入河流，大大加重了排水设施的负担，并且雨水挟带路面的污染物注入江河造成二次污染，在城市里形成一种有雨洪灾、无雨旱灾的矛盾局面。如果采用透水性材料（混凝土或砖）铺筑各种场地和道路，增大透水透气面积，就可以有效缓解城市不透水硬化地面对城市生态造成的负面影响，使城市与自然协调发展、走维护生态平衡的可持续发展道路。

透水混凝土的研究应用始于 100 多年前，据 V. M. Malhortra 记载：1852 年英国在建造工程中由于缺少细骨料，开发了不含细骨料的混凝土，即透水混凝土。美国在20世纪60年代就开始了对普通混凝土及透水性混凝土配合比设计方法的研究。有些发达国家于20世纪70年代开始，广泛地研究透水性场路材料。1970年，英国曾尝试用无砂透水混凝土铺筑常规刚性路面，最初使用效果很好，但因这种混凝土28d的抗压强度仅为13.8MPa，使用10年后由于冻融而遭到破坏。1979年，美国在佛罗里达州一座教堂附近首次使用无砂多孔混凝土建成具有透水性停车场，并取得专利。这种透水性混凝土28d抗压强度达到26.2MPa，透水系数相当于1.6mm/s。20世纪80年代初，美国出现了专门的透水性混凝土搅拌站，1991年在佛罗里达州成立了"透水混凝土路面材料协会"。1987年，日本研究者申请了透水混凝土路面材料专利，他们采用高分子树脂和微骨料包裹单粒级粗骨料制备透水性混凝土获得成功。为了增加美感，在制品面层中还加入了彩石或染料。在法国，60%的网球场是用透水混凝土或透水砖铺建的。

20世纪70年代初，我国也开始研究透水地坪地面，并进行了大量的试验，但由于抗压强度较低，耐久性不好，仅使用几年就出现了破碎现象。20世纪70年代末，我国北京园林局为了抢救古树，曾研制了一些具有透水、透气性能的砌块，用于铺装皇家园林的广场和道路，取得了一定的效果。20世纪90年代，我国有关研究机构和中国建筑材料科学研究总院、清华大学等都进行了这方面的探索，并进行了小规模的现场实验，取得了一些重要技术资料，但未形成规模和产业化。进入21世纪之后，我国对透水性混凝土配合比的研究取得较大成果，而且对透水混凝土的强度、透水性和耐久性等方面也进行了深入研究，取得了突破性的进展。研制的透水性混凝土路面砖的抗压强度已达到30MPa。透水性混凝土在北京奥林匹克森林公园、上海世博园成功应用后，得到相关部门的大力推广。

透水混凝土是由骨料、水泥和水拌制而成的一种多孔轻质混凝土，混凝土中不含细骨料，由粗骨料表面包覆一薄层水泥浆相互黏结而形成孔穴均匀分布的蜂窝状结构，故具有透气、透水和质量轻的特点，也可称无砂混凝土。透水混凝土是由欧美、日本等国家针对原城市道路的路面的缺陷，开发使用的一种能让雨水流入地下，有效补充地下水，缓解城市的地下水位急剧下降等一些城市环境问题的混凝土。能有效地消除地面上的油类化合物等对环境污染的危害；同时，是保护地下水、维护生态平衡、缓解城市热岛效应的优良铺装材料；其有利于人类生存环境的良性发展并在城市雨水管理与水污染防治等工作上，具有特殊的重要意义。

一、透水混凝土的优点

透水混凝土铺筑的路面与通常不透水的路面相比，透水混凝土路面具有诸多生态方面的优点，具体表现在以下方面。

（1）高透水性　透水地坪拥有15%～25%的孔隙，能够使透水速率达到31～52L/(m·h)，远远高于最有效的降雨在最优秀的排水配置下的排出速率。

（2）高承载力　经国家检测机关鉴定，透水地坪的承载力完全能够达到C20～25混凝土的承载标准，高于一般透水砖的承载力。

（3）良好的装饰效果　透水地坪拥有色彩优化配比方案，能够配合设计师独特创意，实现不同环境和个性所要求的装饰风格。这是一般透水砖很难实现的。

（4）易维护性　人们对孔隙堵塞问题的担心是没有必要的，特有的透水性铺装系统使其只需通过高压水洗的方式就可以轻而易举地解决该问题。

（5）抗冻融性　透水性铺装比一般混凝土路面拥有更强的抗冻融能力，不会受冻融影响而断裂，因为它的结构本身有较大的孔隙。

（6）耐用性 透水性地坪的耐用耐磨性能优于沥青，接近于普通的地坪，避免了一般透水砖存在的使用年限短，不经济等缺点。

（7）高散热性 材料的密度本身较低（15%～25%的空隙）降低了热储存的能力，独特的孔隙结构使得较低的地下温度传入地面，从而降低整个铺装地面的温度，这些特点使透水铺装系统在吸热和储热功能方面接近于自然植被所覆的地面。

（8）吸收噪声 能够吸收车辆行驶时产生的噪声，创造安静舒适的交通环境，雨天能防止路面积水和夜间反光，改善车辆行驶以及行人行走的舒适性和安全性。

二、透水混凝土的种类

（1）水泥透水性混凝土 以硅酸盐类水泥为胶凝材料，采用单一粒级的粗骨科，不掺加细骨料配制的无砂多孔混凝土。这种混凝土一般采用较高强度的水泥制成，集灰比为3.0～4.0，水灰比为0.30～0.35，抗压强度可达10～35MPa，抗折强度可达3～5MPa，透水系数为1～15mm/s。混凝土拌和物较干硬，采用压力成型，形成连通孔隙的混凝土。硬化后的混凝土内部通常含有15%～25%的连通孔隙，相应地表观密度低于普通混凝土，通常为1700～2200kg/m³。这种混凝土具有成本较低、制作简单、耐久性好、强度较高等优点，适用于用量较大的道路铺筑。

（2）高分子透水性混凝土 这种混凝土是采用单一粒级的粗骨料，以沥青或高分子树脂为胶结材料配制而成的透水性混凝土。与水泥透水性混凝土相比，这种混凝土耐水性、美观性、耐磨性、耐冲击性，更具有优势。但是，由于有机胶凝材料的耐候性差，在大气因素的作用下容易老化，且性质随着温度变化比较敏感，尤其是温度升高时，容易软化流淌，使透水性受到影响；同时，成本也比较高。因此，在保证空隙的前提下抗老化、热稳定性就是保证质量的关键。

（3）烧结透水性制品 用废弃的瓷砖、长石、高岭土等矿物的粒状物和浆体拌和，将其压制成坯体，经高温烧制成具有多孔结构的块体材料。这类透水性材料强度较高、耐磨性好、耐久性优良，但烧结过程需要消耗大量能量，生产成本比较高，适用于用量较小的园林、广场、景观道路铺装部位。

三、透水混凝土砖的透水性能

透水砖起源于荷兰，在荷兰人围海造城的过程中，发现排开海水后的地面会因为长期接触不到水分而造成持续不断的地面沉降。一旦海岸线上的堤坝被冲开，海水会迅速冲到比海平面低很多的城市把整个临海城市全部淹没。为了使地面不再下沉，荷兰人制造了一种长100mm、宽200mm、高50～60mm的小型路面砖铺设在街道路面上，并使砖与砖之间预留了2mm的缝隙。这样下雨时雨水会从砖之间的缝隙中渗入地下。这就是后来很有名的荷兰砖。

透水混凝土砖是为解决城市地表硬化，营造高质量的自然生活环境，维护城市生态平衡而诞生的环保建材新产品。透水混凝土砖具有保持地面的透水性、保湿性、防滑、高强度、抗寒、耐风化、降噪、吸声等特点。

（一）透水砖的透水机理

透水砖是采用特定级配骨料、水泥、增强材料、外加剂和水等经特定工艺制成的一种透水性建筑材料。由于骨料级配特殊，结构中含有大量连通孔隙（通常 5%～30%），所以透水砖是一类含有非封闭型孔隙的多孔混凝土制品。在下雨或路面产生积水时，水能够沿透水砖中贯通的孔隙顺利地渗入地下，或者暂时储存在透水性的路基中。

（二）透水砖的主要种类

透水砖的分类方法很多，按照透水砖的制作材料不同，可分为普通透水砖、聚合物纤维混凝土透水砖、彩石复合混凝土透水砖、彩石环氧通体透水砖、混凝土透水砖、生态砂基透水砖和自洁式透水砖等。

（1）普通透水砖　普通透水砖材质为普通碎石的多孔混凝土材料经压制成型，用于一般街区人行步道、广场，是一般化铺装的产品。

（2）聚合物纤维混凝土透水砖　聚合物纤维混凝土透水砖材质为花岗岩石骨料，高强水泥和水泥聚合物增强剂，并掺加聚丙烯纤维、送料配比严密，搅拌后经压制成型，主要用于市政、重要工程和住宅小区的人行步道、广场、停车场等场地铺装。

（3）彩石复合混凝土透水砖　彩石复合混凝土透水砖材质面层为天然彩色花岗岩、大理石与改性环氧树脂胶合，再与底层聚合物纤维多孔混凝土经压制复合成形，此产品面层华丽，色彩天然，有与石材一般的质感，与混凝土复合后，强度高于石材且成本略高于混凝土透水砖，且价格是石材地砖的 1/2，是一种经济、高档的铺地产品。主要用于豪华商业区、大型广场、酒店停车场和高档别墅小区等场所。

（4）彩石环氧通体透水砖　彩石环氧通体透水砖材质骨料为天然彩石与进口改性环氧树脂胶合，经特殊工艺加工成型，此产品可预制，还可以现场浇制，并可拼出各种艺术图形和色彩线条，给人们一种赏心悦目的感受。主要用于园林景观工程和高档别墅小区。

（5）混凝土透水砖　混凝土透水砖材质为河砂、水泥、水，再添加一定比例的透水剂而制成的混凝土制品。此产品与树脂透水砖、陶瓷透水砖、缝隙透水砖相比，生产成本低，制作流程简单、易操作。混凝土透水砖广泛用于高速路、飞机场跑道、车行道、人行道、广场及园林建筑等范围。

（6）生态砂基透水砖　生态砂基透水砖是通过"破坏水的表面张力"的透水原理，有效解决传统透水材料通过孔隙透水易被灰尘堵塞及"透水与强度"、"透水与保水"相矛盾的技术难题，常温下免烧结成型，以沙漠中风积沙为原料生产出的一种新型生态环保材料。其水渗透原理和成型方法被建设部科技司评审为国内首创，并成功运用于"鸟巢"、水立方、上海世博会中国馆、中南海办公区、国庆六十周年长安街改造等国家重点工程。

（7）自洁式透水砖　自洁式透水砖是将光触媒技术应用在混凝土透水地砖中，光触媒在光的照射下，会产生类似光合作用的光催化反应，产生出氧化能力极强的自由氢氧基和活性氧，具有很强的光氧化还原功能。可氧化分解各种有机化合物和部分无机物，把有机污染物分解成无污染的水和二氧化碳，因而具有极强的防污自洁、净化空气与水的功能，有效地解决了透水地砖的孔隙容易堵塞和对城市土壤污染的问题。

自洁式透水砖在构建生态城市中对城市水环境的改善作用也是颇为显著的，由于城市中的不透水路面不能及时地将雨水渗入地下，因此城市中常常出现雨水蓄积和漫流现象，自洁式透水性铺装地面由于自身良好的透水性能，能有效地缓解城市排水系统的泄洪压力。特别是与普通铺装相比，自洁式透水砖兼有良好的渗水保湿及透气功能。

（三）影响透水性的主要因素

根据试验和工程实践证明，影响混凝土透水砖透水性能的主要因素有材料的密度、骨料级配（包括集灰比和水灰比）、面层集灰比、面层厚度和透水方式等。研究结果表明，骨料级配和配合比是影响混凝土透水砖透水性能的两个最主要因素。采用合理的骨料级配和配合比，可以配制成高渗透性的混凝土透水砖，透水系数最大可达到 15.0mm/s。

（四）透水砖的物理力学性能

国内外在制作和使用透水砖的实践中认识到，透水砖最大的特点是具有高渗透性，作为路用的混凝土透水砖，还必须具有良好的物理力学性能。混凝土透水砖的物理力学性能主要包括物理性能、耐磨性能和抗压强度。

（1）物理性能　为了保证透水砖具有较高的透水性能，在砖中一般应含有 15%～25% 的连通孔隙，其表观密度通常应在 1600～2100kg/m³ 之间，吸水率为 5.5%～9.5%，收缩值（干缩值和热膨胀值）相对较小。

（2）耐磨性能　用于道路的透水混凝土砖必须具有较高的耐磨性能，这是决定路面制品使用效果和使用寿命的关键指标之一。透水混凝土混合料中骨料间通常是点接触，在进行耐磨性试验中，摩擦钢轮对透水砖的磨损作用主要是挤压、滑擦和压碎。因此，如果能提高骨料间的黏结强度，就可以显著改善透水砖的耐磨性。研究结果表明，在保证强度和透水性的前提下，通过优化面层混合料的配合比和添加增强材料，可以达到良好的耐磨性能，满足行业标准的要求。

（3）抗压强度　材料试验证明，当为同样的集灰比时，透水砖的抗压强度比普通混凝土路面砖要低得多。如果骨料的级配固定，抗压强度随着水泥用量的增大而提高。相应地，透水系数则会大幅度降低。与抗压强度相比，透水砖的抗弯强度比普通混凝土路面砖要小。

透水砖的抗压强度主要取决于骨料间接触点处的黏结力，此外与其他因素也有一定的关系。研究结果表明：影响黏结力的主要因素包括水泥基体与骨料之间的界面黏结强度，接触点处的总黏结强度，以及其他因素，如混凝土砖的密度、密实度、成型方法和养护条件等。在保证透水砖透水性能的前提下，可以从水泥用量及强度等级、掺加增强材料等方面采取措施提高混凝土透水砖的强度。

（五）透水混凝土砖的生产

根据财政部、住房城乡建设部、水利部《关于开展中央财政支持海绵城市建设试点工作的通知》精神，中央财政将在 2015～2017 年的 3 年内，每年对"海绵城市"建设试点给予专项资金补助，这是促进生态型城市建设的一项重要举措。所谓"海绵城市"，是指在城镇建设过程中，最大限度就地吸纳、蓄渗和利用雨水，改善城市环境。"海绵城市"最直接的指标是城市对雨水的利用率大于 60%。

透水铺装作业为"海绵城市"建设的主要措施之一，成为广场、停车场、人行道、轻载道路的路面首选材料；透水砖则作为建筑与小区、城市道路、绿地与广场采用渗透技术的首要推荐技术措施。预计在未来的 5 年内，透水混凝土路面砖、具有缝隙透水功能的路面砖，在混凝土路面砖总量比例中，将会呈现快速增长趋势。因此，透水混凝土砖的生产具有广阔的前景。

1. 材料及配合比设计原则

（1）透水砖的原材料　生产混凝土透水砖，一般可选用硅酸盐水泥或普通硅酸盐水泥，也可选用矿渣硅酸直水泥或第三系列水泥（硫铝酸盐水泥和铁铝酸盐水泥）。透水性混凝土的骨料间为点接触，颗粒间黏结强度对透水砖整体力学性能的影响至关重要，因此一般应选用强度等级较高和耐久性较好的水泥。骨料级配是决定透水砖质量的另一个重要因素。如果骨料级配不良，混凝土结构中将含有大量孔隙，透水砖的透水系数就大，而其强度就会偏低；反之，如果粗细骨料达到最佳配合，其孔隙较水，混凝土的强度必然高，但渗透性会变差。此外，对于骨料自身强度（包括抗压强度、抗折强度、抗拉强度）、颗粒形状、含泥率均有一系列的要求。外加剂和增强材料，两者的作用是在保持一定稠度或干湿度的前提下，提高颗粒间的黏结强度，进而提高制品的整体力学性能和耐磨性能。在生产彩色透水砖时，颜料的质量和耐久性应严格控制，否则会影响混凝土的性能和色彩。

（2）透水砖的配合比　普通混凝土的强度主要由水灰比控制，而透水性混凝土的强度则主要取决于水灰比和密度。骨料级配确定后，混凝土的整个骨架也基本搭好，透水性混凝土的密度则取决于水泥用量和水灰比。

水泥用量和强度等级是混凝土强度的另外重要影响因素。混凝土强度和透水系数是一组对立的性能，为保持一定的透水系数，水泥用量不宜太多，为达到一定的强度而不能用量太少，一般应控制在 $300\sim400\mathrm{kg/m^3}$。为提高透水性混凝土的强度，必须提高骨料间的点接触强度。因此应选择强度等级较高的水泥，并可适当掺加一定比例的增强材料或高活性混合材。

2. 透水砖的生产过程

混凝土透水砖的生产过程直接决定和影响透水砖的物理力学性能，因此在生产中应严格按照有关规定进行施工，确定透水砖的质量符合设计要求。

（1）原材料质量控制　该阶段应严格控制骨料的颗粒级配、颗粒形状、含泥量等。原则上要求骨料级配应在规定范围内，此时材料的自身强度比较高。胶结料直接决定骨料间的点接触强度，即影响透水砖的抗压强度、抗折强度。因此应从优选择，同时保证经济合理。

（2）混合料制备与透水砖生产　混合料制备宜采用强制式搅拌机。混合料质量应从混合料配合比、搅拌顺序、搅拌时间上加以控制。生产透水混凝土砖可以采用加压振动工艺（如砌块成型机）和加压工艺，但要严格控制成型工艺条件。

（3）透水混凝土砖的养护　脱模后的透水砖坯体应保持一定的湿度，一般应使用塑料布覆盖或存放于恒湿的养护室内一定周期。透水砖中含有 20％左右的孔隙，如果与普通混凝土路面砖一样露天放置，空气和水分必然在孔隙中任意迁移，从而造成大量失水，严重影响透水砖的力学性能和耐磨性能。

（六）透水混凝土砖的应用

1. 路基结构

为保证透水砖能达到相应的透水效果，必须有相配套的透水性路基。这种路基的特点之一是保证雨水能暂时储存，然后再进一步排放；其次是保证基础具有稳固性。因此，路基结构的厚度和构成应随路床的软硬及铺设使用的场所进行相应调整。

2. 使用效果

工程实践证明，透水混凝土砖的使用具有良好的节能生态环境效益，具体表现在以下 5 个方面。

（1）由于雨水能通过透水混凝土砖渗入到地下，不仅可以增加地下水资源，而且使地基中含有一定的水分，从而可以改善地面植物的生长条件，调整植物生态平衡。

（2）这种混凝土砖有 20% 左右的孔隙，降雨通过这些孔隙下渗，可减轻城市排水系统负担，不但可以节省大量的排水能源，还可以防止城市河流河水泛滥，减轻公共水域产生污染。

（3）城市雨水通过透水混凝土砖渗入到地下，不但可以增加地下水水资源的数量，还可以净化下渗的雨水，起到保护和利用雨水资源的作用。

（4）透水混凝土砖的表面相对比较粗糙，对于消除城市噪声和光污染具有良好的效果，同时提高雨天或雪天行人的安全度，减轻路面的滑动力并提高能见度。

（5）彩色透水路面砖。彩色透水路面砖运用透水性的混凝土制作而成，以其风姿多彩的魅力而越来越受到人们的青睐。彩色透水路面砖既能满足现代人对保持生态和环保的愿望，也满足现代都市对色彩和文化气息的追求。彩色透水路面砖既具有内在的韵致又具有漂亮的外表，做到了实用性与美的完美结合。

彩色透水路面砖必将引领新一代新型路面材料的潮流。彩色透水路面砖不仅可用于人行道、广场、园林、厂区和住宅小区的环境美化，还可用于停车场、车行道。它可以通过其多变的板块形状和不同色彩的组合设计出独特的彩色路面；同时具有抗压强度高、耐磨性、耐冲击性、抗冻融性好及经久耐用的特点。彩色透水路面砖的水泥用量较少，掺用粉煤灰和水渣等工业废渣，节约资源、能源；不破坏环境，更有利于环境；符合绿色混凝土的要求，因此具有很广阔的发展前景。

3. 可拓展的其他应用领域

通过调整混凝土的配合比、改进生产工艺，透水性混凝土路面砖也可以用于河道护坡护岸工程、高速公路、山体护坡、草坪底板、无土绿色植被种植（如屋顶绿化）、农田水利等领域。

四、透水混凝土的施工方法

透水混凝土是由骨料、高强度等级水泥、掺合料，水性树脂、彩色强化剂、稳定剂及水等拌制而成的一种多孔轻质混凝土，由粗骨料表面包覆一薄层浆料相互黏结而成孔穴均匀分部的蜂窝状结构，故具有透气、透水和质量轻的特点，可作为环境负荷减少型混凝土。

透水混凝土的施工可按照以下步骤进行。

（1）搅拌　透水混凝土拌和物中水泥浆的稠度较大，且数量也比较少，为了方便水泥浆能保证均匀地包裹在骨料上，宜采用强制式搅拌机，搅拌时间为 5min 以上。

（2）浇筑　在浇筑之前，路基必须先用水进行湿润，否则透水混凝土快速失水分会减弱骨料间的黏结强度。由于透水混凝土拌合物比较干硬，将拌和好的透水混凝土和好的透水混凝土材料铺在路基上铺平即可。

（3）振捣　在浇注过程中不宜强烈振捣或夯实。一般用平板振动器轻振铺平后的透水性混凝土混合料，但必须注意不能使用高频振捣器，否则将会使混凝土过于密实而减少孔隙率，严重影响混凝土的透水效果。同时高频振捣器也会使水泥浆体从粗骨料表面离析出来，流入底部形成一个不透水层，使材料失去透水性。

（4）辊压　振捣以后，应进一步采用实心钢管或轻型压路机压实、压平透水混凝土拌合料，考虑到拌合料的稠度和周围温度等条件，可能需要多次辊压，但应注意，在辊压前必须清理辊子，以防黏结骨料。

(5) 养护 透水混凝土由于存在大量的孔洞，容易失水，干燥很快，所以养护是非常重要的，尤其是早期养护，期间要注意避免混凝土中水分的大量蒸发。通常透水混凝土拆模时间比普通混凝土短，因此其侧面和边缘就会暴露于空气中，应当用塑料薄膜或彩条布及时覆盖路面和侧面，以保证湿度和水泥的充分水化。透水混凝土应在浇注后1d开始洒水养护，淋水时不宜用压力水柱直冲混凝土表面，这样会带走一些水泥浆，造成一些较薄弱的部位，但可在常态的情况下直接从上往下浇水。透水混凝土的浇水养护时间应不少于7d。

五、透水混凝土配合比设计

无砂透水混凝土的配合比设计到目前为止仍无非常成熟的计算方法，根据无砂透水混凝土所要求的孔隙率和结构特征，可以认为1m³混凝土的外观体积由骨料堆积而成。因此，透水混凝土配合比设计的原则是将骨料颗粒表面用一层薄水泥浆包裹（约1.0mm），并将骨料颗粒互相黏结起来，不仅形成一个整体，而且具有一定的强度，而不需要将骨料之间的孔隙填充密实。1m³透水混凝土的质量应为骨料的紧密堆积密度和单方水泥用量及水用量之和，大约在1600～2100kg/m³范围内。根据这个原则，可以初步确定透水混凝土的配合比。

(一) 原材料的选择及用量

透水混凝土原材料的选择主要是水泥强度等级、粗骨料类型、粒径及级配。材料试验证明，在粗骨料相互接触而形成的双凹黏结面上，水泥浆厚度越大，其黏结点越多，黏结就越牢固。对强度而言，人工碎石和单一粒径的骨料皆不利于相互黏结。因此，透水混凝土应采用高强度等级的水泥和较大幅度级配的卵石骨料配制。1m³混凝土所用的骨料总量取骨料的紧密堆积密度的数值，一般在1200～1400kg范围内。

水泥用量可在保证最佳用水量的前提下，适当增加其用量，这样能够增加骨料周围水泥浆膜层的稠度和厚度，可有效地提高无砂混凝土的强度。但水泥用量过大会使浆体增多，混凝土中的孔隙率减少，大大降低透水性。同时水泥用量也受骨料粒径的影响，如果骨料的粒径较小，骨料的比表面积较大，应当适当增加水泥用量。通常透水性混凝土的水泥用量在250～350kg/m³范围内。

(二) 水灰比的选择

水灰比是透水混凝土设计中的重要指标，既影响无砂透水混凝土的强度，又影响混凝土的透水性。无砂透水混凝土的水灰比一般是随着水泥用量的增加而减少，但只是在一个较小的范围内波动。对确定的某一级配骨料的水泥用量，均有一个最佳水灰比，此时无砂透水混凝土才会具有最大的抗压强度。当水灰比小于这一最佳值时，水泥浆难以均匀地包裹所有的骨料颗粒，混凝土的工作度变差，不能达到设计要求的密实度，不利于强度的提高。反之，如果水灰比过大，混凝土易出现离析，水泥浆与骨料分离，形成不均匀的混凝土组织，这样既不利于透水也不利于强度地提高。

根据工程实践经验，在一般情况下，透水混凝土的水灰比介于0.25～0.40之间，在实际工作中常常根据经验来判定混凝土的水灰比是否合适。取一些拌和好的混凝土进行观察，如果水泥浆在骨料颗粒的表面包裹均匀，没有水泥浆下滴现象，而且颗粒有类似金属的光泽，说明水灰比较为合适。

透水混凝土砖作为一种缓解城市环境恶化压力的新型节能生态环保型产品，其特有的具有较大连通孔隙率和良好的透水性能的功能，保证了城市的雨水以及路面其他原因造成的积水顺利下行，直接渗透到地表下，从而减少了路面径流的影响。透水混凝土砖较大的孔隙率，也能在城市降噪中发挥作用，对于储蓄在其中的水分，在干燥的气候环境下也可以通过蒸发的形态散失在空气中，从而改善了城市的温度气候环境。作为一种新型的节能生态环境改善产品，随着应用范围的不断扩大，其特有的性能将得到不断认同，透水砖的应用前景将受到人们越来越多的关注。

第三节　光催化混凝土

如今随着社会的快速发展，产生了各种各样的社会问题，环境问题就是其中的主要问题之一。环境问题是指全球环境或区域环境中出现的不利于人类生存和发展的各种现象。工业革命之后，由于工业的密集，燃煤量和燃油量剧增，世界各个国家的城市饱受空气污染之苦。随着社会发展的需求人口的增加，全世界使用矿物燃料的量有增无减，使得全球氮氧化物和二氧化硫排放量逐年剧增，导致全球大气污染变得越发严重，影响人类正常生活。现代化城市中汽车尾气排放造成的环境污染问题日益加剧，如何更有效地净化汽车排放污染物（主要为 NO_x）已成为国内外研究热点。这些大气污染物还是酸雨的主要形成原因，酸雨的产生在土壤、湖泊、植被和建筑等方面都存在巨大的危害。

据有关部门统计，2014 年年底我国机动车保有量为 1.54 亿辆，到 2016 年年底为 1.94 亿辆，平均每年增长近 25%，中国机动车多数是在大、中城市行驶，大城市每年汽车实际保有量的增长率会超过 25%。根据预测中国汽车保有量到 2020 年会超过美国，达到 3.0 亿辆以上，所造成的环境污染情况也日趋严重，汽车排放已成为造成城市大气质量恶化的主要污染源之一。据统计测算，一辆载满货物的卡车，每分钟最大排气量可达 7m³ 以上，平均每 1000 辆汽车每天排出的 NO_x 为 50~150kg。由此可见，汽车尾气排放对大气的污染已相当严重。

据有关资料表明，2000 年和 2016 年，我国的 NO_x 排放量分别达到 1.561×10^7 t 和 2.39×10^7 t，预计 2020 年 NO_x 的排放量将达到 2.9×10^7 t。由此可见，今后 NO_x 排放量将继续增大。如果不加强控制，NO_x 将对我国大气环境造成严重的污染。因此，如何有效脱除排放的 NO_x，使空气的质量得到有效的控制和治理，已成为环境保护工作中令人关注的重要课题。

光催化混凝土是绿色建筑材料中的一种，它含有二氧化钛（TiO_2）催化剂，因而具有催化作用，能有效氧化环境中的有机和无机的污染物，尤其是工业燃烧和汽车尾气排放的 NO_x 气体，使其降解为 CO_2 和 H_2O 等无害物质，起着净化空气、美化环境的作用。近年来，许多研究结果表明，光催化技术在环境污染物治理方面有着良好的应用前景，光催化剂能在紫外光照射下，将有机或无机污染物氧化还原为 CO_2、H_2SO_4 和 HNO_3 等无害物质，并随着降水被排走，从而大大改善空气的质量。而水泥混凝土材料是一种应用最为广泛的人造材料，将光催化技术应用于水泥混凝土材料，制备光催化混凝土，利用太阳光、空气和降水净化大气，具有广阔的应用前景。

一、光催化 NO_x 的原理

氮氧化物（NO_x）是严重危害人类健康的大气污染物，也是导致酸雨和诱发光化学烟雾的主要原因之一。随着工业生产的发展和机动车数量的增加，人类向大气中排放的 NO_x 越来越多。而且还在持续增长，造成了生态和生活环境的严重恶化，采取有效的脱硝措施，消除 NO_x 的污染已成为当前大气污染治理中最重要的课题之一。

迄今人们开发的脱硝方法可分为湿法和干法两种，前者由于运行费用高、设备庞大、有二次污染等问题而没有得到广泛应用。干法中的催化转化法一直受到人们的重视，催化转化法主要包括催化还原法和催化分解法，其中氨选择性催化还原法已在固定污染源 NO_x，污染治理中得到了成功的应用，这一方法可在含氧较高的气氛中工作，将 NO_x 转化为 N_2，但是该法投资和运行费用较高、耗氨量大、存在氨泄漏造成二次污染的隐患；此外，该法工艺过程中把有用的 NH_3，变成无用的 N_2，本身也是不经济的。研究开发一种经济实用的、与环境友好的 NO_x 治理方法尤为必要。

近年来，半导体光催化剂在环境污染物降解中的研究，已受到世界各国人们的广泛关注。特别是二氧化钛（TiO_2）催化剂在环境污染物治理方面显示出良好的应用前景，并将逐渐成为实用的工业化技术。

（一）TiO_2 半导体及其光催化原理

半导体材料在紫外及可见光照射下，将光能转化为化学能，并促进有机物的合成与分解，这一过程称为光催化。当光能等于或超过半导体材料的带隙能量时，电子从价带（VB）激发到导带（CB）形成光生载流子（电子-空穴对）。在缺乏合适的电子或空穴捕获剂时，吸收的光能因为载流子复合而以热的形式耗散。价带空穴是强氧化剂，而导带电子是强还原剂。大多数有机光降解是直接或间接利用了空穴的强氧化能力。

目前研究较多的光催化材料有 TiO_2、ZnO、WO_3、Fe_2O_3 等。与其他 n 型半导体相比，TiO_2 具有化学稳定性好、反应活性大、无毒、廉价、原料来源丰富等特点。在 pH＝1 时，其其中隙为 $3.2eV$，相当于 $400nm$ 左右的光能量。在波长小于 $400nm$ 的光照射下，能吸收能量高于其禁带宽度的波长光的辐射，产生电子跃迁，价带电子被激发到导带，形成空穴-电子对，并吸附在其表面的 H_2O 和 O_2，由于能量传递，形成活性很强的自由基和超氧离子等活性氧，诱发光化学反应，产生光催化作用。

TiO_2 具有三种不同的晶相结构，即锐钛矿型、板钛矿型和金红石型。其中锐钛矿型 TiO_2 的光催化活性最好，具有较强的催化氧化能力，其禁带宽度为 $3.2eV$，波长为 $387nm$，正好处于紫外区。所有 TiO_2 用于光催化氧化反应均需要紫外光源，如汞灯、灭菌灯或太阳光等均可产生紫外线。

晶型、尺寸和存在形态是影响 TiO_2 光催化效率的三大因素。研究结果表明由锐钛矿型和金红石型 TiO_2 组成的混合晶型体系，光催化效可得到显著提高。混合晶型体系中，TiO_2 晶格内缺陷浓度增加，捕获电子和空穴的陷阱增多，从而提高了光催化效率。利用混合晶型体系效应的原理，可用来制造高光催化性能的粉体材料，如商用 P25 TiO_2 就是由 80％锐钛矿型、20％金红石型 TiO_2 组成。

颗粒和薄膜是 TiO_2 应用的两种常用形态。颗粒状 TiO_2 要求细小（纳米尺度）、均匀和高分散性。这是因为，减小晶粒尺寸可以获得较大的比表面积，一方面增大吸光率和有效反应接触面积，另一方面表面缺陷形态性质也在改变。尤其是当尺寸减少到纳米范围，量子尺寸效应导致 TiO_2 带隙改变，引起光响应等特性的变化。另外，颗粒细小也可以有效防止自沉降，避免光催化活性大幅度降低。但颗粒细化也导致了回收困难等问题。薄膜形式是另一种较为有效的担载方式，其中薄膜厚度和膜内孔径大小两个参数较为重要：厚度变化影响透光率，而孔径变化则对光散射能力有较大影响。

光催化活性与 TiO_2 的比表面积、粒径、合成工艺及表面形态等特性有关。通过对以上所述参数的调节，虽然可以制备具有良好特性的 TiO_2 光催化剂，但本征 TiO_2 仍存在可见光波段基本无响应、光催化效率较低等本质缺陷。因此，通过各种途径的材料改性手段制备非本征 TiO_2 材料，以及其光催化机理与应用等研究已经成为这一领域的研究重点和热点。目前，按改性 TiO_2 光催化剂材料体系的物相组元数目，可以分成掺杂单元 TiO_2、TiO_2 基二元复合和 TiO_2 基多元复合三大类。

TiO_2 的氧化作用既可以通过表面键合羟基的间接氧化，即粒子表面捕获的空穴氧化，又可以在粒子内部或颗粒表面经价带空穴直接氧化或同时起作用，因而其具有高效分解有机物的能力和降解有机污染物的功能，最终使有机污染物被降解成环境友好的二氧化碳、水和无机酸等产物，因此 TiO_2 可以广泛应用于水纯化、废水处理、有毒污水控制、空气净化、杀菌消毒等领域。

（二）TiO_2 光催化脱除 NO_x 的原理

Ibusuki 等首先报道了 TiO_2 对大气污染物特别是 NO_x 光催化脱除方面的研究；Takami 等将 TiO_x 制成光催化涂料用于城市大气中 NO_x 净化，徐安武等人通过研究 TiO_2 光催化氧化脱除 NO_x，考察了 NO_x 对光催化净化效率的影响因素，并对 NO_x 吸附、反应动力学及机理进行了研究。

关于 TiO_2 光催化剂对汽车尾气排放的 NO_x 污染物的净化能力，研究人员曾设计一个模拟实验。将含有 NO_x 的大气以 $0.5L/min$ 的流量通过混合 TiO_2 光催化剂处理近 $5h$，其去除 NO_x 的能力如表 7-1 所列。表 7-1 中的数据显示，TiO_2 具有较强的净化能力。

表 7-1　混合光催化剂去除 NO_x 效果比较

光催化剂	NO 去除量	NO_2 去除量	HNO_3 回收量	pH 值	备注
TiO_2-1	12.8	5.3	7.7	4.5	去除量单位：$10^{-6}mol/(g \cdot h)$；AC：活性炭；NO 含量：3.8mg/L 相对湿度：50%
TiO_2-1-AC	8.7	2.9	6.4	4.7	
TiO_2-1-Fe-AC	11.0	2.0	7.5	4.7	
TiO_2-1-Fe-MgO-AC	12.5	2.8	13.3	6.9	
TiO_2-1-Fe-CaO-AC	13.0	3.2	13.6	5.8	
TiO_2-2	13.4	0.8	14.2	4.3	

注：TiO_2-1 比表面积为 $46m^2/g$；TiO_2-2 比表面积为 $290m^2/g$。

实验结果证实，氧气在 NO_x 光催化降解中发挥重要作用。研究结果发现，在有氧的情况下，NO_x 的光催化降解率可达到 97%，而在无氧的情况下（氮气作载气），NO_x 的光催化降解率很低。

一般认为，氧气是半导体带光致电子的俘获剂，可有效地阻止电子与空穴的复合，同时氧气通过俘获电子产生的各种活性自由基，也在光催化过程中起着一定的作用。在光催化反应过程中，水分子提供可俘获光生空穴的羟基，进而产生氧化性非常高的羟基自由基（·OH）。但如果水的含量超过某一界限，则有可能影响光催化剂的活性。实验表明，当相对湿度小于 80% 时，NO_x 光催化降解率几乎保持不变；当相对湿度大于 80% 时，则随着水蒸气含量的增加，光催化活性逐渐降低。

利用傅氏转换红外线光谱分析仪（FTIR）探测 NO_x 在 TiO_2 光催化剂表面形成的产物。图 7-4 为反应前后的透射红外光谱，从图 7-4 中可见，$3402cm^{-1}$ 附近的宽峰为表面吸附水分子或表面羟基 O—H 键的伸缩振动峰；$1630cm^{-1}$ 峰为纳米粒子表面吸附水分子 H—O—H

键之间的弯曲振动；$500\sim1000\ cm^{-1}$ 宽带为 TiO_2 晶体和表面的 Ti—O 键伸缩振动和变角振动。图 7-4 中谱线 b 在 1384 处出现了 NO_3^- 的特征峰，表明 NO_x 经光催化氧化反应后生成的产物是 HNO_3，并吸附在催化剂的表面。

根据以上所述，NO_x 光催化氧化产物为硝酸，经检测环境中只有不到 1% 的硝酸随气流放出。因此随着反应时间的延长，催化剂表面的活性位逐渐被硝酸占据，使光催化剂失去活性。用水冲洗催化剂表面可以使催化剂活性得以恢复。催化剂经连续使用 30h 后，其光催化活性大约降至 29%，水冲洗再生后光催化活性可立即得以恢复，光催化剂的失活与再生如图 7-5 所示。

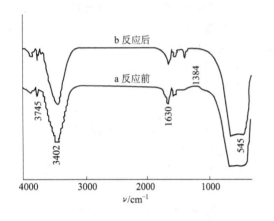 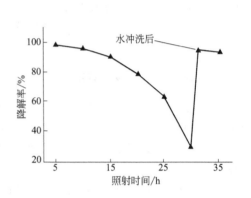

图 7-4 反应前后的透射红外光谱　　　　　　图 7-5 光催化剂的失活与再生

（三）影响 TiO_2 光催化氧化 NO_x 效率的因素

1. 初始浓度的影响

TiO_2 可以有效氧化脱除低浓度的 NO_x，如对浓度为 $10mg/m^3$（20℃，换算成 NO）的 NO_x 脱除效率可以高达 90%，但对高浓度 NO_x 的脱除效率则不高。然后，通过研究发现当 NO_x 气体与 TiO_2 接触的时间延长后，可有效提高其对高浓度 NO_x 的脱除效率。实验也证实，对于浓度为 $125mg/m^3$（20℃）的 NO，当其停留时间为 55s 时，转化率为 30%；而停留时间延长至 110s 时，转化率可以提高至 40%。

2. 反应温度的影响

实验结果表明，TiO_2 对 NO 的脱除效率是随着反应温度的升高而上升的，由于 TiO_2 半导体的带隙能力为 $300\sim350kJ/mol$，光靠热激发所提供的能量，并不足以使电子克服这一带隙能从价带跃迁到导带，所以 NO 转化效率的提高有可能是因为温度升高，导致各反应物粒子扩散速率及碰撞频率提高，也就是反应场增多所致。

3. 活性炭与 TiO_2 的复合

由于光催化将 NO_x 氧化为硝酸根离子要经过许多中间步骤，会有一些有害的中间产物生成，如约有 20% 的 NO 被氧化为 NO_2，并被释放出来，仍会对环境造成污染。为了克服这一不足，科技工作者们近年来将光催化技术和吸附技术结合在一起，将活性炭（AC）与 TiO_2 复合便是通常采用的方式。

活性炭（Activated Carbon）是由含碳材料制成的外观呈黑色，内部孔隙结构发达、表面积大、吸附能力强的一类微晶质碳素材料，它对 NO 及 NO_2 均有良好的吸附能力，这样经 TiO_2 光催化氧化 NO 而生成的 NO_2，在产生的瞬间即被吸附并进一步被氧化为硝酸根离子，从而避免了中间产物 NO_2 的释放。

二、净化性能计算及试验装置

（一）光催化混凝土净化性能计算

光催化混凝土净化性能计算主要包括 NO 去除率计算、NO_2 生成率计算和 NO_x 去除率计算 3 项。

$$NO 去除率(\%) = NO 去除量/NO 供给量 \times 100\% \tag{7-1}$$
$$NO_2 生成率(\%) = NO_2 生成量/NO 供给量 \times 100\% \tag{7-2}$$
$$NO_x 去除率(\%) = NO 去除率 NO_2 - 生成率 \tag{7-3}$$

（二）光催化混凝土的试验装置

光催化混凝土净化性能的试验装置如图 7-6 所示，图 7-6 中光化学用荧光灯可产生 300～400nm 紫外线的照射，模拟污染空气 NO 为 1mg/L，流量为 1.5L/min，湿度为 80%。

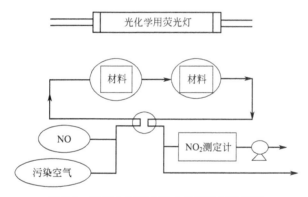

图 7-6　光催化混凝土净化性能的试验装置

三、光催化混凝土的制备

光催化混凝土采用 TiO_2 为光催化剂，光催化混凝土的制备主要有以下 2 种方法。

1. 二氧化钛微粉掺入法

在透水性多孔混凝土制作过程中，通过距离砌块表面 7～8mm 深度范围内掺加二氧化钛微粉，使其掺入量控制 50% 以下，可制作成具有很好除氮氧化物功能的光催化混凝土。二氧化钛微粉选用锐钛矿型结构的微粉，二氧化钛微粉的制备方法有以下 3 种。

（1）硫酸法　将钛铁矿干燥、破碎、除铁，然后加入浓硫酸，化学反应后生成硫酸氧钛溶液，然后经水解、加热、分解可制得二氧化钛微粉。

（2）四氯化钛草酸或氨沉淀热分解法　在四氯化钛稀盐酸溶液中加入草酸或氨水，经沉淀、分离、洗涤、加热、分解可制得二氧化钛微粉。

（3）钛醇盐水解法　将钛醇盐水解、沉淀、干燥、焙烧可以制得二氧化钛微粉。

对于用二氧化钛微粉掺入法制备的光催化混凝土，测试其去除氮氧化物的功能，试验结果表明，在以 1.5L/min 的速率将 NO_x 含量为 $1×10^{-6}$ 的空气注入密闭容器中，以紫外线强度 $0.6mW/cm^2$ 进行照射，NO_x 的去除率可以达到 80%。这种混凝土砌块如果运用于公路的铺设，用以除去汽车排出尾气中所含的 NO_x，可以使空气的质量得到改善。

2. 光催化载体法

光催化载体法是对混凝土中的部分骨料被覆一层二氧化钛薄膜，这些骨料相当于光催化剂的载体，然后把这部分骨料放置于混凝土砌块的表面，使被覆二氧化钛薄膜的骨料部分显露出来，从而制得具有光催化功能的混凝土。这种光催化混凝土也能够有效地去除 NO_x 和其他有害气体，从而达到改善空气质量的目的。

二氧化钛薄膜被覆方法主要有溶胶凝胶法和螯合钛热喷法。

（1）溶胶凝胶法　溶胶凝胶法是以钛酸丁酯为前驱体，乙醇为溶剂，盐酸或乙酰丙酮为催化剂，按照适当比例分批次进行混合，边搅拌边加热制得溶胶，将此溶胶涂覆于骨料的表面上，经过热处理可得到二氧化钛薄膜涂层。

（2）螯合钛热喷法　螯合钛热喷法是首先将涂覆的材料加热到 500～600℃，然后将双异丙氧基双辛烯乙醛酰钛溶解在适当的有机溶剂中，再经喷枪喷涂在材料表面上，从而可得到二氧化钛薄膜涂层。

四、光催化混凝土的工程应用

国内外工程实践证明，将光催化技术应用于水泥混凝土材料中，开发出环境友好的、能广泛应用的建筑环保材料，通过自然条件（如太阳光、空气等）的作用净化环境，已经成为绿色混凝土领域中的研究热点。通过在建筑物表面直接喷涂氧化钛材料（TiO_2）或掺有 TiO_2 的水泥，可以使 TiO_2 牢固地黏结在建筑物的表面；或者制作成混凝土砌块，使 TiO_2 附着在其表面，就制成光催化混凝土材料。通过光催化混凝土的光催化作用，可以使污染物氧化成碳酸、硝酸和硫酸等，并随着雨水排掉，从而达到净化空气的目的。

归纳起来，光催化混凝土在建筑工程中的应用主要有建筑外墙材料、路面材料、屋顶材料和混凝土砌块等。

1. 建筑外墙材料

将 TiO_2 微粉加入水泥中，拌和制成混凝土或砂浆材料，或者将含有 TiO_2 微粉的浆体喷射到混凝土外墙的表面，空气中的有害气体吸附在外墙表面后，通过太阳光的紫外线光催化作用使之去除，从而达到净化空气的功能。近年来，日本研制出一种新型的光催化涂料，只要将它涂在道路的隔音墙和建筑物的外墙上，就能有效地吸收汽车等所排放出的氮氧化物。该种新型的涂料是由光催化物质氧化钛、活性炭和硅胶搅拌加工而制成的二氧化钛混合物。这种混合物与紫外线相遇，就会产生易引起化学反应的活性氧，使空气中的 NO_x 氧化，生成无机酸。当加入适量的硅胶后，可延长 TiO_2 的光催化功效。

2. 作为路面材料

将 TiO_2 微粉掺入配制道路混凝土的水泥中，可以制作环保型路面的面层材料。汽车排放含有害气体的尾气最先与路面材料接触，通过太阳光的照射，潮湿的水泥混凝土路面将吸附的有害气体氧化，从而达到净化空气的目的。

3. 作为屋顶材料

由于存在温室效应，城市的气温比郊区和农村高 $2\sim3℃$，被称为"热岛现象"。有的国家提出有关消除"热岛现象"的措施，就是在市中心的建筑物的顶部储存雨水，而其表面覆盖有 TiO_2 涂层的屋顶材料，由于 TiO_2 具有超亲水性，墙壁面的雨水流下后再蒸发，如此循环作用，不但具有净化空气的功能，而且还可以降低建筑物的温度，因此可以减少夏天高温时为降温所用电力的消耗。

4. 制作混凝土砌块

在透水的多孔混凝土砌块表面 $7\sim8mm$ 深度掺入 50% 以下的 TiO_2 微粉，这种混凝土砌块具有较好去除氮氧化物等有害气体的功能，可用于市政道路的路边材料或建筑物的墙体材料，去除汽车尾气排出的 NO_x，使空气质量得到改善。用粉煤灰合成的粒状人工沸石骨料制作的多孔质吸声混凝土，用水泥与沸石混合加入 TiO_2 粉末制作的面层材料，均取得了良好的净化空气效果。多孔质吸声混凝土可以吸声，其范围在 $400\sim2000Hz$，用残音室法测试吸声率在 80% 以上，同时还可以吸收有害气体。在阳光的照射下，通过的光催化作用，可把 NO 氧化成 NO_2，在水泥-沸石面层具有优异的吸附作用，其 NO 可除去 70%。

五、光催化混凝土应用中存在问题

光催化混凝土技术是一种节能、高效的绿色环保技术。近年来已成为光化学领域和环保领域中的研究热点之一。但是，在光催化混凝土应用中仍然存在许多尚未解决的技术问题。

（1）由于光催化反应中 NO_x 氧化后生成的 HNO_3 吸附于混凝土材料的表面，所以需要经常将混凝土表面的积存物加以清除，才能保证 TiO_2 的光催化效应，因此光催化混凝土一般只适宜于多雨地区使用。

（2）TiO_2 的光催化对紫外线的依赖性很强。由于光催化混凝土所采用的光催化剂为 TiO_2，它的禁带宽较大，只能被 $400nm$ 以下的紫外线激发，太阳光中紫外线只占 $3\%\sim4\%$，光催化剂的利用效率较低。如何提高光催化效率，开发能被可见光激发的光催化剂，这是目前此领域研究的重点。

（3）TiO_2 光催化剂的载体形式有悬浮相和固定相两种。悬浮相接触面积大、效率高；固定相较好解决了催化剂与介质分离的问题。在水泥混凝土等基体上，如何使 TiO_2 光催化剂长期稳定地附着，并能有效地发挥作用，是技术开发中亟待解决的问题。

（4）光催化混凝土中 TiO_2 微粉的长久作用效果如何，特别是 TiO_2 微粉催化失去活性后如何活化的问题尚未得到很好的解决，有待于深入研究和探讨。

（5）尽管近年来光催化技术发展很快，各国相继开发了一些光催化产品，但是光催化混凝土及其制品的标准化研究滞后，尤其是我国在这方面远落后于发达国家。

（6）光催化混凝土及其制品的生产，主要采用 TiO_2 及其复合材料，由于资源和价格的原因，也限制了光催化混凝土的推广应用。

第四节　生态净水混凝土

进入 21 世纪后，人类面临着"人口膨胀、资源和能源短缺与环境恶化"三大问题，水体污染则是环境恶化的主要表现之一。随着全球工业化进程的不断加快，大量未经处理的污染物质被直接排放，引起水体的富营养化、持久性有机污染物污染和重金属污染等，世界上约有 1/5 的人口因此得不到安全的水。

2010 年我国环境状况公报显示，全国地表水污染依然较重，26 个国控重点湖泊（水库）中，处于富营养化状态的达到了 42.3%；203 条河流 408 个地表水国控监测断面中，Ⅰ～Ⅲ类、Ⅳ～Ⅴ类和劣Ⅴ类水质的断面比例分别为 57.3%、24.3% 和 18.4%。

2013 年，全国地表水总体为轻度污染。监测的 962 个国控断面中，Ⅰ～Ⅲ类水质断面占 63.7%，同比提高 3.4 个百分点；劣Ⅴ类占 11.5%，同比下降 1.9 个百分点。主要污染指标为化学需氧量、总磷和氨氮，超标断面比例分别为 24.4%、20.9% 和 16.8%。2013 年上半年，十大流域Ⅰ～Ⅲ类水质断面占 69.3%，劣Ⅴ类占 10.8%。十大流域中，珠江流域、西南诸河、西北诸河水质为优，长江流域、浙闽片河流水质良好，松花江流域、淮河流域、辽河流域为轻度污染，黄河流域为中度污染，海河流域为重度污染。

2014 年，全国 423 条主要河流、62 座重点湖泊（水库）的 968 个国控地表水监测断面的监测数据显示，Ⅰ类水体占 3.4%，Ⅱ类占 30.4%，Ⅲ类占 29.3%，Ⅳ类占 20.9%，Ⅴ类及劣Ⅴ类为 16%，主要污染指标为化学需氧量、总磷和 5 日生化需氧量。329 个城市集中饮用水水源地的水质优良，达标率为占 96.2%。但地下水水质不容乐观，在 4896 个地下水监测点位中，较差级的监测点比例为 45.4%，极差级的监测点比例为 16.1%。

2016 年，全国 423 条主要河流、62 座重点湖泊（水库）的 967 个国控地表水监测断面（点位）开展了水质监测，Ⅰ～Ⅲ类、Ⅳ～Ⅴ类、劣Ⅴ类水质断面分别占 64.5%、26.7%、8.8%。以地下水含水系统为单元，潜水为主的浅层地下水和以承压水为主的中深层地下水为监测对象的 5118 个地下水水质监测点中，水质为优良级的监测点比例为 9.1%，良好级的监测点比例为 25.0%，较好级的监测点比例为 4.6%，较差级的监测点比例为 42.5%，极差级的监测点比例为 18.8%。

根据以上监测的数据表明，我国的水资源的水质情况不容乐观，污水处理任务非常艰巨。

为了有效地解决水质富营养化问题，国外从 20 世纪 90 年代开始研究能改善水质富营养化的混凝土材料。日本大成建设（株式）技术研究所进行了连续 4 年的探索性研究。经过多年的实践证明，除了生物好氧、厌氧等传统的污水处理技术外，生态混凝土污水处理技术则是由国外 20 世纪 90 年代开始研究的由材料学和环境科学结合起来的一项新技术。生态混凝土是 1995 年由日本混凝土协会在生态材料的基础上提出来的。

所谓生态混凝土，它是一类特种性能混凝土，具有特殊的结构与表面特性，能减少环境负荷，与生态环境相协调并能为环保做出贡献。目前开发出生态混凝土功能主要有透水排水、绿化景观、植草固沙、吸声降噪、绿色再生和水质质化等。受国外科技成果启发，我国自 1997 年起开始研究生态混凝土材料，自主开发了一套生态混凝土污水处理技术，用材料科学的方法来解决水污染问题。经过多年的探索和试点应用，证实生态混凝土是解决水污染问题的一个有效而经济的途径。

一、生态混凝土的净水机理

生态混凝土一般只用粗骨料，不用细骨料，所以制成的混凝土内具有大量的连通孔，因此有良好的透水性。依靠多孔混凝土的物理、化学以及生物化学作用，达到净水的目的。目前关于生态混凝土净水机理可归纳为以下 3 个方面。

（1）物理与物理化学净化　净水生态混凝土的孔隙率一般为 15%～35%，其连通孔占

15%～30%。生态混凝土在制备过程中加入的缓释材料，也增加了内部的微孔结构，成为很好的过滤材料。日本学者玉井元治研究发现，使用5～13mm的碎石为粗骨料制造的多孔混凝土，其厚度为30cm时，与水接触的表面积是普通混凝土的100倍以上，因此有很好的吸附能力。同时生态混凝土的孔隙率和平均孔隙直径，还可以根据不同情况进行设计和调节。

（2）化学净化 众所周知，石灰是常用的化学净水材料。不但可以调节pH值，而且作为无机混凝剂可使污水中的悬浮物质絮凝沉淀，在澄清的同时也降低了水中污染物质的含量。混凝土组成材料中的水泥在水化过程中，以及混凝土浸泡在水中都会不断地溶释出$Ca(OH)_2$，从而可起到净化作用。混凝土中的层状矿物，层状水泥石矿物中的一些离子能对污水中的阴、阳离子产生离子交换。如生态混凝土中缓慢释放出的镁离子能与污水中铵离子发生离子交换，铵离子被多孔混凝土巨大的表面积吸附，再依靠硝化细菌的生物作用逐步硝化。

为了提高净水的效果，可以在生态混凝土中掺加缓释性净水材料。普通的大孔混凝土在流动的水中由于钙离子大量流失，使水泥水化物分解，造成强度降低，很快失去胶凝作用，使混凝土的耐久性受影响。在生态混凝土中缓慢释放的铝离子主要形成氢氧化钙胶体，与污水中的悬浮物质絮凝沉淀，达到净水的目的。所以，可在生态混凝土中掺加缓释性净水材料如铝、镁离子，既可阻缓钙离子的溶出，同时可达到去除污水中氮、磷等营养物质。

生态混凝土中缓慢释放的镁离子与污水中的铵离子首先发生离子交换，反应式为：

$$Z_2Mg^{2+} + 2NH_4^+ \longrightarrow 2ZNH_4^+ + Mg^{2+} \tag{7-4}$$

铵离子被生态混凝土巨大的表面积所吸附，依靠硝化菌的生物化学作用逐步硝化，最终成为氮气释放到大气中。从生态混凝土上脱离出来的镁离子会与污水中的磷酸根离子反应，生成磷酸氢镁三水化合物，是一种难溶的沉淀。

$$Mg^{2+} + HPO_4^{2-} + 3H_2O \longrightarrow MgHPO \cdot 3H_2O \tag{7-5}$$

通过上述反应式可知，在生态混凝土中掺加镁离子可以同时达到去除污水中氮、磷等营养物质的作用。在生态混凝土中缓慢释放的铝离子主要形成氢氧化铝胶体，会包裹污水中的悬浮物共同沉淀，从而达到净水的目的。

（3）生化净化 众多的研究者将大孔混凝土作为生物载体来研究。日本大成建设（株式）技术研究所在水质污浊的小河中投放中空构造的大孔混凝土圆球（直径150mm），以及在大孔混凝土上十字贯通的直径10～20mm孔的穿孔型圆球。检测研究外壁面和中心部的微生物群，结果是不论外壁面和中心部的内壁面均有大量的细菌栖息，形成了生物膜。好气性和厌气性的从属营养细菌都达到了$10^9～10^{12}$个/gVSS的高密度，生态混凝土中微生物群的比较如表7-2所列。同时还检测到硝化细菌和脱氮菌，说明能充分去除有机物（BOD）和氮。

表 7-2 生态混凝土中微生物群的比较 单位：个/gVSS

| 菌种 | 场所 | 中空型 | | 穿孔型 | |
		外壁面	内壁面	外壁面	内壁面
好氧菌	从属营养细菌	1.2×10^{12}	8.7×10^9	1.1×10^{12}	8.4×10^{11}
	硝化细菌	5.9×10^4	1.8×10^4	2.1×10^4	2.3×10^4
厌氧菌	从属营养细菌	1.2×10^{12}	3.4×10^9	1.1×10^{10}	8.4×10^9
	脱氮菌	5.9×10^7	8.7×10^6	5.0×10^8	4.0×10^8
	硫酸还原菌	5.9×10^4	8.7×10^6	5.0×10^8	7.7×10^8
	甲烷菌	6.4×10^3	3.7×10^5	2.1×10^4	4.0×10^3

生态混凝土的多孔结构为微生物提供了适宜的生存环境和空间，在污水处理过程中会附着生长多种微生物形成生物膜。生物膜是松散的絮状结构，微孔多，表面积大，具有很强的

吸附能力。污水在流经生态混凝土过程中。生物膜微生物以吸附和沉积于膜上面的有机物为营养物质，将一部分物质转化为细胞物质，进行繁殖生长，成为生物膜中新的活性物质；另一部分物质转化为排泄物，在转化过程中放出能量，供应微生物生长的需要。目前已发现有细菌类、藻类、原生动物、后生动物等多种生物发挥作用。由于在生态混凝土生化净水中微生物起主导作用，所以要求生态混凝土的 pH 值、系统环境温度能适合微生物的生长，另外也要尽可能足够的生存空间，即要有足够的比表面积供微生物生长。

通过以上所述可知，大孔混凝土作为生态材料，依靠形成的生物膜可以去除水中的污染物质。作为生物载体，生态混凝土不会导致生物变异。如要提高净水的效果，还可以接种经过筛选和驯化的微生物。

二、生态净水混凝土的透水性和耐酸性

有些国家将普通的大孔混凝土作为污水处理的生态混凝土，实践证明虽然有一定的净化效果，但这种混凝土的净水效果并不十分理想，达不到污水处理的基本要求。另一方面，投放化学药剂是进行污水处理常用的应急方法，净化效果虽然比较显著，这种方法不仅作用时间非常短暂，而且投放量很难加以控制，如果过量还会造成新的污染。采用材料科学的方法制备缓释性净水材料可以解决这个问题。通过缓慢释放的化学净水药剂发生化学反应和离子交换来净化污水，可以在相当长的时间里发挥净化的作用。并且缓释性净水材料完全溶解后留下的微孔扩大了混凝土的比表面积，可以成为微生物的载体，继续依靠生物化学作用来净化污水，从而提高了处理效果。

普通的大孔混凝土在流动的水中由于钙离子大量流失，使水泥水化产生分解，造成强度降低，很快失去胶凝作用。采用增加镁离子和铝离子的方法，不仅可以阻缓钙离子的溶出，而且还可以起到净化水的作用。另外，有机污染物质在富氧和缺氧的情况下都会产生酸性物质，所以混凝土的耐久性受到影响。当掺加特制的添加剂后形成新的水泥水化产物，可以行之有效地改善混凝土的耐久性。

1. 生态混凝土的透水性

试验结果表明，污水必须透过生态混凝土才能得到净化，所以生态混凝土的透水性不但是污水处理装置结构设计的主要参数，而且是影响净水效果的重要参数。普通大孔混凝土置于池塘水中 1 个月后大部分孔隙会被污泥堵塞。但是，也有的研究者认为孔隙内的污泥可以成为水生植物根系的营养源，依靠水生植物来减少水中的氮、磷含量，从而降低水中的富营养化程度。

表征生态混凝土透水性的透水系数与表征普通混凝土渗透性的渗透系数相似，即在一定的水头作用下，单位时间内透过混凝土的水量与混凝土透水面积成正比，与混凝土的透水厚度成反比。生态混凝土透水性的透水系数可用式(7-6) 表示：

$$K_T = QD/[AH(t_2-t_1)] \tag{7-6}$$

式中　K_T——生态混凝土水温在 T 时的透水系数，cm/s；

　　　Q——从时间 t_1 到 t_2 透过混凝土的水量，cm^3；

　　　D——生态混凝土试件的厚度，cm；

　　　A——生态混凝土试件的面积，cm^2；

　　　H——水头，cm；

　　(t_2-t_1)——试验测定时间，s。

在实验室按照标准的测定方法，即在一定面积和厚度的生态混凝土试件上，在稳定的水头压力下，测定规定时间内透过生态混凝土的水量，就可以计算出这种混凝土的透水系数。粗骨料的粒径对生态混凝土的透水性能有显著影响。表 7-3 测定比较了两种粒径的粗骨料制备的生态混凝土在水中养护 7d 后的透水系数 K_T。

表 7-3　两种粒径的粗骨料制备的生态混凝土透水系数 K_T

石子粒径/mm	石子质量/g	水泥浆量/g	水头/cm	水温/℃	透水系数 K_T/(cm/s)
2.5～5.0	2400	545	4.27	23	2.22
2.5～5.0	2400	600	4.00	23	2.37
2.5～5.0	2400	665	3.30	23	2.48
5.0～10	2400	525	1.17	23	8.02
5.0～10	2400	590	1.40	23	7.76
5.0～10	2400	655	1.50	23	6.99

在设计生态混凝土污水处理装置时，根据需要处理的污水水量和采用的生态混凝土的透水系数，就可以结合现场占地情况，确定污水处理装置的水头损失和相应的生态混凝土透水长度及需要的截面积。在工程实践中，有可能会遇到污水中的固体物质和剥落的生物膜堵塞生态混凝土的孔隙的情况。

为了防止和减少堵塞，可以采取下列措施：①生态混凝土污水处理装置采用侧滤技术，即利用倾斜的不锈钢丝网预先去除污水中的固体物质，这样可以避免出现堵塞；②控制生态混凝土的厚度（一般在 5cm 左右），依靠水流把堵塞物带出，并且在两道生态混凝土墙之间有一定间距；③堵塞主要在前几道生态混凝土墙上产生，随着堵塞的加剧，水面不断上升，当堵塞严重到一定程度时可以更换码放的前几道生态混凝土墙。

2. 生态混凝土的耐酸性

工程实践中碰到的另一个问题是微生物侵蚀。城市污水中都含有不同程度的硫酸盐，通常在缺氧的条件下，污水中含有的硫酸盐会在硫酸还原菌作用下生成硫化氢，在好气性的硫氧化菌作用下进一步氧化成硫酸。硫酸与水泥中的氢氧化钙反应生成硫酸钙（石膏），使水泥水化产物分解并失去强度；或者与铝酸钙水化物反应生成膨胀性很大的钙矾石，从而使混凝土逐步崩裂破坏。另外，污水中含有的各种有机物在好氧菌的作用下会产生甲酸、乙酸、乙二酸等有机酸，同样会降低水泥混凝的碱度，加快混凝土的破坏。

总之，生态混凝土由于其胶结料仍然是水泥，在污水处境过程中的耐久性和持续的净水能力都取决于混凝土的耐酸性。所以，在设计生态混凝土的配合比时需掺加特种混合料，这些混合料与水泥一起产生新的水化产物，提高了混凝土的耐酸性。把生态混凝土试块和普通大孔混凝土试块分别浸泡在稀硫酸溶液中，在 100d 和 1a 后测定抗压强度，耐酸性试验后的抗压强度如表 7-4 所列。

表 7-4　耐酸性试验后的抗压强度　　　　　　　　　　单位：MPa

项目	自然养护	浸泡 100d	浸泡 1a
普通大孔混凝土	3.67	2.74	1.81
生态混凝土	3.41	4.19	3.72

试验结果表明，与普通大孔混凝土相比，生态混凝土在稀酸环境下其强度不但不会下

降，反而有一定的提高，从而显示了生态混凝土具有较强的耐酸性。因此，由生态混凝土组合而成的净水装置可以有较长的使用寿命。

三、生态净水混凝土的装置

过滤和沉淀是进行水处理最常用的有效手段。但过滤池在使用一段时间后，滤料空隙被污物堵塞，这就需要进行反冲洗、排除滤料间的污物后重新恢复其过滤功能。为克服这一繁杂而费时的工作，同济大学研制了一种沉淀、过滤、曝气三合一的处理装置，在沉淀的同时进行过滤和曝气，并获得国家专利。三合一处理（侧滤）装置的水流方向与重力成一定角度，水从侧面滤出，固体物质不容易在滤料上堆积而影响过滤的继续进行，并且是以水滴或水膜的形式滤出，与空气有充分的接触，从而达到曝气的效果。侧滤可采用不锈钢丝或尼龙丝网，根据需要净化的污水情况，网孔为 100～300 目。

生态净水混凝土的工程结构是一种推流式污水处理装置，如图 7-7 所示。推流式污水处理装置是由砖、混凝土、工程塑料等材料修筑而成的矩形水池，在池中安置生态混凝土制成的滤料。生态净水混凝土可以是现场浇捣，也可以预先制造成块体堆放在水池内。

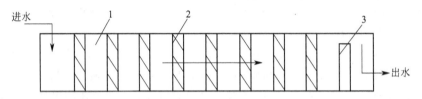

图 7-7　推流式污水处理装置
1—池壁；2—生态混凝土滤料；3—溢流坝

生态净水混凝土块体可以是实心的，也可以具有圆孔、方孔等预留孔。预留孔的方向可以是水平的，也可以是垂直的。生态净水混凝土的厚度一般为 5～10cm。在生态净水混凝土中积存的污物会随着水流排入预留孔，在水池的出水端建有稍低于池壁的溢流坝，也可以在出水端将池壁建造的稍低一些，直接充当溢流坝，推流式生物滤池不专门设置排水系统。

当污水通过污水泵等进入透水混凝土生物滤池的一端时，以推流的方式通过生态混凝土滤层，最后在溢流坝上溢出。依靠在生态混凝土上发生的化学、物理、物理化学及逐渐形成的生物膜的生物化学作用，清除和降解污染物质，达到污水净化的目的。

污水净化装置中的生态混凝土的透水系数、结构形状和尺寸，可以按照污水处理工程的实际情况进行设计。生态混凝土的净水过程实际上是在装置内部发生多层次、多反复的好氧与厌氧反应，使污水中的污染物质逐步降解和消除，然后从溢流坝溢出。在生态混凝土污水处理槽内没有设置运动部件，也不需要设置排泥装置。

四、生态净水混凝土的试验及应用

(一) 生态混凝土的净水试验

为了进行生态混凝土的净水试验，有关研究人员设计了蓄水容积为 50L 的污水处理槽，每天处理上海市虹口区沙径港的河水 15L。河水注入侧滤池后，经过生态混凝土处理槽从溢流坝溢出。由于取水条件所限，生态混凝土处理槽的实际工作时间为每天 20min 左右，经过 4 个月及 5 个月运转后的检测结果如表 7-5 所列。其中处理 1 号、2 号是分别从生态混凝土污水处理槽的槽头和槽尾取样测试的结果。

表 7-5 敞开式处理水质检测结果 单位：mg/L

水样	时间	COD	BOD	TP	TN	NH₃-N
混凝土槽进水 4 号	1998-12-14	73.60	57.00	5.660	50.8	29.7
槽头出水 1 号	1998-12-14	12.00	5.80	1.650	29.0	23.2
槽尾出水 2 号	1998-12-14	5.18	2.07	0.030	25.2	20.6
混凝土槽进水 5 号	1999-01-07	82.80	116.00	6.160	50.6	28.5
槽头出水 1 号	1999-01-07	10.80	8.71	1.490	30.6	24.4
槽尾出水 2 号	1999-01-07	5.94	2.25	0.075	23.2	22.9

为了满足在河边治理黑臭河水的同时进行绿化的需要，将生态混凝土污水处理槽加盖进行封闭，使其形成缺氧环境，用实验室试验装置从 1999 年 4 月 15 日起同样处理沙泾河水 2 个月和 4 个月后的检测结果（累计 1 年）如表 7-6 所列，表 7-6 中测试结果显示生态混凝土在封闭缺氧状况下的水处理效果仍然是非常明显的。

表 7-6 封闭式处理水质检测结果 单位：mg/L

水样	时间	COD	BOD	TP	TN	NH₃-N
混凝土槽进水 10 号	1999-06-15	42.00	79.60	2.320	26.4	20.40
槽头出水 1 号	1999-06-15	19.00	31.80	0.613	20.3	15.60
槽尾出水 2 号	1999-06-15	8.41	4.34	0.046	19.4	15.60
混凝土槽进水 5 号	1999-08-19	49.80	122.00	2.500	27.3	19.50
槽头出水 1 号	1999-08-19	12.70	38.30	1.180	15.4	13.20
槽尾出水 2 号	1999-08-19	8.54	3.84	0.126	14.0	9.72

（二）生态净水混凝土的应用

为了实地验证生态混凝土的水处理效果，考察生态混凝土在连续供水条件下的污水处理情况。在上海市虹口区的南泗塘河段，直接在河道边建造生态混凝土污水净化装置。设计规模为 10m³/h，占地面积约 100m²（58m×1.7m）。从 1999 年 12 月 14 日起，每天连续供水处理 8h 以上。经过 1 个月后的水质检测结果如表 7-7 所列。表 7-7 中的原水 18 号为南泗塘的河水，处理 XC 为现场处理水样，处理 18 号为用实验室试验装置处理 18 个月的水样。

表 7-7 水质检测结果 单位：mg/L

水样	时间	SS	COD$_{Mn}$	COD$_{Cr}$	BOD₅	TP	TN	NH₃-N
原水 18 号	2000-01-14	175	28.2	143.0	34.4	1.800	20.9	14.3
处理 XC	2000-01-14	2	12.1	63.9	6.09	0.395	15.7	12.1
处理 18 号	2000-01-14	2	10.8	60.0	3.81	0.143	12.6	7.24

2001 年在上海松江区佘山镇建造了一个生态混凝土生活污水处理站。佘山镇常住人口约 15000 多人，流动人口约 6000 多人，生活污水大部分未经过任何处理直接排入就近的河道，造成河水污染而黑臭。设计建造的生活污水处理装置如图 7-8 所示，设计处理污水能力为 10m³/h。污水通过污水泵进入调节池，在调节池的侧面安装有侧滤板，污水透过侧滤板后，清除了大部分固体颗粒；并且顺着流水隔层到达污水处理装置的另一端，进入生态混凝土污水处理槽；透过生态混凝土净水块的水溢流坝处溢出，并通过侧面的排水管排出。

考虑到生活污水处理装置今后可能设计成为地埋式的，所以在生态混凝土净水块前的水槽内安装了 1 台小型曝气机，其功率为 0.5kW。从 2001 年 3 月起，每天抽取佘山镇的生活污水进入本处理装置进行净水处理。运行半年后请松江区环境监测站进行检测，其检测结果如表 7-8 所列。

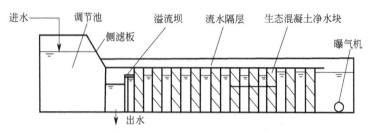

图 7-8　生活污水处理装置

表 7-8　运行半年后水质检测结果

采样	处理前				处理后			
时间	2001-03-17				2001-09-17			
项目	9:30	10:00	10:30	11:00	9:30	10:00	10:30	11:00
SS/(mg/L)	117.0	126.0	123.0	111.0	32.0	32.0	30.0	28.0
COD/(mg/L)	265.0	316.0	273.0	281.0	68.0	71.0	74.0	70.0
BOD/(mg/L)	70.8	73.6	72.9	73.2	18.3	18.0	18.0	17.5
NH_3-N/(mg/L)	2.84	2.69	2.92	2.78	0.86	0.78	0.98	0.84
TP/(mg/L)	2.20	2.21	2.45	2.36	0.86	0.73	0.67	0.70
TN/(mg/L)	35.43	37.81	32.45	36.22	10.01	8.78	9.57	8.18

从表 7-8 中的水质检测结果可以看出，净水装置对生活污水各项污染指标的去除率都在 70% 以上。除了悬浮物数据处于指标上限外，均可达到城市污水处理厂二级处理后的排放水质标准。在水污水处理装置中增加了 1 台小型曝气机，提高了进入生态混凝土净水块前污水中的溶解氧，即增强了生态混凝土净水块中好氧性生物菌的活性，明显提高了净水效果。同时检测结果还显示，生态混凝土净水技术的除磷效果较好，可以改变水体的氮磷比，为改善天然水域的富营养化发挥作用。关闭曝气机后运行的净水效果，同样也请松江区环境监测站进行检测，其检测结果如表 7-9 所列。

表 7-9　关闭曝气后水质检测结果

采样	处理前				处理后			
时间	2001-03-27				2001-03-27			
项目	9:30	10:00	10:30	11:00	9:30	10:00	10:30	11:00
SS/(mg/L)	92.0	99.0	95.0	96.0	34.0	32.0	32.0	34.0
COD/(mg/L)	257.0	245.0	251.0	255.0	118.0	120.0	119.0	125.0
BOD/(mg/L)	63.3	62.1	64.7	61.9	32.4	31.9	32.9	33.5
NH_3-N/(mg/L)	2.35	2.64	2.52	2.44	1.09	0.98	0.98	1.01
TP/(mg/L)	2.17	2.38	2.31	2.24	1.70	1.22	1.32	1.43
TN/(mg/L)	37.37	35.29	31.12	41.74	33.90	34.30	35.49	34.60

关闭曝气机后的检测结果表明：悬浮物（SS）的去除主要与生态混凝土的孔结构以及净水块的数量有关，所以保持了相同的去除水平；但化学需氧量（COD）和生化需氧量（BOD）的去除率降低到 50% 的水平，并在缺氧条件下不能有效地降低总氮量。但另一方面也反映出经过处理的生活污水还是可以满足城市污水排放标准。由于本处理装置的生态混凝土污水处理槽是封闭的，如果生态混凝土污水处理槽上部敞开，污水在生态混凝土中流动时，可能从空气中吸取一些氧气，不采用曝气机，净水效果也可以有所提高。

生态净水混凝土通过采用材料科学的方法来改善水质，赋予了混凝土材料新的功能，也为污水处理和解决天然水域的富营养化问题提供了新的技术途径。同济大学开展的生态混凝土净水技术，应用于污染河道就地净化和应用于居民生活小区生活污水处理，分别于 2000 年 4 月和 2001 年 11 月通过了上海市建设委员会组织的技术鉴定。通过生态混凝土污水处理装置，污水的化学需氧量（COD）和生化需氧量（BOD）的去除率为 50%～70%，总氮去除率为 30%～40%，尤其是总磷的去除率达到 80%～90%，水质可以达到或优于城市污水处理厂二级处理的排放标准，并取得了相关技术的 4 项专利。

以材料科学为基础的生态混凝土污水处理技术主要有下列特点。

（1）采用生态混凝土污水处理技术，可以大幅度降低污水处理的建设投资。传统的活性污泥污二级处理，在 2001 年时的建设投资约为 1500 元/（m³·d）；采用生态混凝土技术治理污水技术，由于所用的主要材料是水泥和石子等，根据当时现场试验费用进行测算，建设直接费用仅为 400～500 元/（m³·d），即相当于传统活性污泥法二级处理的 1/3 左右。

（2）日常运转及维护费低。根据国家环保局的调查，近年来国内现代化城市污水处理厂越建越多，规模和投资也越来越大，但实际上这些污水处理厂建成后，由于运转费用不足或其他原因，平均运转率达不到 20%，其处理成本比较高。如果采用微生物治理方法，因需要定期补充微生物，有些还需要纯氧曝气，也很难把日常费用降下来。如果采用生态混凝土治理污水技术，除进水泵运转及定期排泥外，由于运动部件很少，所需管理人员自然也较少，所以运转费用很低，并且系统的耐久性好，维护费用也比较低。日常处理和维护费用经有关专家测算，大约只有常规处理方法的 1/4。

（3）规模大小比较灵活，建设场地的适应性强，并且可以实现环境综合治理。传统的污水处理厂一般规模都比较大，不适合小城镇的污水处理，适应性受到一定限制。另外在治理河道污染时选址是个难题，无论是选择上游、中游或下游，只能净化某个区段的河水，很难就地净化整条河流。而采用生态混凝土治理污水技术，可根据周围环境和实际需要自由设计处理装置规模，在场地建设方面，可以化整为零，沿线建设若干个污水处理站来解决整条河道的治污问题，并且还可以河道景观工程来进行统一设计。这种方法还可设计成地埋式，同时在水处理装置上面进行绿化，达到环境综合治理的效果。

此外，经过深度处理的污水还可以成为城市中的"回用水"，主要用于冲厕、洗车、喷洒道路、绿化浇地、设立水景观等用途，从而开辟城市的新水源。因此，推广应用生态混凝土净水技术，不仅可以节约大量的净化水的能源，而且可以获得良好的社会效益和经济效益。

第八章

建筑节能相变材料

相变材料（Phase Change Material，PCM）又称为潜热储能材料（latent thermal storage，LTES），是指随温度变化而改变物质状态并能提供潜热的物质。利用物质发生相变时需要吸收或放出大量热量的性质来储存或放出热能，进而调整、控制工作源或材料周围的环境温度。相变材料实际上可作为能量存储器，它的这种特性在节能、温度控制等领域有着极大的意义。这种材料一旦在人类生活被广泛应用，将成为节能环保的最佳绿色环保载体，在我国已经列为国家级研发利用序列。

第一节　相变材料的基本知识

建筑节能实践充分证明，相变材料储能具有储能密度高、体积小、温度控制恒定、节能效果显著、相变温度选择范围宽、易于控制等优点。相变储能材料得到广泛关注，这种材料不但可以有效降低建筑能耗，提高室内环境的舒适度，而且为太阳能等低成本清洁能源在供暖、空调系统中的应用创造了条件。

随着社会和科学技术的进步，人们对建筑节能问题日益重视，环境保护意识逐步增强。工程实践和材料试验表明，相变储能建筑材料必将在今后的建材领域中大有用武之地，也会逐渐被人们所认知，具有非常广阔的应用前景。

一、相变材料的原理

相变材料从液态向固态转变时，要经历物理状态的变化。在这两种相变的过程中，材料要从环境中吸收热量；反之，向环境释放热量。在物理状态发生变化时可储存或释放的能量称为相变热，发生相变的温度范围很窄。物理状态发生变化时，材料自身的温度在相变完成前几乎维持不变。大量相变热转移到环境中时，产生了一个宽的温度平台。相变材料的出现，体现了恒温时间的延长，并可与显热和绝缘材料在热循环时，储存热量或释放显热。其基本原理是：相变材料在热量的传输过程中将能量储存起来，就像热阻一样将可以延长能量传输时间，从而可以使温度梯度减小。

由于相变材料具有在相变过程中将热量以潜热的形式储存于自身或释放给环境的性能，因而通过恰当的设计将相变材料引入建筑围护结构中，可以使室外温度和热流波动的影响被削弱，把室内温度控制在比较舒适的范围内，使人处于良好的生活环境中。

此外，使用相变材料还有以下优点：①相变过程一般是等温或近似等温的过程，这种特性有利于把温度变化维持在较小的范围内，使人体感到比较舒适；②相变材料有很高的相变潜热，少量的材料可以储存大量的热量，与显热储热材料（如混凝土、砖等）相比，可以大大降低对建筑物结构的要求，从而使建筑物采用更加灵活的结构形式。

二、相变材料的应用

如何开发新能源和提高能源的利用率，是现代工业和社会发展的重要课题。利用相变材料蓄热密度大、蓄放热过程近似恒温的特点，达到能量储存和释放及调节能量供给与需求失调的目的，是目前广泛研究的热点，其核心是如何科学应用相变材料。

在建筑节能方面，一方面相变材料可以用于建筑围护结构中，建筑围护结构热环境的特点是白天温度高，夜间温度低；只要选用合适的相变材料进行组合，储能系统的可用能效率可随相变材料种类的增加而提高。另一方面，与太阳能建筑的运行相反，主要是利用含有相变材料的建筑围护结构和室外气温昼夜变化这一自然规律在夏季的夜间蓄冷，以承担建筑的冷负荷。

相变储能建筑材料应用于建筑中的研究始于 1982 年，由美国能源部太阳能公司发起。20 世纪 90 年代以相变建筑材料处理建筑材料（如石膏板、墙板与混凝土构件等）的技术发展起来了。随后，相变建筑材料在混凝土试块、石膏墙板等建筑材料中的研究和应用一直方兴未艾。1999 年，国外又研制成功一种新型建筑材料——固液共晶相变材料，在墙板或轻型混凝土预制板中浇筑这种相变材料，可以保持室内温度适宜。另外，欧美有多家公司利用相变建筑材料生产销售室外通讯接线设备和电力变压设备的专用小屋，可在冬夏天均保持在适宜的工作温度。此外，含有相变建筑材料的沥青地面或水泥路面，可以防止道路、桥梁、飞机跑道等在冬季深夜结冰。

三、相变材料的分类

相变材料的分类方法很多，在建筑工程中常用的分类方法主要有按材料化学成分不同分类、按材料相变形式不同分类和按储热温度范围不同分类。

(一) 按照材料化学成分不同分类

按照材料化学成分不同分类，相变材料可分为无机相变材料、有机相变材料与混合相变材料三大类。无机相变材料主要包括结晶水合盐、熔融盐、金属合金等无机物；有机相变材料主要包括石蜡、羧酸、多元醇等有机物；混合相变材料主要是有机物和无机物共熔相变材料的混合物。工程实践证明，在建筑墙体内直接掺入有机相变材料进行能量的储存（释放），是一种非常有效的能量储存（释放）方式。

(二) 按照材料相变形式不同分类

按照材料相变形式不同分类，相变材料可分为固-固相变材料、固-液相变材料、固-气相变材料和液-气相变材料四大类。固-固相变储热材料并不是发生了相态的变化，而是相变材料的晶型发生了变化，当然在晶型变化的过程中也有热量的吸收和放出。

固-固相变材料主要包括高密度聚乙烯、多元醇以及具有"层状钙钛矿"晶体结构的金属有机化合物。固-液相变材料主要包括结晶水合盐、石蜡等。由于气体材料不易封装，占体积很大，并且容易流失，所以在实际应用中以固-固相变和固-液相变材料最实用。

（三）按照储热温度范围不同分类

按照储热温度范围不同分类，相变材料可分为高温相变材料、中温相变材料和低温相变材料三大类。高温相变材料主要是指一些熔融盐和金属合金材料；中温相变材料主要是指一些结晶水合盐、有机物和高分子材料；低温相变材料主要是指冰、水凝胶等材料。

四、相变材料的选择

材料试验证明，并不是所有的建筑材料都可以用作热能储存和温度调控。不同的实际应用领域对相变材料也有不同的要求。在建筑物的墙体、天花板、地面等结构中使用相变材料，能够增强其储热能力，减少室内温度波动，较长时间维持理想的室内温度。在实际应用中，选择合适的相变材料及其封装方式非常重要。总的来说，实际应用中选用的相变材料必须符合以下原则。

（1）相变材料必须具有较大的储能容量。这就是说，选用的相变材料不仅必须有较高的相交潜热，而且要求以单位质量和单位体积计算的相变潜热都足够大。

（2）特定的相变温度必须适合具体应用的要求。例如，用作恒温服装的相变材料的相变温度，必须在 25～29℃之间；用于电子元件散热的相变材料的相变温度，必须在 40～80℃之间等。

（3）相变材料必须具有适宜的传导系数。大多数场合要求相变材料具有较快的传热能力，以便迅速地吸收或释放热量，有的场合则要求其具有某一特定的热传导系数，热传导系数不能过高或过低。

（4）相变材料必须具有正确的相变过程。相变材料的相变过程不仅必须完全可逆，而且正过程和逆过程的方向仅仅以温度决定。

（5）相变材料应具有相变过程的可靠性。在反复多次相变过程后，必须不带来任何相变材料的降解和变化，具有实用价值相变材料的使用寿命必须大于 5000 次热循环（每一次正循环和逆循环过程为一个热循环）以上。

（6）相变材料必须具有较小的体积变化。相变材料试验证明，相变过程的体积变化越小越好，过大的相变体积是许多材料不具备实用价值的主要原因。

（7）相变材料必须具有良好的化学和物理稳定性。相变材料必须具有无毒、无腐蚀性、无危险性、不可燃、不污染环境等性能。

（8）相变材料应当具有无过冷现象。大多数应用领域要求相变材料的相变过程是恒温的，不得存在过冷现象，即降温过程的相变温度不低于升温过程的相变温度。

（9）相变材料应当具有高密度。在一些特殊应用场合（如航天领域），要求相变材料应具有高密度，以减小系统的体积。

（10）相变材料应具有很小的蒸气压。在体系运行的温度范围内，相变材料的蒸气压必须足够小，甚至完全没有蒸气压。

（11）对相变材料生产工艺、成本和材料来源要求。商业化要求相变材料的生产工艺不能过于复杂，成本不能太高，原材料易得。

五、常用的相变材料

从现在应用普遍程度来看，在建筑工程中使用的相变储热材料，主要是固-液相变储热材料和固-固相变储热材料。

（一）固-液相变储热材料

1. 硫酸钠类相变储热材料

硫酸钠水合盐（$Na_2SO_4 \cdot H_2O$）的熔点为 32.4℃，溶解潜热为 250.8J/g，它具有相变温度不高、潜热值较大两个明显的优点。硫酸钠类储热剂不仅储热量大，而且成本较低、温度适宜，常用于余热利用的场合。然而十水硫酸钠在经多次熔化—结晶的储放热过程后会发生相分离现象，为了防止出现这个问题，可加入适量的防相分离剂。

2. 醋酸钠类相变储热材料

三水醋酸钠的熔点为 58.2℃，溶解潜热为 250.8J/g，属于中低温储热相变材料。三水醋酸钠作为储热材料，其最大的缺点是易产生过冷，使释放温度发生变动，通常要加入明胶、树胶或阳离子表面活性剂等防相分离剂。

3. 氯化钙类相变储热材料

氯化钙的含水盐（$CaCl_2 \cdot 6H_2O$）熔点为 29℃，溶解潜热为 180J/g，是一种低温储热材料。氯化钙的含水盐的过冷非常严重，有时甚至达到 0℃时其液态熔融物仍不能凝固。常用的防过冷剂有 BaS、$CaHPO_4$、$CaSO_4$、$Ca(OH)_2$ 及某些碱土金属过渡金属的醋酸盐类等。这些水合盐熔点接近于室温，无腐蚀、无污染，溶液为中性，所以最适于温室、暖房、住宅及工厂低温废热的回收。

4. 磷酸盐类相变储热材料

磷酸氢二钠的十二水盐（$Na_2HPO_4 \cdot 12H_2O$）熔点为 35℃，溶解潜热为 205J/g，是一种高相变储热材料。它的过冷温差比较大，凝固的开始温度通常为 21℃，一般可利用粉末无定形碳或石墨、分散的细铜粉、硼砂，以及 $CaSO_4$、$CaCO_3$ 等无机钙盐作为防过冷剂。这类储热剂比较适用于人体的应用，在太阳能储热、热泵及空调等使用系统中也经常得到应用。

5. 石蜡相变储热材料

石蜡在室温下是一种固体蜡状物质，其熔解热为 336J/g。固体石蜡主要由直链烷烃烃混合而成，主要含直链烃类化合物，仅含有少量的支链，一般可用通式 C_nH_{2n+2} 表示。烷烃的性质见表 8-1。选择不同碳原子个数的石蜡类物质，可以获得不同相变温度，其相变潜热在 160~270kJ/kg 之间。

表 8-1　烷烃的性质

相变材料	熔点/℃	相变潜热/(J/g)	相变材料	熔点/℃	相变潜热/(J/g)
十六烷	18.0	225	二十烷	36.8	248
十七烷	22.0	213	二十一烷	40.4	213
十八烷	28.2	242	二十二烷	44.2	252
十九烷	32.1	171	三十烷	65.6	252

石蜡具有良好的储热性能，较宽的熔化温度范围，较高的熔化潜热，相变比较迅速，可以自身成核，过冷性可以忽略，化学性质稳定，无毒，无腐蚀性，是一种性能较好的储热材料。此外，我国石蜡资源丰富，价格低廉，非常耐用，日常生活中应用比较广泛。但是，石蜡的热导率和密度均较小，单位体积储热能力差，在相变过程中由固态到液态体积变化大，凝固过程中有脱离容器壁的趋势，这将使传热过程变得复杂化。

6. 脂肪酸类相变储热材料

脂肪酸类相变储热材料的熔解热与石蜡相当，过冷度也比较小，具有可逆的熔化和凝固性能，材料来源比较广泛，是一种很好的相变储热材料。但这种材料的性能不太稳定，容易挥发和分解；与石蜡相比价格较高，约为石蜡的 2~2.5 倍，如大量用于储热，工程成本必然会偏高。脂肪酸的性质见表 8-2。

表 8-2　脂肪酸的性质

相变材料	熔点/℃	相变潜热/(J/g)	相变材料	熔点/℃	相变潜热/(J/g)
辛酸(C_8)	16.0	149	肉豆蔻酸(C_{14})	54.0	199
癸酸(C_{10})	31.3	163	棕榈酸(C_{16})	62.0	211
月桂酸(C_{12})	42.0	184	硬脂酸(C_{18})	69.0	199

（二）固-固相变储热材料

1. 多元醇相变储热材料

多元醇相变储热材料主要有季戊四醇（PE）、2-二羟甲基丙醇（PG）和新戊二醇（NPG）等。在低温情况下，它们具有高对称的层状体心结构，同一层中的分子以范德华力连接，层与层之间的分子由—OH形成氢键连接。当达到固-固相变温度时，将变为低对称的各向同性的面心结构，同时氢键断裂，分子开始振动无序和旋转无序，放出氢键能。若继续升高温度，则达到熔点而熔解为液态。

多元醇相变储热材料相变温度较高，在很大程度上限制了其应用；加上这类材料不稳定和成本较高，也影响了其推广应用。为了得到较宽的相变稳定范围，满足各种情况下对储热温度的相应要求，可将多元醇中两种或三种按不同比例进行混合，调节相变温度，也可以将有机物和无机物复合，以弥补二者的不足。

2. 高分子类相变储热材料

高分子类相变储热材料主要是指一些高分子交联树脂。如交联聚烯烃类、交联聚缩醛类和一些接枝共聚物。如纤维素接枝共聚物、聚酯类接枝共聚物、聚乙烯接枝共聚物、硅烷接枝共聚物。目前在建筑工程中使用较多的是聚乙烯接枝共聚物。

聚乙烯价格低廉，易于加工成各种形状，其表面非常光滑，易于与发热体表面紧密结合。聚乙烯的导热率高，且结晶度越高其导热率也越高。尤其是结构规整性较高的聚乙烯，如高密度聚乙烯、线性低密度聚乙烯等，具有较高的结晶度，因而单位质量的熔化热值较大。

3. 层状钙钛矿相变储热材料

层状钙钛矿是一种有机金属化合物，也是一种重要的固体功能材料。由于其独特的层状结构，其层间成为化学反应活性中心，这大大拓宽了其应用范围。在光催化、铁电、超导、半导体、巨磁阻等方面都具有广泛应用。纯的层状钙钛矿以及它的混合物在固-固相变时，有较高的相变焓（42～146kJ/kg），转变时体积变化较小（5%～10%），适合于高温范围内的储能和控温使用。但是，由于层状钙钛矿的相变温度高、价格较昂贵，所以在建筑工程中应用较少。

六、复合型相变材料

相变材料按照其相变过程，一般可分为固-固相变、固-液相变、固-气相变和液-气相变基本形式。固-固相变材料的缺点是价格很高，固-液相变材料的最大缺点是在液相时容易发生流淌。为了克服单一相变材料的缺点，复合相变材料则应运而生。

复合相变材料既能有效地克服单一无机物或有机物相变材料存在的缺点，又可以改变相变材料的应用效果及拓展其应用范围。目前相变材料的复合方法有很多种，主要包括微胶囊包封法（包括物理化学法、化学法、物理机械法、溶胶-凝胶法）、物理共混法、化学共混法、将相变材料吸附到多孔的基质材料内部等。

在实际建筑工程中，多采用相变材料与建材基体结合工艺，从而形成复合相变材料。目前在工程中常用的方法有：①将 PCM 密封在合适的容器内；②将 PCM 密封后置入建筑材料中；②通过浸泡将 PCM 渗入多孔的建材基体（如石膏墙板、水泥混凝土试块等）；④将 PCM 直接与建筑材料混合；⑤将有机 PCM 乳化后添加到建筑材料中。

我国某建筑节能知名企业已成功地将不同标号的石蜡乳化，然后按一定比例与相变特种胶粉、水、聚苯颗粒轻骨料混合，从而配制成兼具蓄热和保温的可用于建筑墙体内外层的相变蓄热浆料，取得了良好的节能效益和经济效益。同时还开发了相变砂浆、相变腻子等节能相变产品。

第二节　建筑节能相变材料制备

随着人们对工作与居住环境要求的提高以及节能和环保意识的增强，对建筑围护结构的要求也越来越高。纵观目前相变储能材料在建筑节能中的应用情况，主要存在储能功能的耐久性问题、经济性问题和材料适用性问题 3 个方面的问题。

通过将相变材料与建筑材料基体复合，可以制成相变储能建筑材料。利用相变储能建筑材料构筑建筑围护结构，可以提高围护结构的蓄热能力，降低室内环境温度的波动幅度，减少建筑物供暖、空调设备的运行时间，从而达到节能降耗和提高舒适度的目的；可以使建筑物供暖、空调设备利用夜间廉价电运行，以提供全天的采暖或制冷电能需要，缓解建筑物的能量供求在时间和强度上不匹配的矛盾，起到电力"削峰填谷"作用。同时，在建筑物中采用相变蓄能围护结构，可以减少建筑外墙的厚度，从而达到减轻建筑物自重、节约建筑材料的目的。因此，相变蓄能围护结构材料在建筑节能领域中的应用研究正日益受到国内外学者的重视。

一、相变材料筛选与相变储热建筑结构

(一) 相变材料的筛选

20 世纪，国内外研究的相变材料多数为固-液相变材料，其用途也最为广泛，固-液相变

材料种类也很多，主要分为无机相变材料和有机相变材料两大类。目前广泛应用的典型的无机储能相变材料是结晶水合盐类，这类材料的熔化热大，导热系数高，且在相变时体积变化小。最近，国内外研究的重心开始转向如何把固-液相变材料转变为固-固相变材料上来，目前研究的固-固相变材料主要有无机盐类相变材料、多元醇类相变材料和高分子交联树脂相变材料，采用的主要是微胶囊技术和纳米技术。国内外研究成果表明，把相变储能材料用于建筑节能领域，有利于提高建筑物的热舒适性，降低电网的负荷，节约制热或制冷费用，达到节能降耗的目的。

将相变材料应用于建筑材料的热能存储始于 1981 年，研究对象主要是无机水合盐类。随着相变材料与石膏板、灰泥板、混凝土及其他建筑材料的结合，热能存储已被应用到建筑结构的轻质材料中。早期对相变材料的筛选研究主要集中于价格便宜、资源丰富的无机水合盐上，但由于其存在严重的过冷和析出问题，使相变建筑材料循环使用后储能大大降低，相变温度范围波动很大。尽管在解决过冷和析出方面取得一定的进展，但仍然大大限制了其在建筑材料领域的实际应用。

为了避免无机相变材料存在的上述问题，人们又将研究重点集中到低挥发性的无水有机物，如聚乙二醇、脂肪酸和石蜡等材料。尽管它们的价格高于普通水合盐，且单位热存储能力较低，但其具有稳定的物理化学性能、良好的热行为和可调的相变温度，这样使其具有广阔的应用前景。

总体来说，国内外应用于建筑节能领域的相变材料，主要包括结晶水合盐类无机相变材料和多元醇、石蜡、高分子聚合物等有机相变材料。结晶水合盐类无机相变材料具有熔化热大、热导率高、相变时体积变化小等优点，同时又具有腐蚀性、相变过程中存在过冷和相分离的缺点；而有机类相变材料具有合适的相变温度、较高的相变熔，无毒性、无腐蚀性，但其热导率较低，相变过程中传热性能差。

材料试验证明：正烷烃的熔点接近人体的舒适度，其相变熔大，但正烷烃的价格比较高，掺入建筑材料中会在材料表面结霜；脂肪酸的价格较低，其相变熔较小，单独使用时需要很大量才能达到调温效果；多元醇是具有固定相变温度和相变熔的固-固相变材料，但其价格较高。用于建筑材料中常见相变材料的相变温度和相变熔如表 8-3 所列。

表 8-3　用于建筑材料中常见相变材料的相变温度和相变熔

相变材料名称	分子式或简称	相变温度/℃	相变熔/(J/g)
十水硫酸钠	$Na_2SO_4 \cdot 10H_2O$	32.4	250.0
六水氯化钙	$CaCl_2 \cdot 6H_2O$	29.0	180.0
正十六烷	$C_{16}H_{34}$	16.7	236.6
正十八烷	$C_{18}H_{38}$	28.2	242.4
正二十烷	$C_{20}H_{42}$	36.6	246.6
癸酸	$C_{10}H_{20}O_2$	30.1	158.0
月桂酸	$C_{12}H_{24}O_2$	41.3	179.0
十四烷酸	$C_{14}H_{28}O_2$	52.1	190.0
软脂酸	$C_{16}H_{32}O_2$	54.1	183.0
硬脂酸	$C_{18}H_{36}O_2$	64.5	196.0
新戊二醇	NPG	43.0	130.0
50%季戊四醇+50%三羟甲基丙醇	50%PE+50%TMP	48.2	126.4

注：50%PE+50%TMP 为多元复合相变材料。

用于建筑围护结构的相变建筑材料的研制，选择合适的相变材料至关重要，应具有以下几个特点：①熔化潜热高，使其在相变中能储藏或放出较多的热量；②相变过程可逆性好、膨胀收缩性小、过冷或过热现象少；③有合适的相变温度，能满足需要控制的特定温度；④导热系数大，密度大，比热容大；⑤相变材料无毒，无腐蚀性，成本低，制造方便。在实际研制过程中，要找到满足这些理想条件的相变材料非常困难。因此，人们往往先考虑有合适的相变温度和有较大相变潜热的相变材料，而后再考虑各种影响研究和应用的综合性因素。

就目前来说，现存的问题主要在相变储能建筑材料耐久性以及经济性方面。耐久性主要体现在3个方面：相变材料在循环过程中热物理性质的退化问题；相变材料易从基体的泄漏问题；相变材料对基体材料的作用问题。经济性主要体现在：如果要最大化解决上述问题，将导致单位热能储存费用的上升，必将失去与其他储热法或普通建材竞争的优势。相变储能建筑材料经过20多年的发展，其智能化功能性的特点毋庸置疑。随着人们对建筑节能的日益重视，环境保护意识的逐步增强，相变储能建筑材料必将在今后的建材领域大有用武之地，也会逐渐被人们所认知，具有非常广阔的应用前景。

针对相变材料的筛选，要考虑到不同的应用实际。Rudd认为，不同的季节依据人体舒适度的不同，应当选用不同相变温度的相变材料。如在需要空调制冷降温的夏季，房间内的舒适度应当选择在22.2～26.1℃范围内；而在需要加热取暖的寒冷冬季，房间内的舒适度应当选择在18.5～22.2℃。同时还认为，室内底部选择的相变材料温度，应当高于天花板顶部相变温度1～3℃，这样更能提高相变材料的使用效率。

为了有效地克服单一的无机相变材料或有机相变材料存在的缺点，可以利用低共熔原理，将不同的相变材料进行二元或多元复合。采用低共熔物的优点是：能够利用相变温度较高的两种材料配制成相变温度较低的混合物，以满足工程的实际要求。

在建筑应用方面，Peippo等研究了包含不同量相变材料的不同类型的墙体结构的热力学行为，并在麦迪迅使用加有相变材料的石膏板建造了120m^{2}的试验房，试验结果表明一年能够节约15％的热消耗量。Hawes和Feldman综述了有机相变储能材料在各种水泥中的吸收特性与机理，分析了温度、湿度、黏性、吸收面积和压力等因素对吸收特性的影响，结论指出，相变材料掺入水泥中，能显著提高墙体的储热能力，但是相变材料的长期稳定性和现有水泥的吸收特性还有待进一步改善。美国国家实验室的工作人员通过模拟表明，相变墙板能转移居民空调负荷中90％的显热负荷到用电低谷期，能使采暖设备容量降低1/3。

美国在相变材料的研究方面一直处于领先地位。从太阳能和风能的利用及废热回收，均是以节能为目的的。尤其对相变储能材料的组成、蓄热容量随热循环变化情况、相变寿命及储存设备等进行了详细的理论研究。日本在相变材料的研究方面也处于领先地位。早期，日本三菱电子公司和东京电力公司联合利用了采暖和制冷系统的相变材料的研究，研究了水合硝酸盐、磷酸盐、氟化物和氯化钙。东京科技大学的Yoneda等研究了一系列可用于建筑物取暖的硝酸共晶水合物，从中筛选储性能较好的六水氯化镁和六水硝酸镁的共晶盐。

20世纪90年代初人们开始对有机相变材料进行研究，如Feld-nm其研究合作者对脂肪酸及其衍生物进行了广泛的研究，包括测试相变材料的热物理性质、化学稳定性以及对环保的影响。1999年，美国俄亥俄州戴顿大学研究所研制成功一种新型建筑材料——固液共晶相变材料，它的固液共晶温度是23.3℃。当温度高于23.3℃时，晶相熔化，积蓄热量，一旦气温低于这个温度时，结晶固化再现晶相结构，同时释放出热量，在墙板或轻型混凝土预制板中浇注这种相变材料，可以保持室内适宜的温度。

P. Kauranen等研制出的羧酸混合物，其熔化温度可按照气候的特定要求来进行调整。这种新方法使羧酸混合物在20～30℃温度范围内的熔化温度可调，并找到了具有等温熔化的低共熔混合物。但是由于混合物仅是离散状态的熔化温度，因此采用非等温熔化的非低熔混合物来覆盖低共熔点之间的区域。

当前，相变材料复合的方式主要有两种：一种是将正烷烃与脂肪酸类、多元醇类相变材料混合，制得一定温度下的低共熔混合物，从而以更低的成本得到更有效的复合相变材料；另一种是将两种或三种多元醇或脂肪酸按不同比例混合，形成"共熔合金"，从而对相变温度和相变焓进行调节，开发出具有合适的相变温度与相变焓的复合相变材料。表8-4中列出了两种复合相变材料的相变温度与相变焓。

表 8-4　两种复合相变材料的相变温度与相变焓

相变材料	相交温度/℃	相变焓/(J/g)
49％硬脂酸丁酯＋48％棕榈酸丁酯	17～21	138
45％癸酸＋55％月桂酸	17～21	143

另外，有的学者研究了无水乙酸钠和尿素的共混物，其相变温度在28～31℃范围内。河南省某工厂研制出了相变温度为17.5～22.5℃和32.5～37.5℃的相变储能材料的专用蜡。Salyer和Sircar提出了一种从石油中精炼的低成本的线型烷烃（碳原子数为18～20）相变材料，他们把这些碳原子数不同的烷烃按一定的比例混合，得到了相变温度为0～80℃、熔解热大于120J/g的相变材料，并采用碳原子数更高的高纯烷烃，制得了熔解热达到200～240J/g的相变材料。

清华大学在相变墙体方面作了很多进取性工作，包括相变材料的研制、相变墙体的物理、化学性能的测试；沈阳建筑工程学院则通过将有机的相变材料与建筑材料相结合研制出相变墙板，在相近似的室外环境温度条件下，比较相变墙体房间与普通房间的热性能，进而分析相变墙体的使用在节能方面的作用。

结合上述对相变储能材料提出的要求，从长远的角度，需要对相变储能材料如下问题展开深入研究：①进一步筛选合适的相变材料，探索新型相变材料，采用多元复合等技术研制新型高效的相变蓄能建筑材料，使相变点调节到人体感觉舒适的16～25℃；②研究相变材料的封装技术及其与基材的复合工艺，制备性能稳定、生态友好的相变蓄能材料；③添加辅助成分解决相变材料存在的过冷、结霜等问题；与改性材料（如石墨等）结合，提高其导热系数，增加换热效率；④建立模型模拟不同的气候条件，优化相变温度，以便于进行针对性的研究和应用；⑤对相变蓄能建材的力学性能和耐久性能进行研究，为建筑的寿命预测提供依据；⑥降低相变储能建筑材料的成本。

（二）相变储热建筑结构

相变储热建筑结构有两种：一种是相变材料在围护结构中以独立构件的形式存在，与建筑材料间接组合，从而形成含相变材料独立构件的墙板、地板和顶棚等；另一种是相变材料与建筑材料直接结合，可以制备成相变砂浆，或者相变石膏板、相变混凝土、相变建筑保温隔热材料、相变涂料、相变墙板、相变地板等。

以独立构件存在于储热建筑结构中的相变材料，一般都是采取宏封装的形式，即为用体积较大的容器（如球体、面板等）盛装相变材料，使相变材料与建筑材料阻隔，从而形成独立构件。这些容器既可直接作为热交换器，也可加入建筑材料中。

当采用宏封装的形式时，所用的容器必须满足以下要求：①具有良好的传导性；②能够承受相变材料发生相变时产生的体积变形对容器造成的压力；③进行封装时比较方便；④容器的价格比较便宜。

采用宏封装形式的相变独立构件具有如下优点：①整个封装的制备工艺比较简单；②相变材料储存在密封的容器中，相变过程非常安全；③进行构件的安装比较方便；④相变材料可方便地进行循环回收利用，不会造成浪费。

采用宏封装形式时的缺点也是不容忽视的，主要表现在相变构件在一定程度上影响建筑材料的传热性能。这是因为当需要相变材料从液相转变为固相而放出储存的热量时，体积较大的相变材料外层部分先变为固相，而一般相变材料的热导率都比较小，从而阻碍了热量有效传递。如果采用相变材料微封装，因其体积大大缩小，则不仅不会再发生这种情况，而且使用时直接加入建筑材料中，施工操作非常方便。

相变材料与建筑材料基体的直接结合，是指相变材料以一种组分介质均匀地分散在储热建筑结构中。相变材料与建筑材料基体的结合方式对其性能有很大的影响。当前相变储热建筑材料主要采用固-液相变材料，如果采用的结合方式处理不当，相变材料在发生相变时，很容易产生泄漏，同样有些相变材料（如脂肪酸类）易腐蚀与其接触的碱性水泥基材料，并且还容易产生挥发。当发生以上情况时，相变材料在循环使用后储热能力将大大降低，甚至有可能造成对环境不利影响。

二、相变材料的制备

为了改善和提高相变材料在建筑材料中的应用效果，使相变材料在建筑材料中的应用真正进入实用性阶段，如何将相变材料与建筑基体巧妙地结合在一起，使相变材料得到有效、充分、持久的应用，是相变材料急需解决的问题。目前掺入建筑基体材料的方法主要包括浸渍法、直接加入法和封装法。

（一）浸渍法

浸渍法就是把建筑材料制品直接浸入熔融的相变材料中，让建筑材料制品中的孔隙直接吸附相变材料。浸渍法的优点是工艺非常简单，易于使传统的建筑材料（如石膏墙板）按要求变成相变蓄能围护结构材料。

目前对相变材料浸渍法的研究，主要涉及石膏墙板和混凝土砌块，但是潜热储能的原理适用于包括石膏板、木材、多孔墙板、木颗粒板、多孔混凝土、砖在内的任何多孔建筑材料。用浸渍法处理的建筑材料，当相变材料为液态时，会由于表面张力被主体材料束缚住，不会发生流淌。但是，需要注意的是浸渍法所使用的某些相变材料具有挥发性，特别是脂肪酸（羧酸）作为相变材料时，则需要对基体材料进行包覆，以防止出现泄漏。

1. 相变材料浸渍石膏墙板

材料试验证明，由于石膏墙板大约 40％的体积是孔隙，因此它是相变材料的理想载体。早期的研究基于最初的小规模 DSC（示差扫描量热仪）测试，选择具有较适合的相变温度（24.9℃）的椰子脂肪酸作为房间范围相变材料石膏墙板的材料。迄今，相变材料墙板的研究表明，相变材料能够成功地浸入和分散到石膏墙板中，并且具有明显的储热效果。石膏墙板可以兼容多种相变材料，如甲基甲酯、棕榈酸甲酯和硬脂酸甲酯的混合物、短链脂肪酸、癸酸和月桂酸的混合物。

美国橡树岭（Oak Ridge）国家实验室（ORNL），提出将十八烷石蜡应用到被动式太阳能建筑的墙板中，从小块试样到整块板材，成功地将石膏板直接浸渍石蜡。试验检测分析表明，这种浸渍的方法比在成型时直接加入法制成的石膏板具有更高的储热能力。

将石膏板用相变材料进行浸渍，再用普通的涂料、黏结剂和墙纸覆盖，经过数百次 6h 循环的冻融循环测试结果表明，石膏板中 25%～30%（质量分数）的相变材料掺量，其表现出最令人满意的性能，既没有明显的气相逃逸，也没有可见的液相渗漏，其挥发性与普通试样基本相同。

2. 相变材料浸渍混凝土块

Chahroudi 在 20 世纪 70 年代就利用芒硝等无机相变材料，采用直接浸渍法制备了相变储能混凝土，但是这类相变材料对混凝土基体有腐蚀作用。Hawes 利用脂肪酸类有机相变材料、采用直接浸渍法制备了相变储能混凝土，并对相变蓄能混凝土进行深入的研究。Hadjieva 等用 DSC 测试了利用无机水合盐类作相变材料的混凝土体系的蓄热能力，用红外光谱分析了该体系的结构稳定性。Lee 等采用直接浸渍法制备了相变储能混凝土，并比较了普通混凝土块和浸渍相变材料的混凝土块的储热性能和气流速度对放热吸热的影响。

材料试验证明，混凝土块与石膏板不同，它与相变材料的兼容性主要由混凝土内氢氧化钙的存在决定，这是因为某些有机相变材料会和氢氧化钙发生反应。根据使用的混凝土块型号不同，混凝土块最多可以吸收 20%（质量分数）的相变材料。研究结果还发现，浸渍相变材料的试样性能比普通试样要好，由于浸渍相变材料试样有较低的吸水性，因此可以降低冻融循环的破坏力。对于浸渍相变材料后的混凝土块进行数百次 6h 循环的冻融循环测试，试验结果表明，循环后相变材料的损失非常小，可以忽略不计。

浸渍法的最大优点是工艺非常简单，很容易对已有的建筑材料进行改进。但是相变材料与基体材料的相容性问题，至今尚未得到有效解决，因而仍不能得到实际的推广应用。

（二）直接加入法

直接加入法指在建筑材料制备的过程中，将相变材料作为一种组分直接加入的方法。例如为了防止大体积混凝土由于水化热产生温度裂缝问题，在配制混凝土时直接加入规定的相变材料，使相变材料与混凝土料混合成型。直接加入法的优点是：施工工艺简单、比较经济合理、相变材料分布均匀、产品的性能均衡。

在普通石膏板的制备成型时，直接加入 21%～22% 的工业级硬脂丁酯（BS），可制成相变材料储能石膏板。在分散剂的作用下，工业级硬脂丁酯（BS）的加入非常容易。试验证明，相变材料储能石膏板的物理性能、力学性能和抗火性能均非常优异，经过冻融循环后的耐久性也是很理想的。相变材料储能石膏板比普通石膏板，能够少吸收 1/3 的水蒸气，相对的在潮湿环境中更为耐久，最为明显的是其表现出 11 倍的热容量增长。

表 8-5 中列出了各种石膏-相变材料复合材料的热学性能，可供工程设计中参考。

表 8-5　各种石膏-相变材料复合材料的热学性能

相变材料名称	熔点/℃	凝固点/℃	石膏-相变材料复合材料的平均潜热/(kJ/kg)
45%/55%癸酸-月桂酸及阻燃剂	17	21	28
硬脂酸丁酯	18	21	30
棕榈酸丙酯	19	16	40
十二醇	20	21	17

直接加入法对工艺的要求比较简单、经济，相变材料的量也比较容易控制，但过多有机相变材料的加入，在一定程度上会影响建筑材料的工作性及强度。

(三) 封装法

封装法与相变独立构件采用的宏封装相区别，是指以一种介质作为相变材料的载体，将相变材料包封在其中，再以新的整体参与到建筑材料的制备中。

浸渍法和直接加入法虽然各具有一定的优点，但是由于采用浸渍法相变材料的浸渍量受到建筑基体材料的制约，而采用直接加入法相变材料的加入量也受到建筑材料工作性及强度的制约，且还存在相容性和使用周期短等问题，这些都会使它们在一定程度上限制了其应用。

材料试验证明，封装法完全可以克服固-液相变材料流淌性的缺点，将固-液相变材料转化为固-固相变材料。利用封装法制备的复合相变材料称为定形相变材料。这种方法不仅可对相变材料的掺量很容易控制，相变材料与建筑基体材料隔离，相变材料的化学性质可得到保护，而且相变材料在相变过程中呈固态，不会对建筑基体材料产生腐蚀破坏。

用复杂的凝法和喷雾干燥法制备含石蜡相变材料的微胶囊小球，根据核与表层比例的不同，存储和释放的能量可达到 $145\sim240J/g$，同时封装技术还可以降低产品的亲水性，从而提高材料的耐久性。研究结果表明，经历 1000 次的热循环仍能保持胶囊的几何外形和能量存储能力。但是，与浸渍法和直接加入法相比，封装法的工艺比较复杂，不利于大工业生产。

封装法按照所用封装材料的不同，可将其分为以下 3 种方法。

(1) 将相变材料封装成能量微球　为了改善相变材料在建筑材料中的应用效果，使相变材料在建筑材料中的应用真正进入实用性阶段，最近的研究集中在如何将固-液相变材料转化为固-固相变材料。

国内外一般是借助于微胶囊技术和纳米复合技术，把相变材料封装成能量微球，从而制备出复合定形相变材料。如用界面聚合法、原位聚合法等微胶囊技术将石蜡类、结晶水合盐类等固-液相变材料制备为微囊型相变材料，用溶胶-凝胶工艺制备有机相变物/二氧化硅纳米复合相变材料，用液相插层法制备有机相变物/膨润土纳米复合相变材料。能量微球的优点是将相变材料与基体材料隔离，相变材料的化学性质得到了保护，而且相变材料在相变过程中呈固态，不会对基体材料产生破坏。

目前，为了克服固-液相变材料流动性的缺点，出现了另一种相变材料封装技术，即在有机类（工作物质）储能材料中加入高分子树脂类（载体基质），如聚乙烯、聚甲基丙烯酸、聚苯乙烯等，使它们熔融在一起或采用物理共混法和化学反应法将工作物质灌注于载体内制备而得。如以石蜡为相变材料、高密度聚乙烯（HDPE）为基体构成形状稳定的复合定形相变材料。首先将这两种材料在高于它们熔点的温度下共混熔化，然后降温，HDPE 首先凝固，此时仍然呈液态的石蜡则被束缚在凝固高密度聚乙烯（HDPE）所形成的空间网络结构中，由此形成石蜡/高密度聚乙烯复合定形相变材料。

将石蜡与一种热塑体苯乙烯-丁二烯-苯乙烯三嵌段共聚物（SBS）共混制备而成的复合相变材料，在石蜡熔融状态下仍能保持形状稳定，这样既保持了纯石蜡的相变特性，其相交热焓可高达纯石的 80%，而且复合相变材料的热传导性比纯石蜡好，因此其放热速率比纯石蜡快。由于 SBS 的引入，其对流传热作用削弱所以蓄热速率比纯石蜡慢，但是在复合相变材料中加入导热填料膨胀石墨后，其热传导性将进一步提高，以传导热为主的放热过程更快，放热速率比纯石蜡提高 1.5 倍。而在以对流传热为主的蓄热过程中，由于热传导的加强效应与热对流减弱效应相互抵消，从而保持了原来纯石蜡的平均蓄热速率。

采用胶囊化技术来制备胶囊型复合相变材料，能够有效地解决相变材料的泄漏、相分离以及腐蚀性等问题，但胶囊体材料大多数需要采用高分子物质，其热导率较低，从而降低了相变材料的储热密度和热性能，需要添加适量的导热添加剂。此外，胶囊化技术在寻求工艺简单、成本较低、便于工业化生产等方面，也是需要解决的难题。

2004年清华大学发明了一种适用于大规模工业生产的高导热定形相变蓄热材料，这种材料由相变蓄热材料、高分子支撑材料、加工改进剂和导热添加剂组成。其中相变蓄热材料采用相变温度在15~70℃，质量百分比为50%~80%的石蜡；高分子支撑材料采用质量百分比为10%~30%的聚乙烯、聚丙烯、SBS、SEBS中的一种或几种；加工改进剂采用质量百分比为5%~20%的氧化铝、蒙脱土、硅藻土、黏土、钛白粉、碳酸钙、膨润土、二氧化硅中的一种或几种；导热添加剂采用质量百分比为5%~15%的金属粉或石墨。该材料可以很好地解决大规模工业生产的加工工艺问题，并且具有较好的导热性能，非常适用于定形相变蓄热材料在建筑采暖中的大规模应用。

（2）将相变材料包含在多孔骨料中 多孔骨料既作为相变材料的载体，又以轻骨料的形式存在于建材中，这种方法也被称为"两步法"。

利用具有大比表面积微孔结构的无机物作为支撑材料，通过微孔的毛细作用力，在高于相变温度的条件下，将液态有机储热材料吸入微孔内，从而形成有机/无机相变储热材料。在这种复合相变储热材料中，当相变储热材料在微孔内发生固-液相变时，由于毛细管吸附力的作用，液态的相变储热材料很难再从微孔中溢出。材料试验证明，单纯地用多孔介质封装始终无法克服相变材料的泄漏问题，还需要在多孔介质的外表面包覆一层隔离介质，在这方面还有待进一步研究。

同济大学有一项专利，该发明为一种建筑用相变储能复合材料，复合材料以密实度比较高的气硬性或水硬性的胶凝材料为基体；其中分散有膨胀黏土等多孔材料集料，集料与基体的体积比为0.4~1.5；在多孔材料集料中储存有石蜡或硬脂酸丁酯等有机相变材料，储存量为30%~70%质量比。这种相变储能复合材料的相变温度可以在15~60℃之间调节，满足建筑物取暖和制冷的要求。这是一种储能功能耐久、成本低廉、适用范围广的建筑用相变储能复合材料及其制备方法，更加适合建筑领域的应用要求。

实践充分证明，相变储能材料具有储能密度高、储能温度容易控制和选择范围广等优点，目前在一些领域已经进入实用化和商品化阶段。

（3）将相变材料吸入分割好的特殊基质材料中，形成柔软、可以自由流动的干粉末，再与建筑材料进行混合。

针对目前储热建筑材料中存在的有机相变材料材相容性和稳定性差、液相泄漏及可燃性等问题，本项目提出了将有机相变材料与膨润土进行复合制备有机相变物/膨润土纳米复合相变储热材料，再将其作为建筑材料中的填充组分来制备相变储热建筑材料的创新方案。探索出了分别以硬脂酸、硬脂酸丁酯以及烷烃类相变材料RT20为有机相变物，采用液相插层法和熔融插层法制备有机相变物/膨润土纳米复合相变储热材料的工艺条件。

通过对产物进行结构和性能分析表明，有机相变物/膨润土纳米复合相变储热材料的相变潜热与基于复合材料中有机相变物质量百分率的计算值相当；1500次冷热循环试验表明，有机相变物/膨润土纳米复合相变储热材料具有很好的结构和性能稳定性；与纯相变材料相比，有机相变物/膨润土纳米复合相变储热材料的储、放热速率明显提高。

试验表明，硬脂酸丁酯/膨润土复合材料符合储热建筑材料的相变温度要求，与硅酸盐水泥之间具有良好相容性；将烷烃类相变材料RT20/膨润土复合相变材料与石膏混合制成的相变储热石膏板，具有减少室内温度波动幅度而节能的功能。例如，现已用于上海生态示范楼中的顶棚相变储热罐，使用的是用插层法制备的有机相变物/膨润土纳米复合相变材料。

尽管封装法制备复合相变材料具有许多优点，但是也存在如下缺点：一是以共混形式制成的复合相变材料，难以克服低熔点相变材料在熔融后通过扩散迁移作用，与载体基质之间出现相分离的难题；二是相变材料加入一定的载体后，会导致整个材料储热能力的下降，材料的能量密度比较小；三是载体中掺入相变材料后，又会导致材料力学性能的下降，整个材料的硬度、强度、柔韧性等性能都受到很大的损失，以至于寿命缩短、易老化而使工作物质泄漏、污染环境。因此，到目前为止相变材料和载体相互之间还存在着一些难以克服的矛盾。

为了解决相变材料在发生固-液相变后，液相材料发生流动而泄漏的问题，特别是对于无机水合盐类相变材料还存在的腐蚀性问题，人们设想将相变材料包封在能量小球中，制成复合相变材料来改善应用性能。目前，封装的制备工艺有微胶囊包封法、溶胶-凝胶法、物理共混法、化学共混法、材料吸附法和膨润土插层法等。

1. 微胶囊包封法

微胶囊包封法研究起源于 20 世纪 50 年代，美国计算机服务公司（NCR）在 1954 年首次向市场投放了利用微胶囊制造的第一代无碳复写纸，开创了微胶囊新技术时代。20 世代 60 年代，由于利用相分离技术将物质包囊于高分子材料中，制成了能定时拜放药物的微胶囊，从而更加推动了微胶囊技术的发展。近 20 年来，日本对微胶囊技术的大力开发和性能研究，做出了很大贡献，使微胶囊技术迅速发展。

微胶囊是指一种具有聚合物壁壳和微型容器或包装物。微胶囊造粒技术就是将固体、液体或气体包埋、封存在一种微型胶囊内成为一种固体微粒产品的技术。具体来说是指将某一目的物（芯或内相）用各种天然的或合成的高分子化合物连续薄膜（壁或外相）完全包覆起来，而对目的物的原有化学性质丝毫无损，然后逐渐地通过某些外部刺激或缓释作用使目的物的功能再次在外部呈现出来，或者依靠囊壁的屏蔽作用起到保护芯材的作用。

（1）微胶囊的结构及特性 微胶囊的粒径通常在 $2\sim1000\mu m$ 范围内，外壳的厚度在 $0.2\sim10\mu m$ 范围内。微胶囊的外形多种多样，固体粒子微胶囊的形状几乎与囊内固体一样，而含液体或气体的微胶囊是球形的。另外，还可以形成椭圆形、腰形、谷粒形、块状与絮状形态。微胶囊制备技术最近几年发展非常迅速，现在已广泛应用于化工、医药、轻工、农业和建筑等行业。

微胶囊相变材料（MCPCM）是应用微胶囊技术，在固-液相变材料微粒表面包覆一层性能稳定的高分子膜，从而构成具有核壳结构的新型复合相变材料。MCPCM 在相变过程中，作为内核的相变材料发生固-液相转变，而其外层的高分子膜始终保持固态，因此该类相变材料在宏观上将一直为固态颗粒。

微胶囊相变材料（MCPCM）具有如下特性：①可以提高传统相变材料的稳定性。如水合无机盐相变材料稳定性较差，易发生过冷和分离现象，在形成微胶囊后，这些不足会随着胶囊微粒的变小而得到改善；②可以强化传统相变材料的传热性能。微胶囊相变材料颗粒微小且壁薄，这样便可提高传统相变材料的热传递和使用效率。可以改善传统相变材料的加工性能。微胶囊相变材料颗粒微小，粒径比较均匀，易于与各种材料混合，构成性能更加优越的复合相变材料。

（2）微胶囊相变材料构成 微胶囊相变材料（MCPCM）主要由内核材料和外壳材料两

部分构成。

1）内核材料。微胶囊相变材料的内核是固-液相变材料，它是微胶囊相变材料的核心，将直接影响产品的储热和温控性能。目前，可作为微胶囊内核的固-液相变材料有：结晶水合盐、共晶水合盐、直链烷烃、石蜡类、脂肪酸类、聚乙二醇等。

2）外壳材料。微胶囊相变材料的外壳材料是为相变材料提供稳定的相变空间，主要起到保护和密封相变材料的作用。外壳材料对微胶囊的性能影响起着决定性作用，且不同的应用领域对外壳材料有不同的要求。因此，微胶囊相变材料的外壳材料选取至关重要。

微胶囊相变材料的外壳材料常选用高分子材料。但由于天然高分子和半合成高分子构成的外壳，存在力学强度差、弹性不佳、易于水解、不耐高温等缺点，不适合作为微胶囊相变材料的外壳。

（3）微胶囊的制备方法　把相变材料制成微胶囊，不管是从储热放热效果上，还是从使用的方便程度上，都优于颗粒较大的胶囊。按照微胶囊制备的原理不同，其制备方法可分为：物理化学法、化学法和物理机械法 3 类。

1）物理化学法制备微胶囊。此法主要适用于疏水性芯材的微胶囊制备。这种制备方法的共同特点是：改变条件使液态的成膜材料从溶液中沉淀，从而把芯材包裹在微胶囊中。此法微胶囊化在液相中进行，囊心物与囊材在一定的条件下形成新相析出，所以又称为相分离法（phase separation）。其微胶囊化的步骤大致可分为囊心物的分散、囊材的加入、囊材的沉积和囊材的固化 4 步。

物理化学法制备微胶囊采用的方法，主要有复相乳液法、水相分离法、油相分离法、熔融分散冷凝法等。其中相分离法又分为复凝聚法、单凝聚法、溶剂-非溶剂法、改变温度法和液中干燥法。

① 复凝聚法（complex coacervation）。系指使用两种带相反电荷的高分子材料作为复合囊材，在一定条件下交联且与囊心物凝聚成囊的方法。可以作为复合壁囊的材料有明胶与阿拉伯胶、海藻酸盐与聚赖氨酸、海藻酸盐与壳聚糖等。

② 单凝聚法（simple coacervation）。这是相分离法较为常用的一种，即在高分子囊材（如明胶）溶液中加入凝聚剂，以降低高分子溶解度凝聚成囊的方法。在以明胶为囊材用单凝聚法制备微胶囊时，常用的固化剂是甲醛。

③ 溶剂-非溶剂法（solvent-nonsolvent）。此法是根据溶解度原理，先将物质溶解于某溶剂，后对溶液进行必要的操作，然后加非溶剂将该物质以结晶或包覆在其他物质表面等形式析出的一种方法。其中溶剂、非溶剂都是对所要溶解的物质而言的。

④ 改变温度法（temperature variation）。这是一种不需要加入任何凝聚剂，而只通过控制温度成囊的方法。

⑤ 液中干燥法（in-liquid drying）。此法也称为乳化溶剂挥发法，指从乳状液中除去挥发性溶剂制备微胶囊的方法。液中干燥法的干燥工艺，包括溶剂萃取过程（两个液相之间）和溶剂蒸发过程（液相和气相之间）两个基本过程；按照操作方法不同，又可分为连续干燥法、间歇干燥法和复乳法。

2）化学法制备微胶囊。此法利用在溶液中单体或高分子通过聚合反应或缩合反应，产生囊膜而制成微胶囊，这种微胶囊化的方法称为化学法。用化学法制取微胶囊时，先把形成壁材的单体加到适当的介质中，同时把芯材加到分散的体系中，然后通过适当的聚合反应形成高分子膜，包裹在芯材外面形成微胶囊。

化学法制备微胶囊的特点是不需要加入凝聚剂，首先制成 W/O 型乳状液，再利用化学反应或用射线辐照交联。根据其壁材聚合反应原理的不同，微胶囊的化学制备方法主要有界面聚合法、辐射化学法、原位聚合法等。

① 界面聚合法。是将芯材乳化或分散在一个溶有壁材的连续相中，然后在芯材物料的表面上通过单体聚合反应而形成微胶囊。界面聚合法制备微胶囊相变材料，首先要将两种含有双（多）官能团的单体，分别溶解在两种不同混溶的相变材料乳化体系中，通常采用水-有机溶剂乳化体系。在聚合反应时两种单体分别从分散相和连续相向其界面移动并迅速在界面上聚合，生成的聚合物膜将相变材料包覆形成微胶囊。

② 辐射化学法。系用聚乙烯醇（或明胶）为囊材，以 γ 射线照射，使囊材在乳浊液状态发生交联，经处理得到聚乙烯醇（或明胶）的球形微囊。然后将微囊浸泡在药物的水溶液中，使其吸收，待水分干燥后，即得含有药物的微囊。此法工艺简单，成型容易，其粒径在 $50\mu m$ 以下。由于囊材是水溶性的，交联后能被水溶胀，因此，凡是水溶性的固体药物均可采用。但由于辐射条件所限，不易推广使用。

③ 原位聚合法。是指首先使纳米尺度的无机粉体在单体中均匀分散，然后用类似于本体聚合的方法进行聚合反应从而得到微胶囊。

3）物理机械法制备微胶囊。根据使用设备和造粒方式的分同，物理机械法制备微胶囊可以采用喷雾法、空气悬浮法、真空镀膜法、静电结合法等。它们的工艺原理主要是借助专门的设备通过机械方式，首先把芯材和壁材混合均匀，进行细化造粒，最后使得壁材凝聚固化在芯材表面而制备微胶囊。

① 喷雾干燥法（spray drying）。又称为液滴喷雾干燥法，可用于固态或液态药物的微胶囊化。这种方法是先将囊心物分散在囊材的溶液中，再将此混合物喷入惰性热气流，使滴液收缩成球形，经过进一步干燥过程，便可制得微胶囊。

② 喷雾冻凝法（spray congealing）。是将囊心物分散于熔融的囊材中，然后将此混合物喷雾于冷气流中，则使囊膜凝固而成微囊。凡蜡类、脂肪酸和脂肪醇等，在室温为固体，但在较高温度能熔融的囊材，均可采用喷雾冻凝法。

③ 空气悬浮法（air suspension）。也称为流化床包衣法。这种方法利用垂直强气流使囊心物悬浮在包衣室中，囊材溶液通过喷嘴射洒于囊心物表面，使囊心物悬浮的热气流将溶剂挥发干，囊心物表面便形成囊材薄膜而制得微胶囊。

④ 多孔离心法（multiorifice-centrifugal process）。利用离心力使囊心物高速穿过囊材的液态膜，再进入固化浴固化制备微胶囊的方法称为多孔离心法。它利用圆筒的高速旋转产生离心力，利用导流坝不断溢出囊材溶液形成液态膜，囊心物（液态或固态）高速穿过液态膜形成的微胶囊，再经过不同方式加以固化，即得到所需要的微胶囊。

2. 溶胶-凝胶法

溶胶-凝胶法（sol-gel）是近年来发展比较迅速的微胶囊制备方法。溶胶-凝胶就是用含高化学活性组分的化合物作前驱体，在液相下将这些原料均匀混合，并进行水解、缩合化学反应，在溶液中形成稳定的透明溶胶体系，溶胶经陈化胶粒间缓慢聚合，形成三维空间网络结构的凝胶，凝胶网络间充满了失去流动性的溶剂，形成凝胶。凝胶经过干燥、烧结固化制备出分子乃至纳米亚结构的复合材料。

二氧化硅是一种理想的多孔母材，能支持细小而分散的相变材料，加入适合的相变材料后，能增进传热、传质，其化学稳定性和热稳定性均很好。溶胶-凝胶法与传统共混方法相比，具有如下一些独特的优势：①反应用低黏度的溶液作为原料，无机与有机分子之间混合相当均匀，所制备的材料也相当均匀，这对于控制材料的物理性能与化学性能至关重要；②可以通过严格控制产物的组成，实行分子设计和剪裁；③整个工艺过程温度比较低，非常容易操作；④制备的相变材料纯度比较高。

在相变材料表面包覆金属氧化物或非金属氧化物的凝胶，从而提高了该类相变材料的机械强度和阻燃性。用二氧化硅作为母材，有机酸作为相变材料，合成可以制得性能良好复合相变材料。有机酸作为相变材料，不仅克服了无机材料易燃、存在过冷的缺点，而且具有相变潜热大、化学性质稳定的优点。

3. 物理共混法

物理共混法是利用物理相互作用把固-液相变材料固定在载体上，物理相互作用主要包括吸附作用或包封技术。该类材料一般被称为定形相变材料，其在本质上进行固-液相变，在宏观上仍能保持稳定的固态形态。

定形相变材料通常由相变材料和支撑材料组成，在超过相变材料的相变温度时，这种复合相变材料在宏观上仍能保持其固体形态，而在微观上则发生固-液相变，是一种不需要封装的相变材料，因此在充热和释热过程中，不存在与容器壁的脱离问题。但是，其缺点是相变材料容易析出，由于物理作用力相对较小，材料经过多次使用后，易发生相变材料与支撑载体脱附及渗漏现象。另外，此种方法白制备工艺比较复杂，还需要进一步探索适宜的工艺，以获得均匀、稳定、力学性能良好的定形相变材料。

用石蜡作相变材料，用多孔石墨作支撑载体，制备而成复合相变材料，石蜡的质量分数可达到 $65\%\sim95\%$，复合相变材料的热导率相对于纯石蜡类有很大提高。有关文献报道：把固-液相变材料与适当的高分子材料（如高密度聚乙烯）在超过载体熔解温度以后，将它们熔融混合，然后再冷却成型。在冷却的过程中，高熔点的载体先结晶，形成网状结构，低熔点的相变材料后凝固在网状结构中，石蜡则被束缚其中，由此形成定形相变石蜡。

将石蜡与一热塑苯乙烯-丁二烯-苯乙烯三嵌段共聚物（SBS）复合，可制备在石蜡熔融态下仍能保持形状稳定的复合相变材料。复合相变材料保持了纯石蜡的相变特性，其相变热熔可高达纯石蜡的 80%，且热传导性比纯石蜡好。在复合相变材料中加入导热填料膨胀石墨后，则可克服由于 SBS 的引入而造成传热作用的削弱。

通过对"钙钛矿型"和"塑性晶型"材料的合成、配方，及其与环氧树脂、铝粉和室温固化硅橡胶的共混，得到相变温度 $30\sim40℃$、相变熔大于 $100kJ/kg$ 的固-固相变材料，该材料可用在蓄热系统中，但其相变潜热偏低。

4. 化学共混法

聚合物的共混改性是高分子材料科学与工程领域中的一个重要分支。聚合物共混的本意是指两种或两种以上聚合物经混合制成宏观均匀的材料的过程。广义的共混包括物理共混、化学共混合物理/化学共混。其中，物理共混是通常意义上的共混，也是聚合物共混的本意。化学共混如聚合物互穿网络（PIN），则应属于化学改性研究的范畴。物理/化学共混则是在物理共混的过程中发生某些化学反应，一般也在共混改性领域中加以研究。将不同种类的聚合物采用物理或化学的方法共混，不仅可以显著改善原聚合物的性能形成具有优异综合性能的聚合物体系，而且可以极大地降低聚合物材料开发和研制过程中的费用，降低成本。

聚乙二醇/纤维素共混物是一种常见的复合固-固相变材料。利用嵌段共聚或接枝共聚等化学方法改性，已成功地得到了主链侧链型的复合固-固相变材料，该复合相变材料具有很好的热稳定性。作为固-固相变材料聚乙二醇/纤维素共混物存在两个缺点：一是工艺比较复杂；二是由于作为基体的纤维素是半刚性分子，与聚乙二醇形成的共混物不具有热塑性，不能进行热加工和热成型，所以在建筑中的应用受到限制。

以锰盐等复合引发剂将分子量为 1000～4000 的聚乙二醇，直接引发接枝于棉花、麻等的纤维分子链上，或者以树脂整理等后处理方法，将交联聚乙二醇吸附于聚丙烯、聚酯等高分子纤维表面，得到具有"温度调节"功能的纤维材料。聚乙二醇复合相交材料纤维的缺点是材料的相变熔较小，仅为 20～30J/g 左右，这是由于纤维表面上聚乙二醇的接枝量（或吸附量）较小所致。

纯聚乙二醇（PEG）的相变为固-液相变，PEG-4000 的相变温度为 58.5℃、相变熔为187.2J/g。PEG 在一定条件下和纤维共混，即使仅仅 5% 的极少量纤维素，共混中的 PEG的相变特性也会发生很大的变化。在远高于熔点的温度下，共混物中的 PEG 仍不转变为液体而保持固体状态。PEG 的含量越高，共混物的相变熔越大。

以刚性的二醋酸纤维素链为骨架，接枝上聚乙二醇柔性链段，可以得到一种固-固相变性能的储能材料。PEG 支链从结晶状态到无定形态间的相变，可以实现储能和释能的目的。通过改变 PEG 的百分含量与 PEG 的分子量，可以得到不同相变熔和不同相变温度的一系列固-固相变材料，可以更好地适应各种不同的应用领域需要。

5. 材料吸附法

材料吸附法是利用具有大比表面积微孔结构的无机物作为支撑材料，在高于相变温度的条件下，通过微孔的毛细作用力将液态的有机物或无机物相变储热材料吸入微孔内，从而形成有机/无机或无机/有机复合相变储热材料。在这种复合相变储热材料中，当有机或无机相变储热材料在微孔内发生固-液相变时，由于毛细管吸附力的作用，液态的相变储热材料很难从微孔中溢出。

多孔介质的种类繁多，具有变化丰富的孔空间，是相变物质理想的储藏介质。可供选择的多孔介质主要有石膏、膨胀黏土、膨胀珍珠岩、膨胀页岩、多孔混凝土等。采用多孔介质作为相变物质的封装材料，可以使复合材料具有结构-功能一体化的优点，在应用上可以节约空间，具有很好的经济性。多孔介质内部的孔隙非常细小，可以借助毛细管效应提纲相变物质在多孔介质中的储藏可靠性。多孔介质还将相变物质分散为细小的个体，可以有效地提高其相变过程的换热效率。

6. 膨润土插层法

插层法是相变材料复合的一种基本方法，研究比较多的是膨润土的插层。膨润土的基本结构单元是由一片铝氧八面体夹在两片硅氧四面体之间而形成层状结构，每个片层的厚度约为 1nm，长和宽各约为 100nm。由于天然的膨润土在形成的过程中，一部分位于中心层的 Al^{3+} 被低价的金属离子（如 Fe^{2+}、Cu^{2+} 等）交换，导致各片层出现弱的电负性，因此在片层的表面往往吸附着金属阳离子（如 Na^+、K^+、Ca^{2+}、Mg^{2+}）以维持电中性。

由于这些金属阳离子是被很弱的电场作用力吸附在表面，因此很容易被有机离子型表面活性剂交换出来，这些离子交换剂的作用是利月离子交换的原理进入膨润土片层之间，扩张其片层的间距、改善层间的微循环，并且能降低硅酸盐材料的表面能，使得有机物分子或分子链更容易插入膨润土片层之间。目前常用的插层剂有烷基铵盐、季铵盐和其他阳离子表面活性剂等。

纳米复合相交材料纳米材料技术为发展新材料提供了新途径，极大地丰富了相变储热材料制备科学。方晓明等利用膨润土具有独特的纳米层间结构，采用"插层法"制备有机/无机纳米复合材料，提出将有机相变材料与无机层状矿物进行纳米复合的新方案，采用"液相插层法"将有机相变材料嵌入到膨润土的纳米层间，制备有机相变物/膨润土纳米复合相变储热材料。相变潜热值与按失重率计算出的硬脂酸理论值相当。经历了 1500 次熔化-凝固热循环试验后表明，硬脂酸/膨润土纳米复合相变储热材料具有很高的结构和性能稳定性。这种有机/无机复合相变材料，大大改善了单独有机相变材料导热性能差的缺点。

第三节　建筑节能相变材料应用

我国能源总量丰富，但是人均能源可开采储量远低于世界平均水平。从能源利用效率来看，目前国内能耗高，能源效率低，与此同时，我国建筑能耗的总量逐年上升，在能源总消费量中所占的比例已从 20 世纪 70 年代末的 10%，上升到近年的 27.5%。

国家建设部科技司研究表明，随着城市化进程的加快和人民生活质量的改善，我国建筑耗能比例最终将上升至 35% 左右。如果任由这种状况继续发展，到 2020 年，我国建筑耗能将达到 1.089×10^{11} t 标准煤，空调夏季高峰负荷将相当于 10 个三峡电站满负荷能力，如此庞大的建筑耗能已成为我国经济发展的沉重负担。目前，我国已明确提出了"十三五"期间所要达到的建筑节能目标，而要实现这个目标，需要各种节能技术的改善和发展。

综上所述可以看出，近年来国内外的研究人员在相变储能建筑材料（PCBM）的研发方面取得了一些的进展，但是该材料是一个复合体系，牵涉到材料的力学性能、热物理性能、耐久性能和化学性能等多个方面，同时还要考虑实际大规模产业化的可能性和生产成本问题，因此，研究具有相当的复杂性。根据已有的研究成果，该领域可能存在以下一些问题。

（1）相变材料使用过程中的液相控制问题　由于固-液相变型材料品种繁多，分布广泛，易于获取且具备较好的热物性能，因此，目前运用于建筑领域的相变材料几乎都是这一类型的。但是，当物质处于液相状态时往往都会面临流动和渗漏的问题。关于这一问题，一方面可以考虑开发固-固相变材料（如多元醇、层状钙钛矿等）用以在部分应用领域替代固-液相变材料；另一方面，则可考虑对相变材料进行适当的封装处理。但就目前而言，无论是胶囊包裹也好，还是无机介质吸附也好，都需要进一步进行系统而深入的研究。

（2）相变材料热物理性能的改性问题　现有的研究主要偏重于对相变材料的合成、制备及利用等方面，对材料本身的改性特别是热物性能的提高考虑不足。从以往的研究来看，对材料基本特性的改变和提高往往是具有革命性的（如针对非常容易过冷的材料找到合适的成核剂等）。在现有的一些相变材料中，如常见的脂肪酸、多元醇类相变材料，无过冷及析出现象，性能稳定，无毒，无腐蚀性，价格便宜，具有理想的相变温度和较大的潜热，但其导热系数往往较低，单位体积储能效果差，如何解决这方面的困难，是制备复合体系所必须考虑的问题。

（3）相变材料对混凝土技术的潜在应用问题　相变材料应用在土木工程领域，不仅能够对建筑节能提供帮助，而且由于其具有一定的控温作用，也能够在混凝土技术中得到利用。现在主要的研究方向集中在两个方面：一个是对于大体积混凝土早期水化温度的抑制；另一个是对混凝土在低温环境下耐久性的改善。但是，这些方面的研究还很不成熟，许多未知领域仍然需要深入探索。

相变储能建筑材料（PCBM）则是将相变材料加入传统的建筑材料中。工程实践充分证明：相变储能建筑材料，不仅完全能够承受荷载作为建筑结构材料，而且又具有较大的蓄热能力。利用相变储能建筑材料建造的房屋，本身即具有较大的蓄热功能，而不需要另外安装设备。所以，相变储能建筑材料在使用上非常简单。

通过以上所述可知，用于建筑上的相变储能建筑材料应满足：能够吸收和释放适量的热能；能够和其他传统建筑材料同时使用；不需要特殊的知识和技能来安装使用蓄热建筑材料；能够用标准生产设备生产；在经济效益上具有竞争性。

现有的研究和发展已经显示，相变储能建筑材料（PCBM）具有良好的应用前景。相变储能建筑材料（PCBM）的使用需要考虑相变材料的种类、相变温度范围、与传统材料复合的百分比、使用区域的气候以及使用建筑物的结构等因素。相变储能建筑材料（PCBM）的热传递模型，各种构件和相变系统的设计等方面，仍然需要进一步开展研究。总之，随着人们对相变材料的不断研究开发以及新的测试技术的发展，相变材料在建筑材料中应用的广度和深度都将不断得到拓展。

近年来，相变储热在建筑节能中的研究正日益受到国内外学者的重视。具体来讲，相变储热在建筑节能领域的应用，主要体现在相变蓄能围护结构供暖储热系统和空调蓄冷系统 3 个方面。

一、相变蓄能围护结构

随着人们对工作与居住环境要求的提高以及节能和环保意识的增强，对建筑围护结构的要求也越来越高。通过将相变材料与建筑材料基体复合，可以制成相变储能建筑材料。利用相变储能建筑材料构筑建筑围护结构，可以提高围护结构的蓄热能力，降低室内温度波动幅度，减少建筑物供暖、空调的运行时间，从而达到节能降耗和提高舒适度的目的。相变蓄能围护结构材料是相变材料与建材基体复合制备的一种环保节能型的建筑功能材料。

将相变材料掺入现有的建筑材料中，制成相变蓄能的围护结构，可以大大增强围护结构的蓄热功能，使用少量的材料就可以储存大量的热量。在制作相变蓄能围护结构时，可以将相变材料掺入主体结构，也可以制成相变保温砂浆或以墙板的形式存在于围护结构中。

按相变材料与建筑材料结合方式不同，相变材料在节能建筑围护结构中的应用，首先表现在独立式相变构件的使用中，在这方面研究较多的例子是将 $Na_2SO_4 \cdot 10H_2O$ 或 $CaCl_2 \cdot 6H_2O$ 用高密度聚乙烯管封装，然后置于墙体或墙板中。

相变独立构件的使用还表现在对于通过窗户进入的能量的控制中。建筑物中热量损失和保持的薄弱环节是窗户，特别是玻璃的绝热性能很差，大量的热量夏日白天通过玻璃进入室内，冬天的晚上室内的热量散往室外。

一种解决办法是将片状相变储热单元铺设在天花板上，相变储热单元吸收窗户反射的太阳能，提供夜间采暖。还可以通过相变材料处理的百叶窗帘解决这一问题，并保证建筑物内调节空气的效率。对含有相变材料的百叶窗帘进行测试表明，与不含相变材料的普通窗帘相比，其热流量可降低 30％左右。

以浸渍法制成的复合相变材料，在节能建筑围护结构中的一种常见应用形式，主要用于铺设在内墙；以封装法制成的复合相变材料，在节能建筑围护结构中的应用比较广泛，如相变石蜡砂浆及节能墙面板产品。

将相变储能围护结构与适合的通风方式相结合，相变蓄能围护结构的节能作用将更为明显。如在相变储能墙体中设置风道，利用夜间进行通风。在冬季可以由空气将墙体日间所蓄

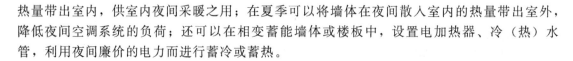

热量带出室内，供室内夜间采暖之用；在夏季可以将墙体在夜间散入室内的热量带出室外，降低夜间空调系统的负荷；还可以在相变蓄能墙体或楼板中，设置电加热器、冷（热）水管，利用夜间廉价的电力而进行蓄冷或蓄热。

（一）相变储能控温墙体

相变储能材料在其本身发生相变的过程中，可以吸收环境的热（冷）量，并在需要时向环境放出热（冷）量，从而达到控制周围环境温度的目的。利用相变材料的相变潜热来实现能量的贮存和利用，有助于开发环保节能型的相变复合材料，是近年来材料科学和能源利用领域中一个十分活跃的学科前沿。

将相变材料与传统建筑材料复合，可以制成相变储能建筑材料（PCBM）。相变储能建筑材料是一种热功能复合材料，能够将能量以相变潜热的形式进行贮存，实现能量在不同时间、空间位置之间的转换。到目前为止，相变储能建筑材料在建筑领域的应用已经成为其最为重要的途径之一。可以预计，在今后相当长的时间里，相变储能建筑材料在环境材料和建筑节能等领域都将扮演极其重要的角色。

20世纪90年代中期，美国率先开始研制将相变材料与建筑材料结合，形成一种新型的复合储能建筑材料，构筑成新型建筑围护结构相变储能控温墙体。这种控温墙体可充分利用夜间低价电进行蓄热，供次日白天的辅助热源，从而降低采暖系统的投资与能耗，改善室内的环境。

工程实践证明：相变储能控温墙体的效果如何，选择合适的相变材料至关重要。制造相变储能控温墙体的相变材料，应当具有以下特点：①熔化潜热高，使其在相变中能储藏或放出较多的热量；②相变过程的可逆性良好，膨胀收缩性很小，出现过冷或过热很少；③有比较适宜的相变温度，能满足需要控制的特定温度；④相变材料的热导率、密度和比热容均比较大；⑤相变材料无毒性和腐蚀性，成本较低，制作方便；⑥与建筑材料有很好的相容性。

在实际研制的过程中，要找到满足以上这些理想条件的相变材料非常困难。因此，人们往往先考虑有合适的相变温度和有较大的相变热，而后再考虑各种影响研究和应用的综合性因素。目前，国际上出现了一种新型复合定形相变材料（FSPPC），它不仅具有稳定性好、易于加工、成本较低等优点，其相变温度在较大范围内可以选择，而且具有与传统相变材料相当的相变潜热（160kJ/kg），有着很好的应用前景。

这种新型的复合定形相变材料，是以高密度聚乙烯（HDPE）为基体，以石蜡为相变材料构成的。首先将这两种材料在高于它们熔点的温度下共混熔化，然后进行降温，高密度聚乙烯首先凝固，此时仍然呈液态的石蜡则被束缚在凝固的高密度聚乙烯所形成的空间中，由此而形成新型复合定形相变材料（FSPPC）。

由于高密度聚乙烯（HDPE）结晶度很高，即使复合定形相变材料（FSPPC）中石蜡已经熔解，只要使用温度不超过高密度聚乙烯的软化点，复合定形相变材料的强度足以保持其形状不变。将这种复合定形相变材料制作成块状，置于建筑围护结构的内墙上，可以储存190倍的普通建材在温度变化1℃时的同等热量，可见复合定形相变材料具有普通建材无法比拟的热容，对于房间的气温稳定及采暖系统工况的平稳是非常有利的。

目前，相变材料与建筑材料相结合的重要环节，主要是如何实现现有建筑材料与相变材料的融合。国内主要探讨了正十六烷、正十八烷和硬脂酸正丁酯3种纯物质相变材料，分别与3种建材基体（石膏板、石膏纤维板及黏土砖）制成储能建材。

在过去的20年中，容器化的相变材料已被市场应用到太阳能领域，但由于其在相变时与环境接触的面积太小，而使其能量的传递并不是很有效。相反，室内墙板却给建筑物每一个区域的被动式传热提供了足够大的接触面积，从而引起了相变储能研究者的重视，因此相变储能石膏板迅速发展起来。

建筑物的能量仿真技术的应用，可以帮助人们评价应用相变节能建筑材料的效果。相变建筑材料的节能经济性分析也被广泛研究，因为热能的存储可以降低高峰用电时的需求，减小加热和制冷系统的规模，利用电网的分时峰谷不同计价，则可使用户降低工程和能耗费用。Peipoo 等研究了应用含相变材料的墙板来存储能量的可行性，应用相变材料的围护结构，在美国威斯康星州麦迪逊市的一座 $120m^2$ 房屋中，一年可以节省 15％ 的电力消耗，在炎热的夏季，则能降低 20％ 的空调电力消耗。

相变储能墙板最初是美国在 20 世纪 80 年代中期，开始研究的一种含有相变材料的建筑围护结构材料。根据不同的建筑基体，可以将这种材料分为三类：一是以石膏板为基材的相变储能石膏板，主要用作外墙的内壁材料；二是以混凝土为基材的相变储能混凝土，主要用作外墙材料；三是用保温隔热材料为基材，用来制备高效节能型建筑保温隔热材料。

相变储能墙板用于建筑物围护结构，当室内温度高于相变材料的相变温度时，相变储能墙板中的相变材料发生相变，吸收房间内多余的热量；当室内夜间温度低于相变温度时，相变材料也发生相变，释放出储存的热量。相变储能墙板由于相变材料的蓄热特性，使通过围护结构的传热量大大降低。由于相变材料增加了围护结构的热惰性，所以可以显著提高室内环境的温度舒适性。

联邦德国巴斯夫公司（BASF），研制出一种名为 Micronal PCM 的石膏墙面板，这是一种轻质环保节能建筑材料。这种墙板每 $1m^2$ 中含有 3kg 的蜡质，在墙板的生产中设定相变温度为 23～26℃，室温变化超过这一温度范围时，蜡质便会发生熔化或凝固来吸收或放出热量。室内由于通过蜡质相变来保持室温，所以能够将房间保持令人舒适的室温下。

加拿大肯考迪亚大学建筑研究中心，用 49％ 丁基硬脂酸盐和 48％ 丁基棕榈酸盐的混合物作为相变材料，采用直接混合法与灰泥砂浆混合，然后再按工艺要求制备出相变储能墙板，并对相变储能墙板的熔点、凝固点、热导率等进行了测试。试验结果表明，这种相变储能墙板比相应的普通墙板的储热能力增加 10 倍。这个建筑研究中心还研究了把有机相变材料植入水泥中制备相变储能墙板的可能性，并研究了如何通过控制相变材料的吸收量和熔化量达到需要的储热量。

1999 年，美国俄亥俄州戴顿大学研究所，成功研制出用于建筑保温的固液共晶相变材料，其固液共晶温度为 23.3℃。当温度高于时，晶相熔化，积蓄热量，一旦气温低于 23.3℃ 时，结晶固化再现晶相结构，同时释放出热量，在墙板或轻型混凝土预制板中浇注这种相变材料，可以保持室内温度达到舒适的要求。美国伊利诺伊州某工厂已采用这项成果，准备生产这种节能墙板，并用于建筑房屋。

目前，我国的同济大学、东南大学、武汉理工大学、浙江大学等高等院校，相继研发在保温隔热材料基体中掺入少量相变材料，制备用于节能建筑外围护结构的高效节能型建筑保温隔热围护材料，现在取得了显著的成效。试验结果表明，在保温隔热材料基体中掺入适量的相变材料，不仅可以提高轻质材料的蓄热能力，而且改善材料的热稳定性，提高材料的热惰性，同时不影响材料的强度、黏结能力、耐久性等性能。

高效节能型建筑保温隔热围护材料，对保温隔热性能有双重要求，关键是要使节能建筑外围结构既具有良好的保温性能，又要具有很好的蓄热能力，在保温和隔热性能要求中寻求经济可行的平衡点。

（二）相变控温混凝土

混凝土是现代建筑工程中不可缺少的建筑材料，也是用途最广、用量最大的建筑材料。但是，混凝土结构的温度裂缝，尤其是大体积混凝土工程中的温度裂缝，至今还缺乏有效的控制措施。经过材料试验和工程实践，同济大学建筑材料研究所提出了相变控温储能材料机敏控制混凝土结构温度裂缝的新技术。

结构混凝土内部温度场随环境温度和混凝土水化热变化而变化，其温度应力变化具有随机性和方向交替变化的特点，采用构造配筋措施抗裂难以奏效。因此，制温度的机制需与混凝土结构有机一体化，才可能同步感应内部温度变化，实时随机应变启动控制温度机制，防止温度裂缝的形成。因此，根据结构混凝土内部温度应力变化具有随机性和方向交替变化的特点，探索利用相变材料在特定温度范围的热效应控制混凝土内部温度，以达到机敏控制温度应力防止温度裂缝。

将相变材料掺入到混凝土中，并具有一定的控温效果的混凝土称为相变控温混凝土（简称 PCM 混凝土）。相变材料可以在等温或近似等温情况下，发生相变转化吸收或释放的一定相变潜热，与周围介质或环境进行热量的存储和交换，从而达到热能储存和温度调控功能。与显热式贮热相比，潜热式贮热的贮热密度高，材料的相变潜热要远远高于材料的显热，而且潜热式贮热的贮、释热过程近似等温。

PCM 混凝土与石膏板相比，物理性能没有发生较大的变化，冻融循环后的耐久性有显著提高，耐火性能良好，火焰传播速度极小，其储热能力是普通混凝土在 6℃ 时变化的 200%～230%。特别值得指出的是，PCM 混凝土（6℃）的温差比 PCM 墙板（4℃）具有更高的使用价值。表 8-6 中列出了不同混凝土 PCM 复合材料的热性能，可供进行 PCM 混凝土设计中参考。

表 8-6　不同混凝土 PCM 复合材料的热性能

混凝土种类	PCM	熔点/℃	凝固点/℃	PCM 混凝土的平均潜热/(kJ/kg)	龄期[①]/d
ABL	BS	15.2	19.3	5.7	692
REG	BS	15.4	20.4	5.5	391
PUM	BS	15.9	22.2	6.0	423
EXS	BS	14.9	18.3	5.5	475
ABL	DD	10.8	16.5	3.1	653
REG	DD	5.0	9.6	4.7	432
PUM	DD	14.9	12.0	12.7	377
REG	TD	26.2	32.0	5.7	405
PUM	TD	32.2	35.7	12.5	404
REG	PAR	52.4	60.2	11.9	428
ABL	PAR	53.2	60.6	18.9	421
PUM	PAR	52.9	60.8	22.7	407
OPC	PAR	51.7	60.4	7.6	407

①这是试件浸渍了相变材料后的龄期。

注：ABL 为高压混凝土块；REG 为常压混凝土块；PUM 为浮石混凝土块；EXS 为膨胀页岩（集料）块；OPC 为普通硅酸盐水泥混凝土；BS 为硬脂酸丁酯；DD 为十二醇；TD 为十四醇；PAR 为石蜡。

将两种相变材料（硬脂酸丁酯和石蜡）注入普通混凝土块中，包括普通硅酸盐水泥制成的普通混凝土（R）和由硅酸盐水泥及浮石制成的高压养护的混凝土（A）。注入的方法是将热的混凝土块浸渍到熔化的相变材料中，直到需要的吸收量（3.9%～8.6%）。试验结果表明，相变材料的加入使得混凝土块能够储存潜热和显热，不同相变材料和混凝土配合的储热计算值如表 8-7 所列。

表 8-7　不同相变材料和混凝土配合的储热计算值

项　　目	A-BS(5.6%)	A-P(8.4%)	R-P(3.9%)
温度范围/℃	15～25	22～60	22～60
混凝土块的显热值/kJ	1428	5337	7451
相变材料(PCM)的显热值/kJ	233	1135	705
相变材料(PCM)的潜热值/kJ	977	2771	1718
储热总量/kJ	2638	9244	9874
储热总量/混凝土块的显热值	1.8	1.7	1.3

(三) 相变控温砂浆

联邦德国巴斯夫公司将石蜡封装在微胶囊中，研制出控温型的相变石蜡砂浆。相变石蜡砂浆内 10%～20% 的成分由可以蓄热的微粒状石蜡组成，为了使石蜡易与砂浆结合，对石蜡进行了"微粒封装"。这种相变石蜡砂浆已应用于德国的建筑节能工程中，用这种砂浆抹于内隔墙，每平方米墙面上含有 750～1500g 的石蜡，每 2cm 厚的石蜡砂浆蓄热能力，相当于 20cm 厚的砖木结构墙体。

当室外温度太高，在热量向室内传播过程中，石蜡遇热而熔融，使室内温上升非常缓慢；当室内温度较低时，熔融的石蜡向室内释放热量。这种作为室内冬季保温和夏季制冷的相变控温材料，可以减少室内温度的波动和室调系统设备容量，使室内保持良好的热舒适性。

同济大学建筑材料研究所，采用无机多孔介质为载体吸附脂肪酸相变材料，成功地制备了蓄热复合相变材料。该材料采用月桂酸和肉豆蔻酸的低共熔物作相变材料，用膨胀珍珠岩作载体，吸附后通过水泥包裹予以密封。

这种相变砂浆的最大特点是：以骨料的形式可方便地制备成相变控温砂浆，掺入建筑围护结构中，用于夏热冬冷地区的节能建筑；同时根据相变砂浆的相变温度、掺量不同，可用于不同的气候环境下。

(四) 相变材料调温壁纸及瓷砖

美国专家最近研制成功一种内墙调温壁纸。当室温超过 21℃ 时，内墙调温壁纸吸收室内余热；当室温低于 21℃ 时，内墙调温壁纸又会将热量释放出来。这种内墙调温壁纸可设计成 3 层：靠墙面的是绝缘层，能把冷冰冰的墙体隔开；中间是一种特殊的调节层，由经过相变材料处理的纤维组成，具有吸湿、蓄热的作用；外层为美观大方装饰层，上面有无数的孔，并印有装饰图案，品种多样任意搭配。

研制室内调温瓷砖是很多人的愿望和梦想。美国最近的一项专利，就是一种块状相变瓷砖结构，它可以由石英石、花岗石、石灰石、大理石、玻璃、陶瓷等的粉末、碎片、颗粒组成的单层混合颗粒状基体，与合适的黏结材料和相变材料组成；也可以是多层结构，即包括相变材料的外部耐磨层，该层黏结或嵌入由黏结材料和相变材料组成的第二层。这种室内调温瓷砖与普通瓷砖一样，可以制成多种形状、各种尺寸和性能各异的块状材料。

二、空调-相变储能系统

相变材料与太阳能、其他再生能源或使用夜晚低电价的热泵复合应用于空气加热系统，是一种经济而有效利用能源的途径。相变材料以颗粒或板状形式置放于容器中，保证较大的换热面积；而且蓄热能力比砂石料高 3～5 倍，同时潜热蓄存单元质量相对较轻，所需要的空间较小，可降低建设费用。

（一）太阳能集热器＋相变地板采暖系统

随着科学技术的迅速发展，相变材料热水系统已广泛应用于民用住宅、商业建筑、医院、宾馆以及工业场所等。在吸热阶段，它主要通过太阳能、低电谷、热泵对相变材料进行加热，利用其高蓄热能力蓄存热量；在放热阶段，冷水流入储热罐吸收相变材料所蓄存的热量而变为热水。相变材料热水系统的优点很多，主要有：可使系统保持在恒定的操作温度；对环境不存在任何污染；相变材料为无毒、不可燃材料；易于安装，成本较低。

除此之外，相变材料还可以将热水的能量储存起来，并用于地板的采暖，从而形成太阳能集热器＋相变地板采暖系统。这个系统采用适宜相变温度的相变材料，配合太阳能热水装置，是一种完全环保型的室内节能采暖系统，它具有安装容易、能效较高、运行成本很低等显著特点。

安装在屋顶上的太阳能热水器，通过水泵经导管将热水输送到地板的相变材料储热器中将热能存储起来。当室内温度在 21℃ 上下波动时，地板下面的相变材料储热器便吸收或释放热能量，并在需要时释放为室内采暖。太阳能相变材料储热器可使室温在整个冬季保持在 21℃ 左右，完全可以不受外界气候的影响。该系统的优点是使用成本非常低、施工比较简单、使用绝对安全、需要很少维护、使用寿命很长，主要适合于新建和已建成的建筑。

针对这种太阳能集热器＋相变地板采暖系统，目前大多数建筑物的地板取暖安装都比较复杂，且效果都不十分理想。在这些系统中，有些是没有蓄热的能力，保暖需要耗费较多的能源。有的系统虽然采用蓄热材料，但安装过程复杂、工序繁多，且热水管与蓄热材料的交换方式不合理，从而削弱了取暖的效果，对于建筑物节能推广产生不利影响。

为了更好地推广太阳能集热器＋相变地板采暖系统，在科技工作者的努力下，一种用特殊包装的相变材料蓄热的方式，能够较好地解决以上难题。特殊包装的相变材料蓄热的方式，是在一个直径较大的圆管中，穿过一个直径较小的管子，小管是通过热水的水管。在小管的外壁与大管的内壁之间，填充可以蓄热的相变材料。管的两端各装有一个支撑物，使内管固定在中央位置，同时起到对管道密封作用，防止相变材料的漏出。

采用这种方式安装的地板取暖系统，大部分工作可以在工厂预制完成，现场安装工作变得非常简单。在工厂预制时，先根据建筑物的形状和尺寸确定管的长度，将相变材料安装好，再将一定数量的管固定在一起制作模块。安装时将预制好的模块排列并固定好，然后连接上水管，再铺上地板面料。

这种方法与现有的取暖地板安装方法相比具有以下优点。

（1）蓄热的相变材料与通过热水的水管是直接接触的，当热水流经水管时，将水中的热能直接传递给相变材料，使其发生相变并存储热能。由于相变材料是均匀地分布在热水管的周围，从而避免了受热不均匀和相变不充分的情况。由于热传递效率有较大的提高，使提供热源的能源相应地减少，这样就能达到节能的目的。

（2）在使用太阳能热水供热的情况下，这种方法可以在较寒冷或者在太阳光照射较少的地区使用，这样可以节省热水供热的能源。

（3）由于装有相变材料的管型材料可以根据建筑物的尺寸，在工厂预制并组合成较大的模块，在安装时只需将这些模块在现场拼装、固定，再接上水管并铺上地面材料就可完成。这样便可简化安装过程，节省时间、人力和物力，有利于建筑物节能的推广。

由于太阳能的能量密度低，特别是冬季无法解决全天利用太阳能，来满足室内采暖等方面的需要。科学家把目光集中在能量储存的实用技术研究领域，并利用大量的试验数据解决相变储能问题。通过多次的试验，现已研发出性能较好的相变材料，如某些水合盐类和熔盐类等，它们不但资源丰富、价格便宜，而且对金属材料没有腐蚀性。

（二）空调系统

通常建筑物的空调负载在一天内呈现不均衡分布，夜间无负载或少量负载。因此，利用主机在夜间处于闲置状态下，在夜间廉价电力时段制取白天所需要的冷量进而以某种形式储存起来，等到次日白天再释放出来，这样不仅可以节约可观的电费，而且可以节约实实在在的耗电量。

一些相变材料的水溶液在一定的温度下凝固，通过液-固相把冷量存储起来，称为相变材料蓄冷。其基本原理与冰蓄冷相似，利用相变材料相变蓄冷，但一般都在高温下相变，所以制冷机组及系统类似于水蓄冷，它兼有冰蓄冷与水蓄冷系统的优点，是一种前景广阔的蓄冷技术。相变材料蓄冷系统是由制冷机组将电能转化为冷量并储存在蓄冷罐内，当用电高峰电价升高时，由蓄冷罐直接提供冷量到空调末端，从而可避开电价较高的用电高峰，达到降低运行费用的目的。

作为蓄冷空调的又一种形式（除冰蓄冷和水蓄冷），相变材料相变蓄冷在发达国家已经应用比较广泛。如美国，在 20 世纪 80 年代初，相变材料相变蓄冷成功实现商业化运用。目前美国蓄冷空调市场中，冰蓄冷占 87%，水蓄冷占 10%，相变材料蓄冷占 3%。虽然相变材料蓄冷的比例大大少于冰蓄冷和水蓄冷，但这是一种具有发展前景的蓄冷形式。

相变材料还可以应用在利用楼板蓄冷的吊顶空调系统中。空调系统利用吊顶内的空间向房内送风，不必设置专用的风道，系统非常简单，造价也较低。夜间电价较低时，空调系统通向各房间的送风阀关闭，冷空气只在天花板和楼板之间的吊顶空间内循环流动，冷却天花板和楼板，楼板中的相变材料发生相变以蓄存冷量；白天将送风阀打开，送风被楼板冷却后送到空调房间内，以满足房间降温的需要。

相变蓄冷空调新风机组系统是设置有平板式相变储换热器的新风机组。平板式相变储换热器结构简单，由一组扁平的平板式容器堆积组合而成，每两个平板式容器之间用扁平的矩形风道隔开。相变材料封装在平板式容器中，容器中还装有若干水平水管，埋在相变材料之中。利用夜间廉价的电力进行蓄冷时通入冷媒水，冷媒水将冷量传递给相变材料，使相变材料凝固蓄冷；在进行释冷时，室外新风通过风道，相变材料由固相熔化释冷，使空气降温然后送入室内。

该相变空调蓄冷系统，相对于空调冰蓄冷系统而言，属于"高温"蓄冷系统，即此种系统的制冷机出口冷媒水的温度高于冰蓄冷系统的冷媒水出口温度，这样可以有效地克服冰蓄冷系统蓄冷运行时制冷压缩机性能系数较低的缺点，是一种既能节能、又节省费用、环境效益显著的储能系统。在空调系统储能方面有广阔的应用前景，大规模推广这种储能装置，在给用户带来巨大经济效益的同时，还能给社全带来可观的节能效益和环境效益。

（三）电加热相变地板蓄热系统

节能与环保是能源利用领域的重要课题。目前，世界公认低温辐射采暖技术是解决能源与环境问题的有效途径之一。由于相变蓄能具有温度变化小、蓄热密度大的优点。因此，在建筑中使用电加热相变地板蓄热系统，可增加地板结构的蓄热性能，从而降低室内温度波动，提高取暖的舒适度，改善建筑热性能。

试验结果充分证明，相变储热地板辐射供暖系统所需要热媒的温度较低，热舒适性较好，是适合于太阳能集热器、热泵等作为热源的理想供暖方式。由于可以利用廉价的低品位能源，所以节能效果非常显著。

相变蓄热地板由上至下依次为相变材料层、水管（内通热水作为热媒）和隔热材料。可以使用水-水热泵作为热源，利用夜间电价较低的电进行储热，以供次日白天取暖使用。也可以考虑用平板式太阳能热水器作为热源，节能效果将更加显著。

带相变蓄热器的空气型太阳能供暖系统，由空气型太阳能集热器、集热器风机、相变蓄热器、负荷风机以及辅助加热器组成。空气在太阳能集热器和相变储热器之间、相变储热器和负荷之间形成两个循环环路。相变蓄热器包含多个供空气流动的短形断面的通道，这些通道相互平行并用相变材料隔开。相变材料蓄存白天的太阳能并在夜间加热通道内送风，以满足夜间房间供暖的需要。

地板加热提供了一个较大的加热面积，一般用 100W/m^2 或更少的热流就可以使房间内受热均匀。试验证明，地板在非用电高峰时连续加热一段时间，普通的钢筋混凝土地板在很短的时间内就将存储的热量全部释放，而含有 PCM 的地板则可在一天的时间内提供足够的必需热量。

相变材料在地板中的应用，一般都会结合电加热的方式，以组成电加热相变蓄热地板采暖系统。地板采暖使得室内水平温度分布比较均匀，垂直温度的梯度较小，这样不仅符合"足暖头凉"的生理健康需要，而且采暖的能耗比较低，符合建筑节能的要求，是一种理想的采暖方式。

采用微胶囊技术封装的 $CaCl_2 \cdot 6H_2O$ 作为相变材料制备相变蓄热地板，与普通地板进行比较，在两块地板上同时使用恒温热水加热 8h，在剩余的 16h 停止加热，让相变材料再进行放热，连续 3d 重复进行同样的试验。试验结果表明，相变蓄热地板的表面温度波动比较小，热舒适度也比普通地板好。

以石蜡为主体、高密度聚乙烯为载体作为定形相变材料的一种相变储能式地板采暖系统，定形相变材料的上下表面温度，在绝大部分时间内均在相变温度附近，其热传输效率较高；室内空气温度维持在 $21 \sim 25℃$ 之间，温度的波动比较小，具有良好的热舒适性，可以在夜间利用廉价的电能进行储热，以提供全天的采暖。

三、相变材料在节能建筑中应用的其他形式

相变储能材料是相变物质与普通建筑材料复合而成的一种新型储能建筑材料。相变复合材料的发展是进一步筛选符合环保的低价的有机相变材料，如可再生的脂肪酸及其衍生物。对这类相变材料的深入研究，可以进一步提升相变储能建筑材料的生态意义。

利用相变材料的相变潜热来实现能量贮存和利用，有助于开发环保节能型的相变复合材料，是近年来材料科学和能源利用领域中一个十分活跃的学科前沿。将相变材料与传统建筑材料复合，可以制成相变储能建筑材料（简称 PCBM）。PCBM 是一种热功能复合材料，能够将能量以相变潜热的形式进行储存，实现能量在不同时间、空间位置之间的转换。

在建筑节能工程中，除以上相变材料的应用形式，还有应用相变材料调节空气、降低室

内的温度梯度、增加轻质墙体的热容量和改善座位的热舒适性等方面的应用形式。

(一) 应用相变材料调节空气

应用相变材料调节空气是改善室内环境和建筑节能的重要措施，应用相变材料调节空气的方法很多，如降低室内地板和天花板之间的温度梯度，通过使用轻质结构提高墙壁的热容量，降低通过门窗洞口的热损失及改善家用饰品的热舒适性等。

(二) 降低室内的温度梯度

在室内地板和天花板之间，通常都存在一定的温差。在加热的过程中，这一温差可能会超过 5℃。居住者的舒适程度主要依赖于地板和天花板之间的温度梯度，这也是衡量室内取暖效果的重要指标。温度梯度越高，居住者的舒适程度则越差。

如果室内使用相变储能控温材料，可将地板和天花板之间的温度梯度降低到低于 5℃ 的舒适程度，并在一定时间内将这个温度梯度保持在这一舒适程度。为此，要想达到这个舒适程度，在地板和天花板之间就需要使用相变储能控温材料。在地板上的相变材料用于提高环境空气的温度，在天花板上的相变材料用于吸收多余的热量。

目前，一种应用是在地板和天花板上都使用同一种石蜡，所使用的石蜡混合物在 24～27℃ 的温度范围内吸收热量，并在 18～20℃ 的温度范围内释放热量。在已经较低的室内温度下，降低地板和天花板之间的温度梯度可得到更加舒适的感觉，因而降低了加热的成本，达到节能的目的。

为了量化相变材料带来的温度梯度的降低，在一个样室内进行了一个模拟试验。样室房间地板的面积为 $4m^2$，距离天花板的高度为 2m。地板和天花板用 10mm 厚的嵌在单元结构内的相变材料层板代替。地板和天花板上的相变材料总用量为 32kg，相当于 7000kJ 的储热量。在 8h 的试验时间内，地板和天花板的温度均被连续记录，并用于计算地板和天花板在指定时间段的温度梯度。样室装有地面加热系统，只要室温低于 22℃ 便开始加热。从每小时的热循环次数可以得出节省的能量值，如表 8-8 所列。

表 8-8　样室内温度的测试结果

相变材料的放置	地板和天花板之间的温度梯度/K	每小时的热循环次数
不含相变材料	6.0	5
地板使用相变材料	4.1	3
天花板使用相变材料	3.8	4
地板和天花板均使用相变材料	2.1	2

测试结果显示，在地板和天花板同时使用相变材料可将温度梯度降低 4℃，在地板或天花板使用相变材料可将温度梯度降低 2℃。同时，局部温差和瞬态温度波动可通过使用相变材料而获得补偿。此外，这样还可导致室内空气流动速度降低，从而改善室内的气候环境。测试结果还显示，使用相变材料可以减少加热的时间，从而达到节能的目的。

(三) 增加轻质墙体的热容量

材料试验表明，具有轻质结构的建筑的热容量比较低，墙壁和屋顶只能吸收少量的热量，因此在炎热的夏天通过建筑物而进入的热量不能被建筑结构有效地吸收，使室内温度快速提高。在这种情况下，使用相变材料对节能是十分有利的，也是科学合理的，尤其是考虑采用厚度为 10mm 的相变材料层板，具有与厚度 1m 的钢筋混凝土相同的热容量。

相变材料在吸收多余的热量之后，通过夜晚的较低温的冷却效应，或通过外部的空调系统在耗能低的时段内重新恢复。有关科研资料证明，计算机模拟显示使用相变材料可节能大约为 20%。

（四）改善座位的热舒适性

大量材料试验证明，相变材料可用于改善座位的热舒适性。坐在椅子上时，从身体通过座位流向环境的热量将明显减少，导致微环境内温度快速上升，从身体通过座位向环境中散发的水汽同样也会减少，使微循环中的湿度有所增加。

如果在坐垫中使用相变材料，通过吸收多余的热量可防止温度升高。这一思想完全可以用于开发热舒适性良好的办公座椅。填充于坐垫中的相变材料吸热所产生的降温效应，可以改善座椅的舒适性。测试结果表明，坐在普通办公座椅上时温度会持续升高，使人感到很不舒适，通过在坐垫中添加相变材料，在测试开始的 10min 内微环境的升温显著降低。继续进行测试试验，含有相变材料的坐垫上的微环境温度在较低的温度时保持恒定。

此外，测试还表明，由于相变材料的降温效应引起微环境的湿度也有所降低。而不含相变材料的坐垫试验显示，其湿度在 1h 内上升了 25%，含有相变材料的办公座椅的微环境湿度仅提了 7%。由此可见，相变材料可以明显改善座椅的热舒适性。

四、对相变材料应用的展望

随着人们对能源和环境问题的日益重视，相变储能控温材料受到国内外的广泛关注。在能源、航天、军事、冶金、建筑、农业、化工、纺织、医疗、交通等领域显示出更加广泛和重要的应用前景。实践证明，相变储能控温材料对于缓解能源紧张状况、保护环境和提供舒适健康的生活空间都有着积极的意义，近年来受到各国多学科科研人员的关注，并取得了丰富的研究成果。

国内外应用相变材料的经验证明，用于制造墙体的相变材料（PCM）应具有较高的储热能力、合适的相变温度、吸热和放热时的温度变化尽可能小、生态性好、无毒、100% 循环、使用寿命长，在相变过程中性能稳定、易于操作的特点。但同时满足以上的条件在实践研制过程中非常困难，所以人们往往把合适的相变温度和较大的相变潜热作为选择相变材料的首要条件，而后再考虑各种影响研究和应用的综合因素。

（一）储能建筑材料的研究内容

国内外储能建筑材料的研究实践表明，在其研究中主要涉及 PCM 的热物性、PCM 与建材基体的相容性和 PCM 的经济性 3 个方面的问题。

（1）PCM 的热物性　相变材料（PCM）的热物性对其筛选和应用有重要意义。在建筑节能工程中对于相变材料的研究，应优选用于相变储能围护结构材料的相变材料，建立相变蓄能围护结构理想的物理模型，针对不同的室内外环境条件，开展房间热过程的数值模拟研究与模拟研究对应的试验研究，这是建筑节能相变材料推广应用的理论基础，也是确保相变材料达到节能效果的关键。

（2）PCM 与建材基体的相容性　相变储能建筑材料是将 PCM 加入到传统的建筑材料中。相变储能建筑材料能够做建筑结构材料，承受载荷；同时有具有较大的蓄热能力。

PCM 和建材基体的结合工艺一直是研究的重点与难点。有的专家提出了 3 种有效的方法：①将 PCM 吸入多孔材料中；②将 PCM 渗透入聚合材料中；③将 PCM 吸入分割好的特殊基质材料中，形成柔软、可以自由流动的干粉末，再与建筑材料混合。

不论采取何种与建材基体的结合工艺，关键是 PCM 必须与建材基体具有较好的相容性。目前研究的具体实施方法主要是共混而成，即利用两者的相容性，熔融后混合在一起而制成成分均匀的储能材料。其优点是结构简单、性质均匀，更易做成各种形状和大小的建筑材料。

（3）PCM 的经济性 PCM 的经济性也是建筑节能工程当前的研究重点和热点，简单地说，是指相变材料的筛选及相变材料封装技术，均应当符合材料环保、技术先进、经济合理的要求。

相变材料与建筑材料的结合问题，实质上是相变材料与建筑材料的相容性、长期稳定性、结合形式，以及由于相变材料的引入引起的围护结构强度、应力变化等方面的问题，这些问题是在实际应用中必然存在的，所以应当把它当作重点深入进行研究。

（二）相变储能控温材料研究方向

经过近些年的研究表明，含有相变材料的建筑围护结构的保温隔热性能的精确分析是该领域的研究关键，也是建筑节能相变材料研究者的努力方向。相变传热问题本身具有强非线性的特点，同时还有诸如液相流动、体积变化、容器器与相变材料间热阻等复杂因素，使得相变围护结构的热性能分析变得更加复杂和困难。

从总体来讲，解决相变传热问题的方法有解析法、数值法和试验法。解析法仅对少数一维半无限大、无限大区域，且具有简单边界条件的理想化情形能够精确求解，对于大多数工程问题所涉及的有限区域相变问题一般不能精确求解。试验法可以得到直观、可靠的实测数据，但由于问题的复杂性和多样性，单独依据试验方法研究难免会有片面性和局限性，这种方法的大量试验必然会消耗很多的财力和物力。

经过综合比较证明，数值法具有成本低、速度快、可研究变量多、可模拟各种试验条件等优点，相变材料研究采用数值法，相对试验法有很大的优越性。但是，数值法又不能脱离试验法。由此可见，试验法与数值法有机结合，是研究相变围护结构的保温隔热性能的有效途径之一。

因此，节能建筑相变储能控温技术，今后其发展应主要体现在以下几个方面。

（1）有机相变储能控温材料与无机相变储能控温材料相比，凝固时无过冷现象，可通过不同相变材料的混合来调节相变温度，是有机相变材料的突出优点，成为相变储能材料研究的新热点，对能源的开发和合理利用具有重要意义。有机相变储能控温材料主要包括固-液相变、固-固相变和复合相变 3 大类。

从发展和环保的角度来看，进一步筛选符合环保、低价的有机相变储能控温材料，如可再生的脂肪酸及其衍生物。对有机相变储能控温材料的深入研究，可以进一步提升相变储能控温建筑材料的生态意义。

（2）近年来，复合相变储热材料应运而生，它既能有效克服单一的无机物或有机物相变储热材料存在的缺点，又可以改善相变材料的应用效果以及拓展其应用范围。因此，研制复合相变储热材料已成为储热材料领域的热点研究课题，开发复合相变储热材料，是克服单一无机或有机相变材料不足，提高相变材料应用性能的有效途径。

（3）针对相变材料的不同应用场合，开发出多种复合手段和复合技术，研制出多品种系列复合相变材料，这是复合相变材料的发展方向之一。复合相变材料主要指性质相似的二元或多元化合物的一般混合体系或低共熔体系，形状稳定的固液相变材料、无机有机复合相变材料等。目前，常见的复合相变材料的制备方法有溶胶凝胶法、加热共熔法、多孔介质法、微胶囊法和高分子聚合法等。

（4）纳米复合材料领域的不断发展，为制备高性能复合相变储热材料提供了很好的发展机遇。纳米材料不仅存在纳米尺寸效应，而且其比表面效应很大，界面相互作用较强，利用纳米材料的特点制备新型高性能纳米复合相变储热材料，是制备高性能复合相变材料的新途径。经过科学工作者的不懈努力，已成功研制出纳米吸附相变材料、纳米微胶囊相变材料和有机/无机纳米相变材料等，有的已用于建筑节能工程。

Chapter 09

第九章

建筑节能门窗材料

门是人们进出建筑物的通道口，窗是室内采光通风的主要洞口，因此门窗是建筑工程的重要组成部分，也是建筑装饰工程中的重点。为了增大采光通风面积或表现现代建筑的风格特征，建筑物的门窗面积越来越大更有全玻璃的幕墙建筑，以至门窗的热损失占建筑的总热损失的40％以上，门窗节能是建筑节能的关键，门窗既是能源得失的敏感部位，又关系到采光、通风、隔声、立面造型。这就对门窗的节能提出了更高要求，其节能处理主要是改善材料的保温隔热性能和提高门窗的密闭性能。

门窗设计和施工充分证明：门窗作为建筑艺术造型的重要组成因素之一，其设置不仅较为显著地影响着建筑物的形象特征，而且对建筑物的采光、通风、保温、节能和安全等方面具有重要意义。根据《中华人民共和国节约能源法》、《民用建筑节能条例》和《国家中长期科学和技术发展规划纲要》国家建设部等重要文件的具体规定，不论新建筑或是采用传统钢木门窗的既有建筑物，都必须使之符合建筑热工设计标准，从而实施节约能源的原则。

第一节 建筑塑料节能门窗

塑料门窗是以聚氯乙烯或其他树脂为主要原料，以轻质碳酸钙为填料，添加适量助剂和改性剂，经过双螺杆挤压机挤压成型的各种截面的空腹门窗异型材，再根据不同的品种规格选用不同截面异型材组装而成。由于塑料的刚度较差、变形较大，一般在空腹内嵌装型钢或铝合金型材进行加强，从而增强了塑料门窗的刚度，提高了塑料门窗的牢固性和抗风能力。因此，塑料门窗又称为"钢塑门窗"。

塑料门窗是目前最具有气密性、水密性、耐腐蚀性、隔热保温、隔声、耐低温、阻燃、电绝缘性、造型美观等优异综合性能的门窗制品。使用实践证明：其气密性为木窗的3倍，为铝合金的1.5倍；导热系数小于金属门窗的7～11倍，可以节约暖气费20％左右；其隔声效果也比铝合金高30dB以上。另外，塑料本身的耐腐蚀性和耐潮湿性优异，在化工建筑、地下工程、卫生间及浴室内都能使用，是一种应用比较广泛的建筑节能产品。

塑料门窗是以聚氯乙烯树脂、改性聚氯乙烯或其他树脂为主要原料，添加适量助剂和改性剂，经挤压机挤出成各种截面的空腹门窗异型材，在根据不同的品种规格选用不同截面异型材组装而成。作为第四代建筑门窗的代表者，塑料门窗之所以用不到十年的时间，从专业化发展到行业化，又从行业化实现了产业化，都是在于其良好的性能、优美的造型、高尚的品质和超凡的色彩，处处都体现着王者风范。

一、塑料门窗的特点

随着人们对塑料门窗性能的不断了解和门窗技术的不断发展，会有更多的人青睐它。具体地讲，塑料门窗具有如下特点。

(一) 保温节能

塑料门窗所用的塑料型材为多腔式结构，具有良好的隔热性能，其材料（PVC）的传热系数为很低，一般仅为钢材的 1/357、铝材的 1/1250、生产单位重量 PVC 材料的能耗是钢材的 1/4.5、是铝材的 1/8.8、节约能源消耗 30％以上，由此可见塑料门窗具有传热系数低、隔热性能好、生产能耗低的特点，是一种很好的保温节能建筑材料。

由于塑料框材的传热性能较差，所以其保温隔热性能十分优良，节能效果非常突出；塑料可以制成不同颜色、不同结构形式的门窗，具有较好的装饰性。塑料窗的传热系数如表9-1 所列；塑料门的传热系数如表 9-2 所列。

表 9-1　塑料窗的传热系数

窗户类型		空气层厚度/mm	窗框窗洞面积比/%	传热系数/[W/(m²·K)]
单框单玻璃		—	30～40	4.7
单框双玻璃		6～12		2.7～3.1
		16～20		2.6～2.9
双层窗		100～140		2.2～2.4
单框中空玻璃窗	双层	6		2.5～2.6
		9～12		2.3～2.5
	三层	9+9,12+12		1.8～2.0
单框单玻+单框双玻璃		100～140		1.9～2.1
单框低辐射中空玻璃		12		1.7～2.0

表 9-2　塑料门的传热系数

门框材料	类型	玻璃比例/%	传热系数/[W/(m²·K)]
塑(木)类	单层板门	—	3.5
	夹板门、夹芯门	—	2.5
	双层玻璃门	不限制	2.5
	单层玻璃门	<30	4.5
	单层玻璃门	30～60	5.0

根据测试结果表明，使用塑料门窗比使用木门窗的房间，冬季室内温度约提高 4～5℃。从《各类窗户导热、保温性能对比表》中不难看出单框双玻塑料窗的保温节能指标，相当于双层空腹钢和铝窗，它这种突出的品质是极其优良的性能。

(二) 气密性能

塑料窗框和窗扇的搭接（搭接量 8～10mm）处和各缝隙处均设置弹性密封条、毛条或阻风板，使空气渗透性能指标大大超过国家对建筑门窗的要求。

从国家标准和行业标准的对照就不难看出：5级（合格级）塑料推拉窗的指标相当于国标建筑外窗的3级窗的指标。塑料门窗在安装时所有缝隙处均装有橡胶密封条和毛条，其气密性远远高于铝合金门窗，在一般情况下，平开窗的气密性可达到一级，推拉窗可达到二、三级。在使用空调或采暖设备的房间，其优点更为突出。特别是硅化夹层毛条的出现，使塑料推拉窗的气密性能又有了很大提高，同时防尘效果也得到了很大改善。

(三) 水密性能

由于塑料门窗具有独特的多腔式结构，均有独立的排水腔，无论是门窗框还是扇的积水均能有效排出，在一般情况下，平开窗的水密性可达到二级，推拉窗的水密性可达到三级。

但是，这项性能指标对于塑料平开窗来讲是尽善尽美，无可比拟的（质量好的塑料平开窗雨水渗透性能 $\Delta P \geqslant 500$Pa）。但对于塑料推拉窗来讲，由于开启方式的缘故和型材结构所限，该项性能指标不是很理想，一般 $\Delta P \leqslant 250$Pa。一些有技术基础的门窗厂在这方面也做了不少有益的尝试，他们根据流体力学和模拟风雨试验对80系列推拉窗排水系统和密封结构进行改造取得了满意的效果。水密性能有明显提高，$\Delta P \geqslant 350$Pa。

(四) 绝缘性能

塑料门窗制作所用的PVC型材，经过材料试验表明是一种优良的电绝缘体，具备不导电、安全性高等优点。

(五) 抗风压性能

抗风压强度是指门窗在均布风荷载的作用下危险截面上的受力构件抗弯曲变形的能力。

(1) 塑料门窗抗风压性能是采用《建筑外门窗气密、水密、抗风压性能分级及检测方法》(GB/T 7106—2008) 中安全检测压力差值 (P_3) 作为分级指标值，即相应于50年一遇瞬间风速的风压计算值：$P_3 = 2.5P_1$。

(2) 塑料门窗抗风压性能的评价检测项目：①变形检测，(P_1) 是指检测试件在风荷载作用下保持正常使用功能的能力，以主要受力杆件的相对面挠度进行评价；②反复受荷检测，($P_2 = 0.6P_1$) 是指检测试件在正负交替风荷载的作用下，保持正常使用功能的能力，以是否发生功能障碍、残余变形和损坏现象进行评价。

(六) 隔声性能

塑料门窗用异型材是多腔室中空结构，焊接后形成数个充满空气的密闭空间，具有良好的隔声性能和隔热性能，其框、扇搭接处，缝隙和玻璃均用弹性橡胶材料密封，具有良好的吸震和密闭性能。其隔声效果可达到大于30dB以上，完全符合国家标准《建筑外窗空气声隔声性能分级及检测方法》(GB/T 8485—2002) 中第四级要求。

据日本资料介绍达到同样隔声要求的建筑物，安装铝合金窗的建筑与交通干道的距离要50m以外，若使用塑料门窗就可以缩短到16m以内。所以塑料门窗更适用于交通频繁，噪声侵扰严重或特别要求宁静的环境，如马路两侧、医院、学校、科研院所、广播电视、新闻通讯、政府机关、图书室、展览馆等。

(七) 耐候、耐冲击性能

塑料门窗用异型材（改性UPVC）采用特殊配方，原料中添加了光和热稳定剂、防紫外线吸收剂和耐低温抗冲击改性剂，在 −10℃ 温度下，以及 1000g 和 1000mm 高落锤试验下不破裂。可在 −50~70℃ 之间各种气候条件下使用，经受烈日暴雨、风雪严寒、干燥潮湿的侵袭后，不脆裂、不降解、不变色。国产塑料门窗在海口发电厂、南极长城考察站的长期使用，就是很好例证。人工加速老化实验（用老化箱进行试验，外窗、外门不少于 1000h；内窗、内门不少于 500h；每 120min 降雨 18min；黑板湿度 ±3℃）证实：硬质聚氯乙烯（UPVC）型材的老化过程是个十分缓慢的过程，其老化层深度局限于距表面 0.01~0.03mm 之内，其使用寿命在 40~50 年是完全可以达到的。

(八) 耐腐蚀性

硬质聚氯乙烯（UPVC）型材由于其本身的属性，是不会被任何酸、碱、盐等化合物腐蚀的。塑料门窗的耐腐蚀性取决于五金配件（包括钢衬、胶条、毛条、紧固件等）。正常环境下使用的五金配件为金属制品（也不同程度的敷以防腐镀层），而在具有腐蚀性环境下，如造纸、化工、医药、卫生及沿海地区、阴雨潮湿地区、盐雾和腐蚀性烟雾场所、选用防腐五金件（材质一般为 ABS 工程塑料）即可使其耐腐蚀性与型材相同。如果选用防腐的五金件不锈钢材料，它的使用寿命约是钢门窗的 10 倍。

(九) 阻燃性能

塑料门窗不自燃、不助燃、离火可自熄、安全可靠，经测定氧指数 47%，完全符合国家标准《门、窗框用硬聚氯乙烯（PVC-U）型材》（GB/T 8814—2004）中规定的氧指数不低于 38% 的指标，完全符合建筑防火要求，同时硬质聚氯乙烯（UPVC）型材还是良好的电绝缘体，电阻率高达 $1015\Omega/cm^2$，保证不导电，是公认的优良安全建筑材料。

(十) 加工组装工艺性

硬质聚氯乙烯塑料异型材外形尺寸精度较高（±0.5mm），机械加工性能好，可锯、切、铣、钻等，门窗组装加工时，型材机械切割，热熔焊接后制造的成品门窗尺寸精度高，其长，宽及对角线之误差均可控制在 ±2mm 之内，且精度稳定可靠，焊角的强度可达 3500N 以上，焊接处经机械加工清角后平整美观。硬质聚氯乙烯塑料异型材采用熔接方式，可实现一体成形，表面没有接缝，同时框材表面平整，防水性很好。

塑料门窗型材线膨胀系数很小，不会影响门窗的启闭灵活性。塑料门窗温度的极端变化率：夏天为 8℃，冬天为 20℃，如一樘 1500mm×1500mm 的窗，其膨胀或收缩变化率只有 ±0.6mm 和 ±1.5mm，不会影响塑料门窗的结构和功能。但在制作联樘带窗时，应充分考虑膨胀、收缩因素，以防止塑料门窗产生过大的变形。但是，硬质聚氯乙烯型材不仅具有冷脆性和耐高温性差的缺点，而且其弯曲弹性模量较低、刚性也较差，在严寒和高温地区受到很大限制，也不适宜大尺寸门窗或高风压场合使用。

塑料门窗主要适用于各种民用及工业建筑。目前，塑料门窗行业已成为一个规模巨大、技术成熟、标准完善、社会协作周密、高度发展的领域。PVC 塑料门窗作为国家重点发展的建筑材料产品，以其独特的保温节能效果和良好的装饰性能，在建筑的外围护结构中正在起着重要作用。

从发达国家塑料门窗的应用技术发展轨迹看，随着节能指标的不断提高和改进，我国的建筑塑料门窗会处于上升趋势。据有关专家预测，随着社会发展和技术进步，塑料门窗的性能会有更好的改善，其应用范围和用量将会进一步扩大。

有关专家预计到 2020 年，我国用于节能建筑项目的投资或达到 1.5 万亿元，节能的塑钢门窗将在我国进一步普及和发展。国家化学建材产业 2015 年发展规划纲要也明确指出，今后以推广 PVC 塑钢门窗为主，到 2020 年使用塑钢门窗的比例要达到 40%～60%，使用量约为 $(0.9～1.0)×10^8 m^2$。

二、塑料门窗的材料质量要求

随着科学技术的发展，塑料业得到迅速发展，从而使塑料门窗的种类很多。根据制作原材料的不同，塑料门窗可以分为聚氯乙烯树脂为主要原料的钙塑门窗（又称"U-PVC 门窗"）；以改性聚氯乙烯为主要原料的改性聚氯乙烯门窗（又称"改性 PVC 门窗"）；以合成树脂为基料、以玻璃纤维及其制品为增强材料的玻璃钢门窗等。

塑料门窗所用材料的质量要求，主要包括对塑料异型材、密封条、配套件、玻璃及玻璃垫块、密封材料和材料间的相容性等。

(一) 塑料异型材及密封条

塑料门窗采用的塑料异型材、密封条等原材料，也是塑料门窗重要组成材料，其技术性能应符合现行的国家标准《门窗框用硬聚氯乙烯（PVC）型材》（GB 8814—2004）和《塑料门窗用密封条》（GB 12002—1989）的有关规定。硬聚氯乙烯（PVC）型材的物理性能和力学性能指标应符合表 9-3 中的要求。

表 9-3　硬聚氯乙烯（PVC）型材的物理性能和力学性能指标

序号	项　目		指　标	
1	硬度/HRR		≥85	
2	拉伸屈服强度/MPa		≥37	
3	断裂伸长率/%		≥100	
4	弯曲弹性模量/MPa		≥1960	
5	低温落锤冲击(破裂个数)		≥1	
6	维卡软化点/℃		≥83	
7	加热后状态		无气泡、裂痕、麻点	
8	加热后尺寸变化率/%		±2.5	
9	氧指数/%		≥38	
10	高低温反复尺寸变化率/%		±0.2	
11	简支梁冲击强度/(kJ/m²)　≥	23℃±2℃	A 类	B 类
			≥40	≥32
		−10℃±1℃	≥15	≥12
12	耐候性	简支梁冲击强度/(kJ/m²)	A 类	B 类
			≥28	≥22
		颜色变化/级	≥3	

(二) 塑料门窗配套件

塑料门窗安装所采用的紧固件、五金件、增强型钢、金属衬板及固定垫片等，应当符合以下具体要求。

（1）塑料门窗安装所采用的紧固件、五金件、增强型钢、金属衬板及固定垫片等，应进行表面防腐处理。

（2）塑料门窗安装所采用紧固件的镀层金属及其厚度，应当符合国家标准《紧固件表面处理标准》（GB 5267—2002）中的有关规定；紧固件的尺寸、螺纹、公差、十字槽及机械性能等技术条件，应符合国家标准《十字槽盘头自攻锁紧螺钉》（GB/T 6560—1986）《十字槽盘头自攻螺钉》（GB/T 845—1985）、《十字槽沉头自攻螺钉》（GB/T 846 —1985）中的有关规定。

（3）塑料门窗安装所采用的五金件的型号、规格和性能，均应符合国家现行标准的有关规定；滑撑的铰链不得使用铝合金材料。

（4）全防腐型塑料门窗，应采用相应的防腐型五金件及紧固件。

（5）塑料门窗安装所采用的固定垫片的厚度应≥1.5mm，最小宽度应≥15mm，其材质应采用 Q235-A 冷轧钢板，其表面应进行镀锌处理。

（6）与塑料型材直接接触的五金件、紧固件等材料，其技术性能应与 PVC 塑料具有相容性，不得产生化学反应。

（7）组合窗及连窗门的拼樘料，应采用与其内腔紧密吻合的增强型钢作为内衬，型钢两端应比拼樘长出 10～15mm。外窗的拼樘料截面尺寸及型钢形状、壁厚，应能使组合窗承受瞬时风压值。

（三）玻璃及玻璃垫块

玻璃及玻璃垫块是塑料门窗重要组成部分，其质量如何也影响整个门窗的质量，塑料门窗所用的玻璃及玻璃垫块的质量，应符合以下规定。

（1）玻璃的品种、颜色、规格及质量，应符合国家现行产品标准的规定，并应有产品出厂合格证，中空玻璃应有质量检测报告。

（2）玻璃的安装尺寸，应比相应的框、扇（梃）内口尺寸小 4～6mm，以便于安装并确保阳光照射后膨胀不出现开裂。

（3）玻璃垫块应选用邵氏硬度为 70～90（A）的硬橡胶或塑料，不得使用硫化再生橡胶、木片或其他吸水性材料；其长度宜为 80～150mm，厚度应按框、扇（梃）与玻璃的间隙确定，一般宜为 2～6mm。

（四）门窗洞口框墙间隙密封材料

门窗洞口框墙间隙的气密性和水密性，关键在于选用的密封材料是否适宜。用于门窗洞口框墙间隙密封材料，一般常为嵌缝膏（即建筑密封胶）。为使嵌缝材料达到密封和填充牢固的目的，这种材料应具有良好的弹性和黏结性。

（五）材料的相容性

在塑料门窗安装中，与聚氯乙烯型材直接接触的五金件、紧固件、密封条、玻璃垫块、嵌缝膏等材料，为避免材料之间发生一些不良反应，影响塑料门窗的使用功能和使用寿命，这些材料的性能与 PVC 塑料必须具有相容性。

三、塑料外用门窗物理性能指标

为了确保外用塑料门窗的安全使用，生产厂家按照工程设计，在对外用门窗进行选型后，应根据门窗的应用地区、应用高度、建筑体型、窗型结构等具体条件，对所选用塑料门窗，按照国家规定的抗风性能指标要求进行抗风压强度计算。

塑料门窗的抗风压性能如表9-4所列；塑料门窗的空气渗透性能如表9-5所列；塑料门窗的雨水渗透性能如表9-6所列；塑料门窗的保温性能如表9-7所列。

表 9-4 塑料门窗的抗风压性能 W_c 单位：Pa

分级代号	抗风压性能 W_c		分级代号	抗风压性能 W_c	
6	$\geqslant 3500$	$\geqslant 3500$	3	<2500	$\geqslant 2000$
5	<3500	$\geqslant 3000$	2	<2000	$\geqslant 1500$
4	<3000	$\geqslant 2500$	1	<1500	$\geqslant 1000$

表 9-5 塑料门窗的空气渗透性能 q_0 单位：$m^2/(h \cdot m)$

门窗形式	5	4	3	2	1
门	—	$\leqslant 0.1$	>1.0 $\leqslant 1.5$	>1.5 $\leqslant 2.0$	>2.0 $\leqslant 2.5$
平开窗	$\leqslant 0.5$	>0.5 $\leqslant 1.0$	>1.0 $\leqslant 1.5$	>1.5 $\leqslant 2.0$	—
推拉窗	—	$\leqslant 1.0$	>1.0 $\leqslant 1.5$	>1.5 $\leqslant 2.0$	>2.0 $\leqslant 2.5$

注：1. 表中数值是压力差为 10Pa 单位缝长空气渗透量。

2. 门的空气渗透量的合格指标为小于 $2.5m^2/(h \cdot m)$。

3. 推拉窗的空气渗透量的合格指标为小于 $2.5m^2/(h \cdot m)$，平开窗的空气渗透量的合格指标为小于 $2.0m^2/(h \cdot m)$。

表 9-6 塑料门窗的雨水渗透性能 ΔP 单位：Pa

分级代号	雨水渗透性能 ΔP		分级代号	雨水渗透性能 ΔP	
6	$\geqslant 600$	$\geqslant 600$	3	<350	$\geqslant 250$
5	<600	$\geqslant 500$	2	<250	$\geqslant 150$
4	<500	$\geqslant 350$	1	<150	$\geqslant 100$

注：1. 在表中所列压力等级下，以雨水不进入室内为合格。

2. 雨水渗透性能的最低合格指标为 $\geqslant 100Pa$。

表 9-7 塑料门窗的保温性能 K_0 单位：$W/(m^2 \cdot K)$

形 式	4	3	2	1
窗	$\leqslant 2.00$	>2.00 $\leqslant 3.00$	>3.00 $\leqslant 4.00$	>4.00 $\leqslant 5.00$
平开门	$\leqslant 2.00$	>2.00 $\leqslant 3.00$	>3.00 $\leqslant 4.00$	>4.00 $\leqslant 5.00$
推拉门	—	>2.00 $\leqslant 3.00$	>3.00 $\leqslant 4.00$	>4.00 $\leqslant 5.00$

第二节 铝合金节能门窗

铝合金门窗是经过表面处理的型材，通过下料、打孔、铣槽等工序，制作成门窗框料构件，然后再与连接件、密封件、开闭五金件等一起组合装配而成。尽管铝合金门窗的尺寸大小及式样有所不同，但是同类铝合金型材门窗所采用的施工方法都相同。

由于铝合金门窗在造型、色彩、制作工艺、玻璃镶嵌、密封材料的封缝和耐久性等方面，都比钢门窗、木门窗有着明显的优势，因此，铝合金门窗在高层建筑和公共建筑中获得了广泛的应用。例如，日本 98% 的高层建筑采用了铝合金门窗。

我国铝合金门窗于 20 世纪 70 年代末期开始被使用。近年来，在我国建筑门窗行业中铝合金门窗发展速度十分喜人。据中国建筑金属结构协会的统计资料显示，在我国的建筑门窗产品市场上，铝合金门窗产品所占比例最大，为 55%；其次是塑料门窗，为 35%；其他材料的门窗仅占 10%。

据铝合金门窗幕墙委员会统计，2003 年我国的铝合金门窗产量为 $2.80 \times 10^8 \, m^2$，2005 年为 $3.20 \times 10^8 \, m^2$，2007 年为 $3.65 \times 10^8 \, m^2$，2008 年为 $6.32 \times 10^8 \, m^2$，2016 年已突破 $10 \times 10^8 \, m^2$。由此可见，铝合金门窗将成为建筑业与装饰业中的一种不可缺少的新型门窗。有关专家预测，从现在到 2020 年，铝合金型材市场前景广阔，它将在新建筑和旧房改造中为我国实现全面小康社会的宏伟目标做出突出贡献。

一、铝合金门窗的特点

铝合金门窗是指采用铝合金挤压型材为框、梃、扇料制作的门窗称为铝合金门窗。铝合金门窗是最近十几年发展起来的一种新型节能环保门窗，与普通木门窗和钢门窗相比具有以下特点。

(一) 质轻高强

铝合金是一种质量较轻、强度较高的金属材料，在保证使用强度的要求下，门窗框料的断面可制成空腹薄壁组合断面，使其减轻了铝合金型材的质量，节省了大量的铝合金材料，一般铝合金门窗质量与木门窗差不多，比钢门窗轻 50% 左右。

(二) 密封性好

密封性能是门窗质量的重要指标，铝合金门窗和普通钢、木门窗相比，其气密性、水密性和隔声性均比较好，是一种节能效果显著的建筑门窗。工程实践证明，推拉门窗要比平开门窗的密封性稍差，因此推拉门窗在构造上加设尼龙毛条，以增加其密封性。

(三) 变形性小

铝合金门窗的变形比较小，一是因为铝合金型材的刚度好，二是由于其制作过程中采用冷连接。横竖杆件之间及五金配件的安装，均是采用螺钉、螺栓或铝钉，通过角铝或其他类型的连接件，使框、扇杆件连成一个整体。

铝合金门窗的冷连接与钢门窗的电焊连接相比，可以避免在焊接过程中因受热不均而产生的变形现象，从而能确保制作的精度。

(四) 表面美观

一是造型比较美观，门窗面积大，使建筑物立面效果简洁明亮，并增加了虚实对比，富有较强的层次感；二是色调比较美观，其门窗框料经过氧化着色处理，可具有银白色、金黄色、青铜色、古铜色、黄黑色等色调或带色的花纹，外观华丽雅致，不需要再涂漆或进行表面维修装饰。

(五) 耐蚀性好

铝合金材料具有很高的耐蚀性能，材料试验证明，不仅可以抵抗一般酸碱盐的腐蚀，而且在使用中不需要涂漆，表面不褪色、不脱落，不必要进行维修。由于其耐蚀性很好，所以用铝合金材料制作的门窗，使用年限要比其他材料的门窗长。

(六) 使用价值高

铝合金门窗具有刚度好、强度高、耐腐蚀、美观大方、坚固耐用、开闭轻便、无噪声等优异性能，特别是对于高层建筑和高档的装饰工程，无论从装饰效果、正常运行、年久维修，还是从施工工艺、施工速度、工程造价等方面综合权衡，铝合金门窗的总体使用价值优于其他种类的门窗。

(七) 实现工业化

铝合金门窗框料型材加工、配套零件的制作，均可以在工厂内进行大批量的工业化生产，这样非常有利于实现门窗设计的标准化、产品系列化和零配件通用化，也能有力推动门窗产品的商业化。

二、铝合金门窗的类型

根据结构与开启形式的不同，铝合金门窗可分为推拉门、推拉窗、平开门、平开窗、固定窗、悬挂窗、回转门、回转窗等。按铝合金门的开启形式不同，可分为折叠式、平开式、推拉式、平开下悬式、地弹簧式等。按铝合金窗的开启形式不同，可分为固定式、中悬式、立转式、推拉式、平开上悬式、平开式、推拉平开式、滑轴式等。按门窗型材截面的宽度尺寸的不同，可分为许多系列，常用的有 25、40、45、50、55、60、65、70、80、90、100、135、140、155、170 系列等。

铝合金门窗料的断面几何尺寸目前虽然已经系列化，但对门窗料的壁厚还没有硬性规定，而门窗料的壁厚对门窗的耐久性及工程造价影响较大。如果门窗料的板壁太薄，尽管是组合断面，也会因板壁太薄而易使表面受损或变形，也影响门窗抗风压的能力。如果门窗的板壁太厚，虽然对抗变形和抗风压有利，但投资效益会受到影响。因此，铝合金门窗的板壁厚度应当合理，过厚和过薄都是不妥的。一般建筑装饰所用的窗料板壁厚度不宜小于 1.6mm，门的壁厚不宜小于 2.0mm。

根据氧化膜色泽的不同，铝合金门窗料有银白色、金黄色、青铜色、古铜色、黄黑色等几种，其外表色泽雅致、美观、经久、耐用，在工程上一般选用银白色、古铜色居多。氧化膜的厚度应满足设计要求，室外门窗的氧化膜应当厚一些，沿海地区与较干燥的内陆城市相比，沿海由于受海风侵蚀比较严重，氧化膜应当稍厚一些；建筑物的等级不同，氧化膜的厚度也要有所区别。所以，氧化膜厚度的确定，应根据气候条件、使用部位、建筑物的等级等多方面因素综合考虑。

铝合金门窗的分类如表 9-8 所列；铝合金门的开启形式与代号如表 9-9 所列；铝合金窗的开启形式与代号如表 9-10 所列；铝合金门窗按性能不同分类如表 9-11 所列。

表 9-8　铝合金门窗的分类

按结构与开闭方式分类	根据色泽的不同分类	根据生产系列不同分类
推拉门、推拉窗、平开门、平开窗、固定窗、悬挂窗、回转门、回转窗等	银白色、金黄色、青铜色、古铜色、黄黑色等	35 系列、42 系列、50 系列、54 系列、60 系列、64 系列、70 系列、78 系列、80 系列、90 系列、100 系列等

表 9-9　铝合金门的开启形式与代号

开启形式	铝合金门代号	开启形式	铝合金门代号
折叠	Z	地弹簧	DH
平开	P	平开下悬	PX
推拉	T	—	—

注：1. 固定部分与平开门或推拉门组合时为平开门或推拉门。

2. 百叶门符号为 Y，纱扇门符号为 S。

表 9-10　铝合金窗的开启形式与代号

开启形式	铝合金窗代号	开启形式	铝合金窗代号	开启形式	铝合金窗代号
固定	G	推拉	T	平开	P
中悬	C	平开下悬	PX	滑轴	H
立转	L	上悬	S	推拉平开	TP
滑轴平开	HP	下悬	X	—	—

注：1. 固定部分与平开门或推拉门组合时为平开门或推拉门。

2. 百叶门符号为 Y，纱扇门符号为 S。

表 9-11　铝合金门窗按性能不同分类

性 能 项 目	普通型		隔声型		保温型	
	门	窗	门	窗	门	窗
抗风压 P_3	○	◎	○	◎	○	◎
水密 ΔP	○	◎	○	◎	○	◎
气密 q_1、q_2	○	◎	○	◎	○	◎
保温 K	○	○	○	○	◎	◎
空气隔声 R_w	○	○	◎	◎	○	○
采光 T_r	○	○	○	○	○	○
撞击	◎	○	◎	◎	◎	○
垂直荷载强度	◎	○	◎	○	◎	○
启闭力	◎	◎	◎	◎	◎	◎
反复启闭	◎	◎	◎	◎	◎	◎

注：○为选择项目，◎为必检项目。对于外推拉门。外平开门，抗风压、水密性能、气密性能为必检项目。

三、铝合金门窗的性能

详细了解铝合金门窗的性能是进行设计、施工使用的主要指标，铝合金门窗的性能主要包括：气密性、水密性、抗风压强度、保温性能和隔声性能等。

(一) 气密性

气密性也称空气渗透性能，指空气透过处于关闭状态下门窗的能力。材料试验证明，与门窗气密性有关的气候因素，主要是室外的风速和温度。在没有机械通风的条件下，门窗的渗透换气量起着重要作用。

不同地区气候条件不同，建筑物内部的热压阻力和楼层层数不同，致使门窗受到的风压相差很大。另外，空调房间又要求尽量减少外窗空气渗透量，于是就提出了不同气密等级门窗的要求。

(二) 水密性

水密性也称雨水渗透性能，指在风雨同时作用下，雨水透过处于关闭状态下门窗的能力。渗水会影响室内精装修和室内物品的使用，因此水密性能是门窗产品的重要指标。门窗的水密性存在有以下 3 方面原因：①存在缝隙及孔洞；②存在雨水；③存在压力差。只有 3 个条件同时存在时才能产生渗漏。我国大部分地区对门窗的水密性要求不十分严格，对水密性要求较高的地区，主要以台风地区为主。

（三）抗风压强度

所谓建筑外窗的抗风压强度是指在风压作用下，处于正常关闭状态下的外窗不发生损坏以及功能性障碍的能力，这是衡量建筑门窗物理性能的重要环节。过大的风压能使门窗构件变形，拼接处的缝隙变大，影响到正常的气密性和水密性。因此，既需要考虑长期使用过程中，在平均风压作用下，保证其正常功能不受到影响，又必须注意到在台风袭击下不遭受破坏，以免产生安全事故。

（四）保温性能

保温性能是指门窗两侧存在空气温差条件下，门窗阻抗从高温一侧向低温一侧传导热量的能力。要求保温性能较高的门窗，传热的速度应当非常缓慢。我国门窗的保温性能总体水平与国外有比较大差距，北欧和北美国家窗户传热系数 K 值一般都小于 $2.0W/(m^2 \cdot K)$，有的达到 $1.1\sim1.2W/(m^2 \cdot K)$。

门窗的保温性能能明显影响建筑物的采暖能耗和室温。如果隔热系数不高，会引起空调能耗增加或者室内温度上升过快，也会影响人的正常生活。要提高建筑门窗保温性能，首先应弄清楚影响它的主要因素，有针对性地加以解决才能收到较好的效果。

（五）隔声性能

隔声性能是指声音通过门窗时其强度衰减多少的数值，是门窗隔声性能好坏的衡量尺度。为了避免外界噪声对建筑室内的侵袭，建筑外立面的隔声性能是首先要考虑的问题。噪声污染会严重破坏人的生活环境和危害健康，目前，选择安装隔声性能较好的外门窗构件是解决这一问题的基础手段之一。因此，隔声性能是环保门窗的重要指标，也是评价门窗质量好坏的重要指标。

铝合金节能门窗的性能如表 9-12 所列；铝合金节能门窗的尺寸允许偏差如表 9-13 所列；铝合金节能门窗的主要物理性能分级指标值如表 9-14 所列；铝合金节能门撞击、垂直荷载强度及启闭性能如表 9-15 所列；铝合金节能门窗选择技术要点如表 9-16 所列；铝合金节能门窗的性能选取规定如表 9-17 所列；铝合金节能门窗选用中空玻璃厚度与玻璃槽口尺寸如表 9-18 所列；铝合金门窗安装密封材料品种、特性和用途如表 9-19 所列；铝合金门窗的配件如表 9-20 所列。

表 9-12　铝合金节能门窗的性能

	门窗型号	玻璃配置（白玻）	抗风压性能 P/kPa	水密性能 ΔP/Pa	气密性能 q_1 /[m³/(m·h)]	气密性能 q_2 /[m³/(m²·h)]	保温性能 K/[W/(m²·K)]	隔声性能 /dB
A型	60系列平开窗	5+9A+5	≥3.5	≥500	≥1.5	≥4.5	2.9~3.1	$R_w \leqslant 35$
		5+12A+5	≥3.5	≥500	≥1.5	≥4.5	2.7~2.8	$R_w \leqslant 35$
		5+12A+5暖边	≥3.5	≥500	≥1.5	≥4.5	2.5~2.7	$R_w \leqslant 35$
		5+12A+5Low-E	≥3.5	≥500	≥1.5	≥4.5	1.9~2.1	$R_w \leqslant 35$
		5+6A+5+6A+5	≥3.5	≥500	≥1.5	≥4.5	2.2~2.4	$R_w \leqslant 35$
	70系列平开窗	5+12A+5	≥3.5	≥500	≥1.5	≥4.5	2.6~2.8	$R_w \leqslant 35$
		5+12A+5暖边	≥3.5	≥500	≥1.5	≥4.5	2.4~2.6	$R_w \leqslant 35$
		5+12A+5Low-E	≥3.5	≥500	≥1.5	≥4.5	1.8~2.0	$R_w \leqslant 35$
		5+6A+5+6A+5	≥3.5	≥500	≥1.5	≥4.5	2.1~2.4	$R_w \leqslant 40$
	90系列推拉窗	5+12A+5	≥3.5	≥350	≥0.5	≥4.5	<3.0	$30 \leqslant R_w \leqslant 40$
	60系列平开门	5+12A+5	≥3.5	≥500	≥0.5	≥1.5	<2.5	$30 \leqslant R_w \leqslant 40$
	60系列折叠门	5+12A+5	≥3.5	≥500	≥1.5	≥1.5	<2.5	$30 \leqslant R_w \leqslant 40$
	提升推拉门	5+12A+5	≥3.5	≥350	≥1.5	≥4.5	<2.8	$30 \leqslant R_w \leqslant 40$

续表

门窗型号	玻璃配置(白玻)	抗风压性能 P/kPa	水密性能 ΔP/Pa	气密性能 q_1 /[m³/(m·h)]	气密性能 q_2 /[m³/(m²·h)]	保温性能 K/[W/(m²·K)]	隔声性能 /dB
B型 EAHX50 平开窗	5+12A+5	≥3.5	≥350	≥1.5	≥4.5	2.7~2.8	30≤R_w≤40
EAHX55 平开窗	5+12A+5	≥3.5	≥350	≥1.5	≥4.5	2.7~2.8	30≤R_w≤40
EAHD55 平开窗	5+9A+5+9A+5	≥4.0	≥350	≥1.5	≥4.5	2.0	30≤R_w≤40
EAHX60 平开窗	5+12A+5	≥3.5	≥350	≥1.5	≥4.5	2.7~2.8	30≤R_w≤40
EAHD60 平开窗	5+9A+5+9A+5	≥4.0	≥350	≥1.5	≥4.5	2.0	30≤R_w≤40
EAHX65 平开窗	5+12A+5	≥3.5	≥350	≥1.5	≥4.5	2.7~2.8	30≤R_w≤40
EAHD65 平开窗	5+9A+5+9A+5	≥4.0	≥350	≥1.5	≥4.5	2.0	30≤R_w≤40
EAH70 平开窗	5+9A+5+9A+5	≥4.0	≥350	≥1.5	≥4.5	2.0	30≤R_w≤40

注：表中所列性能检测的生产厂家仅为实例，并非指定采用这些产品。

表 9-13 铝合金节能门窗的尺寸允许偏差 单位：mm

项 目	尺寸范围 门	尺寸范围 窗	偏差值 门	偏差值 窗
框槽口高度、宽度	≤2000	≤2000	±2.0	±2.0
	>2000	>2000	±3.0	±2.5
框槽口对边尺寸之差	≤2000	≤2000	≤2.0	≤2.0
	>2000	>2000	≤3.0	≤3.0
框对角之差	≤3000	≤2000	≤3.0	≤2.5
	>3000	>2000	≤4.0	≤3.5
框与扇搭接宽度	—	—	±2.0	±1.0
同一平面高度差	—	—	≤0.3	≤0.3
装配间隙	—	—	≤0.2	≤0.2

表 9-14 铝合金节能门窗的主要物理性能分级指标值

抗风压性能	分级				
	1	2	3	4	5
指标值/kPa	1.0≤P_3<1.5	1.5≤P_3<2.0	2.0≤P_3<2.5	2.5≤P_3<3.0	3.0≤P_3<3.5
	6	7	8	×·×	
	3.5≤P_3<4.0	4.0≤P_3<4.5	4.5≤P_3<5.0	P_3≥5.0	

注：×·×表示用≥5.0kPa的具体值取代分级代号

水密性能	分级					
	1	2	3	4	5	××××
指标值/Pa	100≤ΔP<150	150≤ΔP<250	250≤ΔP<350	350≤ΔP<500	500≤ΔP<700	ΔP≥700

注：××××表示用≥700Pa的具体值取代分级代号，适用于热带风暴和台风袭击地区的建筑

气密性能	分级			
	2	3	4	5
单位缝长指标值 q_1/[m³/(m·h)]	4.0≥q_1>2.5	2.5≥q_1>1.5	1.5≥q_1>0.5	q_1≤0.5
单位面积指标值 q_2/[m³/(m²·h)]	12≥q_2>7.5	7.5≥q_2>4.5	4.5≥q_2>1.5	q_2≤1.5

保温性能	分级					
	5	6	7	8	9	10
指标值/[W/(m²·K)]	4.0>K≥3.5	3.5>K≥3.0	3.0>K≥2.5	2.5>K≥2.0	2.0>K≥1.5	K<1.5

空气隔声性能	分级				
	2	3	4	5	6
指标值/dB	25≤R_w<30	30≤R_w<35	35≤R_w<40	40≤R_w<45	R_w≥45

采光性能	分级				
	1	2	3	4	5
指标值	0.20≤T_r<0.30	0.30≤T_r<0.40	0.40≤T_r<0.50	0.50≤T_r<0.60	T_r≥0.60

表 9-15 铝合金节能门撞击、垂直荷载强度及启闭性能

性能项目	技术要求	性能项目	技术要求
撞击性能	（1）门框、扇无变形，连接处无松劲现象； （2）插销、门锁等附件应完整无损，启闭正常； （3）玻璃无破损； （4）门扇下垂量应≤2mm	垂直荷载强度	当施加30kg荷载，门窗卸荷后的下垂量应≤2mm
		启闭力	应≤50N
		反复启闭	反复启闭应≥10万次，启闭无异常，使用无障碍

注：垂直荷载强度适应于平开门、地弹簧门。

表 9-16 铝合金节能门窗选择技术要点

选择要点	项目内容
安全性	(1)结构牢固，稳定性好； (2)抗风压强度高； (3)采用安全玻璃； (4)采用内平开窗； (5)五金件强度好，多点锁紧结构； (6)窗分格不可过大
便用性能（三性）	(1)结构先进（框材、玻璃、配件的种类、结构及其组合合理）； (2)采用旋转式（平开式）窗； (3)配件质量好，多点锁紧
节能环保（传热、隔声）	(1)保温窗应采用断热型材及Low-E中空玻璃，也可采用双层、三层窗； (2)隔热窗应采用热反射镀膜中空玻璃窗； (3)隔声窗最好采用双层、三层窗，其次是中空玻璃
装饰性	(1)铝型材最佳表面涂装为氟碳烤漆，其次为粉尘喷涂，再次为电泳涂漆，普通型为氧化处理及氧化着色； (2)窗形设计美观，加工精细； (3)配件（尤其是执手）精美
耐久性	(1)型材表面涂装最佳为氟碳烤漆，其次为粉尘喷涂； (2)中空玻璃必须双道密封； (3)金属配件采用奥氏体不锈钢制作，胶条用三元乙丙橡胶材料制作，密封胶采用中性硅酮胶

表 9-17 铝合金节能门窗的性能选取规定

性能名称	建筑工程的要求依据	规定	门窗性能值
抗风压	按《建筑结构荷载规范》(GB 50009—2012)规定确定风荷载标准值 W_k	<	抗风压的承载能力值 p_2
水密性	取《建筑结构荷载规范》(GB 50009—2012)规定确定的风荷载标准值 W_k 的0.3，沿海地区取 W_k 的0.4	<	水密性的分级值 ΔP
气密性	分别按下列规范、规程要求确定：《民用建筑热工设计规范》(GB 50176—2016)、《公共建筑节能设计标准》(GB 50189—2015)、《严寒和寒冷地区居住建筑节能设计标准》(JGJ 26—2010)、《夏热冬冷地区居住建筑节能设计标准》(JGJ 134—2010)、《既有采暖居住建筑节能改造技术规程》(JGJ 129—2000)	>	气密性的分级值 q_1 与 q_2
保温性		<	保温性分级值 K
隔声性	隔声性能要求值按《建筑隔声评价标准》(GB/T 50121—2005)确定	<	隔声性能分级值 R_w
采光性	采光性能要求值按《建筑采光设计标准》(GB/T 50033—2013)确定	<	采光性能分级值 T_r

表 9-18　铝合金节能门窗选用中空玻璃厚度与玻璃槽口尺寸　　　　单位：mm

玻璃厚度	密封材料					
	密封胶			密封条		
	a	b	c	a	b	c
4＋A＋4 5＋A＋5 6＋A＋6	≥5.0	≥15.0	≥7.0	≥5.0	≥15.0	≥7.0
8＋A＋8	≥5.0	≥17.0				

表 9-19　铝合金门窗安装密封材料

品　　种	特　性　与　用　途
聚氯酯密封膏	高档密封膏,变形能力为 25%,适用于±25%接缝变形位移部位的密度。
聚硫密封膏	高档密封膏,变形能力为 25%,适用于±25%接缝变形位移部位的密度。寿命可达 10 年以上
硅酮密封膏	高档密封膏、性能全面、变形能力达 50%,高强度、耐高温(−54～260℃)
水膨胀密封膏	遇水后膨胀将缝隙填满
密封垫	用于门窗框与外墙板接缝密封
膨胀防火密封件	主要用于防火门,遇火后可膨胀密封其缝隙
底衬泡沫条	和密封胶配套使用、在缝隙中能密封胶变形而变形
防污纸质胶带纸	用于保护门窗料表面,防止表面污染

表 9-20　铝合金门窗五金配件

品　　名	用　　途
门锁(双头通用门锁)	配有暗藏式弹子锁,可以内外启闭,适用于铝合金平开门
勾锁(推拉门锁)	有单面和双面两种,可做推拉门、窗的拉手和锁闭器使用
暗插锁	适用于双扇铝合金地弹簧门
滚轮(滑轮)	适用于推拉门窗(70、90、55 系列)
滑撑铰链	能保持窗扇在 0°～60°或 0°～90°开启位置自行定位
执手　铝合金平开窗执手	适用于平开窗,上悬式铝合金窗开启和闭锁
执手　联动执手	适用于密闭型平开窗的启闭,在窗上下两处联动扣紧
执手　推拉窗执手(半月形执手)	有左右两种形式,适用于推拉窗的启闭
地弹簧	装于铝合金门下部,铝合金门可以缓速自动闭门,也可在一定开启角度位置定位

第三节　铝塑钢节能门窗

　　铝塑节能门窗也称为断桥铝门窗,是继铝合金门窗、塑钢门窗之后研制成功的一种新型门窗。断桥铝门窗采用隔热断桥铝型材和中空玻璃,并仿欧式结构组合而成,其外形美观,具有节能、隔声、防噪、防尘、防水等多种功能。这类门窗的热传导系数 K 值为 $3W/(m^2 \cdot K)$ 以下,比普通门窗热量散失减少 1/2,降低取暖费用 30% 左右,隔声量达 29dB 以上,水密性、气密性良好,均达国家 A1 类窗标准。

一、铝塑节能门窗的特点

　　(1) 整体强度高,总体质量好　铝塑门窗是从型材选用材料上提高门窗的整体强度、性能、档次和总体质量。铝合金型材的平均壁厚达 1.4～1.8mm,表面采用粉末喷涂技术,以保证门窗强度高、不变色、不掉色。中间的隔热断桥部分采用改良 PVC 塑芯作为隔热桥,其壁厚为 2.5mm,使塑芯的强度更高。由于铝材和塑料型材都具有很高的强度,通过铝材＋塑料＋铝材的紧密复合,从而使铝塑门窗的整体强度更高。

（2）具有优异的隔热性能 由于铝塑门窗的塑料型材使用国内首创的腔体断桥技术，所以使其具有更优异的隔热性能。为了减少热量的损失，铝塑门窗型材在结构上设计为六腔室，由于多腔室的结构设计，使室内（外）的热量（冷气）在通过门窗时，经过一个个腔室的阻隔作用，热量的损失大大减少，从而保证了优异的隔热性能。

（3）具有优异的密封性能 铝塑节能门窗一般为三道密封设计，具有有优异的密封性能。室外的一道密封胶条，增加后可以提高门窗的气密性能，但略降低了水密性能；去掉后气密性能略降低，但可以提高水密性能。因此，可以根据不同地区的气候特点选择添加或不设置密封胶条。材料试验证明，专门设计的宽胶条，其密封性能更好，尤其是新开发的宽胶条，大大提高了门窗的密封性能。当外侧冷风吹进时，风的压力越大，宽胶条压得越紧，从而更好地保证了门窗的密封效果。

（4）具有优异的隔声性能 铝塑门窗上镶嵌的玻璃，最低限度使用5＋12A＋5的中空节能玻璃，同时通过修改压条的宽度，可以使用5＋16A＋5及5＋12A＋5＋12A＋5的中空节能玻璃，从而可以更好地确保门窗的隔声降噪功能大于35dB。

（5）具有时尚美观的外表 铝塑门窗的两侧采用表面光滑、色彩丰富的铝材，断桥采用改良的PVC塑芯作为隔热材料，从而使铝塑门窗具有铝和塑料的共同优点：隔热、结实、耐用、美观。同时，可以根据设计的要求，更换门窗两侧铝材的颜色，提供更大的选择空间。

（6）具有良好的抗风压性能 根据测试结果表明，铝塑门窗的抗风压级别可以达到国家标准《建筑外门窗气密、水密、抗风压性能分级及检测方法》（GB/T 7106—2008）中最高级别——8级水平。因此，铝塑门窗具有良好的抗风压性能。

（7）门窗清洁更加方便 门窗两侧采用的铝合金材料，其表面又采用的喷涂的处理方式，这样铝型材的表面清洁起来更加容易，大大节省了清洁门窗的时间。铝塑铝复合型材不易受酸碱侵蚀和污染，几乎不需要进行保养。当门窗表面脏污时，也不会变黄褪色，只要用水加清洗剂擦洗，清洗后洁净如初。

（8）具有良好的防火性能 门窗两侧的铝合金为金属材料，不自燃，不燃烧，具有很好的防火性能；在门窗中间的PVC型材中加有阻燃剂，其完全可以达到氧指数大于36的阻燃材料标准。

二、铝塑节能门窗的性能

铝塑门窗节能门窗的性能主要包括抗风压性能、气密性能、保湿性能和隔声性能。铝塑门窗节能门窗的性能如表9-21所列。

表 9-21　铝塑门窗节能门窗的性能

项　　目		H 型（50 系列平开窗）				
		5＋9A＋5	5＋12A＋5	5＋12A＋5Lwo-E	5＋12A＋5＋12A＋5	5＋12A＋5＋12A＋55Lwo-E
玻璃配置（白玻）		≥4.5	≥4.5	≥4.5	≥4.5	≥4.5
抗风压性能/（P/kPa）		≥350	≥350	≥350	≥350	≥350
气密性能	q_1/[m³/(m·h)]	≤1.5	≤1.5	≤1.5	≤1.5	≤1.5
	q_2/[m³/(m²·h)]	≤4.5	≤4.5	≤4.5	≤4.5	≤4.5
保湿性能 K/[W/(m²·K)]		2.7～2.9	2.3～2.6	1.8～2.0	1.6～1.9	1.2～1.5
隔声性能/dB		≥30	≥32	≥32	≥35	≥35

第四节　玻璃钢节能门窗

玻璃钢门窗被国际称为继木、钢、铝合金、塑料之后的第五代门窗产品，它既具有铝合金的坚固，又具有塑钢门窗的保温性和防腐性，更具有它自身独特的特性：多彩、美观、时尚，在阳光下照射无膨胀，在冬季寒冷下无收缩，也不需要用金属加强，耐老化性能特别显著，其使用寿命可与钢筋混凝土相同。

玻璃钢门窗是采用热固性不饱和树脂作为基体材料，加入一定量的助剂和辅助材料，采用中碱玻璃纤维无捻粗纱及其织物作为增强材料，并添加其他矿物填料，经过特殊工艺将这两种材料复合，再通过加热固化，拉挤成各种不同截面的空腹型材加工而成。

一、玻璃钢节能门窗的特性

玻璃钢俗称 FRP（Fiber Reinforced Plastics），即纤维强化塑料。根据采用的纤维不同分为玻璃纤维增强复合塑料（GFRP）、碳纤维增强复合塑料（CFRP）和硼纤维增强复合塑料等。这是发达国家 20 世纪初研制开发的一种新型复合材料，它具有质轻、高强、防腐、保温、绝缘、隔声、节能、环保等诸多优点。

（1）轻质高强　玻璃钢型材的密度在 $1.7g/cm^3$ 左右，约为钢密度的 1/4，为铝密度的 2/3，密度略大于塑钢，属于轻质建筑材料；其硬度和强度却很大，巴氏硬度为 35，拉伸强度 350～450MPa，与普通碳素钢接近，弯曲强度为 200MPa，弯曲弹性模量为 10000MPa，分别是塑料的 8 倍和 4 倍，因此不需要加钢材补强，减少了组装工序，提高功效。

（2）密封性能好　玻璃钢窗的线膨胀系数为 $7×10^{-6}mm/℃$，低于钢和铝合金，是塑料的 1/10，与墙体膨胀系数相近，因此，在温度变化时，玻璃钢门窗窗体不会与墙体之间产生缝隙，因此密封性能好。特别适用于多风沙、多尘及污染严重的地区。

（3）保温节能　测试数据显示，玻璃钢型材的导热系数是钢材的 1/150，是铝材的 1/650。是一种优良的绝热材料。玻璃钢门窗型材为空腹结构，具有空气隔热层，保温效果佳。采用玻璃钢双层玻璃保温窗，与其他窗户相比，冬季可提高室温 3.5℃ 左右。由此可见，隔热保温效果显著，特别适用于温差大、高温高寒地区，是一种节能性能优良的门窗材料。

（4）耐腐蚀性好　由于玻璃钢属优质复合材料，它对酸、碱、盐、油等各种腐蚀介质都有特殊的防止功能，且不会发生锈蚀。玻璃钢的抗老化性能也很好，铝合金门窗平均寿命为 20 年，普通的 PVC 寿命为 15 年，而玻璃钢门窗的寿命可达 50 年。玻璃钢门窗对无机酸、碱、盐、大部分有机物、海水及潮湿环境都有较好的抵抗力，对于微生物也有抵抗作用，因此除适用于干燥地区外，同样适用于多雨、潮湿地区，沿海地区以及有腐蚀性的场所。

（5）耐候性良好　玻璃钢属热固性塑料，树脂交联后即形成二维网状分子结构，变成不溶体，即使加热也不会再熔化。玻璃钢型材热变形温度在 200℃ 以上，耐高温性能好，而耐低温性能更好，因为随着温度的下降，分子运动减速，分子间距离缩小并逐步固定在一定的位置，分子间引力加强，由此可见玻璃钢门窗可长期使用温度变化较大的环境中。

（6）色彩比较丰富　玻璃钢门窗可以根据不同客户的需求、室内装修、建筑风格，对型材的表面喷涂各种颜色，以满足人们的个性化审美要求。

（7）隔声效果显著　材料试验表明，玻璃钢门窗的隔声值为 36dB，同样厚度的塑钢和铝合金门窗隔声值分别是 16dB 和 12dB，因此玻璃钢门窗的隔声性能良好，特别适宜于繁华闹市区建筑门窗。

（8）绝缘性能很好　玻璃钢门窗是良好的绝缘材料，其电阻率高达 1014Ω，能够承受较高的电压而不损坏。不受电磁波的作用，不反射无线电波，透微波性好。因此，玻璃钢门窗对通讯系统的建筑物有特殊的用途。

（9）具有阻燃性　由于拉挤成型的玻璃钢型材树脂含量比较低，在加工的过程中还加入了无机阻燃填料，所以该材料具有较好的阻燃性能，完全达到了各类建筑物防火安全的使用标准。

（10）抗疲劳性能好　金属材料的疲劳破坏常常是没有明显预兆的突发性破坏，而玻璃钢中纤维与基体的界面能阻止材料受力所致裂纹的扩展，所以玻璃材料有较强的疲劳强度极限，从而保证了玻璃钢门窗使用的安全性与可靠性。

（11）减震性能良好　由于玻璃钢型材的弹性模量高，用其制成的门窗结构件具有较高的自振频率，而高的自振频率可以避免结构件在工作状态下的共振引起的早期破坏。同时，玻璃钢中树脂与纤维界面具有吸振能力。这一特性，有利于提高玻璃钢门窗的使用寿命，正常使用条件下可达到 50 年之久。

（12）绿色环保　据有关部门检测，优质玻璃钢门窗型材符合国家规定的各项有害物质限量指标，达到 A 类装修材料要求，符合绿色环保建材产品重点推广条件。

二、玻璃钢节能门窗的节能关键

玻玻璃钢节能窗户节能效果是否符合设计和现行规范的要求，关键是抓好以下几个环节：玻璃钢型材、使用的玻璃、五金件和密封的质量以及安装质量等。

（1）玻璃钢型材是导热系数除木材之外最低的门窗型材　一般情况下，窗框占整个窗户面积的 $25\%\sim30\%$，特别是平开窗，窗框所占窗户面积的比例会更大，可见型材的导热系数会对窗户的保温性能产生很大的影响。玻璃型材的传热系数在室温下为：$0.3\sim0.4$ W/$(m^2\cdot K)$，只有金属的 $1/100\sim1/1000$，是优良的绝热材料，从而在根本上解决了门窗的保温性能。

（2）玻璃钢型材是热膨胀系数最小　与墙体最接近的门窗型材、由于材料不同，膨胀系数也不同，在温度变化时，窗体和墙体、窗框和窗扇之间会产生缝隙，从而产生空气对流，加快了室内能量的流失。经国家专业检测部门检测，玻璃钢型材热膨胀系数与墙体热膨胀系数最相近，低于钢和铝合金，是塑钢的 $1/20$，因此，在温度变化时玻璃钢门窗框既不会与墙体产生缝隙，也不会与门窗扇产生缝隙，密封性能良好，非常有利于门窗的保温。

（3）玻璃钢型材属于轻质高强材料　在同样配置的情况下，会减小单位面积的窗扇的重量及合页的承重力，长时间使用不会使窗扇变形，不会影响窗扇与窗体结合的密封性能，体现了节能窗的时效问题。

（4）材料试验证明，玻璃、五金件及密封件的性能如何，对门窗的保温性能起到很重要的影响。室内热量透过门窗损失的热量，主要是通过玻璃（以辐射的形式）、门窗框（以传导的形式）、门窗框与玻璃之间的密封条（以空气渗透的形式）而传递到室外。质量较好的中空玻璃、镀膜玻璃、Low-E 玻璃可以有效地降低热量的辐射；好的密封条受热后不收缩，遇冷不变脆，从而有效地杜绝门窗框与玻璃之间空气渗透。玻璃钢节能门窗的定位是高端市场产品，配置的是高档的玻璃、五金件及密封件，保障了节能门窗的保温效果。

三、玻璃钢节能门窗的性能及规格

玻璃钢门窗型材具有很高的纵向强度，在一般情况下，可以不采用增强的型钢。如果门窗尺寸过大或抗风压要求很高时，应当根据使用的要求，确定采取适宜的增强方式。型材的横向强度较低，玻璃钢门窗框角梃连接应采用组装式，连接处需要用密封胶密封，防止缝隙处产生渗漏。

玻璃钢门窗的技术性能应符合现行标准《玻璃纤维增强塑料（玻璃钢）门》（JG/T 185—2006）和《玻璃纤维增强塑料（玻璃钢）窗》（JG/T 186—2006）中的规定。

玻璃钢节能门窗的性能如表 9-22 所列；玻璃钢节能门窗的技术性能如表 9-23 所列；平开门、平开下悬门、推拉下悬门、折叠门的力学性能如表 9-24 所列；推拉门的力学性能如表 9-25 所列；平开窗、平开下悬窗、上悬窗、中悬窗、下悬窗的力学性能如表 9-26 所列；推拉窗的力学性能如表 9-27 所列；玻璃钢节能门窗产品的规格如表 9-28 所列。

表 9-22　玻璃钢节能门窗的性能

门窗型号		玻璃配置	抗风压性能 P/kPa	水密性能 ΔP/Pa	气密性能		保温性能 K/[W/(m²·K)]	隔声性能 /dB
					q_1/[m³/(m·h)]	q_2/[m³/(m²·h)]		
G型	50 系列平开窗	4+9A+5	3.5	250	0.10	0.3	2.2	35
	58 系列平开窗	5+12A+5Lwo-E	5.3	250	0.46	1.2	2.2	36
	58 系列平开窗	5+9A+4+6A+5	5.3	250	0.46	1.2	1.8	39
	58 系列平开窗	5Lwo-E+12A+4+9A+5	5.3	250	0.46	1.2	1.3	39
	58 系列平开窗	4+V(真空)+4+9A+5	5.3	250	0.46	1.2	1.0	36

表 9-23　玻璃钢节能门窗的技术性能

指　　标	玻璃钢	PVC	铝合金	钢
密度/(1000kg/m²)	1.90	1.40	2.90	7.85
热膨胀系数/−10⁸/℃	7.00	65	21	11
热导率/[W/(m·℃)]	0.30	0.30	203.5	46.5
拉伸强度/MPa	420	50	150	420
比强度	221	36	53	53

表 9-24　平开门、平开下悬门、推拉下悬门、折叠门的力学性能

项　　目	技　术　要　求
锁紧器(执手)的开关力	≤80N(力矩≤10N·m)
开关力	≤80N
悬端吊重	在 500N 力作用下,残余变形≤2mm,试件不损坏,仍保持使用功能
翘曲	在 300N 力作用下,允许有不影响使用的残余变形,试件不损坏,仍保持使用功能
开关疲劳	经≥10000 次的开关试验,试件及五金件不损坏,其固定处及玻璃压条不松脱,仍保持使用功能
大力关闭	经模拟 7 级风连续开关 10 次,试件不损坏,仍保持开关功能
角连接强度	门框≥3000N,门扇≥6000N
垂直荷载强度	当施加 30kg 荷载,门扇卸荷后的下垂量应≤2mm
软物冲击	无破损,开关功能正常
硬物冲击	无破损

注：1. 垂直荷载强度适用于平开门。

2. 全玻璃门不检测软、硬物体的冲击性能。

表 9-25　推拉门的力学性能

项　　目	技　术　要　求
开关力	≤100N
弯曲	在 300N 力作用下,允许有不影响使用的残余变形,试件不得损坏,仍保持使用功能
扭曲	在 200N 力作用下,试件不损坏,允许有不影响使用的残余变形
开关疲劳	经≥10000 次的开关试验,试件及五金件不损坏,其固定处及玻璃压条不松脱,仍保持使用功能

续表

项　目	技　术　要　求
角连接强度	门框≥3000N,门扇≥4000N
软物冲击	试验后无损坏,启闭功能正常
硬物冲击	试验后无损坏

注:1. 无凸出把手的推拉窗不做扭曲试验。

2. 全玻璃门不检测软、硬物体的冲击性能。

表 9-26　平开窗、平开下悬窗、上悬窗、中悬窗、下悬窗的力学性能

项　目	技　术　要　求
锁紧器(执手)的开关力	≤80N(力矩≤10N・m)
开关力	平合页≤80N,摩擦铰链≥30N,≤80N
悬端吊重	在 300N 力作用下,残余变形≤2mm,试件不损坏,仍保持使用功能
翘曲	在 300N 力作用下,允许有不影响使用的残余变形,试件不损坏,仍保持使用功能
开关疲劳	经≥10000 次的开关试验,试件及五金件不损坏,其固定处及玻璃压条不松脱,仍保持使用功能
大力关闭	经模拟 7 级风连续开关 10 次,试件不损坏,仍保持开关功能
角连接强度	门框≥2000N,门扇≥2500N
窗撑试验	在 200N 力作用下,只允许位移,连接处型材不破裂
开启限位装置(制动器)受力	在 10N 力作用下开启 10 次,试件不损坏

注:大力关闭只检测平开窗和上悬窗。

表 9-27　推拉窗的力学性能

项　目	技　术　要　求
开关力	推拉窗≤100N,上、下推拉窗≤135N
弯曲	在 300N 力作用下,允许有不影响使用的残余变形,试件不得损坏,仍保持使用功能
扭曲	在 200N 力作用下,试件不损坏,允许有不影响使用的残余变形
开关疲劳	经≥10000 次的开关试验,试件及五金件不损坏,其固定处及玻璃压条不松脱,仍保持使用功能
大力关闭	经模拟 7 级风连续开关 10 次,试件不损坏,仍保持开关功能
角连接强度	门框≥2500N,门扇≥1400N

注:没有凸出把手的推拉窗不作扭曲试验。

表 9-28　玻璃钢节能门窗产品的规格

产品名称	类型及规格	技术性能
耀华玻璃钢门窗	70F 系列推拉窗 300 平开悬开复合开启窗 800 系列推拉窗 700 系列平开(悬开)窗	拉伸强度:420MPa 实际使用强度:221MPa 热导率:0.3W/(m・K)
房云玻璃钢门窗	70 系列推拉窗 75 系列推拉窗 50 系列平开窗 66 系列推拉门 58 系列平开窗 58 系列平开上悬窗	TSC70 风压:≤350Pa 气密:≥1.5m³/(m・h) 水密:≤250Pa 保温:28W/(m²・K) 隔声:33dB
国华玻璃钢门窗	FRP 拉挤门窗	具有优异的坚固性、防腐、节能、保温性能,无膨胀、无收缩,轻质高强无需金属加固,耐老化,使用寿命长

四、玻璃钢型材与铝合金、塑钢的性能比较

材料试验证明:玻璃钢型材具有耐腐蚀、轻质高强、尺寸稳定性好、绝缘性优良、不导

热、阻燃、美观、易保养、使用寿命长等特性，是一种制作门窗的极好材料。玻璃钢型材与铝合金、塑钢的性能比较如表 9-29 所列。

表 9-29 玻璃钢型材与铝合金、塑钢的性能比较

项　目	玻璃钢型材	铝合金型材	PVC 塑钢型材
材质牌号	玻璃纤维增强塑料（FRP）；是玻璃纤维浸透树脂后在牵引下通过加热模具高温固化成型	6063-T5；高温（500℃）挤压成型后快速冷却及人工时效,再经阳极氧化、电泳涂漆、喷涂等表面处理	硬聚氯乙烯热塑性塑料加热；以 PVC 树脂为主要原料与其他 15 种助剂和填料混合（185℃）经挤出机挤出成型
密度/(g/cm^3)	1.9	2.7	1.4
抗拉强度/(N/cm^2)	≥420	≥157	≥50
屈服强度/(N/cm^2)	≥221	≥108	≥37
热膨胀系数/$℃^{-1}$	$8×10^{-6}$	$21×10^{-6}$	$85×10^{-6}$
热导率/$[W/(m·K)]$	0.30	203.5	0.43
抗老化性	优	优	良
耐热性	不变软	不变软	维卡软化温度 83℃
耐冷性	无低温脆性	无低温脆性	脆比温度 40℃
吸水性/%	不吸水	不吸水	0.8(100℃,24h)
导电性	电绝缘体	良导性	电绝缘体
燃烧性	难燃	不燃	可燃
耐腐蚀性	耐潮湿、盐雾、酸雨	耐大气向蚀性好,但应避免直接与某些其他金属接触时的电化学腐蚀	耐潮湿、盐雾、酸雨,但应避免与发烟硫酸、硝酸、丙酮、二氯乙烷、四氯化碳及甲苯等直接接触
抗风压性/Pa	3500（Ⅰ级）	1500～2500（Ⅴ～Ⅰ级）	2500～3500（Ⅴ～Ⅲ级）
水密性/Pa	150～350（Ⅳ～Ⅱ级）	150～350（Ⅴ～Ⅳ级）	150～350（Ⅳ～Ⅱ级）
气密性/$[m^3/(m·h)]$	Ⅰ级	Ⅲ级	Ⅰ级
隔声性	优	良	优
使用寿命/年	30	20	15
防火性	防火性好	防火性好	防火性差,燃烧后释放氯气(毒气)
装饰性	多种质感色彩,装饰性好	多种质感色彩,装饰性好	单一白色,装饰性较差
耐久性	复合材料高度稳定、不老化	无机材料高度稳定、不老化	有机材料会老化
稳定性	结构形状尺寸稳定性好	结构形状尺寸稳定性好	易变形,尺寸稳定性差
保温效果	好	差	好

注：$1N/cm^2=10000Pa$。

第五节　铝木节能门窗

　　铝木节能复合门窗是集木材的优异性能及铝材耐腐蚀、硬度高等优点于一体的新产品。该产品由铝合金型材与木材通过机械方法连接而成。与传统门窗相比，该产品在抗风压、保温、隔声、气密、水密性能等方面有了质的提高，节能效果突出。

　　同时，铝木复合门窗还具有双重装饰效果，从室内看是温馨高雅的木门窗，从室外看又是高贵豪华的铝合金门窗。室内一侧的木质表面经过无毒、无味的环保水性漆涂刷，具有很好的装饰性能和视觉效果，耐火性及耐久性能好。而且木结构的门窗体开启方式多样，可以满足不同消费者的需求。目前，我国建筑能耗占全国总能耗的 33%，而建筑能耗的 51% 是通过门窗流失的。铝木复合门窗节能效果明显，综合性能突出，符合建筑节能、绿色建筑的

要求，具有广阔的发展前景。

　　铝木节能门窗根据其组成结构不同，又可分为铝包木节能门窗和木包铝节能门窗两种。

一、铝木节能复合门窗的性能

　　铝木节能复合门窗是由铝合金型材、木指接集成材、中空玻璃及五金件通过高分子尼龙件连接和橡胶条密封复合而成的产品。铝木节能复合门窗具有节能、隔声、防噪、防尘、防水等功能。具体地讲，它具有以下优良的性能。

　　(1) 保温隔热性能良好　铝木节能复合门窗采用的木指接集成材、铝合金型材及中空玻璃结构，其热传导系数 K 值在 $2.23W/(m^2 \cdot K)$ 以下，大大低于普通铝合金型材 $140\sim170W/(m^2 \cdot K)$；采用中空玻璃结构，其热传导系数 K 值为 $3.17\sim3.59W/(m^2 \cdot K)$，大大低于普通玻璃 $6.69\sim6.84W/(m^2 \cdot K)$，有效降低了通过门窗传导的热量。

　　(2) 防噪隔声性能很好　铝木节能复合门窗结构精心设计，接缝非常严密，采用厚度不同的木质材料、中空玻璃结构、隔热断桥铝合金型材空腔结构，能够有效降低声波的共振效应，阻止声音的传递，可以降低噪声 $30\sim40dB$ 以上。

　　(3) 防风沙和抗风压性能好　门窗内框直料采用空心设计，抗风压变形能力强，抗震动效果好。可用于高层建筑及民用住宅，可设计大面积的窗型，采光面积比较大；这种门窗的气密性比铝合金和塑料门窗都好，能保证风沙大的地区室内窗台和地板无灰尘。

　　(4) 防水性能良好　铝木节能复合门窗利用压力平衡原理设计，设有良好的结构排水系统，下滑部分设计成斜面阶梯式，并设置排水口，排水非常畅通，水密性能好。

　　(5) 防结露和结霜性能好　铝木节能复合门窗可实现门窗的三道密封结构，合理分离水汽腔，成功实现汽水等压平衡，显著提高门窗的水密性和气密性，达到窗净明亮的效果。

　　铝木节能复合门窗除具有上述突出的优良性能外，还有稳固安全、坚固耐用、采光面积大、耐大气腐蚀性好、综合性能高、使用寿命长、装饰效果好等优点。

二、铝包木节能门窗

　　铝包木门窗是由木材为主要受力构件，铝合金建筑型材作为木材的保护构件及辅助结构而制作的框、扇结构的门窗。这种门窗既能满足建筑物内外侧封门窗材料的不同要求，保留纯木门窗的特性和功能，外层铝合金又起到了保护作用，并且便于门窗的保养，可以在外层进行多种颜色的喷涂处理，维护建筑物的整体美。

　　铝包木节能门窗是对人类居家生活所作出的改革，弥补了一般铝合金门窗保温隔热（冷）性能、气密性较差的缺点，在铝材、木材之间利用传热系数极低、强度极好的专用连接件进行连接，使型材的内外侧之间形成有效断热层，促使散失热量的途径被阻断，达到高效节能之目的。同时，解决了材质不同、工艺不同不易组合的难题，具有强度高、密度小、防腐蚀、隔热、隔声等优异性能和美观耐用、密封防尘之功效，充分体现了现代社会追求节能、环保、绿色的理念和时尚，在炎热和寒冷地区使用最能显示它的优越性。

　　铝包木节能门窗最大的特点是保温、节能、抗风沙，这种类型的门窗是《民用建筑节能管理规定》中鼓励开发新节能型环保门窗，是大力推广、应用节能型门窗和门窗密封条的新举措。铝包木节能门窗可以广泛应用于大型商务建筑、城市花园别墅、高档住宅小区等，具有广阔的市场前景铝包木节能门窗的产品规格及性能如表 9-30 所列。

表 9-30 铝包木节能门窗的产品规格及性能

产 品 名 称	产 品 规 格	产 品 性 能
铝包木门窗	内开内倒门窗 折叠门 内倒平移门 异形窗 上下提拉门窗 平开门窗 推拉门窗	抗风压性能：6 级 空气渗透性能：4 级 雨水渗透性能：4 级 空气隔声量：4 级 保温性能：8 级
铝木复合门窗	内开内倒门窗 折叠门 内倒平移门 异形窗 上下提拉门窗 平开门窗 推拉门窗	抗风压性能：6 级 空气渗透性能：5 级 雨水渗透性能：4 级 空气隔声量：≥4 级 保温性能：≥7 级
铝木复合门窗	单框双扇铝木复合窗 单框单扇铝包木窗 单框单扇木包铝复合窗 铝包木阳台门、门连窗 豪华的铝包木、纯实木推拉上悬门	风压变形性能：4.5kPa 空气渗透性能：0.5m³/(m²·h) 雨水渗透性能：>700Pa 隔声性能：>35dB 保温性能：1.5W/(m²·K)

三、木包铝节能门窗

铝包木的主要受力结构为纯实木，而木包铝内侧则为一层木板材，主要受力结构为断桥铝合金。木包铝节能门窗是木材的优异性能与铝材耐腐蚀、硬度高等特点的完美结合。

（一）木包铝节能门窗的特点

（1）木包铝节能门窗保温、隔热性能优异　木包铝节能门窗运用等压原理，采用空心结构密闭，提高了气密性和水密性，有效阻止了热量的传递。靠近室内一侧用木材镶嵌，再配以 5＋9＋5 或 5＋12＋5 的热反射中空玻璃，更进一步阻止热量在窗体上的传导，从而使窗体的传热系数 K 值达到 2.7W/(m²·K)，完全符合《建筑外窗保温性能分级及检测方法》（GB/T 8484－2002）中规定的 7 级标准。

（2）窗型整体强度高　木包铝节能门窗以闭合型截面为基础，采用内插连接件配合挤压工艺组装，窗体的机械强度高、刚性好。

（3）镶木选材精良　木包铝节能门窗加镶的木材，采用高档优质木材，并选用本公司独特的加工工艺，不干裂、不变形。采用进口配件，性能优越。

（4）装饰美感强　木包铝节能门窗镶嵌的木材质地细腻，纹理样式丰富多样。外观采用流线型设计，加配圆弧扣条，门型、窗型自然秀丽，纯朴典雅。根据室内装饰要求，包10mm 厚原木，与室内装饰浑然成一体。

（二）木包铝节能门窗的性能

木包铝节能门窗适用于各类工业与民用建筑。木包铝节能门窗的性能如表 9-31 所列。

表 9-31　木包铝节能门窗的性能

性 能 项 目		J 型（60 系列平开窗）
玻璃配置（白色）		5＋12A＋5
抗风压性能 P/kPa		3.5
水密性能 ΔP/Pa		≥500
气密性能	q_1/[m³/(m²·h)]	≤0.5
	q_2/[m³/(m²·h)]	—
保湿性能 K/[W/(m²·K)]		2.7
隔声性能/dB		2.7

注：J 型是依据北京东亚有限公司检测资料编制。表中所列性能检测的生产厂家仅实例，并非指定采用该厂家的产品。

第六节　门窗薄膜材料和密封材料

门窗薄膜是一种多功能的复合材料，一般由金属薄膜和塑料薄膜交替构成。两层塑料薄膜分别充当基材和保护薄膜，中间的金属层厚度只有 30mm，因而其透光性能好，但是它们对红外线辐射有高反射率和低发射率，将这种材料装贴在建筑物的门窗玻璃上，可以产生奇妙的保温隔热效果，从而达到预定的节能指标。

一、门窗薄膜材料

（一）门窗薄膜材料的分类

建筑门窗上用的薄膜有 3 种类型，即反射型、节能型和混合型。反射型薄膜使射到门窗上的大部分太阳光线反射回去，可以阻止太阳热量进入室内，保持室内凉爽清幽，节约制冷的费用，达到节能的目的；节能型薄膜也称为冬季薄膜，这种薄膜把热能折射回室中，阻止室内的热量传到室外，从而达到室内保温节能的目的。混合型薄膜具有反射型、节能型的双重效果。

建筑门窗采用薄膜结构既是一种古老的结构形式，也是一种代表当今建筑技术和材料科学发展水平的新型结构形式。在 20 世纪 60 年代，美国的杜邦（Du Pont）公司研制出聚氟乙烯（TEDLAR）品牌的氟素材料，其主要产品有聚四氟乙烯（PTFE）薄膜、聚偏氟乙烯（PVDF）薄膜、聚氟乙烯（PVF）薄膜等。

为了配合聚四氟乙烯（PTFE）涂层，人们进一步开发出玻璃纤维作为聚四氟乙烯（PTFE）的基材，从而使聚四氟乙烯（PTFE）膜材的应用更加广泛。

建筑门窗薄膜结构的研究和应用的关键是材料问题，目前薄膜所用的材料分为织物膜材和箔片膜材两大类。高强度的箔片近几年才开始进行应用。

织物是由平织或曲织而制成的，根据涂层的具体情况，织物膜材可分为涂层膜材和非涂层膜材两种；根据材料类型，织物膜材可以分为聚酯织物和玻璃织物两种。通过单边或双边涂层可以保护织物免受机械损伤、大气影响以及动植物作用等的损伤，所以目前涂层膜材是膜结构的主流材料。

建筑门窗工程中的箔片都是由氟塑料制造的，这种材料的优点在于有很高的透光性和出色的防老化性。单层的箔片可以如同膜材一样施工预拉力，但它常常被做成夹层，内部充有永性的空气压力以稳定箔面。由于这种材料具有极高的自洁性能，氟塑料不仅可以制成箔片，还常常被直接用作涂层，如玻璃织物上的聚四氟乙烯（PTFE）涂层，或者用于涂层织物的表面细化，如聚酯织物加 PVC 涂层外的聚偏氟乙烯（PVDF）表面。

（二）门窗薄膜材料的性能

以玻璃纤维织物为基材涂敷 PTFE 的膜材质量较好、强度较高、蠕变性小，其接缝可达到与基本膜材同等的强度。这种膜材的耐久性能较好，在大气环境中不会出现发黄、霉变和裂纹等现象，也不会因受紫外线的作用而变质。PTFE 膜材是一种不燃材料，具有极好的耐火性能，不仅具有良好的防水性能，而且防水汽渗透的能力也很强。另外，这种膜材的自洁性能非常好，但其价格昂贵，材质比较刚硬，施工操作时柔顺性较差，因而精确的计算和下料是非常重要的。PTFE 膜材的性能如表 9-32 所列。

表 9-32　PTFE 膜材的性能

性能名称 \ 膜材等级	Ⅰ级	Ⅱ级	Ⅲ级	Ⅳ级
自重/(g/m²)	800	1050	1250	1500
抗拉强度(经/纬)/(N/5cm)	3500/3000	5000/4400	6900/5900	7300/6500
抗撕裂强度(经/纬)/N	300/300	300/300	400/400	500/500
破坏时的伸长率/%	3～12	3～12	3～12	3～12
透光度(白色)/%	15±3	15±3	15±3	15±3

涂敷 PVC 的聚酯纤维膜材价格比较便宜，其力学强度稍高于 PTFE 膜材，并且具有一定的蠕变性，另外，还具有较好的拉伸性，比较易于制作，对剪裁中出现的误差有较好的适应性。但是，这种膜材的耐久性和自洁性较差，容易产生老化和变质。为了改进这种膜材的性能，目前常在涂层外再加一面层，如加聚氟乙烯（PVF）或聚偏氟乙烯（PVDF）面层后，这种膜材的耐久性和自洁性大为改善，价格虽然稍贵一些，但比 PTFE 膜材还便宜得多。PVC 膜材的性能见表 9-33。

表 9-33　PVC 膜材的性能

性能名称 \ 膜材等级	Ⅰ级	Ⅱ级	Ⅲ级	Ⅳ级	Ⅴ级
自重/(g/m²)	700～800	900	1050	1300	1450
抗拉强度(经/纬)/(N/5cm)	3500/3000	4200/4000	5700/5200	7300/5300	9800/8300
抗撕裂强度(经/纬)/N	300/310	520/510	880/900	1150/1300	1600/1800
破坏时的伸长率/%	15～20	15～20	15～25	15～25	15～25
透光度(白色)/%	13.0	9.5	8.0	5.0	3.5

ETFE 膜材是乙烯-四氟乙烯共聚物制成的，既具有类似聚四氟乙烯的优良性能，又具有类似聚乙烯的易加工性能，另外还具有耐溶剂和耐辐射的性能。

用于门窗工程的 ETFE 膜材是由其生料加工而成的薄膜，其厚度通常为 0.05～0.25mm，非常坚固、耐用，并具有极高的透光性，表面具有较高的抗污、易清洗的特点。0.20mm 厚的 ETFE 膜材的单位面积质量约为 350g/m²，抗拉强度大于 40MPa。ETFE 膜材的性能如表 9-34 所列。

表 9-34 ETFE 膜材的性能

性能名称 \ 膜材等级	Ⅰ级	Ⅱ级	Ⅲ级
抗拉强度/（kgf/cm²）	350～450	300～500	300～500
伸长率/%	300～400	300～400	300～400
耐折性/次	2000～10000	1000～20000	4000～30000

注：1kgf/cm² = 98.0665kPa。

二、门窗的密封材料

为了增大采光通风面积或表现现代建筑的性格特征，建筑物的门窗面积越来越大更有全玻璃的幕墙建筑，以至门窗的热损失占建筑的总热损失的 40％以上，门窗节能是建筑节能的关键，门窗密封好坏对节能起着举足轻重的作用。门窗既是能源得失的敏感部位，又关系到采光、通风、隔声、立面造型。这就对门窗密封提出了更高的要求，其节能处理主要是改善材料的保温隔热性能和提高门窗的密闭性能。

门窗的缝隙是热量损失的主要部位，缝隙有 3 种，即门窗与墙体之间的缝隙、玻璃与门窗框之间的缝隙和开启扇和门窗之的缝隙。门窗密封材料的质量，既影响着房屋的保温节能效果，也关系到墙体的防水性能，应正确选用洞口密封材料。目前门窗密封材料主要有密封膏和密封条两大类。

（一）门窗的密封膏

门窗所用的密封膏种类很多，常见的有聚氨酯建筑密封膏、聚硫建筑密封膏、丙烯酸酯建筑密封膏、硅酮建筑密封膏和建筑用硅酮结构密封胶等。它们各自的技术性能应分别符合《聚氨酯建筑密封膏》（JC/T 482—2003）、《聚硫建筑密封膏》（JC/T 483—2006）、《丙烯酸酯建筑密封膏》（JC 484—2006）、《硅酮建筑密封膏》（GB/T 14683—2003）、《建筑用硅酮结构密封胶》（GB 16776—2005）中的要求。

在缺少以上密封膏的情况下，也可根据门窗的具体情况配制适用的密封膏，在门窗工程中常见的有以下几种。

1. 单组分有机硅建筑密封膏

有机硅建筑密封膏是以有机硅橡胶为基料配制成的一类高弹性高档密封膏。有机硅密封膏分为双组分和单组分两种，单组分应用较多。单组分有机硅建筑密封膏，系以有机硅氧烷聚合物为主剂，加入适量的硫化剂、硫化促进剂、增强填料和颜料等制成膏状材料。

单组分有机硅建筑密封膏的特点是使用寿命长、便于施工使用，在使用时不需要称量、混合等操作，适宜野外和现场施工时使用。单组分有机硅建筑密封膏可在 0～80℃范围内硫化，胶层越厚，硫化越慢。

2. 双组分聚硫密封膏

双组分聚硫密封膏是以混炼研磨等工序配成聚硫橡胶基料和硫化剂两组分，灌装于同一个塑料注射筒中的一种密封膏。按照其颜色不同，有白色、驼色、孔雀蓝、浅灰色、黑色等多种颜色。另外，以液体聚硫橡胶为基料配制成的双组分室温硫化建筑密封膏，具有良好的耐候性、耐燃性、耐湿性和耐低温等优良性能。双组分聚硫密封膏工艺性能良好，材料黏度较低，两种组分容易混合均匀，施工非常方便。

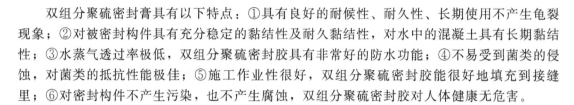

双组分聚硫密封膏具有以下特点：①具有良好的耐候性、耐久性、长期使用不产生龟裂现象；②对被密封构件具有充分稳定的黏结性及耐久黏结性，对水中的混凝土具有长期黏结性；③水蒸气透过率极低，双组分聚硫密封胶具有非常好的防水功能；④不易受到菌类的侵蚀，对菌类的抵抗性能极佳；⑤施工作业性很好，双组分聚硫密封胶能很好地填充到接缝里；⑥对密封构件不产生污染，也不产生腐蚀，双组分聚硫密封胶对人体健康无危害。

3. 水乳型丙烯酸建筑密封膏

水乳型丙烯酸建筑密封膏是以丙烯酸酯乳液为胶黏剂，掺以少量表面活性剂、增塑剂、稳定剂、防冻剂、改性剂以及填充料、色料等配制而成。

水乳型丙烯酸建筑密封膏具有如下性能特点。

（1）水乳型丙烯酸建筑密封膏是以水为稀释剂，是一种黏度较小的膏状物，无溶剂污染，无毒、不燃、安全可靠。其基料为白色，可配置成各种彩色。

（2）挤出性好　因水乳型丙烯酸建筑密封膏属乳液型，具有较小的黏性，挤出非常容易，也可用刮刀施工，并在高、低温度下均容易操作。

（3）污染性很小　为了减少丙烯酸酯密封膏中的污染物，一般不掺加增黏剂与防老化剂，这样使水乳型丙烯酸建筑密封膏污染性很小，是一种环保的建筑密封膏。

（4）成膜时间短　水乳型丙烯酸建筑密封膏一般在施工 30min 后出现结膜，由于其黏结剂为乳液，因此在未结膜之前，容易被冲刷，而在涂刷 1～3h 内，密封膏表面结膜后，不再产生溶解，但仍经受不了大雨的侵袭。因此施工要密切注意气候防止暴雨的浇淋和冲刷。

（5）弹性很高　水乳型丙烯酸建筑密封膏完全硬化后呈橡胶状弹性体，在较小的变形时就达到屈服应力，因此残余变形较大。在阳光型老化仪下，随时间的增长延伸率减小，强度反而增加，200h 左右时趋于稳定。硬度随时间增长有增长趋向，而暴露表面无开裂现象。

（6）冻融及储存稳定性好　乳液在负温时具有完全恢复状、黏度可以提高，并生成大块固状物，所以其冻融性能良好。水乳型丙烯酸建筑密封膏在 5～26℃ 环境下，可储存 12 个月，如果不能保证储存温度，在 6 个月内必须使用完。

4. 橡胶改性聚醋酸乙烯密封膏

橡胶改性聚醋酸乙烯密封膏，系以聚醋酸乙烯酯为基料，配以丁腈橡胶及其他助剂配制成的单组分建筑用密封膏。橡胶改性聚醋酸密封膏的主要特点是：黏结强度高、干燥速度快，溶剂型橡胶改性聚醋酸乙烯密封膏不受季节和温度变化的影响，施工中不用打底，不用加以保护，在同类产品中价格较低。

5. 单组分硫化聚乙烯密封膏

单组分硫化聚乙烯密封膏，系以硫化聚乙烯为主要原料，加入适量的增塑剂、促进剂、硫化剂和填充剂等，经过塑炼、配料、混炼等工序制成的建筑密封材料。硫化后能形成具有橡胶状的弹性坚韧的密封条，其耐老化性能好，适应接缝的伸缩变形，在高温下能保持原有的柔韧性和弹性，是建筑工程上常用的密封膏。

（二）门窗的密封条

门窗密封条在门窗和断桥铝门窗中不仅要起到防水、密封及节能的重要作用，而且还要具有隔声、防尘、防冻、保暖等作用。因此，门窗密封胶条必须具有足够的拉伸强度、良好的弹性、良好的耐温性和耐老化性，断面结构尺寸要与塑钢门窗型材匹配。质量不好的胶条耐老化性差，经太阳长期暴晒，胶条老化后变硬，失去弹性，容易脱落，不仅密封性差，而且造成玻璃松动产生安全隐患。

密封毛条主要用于框和扇之间的密封，毛条的安装部位一般在门窗扇上，框扇的四周围或密封桥（挡风块）上，增强框与扇之间的密封，毛条规格是影响推拉门窗的气密性能的重要因素，也是影响门窗开关力的重要因素。毛条规格过大或竖毛过高，不但装配困难，而且使门窗移动阻力增大，尤其是开启时的初阻力和关闭时的最后就位阻力较大；规格过小或竖毛条高度不够，易脱出槽外，使门窗的密封性能大大降低。毛条需经过硅化处理，质量合格的毛条外观平直，底板和竖毛光滑，无弯曲，底板上没有麻点。

胶条、毛条都起着密封、隔声、防尘、防冻、保暖的作用。它们质量的好坏直接影响门窗的气密性和长期使用的节能效果。

在门窗中所用的密封条种类很多，常见的主要有以下几种。

1. 铝合金门窗橡胶密封条

铝合金门窗橡胶密封条，系以氯丁橡胶、顺丁橡胶和天然橡胶为基料，利用剪切机头冷喂料挤出连续硫化生产线制成的橡胶密封条。这种橡胶密封条规格多样（有 50 多个规格）、均匀一致、弹性较高、耐老化性能优越。

2. 丁腈橡胶-PVC 门窗密封条

丁腈橡胶-PVC 门窗密封条，系以丁腈橡胶和聚氯乙烯树脂为基料，通过一次挤出成型工艺生产的门窗密封条。这种门窗密封条具有较高的强度和弹性，适宜的刚度，优良的耐老化性能。其规格有塔型、U 型、掩窗型等系列，也可以根据要求加工成各种特殊规格和用途的密封条。

3. 彩色自黏性门窗密封条

彩色自黏性门窗密封条，系以丁基橡胶和三元乙丙橡胶为基料，配制而成的彩色自黏性密封条。这种密封条具有较优越的耐久性、气密性、黏结力和延伸力。

工程实践充分证明，密封材料对于现代节能型门窗有着非常重要的作用，要充分发挥节能型门窗的节能功效，优良的密封材料是不可缺少的。

10

第十章

绿色装饰装修材料

随着人们对物质文化和精神文化要求的提高，现代建筑对设计者和建造者提出了更高的要求，要求他们要遵循建筑装饰美学的原则，创造出具有提高生命意义的优良空间环境，使人的身心得到有益的平衡，情绪得到良好的调节，智慧得到充分的发挥。建筑装饰材料为实现以上目的起着极其重要的作用。

建筑装饰材料对建筑物的美观效果和功能发挥起着很大作用。建筑装饰材料的装饰效果，一般是通过建筑装饰材料的色调、质感和线条3个方面具体体现的。因此，建筑装饰材料对于装饰建筑物、美化室内外环境，这是其最重要的作用；由于建筑装饰材料大多作为建筑的饰面材料使用的，因此，建筑装饰材料还具有保护建筑物，延长建筑物使用寿命和兼有其他功能的作用。

室内环境是人们生活和工作中最重要的环境，随着我国人民生活水平的提高，人们对于住房的要求不再只是满足居住要求，而是要求一个舒适、优美、典雅的居住环境。随着材料科学和材料工业的不断发展，各种类型的建筑装饰装修材料不断涌现，建筑装饰装修材料在工程建设中占有极其重要的地位。建筑装饰材料是各类工程的重要物质基础，它集材料工艺、造型设计、美学艺术于一体，在选择建筑装饰装修材料时，尤其要特别注意经济性、实用性、坚固性和美化性的统一，以满足不同建筑装饰工程的各项功能要求。

第一节　绿色装饰装修材料概述

各国经济发展的历程表明，绿色建筑是21世纪建筑事业发展必然趋势，是绿色经济的重要组成部分，绿色建筑离不开绿色装饰，发展绿色装饰事业，主要是倡导绿色理念，坚持绿色设计，推进绿色施工，使用绿色装饰装修材料。这是时代发展的必然趋势，反映了人们对科技和文化进步对环境和生态破坏的反思，也体现了企业社会道德和责任的回归。值得欣喜的是，不少装饰企业已经在绿色装饰的路上稳步前进，并取得了一定的成效。

在党的十八大上首次提出了"推进绿色发展、循环发展、低碳发展"的执政理念。党的十八届五中全会将绿色发展作为五大发展理念之一，并提出了实现绿色发展的一系列新措施。这是我们党根据国情条件、顺应发展规律作出的正确决策，是国家治理理念的一个新高度、新飞跃，也是对中国特色社会主义理论乃至人类文明发展理论的丰富和完善。

我们必须依据党的十八届五中全会的要求，把推进绿色发展纳入国民经济和社会发展"十三五"总体规划，落实到各地各部门的经济社会发展规划、城乡建设规划、土地利用规划、生态环境保护规划以及各专项规划中，科学布局绿色发展的生产空间、生活空间和生态空间。根据国家"生态环境质量总体改善，生产方式和生活方式绿色、低碳水平上升"的发展规划，我国将加大在绿色环保方面的投资，建筑装饰行业将迎来又一个春天，发展节约、低碳、环保的绿色建筑装饰装修材料，是行业的发展趋势和方向。

一、建筑装饰材料的分类与选材

绿色装饰装修则是指在对建筑室内进行装修时，应采用绿色环保型的装饰装修材料，使用有助于环境保护和人身健康的材料，把对环境对人造成的危害降低到最小。新型绿色装饰装修材料种类繁多，想要全面了解和掌握各种建筑装饰材料的性能、特点和用途，首先应对其有一个全面的了解，并会正确选择建筑装饰材料。

（一）建筑装饰材料的分类

在建筑装饰装修工程中，对建筑装饰材料通常采用按装饰部位不同分类、按化学成分不同分类、按材料主要作用不同分类、按燃烧性能不同分类和建筑装饰材料的综合分类。

1. 按装饰部位不同分类

根据装饰部位的不同，建筑装饰材料可以分为：外墙装饰材料、内墙装饰材料、地面装饰材料和顶棚装饰材料4大类。

（1）外墙装饰材料　外墙装饰材料种类较多，如外墙涂料、釉面砖、陶瓷锦砖、天然石材、装饰抹灰、装饰混凝土、金属装饰材料、玻璃幕墙等。

（2）内墙装饰材料　内墙装饰材料发展较快，如墙纸、内墙涂料、釉面砖、陶瓷锦砖、天然石材、饰面板、木材装饰板、织物制品、塑料制品等。

（3）地面装饰材料　地面装饰材料，如木地板、复合木地板、地毯、地砖、天然石材、塑料地板、水磨石等。

（4）顶棚装饰材料　顶棚装饰材料，如轻钢龙骨、铝合金吊顶、纸面石膏板、矿棉吸声板、超细玻璃棉板、顶棚涂料等。

根据装饰部位不同，对装饰材料分类的详细情况如表10-1所列。

表 10-1　建筑装饰材料按装饰部位不同分类

装饰材料分类	装 饰 部 位	材 料 举 例
外墙装饰材料	包括外墙、阳台、台阶、雨篷等建筑物全部外露部位装饰所用的装饰材料	天然花岗石、陶瓷装饰制品、玻璃装饰制品、涂料、金属制品、装饰混凝土、装饰砂浆、合成装饰材料等
内墙装饰材料	包括内墙面、墙裙、踢脚线、隔断、花架等内部构造所用的装饰材料	壁纸、墙布、内墙涂料、织物制品、塑料饰面板、大理石、人造石材、内墙面砖、人造板材、玻璃制品、隔热吸声装饰板、木装饰材料等
地面装饰材料	指地面、楼面、楼梯等结构的装饰材料	地毯、地面涂料、天然石材、人造石材、陶瓷地砖、木地板、塑料地板、复合地板等
顶棚装饰材料	指室内顶棚用的装饰材料	石膏板、矿棉装饰吸声板、珍珠岩装饰吸声板、玻璃棉装饰吸声板、钙塑泡沫装饰吸声板、聚苯乙烯泡沫塑料装饰吸声板、纤维板、涂料、金属材料

2. 按化学成分不同分类

根据材料的化学成分不同，建筑装饰材料可以分为有机高分子装饰材料、无机非金属装饰材料、金属装饰材料和复合装饰材料4大类。这是一种科学的分类方法，除半导体和有机硅（硅胶）这两种材料外，世界上所有的装饰材料均可按如下4大类归类。

（1）有机高分子装饰材料 有机高分子装饰材料很多，如以树脂为基料的涂料、木材、竹材、塑料墙纸、塑料地板革、化纤地毯、各种胶黏剂、塑料管材及塑料装饰配件等。

（2）无机非金属装饰材料 无机非金属装饰材料，是建筑装饰工程中最常用的材料，如各种玻璃、天然饰面石材、石膏装饰制品、陶瓷制品、彩色水泥、装饰混凝土、矿棉及珍珠岩装饰制品等。

（3）金属装饰材料 金属装饰材料，又分为黑色金属装饰材料和有色金属装饰材料。黑色金属装饰材料主要有不锈钢、彩色不锈钢等，有色金属装饰材料主要有铝、铝合金、铜、铜合金、金、银、彩色镀锌钢板制品等。

（4）复合装饰材料 复合装饰材料，可以是有机材料与无机材料的复合，也可以是金属材料与非金属材料的复合，还可以是同类材料中不同材料的复合。如人造大理石，是树脂（有机高分子材料）与石屑（无机非金属材料）的复合；搪瓷是铸铁或钢板（金属材料）与瓷釉（无机非金属材料）的复合；复合木地板是树脂（人造有机高分子材料）与木屑（天然有机高分子材料）的复合。

3. 按材料主要作用不同分类

按照材料的主要作用不同，建筑装饰材料可以分为装修装饰材料和功能性材料两种。

（1）装饰装修材料 任何装饰装修材料都具有一定的使用功能，但有些装饰装修材料的主要作用是对建筑物的装修和装饰，如地毯、涂料、墙纸和织物饰品等材料。

（2）功能性材料 在建筑装饰工程中使用功能性装饰材料，其主要目的是利用它们的某一方面突出的性能，达到某种设计的功能。如各种防水材料、防火材料、隔热和保温材料、吸声和隔声材料等。

4. 按燃烧性能不同分类

按装饰材料的燃烧性能不同，可以分为 A 级、B_1 级、B_2 级和 B_3 级 4 种。A 级装饰材料具有不燃性，如嵌装式石膏板、花岗岩等；B_1 级装饰材料具有难燃性，如装饰防火板、阻燃墙纸等；B_2 级装饰材料具有可燃性，如胶合板、墙布等；B_3 级装饰材料具有易燃性，如木材、涂料、酒精等。

5. 建筑装饰材料的综合分类

对建筑装饰材料，按化学成分不同分类，是一种比较科学的方法，反映了各类建筑装饰材料本质的不同；按装饰部位不同分类，是一种比较实用的方法，在工程实践中使用起来较为方便。但是，它们共同存在着概念上和分类上模糊的缺陷，如磨光的花岗石板材，既可以做内墙装饰材料，也可以做外墙装饰材料，还可以做室内外地面装饰材料，究竟属于哪一种装饰材料，很难准确地进行分类。

对建筑装饰材料采用综合分类法，则可解决以上这一矛盾。综合分类法的原则是：多用途装饰材料，按化学成分不同进行分类；单用途装饰材料，按装饰部位不同进行分类。如磨光花岗岩板材，是一种多用途的装饰材料，其属于元机非金属材料中的天然石材；覆塑超细玻璃棉板，是一种单用途装饰材料，其可直接归入顶棚类装饰材料。

（二）建筑装饰材料的选材

绿色装饰装修材料作为一种装饰性的建筑材料，在对建筑物进行内外装饰时，不要盲目地选择高档、价贵或价低的材料，而应根据工程的实际情况，从多方面综合考虑，选择适宜的装饰装修材料。在一般情况下应从以下方面进行选择。

（1）要考虑所装饰的建筑物的类型和档次　所装饰装修的建筑物类型不同，选择的建筑装饰装修材料也应当不相同；所装饰装修的建筑物档次不同，选择的建筑装饰装修材料更应当有区别。

（2）要考虑建筑装饰材料对装饰效果的影响　建筑装饰装修材料的种类、质量、尺寸、线型、纹理、色彩等，都会对装饰效果将产生一定的影响。

（3）要考虑建筑装饰材料的耐久性　根据装饰装修工程的实践经验，对建筑装饰装修材料的耐久性要求主要包括3个方面，即力学性能、物理性能和化学性能。

（4）要考虑建筑装饰材料的经济性　从经济角度考虑建筑装饰装修材料的选择，应当有一个总体的观念，既要考虑到装饰装修工程的一次性投资大小，也要考虑到日后的维修费用，还要考虑到建筑装饰装修材料的发展趋势。

（5）要考虑建筑装饰装修材料的环保性　选择的建筑装饰装修材料应符合现行环保标准的要求，即不会散发有害气体，不会产生有害辐射，不会发生霉变锈蚀，对人体具有较好的保健作用。

二、室内装饰对材料的环保要求

建筑装饰装修材料是应用最广泛的建筑功能性材料，深受到广大消费者的关注和喜爱。随着人们生活水平的提高和环保意识的增强，建筑装饰装修工程中不仅要求材料的美观、耐用，同时更关注的是有无毒害，对人体的健康影响及环境的影响。因此，了解室内装饰对所用材的环保要求，如何科学地选择室内装饰装修材料是一个非常重要的问题。

（一）科学选材、注重环保

要做到室内环保装修，最关键的是要杜绝有害装饰材料。在进行装饰装修时，消费者应当特别重要对材料的选择，严格把好材料装饰装修的质量关。由于消费者用肉眼无法识别产品是否合格，因此在选购装饰装修材料时应向经营者索要产品质量检验报告。例如，在购买大理石和花岗岩板材时，经营者应提供产品的放射性指标；在购买各类地板时，要查看产品的甲醛释放量指标，有机挥发物指标和尺寸稳定性；在购买家具时，经营者应提供《家具使用说明》，看是否标明甲醛的含量。另外，要注意产品检验报告的真实性，当消费者怀疑检验报告的真实性时，应该到国家权威部门进行咨询和验证。

要实现装饰装修环保需要在经济上付出一定的代价，从目前的实际情况来看，环保装饰装修产品的价格比同类非环保产品偏高。因此，消费者要达到装饰装修环保，就必须要付出较高的经济代价。特别应当注意的是，室内装饰装修不但要求所用的主要装饰材料环保，所用的胶黏剂和腻子等也要环保。

（二）科学设计、精心施工

在确定建筑装饰装修工程设计方案时，要注意各种建筑装饰装修材料的合理搭配、房屋空间承载量的计算和室内通风量的计算等。在进行施工时，要选择符合室内环境且不会造成室内环境污染的施工工艺。例如，在实木地板和复合地板的下面铺装人造板材，或者在墙面处理时采取了不合理的工艺等，这些都会导致室内环境的污染。

要做到科学设计，首先要提高设计队伍的整体素质，这是提高装饰工程设计质量的根本，因为设计者是形成装饰装修工程质量优劣和是否环保的主体，他们设计水平的高低会直接影响到室内装饰装修的整体布局和风格，也会影响到整体的装饰装修费用和室内的环境质量。另外，建立一支高素质的施工队伍，也是装饰装修行业需要迫切解决的问题，他们是在整个装饰装修过程中的第一现场，他们施工质量的好坏会反映出设计师的设计水平，能否最大限度地反映出设计师的设计理念，是对施工水平最好的检验。

三、装饰材料有害物质限量标准

（一）人造板及其制品中甲醛释放限量

甲醛是具有强烈刺激性的气体，是一种挥发性有机化合物，对人体健康影响严重。1955年，甲醛被国际癌症研究机构（IARC）确定为可疑致癌物。根据我国现行国家标准《室内装饰装修材料 人造板及其制品中甲醛释放限量》（GB 18580—2001）中的要求，室内装饰装修用人造板及其制品，其甲醛释放量试验方法及限量值应符合表 10-2 中的规定。

表 10-2　人造板及其制品甲醛释放量试验方法及限量值

产品名称	试验方法	限量值	使用范围	限量标志[1]
中密度纤维板、高密度纤维板、刨花板、定向刨花板等	穿孔萃取法	≤9mg/100g	可直接用于室内	E_1
		≤30mg/100g	必须饰面处理后可允许用于室内	E_2
胶合板、装饰单面贴面胶合板、细木工板等	干燥器法	≤1.5mg/L	可直接用于室内	E_1
		≤5.0mg/L	必须饰面处理后可允许用于室内	E_2
饰面人造板（包括浸渍纸层压木质地板、实木复合地板、竹地板、浸渍胶膜纸饰面人造板等）	气候箱法[2]	≤0.12mg/L	可直接用于室内	E_1
	干燥器法	≤1.5mg/L		

① E_1 为可直接用于室内的人造板材，E_2 为必须饰面处理后可允许用于室内的人造板材。

② 仲裁时采用气候箱法。

（二）室内溶剂型涂料有害物质限量

根据《室内装饰装修材料 溶剂型木器涂料中有害物质限量》（GB 18581—2009）中的规定，溶剂型木器涂料中有害物质限量值应符合表 10-3 中的要求。

表 10-3　溶剂型木器涂料中有害物质限量值

项目	限量值				
	聚氨酯类涂料		硝基类涂料	醇酸类涂料	腻子
	面漆	底漆			
挥发性有机化合物含量[1]（VOCs）/（g/L）	光泽(60°)≥80，≤580 光泽(60°)<80，≤670	≤670	≤720	≤500	≤550
苯含量[1]/%	≤0.30				
甲苯、二甲苯、乙苯含量[1]总和/%	≤30		≤30	≤5	≤30
游离二异氰酸酯（TDI、HDI）含量[2]总和/%	≤0.40		—	—	≤0.40[4]
甲醇含量[1]/%			≤0.30	—	≤0.30[5]
卤代烃含量[1],[3]/%	0.10				

项　目		限量值				
		聚氨酯类涂料		硝基类涂料	醇酸类涂料	腻子
		面漆	底漆			
可溶性重金属含量(限色漆、腻子和醇酸清漆)/(mg/kg)	铅 Pb	≤90				
	镉 Cd	≤75				
	铬 Cr	≤60				
	汞 Hg	≤60				

　　① 按产品明示的施工配比混合后测定,如稀释剂的使用量为某一范围时,应按照产品施工配比规定的最大稀释比例混合后进行测定。

　　② 如果聚氨酯类涂料和腻子规定了稀释比例或由双组分或多组分组成时,应先测定固化剂(含游离二异氰酸酯预聚物)中的含量,再按产品明示的施工配比计算混合后涂料中的含量,如稀释剂的使用量为某一范围时应按照产品施工配比规定的最小稀释比例进行计算。

　　③ 包括二氯甲烷、1,1-二氯乙烷、1,2-二氯乙烷、三氯甲烷、1,1,2-三氯乙烷、四氯化碳。

　　④ 限聚氨酯类腻子。

　　⑤ 限硝基类腻子。

(三) 内墙涂料中有害物质限量

　　根据《室内装饰装修材料 内墙涂料中有害物质限量》(GB 18582—2008)中的规定,内墙涂料中有害物质限量值应符合表 10-4 中的要求。

表 10-4　内墙涂料中有害物质限量值

项　目		限量值	
		水性墙面涂料①	水性墙面腻子②
挥发性有机化合物含量(VOCs)		≤120g/L	≤15g/kg
苯、甲苯、乙苯、二甲苯总和/(mg/kg)		≤300	
游离甲醛/(mg/kg)		≤100	
可溶性重金属/(mg/kg)	铅 Pb	≤90	
	镉 Cd	≤75	
	铬 Cr	≤60	
	汞 Hg	≤60	

　　① 涂料产品所有项目均不考虑稀释配比。

　　② 膏状腻子所有项目均不考虑稀释配比,粉状的腻子除了可溶性重金属项目直接测试粉体外,其余 3 项按产品规定的配比将粉体与水或胶黏剂等其他液体混合后测试。如配比为某一范围时,应按照水用量最小、胶黏剂等其他液体用量最大的配比混合后测试。

(四) 木家具中有害物质国家控制标准

　　根据《室内装饰装修材料　木家具中有害物质限量》(GB 18584—2001)中的规定,木家具产品中的甲醛释放量和重金属含量应符合表 10-5 中的要求。

表 10-5　木家具产品中的甲醛释放量和重金属含量

项　目		限量值
甲醛释放量/(mg/L)		≤1.5
重金属含量(限色漆)/(mg/kg)	可溶性铅	≤90
	可溶性镉	≤75
	可溶性铬	≤60
	可溶性汞	≤60

（五）室内装修用胶黏剂有害物质限量

按现行国家标准《室内装饰装修材料　胶黏剂中有害物质限量》（GB 18583—2008）中的规定，室内装饰装修用的胶黏剂可分为溶剂型、水基型和本体型 3 类，对它们各自有害物质的限量并有明确规定。溶剂型胶黏剂中的有害物质的限量如表 10-6 所列，水基型胶黏剂中的有害物质的限量如表 10-7 所列。

表 10-6　溶剂型胶黏剂中的有害物质的限量

项目	指标			
	氯丁橡胶胶黏剂	SBS胶黏剂	聚氨酯类胶黏剂	其他胶黏剂
游离甲醛/(g/kg)	≤0.50		—	—
苯/(g/kg)	≤5.0			
甲苯+二甲苯/(g/kg)	≤200	≤150	≤150	≤150
甲苯二乙氰酸酯/(g/kg)	—	—	≤10	—
二氯甲烷/(g/kg)		≤50		
1,2-二氯甲烷/(g/kg)	总量≤5.0	总量≤5.0	—	≤50
1,2,2-三氯甲烷/(g/kg)				
三氯乙烯/(g/kg)				
总挥发性有机物/(g/L)	≤700	≤650	≤700	≤700

注：若产品规定了稀释比例或产品有双组分或多组分组成时，应分别测定稀释剂和各组分中的含量，再按产品规定的配比计算混合后的总量。如稀释剂的使用量为某一范围时，应按推荐的最大稀释量进行计算。

表 10-7　水基型胶黏剂中的有害物质的限量

项目	指标				
	缩甲醛类胶黏剂	聚乙酸乙烯酯胶黏剂	橡胶类胶黏剂	聚氨酯类胶黏剂	其他胶黏剂
游离甲醛/(g/kg)	≤1.0	≤1.0	≤1.0	—	≤1.0
苯/(g/kg)	≤0.20				
甲苯+二甲苯/(g/kg)	≤10				
总挥发性有机物/(g/L)	≤350	≤110	≤250	≤100	≤350

（六）聚氯乙烯卷材地板的有害物质控制标准

根据现行国家标准《室内装饰装修材料 聚氯乙烯卷材地板中有害物质限量》（GB 18586—2001）中的要求，本标准适用于以聚氯乙烯树脂为主要原料并加入适当助剂，用涂敷、压延、复合工艺生产的发泡或不发泡的、有基材或无基材的聚氯乙烯卷材地板，也适用于聚氯乙烯复合铺炕革、聚氯乙烯车用地板。聚氯乙烯卷材地板中有害物质限量应符合以下规定。

（1）氯乙烯单体限量　卷材地板聚氯乙烯层中氯乙烯单体含量应不大于 5mg/kg。

（2）可溶性重金属限量　卷材地板中不得使用铅盐助剂；作为杂质，卷材地板中可溶性铅含量应不大于 20mg/m²。卷材地板中可溶性镉含量应不大于 20mg/m²。

（3）挥发物的限量。卷材地板中挥发物的限量应符合表 10-8 中的要求。

表 10-8　卷材地板中挥发物的限量

发泡类卷材地板中挥发物的限量/(g/m²)		非发泡类卷材地板中挥发物的限量/(g/m²)	
玻璃纤维基材	其他基材	玻璃纤维基材	其他基材
≤75	≤35	≤40	≤10

（七）壁纸有害物质及控制标准

根据国家现行标准《室内装饰装修材料　壁纸中有害物质限量》（GB 18585—2001）中的要求，壁纸中的有害物质限量值应符合表 10-9 中的规定。

表 10-9　壁纸中的有害物质限量值　　　　　　　　单位：mg/kg

有害物质名称		限量值	有害物质名称		限量值
重金属(或其他)元素	钡	≤1000	重金属(或其他)元素	砷	≤8
	镉	≤25		汞	≤20
	铬	≤60		硒	≤165
	铅	≤90		锑	≤20
氯乙烯单体		≤1.0	甲醛		≤120

（八）混凝土外加剂中释放氨的限量

在冬期施工中，混凝土防冻剂已成为必不可少的外加剂之一，其中尿素作为防冻剂的有效成分。尿素在混凝土中水解生成 NH_3 和 CO_2，氨气的挥发造成了建筑物室内的氨气污染，特别是现代化建筑物多采用密闭式设计，通风条件较差，更加重了污染的程度。

《混凝土外加剂中释放氨的限量》（GB 18588—2001）规定了适用于各类具有室内使用功能的建筑用、能释放氨的混凝土外加剂中释放氨的限量值，要求混凝土外加剂中释放氨的量≤0.10％（质量分数），并作为强制性条文执行。

（九）地毯、地毯衬垫及地毯胶黏剂的有害物质的标准

根据现行国家标准《室内装饰装修材料　地毯、地毯衬垫及地毯胶黏剂有害物质释放限量》（GB 18587—2001）中的规定，地毯、地毯衬垫及地毯胶黏剂有害物质释放限量应分别符合表 10-10～表 10-12 的要求。

表 10-10　地毯有害物质释放限量

序　号	有害物质测试项目	释放限量/[mg/(m²·h)]	
		A 级	B 级
1	总挥发性有机化合物(TVOC)	≤0.500	≤0.600
2	甲醛	≤0.050	≤0.050
3	苯乙烯	≤0.400	≤0.500
4	4-苯基环己烯	≤0.050	≤0.050

注：A 级为环保产品；B 级为有害物质释放量合格产品。

表 10-11　地毯衬垫有害物质释放限量

序　号	有害物质测试项目	释放限量/[mg/(m²·h)]	
		A 级	B 级
1	总挥发性有机化合物(TVOC)	≤1.000	≤1.200
2	甲醛	≤0.050	≤0.050
3	丁基羟基甲苯	≤0.030	≤0.030
4	4-苯基环己烯	≤0.050	≤0.050

注：A 级为环保产品；B 级为有害物质释放量合格产品。

表 10-12　地毯胶黏剂有害物质释放限量

序号	有害物质测试项目	释放限量/[mg/(m² · h)]	
		A 级	B 级
1	总挥发性有机化合物(TVOC)	≤10.000	≤12.000
2	甲醛	≤0.050	≤0.050
3	2-乙基己醇	≤3.000	≤3.500

注：A 级为环保产品；B 级为有害物质释放量合格产品。

四、绿色装饰装修材料发展趋势

随着国民经济的快速发展，房地产市场日益火爆，装饰材料市场普遍多元化，从而推动了建筑装饰业的全面发展。随着我国房地产业和装饰行业的快速发展，市场对建筑装饰材料的需求持续增长，建筑装饰装修材料业处在黄金发展时期，然而建筑耗能问题也随之呈现，导致我国建筑装修材料业呈现部品化、绿色化、多功能和智能化四大发展方向。

（一）建筑部品化发展方向

建设部《关于推进住宅产业现代化提高住宅质量的若干意见》文件中，明确了建立住宅部品体系是推进住宅产业化的重要保证的指导思想，同时也提出了建立住宅部品体系的具体工作目标："到 2010 年初步形成系列的住宅建筑体系，基本实现住宅部品通用化和生产、供应的社会化"。

住宅建筑部品化的基本要素和理念通俗地讲，住宅是由住宅部品组合构建而成，而住宅建筑部品是由建筑装饰材料、制品、产品、零配件等原材料组合而成；部品是在工厂内生产的产品，是系统和技术配套整体的部件，通过现场组装，做到工期短、质量好。

住宅作为一个商品，它的生产制造不同于一般的商品。它不是在工厂里直接生产加工制作而成，而是在施工现场搭建而成，因此住宅建筑部品化的水平高低，直接影响到住宅建造的效率和质量。住宅部品化，促进了产品的系统配套与组合技术的系统集成。建筑制品的工业化生产，使现场安装简单易行。住宅建筑部品化，推动了产业化和工业化水平的提高，不仅提高了住宅建造效率，也大幅度提高了住宅的品质。

建筑制品化发展趋势已取得一定成绩，如家庭用楼梯，浴室中的淋浴房、整体厨房等，都是制品化发展的具体体现。以整体淋浴房为例，顾名思义是指将玻璃隔断、底盘、浴霸、浴缸、淋浴器、及各式挂件等淋浴房用具进行系统搭配而成的一种新型淋浴房形式。整体淋浴房按使用要求合理布局，巧妙搭配，实现浴房用具一体化，以及布局、功能一体化。在这个水、电、电器扎堆的"弹丸之地"，全面发挥其功能，并解决好建筑业与制造业脱节的问题，有关方面已经制订和正在制订一系列技术标准，这将有力的加快建筑部品化发展进度。

（二）绿色化发展方向

绿色建筑装饰材料是指那些能够满足绿色建筑需要，且自身在制造、使用过程以及废弃物处理等环节中对地球环境负荷最小和有利于人类健康的材料。凡同时符合或具备下列要求和特征的建筑装饰材料产品称为绿色建筑装饰材料：①质量符合或优于相应产品的国家标准；②采用符合国家规定允许使用的原料、材料、燃料或再生资源；③在生产过程中排出废气、废液、废渣、尘埃的数量和成分达到或少于国家规定允许的排放标准；④在使用时达到国家规定的无毒、无害标准并在组合成建筑部品时，不会引发污染和安全隐患；⑤在失效或废弃时，对人体、大气、水质和土壤的影响符合或低于国家环保标准允许的指标规定。

建筑装饰材料生产是资源消耗性很高的行业，大量使用木材、石材，以及其他矿藏资源等天然材料，化工材料、金属材料。消耗这些原材料对生态环境和地球资源都会有重要的影响。节约原材料已成为国家重要的技术经济政策。

环保型产品是对绿色建筑装饰材料的基本要求，健康性能是建筑物使用价值的一个重要因素，含有放射性物质的产品，含有甲醛、芳香烃等有机挥发性物质的产品是构成对环境污染和危害人体健康的主要产品，已经引起各方面高度关注，国家对此也制定了严格的标准，许多产品都纳入"3C"认证。抗菌材料、空气净化材料是室内环境健康所必需的材料。以纳米技术为代表的光催化技术是解决室内空气污染的关键技术。目前具有空气净化作用的涂料、地板、壁纸等开始在市场上出现。它们代表了建筑装饰材料的发展方向，不仅解决甲醛、VOCs 等空气污染，而且还解决人体自身的排泄和分泌物带来的室内环境问题。

（三）多功能、复合型发展方向

当前，对建筑装饰材料的功能要求越来越高，不仅要求具有精美的装饰性，良好的使用性，而且要求具有环保、安全、施工方便、易维护等功能。市场上许多产品功能单一，远不能满足消费者的综合要求。因此，采用复合技术发展多功能复合建筑装饰材料已成定势。

复合建筑装饰材料就是由两种以上在物理和化学上不同的材料复合起来的一种多相建筑装饰材料。把两种单体材料的突出优点统一在复合材料上，具有多功能的作用。因此，复合材料是建筑装饰材料发展的方向，许多科学家预言，21 世纪将是复合材料的时代。例如，"大理石陶瓷复合板"是将厚度 3~5mm 的天然大理石薄板，通过高强抗渗黏结剂与厚 5~8mm 高强陶瓷基材板复合而成。其抗折强度大大高于大理石，具有强度高、重量轻、易安装等特点，不仅可以保持天然大理石典雅、高贵的装饰效果，能有效利用天然石材，减少石材开采，而且还可有效保护自然资源、保护环境等。

（四）智能化发展方向

将材料和产品的加工制造同以微电子技术为主体的高科技嫁接，从而实现对材料及产品的各种功能的可控与可调，有可能成为装饰装修材料及产品的新的发展方向。

"智能家居"（Smart Home）是以住宅为平台，利用综合布线技术、网络通信技术、安全防范技术、自动控制技术、音视频技术将家居生活有关的设施集成，构建高效的住宅设施与家庭日程事务的管理系统，提升家居的安全性、便利性、舒适性、艺术性，并实现环保节能的居住环境。

"智能家居"从昨天的概念到今天的"智能家居"产品问世，科技的飞速进步让一切都变得可能。"智能家居"还可能涉及照明控制系统、家居安防系统、电器控制系统、互联网远程监控、电话远程控制、网络视频监控、室内无线遥控等多个方面，有了这些技术的帮忙，人们可以轻松地实现全自动化的家居生活，让人们更深入地体味生活的乐趣。

第二节 绿色建筑装饰陶瓷

中国是世界上最早应用陶器的国家之一，而中国陶瓷因其极高的实用性和艺术性而备受世人的推崇。陶瓷的发展史是中华文明史的一个重要的组成部分，中国作为四大文明古国之一，为人类社会的进步和发展做出了卓越的贡献，其中陶瓷的发明和发展更具有独特的意义。建筑陶瓷图案丰富，釉面光滑，色泽明快，制作简单，能够较好地美化人们的室内外生活环境；建筑瓷砖制品坚固耐磨、美观大方、耐久性好，能够改善人们的生活空间，提高人们的生活质量，创造更为舒适美观的宜居环境。

陶瓷装饰装修材料在给我们带来舒适、方便和景观的同时，存在的弊端也逐渐显现出来。陶瓷制品的大规模工业化生产，必然会造成地球能源与资源的高消耗，导致矿产资源的日益枯竭和水资源的巨大浪费，同时还造成严重的环境污染。在我国城镇化快速发展和建筑陶瓷需要量剧增的背景下，绿色环保建筑陶瓷制品的深入研发是非常必要的，它既要满足人们对建筑陶瓷材料的要求，又要能节约自然资源，保护生态环境，有利于人类的长远发展。

一、建筑装饰陶瓷的分类

按照陶瓷的概念和用途来分类陶瓷制品分为两大类，即普通陶瓷（传统陶瓷）和特种陶瓷（新型陶瓷）。普通陶瓷根据其用途不同又可分为日用陶瓷、建筑卫生陶瓷、化工陶瓷、化学陶瓷、电瓷及其他工业用陶瓷。特种陶瓷又可分为结构陶瓷和功能陶瓷两大类。根据陶瓷的颜色和吸水率大小不同，普通陶瓷又可分为陶器、炻器、瓷器。

建筑装饰陶瓷系指用于建筑工程方面的专用陶瓷制品，系以黏土为原料，经过配料、成型、干燥、焙烧等工艺流程而制成。建筑装饰陶瓷主要有建筑饰面陶瓷（陶瓷面砖、陶瓷地砖、陶瓷锦砖、釉面砖、大瓷板等）、卫生陶瓷、古建陶瓷、耐酸陶瓷和工艺陶瓷等。按陶瓷品种不同可分为陶瓷墙地砖、饰面瓦、建筑琉璃制品和陶管四大类。建筑装饰陶瓷的分类见表10-13。

表10-13　建筑装饰陶瓷的分类

陶瓷类别	说　　明
陶瓷墙地砖	陶瓷墙地砖是指由黏土和其他无机原料生产的薄板,主要用于覆盖地面和墙面。通常在室温下通过挤、压或其他成型的方法进行成型,然后进行干燥,再在满足性能需要的一定温度下烧制而成
饰面瓦	饰面瓦也称为西式瓦,是指以黏土为主要原料,经过混炼、成型、干燥、焙烧而制得的陶瓷瓦,可用来装饰建筑物的屋面,或作为建筑物的构件
建筑琉璃制品	建筑琉璃制品是一种低温彩釉建筑陶瓷制品,既可用于屋面、屋檐和墙面装饰,又可作为建筑构件使用。主要包括琉璃瓦、琉璃砖、建筑琉璃构件等。具有浓厚的民族艺术特色,融装饰与结构件于一体,集釉质美、釉色美和造型美于一身
陶管	陶管用黏土制成的内外表面上釉烧制而成的不透水的陶质管子,可分直管、异形管、地漏管等品种,主要是指用来排输污水、废水、雨水,或用来排输酸性、碱性废水及其他腐蚀性介质的承插式陶瓷管及配件

二、绿色装饰陶瓷的特点

建筑装饰陶瓷相对于其他装饰材料来说，有着其自身的独特性，它生产所利用的材料为不可再生资源，是黏土和釉料充分结合在窑炉高温作用下的产物。由于建筑装饰陶瓷原材料具有不可再生性，在其烧制的过程中也越来越多地考虑环保因素。

绿色陶瓷是指在陶瓷的生产、使用、废弃和再生循环过程中与生态环境相协调，满足最少资源和能源消耗，最小或无环境污染，最佳使用的性能，最高循环再利用率，并且对人类的生活无毒害而设计生产的陶瓷。下面以绿色瓷砖为例介绍绿色建筑装饰陶瓷的主要特点。

（1）使用寿命长　瓷砖是建筑装饰墙体和地面工程最常用的耐用消费品，它的质量好坏直接关系到使用寿命的长短。质量符合现行标准的瓷砖能够延长使用寿命，可以降低装饰工程的综合成本。反之，如果瓷砖的质量差，使用周期会必然会大大缩短，在短时期内需要进行维修或重新铺装，这样就会加大市场的瓷砖流通量，无形中会造成资源和能源的浪费。

在室内装饰装修中，如果因墙地面的瓷砖损坏，需要重新贴装的话，会带来很多的生活麻烦，人力和物力都是一笔不小的浪费。所以，在开发绿色环保瓷砖时，要把使用寿命这一因素考虑进去。工程实践和材料试验证明，瓷砖的使用寿命主要取决于瓷砖的硬度，当然硬度也不是越高越好，只要能够达到一定的标准，硬度适中即可，就会有很长的使用寿命。

（2）要节约资源　目前，瓷砖生产的主要原料是高岭土等不可再生资源，这种资源更新的速度非常慢，如果我们在生活生产中不节约利用，总有用完的一天。我们的当务之急就是要降低瓷砖生产过程中资源的消耗，促进生产企业的节能减排，为资源节约型和环境友好型社会的建设贡献一份力量。从长远来看，瓷砖生产企业要加大科技投入力度，培养高素质的科技人才，要利用高新技术研制可再生资源来代替传统原材料生产。

在节能降耗及科研投入的基础上，瓷砖生产企业同样要转变思想，更新观念，以科学发展、可持续发展理念来指导企业的生产。要改变落后的观念，重要的一个误区就是瓷砖的厚度，人们一直认为瓷砖越厚，质量越好，其实不然，只要其承载能力达到一定的标准，就可以发挥它应有的作用。厚度高的瓷砖消耗的资源也越多，而且瓷砖越厚，其烧结难度就越大；如果达不到合格的烧结度，那么很多瓷砖会被烧裂烧坏，不得已丢弃重新烧制，这就浪费了大量的原材料以及人力物力，这不但不符合节约环保的理念，还浪费了大量资源。要实现可持续发展、低碳发展，政府和媒体就要引导消费者转变原有观念，大力推广薄瓷砖。

由于瓷砖生产技术水平的不断提高，我国已经成功研制生产出优质瓷质薄板砖，这种砖不仅能节约资源，降低能源消耗，节约人力资源成本，而且包装容易，减轻运输重量，易于打孔、切割和铺装，更重要的是还能减少室内空间的占用，增加了可利用的室内空间。现阶段，在政府和企业的共同努力下，这种新型瓷砖产量和销量也在大幅度提高，市场前景非常广阔，是瓷砖产业发展的一种必然趋势。

（3）要抗菌自洁　绿色瓷砖除了具有以上特性，还应该能够有利于人体与其接触使用过程的侵蚀。市场上有一种具有抗菌自洁功能的瓷砖，也称为二氧化钛膜面陶瓷或者叫光催化陶瓷，是在陶瓷釉中加入氧化银、二氧化钛等材料，经过高温烧制而成，在瓷砖的表面形成二氧化钛套膜。这层保护膜在光线的作用下，能够发生催化氧化作用，从而分解空气中的有害物质，达到净化空气的作用，为人类健康的居室空间保驾护航。

目前市场上还有一种负离子釉面砖，也能达到很好的抗菌效果。这种负离子釉面砖能够持续向空气中释放有益健康的负离子，这些负离子会和空气中的细菌、粉尘、污染物等接触，发生化学反应，从而能够杀灭细菌，还能够消除甲醛等有害气体。不仅如此，釉面砖中的负离子还可以把空气中的这些有害物质转化为水和二氧化碳，进而起到净化居室环境的功效。

（4）安全性较高　健康人们一直非常关注的课题。随着生活水平的不断提高，人们对室内装修健康的要求也与日俱增，已不再仅仅是美观、实用，人们需要在装饰功能的基础上更加注重健康、绿色环保。室内装修中地面铺设要使用绿色瓷砖，因为绿色瓷砖节约能源和资源，生产过程中环保卫生，废弃物无毒、无污染、无放射性，对于环境保护和人体健康都有利。和传统瓷砖比起来，绿色瓷砖应该具有"节约能源、无污染和可再生"的特性。

瓷砖所使用原材料为高岭土、砂石和石英等，这些原材料多是金属氧化物，或多或少都存在一定的放射性，会对人类健康造成威胁。但是，烧制瓷砖所使用原料不同，瓷砖的放射性多少也会不同，这就要求瓷砖生产企业积极探索研制新型的瓷砖原料配方，并严格控制瓷砖原料配方的放射性元素含量，把瓷砖的放射性控制在最小的范围之内，以达到绿色环保、保护人类、保护地球生态环境的目标。

（5）废料再利用　随着社会经济及陶瓷工业的快速发展，陶瓷工业废料日益增多，它不仅对城市环境造成了巨大的影响，还限制了城市经济的发展及陶瓷工业的可持续发展，合理地进行陶瓷工业废料的处理和利用十分重要。近20年来，陶瓷行业进入了日新月异的发展阶段，新技术、新设备的大量使用，陶瓷产量也有较大幅度增长。在产量猛增的同时，陶瓷废料的产生量也越来越多。根据不完全统计，全国陶瓷废料的年产量估计在 $1.0 \times 10^7 t$ 左右。陶瓷废料对水、空气和土壤环境的污染十分严重，各陶瓷企业亟须加强陶瓷废料回收利用力度，来避免陶瓷废料随意丢弃的现状。

陶瓷废料乱丢乱埋不但严重影响人居生活环境，也造成了大量的陶瓷资源的浪费，在资源日益枯竭的当下，推动建筑卫生陶瓷实现绿色化生产，成为行业发展必须解决的重大课题，也是我国建筑卫生陶瓷行业可持续发展的重要保证和努力的方向，实现废料回收利用已经迫在眉睫。循环利用瓷砖材料，开发新型瓷砖品种，也是建筑装饰陶瓷材料绿色化的一个重要方面。通过重新利用陶瓷废料，如用瓷砖废渣制造新型外墙隔热保温材料，将陶瓷废料变废为宝，不仅保护环境，而且节省生产成本。

（6）装饰性较强　建筑装饰陶瓷材料绝大部分贴铺于建筑物的表面，对建筑物起着美化的作用。因此，绿色环保型瓷砖的生产不仅要求科技含量高，采用新型的陶瓷配方，对废料进行再利用，而且要求瓷砖具有良好的装饰性能。在绿色瓷砖的设计生产中，要充分考虑到瓷砖的颜色和造型适合大众消费者，使瓷砖在装修过程中易于施工，容易搭配家具的陈设，节约人力物力，降低工程造价。绿色瓷砖的造型应以方形为主，特殊部位（如卫生间、阳台等）可设计一些实用美观的墙面砖或立体瓷砖。

三、新型建筑装饰陶瓷

社会经济的发展和人民生活水平的提高，产生了对新型建筑陶瓷的需求。市场需要具有绿色环保、节能耐用、造型新颖、施工方便、价格低廉的产品。而科技的飞速发展使这种需要得以满足，大量的新型陶瓷产品不断涌现。其中泡沫陶瓷、陶瓷透水砖、自洁陶瓷、抗菌陶瓷、负离子釉面砖、太阳能瓷砖、金属釉面砖、陶瓷麻面砖、黑瓷钒钛装饰板等新材料，是近10年在建筑陶瓷领域出现的新型建筑装饰材料，其主要用途是作为内墙、外墙装饰、幕墙饰面以及城市道路、墙体保温等，是目前能够与绿色建筑配套的绿色环保建筑装饰材料。

（一）泡沫陶瓷

泡沫陶瓷是一种造型上像泡沫状的多孔陶瓷，它是继普通多孔陶瓷、蜂窝多孔陶瓷之后，最新发展起来的第三代多孔陶瓷产品。这种高技术陶瓷具有三维连通孔道，同时对其形状、孔尺寸、渗透性、表面积及化学性能均可进行适度调整变化，制品就像是"被钢化了的泡沫塑料"或"被瓷化了的海绵体"。

作为一种新型的无机非金属过滤材料，泡沫陶瓷具有气孔率高、比表面积大、抗热震性好、质量轻、强度高、耐高温、耐腐蚀、再生简单、使用寿命长及良好的过滤吸附性等优点，与传统的过滤器如陶瓷颗粒烧结体、玻璃纤维布相比，不仅操作简单、节约能源、成本低，而且过滤效果好。泡沫陶瓷可以广泛地应用于冶金、化工、轻工、食品、环保、节能等领域。我国开展泡沫陶瓷的研究工作较晚，但进展速度快并取得了较大进展，部分产品已经形成标准化、系列化。但是我国的泡沫陶瓷从整体技术水平上与国外相比还有一定的差距。

泡沫陶瓷导热系数较低，这种材料具有很好的隔热保温效果。利用这种优点可以将其用于各种防止热辐射的场合，以及用于建筑工程的保温节能方面。因此，从环保和节能两个方面都是非常有利的。例如，当冬天或夏天在室内打开空调的时候，就需要房屋具有良好的隔热能力，否则室内温度的调节就很难实现。这种材料在我国部分新建的住宅小区和办公楼中已经开始得到应用，并取得了一定的经验。

由于泡沫陶瓷具有大量的由表及里的三维互相贯通的网状小孔结构，当声波传播到泡沫陶瓷上时，会引起孔隙中的空气振动，由于孔隙中空气和孔壁的黏滞作用，声波转换为热能而消耗，从而达到吸收噪声的效果。国内外一些新型建筑广泛采用泡沫陶瓷作为墙体材料，均能达到非常好的隔声和吸声效果。目前，有些专家正在研究把泡沫陶瓷作为一种降声隔声的屏障，用于地铁、隧道、影剧院等有较高噪声的地方，试验取得良好效果。

（二）陶瓷透水砖

目前，许多城市街道路面铺设了大理石、釉面砖、水泥砖、混凝土等材料。这些路面材料透水性和透气性很差，自然降水不能很快渗入地下，通过多次反复试验，应用生态陶瓷透水砖是城市中留住自然降水的有效方法。

陶瓷透水砖是指利用陶瓷原料经筛分选料，组织合理颗粒级配，添加结合剂后，经成型、烘干、高温烧结而形成的优质透水建筑装饰材料。陶瓷透水砖的生产工艺是将煤矸石、废陶瓷、废玻璃用颚式破碎机进行破碎，再用球磨机将颗粒形状磨均匀。将颗粒筛分为粗、细固体颗粒，把水、胶黏剂和粗细固体颗粒分别混合均匀，然后压制成型，最后放入隧道窑中，经过干燥后，在1160℃高温下煅烧，即可制成微孔蜂窝状陶瓷透水砖。制造时可根据需求，在原料中加入适量的颜料，配制成不同颜色的陶瓷透水砖。

根据我国各地应用陶瓷透水砖的经验来看，生态环保的陶瓷透水砖具有以下优点。

（1）具有较高的强度　产品是经过1200～1300℃高温烧成，产品结合是由颗粒间物理成分熔融后冷却形成的结合，强度非常高。其抗压强度通常大于50MPa，抗折强度大于7MPa，表面莫氏硬度可达到8级以上。

（2）防滑和耐磨性能好　陶瓷透水砖表面颗粒较粗，具有良好的防滑性和耐磨性，雨水渗透快，雨后和雪后不积水、不形成冰层，防滑效果最佳。

（3）良好的生态环保性能　这种透水砖可采用陶瓷废料、下水道污泥颗粒、废玻璃、煤矸石等工业固体废料生产，不仅减少了工业废渣对环境的污染，而且可重复利用，节约矿产资源和能源。

（4）抗冻融性能好　由于颗粒间孔隙大，颗粒之间的结合是烧结形式，对于北方的冻融有良好的抗性，很好地解决了水泥透水砖的透水好而抗冻融不过关，抗冻融好则不透水的技术难题。

（5）经济性良好　陶瓷透水砖铺设方法简便，虽然材料价格高于同类型的混凝土砌块砖，但其综合成本较低，使用年限远远超过其他路面装饰材料，具有良好的经济实用性。

（6）可改善城市微气候、阻滞城市洪水的形成　陶瓷透水砖的孔隙率在20%～30%，本身有良好的蓄水能力，在夏天，雨后水吸满渗透入地下，滋养地气、涵养水源、对树木和花草提供水分；在阳光强烈时，水分蒸发可降低地表温度，改善微气候。如果形成大面积铺装，可有效阻滞雨水的流失，减少城市洪水形成的概率。

（三）自洁陶瓷

由传统陶瓷生产工艺所致，建筑卫生陶瓷釉面尽管基本光洁，但仍存在微小凹凸不平的缺陷，如在显微镜下，可见大量微小针孔。正是这些微小针孔，使产品在使用过程中会挂脏，需经常清洗。另外，这些挂脏会给老霉菌繁殖提供营养，使产品表面黑斑点点，甚至传染病菌，自洁陶瓷就是为了克服上述缺陷而开发的一种新型高档制品，可大大减少清洗次数，可节约水资源。

自洁陶瓷又称智洁陶瓷，它是利用纳米材料，将陶瓷釉面制成无针孔缺陷的超平滑表面，使釉面不易挂脏，即使有污垢，也能被轻松冲洗掉的一种新型陶瓷制品，可用作卫生陶瓷和室内釉面砖。材料试验证明，二氧化钛在紫外线照射激发具有光催化作用，在瓷砖表面负载一层纳米级的 TiO_2 颗粒，使得瓷砖具有自清洁、抗菌和除臭的功能。这种薄膜透明无色，不影响釉面的装饰效果。此外，TiO_2 薄膜属于无机材料，具有不易燃和耐腐蚀的特征。经紫外线激发后，TiO_2 涂层的瓷砖的光催化作用会持续很长时间，能破坏有机物结构，提高瓷砖表面的润湿性。归纳起来，自洁陶瓷具有以下功能。

（1）具有灭菌功能　TiO_2 被激发后产生的电子-空穴对，其具有强氧化性，当有机物、微生物、细菌等与 TiO_2 薄膜接触时，就会被氧化成二氧化碳和水，从而起到灭菌的作用。

（2）具有自清洁或易清洁性能　由于 TiO_2 薄膜涂层润湿性高，水可轻易在瓷砖的表面铺展开来。因此，自来水、雨水在这种瓷砖表面就相当于清洁剂。这样油脂、灰尘就不易黏附在光催化涂层上，而很容易脱离瓷砖面。这种陶瓷综合表现为自清洁或易清洁性，可降低清洁剂的用量。

（3）具有防雾功能　水滴是瓷砖表面产生雾化的直接原因，凝结水在润湿性高的 TiO_2 薄膜上很快铺展开来，很难在瓷砖表面形成水滴，因此可以起到防雾作用。这种陶瓷在干燥状态下也能去除污迹，使得瓷砖表面保持干净。这种性能在浴室尤其重要，使瓷砖具有优良的冲洗效果。

（4）能够清新空气　在循环流动的空气中，自洁陶瓷的光催化涂层将与其表面接触的微生物杀灭，从而具有去除臭味、清新空气的作用，可用于卫生陶瓷、外墙釉面砖、医院病房、盥洗间、浴室等方面。

（四）抗菌陶瓷

抗菌陶瓷是指在卫生陶瓷的釉中或釉面上加入或在其表面上浸渍、喷涂或滚印上无机抗菌剂，从而使陶瓷制品表面上的致病细菌控制在必要的水平之下的抗菌环保自洁陶瓷。早在20 世纪 80 年代末，工业发达国家就在医院、餐厅、高级住宅首先开始使用抗菌建筑卫生陶瓷制品。近年来，普通家庭逐步开始使用抗菌陶瓷。

抗菌陶瓷在保证陶瓷装饰效果的前提下，具有抗菌、除臭的功能。总结国内外抗菌剂的发展及应用，基本上可以把抗菌保健陶瓷分为 4 种。

（1）银系抗菌陶瓷　将含有金属离子的无机物加入到釉料中通过适当的烧成制度制备抗菌釉，从而制成抗菌陶瓷制品。其抗菌机理是因为微量的银离子进入菌体内部，破坏了微生物细胞（细菌、病毒等）的呼吸系统及电子传输系统，引起了活性酶的破坏或氨基酸的坏死。另外，细菌和病毒接触到银离子、铜离子时，这些离子会进入微生物体内，引起它们的蛋白质的沉淀及破坏其内部结构，从而杀死细菌和病毒等。与此同时，银离子的催化作用，可将氧气或水中的溶解氧变成了活性氧，这种活性氧具有抗菌作用。研究表明，银系陶瓷制品的抗菌效果达到 90% 以上，而且化学稳定性良好，具有长期的抗菌功能。

（2）光触媒钛系抗菌保健陶瓷　光触媒钛系抗菌保健陶瓷也称为光催化性抗菌陶瓷。指的是在基础釉中加入二氧化钛，或通过在普通卫生陶瓷表面采用高温溶胶-凝胶法被覆 TiO_2

膜制备而成。这种陶瓷具有净化、白洁、杀菌功能。其作用机理是二氧化钛等光触媒剂是一种半导体，在大于其带隙能含有紫外线的光照射条件下，二氧化钛等光触媒剂不仅能完全降解。环境中的有害有机物生成 CO_2 和 H_2O，而且可除去大气中低浓度的 NO_x 和含硫化合物 H_2S、SO_2 等有毒气体。另外，光照下生成的过氧化氢和氢氧团具有杀菌作用。同时，还可以在 TiO_2 中掺杂银系离子以提高其功效。银系离子加入后，一方面可为钛系半导体提供中间能量，使光的量子效率大大提高；另一方面可克服钛系触媒剂需要光照才能发挥的局限性，使该类制品在无光的情况下也能发挥良好的抗菌效果。实际应用结果表明，钛系抗菌陶瓷不仅能杀菌，而且可以分解油污、除去异味、净化环境。

（3）稀土激活银系、光触媒系复合抗菌素陶瓷　指的是在银系、光触媒抗菌剂中加入稀土元素原料而制成的抗菌保健瓷。其激活抗菌机理是当含有紫外线的光照射到光触媒抗菌剂时，由于其外层价电子带的存在，即产生电子和空穴，产生电子的同时，便伴随产生空穴，稀土元素价电子带会俘获光催化电子，故加入稀土的抗菌剂所产生的电子-空穴浓度远远高于未加入稀土的抗菌剂；与此同时，跳跃到稀土元素价电子带的部分电子也极易被银原子所夺而形成负银离子。由于稀土元素的激活，使抗菌剂的表面活性增大，提高了抗菌、杀菌效果，产生保健、抗菌、净化空气的综合功效。该类产品对各类细菌杀灭率高达 95％ 以上。

（4）将远红外材料及其氧化物加入到光触媒抗菌剂中而制成的抗菌陶瓷　该种产品在常温下能发射出 8～18nm 波长的远红外线，在医疗保健中能促进人体微循环，有利于人体健康。因此，这种材料在原有功能的基础上又增加了新的保健功能，更加受到人们的喜爱。但加入远红外材料后也有不利的一面。如二氧化锆的引入会降低杀菌效率，另外，过渡金属离子还会引起釉面不同的着色，故对日用陶瓷不宜引入。但对建筑卫生陶瓷，如内、外墙砖、地面砖可选择适量引入远红外材料。研究表明，含远红外原料的抗菌陶瓷较适用在白色荧光照明下使用。

由于抗菌陶瓷产品既保持了陶瓷制品原有的使用功能和装饰效果，同时又具备抗菌杀菌、除臭净化、保健等功能，从而得到广泛应用。可以针对不同的使用场合选择不同品种的抗菌陶瓷制品。如医院、学校、幼儿园公共场所可选择银系、光触媒、稀土激活类抗菌陶瓷产品，它能有效地避免细菌交叉感染，杀死各类细菌、病毒；理疗保健室宜使用含有远红外材料的抗菌陶瓷；对于家庭居室如厨房、卫生间等可以使用光触媒钛系或稀土激活钛系的抗菌净化陶瓷，它不仅能杀死室内的各类细菌，防止各种微生物生长，而且能消除污垢、除去异味，净化室内空气等，有利于人们的身体健康。

（五）负离子釉面砖

较高的空气负离子浓度是高空气质量所必须具备的条件之一。在自然界里，植物的光合作用、水流撞击、雷电现象等都可以产生大量的负离子。在居室环境中，增加负离子浓度对提高室内空气质量、促进人体健康具有重要意义。

将电气石磨成超细粉，按照 5％～15％ 比例加入到釉料或坯料中，可以烧制成负离子陶瓷制品。电气石是以含硼为特征的铝、钠、铁、镁、锂的环状结构硅酸盐矿物，可以使空气电离产生负离子。由于电气石存在的永久性电极，使其表面具有强电场，强电场将空气中的水分子电离成 OH^- 和 H^+，而羟基与极性的水分子结合形成水合羟基负离子，即空气负离子，散发到空气中可提升空气负离子浓度。归纳起来，负离子釉面砖系列产品五大功能性特点。

（1）释放负离子　当"负离子釉面砖"和空气中的水分子接触后，可使水电解电离生成负离子（H_3O_2）和氢气（H_2）。随着这种电离反应不断发生，从而持续地释放负离子，通过不断的积累，室内负离子浓度会达到相对稳定的水平。经国家权威机构建筑材料工业环境监测中心监测报告表明：在12h后，在采用"负离子釉面砖"的空间中，空气负离子平均增加量为500个/cm^3。

（2）分解甲醛　室内污染源（家具、板材、涂料、胶黏剂等）会不断释放出游离的甲醛、氨、苯等有害气体。"负离子釉面砖"所持续释放的负离子通过电分解作用，使其不断降解。在采用特地"负离子釉面砖"空间一个星期后，甲醛等有害气体的降解率达80％以上，而且能长久保持室内空气清新。

（3）消除异味　"负离子釉面砖"能够持续释放负离子与室内带正电荷的有害气体不断中和电解，有效快速地消除空气中的异味。其消除原理与市场上的空气清新剂短期遮盖效果及存在的副作用有本质区别，不存在二次污染。

（4）净化空气　据研究，成年人每天呼吸2万次，即使处于睡眠状态，这种呼吸换气也仍然在持续，因此，洁净健康的空气对生命来说，比任何东西都重要。特地"负离子釉面砖"释放的负离子具有的吸附和氧化作用，能高效快速的杀灭空气中的细菌、病毒等各种微生物，是一种理想的空气净化方式。

（5）保健养生　负离子被称作为空气中的"维生素"。医学研究证明：含有较多负离子的空气，可以提高人体免疫力，促进身心健康，对健康极为有利。

负离子釉面砖实现了独特功能性与时尚外观的完美结合，开拓了应用新视野，在综合品质性能上更延续了特地陶瓷"精质瓷砖"的特点，具有表面吸水率低、防污效果卓越、强度硬度大、无色差、绿色环保等优异性能，完全达到了高档别墅等豪华装饰的严格要求，且价格极具竞争力，为行业人士普遍看好，市场前景非常广阔。

（六）太阳能瓷砖

日本是开发太阳能建筑材料较早的国家一，曾采用在釉表面形成由氧化锡或氧化钴组成的电极层，再复合硅层和透明保护膜的工艺开发出太阳能瓷砖。但这种功能性瓷砖基体与电极层之间隔有釉层，发电率不高。近年来，日本一公司在坯体表面预先涂以磷硅酸盐玻璃或硼酸盐玻璃为基材的涂剂，烧成后再在其上面复合多层有机硅层、氧化锡或氧化钴质透明导电膜和防止反射保护膜，并设置与导电膜连接的供电设施如导电性导线或接缝，研制出新一代太阳能瓷砖。由于这种太阳能瓷砖不带釉层，用于建筑物墙面或屋面，能更有效地利用太阳能发电，显著降低建筑物的电耗；且在生产工艺上有了新的发展，不仅保持了太阳能发电的功能，而且其发电力更强。

我国在"十一五"规划中提出太阳能装置与建筑一体化的方向，这样为太阳能瓷砖的研究提供了基础。近两年，我国的福建华泰集团有限公司和广东东鹏陶瓷有限公司，也在太阳能瓷砖研究上取了突破，引进德国、意大利全自动化设备，两期工程共16条生产线，年生产量达到$2×10^7 m^2$，成为全球最大的陶瓷板和太阳能瓷砖生产基地，2011年6月13日其股票在韩国成功上市。太阳能瓷砖具有成本比较低、使用寿命长、性能很稳定，阳光吸收比不随使用时间衰退等优点，必将成为陶瓷市场未来的一个亮点。

（七）金属釉面砖

金属釉面砖是运用金属釉料等特种原料烧制而成，是当今国内市场的领先产品。金属釉面砖具有光泽耐久、质地坚韧、网纹淳朴等优点，赋予墙面装饰动态的美，还具有良好的热稳定性、耐酸碱性、易于清洁和装饰效果好等性能。金属光泽釉面砖是采用钛的化合物，以真空离子溅射法将釉面砖表面呈现金黄、银白、蓝、黑等多种色彩，光泽灿烂辉煌，给人以坚固、豪华、亮丽的感觉。这种砖耐腐蚀、抗风化能力强，耐久性好，适用于高级宾馆、饭店以及酒吧、咖啡厅等娱乐场所的墙面、柱面、门面的铺贴。

（八）陶瓷麻面砖

陶瓷麻面砖的表面酷似人工修凿过的天然岩石，它表面粗糙，纹理质朴自然，有白、黄等多种颜色。它的抗折强度大于 20MPa，抗压强度大于 250MPa，吸水率小于 1%，防滑性能良好，坚硬耐磨。按陶瓷麻面砖的厚度不同，可分为薄型砖和厚型砖，薄型砖适用于外墙饰面，厚型砖适用于广场、停车场、人行道等地面铺设。麻面砖一般规格比较小，有长方形和异形之分。异形麻面砖很多是广场砖，在铺设广场地面时，经常采用鱼鳞形铺砌或圆环形铺砌方法，如果加上不同色彩和花纹的搭配，铺砌的效果十分美观且富有韵律。

（九）黑瓷钒钛装饰板

黑瓷钒钛装饰板是以稀土矿物为原料研制成功的一种高档墙地饰面板材。该材料与花岗石、人造大理石以及陶瓷马赛克和彩面砖等常用的黑色建筑装修材料相比，具有黑色纯正、质地坚韧、光泽度高、耐腐蚀、不氧化、易加工、资源丰富、价格低廉等独特优点，其硬度、抗压强度、抗弯强度、吸水率均好于天然花岗岩，同时又弥补了天然花岗岩由于黑云母脱落造成的表面凹坑的缺憾。黑瓷钒钛装饰板是一种仿黑色花岗岩板材，规格有 400mm×400mm 和 500mm×500mm，厚度为 8mm，适用于宾馆饭店等大型建筑物的内、外墙面和地面装饰，也可用作台面、铭牌等。

（十）劈离砖

劈离砖因熔烧后可劈开分离而得名，是一种炻质墙、地面通用饰面砖，又称为劈裂砖、劈开砖等。劈离砖是将一定配比的原料，经粉碎、炼泥、真空挤压成型、干燥、高温煅烧而成。劈离砖由于成形时为双砖背连坯体，烧成后再劈裂成两块砖，故称为劈离砖。劈离砖烧成阶段的坯体总表面积仅为成品坯体总表面积的 1/2，大大节约了窑内放置坯体的面积，提高了生产效率。与传统方法生产的墙地砖相比，它具有强度高、耐酸碱性强等优点。劈离砖的生产工艺简单、效率高、原料广泛、节能经济，且装饰效果优良，因此得到广泛应用。

劈离砖的主要规格有 240mm×52mm×11mm、240mm×115mm×11mm、194mm×94mm×11m、190mm×l90mm×13mm、240mm×115 mm×13mm、194mm×94mm×13mm 等。劈离砖要求抗折强度大于 20MPa，吸水率小于 6%，要求具有良好的耐急冷急热性能，在温差＋130℃的环境试验中经 6 次冷热循环，产品不会出现开裂现象。

劈离砖适用于各类建筑物外墙装饰，也适合用作楼堂馆所、车站、候车室、餐厅等处室内地面铺设。较厚的砖适合于广场、公园、停车场、走廊、人行道等露天地面铺设，也可作游泳池、浴池池底和池岩的贴面材料。

第三节　绿色装饰混凝土

绿色装饰混凝土是一种近年来流行美国、加拿大、澳大利亚、欧洲并在世界主要发达国家，并迅速得以推广的绿色环保地面材料。绿色装饰混凝土能在原本普通的新旧混凝土表层，通过色彩、色调、质感、款式、纹理、机理和不规则线条的创意设计，通过图案与颜色的有机组合，创造出各种天然大理石、花岗岩、砖、瓦、木地板等天然石材铺设效果，具有图形美观自然、色彩真实持久、质地坚固耐用等显著特点。

绿色装饰混凝土可以广泛应用于住宅、社区、商业、市政及文娱康乐等各种场合所需的人行道、公园、广场、游乐场、高尚小区道路、停车场、庭院、地铁站台、游泳池等处的景观创造，具有极高的安全性和耐用性。同时，它施工方便、无需压实机械，彩色也较为鲜艳，并可形成各种图案。更重要的特点是，它不受地形限制，可任意制作。具有装饰性、灵活性和表现力，正是装饰混凝土的独特性格体现。

一、彩色混凝土

自水泥混凝土问世百余年来，各类建筑工程蓬勃发展，混凝土已成为建筑结构不可缺少的重要材料，为社会进步和经济发展做出了巨大贡献。但是，水泥混凝土饰面吊板、色彩灰冷的缺憾始终无法解决。20世纪50年代，彩色混凝土的出现彻底弥补了这一缺憾。彩色混凝土最突出的特点是：能够直接在水泥表面非常逼真地模仿许多高档建筑装饰材料的质地和色泽，一改水泥表面的灰暗冷淡，呈现出的效果酷似天然石材的效果。它能刻意表现出自然材质的粗糙、凹凸不平和多样的纹理，也可以平整如水、光亮如镜，同时其耐久性可与天然石材媲美，具有无限的色彩组合及其丰富的造型选择性。

彩色混凝土是一种绿色环保型的装饰材料，目前，这种混凝土已被全世界多数国家和地区广泛使用。工程实践充分证明，彩色混凝土可把建筑物装饰得更加绚丽多姿，用彩色混凝土可以制作出不同的颜色和图案，使路面、广场、停车场更加丰富多彩；用彩色混凝土塑成的雕塑，显得更加生气勃勃；用彩色混凝土修饰花坛、树盘、草坪，使环境更加文明幽雅。彩色混凝土可有效地替代天然石材，不仅节省大量的石材资源，而且在某些方面天然石材也是无法比拟的。

彩色混凝土是通过使用特种水泥和颜料或选择彩色骨料，在一定的工艺条件下制得的装饰混凝土。由此可见，彩色混凝土可以在混凝土拌和物中掺入适量颜料（或采用彩色水泥），使整个混凝土结构（或构件）具有设计的色彩；也可以只将混凝土的表面部分做成设计的彩色。这两种施工方法各具有其不同的特点，前者施工质量较好，但工程成本较高；后者材料价格较低，但耐久性较差。

彩色混凝土的装饰效果如何，主要取决于色彩，色彩效果的好与差，混凝土的着色是关键。这与颜料的性质、掺量和掺加方法有关。因此，掺加到彩色混凝土中的颜料，必须具有良好的分散性，暴露在自然环境中耐腐蚀不褪色，并与水泥和骨料相容。在正常情况下，颜料的掺量约为水泥用量的6％，最多不超过10％。在掺加颜料时，若同时加入适量的表面活性剂，可使混凝土的色彩更加均匀。

彩色混凝土是一种防水、防滑、防腐的绿色环保地面装饰材料，是在未完全干硬的水泥地面上加上一层彩色混凝土，然后用专用的模具在水泥地面上压制而成。彩色混凝土能使水泥地面永久地呈现各种色泽、图案、质感，逼真地模拟自然的材质和纹理，随心所欲地勾画各类图案，使人们轻松地实现建筑物与人文环境、自然环境和谐相处、融为一体的理想。

二、清水装饰混凝土

清水装饰混凝土是利用混凝土结构（构件）本身造型的竖线条或几何外形，取得简单、大方、明快的立面装饰效果，或者在成型时利用模板等在构件表面上印制花纹，使立面质感更加丰富。这类装饰混凝土构件基本保持了原有的外观色质，因此将其称为"清水装饰混凝土"，或称为普通混凝土表面塑形装饰。

清水装饰混凝土也称为装饰混凝土，因其具有较好的装饰效果而得名。这种混凝土结构或构件一次浇注成型，不进行任何的外装饰，直接采用现浇混凝土的自然表面作为饰面，因此不同于普通水泥混凝土。清水装饰混凝土表面平整光滑、色泽均匀、棱角分明、无碰损和污染，只是在其表面涂一层或两层透明的保护剂，显得十分天然庄重。

清水装饰混凝土是名副其实的绿色混凝土，混凝土结构不需要再进行装饰，省去了涂料、饰面等化工产品，其优点主要表现在以下方面：①有利于环境保护，清水装饰混凝土结构一次成型，不再剔凿修补和抹灰，从而减少了大量建筑垃圾；②能消除许多质量通病，清水装饰混凝土可以避免抹灰开裂、空鼓甚至脱落的质量隐患，减轻了结构施工的漏浆、楼板裂缝等质量通病；③能节约工程成本，清水装饰混凝土的施工需要投入大量的人力和物力，势必会延长施工工期，但因其最终不用抹灰和装饰面层，从而减少了面层装修和维修的费用，最终降低了工程总造价。

在一定的条件下，清水装饰混凝土的装饰效果是其他建筑装饰材料无法效仿和媲美的。如建筑物所处环境比较空旷，建筑物的周围有较好的绿化，本身体型灵活丰富，有较大的虚实对比，立面上玻璃或其他明亮材料占相当比例，这样使建筑物不趋于灰暗。材料本身所拥有的柔软感、刚硬感、温暖感、冷漠感，可以对人的感觉器官及精神产生一定影响，有时甚至比金碧辉煌更具有艺术效果。

清水装饰混凝土除现浇结构造型外，目前常用大板建筑的墙体饰面，它是靠成型、模制工艺手法，使混凝土外表面产生具有设计要求的线型、图案、凹凸层次等。清水装饰混凝土的成型工艺，主要有以下 3 种。

1. 预制平模正打工艺

板正面向上来成型的工艺，称为平模正打塑形工艺。正打塑形可在混凝土表面水泥初凝前后，用工具加工成各式图案和纹路的饰面。预制平模正打工艺有压印、滚花和挠刮 3 种方法。压印又有凸纹压印和凹纹压印之分，其中凸纹压印是用刻有漏花的模具压印而成，凹纹压印则是用钢筋按设计要求的图案焊成的模具压印而成。挠刮工艺是在刚成型的混凝土板材表面上，用硬质刷（钢丝刷）挠刮，形成有一定走向的刷痕，产生表面毛糙的质感。另外，也可用扫毛法、拉毛法处理表面。滚花工艺是在成型后的板面上抹 10～15mm 的水泥砂浆面层，再用滚压工具滚压出线型或花纹图案。

预制平模正打工艺的优点是：模具比较简单，施工比较容易，投资比较少。但板面花纹图案比较少，装饰效果不够理想。

2. 预制平模反打工艺

预制平模反打工艺是将带有图案花纹的衬模设置于模底，待浇筑的混凝土硬化脱模翻转后，则显示出立体装饰图案和线型。当图案要求有色彩时，应在衬模上先铺筑一层彩色混凝土混合料，然后再在其上面浇筑普通混凝土。

衬模材料的种类很多，如硬木、玻璃钢、硬塑料、橡胶、钢材、陶瓷等。国内很多建筑装饰工程采用聚丙烯塑料制作衬模，不仅取得了良好的经济效益，而且可使装饰面细腻、逼真。用衬模塑造花饰、线型，容易变换花样，比较方便脱模，不粘饰面的边角。

预制平模反打工艺的优点是：图案花纹丰富多彩，凹凸程度可大可小，成型质量较好，但模具成本较高。

3. 立模施工工艺

立模施工工艺是采用带一定图案或线型的模板，组成直立支模现浇混凝土板，脱模后则显示出设计要求的墙面图案或线型，这种施工工艺使饰面效果更加逼真。

三、露明骨料混凝土

露明骨料混凝土在国外应用较多，国内最近几年才开始采用。其基本工序是：它是在混凝土硬化前或硬化后，将墙板骨料的质感和色彩用水洗、喷砂、抛丸等方法去掉浆皮、显露骨料，以骨料的天然色泽和不同排列组合造型，而达到装饰立面的效果。此种混凝土是依靠骨料的色彩、粒形、排列、质感等来实现刻意的装饰效果，达到自然与艺术的有机结合，这是水刷石、水磨石的延续和演变。

露明骨料混凝土的装饰主要用于大板建筑的混凝土外墙板。露明混凝土按其制作工艺的不同，可分为水洗法、缓凝法、水磨法、抛丸法、埋砂法等，各种施工工艺具有各自的特点。

1. 水洗法施工

水洗法施工常用于预制构件中，即在混凝土浇筑成型后，在水泥混凝土的终凝前，采用具有一定压力的射流水冲刷混凝土表面石子间的水泥浆，使混凝土表面露出石子的自然色彩。

2. 缓凝法施工

缓凝法施工常用于受模板限制或工序影响，无法及时进行除浆露骨料的情况下，表层部分混凝土刷上一层缓凝剂，然后浇筑混凝土，借助缓凝剂使混凝土表层的水泥浆不产生硬化，以便脱模后可用射流水冲去表层石子间的水泥浆，从而露出石子的色彩。

3. 水磨法施工

水磨法施工实际上就是水磨石的施工工艺，所不同的是水磨露骨料混凝土不需要另外再抹水泥石渣浆，而是将抹面硬化的混凝土表面磨至露出骨料。水磨时间一般应在混凝土的强度达到 12～20MPa 时进行为宜。

4. 抛丸法施工

抛丸法施工是将混凝土制品以 1.5～2.0m/min 的速度通过抛丸机室，室内的抛丸机以 65～80m/s 的速度抛出铁丸，铁丸将混凝土表面的水泥浆皮剥离，露出骨料的色彩，且骨料的表面也同时被凿毛，其效果犹似花锤剁斧，别具特色。

5. 埋砂法施工

埋砂法施工是在模板底部先铺一层湿砂，将大颗粒的骨料部分埋入砂中，再在预埋的骨料上浇筑混凝土，待混凝土硬化脱模后，翻转混凝土并把砂子清除干净，即可显示出部分外露的骨料。

第四节　绿色装饰瓦材

建筑装饰瓦是建筑物中的重要组成部分之一,它是安置在屋面或墙体上,用于减少结构物与外界环境热交换的制品。坡面屋顶覆盖材料的主要种类有:黏土瓦(包括小青瓦、红色不平瓦、琉璃瓦)、水泥波形瓦(包括石棉及玻纤维增强的波形瓦、有机及无机纤维增强的菱镁瓦)、玻璃钢槽形或波形瓦、屋面用金属压型板及其夹芯板(包括铝合金板、不锈钢板、彩色涂层钢板、镀锌板、铝塑复合压型板及其夹芯板等)。

随着建筑物的高层化、多样化、外墙及屋面装饰的自然化等建筑环境的变化,要求建筑外墙及屋顶装饰多姿多彩,应集装饰性好、质量较轻、耐久性强、价格较低、施工方便于一体。坡面屋面防护性覆盖材料,除了应当具有价格低廉、轻质高强、耐久性及耐候性好、排水畅快等特点外,还要求具有良好的装饰效果,即覆盖屋面后有一定的立体感、色彩鲜艳等特点,同时还应具有良好的保温隔热效果,达到国家建筑节能的标准。

一、彩色沥青彩砂玻纤瓦

彩色沥青彩砂玻纤瓦是以玻纤胎为胎基,经浸涂改性石油沥青后,一面覆盖矿物颗粒料,另一面撒以隔离材料制成的一种常用在屋面瓦状防水材料,具有生产工艺优良、外观美观大方、形状灵活多样、色彩丰鲜艳富、施工非常简便、产品质轻性柔、没有任何污染、使用寿命较长等特点。彩色沥青彩砂玻纤瓦的问世,取代了昔日的传统瓦片,这是21世纪新型的彩瓦产品,已成为坡面屋顶的主选瓦材之一。彩色沥青彩砂玻纤瓦的发展越来越受人的注目。彩色沥青彩砂玻纤瓦物理力学性能如表10-14所列。

表10-14　彩色沥青彩砂玻纤瓦物理力学性能

序号	项　　目		平瓦	叠瓦
1	可溶物含量/(g/m²)		≥1000	≥1800
2	拉力/(M/50mm)	纵向	≥500	
		横向	≥400	
3	耐热度(90℃)		无流淌、滑动、滴落、气泡	
4	柔度(10℃)		无裂纹	
5	撕裂强度/N		≥9	
6	不透水性(0.1MPa,30min)		不透水	
7	耐钉子拔出性能/N		≥75	
8	矿物料粘附性/g		≤1.0	
9	金属箔剥离强度/(N/mm)		≥0.2	
10	人工气候加速老化	外观	无气泡、渗油、裂纹	
		色差(ΔE)	≤3	
		柔度(10℃)	无裂纹	
11	抗风揭性能		通过	
12	自粘胶耐热性	50℃	发黏	
		75℃	滑动≤2mm	
13	叠层剥离强度/N		—	≥20

注:本表摘自《玻纤胎沥青瓦》(GB/T 20474—2015)。

二、各类屋面瓦

(一) 玻璃纤维菱镁水泥小波形瓦及其脊瓦

根据现行的行业标准《玻璃纤维菱镁水泥小波瓦及其脊瓦》(WB/T 1001—1994) 中的规定,玻璃纤维菱镁水泥小波形瓦及其脊瓦系指由菱镁粉和氯化镁溶液组成的浆体,加入玻璃纤维增强材料而制成的屋面材料。

(1) 玻璃纤维菱镁水泥小波形瓦及其脊瓦的分类与规格尺寸　玻璃纤维菱镁水泥小波形瓦及其脊瓦,根据生产中是否加入颜料分为彩色和本色两种。玻璃纤维菱镁水泥小波形瓦及其脊瓦的规格尺寸应符合表 10-15 中的规定。

表 10-15　玻璃纤维菱镁水泥小波形瓦及其脊瓦的规格尺寸

品种	波形瓦尺寸/mm							
	长度 L	宽度 B	厚度 s	波纹距 p	波高 h	波数 N/个	边距	
							c_1	c_2
小波形瓦	1800±10	720±10	5.5+1.0 5.5−0.5	63.5±3	≥16	11.5	58±3	27±3

脊瓦的尺寸/mm				
长度		宽度 B	厚度 D	角度 θ/°
总长 l	搭接长 l_1			
780±10	70±10	180×2±10	5.0+1.0 5.0−0.5	125±5

(2) 玻璃纤维菱镁水泥小波形瓦及其脊瓦的外观质量要求　玻璃纤维菱镁水泥小波形瓦及其脊瓦的外观应四边方正,瓦波纹圆滑,边缘整齐,厚度及色彩均匀,无返卤,正面无返白,无凹坑,无肉眼可见裂纹,无贯穿性裂纹,其外观缺陷允许范围应符合表 10-16 中的规定。

表 10-16　玻璃纤维菱镁水泥小波形瓦及其脊瓦的外观缺陷允许范围

序号	外观缺陷	外观缺陷允许范围		
		小波形瓦		脊瓦
1	掉角	沿着瓦长度方向不得超过 100mm,宽度方向不得超过 30mm		沿着瓦长度方向和宽度方向均不得超过 100mm
		每张瓦的掉角均不得多于 1 个		
2	掉边	宽度不得超过 15mm		宽度不得超过 10mm
3	气孔	波纹瓦正面	孔径 d 小于 1mm 的不得密集,1 张瓦 1<d<3mm 的气孔不多于 3 个,1 张瓦 3<d<5mm、深度<2mm 的气孔不多于 5 个	
		波纹瓦背面	1 张瓦 d≥30mm、深度<1mm 的气孔不多于 3 个	

(3) 玻璃纤维菱镁水泥小波形瓦的物理力学性能　玻璃纤维菱镁水泥小波形瓦的物理力学性能应符合表 10-17 中的规定。

表 10-17　玻璃纤维菱镁水泥小波形瓦的物理力学性能

序号	项 目 名 称	物理力学性能
1	抗折强度/N	纵向抗折强度为 ≥2400,横向抗折强度为 ≥300
2	吸水率/%	≤12
3	抗冻性	经 25 次冻融循环后,不得有起层、开裂、剥落等破坏现象
4	不透水性	经试验后,瓦的背面不得出现潮湿、洇斑及积水现象
5	抗冲击性	在肉眼相距测点 60cm 处进行观察,冲击一次后的被冲击处不得出现龟裂、剥落、贯通孔及裂纹等缺陷

序号	项 目 名 称	物理力学性能
6	彩色的瓦保色性能	经 5 次干湿循环后，与原样比较应基本无色差
7	软化系数	菱镁胶结材料试块在 pH 值为 6～8 的静水中，浸泡 1 个月，其抗折软化系数与抗压软化系数均不得低于 0.70
8	破坏荷重	破坏荷重大于等于 600N 时，抗冻试验后不得有剥落、开裂和起层等现象

注：严禁使用高碱玻璃纤维布（或丝）作为增强材料生产玻璃纤维菱镁水泥小波形瓦和脊瓦，凡使用该增强材料的一律视为不合格产品。

（二）玻璃纤维增强水泥波形瓦及脊瓦

玻璃纤维增强水泥波形瓦及脊瓦，系以低碱度水泥和耐碱玻璃纤维为基料加工而成的中波瓦、半波瓦和脊瓦，产品有直型和弧型两种。直型瓦主要用于覆盖屋面，弧形瓦系由直型瓦沿纵向弯曲而成，可用于大跨度厂房、仓库、车站、码头及其他弧形屋面的建筑物。半波瓦只有半边波形，另一面为平面，主要用于外墙体、贴面、围护结构和室内顶棚板，也可用于屋面覆盖。

玻璃纤维增强水泥波形瓦及脊瓦，具有质量比较轻、覆盖面积大、承重能力高、防水性能好、防火性能好、使用寿命长和施工较方便等诸多优点，所以已经广泛用于工业、民用及公共建筑物中作为屋面和墙壁材料。

玻璃纤维增强水泥波形瓦及脊瓦，执行现行行业标准《玻璃纤维增强水泥波瓦及其脊瓦》（JC/T 567—2008）中的规定，根据标准要求，产品按其抗折力、吸水率与外观质量，可分为优等品、一等品和合格品。各种纤维水泥波形瓦的质量应符合下列要求。

（1）玻璃纤维增强水泥中波瓦、半波瓦的规格尺寸及允许偏差应符合表 10-18 中的规定。

表 10-18　玻璃纤维增强水泥中波瓦、半波瓦的规格尺寸及允许偏差

品种		规格尺寸及允许偏差/mm								参考质量/kg
		长度	宽度	厚度	波距	波高	弧高	边距		
		L	B	D	P	H	h	C_1	C_2	
中波瓦		2400±10	745±10	7+1.5 −1.0	131±3	33+1 −2	—	45±5	45±5	28
		1800±10								21
半波瓦	A 型	2800±10	965±10	7+1.5 −1.0	300±3	40±2	30±2	35±5	30±5	43
	B 型	>2800±10	1000±10	7+1.5 −1.0	310±3	50±2	38.5±2	40±5	30±5	—

注：1. A 型半波瓦可以采用石棉水泥半波瓦的瓦模，B 型半波瓦的长度由生产厂与用户商定。

2. 本表摘自《玻璃纤维增强水泥波瓦及其脊瓦》（JC/T 567—2008）。

（2）人字形玻璃纤维增强水泥脊瓦的规格尺寸及允许偏差应符合表 10-19 中的规定。

表 10-19　人字形玻璃纤维增强水泥脊瓦的规格尺寸及允许偏差

规格	长度/mm		宽度/mm	厚度/mm	角度/(°)	参考质量/kg
	搭接长	总长				
符号	L_1	L	B	D	θ	W
尺寸	70	850	230×2	7	125	5.6
允许偏差	±10	±10	±10	+1.5 −1.0	±5	—

注：1. 其他规格的玻璃纤维增强水泥脊瓦，可由供需双方协议生产。

2. 本表摘自《玻璃纤维增强水泥波瓦及其脊瓦》（JC/T 567—2008）。

（3）玻璃纤维增强水泥瓦的外观质量要求应符合表 10-20 中的规定。

表 10-20　玻璃纤维增强水泥瓦的外观质量要求

外观缺陷	允许范围/mm		
	中波瓦	半波瓦	脊瓦
掉角	沿瓦长度方向不得超过 100，宽度方向不得超过 45	沿瓦长度方向不得超过 150，宽度方向不得超过 25	沿瓦长度方向不得超过 20，宽度方向不得超过 20
	一张瓦上的掉角不得多于 1 个		
掉边	宽度不得超过 15	宽度不得超过 15	不允许
裂纹	不得有因成型造成的下列之一的裂纹和贯通厚度的裂纹。 (1)正表面：宽度超过 1.2 的；长度超过 75 的。 (2)背面：宽度超过 1.5 的；长度超过 150 的		
方正度	≤7		—

注：1. 产品应平整，边缘整齐，不得有断裂、起层、贯穿厚度的孔洞与夹杂物等疵病。

2. 优等品应四边方正，无掉角、掉边、表面裂纹及表面裸露玻璃纤维。

3. 表中所列数据为一等品和合格品的外观质量要求。

（4）玻璃纤维增强水泥瓦的物理力学性能应符合表 10-21 中的规定。

表 10-21　玻璃纤维增强水泥瓦的物理力学性能

性能项目	产品类别及级别	中波瓦			半波瓦					
		优等品	一等品	合格品	优等品		一等品		合格品	
					正面	反面	正面	反面	正面	反面
抗折力	横向/(N/m)	≥4400	≥3800	≥3800	≥3800	≥2400	≥3300	≥2000	≥2900	≥1700
	纵向/N	≥420	≥400	≥380	≥790		≥760		≥760	
吸水率/%		≤10	≤11	≤12	≤10		≤11		≤12	
抗冻性		25 次环冻融试验后，试样不得有起层等破坏现象								
不透水性		连续试验 24h 后，瓦体背面允许出现洇斑，但不允许出现水滴								
抗冲击性		在相距 60cm 处进行观察时，被击处不得出现龟裂、剥落、贯通孔及裂纹								

注：玻璃纤维水泥脊瓦，其破坏荷重应不低于 590kN，经过 25 次循环冻融试验后不得有起层等破坏现象。

（三）玻纤镁质胶凝材料波形瓦及脊瓦

根据现行的行业标准《玻纤镁质胶凝材料波瓦及脊瓦》（JC/T 747—2002）中的规定，玻纤镁质胶凝材料波形瓦及脊瓦，系指以氧化镁、氯化镁和水三元体系，经配制和改性而成的、性能稳定的镁质胶凝材料，并以中碱或无碱玻纤开刀丝或网布为增强材料复合而制成的波形瓦及脊瓦，适用于作为覆盖的屋面和墙面材料。

（1）玻纤镁质胶凝材料波形瓦及脊瓦的分类　玻纤镁质胶凝材料波形瓦，按其波型不同可分为中波瓦（m）、小波瓦（s）；按其颜色不同可分为本色瓦（n）、加入颜料和复合处理的瓦（c）。玻纤镁质胶凝材料中、小波瓦，根据其物理力学性能和外观质量不同，分为一等品（B）和合格品（C）。

（2）玻纤镁质胶凝材料波形瓦及脊瓦的规格尺寸与允许偏差　玻纤镁质胶凝材料波形瓦及脊瓦的规格尺寸与允许偏差要求应符合表 10-22 中的规定。

表 10-22　玻纤镁质胶凝材料波形瓦及脊瓦的规格尺寸与允许偏差

波形瓦的规格尺寸与允许偏差/mm

波形瓦品种	长度 l	宽度 b	厚度 s	波间距 p	波高 h	波数 n /个	边距 c_1	边距 c_2	参考重量/kg
中波形瓦	1800±10	745±10	6.0±0.5	131±3	≥31	5.7	45±5	45±5	16
小波形瓦	1800±10	720±5	5.0±0.5	63.5±2	≥16	11.5	58±3	27±3	11

脊瓦的规格尺寸与允许偏差/mm

长度 搭接长 l_1	长度 总长度 l	宽度 b	厚度 s	角度 $\theta/°$	参考重量/kg
70±10	850±10	(230×2)±10	6.0±0.5	125±5	4.0
		(180×2)±10			3.0

注：其他规格的玻纤镁质胶凝材料波形瓦及脊瓦可由供需双方协商确定。

（3）玻纤镁质胶凝材料波形瓦及脊瓦的外观质量　玻纤镁质胶凝材料波形瓦及脊瓦的外观应板面平整、四边方正、瓦波纹圆滑、无裂缝、无贯穿性针状孔和肉眼可见裂纹、边缘整齐、无露丝、无气泡等。色差和杂色均不明显。各等级的具体外观质量要求应符合表 10-23 中的规定。

表 10-23　玻纤镁质胶凝材料波形瓦及脊瓦的外观质量

一等品外观质量缺陷允许范围/mm

序号	项目名称	中波形瓦	小波形瓦	脊瓦
1	掉角	沿着瓦长度方向不大于 40，沿着瓦宽度方向不大于 20	沿着瓦长度方向不大于 30，沿着瓦宽度方向不大于 15	沿着瓦长度方向不大于 20，沿着瓦宽度方向不大于 20
		单张瓦上的掉角不多于 1 个		
2	掉边	宽度不得超过 15	宽度不得超过 10	不允许
3	方正度	≤6	≤6	—
4	端部厚度	不得超过实测瓦厚度的 25%	不得超过实测瓦厚度的 25%	—

合格品外观质量缺陷允许范围/mm

序号	项目名称	中波形瓦	小波形瓦	脊瓦
5	掉角	沿着瓦长度方向不大于 50，沿着瓦宽度方向不大于 25	沿着瓦长度方向不大于 50，沿着瓦宽度方向不大于 20	沿着瓦长度方向不大于 20，沿着瓦宽度方向不大于 20
		单张瓦上的掉角不多于 2 个		
6	掉边	宽度不得超过 15	宽度不得超过 15	不允许

（4）玻纤镁质胶凝材料波形瓦及脊瓦的物理力学性能　玻纤镁质胶凝材料波形瓦及脊瓦的物理力学性能应符合表 10-24 中的规定。

表 10-24　玻纤镁质胶凝材料波形瓦及脊瓦的物理力学性能

序号	项目名称		技术指标 中波形瓦 一等品（B）	中波形瓦 合格品（C）	小波形瓦 一等品（B）	小波形瓦 合格品（C）
1	抗折力	横向/(N/m)	3400	3000	2700	2400
		纵向/N	310	300	340	290
2	吸水率/%		14	15	14	15
3	抗冻性		经 25 次冻融循环后，不得有起层、剥落等破坏现象；经复合制成的瓦，不得出现复合层起层、鼓泡、剥落等破坏现象			
4	不透水性		经浸水试验后，瓦的背面允许出现潮湿、洇斑，但不得出现水滴现象；经复合制成的瓦，不得有水洇斑			
5	抗冲击性		在相距 60cm 处进行观察，冲击一次后的被冲击处背面不得出现龟裂、剥落、贯通孔等缺陷			
6	抗返卤性		经返卤试验后，无水珠和返潮现象			

注：1. 经复合制成的瓦，试验时其复合层要求朝上。
2. 脊瓦的物理力学性能：中、小脊瓦的破坏荷载不得低于 600N。
3. 抗冻性：经 25 次冻融循环后，不得有起层等破坏现象。
4. 抗返卤性合格。

（四）混凝土瓦

根据现行行业标准《混凝土瓦》（JC/T 746—2007）中的规定，混凝土瓦是指由混凝土制成的屋面瓦和配件瓦的统称，由水泥、细集料和水等为主要原材料，经拌和、挤压、静压成型或其他成型方法制成的，用于坡屋面瓦及与其配合使用的混凝土配件瓦。

（1）混凝土瓦的分类方法　混凝土瓦，按其用途不同可分为混凝土屋面瓦和混凝土配件瓦；混凝土屋面瓦，按其形状不同，可分为波形屋面瓦和平板屋面瓦。混凝土瓦，按其表面颜色不同可分为本色混凝土瓦和着色混凝土瓦。

（2）混凝土瓦的外观质量　混凝土瓦的外形质量应符合下列要求；①混凝土瓦的瓦形应清晰、边缘应规整，屋面瓦的瓦爪齐全；②混凝土瓦上若有固定孔，其布置要确保屋面瓦或配件瓦和挂瓦条的连接安全可靠，固定孔洞的布置和结构应保证不影响混凝土瓦的正常使用功能；③在混凝土瓦的遮盖范围内，单色的应无明显的色差，多色的应由供需双方协商确定。

混凝土瓦的外观质量除了必须满足以上要求外，还应符合表 10-25 中的规定。

表 10-25　混凝土瓦的外观质量

项 目 名 称	技 术 要 求	项 目 名 称	技 术 要 求
掉角（在瓦正面表面的角两边的破坏尺寸均不得大于）/mm	8.0	混凝土瓦瓦爪的残缺	允许一爪有缺，但小于混凝土瓦瓦爪高度的 1/3
掉边长度不得超过（在瓦正面表面的角两边的破坏宽度小于 5mm 者不计）/mm	30	边筋残缺，边筋短缺、断裂	不允许
裂纹和分层	不允许	涂层	瓦的表面涂层完好

（3）混凝土瓦的允许尺寸偏差　混凝土瓦的允许尺寸偏差要求应符合表 10-26 中的规定。

表 10-26　混凝土瓦的允许尺寸偏差

项 目 名 称	允许偏差/mm	项 目 名 称	允许偏差/mm
长度偏差绝对值	≤4.0	宽度偏差绝对值	≤3.0
方正度	≤4.0	平面性	≤3.0

（4）混凝土瓦的物理力学性能　混凝土瓦的物理力学性能要求应符合表 10-27 中的规定。

表 10-27　混凝土瓦的物理力学性能

序号	项 目 名 称	技 术 指 标								
1	质量标准差	≤180g								
2	承载力/N	混凝土屋面瓦的承载力不得小于承载力标准值								
		波形屋面瓦						平板屋面瓦		
3	瓦脊高度 d/mm	$d>20$			$d≤20$			—		
4	遮盖宽度 b/mm	$b_1≥300$	$b_1≥200$	$200<b_1<300$	$b_1≥300$	$b_1≥200$	$200<b_1<300$	$b_1≥300$	$b_1≥200$	$200<b_1<300$
5	承载力标准值 F_c	1800	1200	$6b_1$	1200	900	$3b_1+300$	1200	900	$2b_1+400$
6	耐热性能	混凝土彩色的瓦经耐热性能检验后，其表面涂层应完好								
7	吸水率/%	≤10.0%								
8	抗渗性能	经抗渗性能检验后，瓦的背面不得出现水滴现象								
9	抗冻性能	屋面瓦经抗冻性能检验后，其承载力仍不小于承载力标准值。同时，外观质量符合表 10-25 中的要求								
10	放射性核素限量	利用工业废渣生产的混凝土瓦，其放射性核素限量应符合国家标榜《建筑材料放射性核素限量》（GB 6566—2010）中的规定								

注：1. 配件瓦的承载力不做具体要求；2. 特殊性能混凝土瓦的技术指标及检测方法由供需双方商定。

（五）钢丝网石棉水泥小波瓦

根据现行的行业标准《钢丝网石棉水泥小波瓦》（JC/T 851—2008）中的规定，钢丝网石棉水泥小波瓦（代号为 GSBW），系指以温石棉、水泥、钢丝网为主要原材料制成的屋面用瓦材。

（1）钢丝网石棉水泥小波形瓦的分类与规格

1）钢丝网石棉水泥小波形瓦的分类。按其抗折力不同，可分为 GW330、GW280 和 GW250 3 个等级；按外观质量不同，可分为一等品（B）和合格品（C）。

2）钢丝网石棉水泥小波形瓦的规格。钢丝网石棉水泥小波形瓦的规格尺寸应符合表 10-28 中的规定。

表 10-28 钢丝网石棉水泥小波形瓦的规格尺寸

长度 l /mm	宽度 b /mm	厚度 s /mm	波间距 p /mm	波高 h /mm	波数 n /个	边距/mm		参考重量 /kg
						c_1	c_2	
1800	720	6.0	63.5	16	11.5	58	27	27
		7.0						20
		8.5						24

（2）钢丝网石棉水泥小波形瓦的外观质量　钢丝网石棉水泥小波形瓦的外观质量要求应符合表 10-29 中的规定。

表 10-29 钢丝网石棉水泥小波形瓦的外观质量

序号	项目名称	一等品（B）	合格品（C）
1	掉角	沿着瓦长度方向≤100mm，沿着瓦宽度方向≤35mm	沿着瓦长度方向≤100mm，沿着瓦宽度方向≤45mm
		单张瓦上的掉角≤1 个	
2	掉边	宽度≤10mm	宽度≤15mm
3	裂纹	因成型造成的下列之一裂纹	
		正表面：宽度≤0.20mm，单根长度≤75mm；背面：宽度≤0.25mm，单根长度≤150mm	正表面：宽度≤0.25mm，单根长度≤75mm；背面：宽度≤0.25mm，单根长度≤150mm
4	方正度	≤6mm	—

（3）钢丝网石棉水泥小波形瓦的尺寸偏差　钢丝网石棉水泥小波形瓦的尺寸偏差要求应符合表 10-30 中的规定。

表 10-30 钢丝网石棉水泥小波形瓦的尺寸偏差

长度/mm	宽度/mm	厚度/mm			波高 /mm	波间距 /mm	边距 /mm
		6.0	7.0	8.5			
±10.0	±5.0	+5，−0.3	+5，−0.3	+5，−0.5	≥16.0	±2.0	±3.0

（4）钢丝网石棉水泥小波形瓦的物理力学性能　钢丝网石棉水泥小波形瓦的物理力学性能要求应符合表 10-31 中的规定。

表 10-31 钢丝网石棉水泥小波形瓦的物理力学性能

序号	项　目　名　称		GW330	GW280	GW250
1	抗折力 L	横向/（N/m）	≥3300	≥2800	≥2500
		纵向/N	≥330	≥320	≥310
2	吸水率/%		≤25		

续表

序号	项 目 名 称	GW330	GW280	GW250
3	抗冻性	经 25 次冻融循环后,不得有起层、剥落等破坏现象		
4	不透水性	经试验后,瓦的背面允许出现潮湿、洇斑,但不得出现水滴现象		
5	抗冲击性	冲击两次后的被冲击处不得出现龟裂、剥落、贯通孔等缺陷		

注:L 为变量检验程序中的标准低限。

第五节　绿色装饰地板

　　装饰地板是很多家庭在室内地面装修时选择的主要材料之一,但是建材市场上的地板种类繁多,如现在工程中常选用的实木地板、复合地板、强化地板、软木地板、竹地板、生态地板等。工程实践证明,如何科学地选择装饰地板材料,不仅对室内环境和人体健康有密切关系,而且也直接影响室内的装饰效果和工程投资。

一、实木地板

　　实木地板是以天然木材为原料,经烘干、加工后形成的地面装饰材料,也称为原木地板,实际上是用实木直接加工成的地板。它具有木材自然生长的纹理,是热的不良导体,能起到冬暖夏凉的作用,具有耐气候变化能力强、花纹自然、典雅庄重、富质感性、结构稳定、弹性真实、脚感舒适、使用安全等优点,是卧室、客厅、书房等地面装修的理想首选地面装饰材料。但是,存在耐磨性差、易失光泽等缺点。

　　根据现行国家标准《实木地板 第 1 部分:技术要求》(GB/T 15036.1—2009)中的规定,本标准适用于气干密度不低于 0.32g/cm³ 的针叶树木材和气干密度不低于 0.50g/cm³ 的阔叶树木材制成的地板。

(一) 实木地板的分类方法

　　(1) 实木地板按形状不同分类,可分为榫接实木地板、平口接实木地板和仿古实木地板。榫接实木地板系指侧面和端面为榫、槽的实木地板;平口接实木地板系指侧面和端面没有榫、槽的实木地板;仿古实木地板系指具有独特表面结构和特殊色泽的实木地板。

　　(2) 实木地板按表面有无涂饰分类,可分为涂饰实木地板和未涂饰实木地板。涂饰实木地板系指表面涂漆的实木地板;未涂饰实木地板系指表面未涂漆的实木地板。

　　(3) 实木地板按表面涂饰类型不同分类,可分为漆面实木地板和油面实木地板。漆面实木地板系指表面涂漆的实木地板;油面实木地板系指表面浸油的实木地板。

　　实木地板的分类及结构特点如表 10-32 所列。

表 10-32　实木地板的分类及结构特点

序号	分 类 名 称	结 构 特 点
1	平口实木地板	板面外形为长方体、四面光滑、直边,生产工艺比较简单
2	企口实木地板	板面外形为长方形,整片地板是一块单纯的木材,它有榫和槽,背面有抗变形槽,生产技术要求比较全面
3	拼方、拼花实木地板	由多块小块地板按一定的图案拼接而成,呈方形,其图案有一定的艺术性或规律性。生产工艺比较讲究,要求的精密度,特别是拼花地板,它可能由多种木材拼接而成,而不同木材的材性是不一致的
4	竖木地板	以木材横切面为板面,呈正四边形、正六边形,其加工设备较为简单,但加工过程的重要环节是木材改性处理,关键克服湿胀干缩开裂

序号	分类名称	结构特点
5	指接地板	由相等宽度、不等长度的小地板条连接起来,开有槽和榫。一般与企口实木地板结构相同,并且安装简单,自然美观,变形较小
6	集成地板(拼接地板)	由宽度相等小地板条拼接起来,再由多片拼接材横向拼接。这种地板是幅面大、边材和芯材混合、互相牵制、性能稳定、不易变形,单独一片就能给人一种天然的美感

（4）实木地板按产品的外观质量、物理力学性能,可以分为优等品、一等品和合格品三个质量等级。

（二）实木地板的规格尺寸与偏差

1. 实木地板的规格尺寸

（1）实木地板的规格尺寸　应符合表 10-33 中的规定。

表 10-33　实木地板的规格尺寸

尺寸名称	长度	宽度	厚度	榫舌宽度
规格尺寸/mm	≥250	≥40	≥8	≥3

（2）除表 10-33 规定的规格尺寸外,其他尺寸的产品可由供需双方协商确定。

（3）根据安装需要可在销售的地板中配比面积不超过 5% 的宽厚相同,长度小于公称尺寸的地板。

（4）凹凸不平的仿古地板的公称厚度是指地板的最大厚度。

2. 实木地板的尺寸偏差

（1）实木地板的尺寸偏差　应符合表 10-34 中的规定。

表 10-34　实木地板的尺寸偏差

名称	尺寸偏差
长度	实木地板的公称长度与每个测量值之差绝对值≤1.0mm
宽度	实木地板的公称宽度与平均宽度之差绝对值≤0.3mm,宽度最大值与最小值之差≤0.3mm
厚度	实木地板的公称厚度与平均厚度之差绝对值≤0.3mm,厚度最大值与最小值之差≤0.4mm
榫	实木地板的榫最大高度和最大厚度之差应为 0.1~0.4mm

（2）实木地板长度和宽度是指不包括榫舌的长度和宽度。

（3）表面凹凸不平的仿古地板的厚度差不做要求。

3. 实木地板的形状位置偏差

实木地板的形状位置偏差应符合表 10-35 中的规定。

表 10-35　实木地板的形状位置偏差

名称	允许偏差
地板翘曲度	宽度方向凸翘曲度≤0.20%,宽度方向凹翘曲度≤0.15%
	长度方向凸翘曲度≤1.00%,宽度方向凹翘曲度≤0.50%
拼装离缝	平均值≤0.30mm,最大值≤0.40mm
拼装高度差	平均值≤0.25mm,最大值≤0.30mm

（三）实木地板的外观质量

（1）实木地板的外观质量，应符合表 10-36 中的规定。

表 10-36　实木地板的外观质量

名称	地板表面			地板背面
	优等品	一等品	合格品	
活节	直径≤10mm 长度≤500mm，≤5 个 长度>500mm，≤10 个	10mm<直径≤25mm 长度≤500mm，≤5 个 长度>500mm，≤10 个	直径≤25mm 个数不限	尺寸与个数不限
死节	不允许有	直径≤3mm 长度≤500mm，≤3 个 长度>500mm，≤5 个	直径≤5mm 个数不限	直径≤20mm 个数不限
蛀孔	不允许有	直径≤0.5mm，≤5 个	直径≤2.0mm，≤5 个	个数不限
树脂囊	不允许有	不允许有	长度≤5mm，宽度≤1mm ≤2 条	条数不限
髓斑	不允许有	不限	不限	不限
腐朽	不允许有	不允许有	不允许有	初腐朽、面积≤20%， 不剥落，不能碾成粉末
缺棱	不允许有	不允许有	不允许有	长度≤地板长度30% 宽度≤地板长度20%
裂纹	不允许有	宽度≤0.15mm， 长度≤地板长度2%		不限
加工波纹	不允许有	不明显	不明显	不限
榫舌残缺	不允许有	残榫长度≤地板长度15%，且残榫宽度≥榫舌宽度的2/3		
漆膜划痕	不允许有	不明显	不明显	—
漆膜鼓泡	不允许有	不允许有	不允许有	—
漏漆	不允许有	不允许有	不允许有	—
漆膜针孔	不允许有	直径≤0.5mm，≤3 个	直径≤0.5mm，≤3 个	—
漆膜皱皮	不允许有	不允许有	不允许有	—
漆膜粒子	地板长度≤500mm，2 个；地板长度>500mm，4 个 倒角上漆膜粒子不计		地板长度≤500mm，4 个； 地板长度>500mm，6 个	—

（2）仿古地板的活节、死节、蛀孔、加工波纹不做要求。

（3）特殊树种外观质量要求，可按供需双方协议规定执行。

（四）实木地板的物理性能

实木地板的物理性能应符合表 10-37 中的规定。

表 10-37　实木地板的物理性能

项目名称	单位	优等品	一等品	合格品
含水率	%	7.0≤含水率≤我国各地使用地区的木材平衡含水率		
		同批地板试样间平均含水率最大值与最小值之差不得超过 4.0， 且同一板内的含水率最大值与最小值之差也不得超过 4.0		
漆膜表面耐磨	g/100r	≤0.08	≤0.10	≤0.15
		且表面的漆膜未磨透		
漆膜附着力	级	≤1.0	≤2.0	≤3.0
漆膜硬度	—	≥2H	≥H	≥H

注：1. 仿古地板漆膜表面耐磨性不作要求。

2. 我国各省（区）、直辖市木材平衡含水率按《实木地板　第 1 部分：技术要求》（GB/T 15036.1—2009）中的附录 B 执行。

3. 油饰地板的漆膜表面耐磨、漆膜附着力和漆膜硬度均不做要求。

二、实木复合地板

实木复合地板是以实木拼板或单板为面板，实木条为芯层、单板为底层制成的企口地板，或者以单板为面层、胶合板为基材制成的企口地板。实木复合地板是将优质实木锯切、刨切成表面板、芯板和底板单片，然后根据不同品种材料的力学原理将 3 种单片依照纵向、横向、纵向三维排列方法，用胶水粘贴在一起，并在高温下压制成板。

实木复合地板是由不同树种的板材交错层压而成，克服了实木地板单向同性的缺点，干缩湿胀率小，具有较好的尺寸稳定性，并保留了实木地板的自然木纹和舒适的脚感。实木复合地板不仅兼具强化地板的稳定性与实木地板的美观性，而且具有环保优势。

根据现行国家标准《实木复合地板》（GB/T 18103—2013）中的规定，实木复合地板是指以实木拼板或单板为面层、实木条为芯层、单板为底层制成的企口地板和以单板为面板、胶合板为基材制成的企口地板。这类地板以树种来确定地板树种名称。

（一）实木复合地板的分类方法

实木复合地板的分类方法应符合表 10-38 中的规定。

表 10-38　实木复合地板的分类方法

分类方法	实木复合地板类别
按地板面层材料分	实木拼板作为面层的实木复合地板、单板作为面层的实木复合地板
按地板组成结构分	三层结构实木复合地板、以胶合板为基材的实木复合地板
按表面有无涂饰分	涂饰实木复合地板、未涂饰实木复合地板
按照甲醛释放量分	A 类实木复合地板(甲醛释放量 9mg/100g)、B 类实木复合地板(甲醛释放量 9～40mg/100g)

（二）实木复合地板的规格尺寸

实木复合地板的规格尺寸和尺寸偏差应符合表 10-39 中的规定。

表 10-39　实木复合地板的规格尺寸和尺寸偏差

地板幅面及厚度尺寸/mm					
地板类别	长度	宽度			厚度
三层结构的实木复合地板	2100	180	189	205	205	14,15
	2200	180	189	205	205	
以胶合板为基材的实木复合地板	2200	—	189	225	—	8,12,15
	1818	180	—	225	303	

实木地板尺寸偏差	
厚度偏差	公称厚度 t_n 与平均厚度 t_e 之差绝对值≤0.5mm,厚度最大值与厚度最小值之差≤0.5mm
面层净长偏差	公称长度≤1500mm 时,其与每个测量值之差绝对值≤1.0mm;公称长度＞1500mm 时,其与每个测量值之差绝对值≤2.0mm
面层净宽偏差	公称宽度与平均宽度之差绝对值≤0.1mm,宽度最大值与宽度最小值之差≤0.2mm
直角度	实木复合地板的直角度应≤0.2mm
边缘不直度	实木复合地板的边缘不直度应≤0.3mm/m
翘曲度	宽度方向凸翘曲度应≤0.20%,宽度方向凹翘曲度应≤0.15%;长度方向凸翘曲度应≤1.00%,长度方向凹翘曲度应≤0.50%
拼装离缝	拼装离缝的平均值应≤0.15mm,最大值应≤0.20mm
拼装高度差	拼装高度差平均值应≤0.10mm,最大值应≤0.15mm

(三) 实木复合地板的外观质量

实木复合地板的外观质量应符合表 10-40 中的规定。

表 10-40　实木复合地板的外观质量

名　称	项　目	表　面			背面
		优等品	一等品	合格品	
死节	最大单个长径/mm	不允许	2	4	50
孔洞(含虫孔)	最大单个长径/mm	不允许	不允许	2,需修补	15
浅色夹皮	最大单个长度/mm	不允许	20	30	不限
	最大单个宽度/mm	不允许	2	4	不限
深色夹皮	最大单个长度/mm	不允许	不允许	15	不限
	最大单个宽度/mm	不允许	不允许	2	不限
树脂囊和树脂道	最大单个长度/mm	不允许	不允许	5,最大单个宽度<1	不限
腐朽	—	不允许	不允许	不允许	允许有初腐朽,但不得剥落,碾成粉
变色	不得超过板面积/%	不允许	5,色泽要协调	20,色泽大致协调	不限
裂缝	—	不允许	不允许	不允许	不限
拼接离缝	横向拼接 最大单个宽度/mm	0.1	0.2	0.5	不限
	横向拼接 最大单个长度不超过板长的/%	5	10	20	
	纵向拼接 最大单个宽度/mm	0.1	0.2	0.5	
叠层	—	不允许	不允许	不允许	不限
鼓泡、分层	—	不允许	不允许	不允许	不允许
凹陷、压痕、鼓包	—	不允许	不明显	不明显	不限
补条、补片	—	不允许	不允许	不允许	不限
毛刺沟痕	—	不允许	不允许	不允许	不限
透胶、板面污染	不超过板面积/%	不允许	不允许	1	不限
砂透	—	不允许	不允许	不允许	不限
波纹	—	不允许	不允许	不明显	—
刀痕、划痕	—	不允许	不允许	不允许	不限
边、角缺损	—	不允许	不允许	不允许	1
漆膜鼓泡	直径≤0.5mm	不允许	每块板上不得超过3个		—
针孔	直径≤0.5mm	不允许	每块板上不得超过3个		—
皱皮	不超过板面积/%	不允许	不允许	5	—
粒子	—	不允许	不允许	不明显	—
漏漆	—	不允许	不允许	不允许	—

注:1. 长边缺损不得超过板长的 30%,且宽度不超过 5mm;端部边缺损不得超过板长的 20%,且宽度不超过 5mm。

2. 凡在外观质量检验环境条件下不能清晰地观察到的缺陷为不明显。

(四) 实木复合地板的理化性能

实木复合地板的理化性能应符合表 10-41 中的规定。

表 10-41 实木复合地板的理化性能

检验项目	优等品	一等品	合格品
浸渍剥离	每一边的任一胶层开胶累计长度不超过该胶层长度的 1/3(3mm 以下不计)		
静曲强度/MPa	≥30	≥30	≥30
弹性模量/MPa	≥4000	≥4000	≥4000
吸水率/%	5～14	5～14	5～14
漆膜附着力	割痕及割痕交叉处可允许有少量断续剥落		
表面耐磨性/(g/100r)	≤0.08,且漆膜未磨透	≤0.08,且漆膜未磨透	≤0.15,且漆膜未磨透
表面耐污水	无污染痕迹	无污染痕迹	无污染痕迹
甲醛释放量/(mg/100g)	A 类≤9;B 类 9～40		

三、竹地板

竹地板是将竹材加工成竹片后,经过水煮或炭化、干燥处理后用胶黏剂热压胶合,再经开榫、喷涂料等工序加工成的长条企口地板。这种竹地板具有色泽清新自然、平整光滑、强度较高、韧性较好、无毒无味、牢固稳定、耐磨性好、不易变形等特点,现已广泛应用于室内装修。自古以来竹子就给人以清高的感觉,选购竹地板总是可以带给人们一种清香的感觉,仿佛回到了大自然中。

竹地板是一种新型建筑装饰材料,它以天然优质竹子为原料,经过多道工序,脱去竹子原浆汁,经高温高压拼压,再经过多层喷涂涂料,最后红外线烘干而制成。竹地板以其天然赋予的优势和成型后的诸多优良性能,给建材市场带来一股绿色清新之风。根据现行国家标准《竹地板》(GB/T 20240—2006)中的规定,本标准适用于以竹材为原料的室内用长条企口地板。

(一) 竹地板的分类方法

按组成结构不同分类,可分为多层胶合竹地板、单层侧拼装竹地板;按表面有无涂饰分类,可分为涂饰竹地板、未涂饰竹地板;按表面颜色不同分类,可分为本色竹地板、漂白竹地板和炭化竹地板;按其用途不同分类,可分为体育场馆竹地板、公共场所竹地板、普通竹地板;按产品质量不同,竹地板可分为优等品、一等品和合格品 3 个等级。

(二) 竹地板的规格尺寸及允许偏差

竹地板的规格尺寸及允许偏差应符合表 10-42 中的规定。

表 10-42 竹地板的规格尺寸及允许偏差

项 目	规 格 尺 寸	允 许 偏 差
面层净长度/mm	900、915、920、950	公称长度与每个测量值之差的绝对值≤0.50
面层净宽度/mm	90、92、95、100	公称宽度与平均宽度之差的绝对值≤0.50,宽度最大值与最小值之差≤0.20
竹地板厚度/mm	9、12、15、18	公称厚度与平均厚度之差的绝对值≤0.30,厚度最大值与最小值之差≤0.20
垂直度/mm	—	≤0.15
边缘直度/(mm/m)	—	≤0.20
翘曲度/%	—	宽度方向翘曲度≤0.20,长度方向翘曲度≤0.50
拼装高差/mm	—	拼装高差平均值≤0.15,拼装高差最大值≤0.20
拼装离缝/mm	—	拼装离缝平均值≤0.15,拼装离缝最大值≤0.20

注：经供需双方协议可生产其他规格产品。

（三）竹地板的外观质量要求

竹地板的外观质量要求，应符合表 10-43 中的规定。

表 10-43　竹地板的外观质量要求

项目		优等品	一等品	合格品
未刨光部分和刨痕	表面、侧面	不允许	不允许	轻微
	背面	不允许	允许	允许
榫舌残缺	残缺长度	不允许	≤全长的 10%	≤全长的 20%
	残缺宽度	不允许	≤榫舌宽度的 40%	≤榫舌宽度的 40%
腐朽		不允许	不允许	不允许
色差	表面	不明显	轻微	允许
	背面	允许	允许	允许
裂纹	表面、侧面	不允许	不允许	允许一条，长度≤200mm，宽度≤0.2mm
	背面	腻子修补后允许	腻子修补后允许	腻子修补后允许
虫孔、缺棱和漏漆		不允许	不允许	不允许
波纹和霉变		不允许	不允许	不明显
拼接离缝（表面、侧面和背面）		各等级的表面和侧面均不允许，背面允许		
污染		不允许	不允许	≤板面积的 5%（累计）
鼓泡和针孔（直径≤0.5mm）		不允许	每块板不超过 3 个	每块板不超过 5 个
皱皮		不允许	不允许	≤板面积的 5%
粒子、胀边		不允许	不允许	轻微

（四）竹地板的理化性能指标

竹地板的理化性能指标应符合表 10-44 中的规定。

表 10-44　竹地板的理化性能指标

项目		性能指标	项目		性能指标
含水率/%		6.0～15.0	表面漆膜耐磨性	磨耗转数	磨 100r 后表面留有漆膜
静曲强度/MPa	厚度≤15mm	≥80		磨耗值/(g/100r)	≤0.15
	厚度>15mm	≥75	表面漆膜附着力		不低于 3 级
表面漆膜耐污染性		无污染痕迹	甲醛释放限量/(mg/L)		≤1.5
浸渍剥离试验/mm		任一胶层累计剥离长度≤25	表面抗冲击性能/mm		压痕直径≤10，无裂纹

四、软木地板

软木地板系以优质天然软木（栓皮栎）为原料加工而成，也可以软木为基层，以优质原木薄板为表层，经加工复合成为软木复合地板。这种地板具有吸声减振、保温绝热、防火阻燃、防水、防蛀、抗静电、不变形、不开裂、不扭曲等特点，与实木地板比较其更具环保性、隔声性和防潮性，带给人极佳的脚感，所以被誉为"环保型绿色装饰材料"，适用于高级宾馆、图书馆、医院、计算机房、播音室、电话室、幼儿园、博物馆、住宅卧室、会议室、录音棚等楼面和地面的铺装。

（一）软木地板的优缺点

1. 软木地板的优点

（1）软木地板是环保型产品　软木地板的环保性能通过两个方面体现。一方面制造软木地板使用的是树皮，不采用整个树木，与实木地板和实木复合地板至少要砍掉一棵树相比，树皮可以自然生长，从而节约原材料，不必要进行砍树，符合可持续发展政策。另一方面，软木地板与葡萄酒瓶塞制作原料是一样的，都是软木，葡萄酒酒瓶塞可以长时间泡在葡萄酒里面对人体没有什么危害，制造软木地板环保性可想而知。

（2）软木地板是业内公认的静音地板　软木因为感觉比较软，就像人走在沙滩上一样非常安静。从软木的结构上来讲，因为软木本身是多面体的结构，其内部像蜂窝状，孔隙中充满了空气，空气含量一般可达到50%，人走上去之后感觉踩在软质的地面，感觉地板非常软、很舒服。

（3）软木地板的防滑性能好　目前来讲，软木地板防滑特性与其他地板相比，也是最突出的优点。软木地板防滑系数是6，试验结果证明，即使上面有油也不会很滑。对老人和小孩的意外滑倒有缓冲作用，相比而言其安全性比较高。

（4）软木地板是防潮性能很好　良好的防潮性直接决定了地板的稳定性。软木地板的防潮性决定了它的稳定性非常强，甚至可以用在卫生间里面没有问题。

2. 软木地板的缺点

（1）软木地板价格要比一般的地板贵得多，因为软木地板资源非常有限，整个世界的软木地板年产量不足 $2 \times 10^7 \mathrm{m}^2$，由于不能满足社会的需求，所以软木地板处于供不应求的状态，导致它的价格比较贵，软木地板被称为"地板的金子塔尖消费"。

（2）软木地板相对其他地板来说，不耐磨。因原材料的关系，软木地板的的耐磨度远远比不上强化地板以及实木类地板。

（3）软木地板不易于打理，难保养。软木地板的搭理比实木地板更麻烦，一粒小小的沙子也可使其无法承受，没有太多时间花在地板保养的人，一般不宜选用软木地板。

（二）软木地板的技术性能

软木地板的技术性能应符合表 10-45 的要求。

表 10-45　软木地板的技术性能

项目		技术性能指标	
		软木地板	软木复合地板
含水率/%		≤8	3～12
吸水厚膨胀率/%		—	≤4.5
密度/(g/cm³)	I	≥500	—
压缩度/%	初始	≤10	≤10
	残留	≤2	≤2
抗拉强度/MPa	I	≥1.2	—
	II	≥1.4	
	III	≥1.6	
耐磨性/(g/100r)		≤0.15,且漆膜未磨透	≤0.15,且漆膜未磨透
耐污染		表面无污染和腐蚀痕迹	表面无污染和腐蚀痕迹
耐沸水		不发生任何散解现象	—
耐沸盐酸		不发生任何散解现象	—
甲醛释放量/(mg/L)		≤1.5	≤1.5

第六节　绿色装饰板材

所谓绿色装饰板材，其实就是指在对室内进行装修时采用环保型装饰板材来进行装

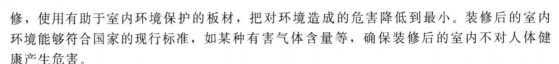

修，使用有助于室内环境保护的板材，把对环境造成的危害降低到最小。装修后的室内环境能够符合国家的现行标准，如某种有害气体含量等，确保装修后的室内不对人体健康产生危害。

绿色装饰板材还有一个更为广泛的定义，就是指在对室内进行装修时宜采用环保型的板材，即使用有助于自然环境保护的材料，如在木材上选用再生林而非天然林木材，使用可回收利用的材料等。

随着科学技术水平的不断提高，高科技绿色装饰板材以具有防火阻燃、耐水防潮、轻质保温、隔声隔热、无毒无味、不霉不腐、绿色环保、强度较高、韧性较好、使用寿命长、施工简单、可锯、可刨、可钉、可弯、可直接在一面喷涂、粘贴墙纸等突出特点，正在建筑装饰工程中广泛推广应用。

一、人造板材

装饰用人造板材是利用木材加工过程中剩下的边皮、碎料、刨花、木屑等废料，进行加工处理而制成的板材，这种板材是变废为宝、废物再生，大大节省了天然木材的用量，是典型的绿色环保装饰板材。人造板材种类很多，常用的有刨花板、中密度板、细木工板、胶合板，以及防火板等装饰型人造板。由于这些人造板材它们有各自不同的特点，可以应用于不同的家具制造领域。

(一) 细木工板

细木工板也称为大芯板，系指板芯用木条、蜂窝材料组拼，上下两面各自胶贴一层或二层单板制成的人造板。细木工板与刨花板、中密度纤维板相比，其天然木材特性更顺应人类自然的要求；具有质量较轻、易于加工、钉固牢靠、不易变形、外表美观等优点，是室内装饰装修和高档家具制作的理想材料。

根据现行国家标准《细木工板》（GB/T 5849—2006）中的规定，本标准适用于实心细木工板，而不适用于空心细木工板。

1. 细木工板的分类方法

按照板芯的结构不同，可分为实心细木工板和空心细木工板；按照板芯的拼接状况不同，可分为胶液拼接的细木工板和不用胶液拼接的细木工板；按照表面加工状况不同，可分为单面砂光细木工板、两面砂光细木工板和不砂光细木工板；按照使用环境不同，可分为室内用细木工板和室外用细木工板；按照板的层数不同，可分为三层细木工板、五层细木工板和多层细木工板；按照板的用途不同，普通用细木工板和建筑用细木工板。

2. 细木工板外观分等的允许缺陷

阔叶树材细木工板外观分等的允许缺陷，应符合表 10-46 中的规定。针叶树材细木工板外观分等的允许缺陷应符合表 10-47 中的规定。

表 10-46　阔叶树材细木工板外观分等的允许缺陷

缺陷种类	检验项目	技术要求			背板
		面板			
		优等品	一等品	合格品	
针节	—	允许	允许	允许	允许

缺陷种类	检验项目		技术要求			
			面板			背板
			优等品	一等品	合格品	
活节	最大单个直径/mm		10	20	不限	不限
半活节 死节 夹皮	每平方米板面上总个数		不允许	4	6	不限
	半活节	最大单个直径/mm	不允许	15(自5以下不计)	不限	不限
	死节	最大单个直径/mm	不允许	4(自2以下不计)	15	不限
	夹皮	最大单个长度 mm	不允许	20(自5以下不计)	不限	不限
木材异常结构	—		允许	允许	允许	允许
裂缝	每米板宽度范围内的条数		不允许	1	2	不限
	最大单个宽度/mm		不允许	1.5	3.0	6.0
	最大单个长为板长的百分比/%		不允许	10	15	30
虫孔、钉孔、孔洞	最大单个直径/mm		不允许	4	8	15
	每平方米板面上的个数		不允许	4	不呈筛孔状不限	
变色	不超过板面积的/%		不允许	30	不限	不限
腐朽	—		不允许	不允许	允许初腐,面积不超过板面积1%	允许初腐
表面拼接离缝	最大单个宽度/mm		不允许	0.5	1.0	2.0
	最大单个长度为板长的百分比/%		不允许	10	30	50
	每米板宽度内的条数		不允许	1	2	不限
表板叠层	最大单个宽度/mm		不允许	不允许	8	不限
	最大单个长度为板长的百分比/%		不允许	不允许	20	不限
芯板叠层分离	紧贴表板的芯板的叠层分离	最大单个宽度/mm	不允许	2	8	10
		每米板长内条数	不允许	2	不限	不限
	其他各层离缝的最大宽度/mm		不允许	10	10	—
鼓泡、分层	—		不允许	不允许	不允许	
凹陷、压痕、鼓包	最大单个面积/mm²		不允许	50	400	不限
	每平方米板面上的个数		不允许	1	20	不限
毛刺沟痕	不超过板面积的百分比/%		不允许	1	20	不限
	深度不超过/mm		不允许	0.4	不允许穿透	
表板砂透	每平方米板面上/mm²		不允许	不允许	400	10000
透胶及其他人为污染	不超过板面积的百分比/%		不允许	0.5	10	30
补片、补条	允许制作适当且填补牢固的,每平方米板面上的数		不允许	3	不限	不限
	不超过板面积的百分比/%		不允许	0.5	3.0	不限
	缝隙不超过/%		不允许	0.5	1.0	2.0
内含铅质书钉	—		不允许	不允许	不允许	不允许
板边缺损	基本幅面内不超过/mm		不允许	不允许	10	10
其他缺损	—		不允许	按最类似缺陷考虑		

注:浅色斑条按变色计;一等品板深色斑条宽度不允许超过2mm,长度不允许超过20mm,桦木除优等品板材外,允许有伪芯材,但一等品板的色泽应调和;桦木一等品板材不允许有密集的褐色或黑色髓斑;优等品和一等品板材的异色边芯材按变色计。

表10-47 针叶树材细木工板外观分等的允许缺陷

缺陷种类	检验项目		技术要求			
			面板			背板
			优等品	一等品	合格品	
针节	—		允许	允许	允许	允许
活节	每平方米板面上总个数		5	8	10	不限
半活节 死节	活节	最大单个直径/mm	20	30(自10以下不计)	不限	不限
	半活节、死节	最大单个直径/mm	不允许	5	30(自10以下不计)	不限

缺陷种类	检验项目	技术要求			
		面板			背板
		优等品	一等品	合格品	
木材异常结构	—	允许	允许	允许	允许
夹皮树脂道	每平方米板面上的总个数	3	4(自10以下不计)	10(自15以下不计)	不限
	单个最大长度/mm	15	30	不限	不限
裂缝	每米板宽度范围内的条数	不允许	1	2	不限
	最大单个宽度/mm	不允许	1.5	3.0	6.0
	最大单个长为板长的百分比/%	不允许	10	15	30
虫孔、钉孔、孔洞	最大单个直径/mm	不允许	2	6	15
	每平方米板面上的个数	不允许	4	10(自3以下不计)	不呈筛孔状不限
变色①	不超过板面积的/%	不允许	浅色10	不限	不限
腐朽	—	不允许	不允许	允许初腐,面积不超过板面积1%	允许初腐
表面拼接离缝	最大单个宽度/mm	不允许	0.5	1.0	2.0
	最大单个长度为板长的百分比/%	不允许	10	30	50
	每米板宽度内的条数	不允许	1	2	不限
表板砂透	每平方米板面上/mm²	不允许	不允许	400	10000
表板叠层	最大单个宽度/mm	不允许	不允许	2	10
	最大单个长度为板长的百分比/%	不允许	不允许	20	不限
芯板叠层分离	紧贴表板的芯板的叠层分离 最大单个宽度/mm	不允许	2	4	10
	紧贴表板的芯板的叠层分离 每米板长内条数	不允许	2	不限	不限
	其他各层离缝的最大宽度/mm	不允许	10	10	—
鼓泡、分层		不允许	不允许	不允许	
凹陷、压痕鼓包	最大单个面积/mm²	不允许	50	400	不限
	每平方米板面上的个数	不允许	2	6	不限
毛刺沟痕	不超过板面积的百分比/%	不允许	5	20	不限
	深度不超过/mm	不允许	不允许穿透		
透胶及其他人为污染	不超过板面积的百分比/%	不允许	0.5	10	30
补片、补条	允许制作适当且填补牢固的,每平方米板面上的数	不允许	6	不限	不限
	不超过板面积的百分比/%	不允许	1	5	不限
	缝隙不超过/%	不允许	0.5	1.0	2.0
内含铅质的书钉	—	不允许	不允许	不允许	不允许
板边缺损	基本幅面内不超过/mm	不允许	不允许	10	10
其他缺损	—	不允许	按最类似缺陷考虑		

3. 细木工板外观分等的规格尺寸和偏差

细木工板外观分等的规格尺寸和偏差应符合表10-48的规定。

表10-48 细木工板外观分等的规格尺寸和偏差

项目	技术指标					
宽度和长度/mm	宽度	长度				
	915	915	—	1830	2135	—
	1220	—	1220	1830	2135	2440

项目	技术指标				
厚度偏差 /mm	基本厚度	不砂光		砂光（单面或双面）	
		每张板厚度公差	厚度偏差	每张板厚度公差	厚度偏差
	≤16	1.0	±0.6	0.6	±0.4
	>16	1.2	±0.8	0.8	±0.6
垂直度	相邻近的边垂直度不超过 1.0mm/m				
边缘的顺直度	不超过 1.0mm/m				
翘曲度	优等品不超过 0.1%，一等品不超过 0.2%，合格品不超过 0.3%				
波纹度	砂光表面波纹度不超过 0.3mm，不砂光表面波纹度不超过 0.5mm				

4. 细木工板外观分等的其他方面的要求

（1）细木工板板芯部的质量要求　细木工板板芯部的质量要求应符合表 10-49 的规定。

表 10-49　细木工板板芯部的质量要求

项目	技术指标
相邻近"芯"的接缝间距	沿着板材的长度方向，相邻近两排"芯条"的两个端部接缝的距离不小于 50mm
细木工板的"芯条"长度	≥100mm
"芯条"的宽厚比	"芯条"的宽度与厚度之比≤3.5
"芯条"侧面缝隙和"芯条"端面缝隙	"芯条"的侧面缝隙≤1mm，"芯条"的端面缝隙≤3mm
板芯的修补	板芯可以允许用木条、木块和单板进行加胶修补

（2）细木工板的含水率、横向静曲强度、浸渍剥离性能要求，应符合表 10-50 中的规定。

表 10-50　细木工板的含水率、横向静曲强度、浸渍剥离性能要求

检验项目		指标值	检验项目	指标值
含水率/%		6.0~14.0	表面胶合强度/MPa	≥0.60
横向静曲强度 /MPa	平均值	≥15.0	浸渍剥离性能 /mm	试件每个胶层上的每一
	最小值	≥12.0		边剥离长度均≤25mn

（3）细木工板的胶合强度要求　细木工板的胶合强度要求应符合表 10-51 中的规定。

表 10-51　细木工板的胶合强度要求　　　　单位：MPa

树种	技术指标
椴木、杨木、拟赤杨、泡桐、柳安、杉木、奥克榄、白梧桐、海棠木	≥0.70
水曲柳、荷木、枫香、槭木、榆木、柞木、阿必东、克隆、山樟	≥0.80
桦木	≥1.00
马尾松、云南松、落叶松、辐射松	≥0.80

注：1. 其他国产阔叶树材或针叶树材制成的细木工板，其胶合强度指标值可根据其密度分别比照本表所规定的椴木、水曲柳或马尾松的指标值；其他热带阔叶树材制成的细木工板，其胶合强度指标值可根据树种的密度比照本表的规定。密度自 0.60g/cm³ 以下的采用柳安的指标值，超过的则采用阿必东的指标值。供需双方对树种的密度有争议时，按《木材密度测定方法》（GB/T 1933—2009）的规定制定。

2. 三层细木工板不进行胶合强度和表面胶合强度检验。

3. 当表板的厚度＜0.55mm 时，细木工板不进行胶合强度检验；当表板的厚度≥0.55mm 时，五层及多层细木工板不进行表面胶合强度和浸渍剥离检验。

4. 对于不同树种搭配制成的细木工板的胶合强度指标值，应取各树种中要求量小的指标值。

5. 在确定胶合强度的换算系数时应根据表板和芯板的厚度。

6. 如测定胶合强度试件的平均木材破坏率超过 80% 时，则其胶合强度指标值可比本表所规定的值低 0.20MPa。

(二) 胶合板

胶合板是由木段旋切成单板或由木方刨切成薄木，再用胶黏剂黏结而成的 3 层或多层的板状材料，通常用奇数层单板，并使相邻层单板的纤维方向互相垂直胶合而成。制作胶合板的树种很多，常用的有水曲柳、椴木、桦木、马尾松等。胶合板具有材质均匀、吸湿变形小、幅面大、不翘曲、花纹美观、装饰性强等特点。胶合板能有效地提高木材利用率，是节约木材的一个主要途径，所以这类板材也属于绿色装饰板材。

普通胶合板分为 3 类：Ⅰ类胶合板，即耐气候胶合板，供室外条件下使用；Ⅱ类胶合板，即不耐水胶合板，供潮湿条件下使用；Ⅲ类胶合板，即不耐潮湿胶合板，供干燥条件下使用。胶合板可供飞机、船舶、火车、汽车、家具、建筑装饰和包装箱等作用材。根据《普通胶合板》（GB/T 9846—2015）中的规定，本标准适用于所有普通胶合板。

1. 胶合板的分类和特性

胶合板的分类和特性应符合《普通胶合板》（GB/T 9846—2015）中的规定，具体规定如表 10-52 所列。

表 10-52　胶合板的分类和特性

分类		名称	说明
按总体外观分	按板的构成分	单张胶合板	一组单板通常按相邻层木纹方向互相垂直组坯胶合而成
		木芯胶合板	细木工板：板芯由木条组成，木条之间可以胶黏，也可以不胶黏层积板；板芯由一种蜂窝结构组成，板芯的两侧通常至少有两层木纹互相垂直排列的单板
		复合胶合板	板芯由除实体木材或单板之外的材料组成
	按外形和形状分	平面胶合板	未进一步加工的胶合板
		成型胶合板	在压模中加压成型的非平面状胶合板
按主要特征分	按耐久性能分		按耐久性能不同可分为：室外条件下使用、潮湿条件下使用和干燥条件下使用
	按加工表面状况分	未砂光板	表面未经砂光机砂光的胶合板
		砂光板	表面经过砂光机砂光的胶合板
		贴面	表面复贴装饰单板、薄膜、浸渍纸等的胶合板
		预饰面板	制造时已进行专门表面处理，使用时不需要再修饰的胶合板
按最终使用者要求分	按用途不同分	普通胶合板	Ⅰ类胶合板：耐气候胶合板，供室外条件下使用，能通过煮沸试验；Ⅱ类胶合板：耐水胶合板，供潮湿条件下使用，通过(63±3)℃热水浸渍试验；Ⅲ类胶合板：不耐潮湿胶合板，供干燥条件下使用，能通过干燥试验
		特种胶合板	能满足专门用途的胶合板，如具有限定力学性能要求的结构胶合板、装饰胶合板、成型胶合板、星形组合胶合板、斜接和横接胶合板

2. 胶合板的尺寸公差

胶合板的尺寸公差，应符合《普通胶合板》（GB/T 9846—2015）中的规定，具体规定如表 10-53 所列。

表 10-53　胶合板的尺寸公差

胶合板的幅面尺寸/mm					
宽度	长度				
	915	1220	1830	2135	2440
915	915	1220	1830	2135	—
1220	—	1220	1830	2135	2440

胶合板的厚度公差/mm				
公称厚度/t	未砂光板		砂光板	
	每张板内的厚度允许差	厚度允许偏差	每张板内的厚度允许差	厚度允许偏差
2.7、3.0	0.5	+0.4，-0.2	0.3	±0.2
3＜t＜5	0.7	+0.5，-0.3	0.5	±0.3
5≤t≤12	1.0	+(0.8+0.03t)	0.6	+(0.8+0.03t)
12＜t≤25	1.5	-(0.4+0.03t)	0.6	-(0.4+0.03t)

胶合板的翘曲度限值			
厚度	等级		
	优等品	一等品	合格品
公称厚度（自6mm以上）	≤0.5%	≤1.0%	≤2.0%

注：1. 特殊尺寸可由供需双方协议；2. 胶合板长度和宽度公差为±2.5mm。

3. 普通胶合板通用技术条件

普通胶合板通用技术条件应符合《普通胶合板》（GB/T 9846—2015）中的规定，具体规定如表10-54所列。

表10-54　普通胶合板通用技术条件

胶合板的含水率		
胶合板的材种	含水率/%	
	Ⅰ、Ⅱ类	Ⅲ类
阔叶树材（含热带阔叶树材）、针叶树材	6～14	6～16

胶合板的强度指标值		
树种名称	类别	
	Ⅰ、Ⅱ类	Ⅲ类
椴木、杨木、拟赤杨、泡桐、柳安、杉木、奥克榄、白梧桐、海棠木	≥0.70	≥0.70
水曲柳、荷木、枫香、槭木、榆木、柞木、阿必东、克隆、山樟	≥0.80	
桦木	≥1.00	
马尾松、云南松、落叶松、辐射松	≥0.80	

胶合板的甲醛释放限量					
级别标志	限量值/(g/L)	备注	级别标志	限量值/(g/L)	备注
E₀	≤0.5	可直接用于室内	E₂	≤5.0	必须饰面处理后方可允许用于室内
E₁	≤1.5	可直接用于室内			

（三）模压刨花制品

刨花模压制品系用木材、竹材及一些农作物剩余物，直接胶粘装饰材料一次压制而成的产品。模压刨花制品根据使用环境不同，可分为室内用和室外用两类，建筑工程中常见的是室内用模压刨花制品。根据现行国家标准《模压刨花制品 第1部分：室内用》（GB/T 15105.1—2006）中的规定，本标准适用于室内用模压刨花制品。

1. 模压装饰层模压刨花制品的分类方法

按表面是否有装饰层分类，可分为有装饰层模压刨花制品和无装饰层模压刨花制品。按使用的装饰材料分类，可分为三聚氰胺树脂浸渍胶膜纸装饰模压装饰层模压刨花制品、印刷纸装饰模压刨花制品、单板装饰模压刨花制品、织物装饰模压刨花制品、聚氯乙烯薄膜装饰模压刨花制品。按装饰面数量不同分类，可分为单面装饰模压刨花制品、双面装饰模压刨花制品。按加压的方式不同分类，可分为平压装饰模压刨花制品、挤压装饰模压刨花制品。按使用的场所不同分类，可分为室内装饰模压刨花制品、室外装饰模压刨花制品。

2. 模压装饰层模压刨花制品的技术要求

（1）模压装饰层模压刨花制品的外观质量

1）三聚氰胺树脂浸渍胶膜纸装饰模压装饰层模压刨花制品装饰层的外观质量，应符合《浸渍胶膜纸饰面人造板》（GB/T 15102—2006）中表 1 的规定。

2）印刷纸装饰模压刨花制品装饰层的外观质量，应符合表 10-55 中的要求。

表 10-55　印刷纸装饰模压刨花制品的外观质量

缺陷名称	允许范围		
	优等品	一等品	合格品
边缘接缝	接缝宽度≤1mm，且不允许出现虚接		
侧面皱折	不允许	允许	允许
刨花显现	不允许	允许	允许
干、湿花	不允许	不允许	总面积不得超过板面的 5%
污斑	不允许	面积≤20mm² 的不多于 3 处	面积≤50mm² 的不多于 5 处
压痕	不允许	面积≤20mm² 的允许 1 处	面积≤20mm² 的允许 1 处
划痕	不允许	长度 20mm 以下的允许 1 处	长度 20mm 以下的允许 1 处
颜色不匹配	不允许	总面积不得超过板面的 3%	总面积不得超过板面的 5%
光泽不均	不允许	不允许	总面积不得超过板面的 5%

3）单板装饰模压刨花制品装饰层的外观质量，应符合《装饰单板贴面人造板》（GB/T 15104—2006）中表 3 的规定。

4）聚氯乙烯薄膜装饰模压刨花制品装饰层的外观质量，应符合《聚氯乙烯薄膜饰面人造板》（LY/T 1279—2008）中的规定。

5）模压刨花制品的非装饰面外观质量应符合表 10-56 中的规定。

表 10-56　模压刨花制品的非装饰面外观质量

缺陷名称	优等品	一等品	合格品
鼓泡	不允许	单个不大于 10cm² 允许 1 处	单个不大于 20cm² 允许 1 处
污斑	小于 5cm² 允许 1 处	单个不大于 20cm² 允许 1 处	单个不大于 20cm² 允许 1 处
分层	不允许	不允许	不大于 5cm² 允许 1 处

（2）模压装饰层模压刨花制品的理化性能　模压装饰层模压刨花制品的理化性能应符合表 10-57 中的规定。

表 10-57　模压装饰层模压刨花制品的理化性能

检验项目	优等品	一等品	合格品	备注
密度/(g/cm³)	0.60～0.85	0.60～0.85	0.60～0.85	
含水率/%	5.0～11.0			
静曲强度/MPa	≥40	≥30	≥25	
内部结合强度/MPa	≥1.00	≥0.80	≥0.70	
吸水厚度膨胀率/%	≤3.0	≤6.0	≤8.0	
握螺钉力/N	≥1000	≥800	≥600	
浸渍剥离性能	任何一边装饰层与基材剥离长度均不得超过 25mm			仅适用于本标准中 4.2(c) 规定的产品

检验项目		优等品	一等品	合格品	备注
表面耐磨	磨耗值(mg/100r)	≤80			仅适用于本标准中 4.2(a)规定的产品
	表面情况	图案:磨100r后应保留50%以上花纹;素色:磨350r后应无露底现象			
表面耐开裂性能		0	≤1	≤1	
表面耐香烟灼烧		允许有黄斑和光泽有轻微变化			
表面耐干热		无龟裂、无鼓泡,允许光泽有轻微变化			
表面耐污染腐蚀		无污染、无腐蚀			
表面耐水蒸气		不允许有凸起、变色和开裂			
耐光色牢度(灰色样卡)/级		≥4			

注:经供需双方协议,可生产其他耐光色牢度级别的产品。

（3）模压装饰层模压刨花制品的甲醛释放限量　模压装饰层模压刨花制品的甲醛释放限量应符合表10-58中的规定。

表10-58　模压装饰层模压刨花制品的甲醛释放限量

产品名称	单位	甲醛释放限量及级别标志			测定方法
		E_0	E_1	E_2	
无装饰层的模压刨花制品	mg/100r	≤5.0	>5.0~≤9.0	>9.0~≤30.0	穿孔萃取法
印刷纸装饰模压刨花制品、单板装饰模压刨花制品	mg/L	≤0.5	>0.5~≤1.5	>1.5~≤5.0	干燥器法
三聚氰胺树脂浸渍胶膜纸装饰模压装饰层模压刨花制品、织物装饰模压刨花制品、聚氯乙烯薄膜装饰模压刨花制品	mg/L	≤0.5	>0.5~≤1.5	—	

（四）刨切单板

刨切单板是指刨切机刨刀从木段切下的薄木片,这种单板主要用做人造板表面装饰材料,厚度较大的单板也可用做胶合板、复合地板的表层材料。

根据现行国家标准《刨切单板》（GB/T 13010—2006）中的规定,本标准适用于作为成品装饰材料用的天然木质刨切单板,特种旋切单板可参考使用,但不适用于调色单板、集成单板和重组装饰单板。

1. 刨切单板的分类方法

刨切单板按板的表面花纹分类,可分为径向单板和纵向单板;刨切单板按板边的加工状况分类,可分为毛边单板和齐边单板;刨切单板按板的加工方式分类,可分为横向刨切单板和纵向刨切单板。

2. 刨切单板的外观质量要求

刨切单板的外观质量要求应符合表10-59中的规定。

表10-59　刨切单板的外观质量要求

检测项目		各等级允许缺陷		
		优等品	一等品	合格品
装饰性	美感	板材色彩和花纹美观		
	花纹一致性(仅限于有要求时)	花纹排列一致或基本一致		

检测项目				各等级允许缺陷		
				优等品	一等品	合格品
活节	阔叶树材	最大单个长径/mm		10	20	不限
	针叶树材			5	10	20
死节、孔洞夹皮、树脂道等	死节、孔洞、夹皮、树脂道等	每米长板面上总个数	板宽≤120mm	0	1	2
			板宽＞120mm	0	2	3
	半活节	最大单个长径/mm		不允许	10(小于5不计)	20(小于5不计)
	死节、虫孔、孔洞	最大单个长径/mm		不允许	不允许	4(小于2不计)
	夹皮	最大单个长径/mm		不允许	不允许	20(小于10不计)
	树脂道、树胶道	最大单个长径/mm		不允许	15(小于5不计)	30(小于10不计)
材料色泽不匀、变色、褪色		色差		不易分辨	不明显	明显
腐朽		观察,程度		不允许	不允许	不允许
裂缝		最大单个宽度/mm		闭合	开口	闭合	＜0.2	闭合	＜0.5
		长度不超过板长的百分比/%		5	不允许	10	5	15	10
毛刺沟痕、刀痕、划痕		目测、手感,程度		不允许	不明显	轻微
边、角缺损				不允许有尺寸公差范围以内的缺损		

注:1. 装饰板面的材料色差,服从供需双方的确认,需要仲裁时应使用测色仪器检测。"不易分辨"为总色差小于1.5;"不明显"为总色差1.5~3.0;"明显"为总色差3.0~6.0。2. 经供需双方协商,可以允许表10-59以外的缺陷存在。

3. 刨切单板的规格尺寸及偏差

（1）刨切单板的规格尺寸及偏差应符合表10-60中的规定。

表10-60 刨切单板的规格尺寸及偏差

名称	基本尺寸/mm	允许偏差/mm	名称	基本尺寸/mm	允许偏差/mm
厚度	＜0.20	±0.02	长度	1930	±10.0
	0.20~0.50	±0.03		2235	±10.0
	0.51~1.00	±0.04		2540	±10.0
	1.01~2.00	±0.06	宽度	自60起	+5.0
	＞2.00	±0.08			

注:经供需双方商定,可生产其他规格的产品。

（2）单边单板每1000mm板长上的两端边宽度之差≤1.0mm。

4. 刨切单板的其他性能要求

（1）刨切单板用材的树种　生产刨切单板应选用材质细致均匀、花纹美观的树种,并根据不同用途合理选用。

（2）刨切单板含水率　刨切单板产品出厂时的含水率为8%~16%,湿贴用刨切单的含水率不限。

（3）刨切单板表面粗糙度　当用户对表面粗糙度有要求时,建议采用《刨切单板》（GB/T 13010—2006）附录A中表A.1刨切单板表面粗糙度参数值的规定。

（五）单板层积材

单板层积材,简称为LVL,是以原木为原材料经旋切或者刨切制成单板,后经干燥、涂胶、按顺纹或大部分顺纹组坯,再经热压胶合而成的板材。该积材具有实木锯材没有的结构特点:强度高、韧性大、稳定性好、规格精确,比实木锯材在强度、韧性方面提高了3倍。此产品具有高环保、防水、防火、防腐、防虫、免熏蒸等优点。

根据现行国家标准《单板层积材》（GB/T 20241—2006）中的规定，本标准适用于多层整幅（或经拼装）单板按顺纹为主组坯胶合而成的板材，包括非结构用单板层积材和结构用单板层积材。

1. 单板层积材的分类方法

按用途不同分类，可分为非结构用单板层积材和结构用单板层积材。按防腐处理分类，可分为未经防腐处理的单板层积材和经防腐处理的单板层积材。按阻燃处理分类，可分为未经阻燃处理的单板层积材和经阻燃处理的单板层积材。

2. 单板层积材的主要优点

（1）有利于林木资源的综合利用　LVL 是以速生杨以及其他小径材和低质材为主要原料，经旋切成单板、涂胶、顺纹组胚和高温高压等工序加工而成的新型人造板材，充分而合理地利用人工经济林和难以利用的林木资源。

（2）不需要进行熏蒸消毒处理　根据联合国粮农组织的 ISPM No.15《国际贸易中木质包装材料管理准则》规定，用原木加工制作的包装箱及各种辅料要进行严格的熏蒸消毒处理。而 LVL 是经过高温、高压加工的人造板材，不存在有害生物传播的危险，因而不需要再进行任何处理。

（3）力学性能优于原木板材　在抗弯强度、强度变异性以及握钉力等方面，单板层积材都优于原木板材。

（4）材料损耗少　采用木材加工时，由于诸多缺陷，材料损耗很大，不能用的下脚料也很多。而 LVL 由于层间单板缺陷的相互弥补，因此材料得以充分利用。有关统计资料显示，采用 LVL 制作机电产品包装箱可以减少损耗 15% 以上。

3. 单板层积材的技术要求

非结构用单板层积材的技术要求应符合表 10-61 中的规定。

表 10-61　非结构用单板层积材的技术要求

检验项目		优等品	一等品	合格品
半活节和死节	单个最大长径/mm	10	20	不限
孔洞、脱落节、虫孔	单个最大长径/mm	不允许	≤10 允许,超过此规定且≤40 若经修补,允许	≤40 允许,超过此规定若经修补,允许
夹皮、树脂道	每平方米板面上个数/个	3	4(自 10mm 以下不计)	10(自 10mm 以下不计)
	单个最大长度/mm	15	30	不限
腐朽		不允许	不允许	不允许
表板开裂或缺损		不允许	长度小于板长的 20%,宽度<1.5mm	长度小于板长的 50%,宽度<6.0mm
鼓泡、分层		不允许	不允许	不允许
补片、补板条	经制作适当,且填补牢固的,每平方米上的个数/个	不允许	6	不限
	累计面积不超过板面积百分比/%	不允许	1	5
	最大缝隙/mm	不允许	0.5	1.0
其他缺陷		按最类似缺陷考虑		
非结构用单板层积材的规格及尺寸偏差/mm				
非结构用单板层积材的规格	长度为 1830～6405mm；宽度为 915mm、1220mm、1830mm、2440mm；厚度为 19mm、20mm、22mm、25mm、30mm、32mm、35mm、40mm、45mm、50mm、55mm、60mm。特殊规格尺寸及偏差由供需双方协议			

检验项目		优等品	一等品	合格品
项目	允许偏差/mm		项目	允许偏差/mm
长度/mm	+10.0,0		宽度	+5.0,0
厚度/mm	≤20	±0.3	边缘直度/(mm/m)	1.0
	20~40	±0.4	垂直度/(mm/m)	1.0
	>40	±0.5	翘曲度/%	1.0
理化性能	(1)含水率:6%~14%; (2)浸渍剥离:试件同一胶层的任一边胶线剥离长度不得超过该边线长度的1/3; (3)甲醛释放限量:$E_1 \leqslant 1.5$mg/L(可直接用于室内),$E_2 \leqslant 5.0$mg/L(经过饰面处理后,方可允许用于室内)			

二、塑料板材

塑料板材就是用塑料为原料做成的板材。塑料是利用单体原料以合成或缩合反应聚合而成的材料,由合成树脂及填料、增塑剂、稳定剂、润滑剂、色料等添加剂组成的,它的主要成分是合成树脂。塑料板材即用塑料材料铺设的饰面。塑料板材是以高分子合成树脂为主要材料,加入适量的其他辅助材料,经一定的制作工艺制成的预制块状、卷材状或现场铺贴的整体状的饰面材料。

(一) 半硬质聚氯乙烯块状地板

根据现行国家标准《半硬质聚氯乙烯块状地板》(GB/T 4085—2005)中的规定,本标准适用于以聚氯乙烯树脂为主要原料,并加入适当助剂生产的用于建筑物内地面铺设的地板。

1. 半硬质聚氯乙烯块状地板的分类与代号

塑料地板的种类很多,主要按地板形状不同分类、按地板材料性质不同分类、按地板使用的树脂分类、按地板结构不同分类和按地板花色不同分类。半硬质聚氯乙烯块状地板,一般是按结构、施工工艺和耐磨性进行分类的。

按地板结构不同,可分为同质地板(代号为HT)和复合地板(代号为CT)。按施工工艺不同,可分为拼接型地板(代号为M)和焊接型地板(代号为W)。按耐磨性能不同,可分为通用型地板(代号为G)和耐用型地板(代号为H)。

2. 半硬质聚氯乙烯块状地板的外观质量

半硬质聚氯乙烯块状地板的外观质量应符合下列要求。

(1) 半硬质聚氯乙烯块状地板不允许存在缺损、龟裂、皱纹、孔洞、分层和剥离等质量缺陷。

(2) 半硬质聚氯乙烯块状地板上的杂质、气泡、擦伤、胶印、变色、异常凹痕、污迹等应不明显,也可按供需双方合同约定。

3. 半硬质聚氯乙烯块状地板的尺寸偏差

半硬质聚氯乙烯块状地板的尺寸偏差应符合表10-62中的规定。

表10-62 半硬质聚氯乙烯块状地板的尺寸偏差

项目	技术要求
边长	边长的平均值与公称边长值的允许偏差为±0.13%;单个边长值与边长平均值的允许偏差为±0.5mm

项目	技术要求
厚度	G 型地板的厚度为：≥1.00mm；H 型地板的厚度为：≥1.50mm
	平均值与公称厚度值的允许偏差为＋0.13、－0.10mm；单个厚度值与厚度平均值的允许偏差为±0.15mm
直角度	边长≤400mm 时，直角度≤0.25mm；边长＞400mm 时（拼接），直角度≤0.35mm；边长＞400mm 时（焊接），直角度≤0.50mm

4. 半硬质聚氯乙烯块状地板的性能要求

半硬质聚氯乙烯块状地板的性能要求应符合表 10-63 中的规定。

表 10-63 半硬质聚氯乙烯块状地板的性能要求

试验项目			性能指标	
			G 型	H 型
物理性能	单位面积质量(不小于)		公称数值＋15，－10	
	密度/(g/cm³)		公称数值±50	
	残余凹陷/mm		0.1	0.1
	色牢度/级		3	3
	纵横向加热尺寸变化率/%	M 型	≤0.25	≤0.25
		W 型	≤0.40	≤0.40
	加热翘曲/mm	M 型	≤2	≤2
		W 型	≤8	≤8
	耐磨性	HT 型/(g/100r)	≤0.18	≤0.10
		CT 型/r	≥1500	≥5000
有害物质限量	氯乙烯单体/(mg/kg)		≤5	≤5
	可溶性铅/(mg/m²)		≤20	≤20
	可溶性镉/(mg/m²)		≤20	≤20
	挥发性的限量/(mg/m²)		≤10	≤10

注：对于有特殊用途耐磨性的地板，可由供需双方协商确定。

（二）带基材的聚氯乙烯卷材地板

根据现行国家标准《聚氯乙烯卷材地板 第 1 部分：非同质聚氯乙烯卷材地板》（GB/T 11982.1—2015）中的规定，本标准适用于以聚氯乙烯树脂为主要原料，并加入适当的助剂，在片状连续的基材上，经涂敷工艺生产的卷材地板。

1. 带基材的聚氯乙烯卷材地板的外观质量

带基材的聚氯乙烯卷材地板的外观质量应符合表 10-64 中的规定。

表 10-64 带基材的聚氯乙烯卷材地板的外观质量

缺陷名称	质量指标	缺陷名称	质量指标	缺陷名称	质量指标
裂纹、断裂、分层	不允许	漏印、缺薄膜	轻微	污染	不明显
折皱、气泡	轻微	套印偏差、色差	不明显	图案变形	轻微

注：除对于裂纹、断裂、分层等缺陷不允许存在外，地板中的折皱、气泡、漏印、缺薄膜、套印偏差、色差、污染、图案变形等缺陷，可按供需双方合同约定。

2. 带基材的聚氯乙烯卷材地板的尺寸偏差

带基材的聚氯乙烯卷材地板的尺寸允许偏差，应符合以下要求：地板的长度（m）；应不小于公称长度；地板的宽度（mm）；应不小于公称宽度；地板的总厚度（mm）；平均值为公称数值＋0.15、－0.10，单个值为公称数值的±0.20。

3. 带基材的聚氯乙烯卷材地板的性能要求

带基材的聚氯乙烯卷材地板的性能要求，应符合表 10-65 中的规定。

表 10-65　带基材的聚氯乙烯卷材地板的性能要求

试验项目	性能指标	试验项目		性能指标
单位面积质量/%	公称数值 ＋13、－10	纵、横向抗剥离力 /(N/50mm)	平均值	≥50
			单个值	≥40
纵横向加热尺寸变化率/%	≤0.40	残余凹陷/mm	G	≤0.35
			H	≤0.20
加热翘曲/mm	≤8	耐磨性/r	G	≥1500
色牢度/级	3		H	≥5000

（三）有基材有背涂层聚氯乙烯卷材地板

根据现行国家标准《聚氯乙烯卷材地板 第 2 部分：同质聚氯乙烯卷材地板》（GB/T 11982.2—2015）中的规定，本标准适用于以聚氯乙烯树脂为主要原料，加入适当助剂，在片状连续基材上，经涂敷工艺生产的有基材有背涂层聚氯乙烯卷材地板。

1. 有基材有背涂层聚氯乙烯卷材地板的产品规格

有基材有背涂层聚氯乙烯卷材地板分为 FBF 和 FBC 两个品种，其产品规格应符合表 10-66 中的规定。地板的长度和宽度规格可由供需双方协商确定，但其实际尺寸不得小于双方商定的标准值，并且其技术要求也应符合本标准的规定。

表 10-66　有基材有背涂层聚氯乙烯卷材地板的产品规格

品种	FBF	FBC	品种	FBF	FBC	品种	FBF	FBC
宽度/mm	2000	2000	厚度/mm	≥2.0	≥1.5	长度/m	≥20	≥30

2. 有基材有背涂层聚氯乙烯卷材地板的外观质量

有基材有背涂层聚氯乙烯卷材地板的外观质量，应符合表 10-67 中的规定。

表 10-67　有基材有背涂层聚氯乙烯卷材地板的外观质量

地板对缺陷的要求							
缺陷名称	优等品	一等品	合格品	缺陷名称	优等品	一等品	合格品
裂纹、空洞、疤痕、分层	不允许	不允许	不允许	污斑	不允许	不允许	不明显
条纹、气泡、折皱	不允许	不允许	轻微	图案变形	不允许	不允许	不明显
漏印、缺薄膜	不允许	不允许	轻微	背面有非正常凹坑和凸起	不允许	不明显	不影响使用
套印偏差、色差	不允许	不明显	不影响美观				
卷材每卷段数和最小段长							
每卷段数	1	1	≤2	最小段长/m	≥20	≥20	≥6

3. 有基材有背涂层聚氯乙烯卷材地板的尺寸偏差

有基材有背涂层聚氯乙烯卷材地板的尺寸偏差应符合下列要求：长度和宽度应不小于规

定尺寸。总厚度：当＜3mm 时，不偏离规定尺寸 0.2mm；当≥3mm 时，不偏离规定尺寸 0.3mm。

4. 有基材有背涂层聚氯乙烯卷材地板的性能要求

有基材有背涂层聚氯乙烯卷材地板的性能要求应符合表 10-68 中的规定。

表 10-68 有基材有背涂层聚氯乙烯卷材地板的性能要求

项目		优等品	一等品	合格品
耐磨层的厚度/mm		≥0.20	≥0.15	≥0.10
残余凹陷度/mm	总厚度＜3mm	≤0.20	≤0.25	≤0.30
	总厚度≥3mm	≤0.25	≤0.35	≤0.40
加热长度变化率/%		≤0.20	≤0.25	≤0.40
翘曲度/mm		≤2	≤2	≤5
磨耗量/(g/cm)		≤0.0025	≤0.0030	≤0.0040
褪色性/级		≥6	≥6	≥5
层间剥离力/N		≥50	≥50	≥25
降低冲击声/dB		≥15	≥15	≥10

注：降低冲击声一项仅 FBF 地板测该项指标。

三、石膏板材

石膏板是以建筑石膏为主要原料制成的一种材料。它是一种质量轻、强度较高、厚度较薄、加工方便以及隔声绝热和防火等性能较好的建筑材料，是当前重点发展的新型轻质绿色板材之一。石膏板已广泛用于住宅、办公楼、商店、旅馆和工业厂房等各种建筑物的内隔墙、墙体覆面板、天花板、吸声板、地面基层板和各种装饰板等。

（一）纸面石膏板

纸面石膏板是以建筑石膏为主要原料，掺入适量添加剂与纤维为板芯，以特制的板纸为护面，经加工制成的板材。纸面石膏板具有质量轻、隔声、隔热、加工性能强、施工方法简便的特点。建筑工程中常见的纸面石膏板有普通纸面石膏板、耐水纸面石膏板、耐火纸面石膏板、防潮纸面石膏板、耐水耐火纸面石膏板。

根据现行国家标准《纸面石膏板》（GB/T 9775—2008）中的规定，纸面石膏板系指以熟石膏为胶凝材料，掺入适量添加剂和纤维作为板芯，以特制的护面纸作为面层的一种轻质板材。

1. 纸面石膏板的分类

按照纸面石膏板用途不同，可分为普通纸面石膏板（代号为 P）、耐水纸面石膏板（代号为 S）、耐火纸面石膏板（代号为 H）及耐水耐火纸面石膏板（代号为 SH）4 种。

2. 纸面石膏板的尺寸偏差及外观质量

纸面石膏板的尺寸偏差及外观质量要求应符合表 10-69 中的规定。

表 10-69 纸面石膏板的尺寸偏差及外观质量

项目	技术要求
外观质量	纸面石膏板板面平整,不应有影响使用的波纹、沟槽、亏料、漏料和划伤、破损、污痕等缺陷

项目		技术要求		
尺寸偏差/mm	公称长度	1500、1800、2100、2400、2440、2700、3000、3300、3600 和 3660	偏差	−6～0
	公称宽度	600、900、1200 和 1220	偏差	−5～0
	公称高度	9.5、12.0、15.0、18.0、21.0 和 25.0	偏差	9.5:±0.5;≥12.0:±0.6
对角线长度偏差		板材应切割成矩形,两对角线长度之差不应大于 5mm		
楔形棱角边断面尺寸		对于棱角边形状为楔形的板材,楔形棱角边宽度应为 30～80mm,楔形棱角边深度应为 0.6～1.9mm		
护面纸与芯材的黏结性		护面纸与芯材应无剥离缺陷		

3. 纸面石膏板的面密度

纸面石膏板的面密度要求应符合表 10-70 中的规定。

表 10-70　纸面石膏板的面密度

板材厚度/mm	面密度/(kg/m²)	板材厚度/mm	面密度/(kg/m²)
9.5	9.5	18.0	18.0
12.0	12.0	21.0	21.0
15.0	15.0	25.0	25.0

4. 纸面石膏板的力学性能

纸面石膏板的力学性能要求应符合表 10-71 中的规定。

表 10-71　纸面石膏板的力学性能

项目	板材厚度/mm	纵向		横向	
		平均值	最小值	平均值	最小值
断裂荷载/N	9.5	400	360	160	140
	12.0	520	460	200	180
	15.0	650	580	250	220
	18.0	770	700	300	270
	21.0	900	810	350	320
	25.0	1100	970	420	380
硬度	板材的棱后边硬度和端头硬度应不小于 70N				
抗冲击性	经过冲击后,板材的背面应无径向裂纹				
剪切力	由供需双方协商确定				

5. 纸面石膏板的其他性能

纸面石膏板的其他性能要求应符合表 10-72 中的规定。

表 10-72　纸面石膏板的其他性能

项目	性能要求
吸水率	耐水纸面石膏板和耐水耐火纸面石膏板材的吸水率应≤10%
表面吸水量	耐水纸面石膏板和耐水耐火纸面石膏板材的表面吸水率应≤160kg/m²
遇火稳定性	耐火纸面石膏板和耐水耐火纸面石膏板材的遇火稳定时间应≥20min
受潮挠度	由供需双方协商确定

(二) 装饰纸面石膏板

根据现行的行业标准《装饰纸面石膏板》(JC/T 997—2006) 的规定，装饰纸面石膏板是以纸面石膏板为基板，在其正面经涂敷、压花、贴膜等加工制成的装饰性板材，是纸面石膏板的深加工的产品。装饰纸面石膏板产品按防潮性能不同，可分为普通板 (代号为 P) 和防潮板 (代号为 F)。装饰纸面石膏板的技术指标应符合表 10-73 的要求。

表 10-73　装饰纸面石膏板的技术指标

项目	技术指标		
外观质量	产品的正面不应有影响装饰效果的污痕、色彩不均、图案不完整的缺陷。产品不得有裂纹、翘曲，不得有妨碍使用及装饰效果的缺棱、掉角		
尺寸允许偏差/mm	项目	长度≤600	长度>600
	长度	±2.0	
	宽度	±2.0	
	高度	±0.5	
	对角线长度差	≤2.0	≤4.0
单位面积质量	小于或等于(厚度明示值−0.5)kg/m²		
含水率	≤1.0%		
断裂荷载(横向)	吊顶用板≥110N		
	隔墙用板≥180N		
护面纸与芯材的黏结性	护面纸与芯材的黏结良好，石膏板芯部应不裸露		
受潮挠度	≤3.0mm		

(三) 复合保温石膏板

根据现行的行业标准《复合保温石膏板》(JC/T 2077—2011) 中的规定，复合保温石膏板系指以聚苯乙烯泡沫塑料与纸面石膏板用胶黏剂黏结而成的保温石膏板。

1. 复合保温石膏板的分类与规格

(1) 复合保温石膏板的分类　复合保温石膏板按纸面石膏板的种类不同，可分为普通型 (P)、耐水型 (S)、耐火型 (H) 和耐水耐火型 (SH) 4 种；复合保温石膏板按保温材料的种不同，可分为模塑聚苯乙烯泡沫塑料类 (E) 和挤塑聚苯乙烯泡沫塑料类 (X) 两种。

(2) 复合保温石膏板的规格　板材的公称长度为 1200mm、1500mm、1800mm、2100mm、2400mm、2700mm、3000mm、3300mm、3600mm；板材的公称宽度为 600mm、900mm、1200mm；板材的公称厚度和其他公称长度、公称宽度由供需双方商定。

2. 复合保温石膏板的一般要求

(1) 复合保温石膏板产品不应对人体、生物和环境造成有害的影响，涉及与使用有关的安全与环保问题应符合我国相关标准和规范的要求。

(2) 纸面石膏板应符合现行国家标准《纸面石膏板》(GB/T 9775—2008) 中的规定。

(3) 模塑聚苯乙烯泡沫塑料应符合现行国家标准《绝热模塑聚苯乙烯泡沫塑料》(GB/T 10801.1—2002) 中的规定。

(4) 挤塑聚苯乙烯泡沫塑料应符合现行国家标准《绝热挤塑聚苯乙烯泡沫塑料》(GB/T 10801.2—2002) 中的规定。

3. 复合保温石膏板的外观质量

（1）纸面石膏板板面平整，不应有影响使用的波纹、沟槽、亏料、划伤、破损、污痕等质量缺陷。

（2）保温材料表面平整、无夹杂物、颜色均匀，不应有影响使用的起泡、裂口、变形等质量缺陷。

4. 复合保温石膏板的尺寸允许偏差

复合保温石膏板的尺寸允许偏差要求应符合表 10-74 中的规定。

表 10-74　复合保温石膏板的尺寸允许偏差

序号	项目名称		允许偏差	序号	项目名称		允许偏差
1	长度/mm	石膏板面	−6～0	4	对角线差/mm	石膏板面	≤5
		保温板面	−2～+10			保温板面	≤13
2	宽度/mm	石膏板面	−5～0	5	边部错位/mm	长度方向	−5～+8
		保温板面	−2～+6			宽度方向	±5
3	厚度/mm		±2				

5. 复合保温石膏板的物理性能

复合保温石膏板的物理性能的要求应符合表 10-75 中的规定。

表 10-75　复合保温石膏板的物理性能

序号	项目名称	技术指标					
		9.5mm	12mm	15mm	18mm	21mm	25mm
	面密度/(kg/m²)	≤10.5	≤13.0	≤16.0	≤19.0	≤22.0	≤26.0
	横向断裂荷载/N	≥180	≥220	≥270	≥320	≥370	≥440
	层间黏结强度/MPa	≥0.035					
	热阻/(m²·K/W)	报告值(用户需要时)					
	燃烧性能	不低于 C 级					

（四）嵌装式装饰石膏板

根据现行的行业标准《嵌装式装饰石膏板》（JC/T 800—2007）中的规定，以建筑石膏为主要原料，掺入适量的纤维增强材料和外加剂，与水一起搅拌成均匀的料浆，经浇注成型、干燥而成的不带护面纸的板材。板材背面四边加厚，并带有嵌装式的企口，板材正面可为平面，带孔或带浮雕图案，代号为 QZ。

1. 嵌装式装饰石膏板的分类与规格

（1）嵌装式装饰石膏板的分类　嵌装式装饰石膏板，可分为普通嵌装式装饰石膏板（代号为 QP）和吸声嵌装式装饰石膏板（代号为 QS）两种。吸声嵌装式装饰石膏板，是指以带有一定数量穿透孔洞的嵌装式装饰石膏板为面板，在背面复合吸声材料的板材。

（2）嵌装式装饰石膏板的规格　边长为 600mm×600mm 的嵌装式装饰石膏板，其边厚不应小于 28mm；500mm×500mm 的嵌装式装饰石膏板，其边厚不应小于 25mm。

2. 嵌装式装饰石膏板的外观与尺寸允许偏差

（1）嵌装式装饰石膏板的外观　嵌装式装饰石膏板的外观应符合如下要求：板的正面不

得有影响装饰效果的气孔、污痕、裂纹、缺角、色彩不均和图案不完整等缺陷。

（2）嵌装式装饰石膏板尺寸允许偏差　嵌装式装饰石膏板尺寸允许偏差要求应符合表10-76中的规定。

表 10-76　嵌装式装饰石膏板尺寸允许偏差

序号	项目名称		允许偏差/mm	序号	项目名称	允许偏差/mm
1	边长 L/mm		±1.0	3	铺设高度	±1.0
2	边厚 S	$L=500$mm	≥25	4	水平度	≤1.0
		$L=600$mm	≥28	5	直角偏离度	≤1.0

3. 嵌装式装饰石膏板的物理力学性能

嵌装式装饰石膏板的物理力学性能要求应符合表10-77中的规定。

表 10-77　嵌装式装饰石膏板的物理力学性能

项目名称		技术指标	项目名称		技术指标
单位面积重量/(kg/m²)	平均值	≤16.0	含水率/%	平均值	≤3.0
	最大值	≤18.0		最大值	≤4.0
断裂荷载/N	平均值	≥157	断裂荷载/N	最小值	≥127

4. 嵌装式装饰石膏板的其他性能

（1）嵌装式装饰石膏板必须具有一定的吸声性能，125Hz、250Hz、500Hz、1000Hz、2000Hz和4000Hz六频率混响室法的平均吸声系数应≥0.30。

（2）对于每种吸声石膏板产品，必须附有贴实和采用不同构造安装的吸声频谱曲线。

（3）嵌装式装饰石膏板的穿孔率、孔洞形式和吸声材料种类由生产厂自定。

四、纤维装饰板材

纤维装饰板材系以木本植物纤维或非木本植物为原料，经施胶、加压而制成。在装饰工程中常用的纤维装饰板材，主要包括中密度纤维板和浮雕纤维板。中密度纤维板是在纤维板表面经涂饰、贴面等工序的处理，使其表面美观并提高性能，可用于家具和建筑内装饰；浮雕纤维板是在制造时被压制成具有凹凸形立体花纹图案的浮雕纤维板，可用于建筑内、外装饰。

（一）中密度纤维板

中密度纤维板是指以木质纤维或其他植物纤维为原料，经过纤维制备，施加合成树脂，在加热加压条件下压制成厚度≥1.5mm、名义密度范围在0.65～0.80g/cm³ 之间的板材。根据现行国家标准《中密度纤维板》（GB/T 11718—2009）中的规定，本标准适用于干法生产的中密度纤维板。

1. 中密度纤维板的分类方法

中密度纤维板可分为普通型中密度纤维板、家具型中密度纤维板和承重型中密度纤维板。

（1）普通型中密度纤维板　普通型中密度纤维板是指通常不在承重场合使用以及非家具型中密度纤维板，如展览会用的临时展板、隔墙板等。

（2）家具型中密度纤维板　家具型中密度纤维板系指作为家具或装饰装修用，通常需要进行表面二次加工处理的中密度纤维板，如家具制造、橱柜制作、装饰装修件、细木工制品等。

（3）承重型中密度纤维板　承重型中密度纤维板系指通常用于小型结构部件，或承重状态下使用的中密度纤维板，如室内地面铺设、棚架、室内普通建筑部件等。

以上 3 类中密度纤维板，按其使用状态又可分为干燥状态、潮湿状态、高湿度状态和室外状态 4 种情况。

2. 中密度纤维板的外观质量要求

中密度纤维板的外观质量要求应符合表 10-78 中的规定。

表 10-78　中密度纤维板的外观质量要求

项目名称	质量要求	允许范围	
		优等品	合格品
分层、鼓泡或炭化	—	不允许	不允许
局部松软	单个面积≤2000mm²	不允许	3 个
板边缺损	宽度≤10mm	不允许	允许
油污斑点或异物	单个面积≤40mm²	不允许	1 个
压痕	—	不允许	允许

注：1. 同一张板不应有两项或以上的外观缺陷。

2. 不砂光的表面质量由供需双方协商确定。

3. 中密度纤维板的物理力学性能

（1）普通型中密度纤维板（MDF-GP）的物理力学性能　在干燥状态下使用的普通型中密度纤维板（MDF-GP REG）的物理力学性能应符合表 10-79 中的规定；在潮湿状态下使用的普通型中密度纤维板（MDF-GP MR）的物理力学性能应符合表 10-80 中的规定。在高湿度状态下使用的普通型中密度纤维板（MDF-GP HMR）的物理力学性能应符合表 10-81 中的规定。

表 10-79　在干燥状态下使用的普通型中密度纤维板的物理力学性能

性能名称	单位	公称厚度范围/mm						
		1.5～3.5	3.5～6.0	6.0～9.0	9.0～13.0	13.0～22.0	22.0～34.0	＞34.0
静曲强度	MPa	27.0	26.0	25.0	24.0	22.0	20.0	17.0
弹性模量	MPa	2700	2600	2500	2400	2200	1800	1800
内部结合强度	MPa	0.60	0.60	0.60	0.50	0.45	0.40	0.40
吸水厚度膨胀率	％	45.0	35.0	20.0	15.0	12.0	10.0	8.0

表 10-80　在潮湿状态下使用的普通型中密度纤维板的物理力学性能

性能名称	单位	公称厚度范围/mm						
		1.5～3.5	3.5～6.0	6.0～9.0	9.0～13.0	13.0～22.0	22.0～34.0	＞34.0
静曲强度	MPa	27.0	26.0	25.0	24.0	22.0	20.0	17.0
弹性模量	MPa	2700	2600	2500	2400	2200	1800	1800
内部结合强度	MPa	0.60	0.60	0.60	0.50	0.45	0.40	0.40
吸水厚度膨胀率	％	32.0	18.0	14.0	12.0	9.0	9.0	7.0
防潮性能								
循环试验后的内部结合强度	MPa	0.35	0.30	0.30	0.25	0.20	0.15	0.10
循环试验后的吸水膨胀率	％	45.0	25.0	20.0	18.0	13.0	12.0	10.0
沸腾试验后的内部结合强度	MPa	0.20	0.18	0.16	0.15	0.12	0.10	0.10
湿的静曲强度（70℃热水浸泡）	MPa	8.0	7.0	7.0	6.0	5.0	4.0	4.0

表 10-81　在高湿度状态下使用的普通型中密度纤维板的物理力学性能

性能名称	单位	公称厚度范围/mm						
		1.5～3.5	3.5～6.0	6.0～9.0	9.0～13.0	13.0～22.0	22.0～34.0	＞34.0
静曲强度	MPa	28.0	26.0	25.0	24.0	22.0	20.0	18.0
弹性模量	MPa	2800	2600	2500	2400	2000	1800	1800
内部结合强度	MPa	0.60	0.60	0.60	0.50	0.45	0.40	0.40
吸水厚度膨胀率	％	20.0	14.0	12.0	10.0	7.0	6.0	5.0
防潮性能								
循环试验后的内部结合强度	MPa	0.40	0.35	0.35	0.30	0.25	0.20	0.18
循环试验后的吸水膨胀率	％	25.0	20.0	17.0	15.0	11.0	9.0	7.0
沸腾试验后的内部结合强度	MPa	0.25	0.20	0.20	0.18	0.15	0.12	0.10
湿的静曲强度（70℃热水浸泡）	MPa	12.0	10.0	9.0	8.0	8.0	7.0	7.0

（2）家具型中密度纤维板（MDF-FN）的物理力学性能　在干燥状态下使用的家具型中密度纤维板（MDF-FN REG）的物理力学性能应符合表 10-82 中的规定。在潮湿状态下使用的家具型中密度纤维板（MDF-FN MR）的物理力学性能应符合表 10-83 中的规定；在高湿度状态下使用的家具型中密度纤维板（MDF-FN HMR）的物理力学性能应符合表 10-84 中的规定；在室外状态下使用的家具型中密度纤维板（MDF-FN EXT）的物理力学性能应符合表 10-85 中的规定。

表 10-82　在干燥状态下使用的家具型中密度纤维板的物理力学性能

性能名称	单位	公称厚度范围/mm						
		1.5～3.5	3.5～6.0	6.0～9.0	9.0～13.0	13.0～22.0	22.0～34.0	＞34.0
静曲强度	MPa	30.0	28.0	27.0	26.0	24.0	23.0	21.0
弹性模量	MPa	2800	2600	2600	2500	2300	1800	1800
内部结合强度	MPa	0.60	0.60	0.60	0.50	0.45	0.40	0.40
吸水厚度膨胀率	％	45.0	35.0	20.0	15.0	12.0	10.0	8.0
表面结合强度	MPa	0.60	0.60	0.60	0.60	0.90	0.90	0.90

表 10-83　在潮湿状态下使用的家具型中密度纤维板的物理力学性能

性能名称	单位	公称厚度范围/mm						
		1.5～3.5	3.5～6.0	6.0～9.0	9.0～13.0	13.0～22.0	22.0～34.0	＞34.0
静曲强度	MPa	30.0	28.0	27.0	26.0	24.0	23.0	21.0
弹性模量	MPa	2800	2600	2600	2500	2300	1800	1800
内部结合强度	MPa	0.70	0.70	0.70	0.60	0.50	0.45	0.40
吸水厚度膨胀率	％	32.0	18.0	14.0	12.0	9.0	9.0	7.0
表面结合强度	MPa	0.60	0.70	0.70	0.80	0.90	0.90	0.90
防潮性能								
循环试验后的内部结合强度	MPa	0.35	0.30	0.30	0.25	0.20	0.15	0.10
循环试验后的吸水膨胀率	％	45.0	25.0	20.0	18.0	13.0	12.0	10.0
沸腾试验后的内部结合强度	MPa	0.20	0.18	0.16	0.15	0.12	0.10	0.10
湿的静曲强度（70℃热水浸泡）	MPa	8.0	7.0	7.0	6.0	5.0	4.0	4.0

表 10-84 在高湿度状态下使用的家具型中密度纤维板的物理力学性能

性能名称	单位	公称厚度范围/mm						
		1.5～3.5	3.5～6.0	6.0～9.0	9.0～13.0	13.0～22.0	22.0～34.0	>34.0
静曲强度	MPa	30.0	28.0	27.0	26.0	24.0	23.0	21.0
弹性模量	MPa	2800	2600	2600	2500	2300	1800	1800
内部结合强度	MPa	0.70	0.70	0.70	0.60	0.50	0.45	0.40
吸水厚度膨胀率	%	20.0	14.0	12.0	10.0	7.0	6.0	5.0
表面结合强度	MPa	0.60	0.70	0.70	0.90	0.90	0.90	0.90
防潮性能								
循环试验后的内部结合强度	MPa	0.40	0.35	0.35	0.30	0.25	0.20	0.18
循环试验后的吸水膨胀率	%	25.0	20.0	17.0	15.0	11.0	9.0	7.0
沸腾试验后的内部结合强度	MPa	0.25	0.20	0.20	0.18	0.15	0.12	0.10
湿的静曲强度（70℃热水浸泡）	MPa	14.0	12.0	12.0	12.0	10.0	9.0	8.0

表 10-85 在室外状态下使用的家具型中密度纤维板的物理力学性能

性能名称	单位	公称厚度范围/mm						
		≥1.5～3.5	>3.5～6.0	>6.0～9.0	>9.0～13.0	>13.0～22.0	>22.0～34.0	>34.0
静曲强度	MPa	30.0	28.0	27.0	26.0	24.0	23.0	21.0
弹性模量	MPa	2800	2600	2600	2500	2300	1800	1800
内部结合强度	MPa	0.70	0.70	0.70	0.65	0.60	0.55	0.50
吸水厚度膨胀率	%	15.0	12.0	10.0	7.0	5.0	4.0	4.0
防潮性能								
循环试验后的内部结合强度	MPa	0.50	0.40	0.40	0.35	0.30	0.25	0.22
循环试验后的吸水膨胀率	%	20.0	16.0	15.0	12.0	10.0	8.0	7.0
沸腾试验后的内部结合强度	MPa	0.30	0.25	0.24	0.22	0.20	0.20	0.18
湿的静曲强度（70℃热水浸泡）	MPa	12.0	12.0	12.0	12.0	10.0	9.0	8.0

（3）承重型中密度纤维板（MDF-LB）的物理力学性能　在干燥状态下使用的承重型中密度纤维板（MDF-LB REG）的物理力学性能应符合表 10-86 中的规定；在潮湿状态下使用的承重型中密度纤维板（MDF-LB MR）的物理力学性能应符合表 10-87 中的规定；在高湿度状态下使用的承重型中密度纤维板（MDF-LB HMR）的物理力学性能应符合表 10-88 中的规定。

表 10-86 在干燥状态下使用的承重型中密度纤维板的物理力学性能

性能名称	单位	公称厚度范围/mm						
		1.5～3.5	3.5～6.0	6.0～9.0	9.0～13.0	13.0～22.0	22.0～34.0	>34.0
静曲强度	MPa	36.0	34.0	34.0	32.0	28.0	25.0	23.0
弹性模量	MPa	3100	3000	2900	2800	2500	2300	2100
内部结合强度	MPa	0.75	0.70	0.70	0.70	0.60	0.55	0.50
吸水厚度膨胀率	%	45.0	33.0	20.0	15.0	12.0	10.0	8.0

表 10-87 在潮湿状态下使用的承重型中密度纤维板的物理力学性能

性能名称	单位	公称厚度范围/mm						
		1.5～3.5	3.5～6.0	6.0～9.0	9.0～13.0	13.0～22.0	22.0～34.0	>34.0
静曲强度	MPa	36.0	34.0	34.0	32.0	28.0	25.0	23.0

续表

性能名称	单位	公称厚度范围/mm						
		1.5～3.5	3.5～6.0	6.0～9.0	9.0～13.0	13.0～22.0	22.0～34.0	＞34.0
弹性模量	MPa	3100	3000	2900	2800	2500	2300	2100
内部结合强度	MPa	0.75	0.70	0.70	0.70	0.65	0.60	0.55
吸水厚度膨胀率	%	30.0	18.0	14.0	12.0	8.0	7.0	7.0
防潮性能								
循环试验后的内部结合强度	MPa	0.35	0.30	0.30	0.25	0.20	0.15	0.12
循环试验后的吸水膨胀率	%	45.0	25.0	20.0	18.0	13.0	11.0	10.0
沸腾试验后的内部结合强度	MPa	0.20	0.18	0.18	015	0.12	0.10	0.08
湿的静曲强度（70℃热水浸泡）	MPa	9.0	8.0	8.0	8.0	6.0	4.0	4.0

表 10-88　在高湿度状态下使用的承重型中密度纤维板的物理力学性能

性能名称	单位	公称厚度范围/mm						
		1.5～3.5	3.5～6.0	6.0～9.0	9.0～13.0	13.0～22.0	22.0～34.0	＞34.0
静曲强度	MPa	36.0	34.0	34.0	32.0	28.0	25.0	23.0
弹性模量	MPa	3100	3000	2900	2800	2500	2300	2100
内部结合强度	MPa	0.75	0.70	0.70	0.70	0.65	0.60	0.55
吸水厚度膨胀率	%	20.0	14.0	12.0	10.0	7.0	6.0	5.0
防潮性能								
循环试验后的内部结合强度	MPa	0.40	0.35	0.35	0.35	0.30	0.27	0.25
循环试验后的吸水膨胀率	%	25.0	20.0	17.0	15.0	11.0	9.0	7.0
沸腾试验后的内部结合强度	MPa	0.25	0.20	0.20	0.18	0.15	0.12	0.10
湿的静曲强度（70℃热水浸泡）	MPa	15.0	15.0	15.0	15.0	13.0	11.5	10.5

4. 中密度纤维板的其他方面要求

（1）中密度纤维板的幅面尺寸、尺寸偏差、密度及偏差和含水率要求应符合表 10-89 中的规定。

表 10-89　中密度纤维板的幅面尺寸、尺寸偏差、密度及偏差和含水率要求

性能名称		单位	公称厚度范围/mm	
			≤12	＞12
厚度偏差	不砂光板	mm	−0.30～+1.50	−0.50～+1.70
	砂光板	mm	±0.20	±0.30
长度与宽度偏差		mm/m	±2.0	±2.0
垂直度		mm/m	＜2.0	＜2.0
密度		g/cm³	0.65～0.80(允许偏差±10%)	
板内的密度偏差		%	±10.0	±10.0
含水率		%	3.0～13.0	3.0～13.0

（2）中密度纤维板的甲醛释放限量　中密度纤维板的甲醛释放限量应符合表 10-90 中的规定。

表 10-90　中密度纤维板的甲醛释放限量

测试方法	气候箱法	小型容器法	气体分析法	干燥器法	穿孔法
单位	mg/m²	mg/m²	mg/(m²·h)	mg/L	mg/100g
限量值	0.124	—	3.5	—	8.0

注：1. 甲醛释放限量应符合气候箱法、气体分析法和穿孔法中的任一项限量值，由供需双方协商选择。

2. 如果小型容器法和干燥器法应用于生产控制检验，则应确定其与气候箱法之间的有效相关性。

（二）浮雕纤维板

浮雕纤维板是指表面具有浮雕图案的木质纤维板，那些浮雕图案，不是雕刻的，是专制的带花模板压出的花纹图案。浮雕纤维板一面有凹凸的花纹图案，另一面是网状。浮雕纤维板分为湿法和干法两种加工方法。干法加工的浮雕中密度纤维板，简称浮雕密度板；湿法加工的浮雕硬质纤维板，简称浮雕纤维板。

浮雕纤维板的质量应符合《浮雕纤维板》（LY/T 1204—2013）中的规定。浮雕纤维板的规格尺寸和极限偏差如表 10-91 所列，浮雕纤维板的外观质量要求如表 10-92 所列，浮雕纤维板的物理力学性能见表 10-93 所列。

表 10-91　浮雕纤维板的规格尺寸和极限偏差

幅面尺寸 /mm	厚度 /mm	极限偏差/mm				
		长度	宽度	厚度		
				优等品	一等品	合格品
300×300 500×500 600×600	3.0、3.5、4.0	+10	+10	±0.20	±0.30	±0.30
915×2135 1000×2000 1000×2135 1220×2440		+50	+30			

表 10-92　浮雕纤维板的外观质量要求

缺陷名称	计量方法	允许限度		
		优等品	一等品	合格品
水渍	占板面面积百分比/%	不允许有	≤5	≤40
污点	直径/mm	不允许有	不允许有	≤30 而<15 不计
	占板面面积百分比/%			≤2
斑纹	占板面面积百分比/%	不允许有	不允许有	≤3
粘痕	占板面面积百分比/%	不允许有		
压痕	—	不允许有		
分层、鼓泡、裂痕、水湿、炭化、边角松软	—	不允许有		

表 10-93　浮雕纤维板的物理力学性能

项目	性能指标		
	优等品	一等品	合格品
密度/(g/cm³)	>0.80		
静曲载荷/N	≥200	≥150	≥100
吸水率/%	≤20.0	≤30.0	≤35.0
含水率/%	3.0～10.0		

五、复合装饰面板

（一）铝箔面硬质酚醛泡沫夹芯板

根据现行的行业标准《铝箔面硬质酚醛泡沫夹芯板》（JC/T 1051—2007）中的规定，铝箔面硬质酚醛泡沫夹芯板系指双面采用经过防腐处理的铝箔为面材，以硬质酚醛泡沫为芯材的夹芯板制品。

1. 铝箔面硬质酚醛泡沫夹芯板原材料和外观质量

（1）生产铝箔面硬质酚醛泡沫夹芯板所用的铝箔，应符合《铝及铝合金箔》（GB/T 3198—2010）的规定，厚度不应小于0.06mm，同时铝箔应经过一定的防腐蚀处理。

（2）外观质量　铝箔面硬质酚醛泡沫夹芯板的外观要求平整，板面无翘曲，表面清洁、无污迹、皱折、破洞、开裂，切口要求平直、切面整齐。

2. 铝箔面硬质酚醛泡沫夹芯板的尺寸允许偏差

铝箔面硬质酚醛泡沫夹芯板的尺寸允许偏差要求应符合表10-94中的规定。

表 10-94　铝箔面硬质酚醛泡沫夹芯板的尺寸允许偏差

序号	项目		允许偏差/mm	序号	项目		允许偏差/mm
1	长度 L 或宽度 W	L（W）≤1000	±5.0	2	长度 L 或宽度 W	L（W）≥4000	＋不限 −10
		1000＜L（W）≤2000	±7.5				
		2000＜L（W）≤4000	±10	3	厚度 t	t≥20	＋1

3. 铝箔面硬质酚醛泡沫夹芯板的物理力学性能

铝箔面硬质酚醛泡沫夹芯板的物理力学性能要求，应符合表10-95中的规定。

表 10-95　铝箔面硬质酚醛泡沫夹芯板的物理力学性能

序号	项目名称	性能指标
1	芯材热导率	在25℃±2℃的温度条件下，芯材热导率应大于0.035W/(m·K)
2	180°剥离强度	将铝箔从芯材上进行180°剥离时，两个面的剥离强度均应≥0.15N/mm
3	压缩强度	≥0.15MPa
4	弯曲强度	≥1.10MPa
5	尺寸稳定性	长度、宽度、厚度3个方向的尺寸变化率均不大于2.0%，且不应出现面材与芯材分离现象
6	燃烧性能	铝箔面硬质酚醛泡沫夹芯板的燃烧性能，应达到《建筑材料及制品燃烧性能分级》（GB 8624—2006）中 B$_1$ 级，其中烟密度应≤25%
7	甲醛释放量	铝箔面硬质酚醛泡沫夹芯板的甲醛释放量，应达到《室内装饰装修材料人造板及其制品中甲醛释放限量》（GB 18580—2017）中的 E$_1$ 级，甲醛释放量应≤1.5mg/L。

（二）铝箔面硬质聚氨酯泡沫夹芯板

根据现行的行业标准《铝箔面硬质聚氨酯泡沫夹芯板》（JC/T 1061—2007）中的规定，铝箔面硬质聚氨酯泡沫夹芯板系指以硬质聚氨酯泡沫塑料为芯材，两面以经过防腐蚀表面处理的铝箔为面材的夹芯板制品。

1. 铝箔面硬质聚氨酯泡沫夹芯板的尺寸允许偏差

铝箔面硬质聚氨酯泡沫夹芯板的尺寸允许偏差要求应符合表10-96中的规定。

表 10-96　铝箔面硬质聚氨酯泡沫夹芯板的尺寸允许偏差

序号	项目		允许偏差/mm	序号	项目		允许偏差/mm
1	长度 L 或 宽度 W	L(W)≤1000	±5.0	2	长度 L 或 宽度 W	L(W)≥4000	+不限 −10
		1000<L(W)≤2000	±7.5				
		2000<L(W)≤4000	±10	3	厚度 t	t≥20	+1

注：其他规格由供需双方商定，但允许偏差应符合表 10-95 中的要求。

2. 铝箔面硬质聚氨酯泡沫夹芯板的物理力学性能

铝箔面硬质聚氨酯泡沫夹芯板的物理力学性能要求，应符合表 10-97 中的规定。

表 10-97　铝箔面硬质聚氨酯泡沫夹芯板的物理力学性能

序号	项目名称	性能指标
1	芯材热导率	在 25℃±2℃的温度条件下,芯材热导率应>0.025W/(m·K)
2	180°剥离强度	将铝箔从芯材上进行 180°剥离时,两个面的剥离强度均应≥0.15N/mm
3	压缩强度	在变形 10%时应≥0.15MPa
4	弯曲强度	≥1.10MPa
5	尺寸稳定性	长度、宽度、厚度 3 个方向的尺寸变化率均应不大于 2%,且不应出现面材与芯材分离现象
6	燃烧性能	铝箔面硬质酚醛泡沫夹芯板的燃烧性能,应达到《建筑材料及制品燃烧性能分级》(GB 8624—2006)中 B₁ 级

(三) 金属面硬质聚氨酯夹芯板

根据现行的行业《金属面硬质聚氨酯夹芯板》(JC/T 868—2000) 中的规定，金属面硬质聚氨酯夹芯板系指以阻燃型硬质聚氨酯泡沫塑料为板的芯材，以彩色涂层钢板为面层的夹芯板而组成的板材。

1. 金属面硬质聚氨酯夹芯板规格与尺寸允许偏差

(1) 金属面硬质聚氨酯夹芯板的主要规格　金属面硬质聚氨酯夹芯板的长度为≤12000mm；宽度为 1000mm；厚度为 30mm、40mm、50mm、60mm、80mm、100mm。其他规格尺寸可由供需双方协商确定。

(2) 金属面硬质聚氨酯夹芯板尺寸允许偏差　金属面硬质聚氨酯夹芯板尺寸允许偏差应符合表 10-98 中的规定。

表 10-98　金属面硬质聚氨酯夹芯板尺寸允许偏差

宽度/mm	厚度/mm	长度/mm		对角线差/mm	
		≤3000	<3000	长度≤3000	长度>3000
±2.0	±2.0	±3.0	±6.0	±4.0	±6.0

2. 金属面硬质聚氨酯夹芯板的外观质量

(1) 板面平整，无明显凹凸、翘曲、变形，表面清洁，色泽均匀，无胶痕、油污，无明显划痕、磕碰、伤痕等。

(2) 切口平直，切面整齐，无毛刺；面材与芯材之间黏结牢固，芯材密实。

(3) 金属面硬质聚氨酯夹芯板面密度允许值。金属面硬质聚氨酯夹芯板面密度允许值，应符合表 10-99 中的规定。

表 10-99　金属面硬质聚氨酯夹芯板面密度允许值

面材厚度 /mm	面密度/(kg/m²)						
	厚度 30mm	厚度 40mm	厚度 50mm	厚度 60mm	厚度 80mm	厚度 100mm	厚度 120mm
0.40	7.3	7.6	7.9	8.2	8.8	9.4	10.0
0.50	8.9	9.2	9.5	9.8	10.4	11.0	11.6
0.60	10.5	10.8	11.1	11.4	12.0	12.6	13.2

3. 金属面硬质聚氨酯夹芯板物理力学性能

金属面硬质聚氨酯夹芯板物理力学性能应符合表 10-100 中的规定。

表 10-100　金属面硬质聚氨酯夹芯板物理力学性能

序号	项目名称	技术要求
1	燃烧性能	应达到《建筑材料及制品燃烧性能分级》(GB 8624—2006)中 B_1 级
2	黏结性能	(1)夹芯板黏结强度应≥0.09MPa; (2)剥离性能试验时,黏结在面材上的芯材应均匀分布,每个剥离面的黏结面积应≥85%
3	结构性能	(1)抗弯承载力:夹芯板挠度为 $L_0/200$(L_0 为支座间的距离)时,夹芯板抗弯承载力应≥0.5kN/m²; (2)夹芯板作为承重构件使用时,应符合有关结构设计规范的规定
4	热阻	用户对金属面硬质聚氨酯夹芯板的热阻有特殊要求时,由供需双方商定

参 考 文 献

[1] 李继业，胡琳琳，张平．绿色建筑材料．北京：化学工业出版社，2016.

[2] 李继业．建筑节能工程材料．北京：化学工业出版社，2011.

[3] 姚武．绿色混凝土．北京：化学工业出版社，2006.

[4] 刘志海，庞世纪．节能玻璃与环保玻璃．北京：化学工业出版社，2009.

[5] 田斌守等．建筑节能检测技术（第二版）．北京：中国建筑工业出版社，2010.

[6] 住房和城乡建设部工程质量安全监管司，中国建筑股份有限公司．建筑节能工程施工技术要点．北京：中国建筑工业出版社，2009.

[7] 林寿，杨嗣信．围护结构节能技术，新型空调和采暖技术．北京：中国建筑工业出版社，2009.

[8] 胡伦坚．建筑节能工程施工工艺．北京：机械工业出版社，2008.

[9] 何锡兴，周红波．建筑节能监理质量控制手册．北京：中国建筑工业出版社，2008.

[10] 《建筑工程节能设计手册》编委会．建筑工程节能设计手册．北京：中国计划出版社，2007.

[11] 北京土木建筑学会．建筑节能工程施工手册．北京：经济科学出版社，2005.

[12] 王立雄．建筑节能．北京：中国建筑工业出版社，2009.

[13] 张雄，张永娟．建筑节能技术与节能材料．北京：化学工业出版社，2009.

[14] 王瑞．建筑节能设计．武汉：华中科技大学出版社，2010.

[15] 武涌，龙惟定．建筑节能管理．北京：中国建筑工业出版社，2009.

[16] 建设部干部学院．实用建筑节能工程施工．北京：中国电力出版社，2008.

[17] 曹启坤．建筑节能工程材料与施工．北京：化学工业出版社，2009.

[18] 建设部信息中心．绿色节能建筑材料选用手册．北京：中国建筑工业出版社，2008.

[19] 刘新佳．建筑工程材料手册．北京：化学工业出版社，2010.

[20] 李继业，初艳鲲，法炜．建筑材料质量要求简明手册．北京：化学工业出版社，2013.

[21] 韩轩．建筑节能设计与材料选用手册．天津：天津大学出版社，2012.

[22] 李继业．现代工程材料实用手册．北京：中国建材工业出版社，2007.